"十二五"普通高等教育本科国家级规划教材

国家卫生健康委员会"十四五"规划教材

全 国 高 等 学 校 教 材

供八年制及"5+3"一体化临床医学等专业用

细胞生物学

Cell Biology

第4版

主　　编　左　伋　周天华

副 主 编　陈誉华　刘　佳　徐　晋

数 字 主 编　左　伋　周天华

数字副主编　陈誉华　刘　佳　徐　晋

人民卫生出版社

·北 京·

图书在版编目（CIP）数据

细胞生物学 / 左伋，周天华主编. -- 4 版. -- 北京 ：
人民卫生出版社，2024. 9. --（全国高等学校八年制及
"5+3" 一体化临床医学专业第四轮规划教材）. -- ISBN
978-7-117-36844-5

Ⅰ. Q2

中国国家版本馆 CIP 数据核字第 2024H2U052 号

人卫智网	www.ipmph.com	医学教育、学术、考试、健康， 购书智慧智能综合服务平台
人卫官网	www.pmph.com	人卫官方资讯发布平台

细胞生物学
Xibao Shengwuxue
第 4 版

主　　编：左　伋　周天华
出版发行：人民卫生出版社（中继线 010-59780011）
地　　址：北京市朝阳区潘家园南里 19 号
邮　　编：100021
E - mail：pmph @ pmph.com
购书热线：010-59787592　010-59787584　010-65264830
印　　刷：天津市光明印务有限公司
经　　销：新华书店
开　　本：850×1168　1/16　印张：28
字　　数：828 千字
版　　次：2005 年 8 月第 1 版　　2024 年 9 月第 4 版
印　　次：2024 年 10 月第 1 次印刷
标准书号：ISBN 978-7-117-36844-5
定　　价：129.00 元

打击盗版举报电话：010-59787491　E-mail：WQ @ pmph.com
质量问题联系电话：010-59787234　E-mail：zhiliang @ pmph.com
数字融合服务电话：4001118166　E-mail：zengzhi @ pmph.com

编　者

（以姓氏笔画为序）

王　峰（天津医科大学）

左　伋（复旦大学）

边惠洁（空军军医大学）

刘　佳（大连医科大学）

刘　雯（复旦大学）

刘晓颖（安徽医科大学）

李　冰（青岛大学）

李正荣（南京医科大学）

张　军（同济大学）

张新旺（山西医科大学）

陈誉华（中国医科大学）

周天华（浙江大学）

郑　红（郑州大学）

赵俊霞（河北医科大学）

徐　晋（哈尔滨医科大学）

黄　辰（西安交通大学）

谢珊珊（浙江大学）

编写秘书

杨　玲（复旦大学）

数字编委

（数字编委详见二维码）

数字编委名单

融合教材阅读使用说明

融合教材即通过二维码等现代化信息技术,将纸书内容与数字资源融为一体的新形态教材。本套教材以融合教材形式出版,每本教材均配有特色的数字内容,读者在阅读纸书的同时,通过扫描书中的二维码,即可免费获取线上数字资源和相应的平台服务。

本教材包含以下数字资源类型

课件　视频　微课　图片　习题

本教材特色资源展示

获取数字资源步骤

①扫描封底红标二维码,获取图书"使用说明"。

②揭开红标,扫描绿标激活码注册/登录人卫账号获取数字资源。

③扫描书内二维码或封底绿标激活码随时查看数字资源。

④登录 zengzhi.ipmph.com 或下载应用体验更多功能和服务。

APP 及平台使用客服热线　　400-111-8166

读者信息反馈方式

欢迎登录"人卫e教"平台官网"medu.pmph.com",在首页注册登录(也可使用已有人卫平台账号直接登录),即可通过输入书名、书号或主编姓名等关键字,查询我社已出版教材,并可对该教材进行读者反馈、图书纠错、撰写书评以及分享资源等。

全国高等学校八年制及"5+3"一体化临床医学专业第四轮规划教材 修订说明

为贯彻落实党的二十大精神,培养服务健康中国战略的复合型、创新型卓越拔尖医学人才,人卫社在传承20余年长学制临床医学专业规划教材基础上,启动新一轮规划教材的再版修订。

21世纪伊始,人卫社在教育部、卫生部的领导和支持下,在吴阶平、裘法祖、吴孟超、陈灏珠、刘德培等院士和知名专家亲切关怀下,在全国高等医药教材建设研究会统筹规划与指导下,组织编写了全国首套适用于临床医学专业七年制的规划教材,探索长学制规划教材编写"新""深""精"的创新模式。

2004年,为深入贯彻《教育部 国务院学位委员会关于增加八年制医学教育(医学博士学位)试办学校的通知》(教高函〔2004〕9号)文件精神,人卫社率先启动编写八年制教材,并借鉴七年制教材编写经验,力争达到"更新""更深""更精"。第一轮教材共计32种,2005年出版;第二轮教材增加到37种,2010年出版;第三轮教材更新调整为38种,2015年出版。第三轮教材有28种被评为"十二五"普通高等教育本科国家级规划教材,《眼科学》(第3版)荣获首届全国教材建设奖全国优秀教材二等奖。

2020年9月,国务院办公厅印发《关于加快医学教育创新发展的指导意见》(国办发〔2020〕34号),提出要继续深化医教协同,进一步推进新医科建设、推动新时代医学教育创新发展,人卫社启动了第四轮长学制规划教材的修订。为了适应新时代,仍以八年制临床医学专业学生为主体,同时兼顾"5+3"一体化教学改革与发展的需要。

第四轮长学制规划教材秉承"精品育精英"的编写目标,主要特点如下:

1. 教材建设工作始终坚持以习近平新时代中国特色社会主义思想为指导,落实立德树人根本任务,并将《习近平新时代中国特色社会主义思想进课程教材指南》落实到教材中,统筹设计,系统安排,促进课程教材思政,体现党和国家意志,进一步提升课程教材铸魂育人价值。

2. 在国家卫生健康委员会、教育部的领导和支持下,由全国高等医药教材建设研究学组规划,全国高等学校八年制及"5+3"一体化临床医学专业第四届教材评审委员会审定,院士专家把关,全国医学院校知名教授编写,人民卫生出版社高质量出版。

3. 根据教育部临床长学制培养目标、国家卫生健康委员会行业要求、社会用人需求,在全国进行科学调研的基础上,借鉴国内外医学人才培养模式和教材建设经验,充分研究论证本专业人才素质要求、学科体系构成、课程体系设计和教材体系规划后,科学进行的,坚持"精品战略,质量第一",在注重"三基""五性"的基础上,强调"三高""三严",为八年制培养目标,即培养高素质、高水平、富有临床实践和科学创新能力的医学博士服务。

4. 教材编写修订工作从九个方面对内容作了更新:国家对高等教育提出的新要求;科技发展的趋势;医学发展趋势和健康的需求;医学精英教育的需求;思维模式的转变;以人为本的精神;继承发展的要求;统筹兼顾的要求;标准规范的要求。

5. 教材编写修订工作适应教学改革需要,完善学科体系建设,本轮新增《法医学》《口腔医学》《中医学》《康复医学》《卫生法》《全科医学概论》《麻醉学》《急诊医学》《医患沟通》《重症医学》。

6. 教材编写修订工作继续加强"立体化""数字化"建设。编写各学科配套教材"学习指导及习题集""实验指导/实习指导"。通过二维码实现纸数融合,提供有教学课件、习题、课程思政、中英文微课,以及视频案例精析(临床案例、手术案例、科研案例)、操作视频/动画、AR模型、高清彩图、扩展阅读等资源。

全国高等学校八年制及"5+3"一体化临床医学专业第四轮规划教材,均为国家卫生健康委员会"十四五"规划教材,以全国高等学校临床医学专业八年制及"5+3"一体化师生为主要目标读者,并可作为研究生、住院医师等相关人员的参考用书。

全套教材共48种,将于2023年12月陆续出版发行,数字内容也将同步上线。希望得到读者批评反馈。

全国高等学校八年制及"5+3"一体化临床医学专业第四轮规划教材　序言

"青出于蓝而胜于蓝",新一轮青绿色的八年制临床医学教材出版了。手捧佳作,爱不释手,欣喜之余,感慨千百位科学家兼教育家大量心血和智慧倾注于此,万千名医学生将汲取丰富营养而茁壮成长,亿万个家庭解除病痛而健康受益,这不仅是知识的传授,更是精神的传承、使命的延续。

经过二十余年使用,三次修订改版,八年制临床医学教材得到了师生们的普遍认可,在广大读者中有口皆碑。这套教材将医学科学向纵深发展且多学科交叉渗透融于一体,同时切合了"环境 - 社会 - 心理 - 工程 - 生物"新的医学模式,秉持"更新、更深、更精"的编写追求,开展立体化建设、数字化建设以及体现中国特色的思政建设,服务于新时代我国复合型高层次医学人才的培养。

在本轮修订期间,我们党团结带领全国各族人民,进行了一场惊心动魄的抗疫大战,创造了人类同疾病斗争史上又一个英勇壮举!让我不由得想起毛主席《送瘟神二首》序言:"读六月三十日人民日报,余江县消灭了血吸虫,浮想联翩,夜不能寐,微风拂煦,旭日临窗,遥望南天,欣然命笔。"人民利益高于一切,把人民群众生命安全和身体健康挂在心头。我们要把伟大抗疫精神、祖国优秀文化传统融会于我们的教材里。

第四轮修订,我们编写队伍努力做到以下九个方面:

1. 符合国家对高等教育的新要求。全面贯彻党的教育方针,落实立德树人根本任务,培养德智体美劳全面发展的社会主义建设者和接班人。加强教材建设,推进思想政治教育一体化建设。

2. 符合医学发展趋势和健康需求。依照《"健康中国 2030"规划纲要》,把健康中国建设落实到医学教育中,促进深入开展健康中国行动和爱国卫生运动,倡导文明健康生活方式。

3. 符合思维模式转变。二十一世纪是宏观文明与微观文明并进的世纪,而且是生命科学的世纪。系统生物学为生命科学的发展提供原始驱动力,学科交叉渗透综合为发展趋势。

4. 符合医药科技发展趋势。生物医学呈现系统整合/转型态势,酝酿新突破。基础与临床结合,转化医学成为热点。环境与健康关系的研究不断深入。中医药学守正创新成为国际社会共同的关注。

5. 符合医学精英教育的需求。恪守"精英出精品,精品育精英"的编写理念,保证"三高""三基""五性"的修订原则。强调人文和自然科学素养、科研素养、临床医学实践能力、自我发展能力和发展潜力以及正确的职业价值观。

6. 符合与时俱进的需求。新增十门学科教材。编写团队保持权威性、代表性和广泛性。编写内容上落实国家政策、紧随学科发展,拥抱科技进步、发挥融合优势,体现我国临床长学制办学经验和成果。

7. 符合以人为本的精神。以八年制临床医学学生为中心,努力做到优化文字:逻辑清晰,详略有方,重点突出,文字正确;优化图片:图文吻合,直观生动;优化表格:知识归纳,易懂易记;优化数字内容:网络拓展,多媒体表现。

8. 符合统筹兼顾的需求。注意不同专业、不同层次教材的区别与联系,加强学科间交叉内容协调。加强人文科学和社会科学教育内容。处理好主干教材与配套教材、数字资源的关系。

9. 符合标准规范的要求。教材编写符合《普通高等学校教材管理办法》等相关文件要求,教材内容符合国家标准,尽最大限度减少知识性错误,减少语法、标点符号等错误。

最后,衷心感谢全国一大批优秀的教学、科研和临床一线的教授们,你们继承和发扬了老一辈医学教育家优秀传统,以严谨治学的科学态度和无私奉献的敬业精神,积极参与第四轮教材的修订和建设工作。希望全国广大医药院校师生在使用过程中能够多提宝贵意见,反馈使用信息,以便这套教材能够与时俱进,历久弥新。

愿读者由此书山拾级,会当智海扬帆!

是为序。

中国工程院院士

中国医学科学院原院长　　　刘德培

北京协和医学院原院长

二〇二三年三月

主 编 简 介

左 伋

复旦大学基础医学院细胞与遗传医学系教授,博士研究生导师,复旦大学教材委员会委员,兼任中国优生科学协会会长,《中国优生与遗传杂志》总编辑,中华医学会医学细胞生物学分会常务理事,政协上海市第十一、十二届委员会委员,政协上海市第十三届委员会常务委员,享受国务院政府特殊津贴。

从事医学细胞生物学教学和研究 35 年。主要聚焦于分子伴侣与蛋白折叠在肿瘤和老年退行性疾病的关系研究。先后承担国家自然科学基金、上海市自然科学基金、上海市自然科学基金重点项目多项,在 *Nucleic Acids Research*、*Cancer Research*、*Aging Cell* 等杂志上发表论文 200 余篇,获省部级科研成果奖 2 项,主编"十二五"普通高等教育本科国家级规划教材《医学细胞生物学》《细胞生物学》(第 3 版),共同主编国家卫生健康委员会"十四五"规划教材《人体分子与细胞》(第 2 版)。主讲的课程为上海高校市级重点课程、国家级一流本科课程;所带领的团队为国家级教学团队;个人曾获宝钢优秀教师奖、复旦大学校长奖、上海市教学名师、上海市模范教师、复旦大学首届本科教学贡献奖。

周天华

浙江大学求是特聘教授,博士研究生导师,加拿大多伦多大学分子遗传学系兼任教授。现任教育部高等教育司司长、教育部直属高校工作办公室主任(兼),曾任浙江大学副校长、医学院党委书记、细胞生物学系主任,浙江大学癌症研究院院长、浙江省良渚实验室常务副主任。担任《浙江大学学报》(医学版)主编、*Cell Research* 和 *Journal of Experimental Clinical Cancer Research* 等多个学术刊物编委、中国细胞生物学学会常务理事、中国细胞生物学学会医学细胞生物学分会会长等。

长期从事医学细胞生物学教学和研究工作,主讲浙江大学"医学细胞生物学"课程,主要研究细胞周期的分子调控机制及其在胃肠癌发生发展中的作用。已发表 80 余篇国际学术论文,其中作为通信作者的文章在 *Cell Research*、*Developmental Cell*、*Gastroenterology* 和 *PNAS* 等杂志上发表。共同主编《医学细胞生物学》(第 1、2 版)和研究生教材《医学细胞生物学》(第 4 版)。"国家杰出青年科学基金"获得者,国家"万人计划"科技创新领军人才,科学技术部"中青年科技创新领军人才",教育部"新世纪优秀人才支持计划"获得者,浙江省胃肠疾病诊治新技术创新团队首席科学家,获浙江省 2021 年教学成果奖特等奖。

副主编简介

陈誉华

教授,博士研究生导师,现任中国医科大学生命科学学院院长、细胞生物学系主任、国家卫生健康委员会细胞生物学重点实验室暨教育部医学细胞生物学重点实验室主任,中国细胞生物学学会资深理事,教育部基础医学类教学指导委员会委员。曾任中华医学会医学细胞生物学分会主任委员、中国细胞生物学学会常务理事兼医学细胞生物学分会副会长。

从事教学和研究工作 30 余年。先后编写了多部国家卫生健康委员会规划教材,包括主编五年制本科临床医学专业规划教材《医学细胞生物学》(第 4~7 版)、副主编研究生规划教材《医学细胞生物学》(第 1~3 版)、副主编长学制临床医学规划教材《细胞生物学》(第 3 版)。发表 SCI 论文 70 余篇,其中作为通信作者的论文发表于 *Nature Communications*、*Cell Reports*、*Journal of Cell Biology* 等杂志,作为第一或第二完成人获教育部科学技术进步奖一等奖等省部级奖励 3 项。先后入选教育部跨世纪优秀人才培养计划、辽宁省特聘教授和教学名师,享受国务院政府特殊津贴。

刘 佳

医学博士,二级教授,博士研究生导师,辽宁省教学名师、大连市突出贡献专家,享受国务院政府特殊津贴。现任大连医科大学辽宁省癌症遗传和表观遗传重点实验室主任和华南理工大学医学院副院长。担任中华医学会医学细胞生物学分会常务理事。曾任大连医科大学基础医学院院长、研究生院院长、教务处处长和教务长等职。

从事教学及科研工作 40 年。担任多部规划教材主编或副主编。以第一或通信作者在中华系列医学期刊和 SCI 收录学术期刊发表百余篇学术论文,主持 7 项国家自然科学基金面上项目并获多项中华医学科技奖、辽宁省科学技术进步奖及自然科学奖。每年为本科生和研究生讲授"医学细胞生物学"课程。主要研究方向为肿瘤生物学与实验治疗学和基于肿瘤类器官的药敏检测与临床疗效评估。

徐 晋

博士,教授。现任哈尔滨医科大学细胞生物学教研室教学主任。先后担任中华医学会医学细胞生物学分会常务委员,中国细胞生物学学会第九~十一届理事,黑龙江省细胞生物学学会副理事长。

从事教学及科研工作 32 年。长学制临床医学专业及硕博研究生"细胞生物学"课程主讲教师。主要研究方向为 p53 家族 p63 和 p73 在头颈部鳞癌发生发展中的作用及甲状腺结节与甲状腺癌发生关联性的分子细胞生物学机制。参编国家卫生健康委员会规划教材《医学细胞生物学》(第 4~6 版)、长学制临床医学规划教材《细胞生物学》(第 2、3 版)、研究生规划教材《医学细胞生物学》(第 2、3 版);参编《中华医学百科全书:医学细胞生物学》。主持或参与完成国家级或省级多项科研课题,发表高水平研究论文 30 余篇。先后多次获得校级或院级优秀教师、优秀共产党员称号。

前　言

2021 年 5 月 22 日,全国高等学校八年制及"5+3"一体化临床医学专业第四轮规划教材主编人会议在武汉召开。会议介绍了近年来教育部、国家卫生健康委员会等关于医学教育特别是长学制医学教育改革的文件精神,以及第三轮长学制规划教材的使用情况等。第四轮教材的总体编写原则:三高(高标准、高起点、高要求),三严(严肃的态度、严谨的要求、严密的方法),三基(基础理论、基本知识、基本技能)和五性(思想性、科学性、先进性、启发性、适用性)。整套教材的总体编写要求:严把政治导向,密切结合国家要求,注重学科发展、专业需求、教学特点,重视顶层设计,落实主编人会议精神,严格执行"三会"(主编人会、编写会、定稿会),"互审"(编者之间互审初稿,主编、副主编审改终稿)制度,编者亲自执笔。

根据主编人会议的精神和要求,《细胞生物学》第 4 版编写会于 2021 年 7 月 16、17 日在青岛大学召开,与会编写人员交流了"细胞生物学"课程近年来在八年制及"5+3"一体化临床医学专业的设置情况和发展趋势以及《细胞生物学》第 3 版的使用情况,确定了《细胞生物学》第 4 版编写计划。2022 年 7 月 21、22 日召开了线上定稿会,对所有稿件进行了修改和审读。《细胞生物学》第 4 版承袭了《细胞生物学》第 3 版的基本框架,对近年来细胞生物学领域"定论的观点"进行了更新,也精简了部分内容,以期达到"更新""更精""更简"的编写要求。

参加本次编写的教授均来自教学一线,承担着八年制及"5+3"一体化临床医学专业的教学任务,具有丰富的教学经验。本次编写也得到了青岛大学青岛医学院、复旦大学基础医学院、浙江大学医学院有关领导的大力支持,在此表示衷心感谢。细胞生物学是一个不断发展的学科,与临床医学的交叉也在不断深入之中,加上编者的水平有限,教材如有不足之处,恳请使用者提出批评和改进意见。

左　伋　周天华

2024 年 1 月

目　录

第一篇　细胞生物学概论

第二篇　细胞的结构和功能

第三篇　细胞的重要生命活动

第五篇　干细胞与细胞工程

第一篇
细胞生物学概论

第一章
细胞生物学绪论

【学习要点】

1. 细胞生物学的概念与主要内容。
2. 现代细胞生物学的研究特点。
3. 细胞生物学发展对医学科学的影响。

生物学（biology）是研究自然界生命体（或生物）生命现象及其规律的一门学科。"生命体"之所以有生命，是自然界赋予了生命体各种基本生命特征，包括新陈代谢、生长、发育、分化、遗传、变异、运动、衰老、死亡等。生物学从19世纪初诞生以来不断发展，尤其是近几十年来物理、化学、计算机的理论和技术在生物学领域的渗透使生物学得到了迅速发展，科学家一方面在探讨生命的科学本质，另一方面也在探讨生物学在与之相关的医学、农业等领域中的应用，生物学已经成为一门综合性科学，即生命科学（life science）或生物科学（biological science）。由于生命体的复杂性，所以科学家研究生物学的立足点也不同，可以从生物的不同类型出发（如动物学、植物学、微生物学等），也可以从不同的结构功能角度出发（如发育生物学、干细胞生物学、遗传学等），还可以根据不同的层次出发（系统生物学、细胞生物学、分子生物学等）。细胞生物学就是从细胞这个层次研究生命的一个学科。

第一节 细胞生物学概述

生命从细胞开始。一些生命体以单细胞形式存在，而植物和动物都是由多细胞构成的。细胞是生物的形态结构和生命活动的基本单位。著名生物学家 E. B. Wilson 说："所有生物学的答案最终都要到细胞中去寻找。因为所有生命体都是，或曾经是，一个细胞。"

一、细胞分为原核细胞和真核细胞

除了病毒、类病毒以外，所有生命体都是由细胞构成的。细胞分为原核细胞和真核细胞两大类。原核细胞由质膜包绕，没有明确的核，内部组成相对简单，如细菌、支原体等。真核细胞具有核膜包被的核，以及丰富的内膜结构、细胞器和细胞骨架，是原核细胞长期进化的结果（图1-1-1、图1-1-2）。

地球上所有的细胞具有共同的进化起源前体，不同种类的细胞具有若干共性，主要包括：以相同的线性化学密码形式（DNA）储存遗传信息；通过模板聚合作用复制遗传信息；将遗传信息转录为共同的中间体（RNA）；以相同的方式在核糖体上将 RNA 翻译为蛋白质；使用蛋白质作催化剂促成机体各种化学反应；从环境中获得自由能并以腺苷三磷酸（ATP）作为能量流通形式；利用含有泵、载运系统和通道的质膜来分隔胞质和胞外环境；具有自我增殖和遗传的能力等。细胞的这些性质形成于长期物种生存的自然选择过程中。

细胞是由质膜（plasma membrane）包围的、相对独立的功能单位，能够自我调节和独立生存；同时，它又是不断与外界进行物质、能量和信息交换的开放体系（open system）。一切生命现象都在细胞的基本属性中得到体现。研究表明，生命是生命系统的整体属性，生命常显示为高度分工的和功能整合的细胞社会，生命活动是通过系统内的子系统之间的通信和相互作用来实现的，各子系统的活动固

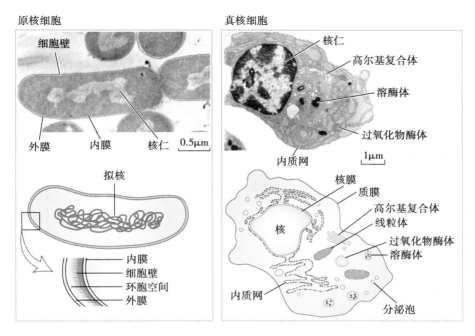

图 1-1-1 原核细胞和真核细胞比较

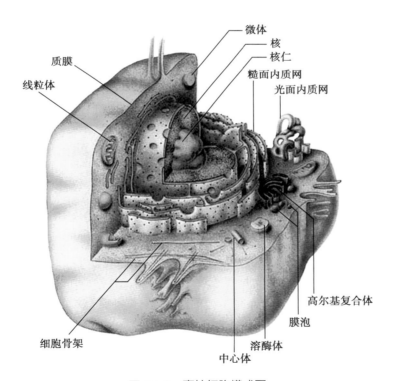

图 1-1-2 真核细胞模式图

剖开的真核细胞的立体模式图,可以见到细胞的内膜系统(内质网、高尔基复合体等)、遗传信息系统(核和核糖体)、细胞骨架系统、线粒体等。

然有其相对独立性,但在一定程度上受到整体的调控,而整体的特性远大于各部分之和。

二、细胞生物学是在细胞水平探索生命本质

随着科学的发展,对细胞的研究重点也在不断地发生变化,从传统的细胞学逐渐发展成了细胞生物学。细胞生物学(cell biology)是以"完整细胞的生命活动"(如新陈代谢、生长、发育、分化、遗传、

变异、运动、信号转导、衰老、死亡等)为着眼点,从分子、亚细胞、细胞和细胞社会的不同水平,用动态的和系统的观点来探索和阐述细胞这一基本单位的一门学科。细胞生物学的研究对象是细胞及其影响细胞结构和功能的细胞亚单位或生物大分子复合物(图 1-1-3)。

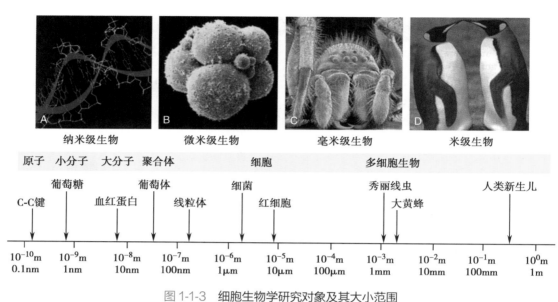

图 1-1-3　细胞生物学研究对象及其大小范围

A. DNA 螺旋,直径大约为 2nm;B. 受精 3 天后处于 8 细胞的人类胚胎,横径约为 200μm;C. 狼蜘蛛横径约为 15mm;D. 企鹅,体长约为 1m。

尽管如此,由于出发点的不同,也形成了若干不同的研究领域及分支学科,如从细胞的结构和功能角度研究细胞生物学的膜生物学(membrane biology)、细胞动力学(cytodynamics)、细胞能力学(cytoenergetics)、细胞遗传学(cytogenetics)、细胞生理学(cytophysiology);从细胞与环境角度研究细胞生物学的细胞社会学(cytosociology)、细胞生态学(cytoecology);以特定细胞为对象的癌细胞生物学(cancer cell biology)、神经细胞生物学(neural cell biology)、生殖细胞生物学(reproductive cell biology)和干细胞生物学(stem cell biology);与基因组学(genomics)、蛋白质组学(proteomics)密切相关的细胞组学(cytomics)和系统研究单细胞的单细胞生物学(single-cell biology)等,这与细胞生物学学科的飞速发展及其在众多领域的广泛应用有关。

细胞生物学与其他生命科学之间的相互交叉促进了其他生命科学的发展,也给细胞生物学本身带来了新的活力。在生命科学领域内的相邻学科中,细胞生物学和分子生物学(molecular biology)、发育生物学(developmental biology)及遗传学(genetics)的结构关系较近,内在联系密切,相互衔接和渗透最多。遗传学阐述生命遗传的原理和规律,发育生物学研究细胞特化过程中的性质改变,分子生物学聚焦于从细胞组分纯化的大分子的结构和功能。这些学科分别从自己特有的研究路径对细胞进行研究,从不同的角度探索细胞的奥秘。其中,分子生物学的进步对细胞生物学的发展有重大的影响,最近 60 多年来,分子领域研究中发生的所有重大事件,例如 DNA 双螺旋模型的提出、基因序列分析的开展、DNA 重组技术、RNA 分析技术和蛋白质分析技术的建立等都启发并推动细胞生物学向更深层次迅速地发展。

生物分子(尤其是生物大分子)的属性只有置于细胞体系中才能得到证实并表现出生命意义。分子必须被有序地构建及装配为某些细胞内组分并进入细胞内一定的功能体系中才能表现出生命现象,脱离了细胞这一生命的微环境,许多重要的大分子的性质就可能发生变化,这就是无法用总 DNA 恢复物种的原因。与分子生物学专注于基因和重要生物分子(尤其是核酸和蛋白质)的结构与功能不同,结合了分子生物学的细胞生物学的研究集中在基因表达后生物大分子的修饰、改造、细胞成分的组装和细胞内外信息的整合、分析和传递等领域。主要包括:细胞周期调控、细胞增殖与细胞分化的规律、染色体的结构和功能、细胞骨架和核基质对核酸代谢的调控、胞内蛋白质的分选和运输、细胞因子和细胞功能的关系、细胞外基质和细胞间信号联系、外泌体的形成及其对细胞功能的影响、细胞结构体系的组装与去组装、细胞信号转导、细胞迁移、干细胞特性、细胞社会学、细胞与组织工程、细胞的衰老和死亡、受精与生殖研究等。

近 20 年来对生命活动的研究已经取得了令人瞩目的和飞速的进展，但仍然不能圆满地解释生命现象的许多细节。因此，从细胞生物学"完整细胞的生命活动"的角度进行更深层次研究的需求非常突出。在人类基因组计划完成后，大量繁复和艰难的基因功能分析、调控机制等研究也将在细胞水平上展开。细胞生物学因此就在分子和整体之间、形态和功能之间架起了桥梁，而且强有力地渗透进其他生命学科并促进这些学科的发展，细胞生物学将在后基因组时代的生命科学中取得更大的发展空间并拥有其他学科不可替代的极其重要的地位。

第二节　细胞生物学的形成与发展

一、细胞学说是细胞生物学形成的基础

1665 年，Robert Hooke 在用自己创制的"简陋"显微镜观察木栓薄片时发现了细胞（图 1-1-4），命名为 cell（希腊文 kytos，小室；拉丁文 cella，空的间隙），即"细胞"。1674 年还进一步观察到纤毛虫、细菌、精子等自由活动的细胞。150 多年后，由植物学家 M. J. Schleiden（1838）和动物学家 T. Schwann（1839）综合了植物与动物组织中的细胞结构，归纳成细胞学说（cell theory）。在当时这一学说对生物科学各个领域的影响都很大，人们几乎不能想象差别如此巨大的虫鱼鸟兽、花草、树木，甚至人类，居然都有着共同的细胞基础。

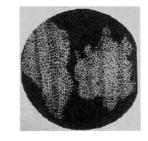

Robert Hooke
（1635—1703）

图 1-1-4　Robert Hooke 发明的显微镜及其所看到的"细胞"

R. Brown（1831）发现一切细胞都有细胞核；J. E. Purkinje（1839）提出原生质这一术语，乃为细胞化学成分的总称。M. Schulze（1861）把细胞描述为"细胞是赋有生命特征的一团原生质，其中有一个核"。

细胞病理学家 R. Virchow（1855）提出的名言"一切细胞只能来自原来的细胞"是细胞学说的重要发展，他提出了"生物体的繁殖主要是由于细胞分裂"的观点。

W. Flemming（1880）采用固定和染色的方法，在光学显微镜（光镜）下观察细胞的形态结构，发现了细胞的延续是通过有丝分裂进行的，在分裂过程中有染色体形成，接着在光镜下相继地观察到线粒体、中心体和高尔基复合体等细胞器。

胚胎发育开始于精卵结合即受精，它是 O. Hertwig（1875）作出的另一重大发现，19 世纪末，又发现了性细胞形成过程中的减数分裂现象，通过减数分裂可以保持各物种染色体数目的稳定。

综合以上发现,Hertwig(1892)在他的《细胞和组织》一书中写道:"各种生命现象都建立在细胞特点的基础上"。他的著作标志着细胞学(cytology)已成为一门生物学科。至此,对于细胞的概念已经进一步发展,可归纳为以下几点:①细胞是所有生物体的形态和功能单位;②生物体的特性决定于构成它们的各个细胞;③地球上现存的细胞均来自细胞,以保持遗传物质的连续性;④细胞是生命的最小单位。

但在这一阶段,由于方法上的局限性,对细胞的研究只停留在形态观察上,对功能的研究则少有进展。

二、多学科渗透促进了细胞生物学的形成与发展

多学科渗透是现代科学,特别是生命科学发展的一大特点。以 2003 年度的诺贝尔奖为例可以清楚地看出这一点:2003 年度的诺贝尔生理学或医学奖授予了物理学家 P. Lauterbur 与 P. Mansfield,以表彰他们在磁共振领域所做的工作。他们的发现为现代磁共振诊断手段的产生奠定了重要基础,磁共振可以产生人体器官的三维图像,使潜伏的疾病得以发现,这是物理学与医学结合的成果;与此同时,约翰·霍普金斯大学医学院 P. Agre 教授发现了细胞膜上存在水通道(water channel),洛克菲勒大学医学院教授 R. MacKinnon 对细胞的离子通道结构和机制的研究取得了大量的成就,这些对于治疗许多与肾脏、心脏、肌肉和神经系统有关的疾病十分重要,因此这两位医学院的教授获得了 2003 年度的诺贝尔化学奖。

事实上,从 20 世纪初至 20 世纪中叶这一阶段,细胞学的主要特点是与生物科学的相邻学科之间的相互渗透,其中尤其是与遗传学、生理学和生物化学的结合,并采用了多种实验手段,对细胞的遗传学(主要是染色体在细胞分裂周期中的行为)、细胞的生理功能和细胞的化学组成作了大量的研究,对细胞运动、细胞膜的特性、细胞的生长、细胞分泌、细胞内的新陈代谢和能量代谢等提出了新的观点。这一阶段的细胞研究已逐步由纯形态的细胞学阶段发展为细胞生物学阶段;20 世纪中叶之后的年代里,细胞生物学的发展还得到了非生物学科的支持,如物理学、化学、计算科学、信息学等。

三、电子显微镜与分子生物学的结合实现了分子、结构、功能的统一

进入 20 世纪 30—50 年代,电子显微镜技术和分子生物学技术被用于细胞的研究。在过去的研究中,由于技术上的局限,很难研究细胞内部复杂的结构成分,电子显微镜的出现与应用使观察细胞内部亚微结构成为可能,从而使细胞生物学的研究进入一个崭新的阶段;另外,自从 20 世纪 50 年代 J. D. Watson 和 F. Crick 阐明了 DNA 分子的双螺旋模型,基因的结构、基因的表达及表达的调控、基因产物如何控制细胞的活动有了越来越多的阐明,细胞内信号转导、物质在细胞内转运、细胞增殖的调控以及细胞衰老与死亡机制的不断积累;所有这些都使细胞的研究进入了全新的境界,即从分子角度、亚细胞角度探讨细胞的生物学功能,由此细胞生物学已发展成为分子细胞生物学(molecular cell biology)。

四、系统理论进入细胞生物学学科领域

由于细胞是一个生命的综合体,着眼于细胞内某一分子、某一结构、某一功能的传统研究显然不能代表细胞生命活动的真实状态。因此,系统理论(systems theory)被引入细胞生物学研究理念中。20 世纪 70—80 年代首先采用系统方法研究生态系统、器官系统并奠定了系统生态学、系统生理学这些学科。随着人类基因组计划的完成,RNA、蛋白质的研究越来越深入,数字化、网络化的概念越来越成为细胞功能研究的主流,因此以细胞为对象的系统生物学(systems biology)应运而生。它以细胞作为一个系统,研究系统内各种因素,获得 DNA、RNA 及蛋白质相互作用及所构成网络等各方面整合所获得的信息,建立能描述系统结构和行为的数学模型,最后借此模型系统,研究系统的功能、运作、异常及干预。

五、单细胞生物学研究不断发展

随着研究的深入,越来越多的科学家意识到,传统的细胞分类方法不能有效区分细胞个体间的差异。许多功能完全不同的细胞可以具有相似的形态,或能产生相同的分子标记,而最终的研究结果必然会受不同细胞间异质性(intercellular heterogeneity)的影响。因此,研究者们通过微流体或单液滴阵列捕获单个细胞,在单细胞或单一细胞类型的水平上进行高通量、高精度测序,或利用基因编辑技术和生物信息学技术进行谱系追踪,来确定新的细胞类型,解锁新的细胞功能状态以及描绘细胞相互作用网络等,由此发展形成了单细胞生物学(single-cell biology),能够为揭示胚胎发育、表观遗传等机制以及自身免疫病、肿瘤等疾病的精确化治疗提供指导。

综上所述,细胞学研究经历从细胞学说的确立、细胞形态的描述到从分子和亚细胞角度全面研究细胞的生物学功能的漫长阶段;展望未来,细胞的研究将进一步揭示生命的基本特征并广泛用于工业、农业、环境和医学卫生等各领域。

第三节　细胞生物学与医学科学

医学科学是以人体为研究对象,探索人类疾病的发生、发展机制,并对疾病进行诊断、治疗和预防的一门综合学科。医学科学不断地吸收和运用其他学科尤其是生命科学的新知识和新技术,以提高本学科的整体水平,并推动医学科学研究向前发展。医学院校开设的细胞生物学课程和开展的细胞生物学科学研究构成了基础医学和临床医学的重要基础,它主要以人体细胞为对象,以疾病的研究作为出发点,进而探讨疾病的发生机制,开展疾病的早期诊断、特异性诊断、预后评估以及寻找疾病的临床干预方法奠定基础,通常也被称为医学细胞生物学(medical cell biology)。细胞生物学与医学实践紧密地结合,不断地开辟新的研究领域,提出新的研究课题,努力地探索人类生老病死的机制,研究疾病的发生、发展和转归的规律,力图为疾病的预防、诊断、治疗提供新的理论、思路和方案,为最终战胜疾病、保障人类健康作出贡献。

一、医学上的许多问题需要用细胞生物学的理论和方法来解决

细胞是生命的基础,因此一切问题的真正解决,都必须在细胞水平上实现。就医学而言,目前所面临的主要任务是探索疾病发生的分子机制、疾病的诊断与治疗等。

（一）细胞生物学研究有利于疾病发病机制探讨

人类疾病是细胞病变的综合反映,而细胞病变则是细胞在致病因素的作用下,组成细胞的若干分子相互作用的结果。外在的致病因素(物理的、化学的或生物的)和内在的致病因素(遗传的)都可能通过这种或那种途径影响到细胞内的分子存在及其所形成的网络系统,而导致细胞发生分子水平上的变化,并进一步导致建立在这些分子基础上的亚细胞及细胞水平上的病变。在人类的疾病谱中绝大多数疾病的发病机制尚不清楚,因而还不能提出针对性的分子干预措施,相应地就缺乏有效的临床治疗药物,因此从细胞水平深入地研究疾病的发生机制对揭示疾病本质、探讨有效治疗方法具有重要的意义。

（二）细胞生物学研究将为疾病的早期诊断带来希望

疾病的诊断除了必要的病原学检查外,更主要的是有赖于疾病所带来的异常特征,机体整体水平、生化水平、细胞水平或分子水平的变化,都可能是疾病诊断的依据,然而机体整体水平或生化水平的变化,往往是细胞已经发生了严重的,甚至是不可恢复的变化以后才出现的,因此依靠这些特征进行诊断往往无助于疾病的治疗;而细胞或细胞内分子水平的变化往往是在疾病的早期,甚至是在尚未对细胞代谢产生某种影响的情况下就已存在或已发生,因此通过细胞或细胞内分子水平的变化来进行诊断就很容易实现早期诊断,也就十分有利于疾病的早期治疗,而研究和探索疾病状态下的细胞及

分子水平的变化是现代医学领域最令人鼓舞的领域,并因此诞生了分子诊断学(molecular diagnostics)这一前沿学科。

（三）细胞将成为疾病治疗的靶点和载体

一方面,疾病的治疗有赖于对疾病机制的深入了解,只有这样才能筛选出具有针对性的药物以获得最大的治疗效果并最大限度地减少毒副作用;另一方面,基因治疗已成为21世纪具有一定潜力的治疗方法之一,而基因治疗是建立在分子生物学特别是细胞生物学基础之上的:用特定的细胞携带特定的基因转入特定的患者细胞中再回输入患者体内,弥补患者细胞基因表达上的缺陷,提高细胞的抗病能力,减低细胞内毒性物质的作用,恢复细胞内已紊乱的新陈代谢,从而达到治疗目的;再一方面以CRISPR/Cas9(clustered regularly interspaced short palindromic repeats/CRISPR-associated protein 9)系统为引领的基因编辑技术已在多种模式生物中广泛应用,为构建更高效的基因定点修饰技术提供了全新的平台,也为定点治疗基因缺陷引起的疾病指出了新方向;还有,细胞或经过修饰的细胞(例如干细胞)移植或细胞治疗(cell therapy)在现代疾病治疗学上具有重大的应用前景。通过提取患者血液中的T细胞,体外人工嵌合上肿瘤特异性抗原的受体以及协同作用蛋白,专一性识别肿瘤细胞表面特异性抗原的嵌合抗原受体T细胞(chimeric antigen receptor T-cell,CAR-T)技术,将会使肿瘤的完全治愈成为可能。被移植的细胞和一定的生物材料(或高科技材料)相结合也是现代医学组织工程学的基础;最后,通过细胞融合或细胞杂交技术生产某些生物大分子,后者则可用于疾病的治疗和诊断。

总之,作为生命科学领域的前沿学科之一,医学细胞生物学已处于探索和解决生命科学领域中所有重大问题的时代。在医学领域,21世纪的医学也将全面走向分子医学(molecular medicine)的时代,疾病的诊断和治疗都有赖于疾病细胞机制的最终揭示,其中,细胞生物学的研究是不可缺少的。

二、细胞生物学的研究促进了医学科学的发展

对细胞各种生命现象的研究都可能直接或间接地应用于医学领域,为医学带来革命性变化,近年来,转化医学的形式就是细胞生物学与临床医学密切结合的产物。以下仅举几个方面予以说明。

（一）细胞分化是了解许多疾病发生的基础

细胞分化(cell differentiation)是从受精开始的个体发育过程中细胞之间逐渐产生稳定性差异的过程。在人胚胎早期,卵裂球的细胞之间没有形态和功能的差别;但胎儿临出生前,体内已出现了上百种不同类型的细胞,这些细胞在结构、生化组成和功能方面表现出明显的差异。从受精卵发育为成体过程中的细胞多样性的出现是细胞分化的结果。细胞分化的分子基础是核中含有完整遗传指令的基因的选择性的、具有严格时空顺序的表达,随后转录生成相应的mRNA,进而指导合成特殊功能的蛋白质。细胞分化的关键调控发生在转录水平,转录因子组合对分化具有重要的作用,有些转录因子对多种细胞起作用,有的只对特定的基因表达有效。

分化(differentiation)具有的相对的不可逆性受到了医学家的特别关注。在一般情况下,已经分化为某种特异的、稳定型的细胞不可能逆转到未分化状态或者转变成其他类型的分化细胞。但在某些特殊情况下存在例外:一种是去分化(dedifferentiation),即分化细胞的基因活动方式发生逆转,细胞又回到原始或相对原始的状态;另一种是转分化(transdifferentiation),即细胞从一种分化状态转变为另一种分化状态。目前细胞分化的研究集中在个体发育过程中出现分化差异的详细机制,以及多种因素(细胞因子、激素、DNA甲基化、诱导等)对分化进程的调控作用。研究细胞分化的分子基础和调节因素不仅有助于揭示生物学的一些本质问题,对于探讨一些疾病(如肿瘤的发生与治疗)、器官与组织的再生修复都具有十分重要的指导意义。

（二）细胞信号转导有助于揭示疾病的发生和寻找药物靶点

人体的细胞无时无刻不在接收和处理来自胞内和胞外的各种信号,这些细胞信号的传递和整合在生命中具有重要作用,它不仅影响细胞本身的活动,而且能使单个细胞在代谢、运动、增殖和分化等行为上与细胞群体及机体的整体活动保持协调一致。目前细胞信号转导(signal transduction)研究的

重点是信号分子的种类及其受体、跨膜信号转导和胞内信号转导的途径和调控。信号转导机制的阐明不仅能加深对细胞生命活动本质的认识，也有助于研究某些疾病的发病机制和药物的靶向设计。在细胞正常的功能与代谢中，信号转导起着重要的作用，其过程和路径的任一环节发生障碍，都会使细胞无法对外界的刺激作出正确的反应，由此导致许多病理变化发生。

自身性免疫受体病是机体本身产生了受体的抗体，该抗体与受体结合后，受体的功能被关闭，由此导致疾病的发生。例如，重症肌无力患者的体内存在抗乙酰胆碱受体的抗体。继发性受体病是因机体自身代谢紊乱，引起受体异常后发生的疾病。

另一类与信号转导有关的疾病为 G 蛋白异常疾病。G 蛋白的 α 亚基上含有细菌毒素糖基化修饰位点，经细菌毒素作用后，这些位点糖基化，可使 α 亚基的鸟苷三磷酸（GTP）酶活性失活或与受体结合的能力降低，导致疾病的产生，霍乱弧菌所致的腹泻是本类疾病的一个例子。

哺乳动物雷帕霉素靶蛋白（mammalian target of rapamycin, mTOR）信号通路是调控细胞生长与增殖的一个关键通路，该通路将营养分子、能量状态以及生长因子等信息整合在一起，调控细胞的生长、增殖、代谢、自噬、凋亡等生命过程，该通路的失调与多种人类疾病相关，包括癌症、糖尿病与心血管疾病。

信号转导通路中蛋白激酶异常也可能是疾病发生的原因。淋巴细胞有许多种类的酪氨酸激酶，它们在传递细胞特异的信号、调节机体免疫反应中起着重要的作用。这些激酶在组成及数量上的异常将导致免疫功能低下的发生。临床上常见的 X 染色体关联的免疫功能低下的病因即与 B 淋巴细胞酪氨酸激酶的异常相关。

（三）细胞生物学特性的研究有助于揭示肿瘤的发生机制

肿瘤发生（tumorigenesis）机制是医学细胞生物学研究的一个非常重要的领域。恶性肿瘤细胞的许多生物学行为，包括分化水平、增殖过程、迁移特性、代谢规律、形态学特点等与正常体细胞相比都有非常明显的变化。近年来对癌细胞的低分化和高增殖的超微结构和生物学特征已经进行了较详细的研究，目前肿瘤细胞生物学研究集中在以下领域：癌基因和抑癌基因与肿瘤发生的关系；癌干细胞的特性；肿瘤细胞跨膜信号转导系统和胞内信号转导途径的特点，以及癌细胞去分化机制；肿瘤细胞的增殖和细胞周期调控与肿瘤的发生、发展的关系等。

癌细胞是否可以逆转为正常细胞是医学特别关注的一个问题。临床上确有恶性肿瘤未经治疗而自愈的现象。目前，已发现可以在实验条件下使畸胎癌转化为正常细胞，同时实验证明有些肿瘤细胞可以被某些药物（如维 A 酸、二甲基亚砜、环六亚甲基双乙酰胺等）诱导分化，失去恶性表型特征。例如，维 A 酸（retinoic acid）和小剂量 As_2O_3 已经被应用于治疗早幼粒细胞白血病，可以使诱导分化受阻的幼稚粒细胞分化成熟，使白血病得到临床完全缓解，其效果明显优于放疗和化疗，同时也可避免放疗和化疗杀伤正常分裂细胞的副作用。许多研究证明癌细胞的诱导分化是可能的。但是，要解决癌细胞的逆向分化问题还需要对细胞分化及其调控的详细机制以及分化和恶性转变的关系做大量的、更深入的研究工作。

（四）干细胞生物学研究将为再生医学奠定基础

干细胞（stem cell）研究是目前细胞生物学的一个热点。体内具有增殖能力，能够分化生成不同类型细胞的原始细胞称为干细胞，主要包括胚胎干细胞（embryonic stem cell, ES 细胞）和组织特异性干细胞（tissue specific stem cell，简称组织干细胞），胚胎干细胞分化为组织干细胞的过程中生成不同分化等级的干细胞，它们共同构成了干细胞家族。目前若干种干细胞可以在体外环境下被分离、诱导（诱导多能干细胞 iPS）、培养、传代和建系，同时维持其干细胞特性，或者被定向诱导分化成为其他特定类型的细胞。干细胞的这些特点使得它们在细胞治疗、组织、类器官（organoid）或器官的重建以及作为新药研究模型中具有重要的价值。

胚胎干细胞可以通过体细胞核移植等途径获得，它具有与供体完全相同的遗传背景，再移植回体内不会产生免疫排斥反应，这为进一步的研究细胞治疗打下了良好的基础。干细胞不仅是个体发育的基础,在人体受到创伤后,有组织干细胞的组织和器官也具有一定的损伤后自行修复的再生能力。例如,皮肤、毛发、造血系统、消化道和肝脏都可以进行不同程度的组织修复再生。传统的医学观点认为,中枢神经系统损伤后无法再生,但新近发现,位于中枢神经系统中的神经干细胞仍然具有自我更新及分化成熟为成熟神经元的能力,而且由于血脑屏障的存在,当神经干细胞移植到中枢神经系统以后不会导致免疫排斥反应,因此,神经干细胞可能具有重要的临床应用潜力。另外,研究干细胞的自稳定性(self-maintenance)有助于鉴别肿瘤细胞的本质和阐明肿瘤的发生机制,已发现造血干细胞移植对一些血液系统恶性肿瘤有明显的治疗作用。目前已经证明某些类型的干细胞在适当的条件下有可能转变成其他种类的细胞,这就是干细胞的转分化。例如,造血干细胞在经过亚致死量的放射性核素照射后可以转变为脑的星形胶质细胞、少突胶质细胞和小胶质细胞,也可分化形成肌细胞和肝细胞等。利用干细胞的这一特性可能获得组织工程中的种子细胞。对干细胞的研究不仅可以推动对生命本质的研究,而且在人类疾病治疗、组织器官替代的组织工程和基因治疗中具有重大的理论意义和应用价值。

小结

细胞是生物体结构和功能的基本单位,没有细胞就没有完整的生命。细胞生物学以完整细胞的生命活动为着眼点,从分子、亚细胞、细胞和细胞社会的不同水平来阐述生命这一基本单位的特性。细胞生物学在生命科学中居于核心的地位。

细胞生物学迄今已有300多年的发展历史,主要经历了细胞的发现、细胞学说的创立、细胞生物学的形成、分子细胞生物学的兴起和走进系统生物学时代。研究技术和方法的改进与突破不断地推动细胞生物学的发展。细胞生物学和分子生物学、发育生物学、遗传学、生理学等学科的联系日趋密切,相关学科的新理论、新概念和新技术的引入,极大地促进了细胞生物学的发展并衍生出新的分支学科。

(医学)细胞生物学是基础医学和临床医学教育重要的基础课程。医学中的许多疾病现象与细胞生物学密切相关。细胞生物学与医学实践紧密结合,研究疾病的发生、发展、转归和预后规律,为疾病的诊断治疗提供新的理论、思路和方案。

(左 伋)

思考题

1. 细胞生物学的主要研究内容是什么? 有哪些分支学科?
2. 系统生物学的主要研究内容是什么? 为什么要发展单细胞生物学?
3. 细胞生物学与医学科学之间是怎样的关系?

第二章
细胞的概念和分子基础

【学习要点】

1. 一切有机体都是由细胞构成的,细胞是生命活动的基本单位。
2. 核酸-蛋白复合物在遗传信息表达系统中发挥重要作用。
3. 细胞是生命起源的标志,是生物进化的起点。

除病毒外,地球上的所有生物都是由细胞构成的。简单的低等生物仅由单细胞构成,而复杂的高等生物则由各种执行特定功能的细胞群体构成。细胞是生物体生命活动的基本结构和功能单位。按照生物进化的观点,所有生物体的细胞都由共同的原始细胞进化而来,即原始细胞经过无数次的分裂、突变和选择,使它的后代逐渐趋异,呈现出生命的多样性。构成生物体的细胞可分为原核细胞和真核细胞两大类,原核细胞结构简单,而真核细胞高度复杂,出现了细胞核和各种细胞器。

第一节　细　胞　概　述

自然中分布着数千万种不同的生物,虽然形态、功能千差万别,但他们都可以统一到细胞学说理论的范畴之中,即其最基本的微观结构都是由细胞构成的,而不同生物间最显著的差异更多体现在细胞水平上。

一、细胞是生命活动的基本单位

细胞是生命活动的基本单位,主要体现在以下几个方面:①细胞是构成有机体的基本单位,一切有机体都由细胞构成;②细胞具有独立完整的代谢体系,是代谢与功能的基本单位;③细胞是有机体生长与发育的基础;④细胞是遗传的基本单位,细胞具有遗传的全能性;⑤细胞是生命起源的标志,是生物进化的起点;⑥没有细胞就没有完整的生命。值得一提的是,这一概念同样适用于病毒,其原因在于病毒必须在细胞内才能表现基本的繁殖与遗传等生命特征。

虽然自然界中的细胞种类纷杂,但根据其进化地位、结构复杂程度、遗传结构类型与主要的生命活动方式,著名细胞生物学家 Hans Ris 在 20 世纪 60 年代最早将细胞分为原核细胞(prokaryotic cell)和真核细胞(eukaryotic cell)两大类。由原核细胞构成的生物体称为原核生物(prokaryote),而由真核细胞构成的生物体则称为真核生物(eukaryote)。几乎所有的原核生物都是由单个原核细胞构成的,而真核生物则分为单细胞真核生物与多细胞真核生物。1977 年,著名的系统进化论学者 Carl Richard Woese 等根据某些分泌甲烷的嗜热细菌的 16S RNA 序列的分析,提出这些生物体与典型的细菌的进化关系就如典型的细菌与真核生物一样,并认为这是一类新的细菌,即古细菌(archaebacteria)。1990 年,Woese 正式提出了新的生物分类单元(taxon)为域(domain),将自然界中的生物划分为 3 个域:①细菌域(*bacteria*),包括支原体、衣原体、立克次体、细菌、放线菌及蓝藻等,称为真细菌(*eubacteria*);②古菌域(*archaea*),主要分为广古菌(*Euryarchaeota*)(分布于不同的环境中并有广泛的代谢能力,如产甲烷菌、盐杆菌等)和泉古菌(*Crenarchaeota*)(包括超嗜热和嗜热菌类)两大类,称为古细菌(*archaebacteria*);③真核域(*eukarya*),包括真菌、植物和动物。由于近 30 年来,大量的分子进化与细胞进化的研究都支持该观点,越来越多的生物学家开始接受这样一个分类方式,即将现存的细胞分为3种类型:真核细胞、真细菌和古细菌。但目前仍普遍地将古细菌归属于原核细胞。

二、原核细胞是由细胞膜包绕的"原核"生命体

原核细胞结构简单,仅由细胞膜包裹,细胞质中没有内质网、高尔基复合体、溶酶体以及线粒体等膜性细胞器,也没有细胞骨架,但含有唯一的细胞器——核糖体。细胞质中存在相对集中的核区,即富含 DNA 的区域,但无被膜包围,称为拟核(nucleoid)。此外,与真核细胞相比,原核细胞较小,直径为一到数个微米。原核细胞的另一特点是在细胞膜之外,通常有坚韧的细胞壁(cell wall),其主要成分是蛋白多糖和糖脂。常见的原核细胞有支原体、细菌、放线菌和蓝绿藻(蓝细菌)等,其中支原体是最小的原核细胞。

(一) 支原体是最小最简单的细胞

支原体(mycoplasma)是目前已知最小的细胞,其直径为 0.1~0.3μm,结构极其简单。支原体的细胞膜由磷脂和蛋白质构成,没有细胞壁,胞质内呈环形的双链 DNA 分子分散存在,含有支原体生活所必需数量的遗传信息,仅能指导约 400 种蛋白质的合成,核糖体是其唯一的细胞器。支原体与医学关系密切,是肺炎、脑炎和尿道炎的病原体之一。

(二) 细菌是原核细胞的典型代表

细菌(bacteria)是自然界中分布最广泛的生物,直径一般为 0.5~5.0μm,是原核生物的典型代表,常见的有球菌、杆菌和螺旋菌。许多细菌为致病菌,如结核分枝杆菌感染可导致肺结核。

细菌的外表面为一层坚固的细胞壁,其主要成分为肽聚糖(peptidoglycan)。青霉素可抑制肽聚糖的合成,所以肽聚糖含量极高的革兰氏阳性菌(G^+)对青霉素很敏感,而肽聚糖含量低的革兰氏阴性菌(G^-)对青霉素不敏感。有时在细胞壁之外还有一层由多肽和多糖组成的具有保护功能的荚膜(capsula)。在细胞壁里面为由脂质和蛋白质组成的细胞膜。细菌的细胞膜比较特殊,常可分为细胞膜内膜、细胞膜外膜,以及内外膜中间的间隙。有些蛋白位于外膜上,称为外膜蛋白;位于内膜上的蛋白称为内膜蛋白,还有些蛋白贯穿于内、外膜。细菌的细胞膜上还含有某些代谢反应的酶类,如组成呼吸链的酶类。此外,细菌的细胞膜有时可内陷,形成间体(mesosome),它与 DNA 的复制和细胞分裂有关。有些细菌具有鞭毛(flagellum),直径约为 20nm。

细菌细胞质内的拟核区域含有环状 DNA 分子,其结构特点是重复序列很少,构成某一基因的编码序列紧密排列,无内含子。除基因组 DNA 以外,细菌细胞质中还含有一些更小的、能够自我复制的环状 DNA 分子,即质粒(plasmid)。

细菌的细胞质中含有丰富的核糖体,每个细菌含 5 000~50 000 个,其中大部分游离于细胞质中,只有小部分附着于细胞膜内表面。细菌核糖体的沉降系数通常为 70S 左右,由一个 50S 的大亚基和一个 30S 的小亚基组成,是细菌合成蛋白质的场所。细菌的 DNA 复制、RNA 转录与蛋白质的翻译可同时进行,而且空间上没有分隔,即 DNA 分子一边复制一边转录,正在转录的 mRNA 又与核糖体结合合成肽链。

(三) 古细菌多生活在极端环境中

古细菌形态多样,直径为 0.1~15μm,多生存于极端的环境中,如较早了解的产甲烷菌(*Methanogen*),后来陆续发现了高盐浓度中的盐杆菌(*Halobacteria*)、80℃以上硫黄温泉中的硫化叶菌(*Sulfolobus*)、燃烧煤堆中的热原质体(*Thermoplasma*)等。古细菌的形态结构、基因组 DNA 结构及基本生命活动与原核细胞相似,但其 DNA 的复制、基因的转录与翻译却与真核生物类似。

随着近些年来多个古细菌 DNA 序列分析的完成等进展,对古细菌的生物学特征有了进一步的认识,许多资料表明,古细菌与真核细胞曾在进化上有过共同的经历:①古细菌 DNA 中含有重复序列,多数古细菌的基因组中含有内含子,类似于真核细胞。②古细菌具有组蛋白,并能与 DNA 构建成类似核小体的结构,尽管与真核细胞的典型核小体有很大差别。③参与 DNA 复制(包括起始、Okazaki

片段引发、子链的合成以及解旋）的蛋白质或酶相似，提示古细菌与真核细胞类似；此外，古细菌和真核细胞还使用相似的启动子与基本转录因子。④古细菌拥有与真核细胞相同的30多种核糖体蛋白（这些蛋白不存在于真细菌中），其核糖体蛋白数量介于真核细胞与真细菌之间，能够与真细菌核糖体大、小亚基结合的抗菌药不能与古细菌、真核细胞的核糖体大小亚基结合；古细菌的许多翻译因子与真核细胞的相似。⑤古细菌的细胞壁不同于真细菌，不含肽聚糖，对青霉素不敏感。但是古细菌与真细菌也有共同之处，如都具有16S、23S和5S rRNA，有环状DNA等。

迄今已发现了100多种生活在极端环境下的古细菌，特别是在海洋深处高温热水口处发现了许多嗜热菌，使人们设想地球早期的生命环境以及古细菌在细胞的起源与进化中的重要性。近年来人们还在冰层深处发现了嗜冷菌。因此古细菌越来越受到生物学家的重视。

关于真核域和古菌域的关系，有两个方面的观点。一种是"三域"（three primary domains）假说，其认为真核域、古菌域和细菌域都有特定的祖先，但是古菌域和真核域可能有共同的祖先。另一种观点称为"二域"（two primary domains）假说，其认为古菌域和细菌域是两个基本的域，而真核域来自古细菌和真细菌的融合（图1-2-1）。

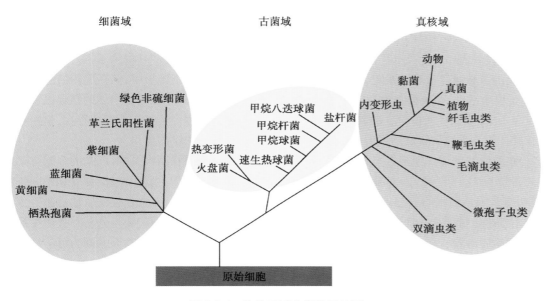

图 1-2-1　生物三域分类的系统树

三、真核细胞的细胞质内含有多种细胞器

真核细胞比原核细胞进化程度高、结构复杂。由真核细胞构成的生物，包括单细胞生物（如酵母菌属）、原生生物、动植物及人类等。真核细胞区别于原核细胞的最主要特征是出现有核膜包围的细胞核。

（一）真核细胞的形态多样、大小各异

高等生物如脊椎动物，由200多种细胞组成，其形态是多种多样的，常与细胞所处的部位及功能相关，如游离于液体中的细胞多近于球形，像红细胞和卵细胞；组织中的细胞一般呈椭圆形、立方形、扁平形、梭形和多角形，如上皮细胞多为扁平形或立方形，具有收缩功能的肌肉细胞多为梭形，具有接收和传导各种刺激的神经细胞常呈多角形，并出现多个树枝状突起，这些反映出细胞的结构与其功能状态密切相关。

不同类型细胞的大小差异很大，需用光学显微镜（简称光镜）和电子显微镜来观察、研究细胞，一般分别用微米（μm）和纳米（nm）作为描述细胞、细胞器大小的单位。大多数细胞的直径在10~20μm

之间,但有些细胞较大,如卵细胞,其中人类卵细胞直径约为 100μm,一些鸟类的卵细胞直径可达数厘米。

(二)真核细胞的结构特别复杂

在光镜下,真核细胞可分为细胞膜、细胞质和细胞核,在细胞核中可看到核仁结构。电子显微镜下,真核细胞的复杂结构主要包括:以脂质、蛋白质为基础形成的生物膜系统,由特定蛋白质组装形成的细胞骨架系统,以核酸、蛋白质为主要成分的核酸蛋白复合体,主要参与遗传信息表达系统等。真核细胞结构特点可以从以下四个方面来理解。

1. 生物膜系统　是细胞中以脂质和蛋白质为基础成分的膜相结构体系,即以生物膜为基础形成的一系列膜性结构或细胞器,具体包括细胞膜、内质网、高尔基复合体、线粒体、溶酶体、内体、过氧化物酶体及核膜等。组成这些膜性结构或细胞器的膜具有相似的脂双层结构,厚度为 7~10nm。这些膜性结构或细胞器均含有其特殊的蛋白质和酶,在各自的区域独立地行使其功能。如细胞膜的主要功能是进行物质交换、信息传递、细胞识别及代谢调节等作用;核膜作为细胞质与细胞核的界膜,既能使遗传物质得到更好的保护,又能介导细胞核与细胞质之间的物质交换、信息交流;线粒体是细胞内的"动力工厂",为细胞的活动提供能量;内质网是细胞内蛋白质和脂类等生物大分子合成的场所;高尔基复合体是负责蛋白质修饰、加工与分选的细胞器;溶酶体则是细胞内的"消化器官",能消化分解各种生物大分子。另外,生物膜形成的表面为很多生化反应提供了场所,生物膜上的跨膜蛋白也是细胞功能的重要体现者。

2. 遗传信息储存与表达系统　真核细胞的遗传物质被包围在细胞核中,储存遗传信息的载体即 DNA 与蛋白质结合,并被包装为高度有序的染色质或染色体结构。DNA 与蛋白质的结合以及包装程度决定了 DNA 复制和遗传信息的表达,其转录产物 RNA 也以与蛋白质结合的形式存在,呈颗粒状结构。核糖体作为蛋白质合成的场所,在遗传信息表达中也发挥着关键的作用。

3. 细胞骨架系统　细胞骨架是由一系列纤维状蛋白组成的网状结构系统,广义的细胞骨架包括细胞质骨架与核骨架,狭义的细胞骨架则指细胞质骨架。细胞质骨架主要由微丝、微管和中间纤维组成,其功能是维系细胞的形态、结构,参与细胞运动、细胞内物质运输、细胞分裂及信息传递等生命活动过程。细胞核骨架由核纤层与核基质组成,它们与基因表达、染色体的包装与分布有密切关系。

4. 细胞质溶胶　在细胞质中除了细胞器和细胞骨架等有形结构之外,其余的则为可溶性的细胞质溶胶(cytosol)。细胞与环境、细胞质与细胞核,以及细胞器之间的物质运输、能量传递、信息传递都要通过细胞质溶胶来完成。细胞质溶胶约占细胞总体积的一半,是均质而半透明的液体部分,除水分子外,其主要成分是蛋白质,占细胞质总量的 20% 左右,故使细胞质呈溶胶状。细胞质溶胶中的蛋白质很大一部分是酶,多数代谢反应都在细胞质溶胶中进行,如糖酵解、糖异生,以及核苷酸、氨基酸、脂肪酸和糖的生物合成反应。细胞质溶胶的化学组分中除大分子蛋白质、多糖、脂蛋白和 RNA 之外,还含有小分子物质、水和无机离子 K^+、Na^+、Cl^-、Mg^{2+}、Ca^{2+} 等。

上述 4 种基本结构体系,构成了细胞内部结构紧密、分工明确、功能专一的各种细胞器,并以此为基础保证了细胞生命活动具有高度的程序性和高度的自控性。

(三)真核细胞与原核细胞的区别与联系

真核细胞的主要代表是动物细胞和植物细胞,它们均有基本相同的结构体系,诸如细胞膜、核膜、染色质、核仁、线粒体、内质网、高尔基复合体、微管与微丝、核糖体等。但植物细胞也有一些动物细胞没有的特有细胞结构和细胞器,主要是细胞壁、液泡和叶绿体。细胞壁是在细胞分裂过程中形成的,主要成分为纤维素和果胶;液泡为脂双层膜包围的封闭系统,是植物细胞的代谢库,起调节细胞内环境的作用;叶绿体是细胞进行光合作用的场所。

如上所述,真核细胞与原核细胞在结构和基因组(genome)组成上均存在着显著差异:①真核细胞含有更多的 DNA,即使是最简单的酵母菌,其 DNA 含量也是大肠埃希菌(*Escherichia coli*,*E.coli*)的 2.5 倍。DNA 是遗传信息的携带者,所以真核细胞比原核细胞蕴藏着更多的遗传信息。此外,不同于原核细胞的环状 DNA,真核细胞的 DNA 呈线状并被包装成高度凝缩的染色质结构。②真核细胞的某些细胞器也含有 DNA。线粒体中含有少量的 DNA,可编码线粒体 tRNA、rRNA 和组成线粒体的少数蛋白。③原核细胞的 mRNA 转录与蛋白质翻译同时进行,即边转录边翻译,无须对 mRNA 进行加工,但真核细胞的 mRNA 在合成之后,必须在细胞核内经过剪接、加工,然后再运输到细胞质中进行翻译,即转录与翻译分开进行。原核细胞与真核细胞的比较见表 1-2-1。

表 1-2-1 原核细胞与真核细胞的比较

特征	原核细胞	真核细胞
细胞结构		
核膜	无	有
核仁	无	有
线粒体	无	有
内质网	无	有
高尔基复合体	无	有
溶酶体	无	有
细胞骨架	有细胞骨架相关蛋白	有
核糖体	有,70S	有,80S
基因组结构		
DNA	少	多
DNA 分子结构	环状	线状
染色质或染色体	仅有一条 DNA,DNA 裸露,不与组蛋白结合,但可与少量类组蛋白结合	有 2 个以上 DNA 分子,DNA 与组蛋白和部分酸性蛋白结合,以核小体及各级高级结构构成染色质与染色体
基因结构特点	无内含子,无大量的 DNA 重复序列	有内含子和大量的 DNA 重复序列
转录与翻译	同时在胞质中进行	核内转录,胞质内翻译
转录与翻译后的加工与修饰	无	有
细胞分裂	无丝分裂	有丝分裂,减数分裂,无丝分裂

四、非细胞生命形态——病毒

在生物界中,病毒(virus)是唯一的非细胞形态的生命体,是迄今发现的最小、结构最简单的生命存在形式,通常只能在电子显微镜下才能看到。病毒一般由核酸分子(DNA 或 RNA)与蛋白质组成核酸-蛋白质复合体,其中含有 DNA 的病毒称为 DNA 病毒,含有 RNA 的病毒称为 RNA 病毒。有的病毒结构更简单,其中仅由感染性 RNA 组成的病毒称为类病毒(viroid),仅由感染性蛋白质组成的病毒称为朊病毒(prion)。与细胞相比,病毒的结构极为简单,只是生物大分子复合体,不能独立完成其生命活动过程,必须在活细胞内才能表现它们的基本生命特征,因此病毒也被视为"不完全"的生命体,是彻底的寄生物。

根据病毒寄生的宿主不同,可将病毒分为动物病毒、植物病毒和细菌病毒,其中细菌病毒又称为噬菌体(bacteriophage)。多数动物病毒进入细胞的主要方式是靠细胞的"主动吞噬"来实现的。进入细胞内的病毒核酸利用宿主细胞的全套合成系统,以病毒核酸为模板,进行病毒核酸的复制、转录并翻译成病毒蛋白,然后装配成子代病毒颗粒,最后从细胞中释放出来,再感染其他细胞,进入下一轮病毒增殖周期。因此离开活细胞,病毒就无法增殖或生存。病毒在细胞内的增殖过程是病毒与细胞内组分极其复杂的相互作用过程。某些 RNA 病毒在进入细胞后,首先以病毒 RNA 分子为模板,在病毒自身的逆转录酶催化下,合成病毒的 DNA 分子,这种病毒的 DNA 能整合到宿主细胞的 DNA 链上,导致宿主细胞转型,转化为肿瘤细胞,这样的 RNA 病毒称为 RNA 肿瘤病毒。逆转录酶及其催化 RNA 逆转录为 DNA 的机制是生物学的重大发现。

第二节　细胞的分子基础

不同类型的细胞在具体的化学成分上虽有差异,但各自所含化学元素的种类基本相同。组成细胞的化学元素有 50 多种,其中主要为 C、H、O、N 这 4 种元素,其次为 S、P、Cl、K、Na、Ca、Mg、Fe 等元素,这 12 种元素占细胞总量的 99.9% 以上(前 4 种约占 90%)。此外,在细胞中还含有数量极少的微量元素,如 Cu、Zn、Mn、Mo、Co、Cr、Si、F、Br、I、Li、Ba 等。这些元素并非单独存在,而是相互结合,以无机化合物和有机化合物形式存在于细胞中。有机化合物是组成细胞的基本成分,包括有机小分子和生物大分子。

一、生物小分子

(一)水和无机盐是细胞内的无机化合物

无机化合物包括水和无机盐。水是细胞中含量最多的一种成分,是良好的溶剂,细胞内各种代谢反应都是在水溶液中进行的。细胞中的水除以游离形式存在外,还能以氢键与蛋白质分子结合,成为结合水,构成细胞结构的组成部分。无机盐在细胞中均以离子状态存在,阳离子如 Na^+、K^+、Ca^{2+}、Fe^{2+}、Mg^{2+} 等,阴离子有 Cl^-、SO_4^{2-}、PO_4^{3-}、HCO_3^- 等。这些无机离子中,有的游离于水中,维持细胞内、外液的渗透压平衡和 pH 稳定,以保障细胞的正常生理活动;有的直接与蛋白质或脂类结合,组成具有一定功能的结合蛋白(如血红蛋白)或类脂(如磷脂)。

(二)有机小分子是组成生物大分子的基本单元

有机小分子是相对分子量(M_r)在 100~1 000 范围内的碳化合物,分子中的碳原子可多达 30 个左右。细胞中含有 4 种主要的有机小分子:单糖、脂肪酸、氨基酸及核苷酸。糖主要由碳、氢、氧 3 种元素组成,其化学组成为(CHO)$_n$,故又称碳水化合物,其中 n 通常等于 3、4、5、6 或 7。单糖是细胞的能源和多糖的亚单位;脂肪酸分子由两个不同的部分组成,一端是疏水性的长烃链,另一端是亲水性的羧基(—COOH),其衍生物如磷脂由一个以 2 条脂肪酸链组成的疏水尾部和一个亲水头部组成,它们是细胞膜的基本组分;氨基酸是一类多样化的分子,但均有一个共同的特点,即都有一个羧基和一个氨基,两者均与同一个 α-碳原子连接,它们是构成蛋白质的基本单位;核苷酸分子由一个含氮环的碱基、一个五碳糖和一个磷酸基团相连而成,糖是核糖或脱氧核糖,核苷酸是构成核酸的基本单位。

二、生物大分子

生物大分子是由有机小分子构成的、相对分子量(M_r)在 5 000 以上的多聚体。细胞的大部分物质是大分子,大约有 3 000 种。生物大分子虽由小分子组装而成,但具有许多与小分子不同的生物学特性。细胞内主要的生物大分子物质有核酸、蛋白质和多糖,其分子结构复杂,在细胞内各自执行特定功能。

(一)核酸携带遗传信息

核酸(nucleic acid)是生物遗传的物质基础,目前已知的所有生物包括病毒、细菌、真菌、植物、动物及人体细胞中均含有核酸。核酸与生物的生长、发育、繁殖、遗传和变异的关系极为密切。细胞内的核酸分为核糖核酸(ribonucleic acid,RNA)和脱氧核糖核酸(deoxyribonucleic acid,DNA)两大类。其中 DNA 携带着控制细胞生命活动的全部信息。

1. 核酸的化学组成　核酸的基本组成单位是核苷酸,由几十个乃至几百万个单核苷酸聚合而成。核苷酸由戊糖、碱基(含氮有机碱)和磷酸三部分组成。戊糖有两种,即 D-核糖和 D-2-脱氧核糖。碱基也有两类:嘌呤和嘧啶。其中嘌呤分为腺嘌呤(adenine,A)和鸟嘌呤(guanine,G);嘧啶分为胞嘧啶(cytosine,C)、胸腺嘧啶(thymine,T)和尿嘧啶(uracil,U)。除此之外,在 DNA 和 RNA 分子中还发现有一些修饰碱基,即在碱基的某些位置附加或取代某些基团,如 6-甲基嘌呤、5-甲基胞嘧啶和 N6-甲基腺苷等,因它们的含量很少,又称稀有碱基。绝大部分稀有碱基存在于 RNA 分子上。

核苷酸的产生需要先形成核苷。核苷由碱基与核糖或脱氧核糖缩合而成。由于核糖有两种,因此核苷又分为核糖核苷(简称核苷)和脱氧核糖核苷(简称脱氧核苷)。核苷戊糖的 5′-羟基与磷酸形成酯键,即成为核苷酸。一般生物体内存在的大多是 5′-核苷酸,即磷酸与核糖第 5 位上羟基形成酯键,如腺苷酸(AMP)、鸟苷酸(GMP)、胞苷酸(CMP)、尿苷酸(UMP),以及脱氧腺苷酸(dAMP)、脱氧鸟苷酸(dGMP)、脱氧胞苷酸(dCMP)、脱氧胸苷酸(dTMP)。此外,有时磷酸可同时与核苷的 2 个羟基形成酯键,从而形成环化核苷酸。常见的有 3′,5′-环腺苷酸(3′,5′-cyclic adenylic acid,cAMP)和 3′,5′-环鸟苷酸(3′,5′-cyclic guanylic acid,cGMP)。

核酸由大量的单核苷酸聚合而成,单核苷酸间的连接方式为:一个核苷酸中戊糖的 5′碳原子上连接的磷酸基团以酯键与另一个核苷酸戊糖的 3′碳原子相连,而后者戊糖的 5′碳原子上的磷酸基团又以酯键与另一个核苷酸戊糖的 3′碳原子相连,由此通过 3′,5′-磷酸二酯键重复相连而形成的多聚核苷酸链即为核酸。表 1-2-2 列出了 DNA 和 RNA 在化学组成上的异同。从化学组成上看,DNA 可视为由脱氧核糖核苷酸线性排列形成(RNA 则由核糖核苷酸线性排列形成),由于各种脱氧核糖核苷酸中脱氧核糖和磷酸都是相同的,只有碱基是不同的,因此,可用碱基的排列顺序来代表 DNA 的脱氧核糖核苷酸的组成顺序。核酸分子中核苷酸或碱基的排列顺序也称为核酸的一级结构。

表 1-2-2　DNA 和 RNA 在化学组成上的异同

	DNA	RNA
戊糖	脱氧核糖	核糖
碱基	腺嘌呤(A)鸟嘌呤(G) 胞嘧啶(C)胸腺嘧啶(T)	腺嘌呤(A)鸟嘌呤(G) 胞嘧啶(C)尿嘧啶(U)
磷酸	磷酸	磷酸
核苷酸	脱氧腺苷酸(dAMP) 脱氧鸟苷酸(dGMP) 脱氧胞苷酸(dCMP) 脱氧胸苷酸(dTMP)	腺苷酸(AMP) 鸟苷酸(GMP) 胞苷酸(CMP) 尿苷酸(UMP)

2. DNA　20 世纪 50 年代初,有关 DNA 样品的 X 射线衍射分析结果提示,DNA 分子是规则的螺旋状多聚体。DNA 分子的碱基含量测定表明,不同生物细胞中,[A]=[T],[C]=[G]("[ ]"表示摩尔含量/浓度)。1953 年 J. Watson 和 F. Crick 提出了 DNA 分子的双螺旋结构模型(图 1-2-2),该模型认为,DNA 分子由两条相互平行而方向相反的多核苷酸链组成,即一条链中磷酸二酯键连接的核苷酸方向是 5′→3′,另一条是 3′→5′,两条链围绕着同一个中心轴以右手方向盘绕成双螺旋结构。螺旋的主链由位于外侧的间隔相连的脱氧核糖和磷酸组成,双螺旋的内侧由碱基构成,即一条链上的 A 通过两个氢键与另一条链上的 T 相连,一条链上的 G 通过三个氢键与另一条链上的 C 相连,或者说 A 总是与 T 配对,G 总是与 C 配对,这种碱基间的配对方式称为碱基互补原则。螺旋内每一对碱基均位于同一平面上,并且垂直于螺旋纵轴,相邻碱基对之间的距离为 0.34nm,双螺旋螺距为 3.4nm。构成 DNA 分子的两条链称为互补链,即 A=T 和 C≡G。因此,如果知道一条链中的碱基排列顺序,依据碱基互补原则,便可确定另一条链上的碱基排列顺序。

DNA 的双螺旋结构易受环境因素特别是湿度所影响,在低湿度时呈 A 型,高湿度时呈 B 型,分别称为 A 型 DNA 和 B 型 DNA,其中 B 型 DNA 即 Watson 和 Crick 描述的 DNA 双螺旋结构。此外,还

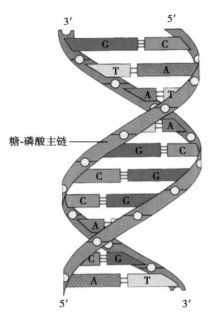

图 1-2-2　DNA 双螺旋结构模式图

存在呈左手螺旋的 DNA,称为 Z 型 DNA。

DNA 的主要功能是储存、复制和传递遗传信息。在组成 DNA 分子的线性核苷酸序列中蕴藏着大量的遗传信息。虽然 DNA 分子中只有 4 种核苷酸,但核苷酸的数量却非常巨大且呈随机排列,这就决定了 DNA 分子的复杂性和多样性。如果一个 DNA 分子由 n 个核苷酸组成,则其可能的排列顺序为 4^n。如此多的排列顺序展示了遗传信息的多样性,从而也体现了生物种类的多样性。

DNA 分子中所携带的遗传信息传递给子代细胞靠 DNA 复制来实现,DNA 双螺旋结构模型很好地解释了这一信息传递过程的普遍机制。组成双螺旋 DNA 的两条链是互补的,每一条链均含有与其互补链精确配对的碱基序列,因此,两条链中的每一条都可以携带相同的信息。DNA 复制从两条互补的 DNA 链局部分离(分叉)开始,以每条链为模板,在 DNA 聚合酶作用下将脱氧核糖核苷酸加在 DNA 链的 3′ 末端,所加上去的核苷酸是与模板链上的碱基互补的,从而产生与模板链序列互补的 DNA 子链。如此,可将遗传信息全盘复制出来,最终形成完整的 DNA 分子。新形成的双链 DNA 分子在核苷酸或碱基序列上与充当模板的亲代 DNA 分子完全相同,由于每条亲代 DNA 单链成为子代 DNA 双链中的一条链,故称为 DNA 半保留复制(semiconservative replication)。

DNA 分子所携带的遗传信息的流向是先形成 RNA,这种以 DNA 为模板合成 RNA 的过程称为转录(transcription)。DNA 转录和 DNA 复制不同,它以一条链的特定区段为模板合成一条互补的 RNA 链,在 RNA 合成之后,DNA 重新形成双螺旋结构,并释放出 RNA 分子。新形成的 RNA 被翻译成体现遗传信息的蛋白质,后者决定细胞的生物学行为。

3. RNA　DNA 转录来的 RNA 分子也是由四种核苷酸通过 3′,5′-磷酸二酯键连接而成的。组成 RNA 的四种核苷酸为腺苷酸、鸟苷酸、胞苷酸和尿苷酸。大部分 RNA 分子以单链形式存在,但在 RNA 分子内的某些区域,RNA 单链仍可折叠,并按碱基互补原则形成局部双螺旋结构,这种双螺旋结构呈发夹样,也称为 RNA 的发夹结构(图 1-2-3)。RNA 的结构与功能的研究是近些年来飞速发展的领域,新的 RNA 不断被发现,按结构和功能不同,RNA 分子可分为两大类:编码 RNA 和非编码 RNA(non-coding RNA,ncRNA)。编码 RNA 即编码蛋白质的信使 RNA(messenger RNA,mRNA)。非编码 RNA 指不能翻译为蛋白质的功能性 RNA 分子,包括:①参与蛋白质合成的转运 RNA(transfer RNA,tRNA)和核糖体 RNA(ribosomal RNA,rRNA);②参与基因转录产物加工的核小 RNA(small nuclear RNA,snRNA);③参与 rRNA 的加工与修饰的核仁小 RNA(small nucleolar RNA,snoRNA);④具有酶活性的 RNA——核酶(ribozyme);⑤参与基因表达调控的长链非编码 RNA(long non-coding RNA,lncRNA)、环状 RNA(circular RNA,circRNA)和若干其他小 RNA,后者包括微小 RNA(microRNA,miRNA)、小修饰性 RNA(small modulatory RNA,smRNA)、微小非编码 RNA(tiny non-coding RNA,

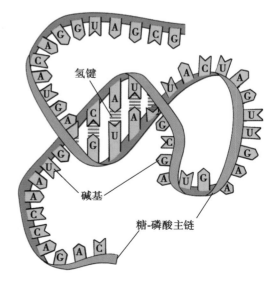

图 1-2-3　RNA 发夹结构模式图

tncRNA）及存在于生殖细胞中的 Piwi 相互作用 RNA（Piwi-interacting RNA，因与 Piwi 蛋白家族成员相结合才能发挥其调控作用而得名）等（表 1-2-3）。

表 1-2-3　动物细胞内含有的主要 RNA 种类及功能

RNA 种类	存在部位	功能
信使 RNA（mRNA）	细胞核与细胞质，线粒体（mt mRNA）	蛋白质合成模板
核糖体 RNA（rRNA）	细胞核与细胞质，线粒体（mt rRNA）	核糖体的组成成分
转运 RNA（tRNA）	细胞核与细胞质，线粒体（mt tRNA）	转运氨基酸，参与蛋白质合成
核小 RNA（snRNA）	细胞核	参与 mRNA 前体的剪接、加工
核仁小 RNA（snoRNA）	细胞核	参与 rRNA 的加工与修饰
微小 RNA（miRNA）	细胞核与细胞质	基因表达调节
长链非编码 RNA（lncRNA）	细胞核与细胞质	基因表达调节
环状 RNA（circRNA）	细胞核与细胞质	基因表达调节
核酶（有酶活性的 RNA）	细胞核与细胞质	催化 RNA 剪接

（1）mRNA：mRNA 占细胞内总 RNA 的 1%~5%。其含量虽少，但种类甚多而且极不均一，例如每个哺乳类动物细胞可含有数千种大小不同的 mRNA。原核细胞与真核细胞的 mRNA 不同，比如，原核细胞没有真核细胞 mRNA 所特有的 5′端 7-甲基三磷酸鸟苷（m7G5′ppp）帽子结构，也没有 3′端的由 30~300 个腺苷酸组成的多聚腺苷酸尾巴（3′ polyadenylate tail，poly A）结构。在高等真核生物，不同组织细胞中 mRNA 的种类相差极大。mRNA 在遗传信息流向过程中起重要作用，即携带着来源于 DNA 遗传信息的 mRNA 与核糖体结合，作为合成蛋白质的模板。mRNA 分子中每三个相邻的碱基组成一个密码子（codon），由密码子确定蛋白质中氨基酸的排列顺序。因此，整个 mRNA 链即是由一个串联排列的密码子组成。

mRNA 指导特定蛋白质合成的过程称为翻译（translation）。在原核生物中，mRNA 在合成的同时可直接翻译为蛋白质；而真核细胞则不同，其 mRNA 在合成之后需要经过一系列的加工，然后出核才能成为合成蛋白质的模板。

（2）rRNA：rRNA 在细胞中的含量较丰富，占 RNA 总量的 80%~90%，其分子量也是 3 种 RNA 中最大的。rRNA 通常呈单链结构，其主要功能是参与核糖体（ribosome）的形成。典型的原核细胞核糖体 50S 大亚基中含 23S 和 5S rRNA，30S 小亚基中含有 16S rRNA。在 16S rRNA 的 3′端有一个与 mRNA 翻译起始区互补的保守序列，是 mRNA 的识别结合位点。而典型的真核生物核糖体 60S 大亚基则含有 28S、5.8S 和 5S 三种 rRNA，40S 的小亚基含 18S rRNA。核糖体中 rRNA 约占总量的 60%，其余 40% 为蛋白质。

（3）tRNA：tRNA 的含量占细胞总 RNA 的 5%~10%，其分子较小，由 70~90 个核苷酸组成。tRNA 分子化学组成的最大特点是含有较多的稀有碱基。tRNA 分子为单链结构，但有部分折叠成假双链结构，以致整个分子结构呈三叶草形：靠近柄部的一端，即游离的 3′端有 CCA 三个碱基，它能以共价键与特定氨基酸结合；与柄部相对应的另一端呈球形，称为反密码环，反密码环上的三个碱基组成反密码子（anticodon），反密码子能够与 mRNA 上密码子互补结合，因此每种 tRNA 只能转运一种特定的氨基酸，参与蛋白质合成。

tRNA 还可以作为逆转录时的引物。当逆转录病毒在宿主细胞内复制时，需要细胞内的 tRNA 为引物，逆转录成互补 DNA（complementary DNA，cDNA）。可以作为引物的常见 tRNA 是色氨酸-tRNA、脯氨酸-tRNA。

（4）snRNA：在真核细胞的细胞核中存在一类独特的 RNA，它们的分子相对较小，含 70~300 个核苷酸，故被称为核小 RNA。snRNA 在细胞内的含量虽不及总 RNA 的 1%，但其拷贝（copy）数惊人，如

HeLa 细胞的 snRNA 分子可达 100 万~200 万个。现已发现的 snRNA 至少有 20 多种,其中有 10 多种分子中都富含尿苷酸(U),且含量可高达总核苷酸的 35%,故这些 snRNA 也称为 U-snRNA。U-snRNA 的一级结构也是单股多核苷酸链,二级结构中也含若干个发夹式结构。U-snRNA 分子中还含有少量的甲基化稀有碱基,并且都集中在多核苷酸链的 5′端,形成 U-snRNA 5′端特有的帽子结构,常见的为 2,2,7-三甲基三磷酸鸟苷($m_3^{2,2,7}$Gppp)。U-snRNA 的主要功能是参与基因转录产物的加工过程,在该过程中 U-snRNA 与一些特异蛋白结合成剪接体 UsnRNP(U-rich small nuclear ribonucleoprotein particle)。

(5) miRNA:是一类长 21~25 个核苷酸的非编码 RNA,其前体为 70~90 个核苷酸,具有发夹结构。miRNA 最先是在研究秀丽隐杆线虫(*Caenorhabditis elegans*,*C.elegans*)的发育过程中发现的,后来新的 miRNAs 在高等哺乳动物中不断被发现。越来越多的研究显示,哺乳动物基因的近 1% 可能编码 miRNA。目前文献上通常以 miR-# 表示 miRNA,其中 miR 表示 miRNA,"#"代表其序号,用斜体的 *miR-#* 来表示其相应的基因,例如,在造血组织细胞中发现的小 RNA 是 miR-181,则表达该小 RNA 的基因记作 *miR-181*。miRNA 普遍存在于生物界,具有高度的保守性。

miRNA 的形成与作用机制是:在细胞核内编码 miRNA 的基因转录形成 miRNA 初级产物(pri-miRNA),在核糖核酸酶(RNase)Ⅲ家族成员 Drosha 的作用下,剪切为 70~90 个核苷酸长度、具有茎环结构的 miRNA 前体(pre-miRNA)。pre-miRNA 在细胞核-质转运蛋白的作用下,从核内输出到胞质。然后,在 Dicer 酶(双链 RNA 专一性 RNA 内切酶)的作用下,pre-miRNA 被剪切成 21~25 个核苷酸长度的成熟双链 miRNA。起初,成熟 miRNA 与其互补序列结合形成所谓的"双螺旋结构";随后,双螺旋解旋,其中一条结合到 RNA 诱导沉默复合物(RNA-induced silencing complex,RISC)中,形成非对称 RISC 复合物(asymmetric RISC assembly)。非对称 RISC 复合物通过与靶基因 mRNA 3′端 UTR(untranslated region)互补结合,抑制靶基因的蛋白质合成或促使靶基因的 mRNA 降解,从而参与细胞分化与发育的基因表达调控(图 1-2-4)。

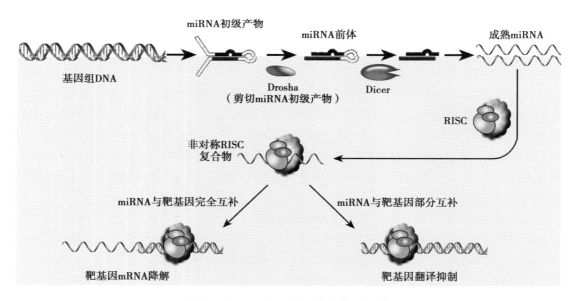

图 1-2-4   miRNA 的形成及作用机制

需要指出的是,Dicer 酶除了在 miRNA 形成过程中起重要作用之外,还可将一些外源的双链 RNA 加工成为 22 个核苷酸左右的小干扰 RNA(small interfering RNA,siRNA)。与 miRNA 的作用机制类似,这些 siRNA 也能够以序列同源互补的 mRNA 序列为靶点,通过促进靶 mRNA 的降解来高效、特异地阻断特定基因表达,这种现象称为 RNA 干扰(RNA interference,RNAi)。RNA 干扰现象的发现具有重要的意义,它不仅揭示了细胞内基因沉默的机制,而且还是基因功能分析的有力工具。

（6）lncRNA：是一类转录本长度超过 200 个核苷酸的 RNA 分子，它们并不编码蛋白质，而是以 RNA 的形式存在于细胞核或细胞质中。lncRNA 起初被认为是基因组转录的副产品，是"转录噪声"，不具有生物学功能。然而，近年来的研究表明，lncRNA 在 DNA 表观修饰、转录、转录后和翻译等多个水平上，作为信号分子、"海绵"（sponge）分子或"支架"（scaffold）分子而发挥作用，调节基因表达和细胞功能，包括引起基因组印记（genomic imprinting）和 X 染色体失活，促进或抑制肿瘤发生等。

现有研究资料表明，哺乳动物基因组序列中 4%~9% 的序列产生的转录本是 lncRNA，根据其在基因组上相对于编码基因的位置，可以将其分为有义、反义、双向（bidirectional）、基因内（intronic）及基因间（intergenic）的 lncRNA。许多 lncRNA 都具有二级结构、剪接形式及亚细胞定位。目前尚不能根据 lncRNA 序列或结构来推测它们的功能。

（7）核酶：核酶是具有酶活性的 RNA 分子，由 T Cech 首次发现。Cech 在研究原生动物嗜热四膜虫（*Tetrahymena thermophila*）的 rRNA 剪接时观察到，在除去所有的蛋白质之后，剪接仍可完成。在 rRNA 剪接过程中，前体 rRNA 能释放出一个内含子短链 L19RNA（linear minus 19 intervening sequence），它能高度专一催化寡核苷酸底物的剪接（splicing）。例如，五胞苷酸（C5）可被 L19RNA 剪接为较长的和较短的寡聚体：C5 被降解为 C4 和 C3，而同时又形成 C6 和更长的寡聚体。L19RNA 在 C6 上的作用比在六尿苷酸（U6）上快得多，而在六腺苷酸（A6）和六鸟苷酸 G6 上则一点也不起作用。这说明核酶的高度专一性。此外，核酶还遵循 Michaelis-Menton 酶促反应动力学方程。因此，核酶的发现，对"酶的本质就是蛋白质"这一传统概念提出了新的挑战，同时也为生命起源问题的探索提供了重要的资料。

核酶的底物是 RNA 分子，它们通过与序列特异性的靶 RNA 分子配对而发挥作用。目前已发现了具有催化活性的多种类型的天然核酶，其中锤头状（hammerhead）核酶和发夹状核酶已被人工合成，并显示出很好的功能。人们可以根据锤头结构的模式，来设计能破坏致病基因的转录产物，从而为基因治疗提供新途径。

（二）蛋白质表达遗传信息

蛋白质（protein）是构成细胞的主要成分，占细胞干重的 50% 以上。蛋白质是展示 DNA 信息的最佳物质，是细胞内的"工作分子"，是细胞功能的体现者。自然界中蛋白质的种类繁多，但通常由 20 种氨基酸组成。氨基酸的不同排列组合，以及蛋白质空间构象的形成决定了蛋白质功能的多样性。

蛋白质是由几十个至上千个氨基酸组成的多聚体，相对分子量大多在 1 万以上，是高分子化合物。自然界中有很多种氨基酸，但组成蛋白质的主要有 20 种 L-α-氨基酸，均由 mRNA 上的遗传密码所识别。氨基酸在结构上的特点是，每一个氨基酸都含有一个碱性的氨基（—NH$_2$）和一个酸性的羧基（—COOH），以及一个结构不同的侧链（—R）。从氨基酸的结构式可知，氨基酸为两性电解质。按氨基酸侧链—R 的带电性和极性不同，可将氨基酸分为四类，即带负电荷的酸性氨基酸、带正电荷的碱性氨基酸、不带电荷的中性/极性氨基酸和不带电荷的中性/非极性氨基酸。蛋白质中特定氨基酸的化学修饰对其功能发挥重要影响，例如丝氨酸、苏氨酸和酪氨酸的磷酸化与去磷酸化，赖氨酸的甲基化、泛素化等。

组成蛋白质的各种氨基酸按一定的排列顺序，以一定的肽键连接而成。肽键是一个氨基酸分子上的羧基与另一个氨基酸分子上的氨基经脱水缩合而形成的化学键。氨基酸通过肽键连接而成的化合物称为肽（peptide），由两个氨基酸连接而成的称为二肽，由几个氨基酸连接而成的称为寡肽，以多个氨基酸连接而成的称为多肽。多肽链是蛋白质分子的骨架，其中的每个氨基酸称为氨基酸残基，组成蛋白的氨基酸残基的差异体现出蛋白质的特征。因此，20 种氨基酸的不同排列组合顺序决定了蛋白质的结构与功能的多样性。

氨基酸的排列顺序是蛋白质的结构基础，但蛋白质不只是其组成氨基酸的延伸，它是以独特的三维构象（conformation）形式存在的。通过对蛋白质晶体的 X 射线衍射图谱分析，可以了解蛋白质的三维结构。这些蛋白质结构反映的共同特征是其多肽链的折叠（folding）类型。事实上，蛋白质的折叠与核糖体上蛋白质的合成同步进行,即边合成边折叠,新生肽链在合成过程中结构不断发生调整,合成、延伸、折叠、构象调整,直至最后三维结构的形成。除一类可溶性蛋白分子伴侣(molecular chaperone)参与辅助蛋白质的折叠之外,蛋白质三维构象的形成主要由其氨基酸的排列顺序决定,是其氨基酸组分间相互作用的结果。

根据蛋白质的折叠程度不同,通常将蛋白质的分子结构分为四级,即蛋白质的一级结构、二级结构、三级结构和四级结构。蛋白质的一级结构是指蛋白质分子中氨基酸的排列顺序。一级结构中氨基酸排列顺序的差异使蛋白质折叠成不同的高级结构。

蛋白质的功能取决于其结构(或构象)。一级结构是蛋白质功能的基础,如果氨基酸的排列顺序发生变化,将会形成异常的蛋白质分子。例如,在人的血红蛋白中,其 β 链上的第六位谷氨酸如果被缬氨酸替代,则形成异常血红蛋白,导致镰状细胞贫血。一些常见蛋白如肿瘤转化生长因子 β (TGF-β)仅在形成蛋白二聚体(dimer)时,才能发挥功能。在活细胞中,蛋白质亚基组装成更大的复合物表现更为复杂的生命活动,如蛋白质/酶复合物、核糖体、病毒颗粒等。

多肽链中通常有一些特殊的结构区域,称为结构域(domain),与蛋白质的功能相关。一个结构域一般有 40~350 个氨基酸残基,小的蛋白可能仅含一个结构域,较大的蛋白则含多个结构域。一个蛋白质的不同结构域通常与不同的功能相关,如脊椎动物中具有信号转导功能的 Src 蛋白激酶含有四个结构域:起调节作用的 SH2 和 SH3 结构域,以及其他两个具有酶催化活性的结构域。一般具有相同结构域的蛋白,往往有类似的功能。例如,具有螺旋-环-螺旋(helix-loop-helix,HLH)和亮氨酸拉链(leucine zipper,L-Zip)结构特点的蛋白质多为能与 DNA 结合的转录因子(transcription factor,TF)。

活细胞内蛋白质功能的发挥与其构象的不断改变密切相关。常见的例子是蛋白质的磷酸化与去磷酸化所引起蛋白质构象的改变,即将一个磷酸基团共价连接至一个氨基酸侧链上,这样的结合通常能够引起蛋白质构象改变,导致功能变化,同样,磷酸基团的去除将使蛋白质恢复原始构象并恢复原始活性。蛋白质磷酸化是通过蛋白激酶催化把 ATP 末端磷酸基团转移到蛋白质的丝氨酸、苏氨酸或酪氨酸侧链的羟基基团上,而其逆反应的去磷酸化则由蛋白磷酸酶完成(图 1-2-5)。细胞内包含数百种不同的蛋白激酶,每一种都负责不同蛋白质或不同系列蛋白质的磷酸化;同时细胞内还有许多高度特异性的磷酸酶,它们负责从一个或几个蛋白质中去除磷酸基团。对许多蛋白质而言,磷酸基团总是不断重复地被添加到某一特定的侧链上,然后被移除,从而使蛋白质的构象不断改变和恢复,这是真核细胞完成信息传递过程的重要分子基础。

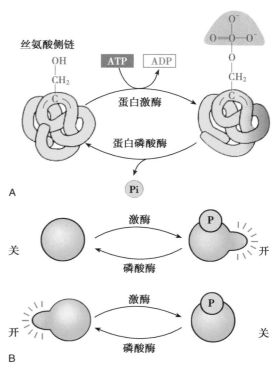

图 1-2-5　蛋白质的磷酸化与去磷酸化

(三)多糖存在于细胞膜表面和细胞间质中

糖在细胞中占有很大比例,可以以单糖、寡糖和多糖的形式存在。线性大分子和分支的大分子糖类是由简单而重复的单元组成,短链称为寡糖,长链称为多糖。例如,糖原是一种多糖,它完全由葡萄糖连接形成。但细胞中大部分的寡糖和多糖的序列是非重复的,由许多不同的单糖分子组成,这类复杂的寡糖或多糖通常与蛋白质或脂质连接在一起,形成细胞表面的一部分。例如,正是这些寡糖决定了一个特定的血型。细胞中寡糖或多糖存在的主要形式有糖蛋白、糖脂、蛋白聚糖和脂多糖等。

三、核酸与蛋白质复合物

核酶的发现颠覆了人们对"酶是蛋白质"的传统认知,然而蛋白质对 RNA 本身和它的胞内功能执行仍然十分重要。通常情况下,细胞内的核酸需要与蛋白质结合形成复合物,以核酸-蛋白复合物的形式存在,才能更加有效地应对细胞内复杂多变的环境,蛋白质或酶通过与核酸的结合,不但影响核酸的结构,而且直接参与基因的复制、重组、修复、转录、转录后加工和翻译等过程。根据结合蛋白的形式,核酸-蛋白复合物可以分为 DNA-蛋白复合物和 RNA-蛋白复合物。就 RNA 而言,这些复合物被称为核糖核蛋白(ribonucleoprotein,RNP),相应的 DNA 则为脱氧核糖核蛋白(deoxyribonucleoprotein,DNP)。典型的核酸-蛋白复合物包括 DNA 病毒、RNA 病毒、染色体(染色质)、核小体、核糖体、端粒酶、信号识别颗粒、核糖核酸酶 P、核仁小 RNA-蛋白复合物等。这些核酸-蛋白复合物绝大部分可以统一到遗传信息的复制和传递中。

(一) DNA 复制过程中的核酸-蛋白复合物

1. 核酸-蛋白复合物　DNA 复制时,首先在 DNA 解旋酶(DNA helicase)的作用下,双链解开形成复制叉,这是一个由多种蛋白质及酶参与的复杂过程。首先由拓扑异构酶 I 解开负超螺旋,并与解旋酶共同作用,在复制起始点解开双链。单链 DNA 结合蛋白稳定结合于单链 DNA 上,保证解旋酶解开的单链在复制完成前保持单链结构,待单链复制完成后才脱离,并重新循环。接着由引物酶(primase)等组成的引发体迅速作用于两条单链 DNA 上。

在大肠埃希菌的复制过程中不仅需要单个 DNA 聚合酶,还需要多种执行特定功能的酶和蛋白质,整个复合体被称为 DNA 复制酶系统。复制酶的复杂性反映了 DNA 结构及准确性要求的限制。解旋酶是一种利用 ATP 的化学能沿着 DNA 移动并分离双螺旋链的酶。双链的分离在螺旋 DNA 结构中产生拓扑应力,拓扑异构酶的作用可缓解这种应力。分离的单链由 DNA 结合蛋白稳定。引物酶是一种特殊的 RNA 聚合酶,不需要用特异 DNA 序列,在 DNA 模板上起始新 RNA 引物(RNA 短片段)的合成,提供引发末端,接着由 DNA 聚合酶从 RNA 引物 3' 端开始合成新的 DNA 链。最终,RNA 引物被切除并被 DNA 取代。其中 RNA 酶 H 是一类特殊的核酸酶,能够降解 RNA-DNA 杂交双链中的RNA,去除 RNA 引物。对于后随链来说,引发过程就更为复杂,每个冈崎片段都需要新引物,需要多种蛋白质和酶的协同作用,还牵涉冈崎片段的合成和连接。引发体在后随链分叉的方向上前进,并在模板上断断续续地引发生成后随链的引物 RNA 短链,再由 DNA 聚合酶Ⅲ作用合成 DNA,直到遇到下一个引物或冈崎片段为止。由 RNase H 降解 RNA 引物并由 DNA 聚合酶 I 将缺口补齐,再由 DNA 连接酶将两个冈崎片段连在一起形成大分子 DNA。

大肠埃希菌的复制过程被研究得较为透彻,整个复制过程都体现了 DNA 和蛋白质互作的重要性,并需要精细的协调和调节。真核细胞中的 DNA 分子比细菌中的 DNA 分子大得多,并被组织成复杂的核酸-蛋白质复合物结构。DNA 复制的基本特征在真核生物和细菌中是相同的,许多蛋白质复合物在功能和结构上都是保守的。但真核细胞 DNA 的复制受细胞周期等的调控,在染色质结构的复杂性中发挥重要作用。

2. 核小体　真核细胞的核基因组 DNA 在生理条件下带负电荷,在细胞核内与带正电荷的组蛋白结合形成核小体(nucleosome)的结构,核小体是真核细胞染色质的一级结构单位。每个核小体包括约 200bp 的 DNA,由组蛋白 H2A、H2B、H3 和 H4 各 2 个分子组成八聚体(octamer),146bp 的 DNA 缠绕八聚体 1.75 圈,形成核小体的核心颗粒。位于两个相邻的核心颗粒之间的 DNA 为连接 DNA(linker DNA),长度约为 60bp。连接 DNA 会随着细胞种类的变化而变化,其上结合一个组蛋白 H1,可锁定核小体 DNA 的进出端,起到稳定核小体的作用。多个核小体形成一条类似念珠状的纤维,后续再经螺旋组装形成染色体。这种组蛋白与 DNA 之间的相互作用是结构性的,基本不依赖于核苷酸的特异序列。

核小体结构可以调节基因的表达。一方面可以通过启动远端 DNA 序列而激活基因的表达,另一方面它还可以通过阻碍特定转录因子或调节蛋白与 DNA 的结合而抑制基因的表达。DNA 与转录因子或调节蛋白的接触受到核小体组蛋白的限制,DNA 只有从核小体上分离或部分解缠绕时才能与转录因子或调节蛋白充分接触。组蛋白尾上(N 末端)的氨基酸残基可以发生包括乙酰化、甲基化、磷酸化和泛素化等多种类型的化学修饰,这些修饰可改变组蛋白分子所带的电荷,从而影响它们与 DNA 的相互作用,进而对核小体的稳定和 DNA 的表达起到调控作用。

3. 端粒酶 端粒(telomere)是染色体末端的特化结构,通常由保守性较高的、富含 G 的短串联重复序列组成。端粒相当于细胞分裂的计时器,随着细胞分裂代数的增加,端粒的末端重复序列长度会逐渐缩短,端粒的长度与细胞分裂次数及细胞衰老相关。

端粒酶(telomerase)是由 RNA 和具有逆转录酶活性的蛋白质组成的 RNA-蛋白质复合物结构,其中 RNA 组分为模板,蛋白质组分具有催化活性。主要特征是以其自身的 RNA 组分作模板,以 dNTP 为原料,以端粒 5′ 末端为引物,逆转录合成端粒 DNA 重复序列。端粒酶的功能是使缩短的端粒 DNA 长度得以补偿,从而维持染色体的稳定。相对于正常细胞,肿瘤细胞中端粒酶活性高,维持肿瘤细胞的持续增殖能力。通过蛋白质-蛋白质相互作用研究端粒酶活性、功能及其调控机制,是目前端粒酶研究的热点之一。

(二)RNA 转录及转录后加工过程中的核酸-蛋白复合物

1. 转录过程中的核酸-蛋白复合物 储存在 DNA 序列中的遗传信息通过 RNA 聚合酶的作用转变成前体信使 RNA(precursor messenger RNA,pre-mRNA),即转录。实际上,一个真核细胞的 mRNA 在合成过程中,隐藏在一个复杂而动态的超级分子即信使核糖核蛋白(mRNP)复合物中,该复合物由几十种蛋白质组成。mRNP 的组成随着转录本的加工、运输到细胞质并运送到核糖体进行翻译而改变。相关蛋白可以显著调节 mRNA 的核输出、功能及其命运。细胞中的 RNA 和 RNA 结合蛋白(RNA binding proteins,RBPs)相互作用形成 RNP 复合物。RNP 复合物分布广泛,功能众多(表 1-2-4)。蛋白质生物合成过程是 DNA 编码的遗传信息流向活性蛋白质的过程,包括转录及其调控、mRNA 的加工转运、tRNA 传递、翻译及其调控等。原核生物的转录和翻译在时间、空间上是偶联的,而真核生物的转录和翻译在时空上是被隔离的,分别发生在细胞核与细胞质中,这就导致真核生物对前体 mRNA 采取非常复杂的转录后加工,并提供了更多的基因调控的手段。多种 RNA 和 RBP 分子参与该过程,RNP 复合物的多样性和重要功能在此得到了最好体现。

表 1-2-4 几种重要的 RNA-蛋白质复合物(RNPs)

类型	RNA	功能	存在
核糖体	rRNA	蛋白质生物合成的场所	所有生物
信号识别颗粒	古细菌和真核生物为 7SL RNA,真细菌为 4.5S RNA	识别多种真核细胞与糙面内质网和原核细胞与细胞膜结合的核糖体上合成的蛋白质在 N 端的信号肽,参与这些蛋白质的共翻译定向和分选	所有生物
snRNP	snRNA	参与真核细胞核内 mRNA 的剪接	真核生物
snoRNP	snoRNA	参与真核细胞 rRNA 的后加工	古细菌和真核生物
剪接体	snRNA 和 mRNA	切除真核细胞核 mRNA 分子的内含子	真核生物
核糖核酸酶 P	M1 RNA	参与 tRNA 前体在 5′ 端多余碱基序列的切除	所有生物
端粒酶	端粒酶 RNA	维护真核生物核 DNA 端粒序列的完整	真核生物
RNA 病毒	基因组 RNA	充当 RNA 病毒的遗传物质	真细菌和真核生物

构成 RNP 的 RBP 种类繁多,在哺乳动物中有数千种。RBP 影响 RNA 的结构和相互作用,在 RNA 的生物合成、稳定性、功能、转运及其亚细胞定位中起着重要作用。蛋白质合成中参与形成 RNP 的 RNA,既有小分子的 RNA,如 tRNA、rRNA,也有大分子的 mRNA,且各 mRNA 的长度、序列

和结构都具有多样性。还有一种涉及蛋白质降解的特殊的转运-信使 RNA（transfer-messenger RNA，tmRNA），其功能是通过回收停滞的核糖体并降解尚未翻译完成的肽链，保证细菌蛋白质翻译的保真性。在与各种 RBP 结合形成 RNP 时，RNA 大多是主角，或是复合物中具有催化活性的部分，或是介导复合物结构形成的关键分子，或是其命运受到调控。

（1）mRNP 的形成、加工和转运：mRNP 复合物在染色体上形成，其中的 RNA 组分先由 RNA 聚合酶Ⅱ（RNA polymerase Ⅱ，RNA pol Ⅱ）合成 pre-mRNA。pre-mRNA 一经合成，即和蛋白质一起形成 RNP 纤维，直径为 5~10nm。如果转录产物足够长，这种纤维也可能进一步组装成小颗粒。pre-mRNP 复合物需经加工，包括加帽、剪接和多聚腺苷酸化，而后成熟。上述过程需要招募大量的蛋白质，与 RNA 互作的蛋白质主要包括两大类：核不均一 RNP（heterogeneous nuclear RNP，hnRNP）以及富含丝氨酸-精氨酸（serine-arginine-rich，SR）的蛋白质。其中剪接需要超过 100 种的蛋白质形成剪接体（spliceosome）。

成熟的 mRNA 在蛋白质因子的介导下被转运出核进入细胞质，也可以边转录边出核。关键的输出因子是输出蛋白（exportin），输出蛋白和 mRNP 的偶联是通过一种保守的转录偶联出核（transcription-couple export，TREX）复合物实现的。

（2）小分子 RNA 的出核转运：在真核生物中，参与翻译的 tRNA 及 rRNA，在出核转运时遵循相似的模式，即出核因子参与的 Ran 循环。tRNA 的前体在细胞核合成，随后被加工成熟后转运至胞质。

rRNA 前体在核仁合成（5S rRNA 除外）后，即与在细胞质中合成并转运入细胞核的核糖体蛋白质组装成 60S 前体和 40S 前体颗粒。核糖体亚基的前体颗粒在 Ran GTP 系统参与下完成出核转运并进一步加工为成熟的核糖体亚基。

2. 剪接体　pre-mRNA 由多个内含子和外显子间隔形成，必须通过剪接作用除去内含子，连接外显子之后才能转变成为成熟的 mRNA，这一过程称为剪接（splicing）。pre-mRNA 剪接的关键步骤由 RNA 分子完成，并非蛋白质。特定的 RNA 分子识别核酸序列，发生特异性的剪接。能够行使剪接功能的 RNA 分子一般较小（常小于 200bp），称为 snRNAs，包括 U1、U2、U4、U5、U6 五种类型，它们各自都与 7 个以上的蛋白亚基形成核内小核糖核蛋白（small nuclear ribonucleoprotein，snRNP）。由上述 snRNA 分子和蛋白质因子（约 100 多种）动态组成的、能够识别 RNA 前体的剪接位点并催化剪接反应的 snRNP 形成剪接体的核心。剪接体的装配同核糖体的装配相似，依靠 RNA-RNA、RNA-蛋白质、蛋白质-蛋白质等三方面的相互作用，可能比核糖体更为复杂，涉及 snRNA 的碱基配对、相互识别等。利用这样一个大的蛋白复合体和短链 RNA，剪接体能够识别 mRNA 前体的 5′剪接位点、3′剪接位点和分支点，精确地剪切并将片段连接在一起。许多疾病的发生与 RNA 错误剪接有关，对其结构生物学的研究有望校正和预防剪接过程中错误的发生。

剪接体是蛋白质合成过程中较先形成的 RNP，RNA 是剪接体催化核心的主要成分，但建立这样一个有活性的 RNA 网络需要蛋白质的协助。

3. 核糖核酸酶 P（RNase P）　RNase P 是一种核糖核蛋白，含有一个长度为 375bp 的单链 RNA 分子，结合一个 20kD 的多肽（119 个氨基酸残基）。其中 RNA 具有催化切割 tRNA 的能力，蛋白质则起间接作用，可能是维持 RNA 结构的稳定。Rnase P 是一类用于 tRNA 前体剪切的核酸内切酶，能准确地切除 tRNA 5′端的多余序列，产生成熟的 tRNA 5′端。RNase P 广泛存在于原核生物和真核生物（核仁、线粒体和叶绿体）中，也参与核糖体 RNA 的加工过程。

4. RNA 的 N6-腺苷酸甲基化（N6-adenosine methylation，m6A）修饰　在真核生物中，5′端的 cap 及 3′端的 poly A 修饰在转录调控中起到了十分重要的作用，而 RNA 的转录后修饰控制着 RNA 的剪接、稳定性、出核乃至翻译。RNA 最常见的修饰包括 N6-腺苷酸甲基化、N1-腺苷酸甲基化（N1-adenosine methylation，m1A）、胞嘧啶羟基化（cytosine hydroxylation，m5C）等。

m6A 是 mRNA 和非编码 RNA（non-coding RNA，ncRNA）上 150 种化学修饰中最普遍的一种。对细胞系的研究结果表明，超过 7 000 种人的转录本上含有至少一个 m6A 修饰，m6A 主要发生在

RRACH（其中 R=A/G,H=A/C/U）基序（motif）中的 A 上。m6A 修饰往往富集于 mRNA 的编码序列（coding sequence,CDS）和 3′非翻译区（特别是终止密码子附近）。而 lncRNA 具有比 mRNA 更高丰度的 m6A 修饰,功能主要是调节其三维结构及其与 RNA 结合蛋白的互作。METTL3 和 METTL16 是负责 RNA m6A 修饰的主要甲基转移酶,称为编写器蛋白（writers）,其中 METTL3 需与 METTL14、WTAP、VIRMA、RBM15 和 ZC3H13 等蛋白形成复合体而发挥催化功能。FTO 和 ALKBH5 是主要的去甲基化酶,称为擦除器蛋白（erasers）。writers 和 erasers 能够响应上游或外界信号,动态调节全转录组 RNA m6A 修饰的水平、分布及生物学功能。负责特异性识别 RNA m6A 修饰的读取器蛋白（readers）包括 YTH 家族的 YTHDF1/2/3、YTHDC1/2,IGF2BP 家族的 IGF2BP1/2/3、HNRNPC、HNRNPA2B1,以及 FMR 和 LRPPRC 等。Readers 通过特异性识别 RNA m6A 修饰结合靶 RNA,并通过蛋白-蛋白相互作用,招募或引导别的分子机器,对 RNA 的剪接、出核、翻译及稳定性等进行调控。

（三）翻译过程中的核酸-蛋白复合物

1. 翻译过程中 RNPs 参与的调控　mRNA 出核后,真核翻译起始因子 eIF4E 招募形成翻译起始复合物,促进了蛋白质翻译和多聚核糖体的组装。翻译调控提供了一种快速控制基因表达的机制,它是由一系列的 mRNA 的 RBP 和微小 RNA（microRNA,miRNA）形成的 mRNP 和 miRNP 复合物介导。这些 RNP 通常影响转录产物的稳定性及亚细胞定位,进而影响翻译。

翻译结束后,当面临饥饿等环境压力时,mRNA 结合一系列蛋白质形成胁迫颗粒（stress granules,SGs）或 P 小体（processing bodies,PB）,导致翻译沉默或 mRNA 的降解。PB 的形成需要 RISC 及 mRNA 降解机器。RISC 能够引导位点特异的靶 mRNA 的降解,介导转录水平的基因沉默（transcriptional gene silencing,TGS）。

错误蛋白质产物的降解则可由转运-信使 RNP（tmRNP）介导。tmRNP 由核心元件 tmRNA 和小蛋白 B（small protein B,SmpB）组成。tmRNA 兼具 tRNA 和 mRNA 的性质,又称 10S RNA,其中的一个结构域为"tRNA-类似结构域"（transfer RNA-like domain,TLD）,包括可接受丙氨酸的氨基酸接受茎、一个含修饰碱基的 T 茎环,但没有 D 茎环和反密码子环;另一个结构域为"mRNA 类似结构域"（mRNA-like domain,MLD）,包括一个编码 AANDENYALAA 的开放阅读框,下游即是一个常规的终止密码子。

如果 mRNA 受损,原先合成的蛋白质不能从核糖体上解离时,tmRNA 即占据停止翻译的核糖体的 A 位点,然后该核糖体从原先残缺的 mRNA 的 3′端跳到或滑到 MLD 上,从一个被称为"重新开始密码子"（resume codon）开始,沿着 tmRNA 的开放阅读框继续进行翻译,直至碰到 MLD 上的终止密码子,因此在原先翻译的错误蛋白质的 C-端带入一段蛋白水解酶进攻的标签肽,使错误的蛋白质降解,该过程称作"反式-翻译"（trans-translation）。SmpB 的 C-末端保守氨基酸扮演了类似 tRNA 中反密码子环的角色,可能是介导反式-翻译的关键原因。细菌通过此机制降解由受损的 mRNA 翻译产生的蛋白质,进而拯救滞留的核糖体,继续进行其他蛋白质的翻译。

2. 核糖体　核糖体（ribosome）在电子显微镜下呈颗粒状,直径为 15~25nm,是合成蛋白质的结构,主要由 rRNA 及多种核糖体蛋白质组成,是一种高度复杂的细胞器。RNA 约占核糖体的 60%,蛋白质约占 40%,核糖体中的 RNA 主要构成核糖体的骨架,将蛋白质连接起来,并决定蛋白质的定位。核糖体由大亚基、小亚基组成,在细胞内一般以游离状态存在,且呈动态结构,只有当小亚基与 mRNA 结合后,大亚基才与小亚基结合,形成完整的核糖体,参与翻译过程,蛋白质合成一旦结束,大、小亚基即解离并游离于胞质溶胶中。

在真核细胞中,很多核糖体附着在内质网膜的外表面,参与糙面内质网的形成,还有一部分核糖体以游离形式分布在细胞质溶胶或线粒体基质中,其中呈游离状态的核糖体称为游离核糖体,附着在膜上的核糖体称为附着核糖体,两者的结构与功能相同,其不同点仅在于所合成的蛋白质种类不同,如游离核糖体主要合成细胞内的某些基础性蛋白,附着核糖体主要合成细胞的分泌蛋白和膜蛋白。蛋白质合成时,通常多个核糖体结合到同一个 mRNA 分子上,成串排列,称为多聚核糖体

（polyribosome）。蛋白质合成一般都是以多聚核糖体的形式进行的。

3. 核仁小 RNA 蛋白复合体　核仁小 RNA（snoRNA）在真核生物里参与核糖体 RNA 加工。snoRNA 是一类广泛存在于真核细胞核仁中的中等长度的非编码小 RNA，长度在 60~300bp，具有保守的结构元件，能与核仁核糖蛋白结合形成 snoRNPs（small nucleolar RNP，snoRNP）复合体。在脊椎动物中编码 snoRNA 的基因主要存在于蛋白编码基因或非蛋白编码基因的内含子区域，经过进一步的转录后加工形成成熟的 snoRNA。绝大多数 snoRNA 的宿主基因编码的蛋白或者转录本为核糖体的生物合成与功能所必需。snoRNA 参与的生物学过程主要有 rRNA 的加工处理、RNA 剪接和翻译过程的调控以及氧化应激反应。snoRNA 与其他 RNA 的处理和修饰有关，如核糖体和剪接体核小RNA、gRNA 等。反义 snoRNA 指导 rRNA 核糖甲基化。近期的研究表明，snoRNA 还与某些遗传性疾病、造血、代谢以及癌症相关。真核生物 rRNAs 中最常见的修饰是尿苷转化为假尿苷和 S-腺苷甲硫氨酸依赖的核苷甲基化（常发生在 2′-羟基基团上）。这些反应是 snoRNPs 依赖的，每个 snoRNP 由 1个 snoRNA 和 4~5 个蛋白质组成，其中包括进行修饰的酶。

4. SRP　SRP 即信号识别颗粒（signal recognition particle，SRP），是由 6 条不同的肽链结合 1 分子大约由 300bp 核苷酸组成的 7S rRNA 组成的核糖核蛋白复合物，通常存在于细胞质基质中，它能特异识别核糖体上新生肽末端的信号顺序即信号肽（signal peptide）并与之结合。SRP 占据了核糖体的A 位，阻止携带活化氨基酸的 tRNA 进入核糖体，使蛋白质的合成暂停。同时它又可和内质网膜上的停泊蛋白（SRP 的受体）识别、结合，将 mRNA 上的核糖体引导到膜上，从而介导核糖体附着到内质网膜上继续蛋白质的合成。SRP 上有三个结合位点：信号肽识别结合位点、SRP 受体蛋白结合位点和翻译暂停结构域。SRP 对正在合成的其他蛋白质无作用，因此游离核糖体不能附着到内质网膜上。

蛋白质生物合成体系中存在的大量 RNPs 保证了蛋白质合成的精确性。同时，各蛋白质因子之间相互作用，使转录、加工、转运、翻译成为一个相互联系和通信的网络，使细胞对外界环境作出的反应更加有效和迅速。

（四）其他

由于病毒是一类非细胞生物体，单个病毒个体被称为病毒粒或病毒体（virion），其基本成分是核酸和蛋白质。居于中心的核酸称为核心（core）或基因组，蛋白质包围在核心周围，形成衣壳（capsid）。衣壳是病毒粒的主要支架结构和抗原成分，可保护核酸。核酸和衣壳蛋白组合成核衣壳（nucleocapsid），是任何真病毒（euvirus）都具有的基本结构。所以，真病毒是指至少含有核酸和蛋白质两种组分的病毒，所有的真病毒都是核酸-蛋白复合物。

第三节　细胞的起源与进化

生物界的细胞都是从共同的原始细胞进化而来的，最初细胞的形成经历了漫长的过程，并逐渐进化为真核细胞及多细胞生物。基于目前认识而推断的细胞起源与进化时间如表 1-2-5。

表 1-2-5　推断的细胞起源与进化时间表

年代（距今）	发生事件
45 亿年	地球形成
44 亿年	海洋形成
38 亿年	生命出现（原始生命体、原始细胞形成）
35 亿年	蓝细菌形成（原核细胞，需氧）
15 亿年	真核细胞形成
12 亿年	多细胞生物形成（藻类）

一、原始细胞的形成

地球上的原始细胞由有机分子自发聚集而成,主要包括三个过程:首先产生了能自我复制的RNA多聚体;然后在RNA指导下合成了蛋白质;最后出现了将RNA和蛋白质包围起来的膜,并逐渐演变为原始细胞。其中有机小分子是原始细胞形成的原材料。

(一)有机小分子在原始地球条件下自发聚集而成

一般认为有机小分子的形成与生命的出现与原始地球的大气还原状态、深海热水喷射等有密切的关系。早于生命出现之前的原始地球上几乎没有氧气,主要是二氧化碳、氮气、氢气及少量的甲烷、氨等,使原始地球的大气层呈还原状态,这些分子在雷电、紫外线和火山爆发等物理因素的作用下,可能聚集成简单的有机小分子,如氨基酸、核苷酸、糖和脂肪酸。在实验室模拟原始地球的条件,如水中的氢气、甲烷和氨气的混合物在真空放电、紫外线照射等条件下,可形成包括氨基酸在内的各种有机小分子。因此,科学家们认为原始地球大气的还原状态揭示了生命起源所需的基本物质。

自20世纪70年代末以来,科学家先后发现了数十处深海热水喷口,喷出的液体温度高达数百摄氏度,与周围冷的海水发生热交换,由此形成一个从喷射口的数百摄氏度向外逐渐降低的温度梯度。由于喷出的液体中含有氢气、甲烷、氨、硫化氢、一氧化碳、二氧化碳等气体和锌、铁、铜、钙、镁、锰等金属,因此与温度梯度一样,这些气体和金属的浓度也从喷口向外逐渐降低,形成一个化学梯度。由此推断,与化学梯度相适应的温度梯度提供了一个适宜的化学反应条件,使喷出液体中的氢气、甲烷和氨等还原性气体生成氨基酸和核苷酸等生物小分子。深海热水喷口备受研究生命起源的学者们青睐,有学者认为,这种特殊的"梯度"环境提供了生命起源的自然模型。

(二)有机小分子经过进化和选择而逐渐聚合成生物大分子

一般认为,在原始地球上形成的有机小分子被雨水冲刷到原始海洋,经过长期的进化和选择,逐渐聚合成生物大分子:核苷酸与核苷酸之间能够通过磷酸二酯键相连接,并逐步形成线性多核苷酸;氨基酸和氨基酸之间能够通过肽键相连接,并逐步形成多肽。

关于核酸和蛋白质的起源,普遍认为首先产生了能自我复制的RNA分子,然后在RNA指导下合成了蛋白质。20世纪80年代以来,具有催化能力的RNA即核酶的发现为这一观点提供了有力证据。核酶不仅能催化核酸的剪接,而且也能催化氨基酸间肽键的形成以及tRNA与氨基酸之间键的形成与断裂等。

多核苷酸RNA由4种核苷酸组成,构成4种核苷酸的碱基分别为腺嘌呤A、鸟嘌呤G、胞嘧啶C和尿嘧啶U。根据碱基互补原则,A与U、C与G可专一地互补配对,在适当条件下能够合成与原来RNA链互补的新的RNA分子,而该RNA分子又可作为原始模板合成与它互补的RNA链,后者与原先的碱基组成相同,如此,RNA分子便达到了自我复制。同时,多核苷酸RNA所携带的信息也因碱基互补配对从一代传到另一代。多核苷酸的碱基配对在生命起源过程中起着重要作用。

有学者认为,具有储存遗传信息和自我复制能力的原始RNA分子的出现,标志着原始生命进化的开始。RNA分子与由氨基酸组成的多肽相比,后者的分子更具多样化,由氨基酸缩合而成的多肽具备多种多样的三维结构和表面反应部位,这使得它们在完成细胞的形态构筑和代谢反应方面远优于RNA分子。随着进化的演绎,随机产生的某些氨基酸多聚体可能具备了酶的特性,可以作为催化剂催化RNA分子的复制,而RNA分子则可通过其自身核苷酸排列顺序来指导原始蛋白的合成(图1-2-6)。因此,在生命进化过程中,原始的核酸多聚体和氨基酸多聚体是相互依存、相互作用的。

(三)生物大分子被自发形成的磷脂双分子膜包围成原始细胞

生命进化受自然选择的影响,为了保持多核苷酸的自我复制、避免多核苷酸指导合成的蛋白质丢失,需要一个将它们包围起来的结构。人们推断在生命出现前的原始海洋表面,磷脂分子能自发地装配成包围RNA和蛋白质的膜结构,这种初级的形态实体经过自然选择便形成了原始细胞。此时RNA的复制及RNA指导的蛋白质合成就能在一个由膜包裹的相对稳定的环境中进行了。

应该指出的是,尽管上述推测的原始细胞和现存的支原体很相似,但支原体和原始细胞不同,其遗传信息储存于 DNA 之内,而不是在 RNA 内。因此在生命进化过程中,储存遗传信息的生物大分子 DNA 的形成在生命体(原始细胞)形成之后,后续的细胞在其不断的进化过程中,在蛋白质的帮助下,由 RNA 指导形成双螺旋 DNA,以 DNA 分子方式储存遗传信息。DNA 分子比 RNA 分子结构更为单一,也更为稳定,而且双链形式还可提供修补的机会。因此,现在一般认为在细胞的起源过程中,RNA 起到承前启后的作用。

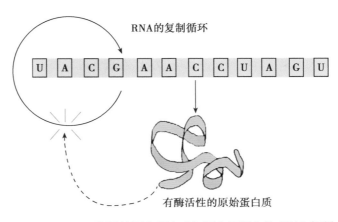

图 1-2-6　RNA 指导的蛋白质合成与蛋白质催化的 RNA 复制

二、原核细胞向真核细胞演化

原始细胞形成以后,依靠其增殖能力在进化过程中逐步获得优势,最终覆盖了地球表面。原始地球环境决定了原始细胞向原核细胞和真核细胞的演化。大约在 15 亿年前,原始真核细胞在地球上出现。

（一）原始细胞向原核细胞的演化

原始细胞可能是以原始海洋表面的有机物为营养的异养型原始生物。但是,当原始海洋内的有机物随着异养消耗而减少时,只靠异养就难以生存。因而,在新的条件下,随着原始细胞形态和功能的逐渐分化,如蓝藻类生物中具有叶绿体功能的质体的形成,使原始细胞从异养型发展为自养型。当原始细胞出现了包裹细胞的细胞膜、储存遗传信息的 DNA、指导蛋白质合成的 RNA 和制造蛋白质的核糖体时,原始细胞便成为原核细胞。

最初的原核细胞很可能靠生命出现前的代谢物质存活。一般认为,代谢反应有两种可能的进化方式:一是当某种代谢反应中的物质 D 被耗尽时,细胞内合成的新酶能把另一种代谢中的物质 C 转化为 D;二是古老的原核细胞从外界环境中获得代谢物质 A,通过合成的新酶使之首先转化为 B,然后再经过另一种酶将 B 转变为 C,这样便建立了目前认识到的细胞内物质代谢反应途径。

氧与代谢的关系在细胞进化过程中起重要作用。原始地球的大气中不存在氧,最初的原核细胞的代谢途径只有在无氧条件下进行,事实上在现存的绝大多数生物中,依然保留着进化过程中保存下来的糖的无氧分解(酵解)代谢。在生命现象出现之前,合成的原始有机物被耗尽时,那些能够利用大气中二氧化碳和氮来合成有机物的细胞,便会在自然选择中存活下来。这样的细胞在合成有机物如进行光合作用时,同时把氧作为代谢产物释放到大气中。因此认为,大气中出现氧是在生物已能进行光合作用之后的事。随着光合作用的出现,大气中的氧含量不断增高,以致成为许多早期生物的有害物质(比如对现有的厌氧菌来说)。但通过自然选择,有些细胞可进化为能够利用氧来进行代谢反应,如葡萄糖的有氧氧化。随着大气中氧的不断积累,有些厌氧菌则逐渐被淘汰。而另一些厌氧菌则与需氧型细胞结合在一起营共生生活,并逐渐形成了最早的真核细胞。

（二）原始细菌的内共生在真核细胞形成中起重要作用

真核细胞是由原核细胞进化而来的。关于真核细胞如何从原核细胞进化而来,曾提出过两种假说:①分化起源说,认为原核生物在长期的自然演化过程中,通过内部结构的分化和自然选择,逐步形成网膜系统、胞核系统和能量转换系统等,使其成为结构日趋精细、功能更加完善的真核细胞,最终形成真核生物。②内共生学说(endosymbiotic hypothesis),主张真核细胞是由祖先真核细胞吞入细菌共生进化而来的一种假说。如线粒体及叶绿体分别由内共生的能进行氧化磷酸化和能进行光合作用的原始细菌进化而来。目前认为,真核细胞形成的具体过程是原始厌氧菌的后代吞入了需氧菌并逐步演化成能在氧气充足的地球上生存下来。这种真核细胞的出现,使代谢反应趋于复杂化,需要更多的膜表面来进行各种代谢反应,为此,在进化过程中为增加膜的表面积,细胞膜逐渐内陷并形成了各种各样的细胞器。

人们早就推断真核细胞中的细胞器-线粒体的形成是远古时期的古细菌或真核细胞吞噬真细菌的结果,但该推断无法在实验室内验证。近些年病原性细菌侵袭非吞噬性宿主细胞的研究进展促进了人们对线粒体起源的认识。结合细菌和线粒体基因组的序列分析,目前认为线粒体起源于 15 亿年前的祖先细菌——类似 α-蛋白细菌(α-proteobacterium)的真细菌对宿主古细菌或古代真核细胞的侵袭,进入宿主内的 α-蛋白细菌成为内共生体(endosymbiont),即由"入侵者"变为"被俘虏者"。此过程中的主要变化是"被俘虏者"的基因向宿主"细胞核"转移,最后使"被俘虏者"的基因组减少而被"改组"为线粒体。

三、单细胞生物向多细胞生物进化

(一)单细胞真核生物复杂多变

在地球上现存的单细胞真核生物中,酵母是最简单的一种。如酿酒酵母(Saccharomyces cerevisiae)是一种微小的单细胞真菌,它有一个坚固的细胞壁,也有线粒体,当营养充足时,它几乎像细菌那样快速地繁殖自己。由于酵母细胞核所含有的 DNA 量仅为大肠埃希菌 DNA 的 2.5 倍,其细胞分裂过程与高等哺乳动物和人类相似,又有便于实验操作的诸多优点,目前它已成为研究高等真核生物细胞周期调控等的有效模式生物。

有些单细胞生物并不像酵母那样微小、简单和无害,它们可以是巨大而复杂的凶猛食肉动物——原生动物。原生动物的细胞结构通常是很精巧的,虽然它们是单细胞生物,但可以像许多多细胞生物那样复杂多变:可以营光合作用(含有叶绿体),可以是肉食的,可以是运动的,也可以是固着的。

(二)单细胞生物因适应环境而向多细胞演化

尽管单细胞生物能成功地适应各种不同的生活环境,但它们只能利用少数简单的营养物质合成供自身生长和繁殖的物质。而多细胞生物则能利用单细胞生物所不能利用的营养物质,这种选择优势导致了单细胞向多细胞的进化。单细胞向多细胞生物进化可能是首先形成群体,然后再演变为具有不同特化细胞的多细胞生物。群体形成的最简单方式是每次细胞分裂之后不分开,如生活在土壤中的单细胞生物黏菌,在营群体生活时,每个黏菌分泌的消化酶汇合在一起,提高了摄取食物的效率,也更好地利用了周围环境的资源。在多细胞生物团藻的细胞之间已出现了分工,如少数细胞专司生殖,细胞之间相互依存,不能独立生活,这说明了多细胞生物的两个基本特点:一是细胞产生了特化,二是特化细胞之间相互协作,构成一个相互协调的统一的整体。

(三)多细胞生物的细胞间出现高度分工协作

动物和植物占多细胞生物物种的大部分。动物和植物约在 15 亿年前与单细胞真菌分开,其中鱼和哺乳动物仅在约 4 亿年前分开。哺乳动物和人体由 200 多种细胞组成,细胞高度特化(或分化)为不同的组织,如上皮组织、结缔组织、肌肉组织和神经组织等,这些组织进一步组成执行特定功能的器官,如心脏、肝脏、脾脏、肺脏和肾脏等,再由多个器官构成完成一系列关系密切的生理功能的系统,像消化系统、神经系统等。与动物细胞相比,组成植物细胞的种类要少得多,但各种不同种类的植物细胞也都特化成为执行特异功能的组织,如机械组织、保护组织、输导组织。

 小结

除病毒外,自然界的生物都是由细胞构成的,细胞是生命活动的基本单位。一般将组成生物体的细胞划分为原核细胞和真核细胞两大类。原核细胞结构简单,真核细胞高度复杂,出现了细胞核和由膜包绕的各种细胞器。还有一类细胞,它们在形态结构上与原核细胞相似,但有些特征更接近真核细胞,这类细胞被称为古核细胞(古细菌)。

细胞的化学组分主要包括生物小分子、生物大分子以及核酸与蛋白质复合物。生物小分子指无机化合物(水、无机盐等)和有机小分子(糖、脂肪酸、氨基酸、核苷酸);生物大分子主要是由生物小分子组成的核酸、蛋白质和多糖。核酸分为 DNA 和 RNA。DNA 携带着控制生命活动的全部遗传信息;RNA 种类较多,与遗传信息的表达有关;蛋白质是由氨基酸通过肽键依次缩合而成的多聚体,是遗传信息的表现形式,是细胞的主要组分和细胞功能的主要体现者;多糖主要分布于细胞表面和细胞间质中。通常情况下,细胞内的核酸与蛋白质结合形成核酸-蛋白复合物,能够更加有效地应对细胞内复杂多变的环境,而且直接参与基因的复制、重组、修复、转录、转录后加工和翻译等过程。典型的核酸-蛋白复合物包括 DNA 病毒、RNA 病毒、染色体(染色质)、核小体、核糖体、端粒酶、信号识别颗粒、核糖核酸酶 P、核仁小 RNA-蛋白复合物等。这些核酸-蛋白复合物绝大部分可以统一到遗传信息的复制和传递中。

细胞是生命起源的标志,是生物进化的起点。细胞的形成经历了在原始地球条件下从无机小分子物质产生有机小分子;有机小分子自发聚合成具有自我复制能力的生物大分子;生物大分子逐渐演变为由膜包围的原始细胞;原始细胞再演化成原核细胞和真核细胞。生物体的进化是一个漫长而复杂的过程,从原核细胞到真核细胞,从单细胞生物到多细胞生物。人类探索自然的能力增强也极大地推动了对细胞起源与进化的认识。远古生物化石的出土,极端环境下生长的微生物的不断发现,生物基因组"生命之书"的逐个破译和人工合成的进步,以及人类向宇宙活动范围的逐步延伸等构成了目前生命起源与进化研究的前沿领域。

(刘晓颖)

思考题

1. 试述原核细胞与真核细胞有何区别。如何理解古细菌与真细菌、真核细胞的关系?
2. 谈谈你所了解的核酸-蛋白复合物的类型。请举例说明其重要意义。
3. 你所了解的非编码 RNA 有哪些类型? 举例说明其与临床疾病的联系。
4. 举例说明细胞的结构与功能的适应性。
5. 谈谈你对"人造生命"的认识。

第三章
细胞生物学的研究策略及方法

【学习要点】

1. 细胞生物学研究的常规流程。
2. 细胞生物学基本研究方法的原理和应用。
3. 细胞生物学基本研究方法的技术特点。
4. 细胞生物学研究方法的进展。

细胞生物学是一门重要的生命科学学科,建立在严密的科学实验的基础上,因此,研究技术和方法的进步以及实验工具的革新,尤其是具有突破意义的新技术新方法的建立,必然对学科的发展起到巨大的推动作用。

显微成像新技术使人类对生命的直观认识进入超微结构和分子水平,细胞及亚细胞组分的分离技术有利于生物大分子的获取,体外培养技术使细胞和组织器官在模拟体内环境的实验状况下生长,有利于探索生命的基本活动规律并获得大量的特定细胞,组织化学和分子示踪技术能够对细胞组分进行详细的定性、定量和动态定位的研究,细胞功能基因组学技术使研究者能在分子水平进行操作、观察和研究,单细胞测序技术在单细胞水平对全基因组或转录组等进行扩增与测序。在细胞生物学科学研究中,应该根据具体的研究对象和所具备的研究条件,选择最合适的方法组合,设计最佳的技术途径达到研究的目的。

第一节　细胞生物学的研究策略

细胞生物学研究的目的是阐述"完整细胞的生命活动",即在分子水平描述细胞和细胞社会的工作机制。细胞生物学的实验技术和研究方法是达到此目的的重要工具。研究者可以根据研究的具体目标来思考研究策略,选择模式生物,设计科学实验,组合并实施相关技术和方法。

一、细胞生物学研究的一般策略

细胞生物学主要从两个不同的方向对目标展开研究,一是聚焦目标细胞的表型特征及其在特殊情况下的改变,探索隐藏的分子机制;二是分析细胞内关键基因和蛋白质大分子,阐明其对完整细胞功能的作用及其地位。流程通常是研究者在实验室中研究细胞,观察其组分,或者分离各种亚细胞组分和生物分子,分别研究它们的功能,然后拼合及整合获得的相关知识,并在此基础上建立细胞功能的概念。例如,关于蛋白质合成机制的知识就来自分离并分别研究核糖体、mRNA、tRNA 和其他蛋白因子功能,并将获得的分子机制进行归纳,据此设立假说并重建假设的蛋白质合成的机制,最后用系统实验验证和不断修正这一假说直至形成普遍公认的理论。

完整的细胞生物学的研究常常经由以下程序:①提出一个细胞生物学的科学问题;②选择合适的模式生物,并制定涉及该科学问题的完整生物分子组分的清单;③对这些生物分子进行细胞内定位;④测量生物分子在细胞内的浓度和活性;⑤确定生物分子的原子组成;⑥鉴定生物分子的相互作用分子和互作途径;⑦测量相关反应速率和平衡常数;⑧纯化生物分子,并重建该细胞生物学过程;⑨测试其生理学功能;⑩用公式描述系统行为的数学模型。

以上每一个步骤都涉及若干技术和方法以及研究策略的考虑,但在实际研究工作中,只有少数研究能够完整地走完上述每一步程序,多数情况是仅能获知研究对象的某些局部信息。

二、对细胞生物学研究中方法和技术的基本认识

在学习和使用细胞生物学的方法和技术之前,首先应该了解各种方法和技术的基本原理、主要过程和适用范围。认识到所有的技术和方法均有其局限性,每一种仪器都有其优点和弱点,因此,没有一种方法或设备在解决科学问题上是万能的和不可替代的。在科学研究中,研究者应该根据具体的研究对象和所具备的研究条件,选择最合适的方法组合,设计最佳的技术途径以达到研究目的。具有突破意义的新技术常常来源于不同学科的技术交汇和融合,例如,绿色荧光蛋白(GFP)和图像处理分析技术的结合产生了系列的新技术。实践证明,昂贵的设备或者复杂的技术方法在研究中并不一定是最可靠和绝对必要的,而设计巧妙的、简明的技术路线同样可以阐明重大的科学命题。在科学实验的实践过程中,研究者要注意不断地改进所用的工具、方法和技术,使其更加实用和完善,要善于从其他学科领域引入并建立新的技术方法,例如,在对干细胞的研究中,需要设计新方法检测干细胞的潜能,在研究细胞凋亡和衰老的过程中,需要使用特殊的方法组合。更要努力提出和创立新的技术思路或设想,以期对学科的进步作出更多的贡献。

第二节 显微成像技术

显微成像技术是细胞生物学的重要研究技术,以各种显微镜作为基本工具。显微成像技术帮助人们在不同的层次观察和研究组织、细胞的活动及其规律。光学显微镜显示的层次称为显微结构(microscopic structure),电子显微镜显示的为亚显微结构(submicroscopic structure)或超微结构(ultrastructure)(图 1-3-1),扫描隧道显微镜、X 射线衍射技术和原子力显微镜等成像方法使研究者能在分子水平探索细胞的微细结构及其功能。

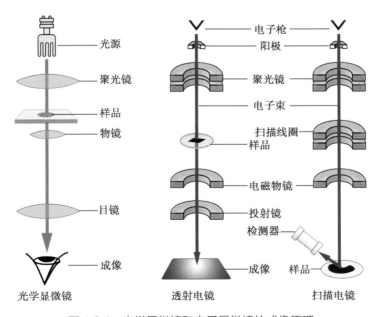

图 1-3-1 光学显微镜和电子显微镜的成像原理

一、光学显微镜技术

光学显微镜（light microscope）简称光镜，是研究细胞结构最早也是最重要的工具，在细胞生物学研究中常用的有普通光学显微镜、荧光显微镜、相差显微镜、微分干涉相差显微镜、激光扫描共聚焦显微镜等。

（一）普通光学显微镜

光镜主要由聚光镜、物镜和目镜三个部分组成。由于普通光镜采用可见光为光源，无法直接观察近于无色透明的有机体的组织和细胞，因此，首先必须将待测样品切成薄片，然后经过有机染料或者细胞化学等染色处理后才能进行光镜观察。光镜成像技术可用于多种实验研究工作，但是由于受可见光波长的限制，分辨率不高，只能进行生物组织和细胞的一般结构观察。

（二）荧光显微镜

荧光显微镜（fluorescence microscope）技术可以显示生物大分子。通常以产生的从紫外到红外的多种激发光，激发标本内多种荧光物质生成不同的特定发射光进入目镜。荧光显微镜主要用于定性、定位或定量地研究组织和细胞内荧光物质。荧光显微镜成像原理如图 1-3-2 所示。

荧光显微成像技术的优点是染色简便，敏感度较高，图像色彩鲜明、对比强烈，而且可以在同一标本上同时显示几种不同物质，因此是目前研究组织和细胞中特异蛋白质等生物大分子分布、细胞内物质的吸收和运输规律的工具之一。

（三）相差显微镜

相差显微镜（phase contrast microscope）主要用于观察未经染色的活细胞。基本原理是利用光的衍射和干涉特性，将穿过生物标本的可见光的相位差转换为振幅差（明暗差），同时吸收部分直射光线以增加反差，因此可以提高样品中各种结构的明暗对比度。相差显微镜成像原理如图 1-3-3 所示。在细胞生物学研究中，主要使用倒置相差显微镜（inverted phase contrast microscope）观察体外培养的未经固定和染色的细胞。相差显微镜的透镜系统中设置了相差板，光线经过透镜的会聚合轴后发生相互叠加或抵消的干涉现象，使标本的结构和介质之间出现明暗反差，同时板上的吸光物质可以使两组光线的相差增加，这样对样品密度的差异可以起到放大效应。相差显微镜必须使用强光源工作，因此，如果观察活细胞时间较长，可能对细胞造成伤害。

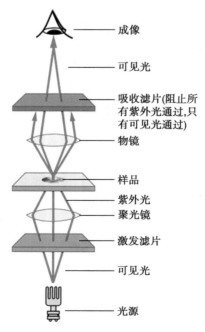

图 1-3-2　荧光显微镜成像原理

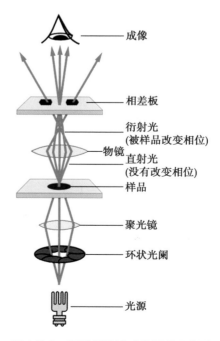

图 1-3-3　相差显微镜成像原理示意图

（四）微分干涉相差显微镜

微分干涉相差显微镜（differential interference contrast microscope）是在相差显微镜原理的基础上发展起来的，也被称为 Normarski 相差显微镜，它能显示微细结构的三维投影构象，所观察的标本稍厚，折射率差别增大，可观察到"浮雕样"的立体图像（图1-3-4）。

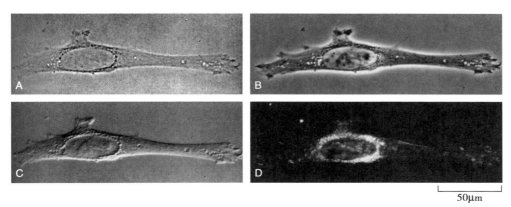

图1-3-4　四种不同的光镜成像技术下培养的成纤维细胞图像

微分干涉相差显微镜使用偏振器获得线性偏振光，偏振光经棱镜折射后分为两束，经过聚光镜聚焦后，在不同的时间穿过标本的相邻部位时产生了光程差，然后经过另一个可以滑行调节的棱镜将这两束光合并，这样标本中厚度上的微小差别就转换成明暗差别，图像的反差增强并具有"浮雕样"的立体感。在微分干涉相差显微镜拍摄的图像中，细胞核、核仁以及线粒体等较大的细胞器呈现出较强的"隆凸"感，因此特别适合于显微操作工作，故常用于基因转移、核移植和转基因动物等生物工程的显微操作实验中，也可用于细胞定量研究，如细胞的厚度和干重的测算等。

现代的光学显微镜系列正朝向组合式的多功能的方向发展，显微镜的主体部分常常是通用的，只需要转换若干光学部件，一台普通光镜就可以兼而成为相差显微镜、暗视野显微镜或者微分干涉相差显微镜。将显微镜连接于摄录像装置，通过连续摄像或定时间断摄像，可以观察研究并准确测定活细胞的迁移、有丝分裂及细胞器的移动等细胞动态活动，显微镜还可以连接图像处理系统，能够对观察的结果进行半定量或定量的分析。

（五）激光扫描共聚焦显微镜

激光扫描共聚焦显微镜（laser scanning confocal microscope）可以提供细胞微细结构的三维图像。它是一台电脑自控的激光扫描仪（图1-3-5），它在通用显微镜的基础上配置了激光光源、逐点扫描系统、共轭聚焦装置和检测系统。激光扫描共聚焦显微镜使用单色性好、成像聚焦后焦深小的激光作为光源，可以无损伤地对标本做不同深度的扫描和荧光强度测量。激光通过聚光镜焦平面上极小的共焦小孔，经物镜在焦平面对样品进行逐点扫描，反射点折射到探测小孔处成像，而标本其他部位来的干扰荧光被滤波清除，测得的每个像点被光电倍增管（PMT）接收。仪器的整体扫描速度很快，结果的信噪比极高，图像质量很好。激光扫描共聚焦显微镜能对样品进行精细的分层扫描，所得的不同焦平面的图像组经电脑作三维重建后显示样品的立体结构。激光扫描共聚焦显微镜常被用来观察具有复杂三维结构的样品，例如细胞骨架网络系统、染色体、基因分布和发育的胚胎器官，其荧光检测功能被广泛地用于细胞内离子、酸碱度和多种蛋白质大分子的动态监测以及细胞显微操作。

二、电子显微镜技术

电子显微镜（electron microscope）简称电镜，可用于研究细胞的亚显微结构。使用电子束为光源，电磁场为透镜，分辨率和放大倍数远远优于光镜，在加速电压为 100keV 时，其理论分辨率达 0.2nm，比光镜提高了三个数量级，而放大倍率可达 100 万~150 万倍。

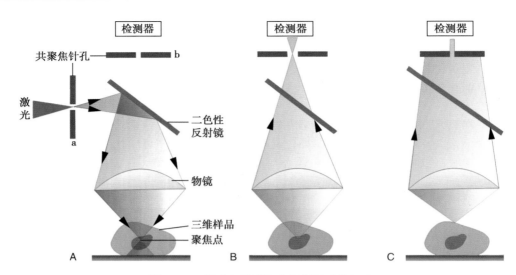

图 1-3-5　激光扫描共聚焦显微镜成像原理

电子束轰击样品后,可以产生多种信号,例如二次电子、背散射电子、俄歇电子、X射线、透射电子和阴极荧光等,根据所收集分析的电子信号不同,电镜一般被分为透射电镜和扫描电镜两类。在此基础上,一些具有特别功能的新型电镜相继问世,如分析电镜、高压电镜、透射扫描电镜、免疫电镜等。

目前电镜大多具有优良的电镜电脑一体化设计,操作简便,图像清晰、分析快速,且附有统计学处理等多种软件,被广泛应用于细胞亚显微结构和大分子超微结构的研究,在微生物学的病原鉴定和临床病理诊断中也具有非常重要的地位。

（一）透射电镜

透射电镜（transmission electron microscope）主要用于观察组织细胞的内部微细结构。由光路系统、真空系统和电路控制系统三个部分组成（见图 1-3-1）。

电镜的照明成像系统由电子枪（electron gun）和电磁聚光镜组成,电子枪发射高速电子流作为光源,通过调节电子枪灯丝阳极和阴极之间的加速电压可以升高或降低电子束的穿透能力。电子枪的下方是数组磁场组成的电磁透镜系统,包括聚光镜、物镜、中间镜和投射镜,用以汇聚电子束,使样品成像。通过调节各个电磁透镜的激磁电流可以改变透镜系统的焦距,获得不同的放大倍数。最终形成的图像显示在荧光屏上供观察、摄像和打印。

电镜的真空系统（vacuum system）用于保证电子束的高速运动,因为电子束本身的穿透能力很弱,在空气中容易和其他气体分子碰撞,偏离轨道,以致无法成像。由于透射电镜的电子束穿透样品的能力较弱,因此对超薄切片的厚度、反差和电子染色的要求较高,整个制片过程比较精细和复杂。通常采用戊二醛和锇酸双重固定、脱水、环氧树脂包埋,然后用超薄切片机切成50~80nm厚度的薄片,再经重金属如铀和铅进行染色以增加微细结构的反差。

透射电镜能够清楚地显示细胞的微细结构,也能结合细胞化学和免疫细胞化学技术对观察的生物分子作定性和定位的研究,但是电镜超薄切片所用的有机包埋剂会屏蔽抗原和生物活性分子,不利于开展酶细胞化学和免疫细胞化学研究。

（二）扫描电镜

扫描电镜（scanning electron microscope）能显示生物样品的表面形貌。其主要由电子系统和显示系统组成,其电子枪和真空系统与透射电镜类似,但加速电压较低。成像原理是利用一束直径很细的电子探针（probe）依序逐点地扫描所观察样品的表面,收集分析电子束和样品相互作用生成的二次电子信号,经放大处理并在荧光屏上成像（见图 1-3-1）。当电子探针依次快速扫描样品表面时,会激发二次电子发射出来,其数量与样品材质的特性和表面凹凸高低相关,扫描电镜的信号检测系统与扫描进程严格同步,逐行逐点对应收集反射的二次电子,并将其转化为阴极射线管的电子束,这样就可以将扫描的生物材料的表面形态完整地显示在荧光屏上。

扫描电镜图像立体感强,景深长,观察区域较宽,目前的高分辨率扫描式电子显微镜都采用场发射式电子枪,其分辨率可高达 1nm。扫描电镜现被广泛用于生物医学和材料科学的研究。

(三) 高压电镜

高压电镜(high voltage electron microscope)用于观察较厚的生物样品。电镜所使用的加速电压越高,其产生的电子束的穿透能力越强。普通透射电镜的加速电压为 60~120keV,只适合观察 50~100nm 厚度的超薄切片,如果将电镜的加速电压增加至 500~3 000keV,就能观察 500nm 厚的切片,这种电镜被称为高压电镜。

优点是工作电压高,因此发射的电子束的波长较短、穿透样品的能力强、分辨率很高,可以观察较厚的生物组织,获得更多的三维空间信息,例如用于观察体外培养的不经过切片过程的完整细胞中的染色体、微丝和微管等,但因其价格昂贵难以普及应用。

(四) 扫描隧道显微镜

扫描隧道显微镜(scanning tunneling microscope)可以在非真空状态下观察样品表面的微细结构。它是利用量子力学中的隧道贯穿理论设计制造的,使用一个直径为原子尺度的精密探针在观察标本的表面进行扫描,探针尖不接触所研究样品的表面,与样品之间保持一个大约 1nm 的微小的间隙,在针尖和样品间施加一定电压,就会产生所谓的隧道效应,即在两者之间出现一个根据观测表面形貌变化的隧道电流。当探针尖在平行于样品表面的恒定高度移动并扫描时(恒高方式),同步地记录隧道电流的变化,就可以获得所观察物体表面的原子水平的微观信息。也可以通过反馈系统的调节,使探针尖依样品表面的变化上下移动扫描并保持恒定的隧道电流,此时检测针尖和样品表面的距离变化,可以得到表面的形貌特征(恒流方式)。扫描隧道显微镜成像原理见图 1-3-6。

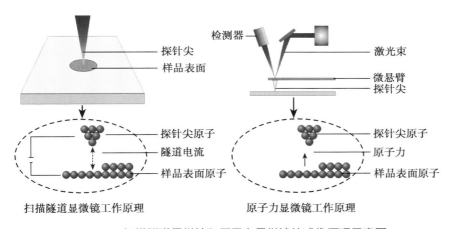

图 1-3-6 扫描隧道显微镜和原子力显微镜的成像原理示意图

扫描隧道显微镜的主要优点是具有非常高的分辨率(侧分辨率为 0.1~0.2nm,纵分辨率为 0.001nm),可以在大气和液体等非真空状态下工作,避免了其他电镜采用的高能电子束对样品造成的辐射和热损伤作用,因此在细胞生物学、分子生物学和纳米生物学的研究中得到非常广泛的应用,研究者已经用扫描隧道显微镜直接观察到自然状态下 DNA 分子双螺旋结构中的大沟和小沟以及大肠埃希菌的环状 DNA 结构。

(五) 原子力显微镜

原子力显微镜(atomic force microscope)可以观察表面无导电性能的样品。其突出优点是不需要所检测的样品具有导电性能,而是通过分析探针尖与样品之间的原子间作用力来获取所观察表面的微观信息,这对研究通常不导电的生物材料是一项非常有意义的技术革新。

原子力显微镜的探针被置于一个弹性系数很小的微悬臂的一端,而微悬臂的另一端固定。探针尖和被检测的样品表面轻轻接触,针尖的原子和样品表面原子之间的微弱的排斥力使对力的变化非常敏感的微悬臂的游离端发生弯曲,经过光学透镜准直和聚焦后投射在微悬臂背面的一束激光及其检测器能将这种微弱的曲度的变化转换为电流的变化。通过移动样品平台使探针在被检测材料的表面逐点作快速扫描时,样品表面微细结构特征的三维坐标数据就被转换为图像信息并准确地呈现在屏幕上。

原子力显微镜的工作范围与扫描隧道显微镜的相似,可以在三态(固态、气态和液态)状况下工作,但不及后者的分辨率高,目前主要用于活细胞表面及生物大分子空间伸展及其结晶体表面的观测,例如肌动蛋白聚合动力学中自组织纤维的多态性分析。原子力显微镜原理如图 1-3-6 所示。

第三节 细胞及亚细胞组分的分离技术

细胞生物学研究经常涉及对细胞器或分子进行功能分析,但细胞器或功能分子总是存在于细胞内部的多种结构或混合成分之中,因此需要对细胞器和功能分子进行分级分离。

一、细胞和细胞组分的分离

常采用离心技术来分离和纯化细胞悬液中的特定的细胞类群,免疫磁珠技术、细胞淘洗技术和流式细胞技术等利用细胞表面特殊标志的分离方法正得到越来越广泛的应用。

（一）离心分离技术可分离多种细胞组分

离心（centrifugation）技术是分离纯化细胞、细胞组分和生物活性分子最常用的方法之一。悬浮液中的颗粒(例如细胞、细胞器和大分子)在离心力场中的沉降速度除了与它们的质量、密度和体积有关以外,还与悬浮介质的密度和黏度有关,因此,如果使用包含不同的离心力场和介质的离心方案来离心悬浮液,悬浮液中的颗粒将会按不同的方式沉降(图 1-3-7)。

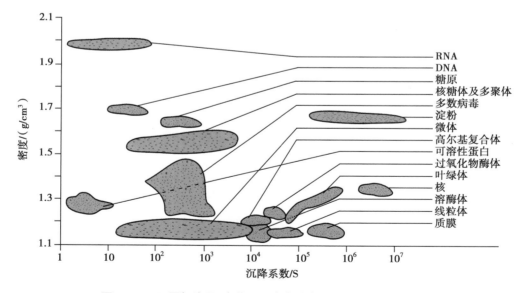

图 1-3-7 不同细胞器、大分子和病毒的密度及相应的沉降系数

1. 差速离心法（differential centrifugation） 常用于体积差别较大的颗粒的分离,例如细胞器的初步分离。通过逐渐递增离心速度使悬浮液中的各种颗粒分离开:首先用低速离心将大颗粒沉降到离心管的底部;取其上清液,再以中等速度离心,使稍大的颗粒沉降到管底;收集上清液,再加以高速离心。这样依次离心使各种颗粒逐渐分离(图 1-3-8)。

2. 移动区带离心（moving-zone centrifugation）　常用于体积差别较小的颗粒的分离。先在离心管内用蔗糖或甘油制备离心介质，使其密度梯度从管面到管底逐渐增高，将待分离的样品置于介质液表面的一个狭窄的区域内，然后进行超速离心，使大小、形状和密度不同的各种颗粒向管底方向移动、沉降，离心时间不可太长，在最大的颗粒尚未到达管底以前停止离心，这样不同的颗粒就分布在介质的一个系列区带中，通过管底分别收集各种颗粒。

3. 等密度离心（isodensity centrifugation）　预先制备覆盖各种颗粒密度范围的介质，并使介质在离心管中形成密度梯度，然后将待分离的样品悬于介质液中并离心，此时不同密度的颗粒或上浮或下沉，但当它们到达与各自密度相同的介质区域时，就不再移动，停留在各自的密度区中。此时停止离心，从管底或从管的各段分别收集不同密度的颗粒（图 1-3-9）。

在等密度离心中，颗粒的密度是影响其最后位置的唯一的因素，本法适用于任何密度间差异大于 1% 的颗粒的分离。等密度离心法和移动区带法生成梯度介质的目的不同，移动区带法希望减少样品的扩散，因此仅需介质的密度梯度间有轻微差别，介质的密度小于颗粒的密度；而等密度离心的目的是阻止颗粒的移动，因而介质密度很高，覆盖所有待分离的颗粒密度范围。

在实验工作中，主要根据分离对象的大小和沉降系数（sedimentation coefficient，S）来选择离心方法。另外，也需仔细考虑不同离心方法的特点，如差速离心法离心时间短，介质密度低，对细胞损伤和抽提程度小，适用于分析分离；而等密度离心技术的细胞组分分离产物较多，更适用于制备分离。离心技术中所用的介质的性质也是需要注意的重要因素。理想的介质应具备覆盖的密度范围大，黏度低，对细胞损伤小，而且离心过程结束后容易去除等特点。

（二）免疫磁珠技术的特异性高并能保持分离细胞的活性

免疫磁珠（immunomagnetic bead）是一种内含磁性氧化物核心的高分子免疫微球，为人工合成的大小均匀的球形颗粒，其中心是 Fe_2O_3 或 Fe_3O_4 颗粒，外包一层聚苯乙烯或聚氯乙烯等高分子材料。微珠具有超顺磁特性，即在外部磁场作用下，磁性微珠可迅速从介质中分离出来，撤去外部磁场后，微珠又可重新浮于介质中，而且无磁性残存。由于磁性微珠具有高分子微球的特征，可以通过聚合及表面修饰在其表面导入各种不同性质的功能团，例如挂接一些功能基团（—COOH、—OH、—NH_2）并按照实验需求包被不同的特定单克隆抗体，因此免疫磁珠能够特异性地与靶物质结合并使之具有磁响应性（图 1-3-10）。免疫磁珠技术广泛应用于细胞生物学、临床诊断学、环境保护与食品安全等领域，在 DNA、RNA、蛋白质的分离纯化，细胞快

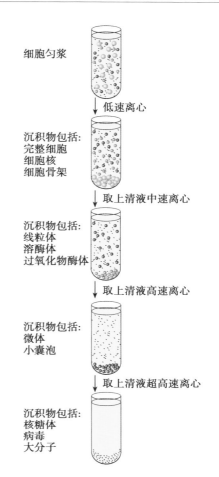

图 1-3-8　差速离心法

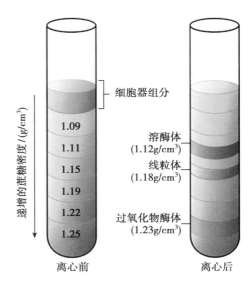

图 1-3-9　等密度离心法

速分离和肿瘤细胞的去除等方面使用较多。

免疫磁珠法的优点是操作简便快捷,特异性高,不仅有很好的细胞回收率(>90%),而且由于磁珠的体积小,不会对细胞造成机械性压力,也不会激活细胞或影响细胞的生理功能和活力,因此细胞能保持高度活性。免疫磁珠技术工作效率取决于磁珠直径、磁珠和单抗的比率和方式,以及分离的物理条件等多种参数,最佳操作方案需要在实验中获得并验证。

(三)流式细胞术

流式细胞术(flow cytometry)是应用免疫细胞化学原理,用荧光特异性抗体与相应抗原结合的方式,标定欲分离的细胞(或细胞器),再通过自动化的激光/光电检测系统高速检测移动中的细胞悬液荧光,从混合的细胞群体中分选出特定的目标细胞。流式细胞技术的特异性和分选效率很高,每秒能测量数万个细胞的多项参数,包括细胞的大小、密度,以及 DNA 和蛋白质的含量,获得的细胞纯度和活性超过 95%,可以用于继续培养。

流式细胞仪由细胞驱动系统、激光系统和信号检测分析系统组成,其中细胞悬液驱动系统是流式细胞仪的核心部件,它使被检测悬液中所有细胞以具有相同方向

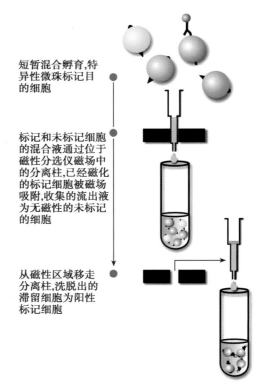

短暂混合孵育,特异性微珠标记目的细胞

标记和未标记细胞的混合液通过位于磁性分选仪磁场中的分选柱,已经磁化的标记细胞被磁场吸附,收集的流出液为无磁性的未标记的细胞

从磁性区域移走分离柱,洗脱出的滞留细胞为阳性标记细胞

图 1-3-10　免疫磁珠技术

和速度的单细胞运动方式快速通过激光照射区域,细胞受到照射后产生的散射光和荧光信号由检测器测定分析(图 1-3-11)。目前该技术已被广泛地用于细胞分选、细胞含量测定、细胞凋亡检测、细胞因子检测和细胞免疫表型分析等方面。

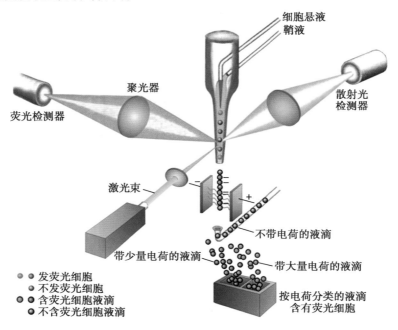

图 1-3-11　流式细胞技术原理

(四)激光捕获显微切割技术

激光捕获显微切割(laser capture microdissection)技术可从组织切片上获得目标细胞。首先制备常规组织切片,将其贴在特殊的覆盖膜上,在电脑控制下用激光束(337nm 紫外激光,脉冲宽度 <4nm)

在组织切片上确定需要的组织或细胞的区域,并在正置显微镜观察下用激光束仔细地沿着目标的边缘切割组织,然后使用另一束激光将切下的细胞团移入容器中,避免了污染及与其他样品接触。切下的细胞样品可供进一步的研究,包括生化分析、体外培养、DNA 提取等。激光捕获显微切割技术常用于细胞生物学、肿瘤学、分子病理学和神经生物学研究,能比较方便地获得组织中不同区域的细胞供分析和比较,最高灵敏度可以达到切割单个细胞(图 1-3-12)。

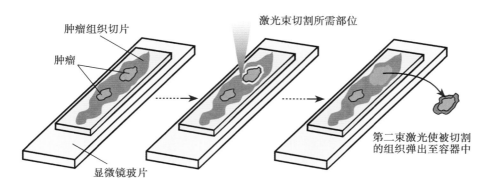

图 1-3-12　激光捕获显微切割技术

（五）无细胞系统有助于确定各种细胞器及其他细胞成分的功能

通过对经超速离心分离得到的细胞器及亚细胞成分的研究,可以确定各种细胞器及细胞组分的功能。从分级分离得到的具有生物功能的细胞抽提物称为无细胞系统(cell free system)。通过这种方法能将发生在体内细胞中的多种生物学反应分隔开,一一进行观察分析,能够避免细胞中其他复杂的生物学过程的干扰,从而获得有关细胞器结构与功能,蛋白质合成、分选和运输机制的详细信息(图 1-3-13)。研究者应用无细胞系统先后成功地阐明了蛋白质合成的体系、程序、机制以及遗传密码:首先,发现细胞粗提物可以从 RNA 翻译出蛋白质。然后把粗提物进行分级分离,即可得到与蛋白质合成有关的核糖体、tRNA 及各种酶的成分。各种纯化的组分一旦得到后,就可以分别采取加入或不加入进行对照,弄清楚每个组分在蛋白质合成过程中的确切作用。在确定了蛋白质合成过程中的各成分的作用之后,体外非细胞体系蛋白翻译系统被成功地用于破译遗传密码,即用已知序列的合成多核苷酸作为 mRNA,在体外翻译成多肽。此外用离心纯化的线粒体和叶绿体进行实验,得知这些细胞器在能量转换中的重要作用。同样,分离由糙面内质网或光面内质网的断片形成的封闭颗粒,将其作为研究糙面内质网、光面内质网功能的模型也取得了很好的效果。

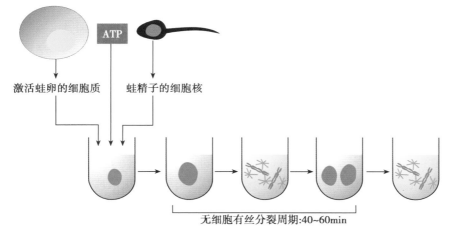

图 1-3-13　无细胞系统

二、蛋白质的分离与分析技术

(一) 用层析的方法分析鉴定蛋白质

层析技术(chromatography)是根据蛋白质的形态、大小和电荷的差异来进行分离的方法,能纯化并获得非变性的、天然状态的蛋白质。层析包括凝胶过滤层析、离子交换层析、亲和层析和高压液相层析等技术,其中亲和层析也可用于纯化单一类型的细胞。

1. 亲和层析　抗原与抗体、酶与底物、受体与配体之间均具有专一的识别和亲和力,可在一定条件下紧密结合形成复合物,在条件改变时又能解离。亲和层析(affinity chromatography)是把这种具有可逆性结合能力的一方(称配体)结合在惰性载体上使其固相化,在另一方随流动相流经该载体时双方结合为一个整体,然后将两者解离,从而得到与配体有特异结合能力的某一特定物质。

亲和层析的载体高度亲水,使固相配体容易同水溶液中的对应结合物接近,同时具有惰性和理化稳定性,非专一性吸附很少,也不易受环境因素的影响。载体常为均一的珠状颗粒形成的多孔网状结构,能使被亲和吸附的大分子自由通过而增加配体的有效浓度。抗体纯化中常用的载体为球状凝胶颗粒的琼脂糖凝胶,获水能力很强,性质稳定,可以较长期地反复使用,并可以采用蛋白变性剂作为洗脱大分子物质及清洗吸附物质的洗脱液。上柱时样品液流速尽可能缓慢,对流出液须进行定量测定,以判断亲和吸附效率,过柱后用大量平衡缓冲液反复洗涤,直到无亲和物存在为止。再用平衡缓冲液充分平衡亲和柱,并加入防腐剂,存放于4℃备用(图1-3-14)。

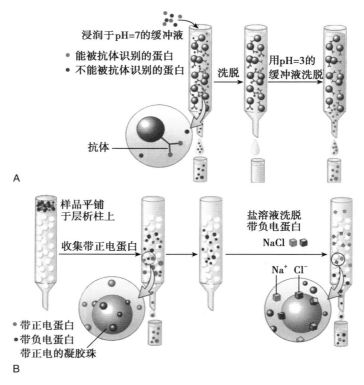

图1-3-14　抗体亲和层析与离子交换层析示意图
A. 抗体亲和层析;B. 离子交换层析。

2. 离子交换层析　离子交换层析(ion exchange chromatography)是利用蛋白质之间所带电荷差异进行分离和纯化的方法(图1-3-14)。电荷不同的物质,对层析柱上的离子交换剂有不同的亲和力,改变冲洗液的离子强度和pH,样品中的各种生物大分子就能从层析柱中分离。要成功地分离某种混合物,必须根据其所含物质的解离性质、带电状态选择适当类型的离子交换剂,并控制吸附过程和洗脱液的离子强度和pH,使混合物中各成分按亲和力大小顺序依次从层析柱中洗脱下来。

可以利用离子交换树脂分离核苷酸和其他生物分子。首先调节样品溶液的 pH,使可解离基团解离并分别带上正电荷或负电荷,同时减少样品溶液中除目标离子外其他离子的强度。当样品液流经层析柱时,待分离分子与离子交换树脂相结合。洗脱时,通过改变 pH 或增加洗脱液中竞争性离子的强度,使被吸附的目标分子的相应电荷减少,与树脂的亲和力降低,最终使目标得到分离。

3. 高压液相层析(high-pressure liquid chromatography,HPLC)　用特殊装置将直径为 3~10μm 的微小球形树脂均匀、紧密地充填在层析柱中,操作时施加高压使溶液通过,因此纯化分离时间短、效率高、蛋白质变性少,但仪器较贵。载体主要为颗粒直径较小、机械强度高且比表面积大的球形硅胶微粒。这些微粒的表面结合了不同极性的有机化合物,以满足不同类型分离工作的需求,从而大大提高了柱效。此外在色谱柱出口处常常配以高灵敏度的监测器,以及自动描记、分布收集的装置,并用计算机进行色谱条件的设定及数据处理。

（二）用电泳的方法分析鉴定蛋白质

由于氨基酸带有正电荷或负电荷,因此蛋白质往往带有净正电荷或净负电荷。将含有蛋白质的溶液加上电场,蛋白质分子就会按照它们的净电荷多少、大小及形状的不同在电场中移动,这一技术称为电泳(electrophoresis)。最初,用淀粉等多孔性基质为支持体,分离水溶液中的蛋白质混合液,后来丙烯酰胺逐渐成为最常用的支持体。

1. SDS 聚丙烯酰胺凝胶电泳依据分子量的不同分离蛋白质　20 世纪 60 年代中期,利用阴离子表面活性剂十二烷基硫酸钠,进行改良的聚丙烯酰胺凝胶电泳,成为常规的蛋白质分析方法。SDS 聚丙烯酰胺凝胶电泳(SDS-PAGE)可以分析和制备蛋白质及其亚基,其优点是快速、分辨率高,而且精确性和重复性都非常好。

SDS 是一种强变性剂,可结合并解离细胞和组织中的大多数蛋白质,包括膜蛋白、DNA 结合蛋白以及结合紧密的蛋白质复合物等,大多数蛋白质可溶解于 SDS 中。在 SDS-PAGE 中,SDS 与样品中的蛋白质或多肽结合,在二硫键还原剂如二硫苏糖醇(DTT)或 β-巯基乙醇的作用下,经过热变性和二硫键还原,使蛋白质的三级结构破坏,形成了蛋白质分子的非折叠衍生物,蛋白质带上相对一致的负电荷。这样,SDS 改变了蛋白质在电泳凝胶上天然的迁移性质,SDS-多肽复合物将根据多肽大小通过聚丙烯酰胺凝胶,即在 SDS 中的蛋白质迁移率完全由其分子量决定,通过使用已知分子量的蛋白质标记物,估测多肽链的分子量。SDS-PAGE 的有效分离范围取决于凝胶中聚丙烯酰胺浓度和交联数量,它具有凝胶过滤和一般电泳分离的双重效应,可分离亚基分子量不同的蛋白质(图 1-3-15)。

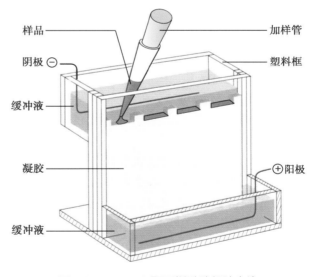

图 1-3-15　SDS 聚丙烯酰胺凝胶电泳

2. 等电聚焦电泳依据等电点不同分离蛋白质　是否带电荷,是带正电荷还是带负电荷,是由溶液的 pH 决定的。当溶液在某一 pH 条件下使某一蛋白质不带电荷时,这个 pH 就是这种蛋白质的等电点。所有的蛋白质都有自己特定的等电点,由于不带电荷,在电场中就不会移动。等电聚焦(isoelectric focusing)电泳是在聚丙烯酰胺凝胶两端形成电场,使含有不同等电点的两性电解质在电场中形成 pH 梯度,样品中所有的蛋白质在电泳时都向等电点处移动,最后聚集、静止于各自的等电点。

3. 双向电泳有更好的分离效果　单一方向的蛋白质电泳,不管是 SDS-PAGE 还是等电聚焦,都难免有许多蛋白质由于分子量或等电点的相近或相同而导致相互重叠。把等电聚焦与 SDS-PAGE 结合进行双向电泳能够产生十分好的分离效果。方法是先在长条状凝胶介质中进行等电聚焦电泳,然后将凝胶条横放于聚合好的平板 SDS 聚丙烯酰胺凝胶上再进行垂直电泳。

普通的实验室自制的凝胶进行双向电泳可以辨认千种以上不同的蛋白质,使用商业化的条状等电点凝胶及平板 SDS 聚丙烯酰胺凝胶加上相应的仪器设备,可以使分辨数量及效果大大增加。在蛋白质分析技术不断进步的今天,双向电泳法仍然被广泛应用,特别是在初步筛选、分析正常与异常组织、细胞中蛋白质表达情况方面仍有不可替代的作用。

双向电泳显现的差异蛋白质条带或点(spot),常常用质谱技术进行进一步鉴定。单向或双向的 SDS-PAGE 后,也可以进一步通过蛋白质印迹(Western blotting)技术检测特定目的蛋白质分子。

三、核酸的分离纯化与分析技术

(一) DNA 提取

基因转移、分子克隆、分子杂交和 PCR 扩增等许多实验需要从基因组(genome)、质粒(plasmid)和 DNA 混合物中制备高产量和高纯度的 DNA。

1. 从哺乳动物细胞或组织中分离 DNA 分离哺乳动物基因组 DNA 时先用蛋白酶 K 和 SDS 裂解细胞,再用苯酚抽提。所得到的 DNA 长度为 100~150kb,适合于 PCR、Southern 印迹杂交(Southern blotting)分析和用 λ 噬菌体构建基因组 DNA 文库等。

2. 质粒 DNA 纯化法 碱裂解法是制备质粒 DNA 的常规方法。其主要原理为:细胞在 NaOH 和 SDS 溶液中裂解,蛋白质与染色体 DNA 发生变性,再加入醋酸钾中和后离心,使蛋白质随细胞碎片沉淀下来,质粒 DNA 留在上清液中。本法用于小量培养物或同时从许多细胞克隆中进行 DNA 抽提,获得的 DNA 纯度较高,不需要进一步纯化即可直接用于测序、克隆和 PCR 等实验(图 1-3-16)。

基因组 DNA 和质粒 DNA 的提取、纯化和检测过程的共同步骤包括:裂解细胞、溶解 DNA、去除污染的 RNA、蛋白质和其他大分子。通过剪切或限制性内切酶消化将所得 DNA 分成若干部分,然后用凝胶电泳分析,也可使用 Southern 印迹杂交进行检测。为避免交叉污染,基因组 DNA 和质粒 DNA 的提取要完全分开。

3. 从 DNA 混合物中分离特定 DNA 片段 在制备探针等细胞生物学实验中,有时需要从 DNA 混合物中分离单个(或几个)特异 DNA 片段,所用方法通常包括限制酶切、凝胶电泳和条带切割等步骤,其中常用的玻璃粉法是从琼脂糖凝胶中分离 DNA 以及碘盐(NaI)/DNA 结合物。玻璃粉法的主要过程为:电泳分离酶切的 DNA;在长波紫外线灯下切下所需带的琼脂糖;根据凝胶的重量加入 NaI 溶液;温育,使琼脂糖完全溶解;加入玻璃粉溶液,冰浴,使 DNA 结合在玻璃粉上;离心收集结合有 DNA 的玻璃粉;重悬玻璃粉并冰浴;反复离心,去除玻璃粉;洗脱下 DNA。NaI/DNA 结合物法的基本原理是:将琼脂糖凝胶溶解于 NaI 溶液中,加入 DNA 结合物(硅胶质 HAP,硅基质或其他同样性质的物质)以结合 DNA 片段。该结合物/DNA 复合物很容易与实验中的其他成分分开,最后用水洗脱复合物,可分离出 DNA,回收率约 80%。

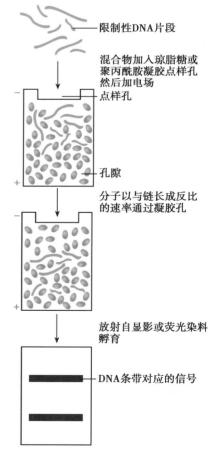

限制性DNA片段

混合物加入琼脂糖或聚丙烯酰胺凝胶点样孔然后加电场

点样孔

孔隙

分子以与链长成反比的速率通过凝胶孔

放射自显影或荧光染料孵育

DNA条带对应的信号

图 1-3-16 琼脂糖电泳示意图

（二）RNA 提取过程中要注意避免 RNA 酶的降解作用

在提取细胞 RNA 中应严格避免内源性和外源性 RNA 酶（RNase）污染引起的 RNA 降解。由于 RNA 酶广泛存在并能抵抗常规煮沸等处理,因此整个 RNA 的提取中需要无 RNA 酶的工作环境:工作区域应该和可能富含 RNA 酶的区域（例如细菌接种台）分开;实验过程中应戴一次性手套以防止手指上 RNase 污染样品;最好使用标有 "RNase free" 的吸头、试管、载片等实验用品;所有实验用具都要进行无菌处理;使用分子级的试剂和焦碳酸二乙酸酯（DEPC）处理过的 H_2O 配制各种溶液。DEPC 为 RNA 酶抑制剂。也可以使用异硫氰酸胍或盐酸胍等使 RNase 失活以抑制内源性 RNase。最好使用刚离体的动物组织或新鲜的培养细胞提取 RNA,样品如果需要短期保存,应被置于低温环境,不要反复冻融,长期保存必须储存于超低温冰箱或液氮中。

第四节　细胞培养技术

细胞培养（cell culture）是指从生物活体中分离组织或细胞,模拟体内生理环境使之在体外条件下生存并生长的一种细胞生物学研究方法。通过细胞培养技术可以获得大量的、性状相似的细胞,以此为实验样本,使用各种实验方法来研究细胞的形态结构、组分功能、基因表达调控和代谢活动的规律。由于培养的细胞在离体环境中生长,可以避免复杂的体内因素影响研究结果的分析和判断,而且还可以人为地改变体外培养条件和实验环境（例如减少或添加特定因子）,观察研究在这些单一因素或组合因素的影响下细胞发生的各种变化。但是,细胞培养是在体外（in vitro）条件下进行的,因此得到的研究结果并不能完全等同于体内（in vivo）的状况。

一、细胞培养的条件

细胞培养的过程要求无菌操作、避免微生物及其他有害因素的影响,因此一般须在细胞培养室的特殊环境中进行。常规的细胞培养室可以开展清洗消毒、储藏、无菌操作、制备及孵育等方面的工作,包括准备室和无菌室。准备室主要用于清洗、消毒、制备蒸馏水、配制培养基等细胞培养准备工作。设有用于清洗各种器皿和器械的水池、浸泡各种玻璃器皿和器械的酸缸、压力蒸汽消毒器、水纯化装置、烘干培养器皿及器械的干燥恒温箱等。无菌室包括操作间及缓冲间两部分。操作间的主要设备包括供无菌操作用的生物安全柜或超净工作台、观察培养细胞的倒置显微镜、复苏细胞及预热培养基的水浴锅、离心细胞所需的小型离心机、4℃冰箱、孵育细胞的 CO_2 恒温培养箱等。缓冲间的主要设备包括用于冻存和贮存细胞的液氮罐、CO_2 钢瓶和存放已消毒物品的储藏柜等。

体外培养的细胞对微生物的抵抗力很弱,若被污染很容易导致生长不良甚至死亡。因此,细胞培养必须在无菌条件下进行,对分离、换液的操作环境也有严格的要求,整个培养室及相关的设备均须定期进行灭菌。

培养细胞所需要的 O_2 和 CO_2 由细胞培养箱/CO_2 钢瓶提供,营养物质来源于培养基,细胞代谢生成的废物也通过适时的更换培养基被清除。目前常用的基础培养基有 Eagle 培养基、RPMI 1640、DMEM 及 F12 培养基等,它们含有细胞所需要的氨基酸、维生素和微量元素等,成分均已知和固定,可以用于简单的细胞培养,但许多细胞的培养还必须加入一些天然生物成分,其中主要是血清,其他的特殊成分包括一些生长因子和动物组织提取液（如牛垂体提取液）等。由于血清和组织提取液中生物活性物质的性质和数量不明,会对实验过程和研究结果的分析判断带来一些困难,因此无血清（serum free）的培养基的研究一直在进行中,也取得了一些进展,但目前尚不能取代传统的含血清的培养基的地位。

二、细胞培养的方法

（一）原代培养

原代培养（primary culture）是从生物供体分离取得组织或细胞后在体外进行的首次培养，也是建立各种细胞系的第一步，培养时间一般为 1~4 周。原代培养的细胞由于刚离开活体，生物学特性与体内细胞比较接近，适于进行药物测试、细胞分化等实验。原代培养最基本的方法有两种，即组织块法和消化法。

组织块法是最常用的原代培养方法，它利用刚刚离体的、有旺盛生长活力的组织作为实验材料，将其剪成小块直接接种在培养瓶中，大约 24 小时后，细胞即可从贴壁的组织块的四周游出并生长。操作过程简便易行，培养的细胞较易存活，在对一些来源有限、数量较少的组织进行原代培养时，选择该法尤为合适。

（二）细胞传代

培养的细胞通过增殖达到一定数量后，为了避免因为生存空间不足或密度过大，造成细胞营养发生障碍进而影响其生长，需要及时对细胞进行分离、稀释和移瓶培养。将培养的细胞从原培养瓶中加以分离，经培养基稀释后再接种于新的培养瓶中进行培养，这一过程即为细胞传代（cell subculture）。从接种到下一次传代的时间称为一代。传代细胞通常比原代细胞增殖旺盛，在细胞培养一代的时间内，一般可发生 2~6 次细胞数量的倍增。普通哺乳动物的细胞可以传 10~50 代，然后增殖逐渐变缓，细胞进入衰退期，最后自然死亡。

细胞类型不同，所采用的传代的方法也有差异。对贴壁细胞利用消化剂（常为 0.25% 胰蛋白酶液或 0.02% 乙二胺四乙酸液）使细胞间发生分离并脱离培养器皿的表面，然后离心，加入新培养基，对细胞进行稀释及再接种培养。悬浮细胞的传代过程相对较为简单，直接吹打或离心后，即可加以传代。传代培养的过程通常较长，在反复传代中细胞被污染的可能性增加，因此必须严格地进行无菌操作。

（三）细胞冻存和复苏技术

细胞在体外环境中培养的时间过长，会消耗大量的培养器皿和培养基，而且随着传代次数的增加，它们的各种生物特性会逐渐发生变化，因此，可以将培养的细胞冷冻保存在 −196℃的液氮中，有利于培养细胞的保存和运输，待研究需要时将细胞复苏后再作培养。

但是，如果不加任何保护剂，直接对细胞进行冻存，会导致细胞内外的水分迅速形成冰晶，使细胞内部发生一系列不利的改变，包括机械损伤、电解质升高、蛋白质变性等，进而可以引起细胞死亡。因此，在冻存细胞时常向培养基中加入适量的甘油或二甲基亚砜（DMSO），这两种物质对细胞无毒性，分子量均较小而溶解度大，因此较易穿透进入细胞中，使细胞内冰点下降并可提高细胞膜对水的通透性，再配合以缓慢冷冻的方法，可使细胞内的水分逐步地渗透出细胞外，避免了冰晶在细胞内大量形成，保护了细胞的活性。

冻存应选择处于对数生长期的细胞，在消化细胞时要注意掌握好时间，切忌消化过度损伤细胞，以致在复苏后细胞不易存活。

细胞复苏是将冻存的细胞从液氮中取出融解，使其活力恢复的过程。快速融化的手段可以保证细胞外结晶在很短时间内融化，避免由于缓慢融化使水分渗入细胞重新结晶，对细胞造成损害。成功复苏的细胞可以保持很高的活力，可以进行接种再培养，也可供作体外运输。

（四）细胞系

原代培养的动物及人组织细胞，在体外经过第一次传代培养后，所获得的细胞群体即可称为细胞系（cell line）。细胞建系可提供大量遗传性质稳定的细胞。通常将在体外生存期有限、传代次数一般不超过 50 代的细胞系称为有限细胞系（finite cell line），来自人和动物正常组织的细胞系均属于此类细胞系。能够在体外无限传代、具有无限增殖能力而没有衰退期的细胞系则称为无限细胞系（infinite

NOTES

cell line）或永久性细胞系，常见于来自恶性肿瘤组织的细胞系。此外，正常组织的细胞系在发生自发或诱发转化后，也可成为无限细胞系。已被命名和经过细胞生物学鉴定的细胞系，都是一些形态比较均一、生长增殖比较稳定、生物性状清楚的细胞群体。

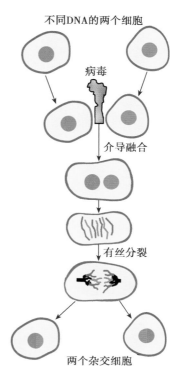

图 1-3-17 细胞融合原理

适合建系的细胞一般应该具有以下特点：①材料获取困难；②建系后的细胞对于后续研究具有较好的科学性和说服力。成年及胚胎的组织均可作为细胞系建立的来源。建立细胞系的方法包括：原代培养、常规换液、传代培养、再换液、再传代和细胞冻存，有的还要在此基础上利用病毒转染使细胞永生化。

（五）细胞融合

细胞融合（cell fusion）又称细胞杂交（cell hybridization），是指用自然或人工的方法使两个或几个不同细胞融合为一个细胞的过程。对于体外培养的动物细胞，常用灭活的仙台病毒（Sendai virus）或聚乙二醇（polyethylene glycol，PEG）诱导细胞间的融合，由此产生新品系的杂交细胞（hybrid cell），此杂交细胞可具有很强的生命力，能旺盛增殖。

细胞融合术是细胞遗传学、细胞免疫学、病毒学、肿瘤学等研究的重要手段，也是制备单克隆细胞株的重要技术。克隆化的杂交瘤细胞分泌高度纯一的单克隆抗体，具有很高的实用价值，在疾病诊疗方面有着广泛的应用前途（图 1-3-17）。

第五节　细胞化学和细胞内分子示踪技术

细胞化学（cytochemistry）技术是将细胞形态观察和组分分析相结合，是在保持组织原位结构的情况下，研究细胞内活性大分子的分布、数量及动态变化的技术。细胞化学技术包括光镜和电镜两个层次的酶细胞化学技术、免疫细胞化学技术、原位杂交技术、放射自显影技术等，常常与图像分析技术、显微分光光度技术等定量方法联合应用。

一、酶细胞化学技术

酶细胞化学（enzyme cytochemistry）技术是通过酶的特异性化学反应显示其在器官、组织和细胞中的分布位置和活性强弱，对研究细胞的亚显微成分的结构功能关系和细胞的生理病理过程具有一定的作用。

酶细胞化学反应的基本原理是先将酶与其底物共同进行孵育，然后使生成物和捕获剂相作用，最后在显微镜下观察可见的反应产物。酶细胞化学反应的第一步是酶促化学反应，由于酶具有底物特异性，因此反应的特异性相对较高，生成物为初级反应产物；第二步是捕获反应，由捕获剂和初级反应产物作用，最终的反应产物沉淀在酶的原位并能够在镜下被观察到。捕获反应包括金属盐沉淀法、色素沉淀法和嗜锇物质生成法等，光镜水平的酶细胞化学反应的最终产物为有色沉淀，电镜水平的最终产物为高电子密度的沉淀。

酶细胞化学的缺点是某些酶的底物的特异性不够高，存在几种酶作用于同一种底物的现象，因此必须选择合适的底物，或使用酶抑制剂抑制反应中其他酶的活性。另外，有些酶细胞化学的反应沉淀物较易扩散，难以进行准确的定位研究。电镜水平的酶细胞化学可以提供细胞器功能和大分子代谢的重要信息，有必要进行深入的研究。

二、免疫细胞化学技术

免疫细胞化学（immunocytochemistry，ICC）技术是利用免疫学中抗原抗体特异性结合的原理来定性和定位研究器官、组织和细胞中的生物活性大分子技术。主要用于检测组织和细胞中蛋白质、核酸、多肽、糖类和磷脂等，可以在光镜和电镜两个水平显示目标分子。

在显微镜下无法直接观察原位的组织和细胞中的生物活性大分子，但生物大分子具有免疫原性，能作为抗原或半抗原。免疫细胞化学技术将待观察的大分子或与大分子结合的部分小分子作为抗原，使之与预先制备的、带有某种标记物的相应抗体结合，通过特异性的抗原抗体结合反应，使抗原抗体复合物在显微镜下显现出来，因此间接地显示了组织和细胞中的生物大分子的位置。

（一）标记抗体使抗原抗体复合物能够在光镜或电镜下被观察

免疫细胞化学方法是使用已知的抗体去检测组织和细胞中的抗原物质，因此首先需要制备所需的单克隆或多克隆抗体，并在抗体上连接一个标记物，要求该标记抗体和抗原反应后形成的抗原抗体复合物能够在光镜或电镜下被观察到，目前标记物有多种，包括荧光素、酶、胶体金、铁蛋白和其他亲和物质。

荧光素标记抗体方法简单易行，使用广泛，可以用不同颜色的荧光素标记不同的抗体，然后在一张组织切片上同时显示这些抗原抗体复合物的分布位置。

酶标抗体（enzyme labeled antibody）主要使用辣根过氧化物酶（horseradish peroxidase，HRP），该酶能与其底物 H_2O_2 以及氨基联苯胺结合，形成光镜下可见的棕色沉淀，反应物也可与锇酸反应后形成电镜下反差很大的高电子密度颗粒。

胶体金标记的抗体的特点是标记物颗粒细（直径 1~60nm），形状一致，电子密度高，易于定量，而且反应背景低，不会屏蔽标记的结构。也可使用不同大小的金颗粒进行多重标记。超微金颗粒（直径 1~4nm）的亲水性能和穿透力更好。

亲和物质标记法主要使用生物素-亲和素系统、葡萄球菌 A 蛋白-免疫球蛋白系统等。实际上，亲和物质能够与多种物质结合，包括抗体、另一种亲和物质，以及荧光素、酶、胶体金等标记物，因此使用十分广泛。

（二）免疫细胞化学技术包括间接法和直接法

免疫细胞化学反应中的抗体抗原结合有直接法和间接法两种。直接法是使标记的抗体与组织细胞中的抗原特异性结合，直接检测抗原的方法；间接法是先使用未标记的抗体（"一抗"）和组织细胞中的抗原特异结合，再用标记的抗体（"二抗"）和"一抗"结合，间接地显示所检测的抗原的方法。间接法中可以使多个"二抗"结合在一个"一抗"上，因此具有放大效应，所以灵敏度比直接法更高（图 1-3-18）。

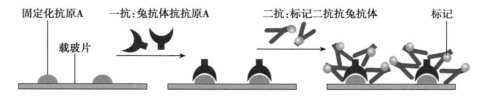

固定化抗原A　　一抗:兔抗体抗抗原A　　二抗:标记二抗抗兔抗体　　标记

载玻片

图 1-3-18　免疫细胞化学反应的间接法

三、原位杂交技术

原位杂交技术（in situ hybridization，ISH）是使用标记的 DNA 或 RNA 探针，通过分子杂交检测原位组织和细胞中的特异性核酸分子的方法。原位杂交技术是细胞化学技术与分子生物学的结合，能够在组织胚胎、细胞和染色体上证明某特异性的 DNA 或 RNA 序列的存在，不仅用于细胞和细胞器的结构分析和动力学特性研究,也用于感染组织中病毒 DNA 序列的定位和细胞遗传学的染色体基因作图。

在体外适当的条件下,碱基互补的两条异质的核酸单链能够缔合成双链的分子,这类似于 DNA 复性的过程。原位杂交技术利用上述原理,能在不破坏组织和细胞的原有结构和不提取核酸的情况下,显示组织细胞中特定的低含量的核酸序列,具有很高的特异性和灵敏度。原位杂交技术与免疫细胞化学技术联合应用,能对所检测物质的 DNA-mRNA-蛋白质的完整基因表达过程进行观察,是形态-功能关系研究的重要工具。

原位杂交的第一步是制备分子探针,即用放射性核素或非放射性核素物质标记具有目标核酸互补序列的单链核酸分子。原位杂交的探针可以是双链或单链 cDNA、合成的寡核苷酸或单链 RNA,较短的探针能产生较强的杂交信号并容易穿透进入组织,最适探针长度为 50~300bp。常用于标记的放射性核素有 ^{32}P、^{33}P、^{3}H 和 ^{35}S,非放射性核素主要包括地高辛、荧光素、生物素和酶等。标记物被导入核苷酸分子,形成标记分子,然后利用切口平移、引物延伸和末端标记(end-labeling)等方法,使标记分子掺入探针。常用 cDNA 探针和 RNA 探针检测 mRNA 分子。放射性核素探针的分辨率很高,能清晰地显示细胞微细结构背景上的 2~3 个阳性银颗粒,借此分析阳性细胞在器官组织中的分布和比例。荧光素探针的杂交操作简单,背景染色和信号强度均较低,可用于检测大的目标序列。

第二步是将探针与组织或细胞在一定温度和离子条件下共同孵育,使探针和待测的互补核酸单链借氢键结合发生分子杂交,杂交可以形成 RNA-DNA、DNA-DNA 和 RNA-RNA 等多种稳定的双链杂交产物。制备组织样品要注意使切片组织牢固地贴附于载片上,并增加组织的通透性,使尽量多的探针渗透到组织内部的目标序列部位。检测 mRNA 操作中要防止 RNA 酶的污染。预杂交和杂交的温度,杂交液的选择,以及杂交后的漂洗对提高杂交效率、消除背景非常重要。

第三步是利用放射自显影或免疫细胞化学技术显示探针,从而获得待测核酸分子的位置和数量信息。检测方法依据标记分子而定,放射性核素标记的探针,用放射自显影方法显示探针在细胞和细胞器内的分布,如需定量分析,可在乳胶包被过程中使用放射性标准品;使用非放射性核素标记的探针,例如地高辛标记的探针,则根据免疫细胞化学原理,先加入碱性磷酸酶抗地高辛抗体,再用酶的底物来显示抗原抗体复合物,这样可以显示出探针的位置(图 1-3-19)。

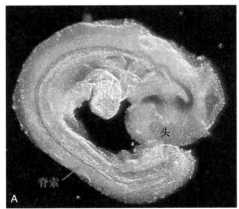
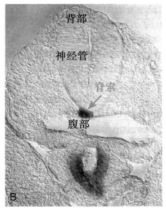

图 1-3-19　原位杂交检测全胚胎及胚胎切片上特异基因的活性

A. 用特异性 RNA 探针检测发育约 10 天的全鼠胚胎中 *Sonic hedgehog* 基因 mRNA 的表达,显示 mRNA 主要表达于脊索(红箭头);B. 用特异性 RNA 探针检测鼠胚胎切片中 *Sonic hedgehog* 基因 mRNA 的表达,结果与 A 类似:在背/腹轴上的神经管下面的脊索下有 mRNA 的表达(红箭头);C. 果蝇全胚胎原位杂交结果显示果蝇器官发育中某种特定 mRNA 的表达,可见果蝇身体截断呈现清晰的重复模式,前部(头)在上面,腹部靠左。

四、放射自显影技术

放射自显影术（autoradiography）可以追踪并分析体内大分子代谢的动态过程。以放射性核素标记生物标本中的大分子或其前体物质，然后通过使乳胶感光，以及显影和定影等过程，在显微和亚显微结构水平显示组织和细胞内放射性核素标记物质的位置和数量及其变化。

首先，用不同的方法（注射、掺入、脉冲标记）使放射性核素标记的物质进入动物体内或培养细胞中，使之参与机体和细胞的代谢过程，然后在不同的时间点取样，将取得的动物器官、组织或者培养的细胞制备成组织切片、超薄切片或涂片。在暗室中于标本表面涂布一层薄层乳胶，再将载片放置在黑暗的低温和干燥环境内 3~10 天，使乳胶层感光（自显影）。感光过程使组织内的放射性核素发出的射线将乳胶中的卤化银还原为银原子。完成自显影后的组织切片或超薄切片的处理类似于照相负片的处理过程：先使用显影液将银原子转变成镜下可见的黑色的银盐颗粒，然后定影，即溶解掉多余的未感光的银盐。此时组织细胞中银颗粒的位置即为放射性核素所标记的大分子位置，经简单背景染色后可以在显微镜或电镜下进行观察和半定量测定。

放射性核素不稳定并发生随机衰变，衰变时主要发射出 α、β 和 γ 三种射线，它们均能使乳胶感光，其中 β 射线穿透力较强，电离作用较小。细胞生物学研究中常用的放射性核素如 ^{14}C、^{3}H 和 ^{35}S 为弱 β 放射性核素，半衰期较长，^{32}P、^{33}P 也很常用。实验中常以 ^{3}H-亮氨酸和 ^{35}S-甲硫氨酸标记蛋白质，用 ^{3}H-岩藻糖和 ^{3}H-甘露糖标记糖类。^{35}S-甲硫氨酸标记效率较高，因为 ^{35}S 的衰变比 ^{14}C 和 ^{3}H 易于检测，而且 ^{35}S 的信号可通过荧光自显影而加强，同时外源甲硫氨酸比其他氨基酸更容易掺入到蛋白质中去。以 ^{3}H 胸腺嘧啶脱氧核苷（^{3}H-TdR）或 ^{3}H-UR 和组织共同孵育，使其分别掺入细胞内的 DNA 和 RNA 分子中显示其合成途径，例如利用 ^{3}H-TdR 掺入实验来研究肿瘤细胞的增殖和分化等状况。

利用放射自显影术可以在保存生物组织固有结构的情况下追踪所标记的物质在组织和细胞内的分布、数量以及对外界信号的应答变化，常用于观察分析体内大分子的代谢状况，包括摄取、转运、储存和排出的动态过程，例如利用放射自显影术阐明了蛋白质从内质网到细胞外的分泌途径（图 1-3-20）。

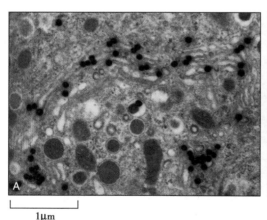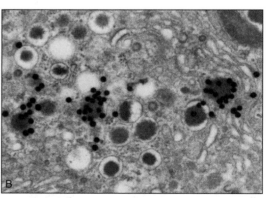

1μm

图 1-3-20　胰岛 B 细胞电镜放射自显影结果

A. ^{3}H-亮氨酸脉冲标记完成 10min 后，被标记的胰岛素蛋白（黑色银颗粒）从糙面内质网进入高尔基复合体中；B. ^{3}H-亮氨酸脉冲标记完成 45min 后，被标记的胰岛素蛋白进入分泌颗粒内。

五、活细胞内分子示踪

绿色荧光蛋白（green fluorescent protein，GFP）是应用广泛的细胞内蛋白质定位和示踪分子，最初从水母中分离。GFP 含有 238 个氨基酸残基，分子量为 26.9kD，呈 β 桶状结构，荧光基团附着于 α 螺旋上，位于整个分子的中央。GFP 不含辅基，不需要底物或者辅助分子，可在蓝色光源（450~490nm）

的激发下,发射出稳定的绿色荧光(520nm)。近年来,研究者通过点突变的方法研究 GFP 的结构与功能,发现一些突变蛋白的光吸收与荧光行为发生改变,据此开发出多种不同颜色的 GFP 类蛋白。GFP 家族成员包括 GFP、黄色荧光蛋白(YFP)、青色荧光蛋白(CFP)、蓝色荧光蛋白(BFP)等。此外还有增强绿色荧光蛋白(EGFP)、增强黄色荧光蛋白(EYFP)、增强青色荧光蛋白(ECFP)等,其中 EGFP 与 GFP 的不同在于有 F64L 和 S65T 两个点突变。

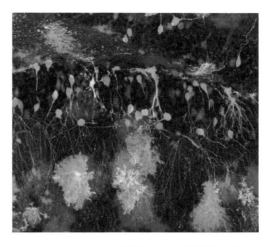

图 1-3-21　GFP 家族显示大脑神经网络

GFP 家族作为细胞内标签,快速地融入现代成像技术和数据分析技术,科学家正借助 GFP 类蛋白发出的荧光信号来监测细胞内发生的各种事件。使用不同颜色的 GFP 标记不同神经元,显示出大脑内复杂的神经网络(图 1-3-21)。

GFP 基因易于导入到不同种类的细胞中并正常表达,产生的 GFP 对细胞的光毒性很弱,同时,GFP 的分子量较小,形成融合蛋白后并不影响其他蛋白的空间构象和功能,因此,构建绿色荧光蛋白基因与多种靶蛋白基因的融合基因表达载体,转染不同细胞,即可在荧光显微镜或共聚焦显微镜下研究靶蛋白在活细胞内的位置及动态变化,此外,由于 GFP 融合蛋白的荧光灵敏度远高于荧光素标记的荧光抗体,抗光漂白能力强,因此也适用于定量测定与分析。

某些蛋白质羧基末端(C 端)的最后三个氨基酸 SKL(丝氨酸-赖氨酸-亮氨酸)是过氧化物酶体的定位信号,用基因重组的方法将 GFP 的 C 端连接一段带有 C 端 SKL 的短肽,并在不同真核细胞中表达,可以观察到不同细胞内过氧化物酶体的特征。也可用 GFP 转染标记某肿瘤细胞凋亡的相关基因,并与正常组织比较,借以判断此基因为抑制肿瘤细胞凋亡的基因还是促进肿瘤细胞凋亡的基因。利用 GFP 的示踪特性,研究肿瘤细胞内某些基因异常表达与肿瘤细胞浸润的关系,有利于揭示肿瘤细胞浸润的机制。

第六节　细胞功能基因组学技术

现代细胞生物学强调在基因与蛋白质等分子水平上理解细胞的功能。基因表达水平的变化与细胞行为的变化密切相关。提高或降低某一基因在细胞内的表达,观察与之相应的细胞行为的变化,是确定基因功能的主要方法。在人类基因组计划获得的理论和技术突破的推动下,细胞生物学研究已经能够在全基因组的水平考察细胞功能和特性的变化,进入了功能基因组学时代。

一、基因表达的定量分析

基因功能性产物(包括蛋白、RNA 分子)含量的变化是真核细胞尤其是哺乳动物细胞基因表达调控的主要方面。定量地确定基因表达水平的变化,是现代细胞分子生物学研究的基本要求。

(一)印迹杂交技术

20 世纪 80 年代后相继建立了能够定量检测 RNA 和蛋白质分子的 Northern、Western 印迹分析技术(blotting)。其基本过程都包括:电泳分离待检测分子,将待检测分子转移到可方便操作的硝酸纤维素膜(nitrocellulose membrane,NC)或聚偏二氟乙烯(polyvinylidene fluoride,PVDF)膜上,然后将带有报告基团的探针(或抗体)与膜杂交(或孵育),最后通过同位素或化学发光试剂显示目的分子的条带,通过条带的深浅可判断目的分子的含量和分子量大小。

Northern 印迹分析是检测组织或细胞中特异性 RNA 量的方法。它以带有放射性或非放射性物质标记的单链 cDNA、RNA 片段或寡核苷酸为探针,检测 RNA 分子,不仅能够定量检测基因表达水平(mRNA)的变化,而且能够提供基因不同转录本的转录长度信息。对小的 RNA 分子,如长度约20nt 的 miRNA 分子,Northern 印迹分析也能有效地检测。在进行检测时,首先从组织或细胞中提取总 RNA 或 mRNA,在琼脂糖凝胶电泳之前需要对 RNA 样品进行变性处理,以破坏 RNA 分子中的局部双螺旋结构,使整个 RNA 分子呈单链(便于分子杂交)。常用变性剂为甲醛或戊二醛。

Western 印迹分析检测的是蛋白质分子,它是在蛋白质水平定量检测基因表达改变的主要方法。首先将经细胞裂解而获得的蛋白质样品进行 SDS-PAGE 分离,然后依次进行印记、抗体孵育和显示蛋白质条带等步骤。Western 印迹分析不仅能够识别细胞中不同种类的蛋白分子,而且能够识别同一种蛋白分子的不同修饰方式,如磷酸化、甲基化、泛素化等,是考察蛋白质含量、分子量大小和活性状态的重要方法。

印迹分析是低通量的检测技术,步骤较烦琐,花费时间长。但印迹分析检测不需昂贵设备,结果准确,少有假象,也常被用于验证生物芯片等高通量研究获得的结果。

（二）核酸原位杂交技术

组织细胞中基因的表达不仅存在量的差异,而且还存在表达时间和空间的变化。核酸原位杂交技术(ISH)是在 RNA 水平检测这些变化的基本方法。原位杂交没有组织和细胞的裂解步骤,并通过固定的方法将 RNA 分子保持在组织和细胞内的原位,因此能够展示细胞和组织内特定基因表达的时间和空间变化。

（三）荧光实时定量 PCR 技术

聚合酶链式反应(polymerase chain reaction,PCR)能够在体外对特定 DNA 序列进行重复性复制(扩增)。其反应体系包括:模板 DNA、耐热的 DNA 聚合酶、引物、4 种脱氧核糖核苷酸(dNTP)及适当的反应缓冲液。PCR 反应一般分为变性、退火、延伸三个步骤进行:首先在 95℃进行 DNA 双链解离,即变性;然后在 50~65℃之间进行引物与 DNA 链的互补结合,即退火;最后在 72℃由耐热 DNA 聚合酶合成与模板互补的新的 DNA 链。此三个步骤重复 20~30 个循环即可完成扩增反应。

普通 PCR 反应可以对目的 DNA 片段进行高效地克隆,能够非常灵敏地检测目的 DNA 片段。但由于 PCR 高效的指数扩增过程,在扩增结束后不同含量的初始模板都具有几乎相同量的终产物,因此不能对初始模板进行定量。荧光实时定量 PCR(fluorescence real-time quantitative PCR)技术在 PCR 反应体系中加入了与 DNA 双链结合后能够发出荧光的荧光染料,或能够与靶序列结合并带有荧光报告基团的探针。在 PCR 反应过程中,每次反应循环后,都会检测反应管中的荧光强度。以反应管中荧光强度达到阈值时所需的 PCR 反应循环个数(Cp 值),表示模板中目的片段的初始含量。由于是在 PCR 反应进行过程中的检测,而不是在 PCR 反应结束时的终点检测,因此荧光实时定量 PCR技术能够进行目的 DNA 片段的定量分析。

在检测组织细胞中基因表达时,首先需要将分离提取的 RNA(mRNA)反转录(reverse transcription)为 cDNA,然后再进行荧光实时定量 PCR,称为荧光实时定量 RT-PCR,是检测基因表达改变的简便方法。

二、基因表达的调控研究技术

为确定基因的功能,常需要在细胞和个体中对基因进行方向相反的两个操作,即提高基因表达水平(上调)和降低基因表达水平(下调)。与个体水平的基因操作技术相比,在细胞水平很容易对目的基因的表达水平进行控制。

熟练掌握基因的克隆技术是进行基因表达上调和下调研究的前提。基因克隆通常指 cDNA 克隆(cDNA cloning),即将 mRNA 逆转录形成的 cDNA 或通过体外聚合酶链式反应得到的基因片段,插入到能进行自我复制的载体(通常是质粒,plasmid),实现在受体细菌内大量扩增的过程。克隆过程中用到的载体被称为克隆载体(cloning vector)。为开展基因表达的上调和下调研究,需要借助适当的限制性内切核酸酶（restriction nuclease），从含有目的基因片段的克隆载体中酶解出目的基因 DNA，转移到能够启动目的基因表达的表达载体（expression vector）——通常是质粒或病毒载体中。

（一）外源性基因在细胞中的过表达是上调基因表达的主要方式

通过脂质体包裹的基因转染（transfection）或病毒介导的感染等技术，就可以将带有外源性基因的表达载体导入动物和人类细胞。在表达载体启动子的驱动下，外源基因将获得过表达（overexpression），从而实现上调细胞中的目的基因表达。

（二）RNA 干扰技术是下调基因表达的常用方法

RNA 干扰（RNA interference，RNAi）技术可比较简便地在低等生物（如线虫）或哺乳动物细胞水平对特定基因进行降低或功能丧失的操作。

RNAi 作用的基本原理是：特定浓度的外源性双链 RNA（dsRNA）进入细胞内，被 RNase Ⅲ切割成siRNA（small interfering RNA），siRNA 与解旋酶和其他因子结合，形成 RNA 诱导沉默复合物（RISC），激活的复合物随机地通过碱基配对定位到目标 mRNA 上，然后以目标 mRNA 为模板，以 siRNA 为引物，在 RNA 依赖的 RNA 合成酶的作用下生成新的长链 dsRNA，新的长链 dsRNA 也可被切割。结合了 RISC 的靶 mRNA 会被内切酶切割并进而降解，这样破坏了特定目的基因转录产生的 mRNA，使其功能基因沉默（gene silencing）。RNA 干扰的高效性表明其作用过程中有放大作用，同时效应持续时间较长。这与新的长链 dsRNA 合成密切相关（图 1-3-22）。目前认为，RNAi 现象在所有物种中都可能存在，是生物抵御病毒侵袭的细胞行为，也有可能是正常基因表达调控的普遍机制之一，但双链 RNA 抑制靶基因表达的详细机制尚待进一步的探索。

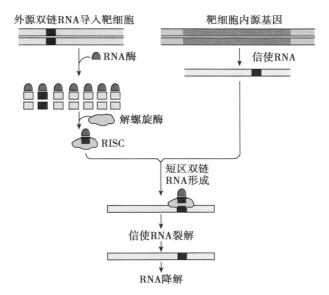

图 1-3-22　RNAi 技术原理示意图

由于 siRNA 作用的阶段是在目的基因转录成为 mRNA 以后，所以 RNAi 引导的基因沉默又称转录后基因沉默（post-transcriptional gene silencing，PTGS），这可能为基因治疗策略开辟一条新途径。

RNAi 技术操作简便，主要步骤是：首先人工化学合成或酶促合成 RNA 双链，然后直接通过脂质体包裹或克隆到特殊的表达载体等技术将其转染到体外培养的哺乳动物细胞，主要用于基因功能研究。也可以根据靶基因设计短发卡 RNA（short hairpin RNA，shRNA），克隆到表达载体。转染后的表达载体可以表达由环祥连接的正反义互补的短干扰 RNA 序列，行使 RNAi 的作用。另外，利用构建的 shRNA 载体，与化学合成的 siRNA 和基于瞬时表达载体构建的 shRNA 相比，一方面可以扩增替代瞬时表达载体使用，另一方面，可用于感染依靠传统转染试剂难以转染的细胞系，如原代细胞、悬浮细胞和处于非分裂状态的细胞，并且在感染后可以整合到受感染细胞的基因组，进行长时间的稳定表达。

在 RNAi 技术中，较好的方法是利用启动子控制一段反向序列转录，进入体内后转录生成发夹结构的双链 RNA，从而引起靶基因表达抑制，如应用多种启动子，就可以使双链 RNA 在特定时间和区域表达。在大多数哺乳动物中，为避免双链 RNA 引入后发生细胞毒性反应，多使用小于 30bp 的双链 RNA（图 1-3-23）。RNAi 将作为一种强有力的研究工具，用于功能基因组的研究。

（三）CRISPR/Cas9 基因编辑技术

CRISPR/Cas9 技术是近年来出现的一种革命性技术，被广泛用于基因的敲除、点突变和外源性基因的插入等。

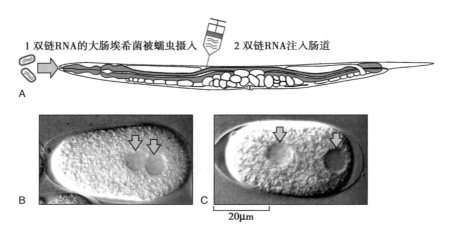

图 1-3-23　RNAi 技术建立的显性阴性突变
A. RNA 可以被导入 *C.elegans*；①用表达双链 RNA 的大肠埃希菌喂食蠕虫，②直接把双链 RNA 注入蠕虫肠道内。B. 野生型蠕虫胚。C. 一个蠕虫胚内与细胞分裂相关基因被双链 RNA 干扰失活。图中胚显示两个未融合的精子和卵子的细胞核异常位移。

CRISPR 的全称为：成簇的规律间隔的短回文重复序列（clustered regularly interspaced short palindromic repeats）；Cas 是 CRISPR 连接蛋白（CRISPR associated protein）。CRISPR 序列构成了决定切割位点特异性的非编码 RNA，Cas 基因编码的 Cas 蛋白具有核酸酶活性。

CRISPR 序列转录产生两个非编码 RNA 分子，依靠重复序列互补形成异二聚体，再与 Cas 蛋白结合。Cas 蛋白能够将异二聚体 RNA 剪切加工成为一段有 20 个碱基向导序列的成熟 RNA 分子（gRNA）。这段向导序列能够特异识别基因组 DNA 分子的互补序列，而 Cas 蛋白再次利用核酸酶活性将 DNA 分子切断。

在向导序列的 3′端，Cas 识别的 DNA 位点还必须有一个 PAM（protospacer adjacent motif）区域。在酿脓链球菌的 CRISPR 系统里，紧跟于靶序列后的 PAM 序列是 5′-NGG。而 Cas 识别位点的特异性就由 20 个碱基的向导序列和 3 个碱基的 PAM 序列共同决定。现在商家已经直接将异二聚体 RNA 构建成一个有向导序列和与 Cas 蛋白结合序列的融合 RNA（single-guide RNA，sgRNA），从而将 CRISPR/Cas 系统简化成 Cas 蛋白和 sgRNA 两个组分（图 1-3-24）。切割后对 DNA 断点附近的序列进行编辑，同样是非同源末端连接修复机制和同源重组的方式进行。目前，已发现了三种类型的 CRISPR/Cas 系统，Ⅱ型 CRISPR/Cas 系统在发挥功能时仅需要一种蛋白，即 Cas9 核酸酶参与。因此，CRISPR/Cas9 系统得到了广泛应用。

此外，在动物和人类细胞中过表达特定基因编码蛋白的部分功能域缺失或基因突变体，也是研究基因功能的常用方法。

三、蛋白与蛋白、蛋白与核酸间的相互作用

（一）蛋白质相互作用的研究技术

蛋白质是细胞功能的主要执行者。在许多情况下，一个细胞功能的实现是多个蛋白质分子相互作用的结果。细胞的生命活动，如细胞的信号转导、基因转录、蛋白转运、蛋白质修饰和降解等，都依赖于蛋白质之间的相互作用。研究蛋白质相互作用是理解细胞生命过程的关键。实验室中常用的蛋白质相互作用研究技术包括免疫沉淀、酵母双杂交等方法。

1. 免疫沉淀　免疫沉淀（immuno-precipitation，IP）的主要过程是：首先用偶联在凝胶颗粒或磁珠上的目的蛋白的抗体将细胞匀浆或裂解液中的目的蛋白沉淀出来，在此过程中能够与目的蛋白发生相互作用的蛋白会被同时沉淀下来，然后用 SDS-PAGE、免疫印迹或生物质谱对沉淀出来的蛋白进行鉴定。免疫沉淀方法简便易行，是实验室最常用的方法，但是它属于体外（in vitro）实验方法，不能给

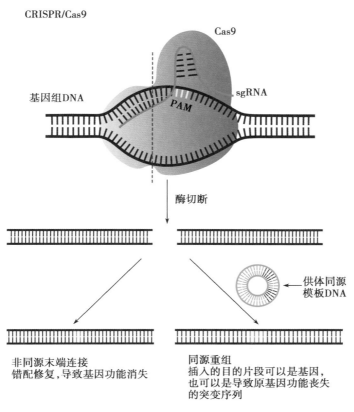

图 1-3-24　CRISPR/Cas9 技术

出细胞内蛋白相互作用的动态结果,同时细胞内本来没有相互作用的蛋白质在破碎细胞时可能发生凝聚,因此免疫共沉淀会存在假阳性的问题。

2. 酵母双杂交　酵母双杂交(yeast two-hybridization)的基本原理是:将目的蛋白与报告基因的DNA结合结构域构建成融合蛋白,将被筛选的蛋白与报告基因的转录激活结构域构建成融合蛋白。目的蛋白通常称作诱饵(bait),被筛选的蛋白通常称作俘获物(prey)。如果目的蛋白和筛选的蛋白在酵母细胞中存在相互作用,则报告基因就会在酵母中进行表达,然后从阳性酵母菌落中分离出阳性蛋白的质粒就可以确定阳性蛋白的编码序列。酵母双杂交能快速检测蛋白相互作用,包括相应的结构域,并找到相应的编码基因,是一种被广泛采用的在体内条件下研究蛋白质相互作用的方法。但是酵母双杂交只能说明两个蛋白质之间有相互作用的结构基础,并不表示这两个蛋白质在细胞内一定会相遇或这种相互作用在活细胞确实存在,因此酵母双杂交确定的实验结果通常需要用免疫共沉淀进行验证。另外,酵母双杂交只是个筛选系统,并不能直接将蛋白质相互作用与特定的细胞功能联系起来。

3. 噬菌体展示　噬菌体展示(phage display)是一种体外筛选蛋白质与蛋白质相互作用的技术,其基本原理是:将被筛选蛋白与噬菌体的衣壳蛋白构建成融合蛋白,使被筛选蛋白在噬菌体的表面进行表达;然后将目的蛋白固定在平板或小珠上,与展示不同筛选蛋白的噬菌体文库进行孵育;孵育后洗去未结合噬菌体,然后分离特异性结合的噬菌体;分离出的噬菌体经体内扩增,再重复上述结合分离过程,使那些能展示与目的蛋白发生最特异结合的筛选蛋白的噬菌体得到逐步的富集,一般需经过三轮筛选/扩增循环,最后经过DNA测序鉴定所得噬菌体中筛选蛋白的编码基因。与其他技术相比,噬菌体展示技术的主要优点是容易对库容量较大的文库(多样性大于 10^9)进行筛选。

(二)蛋白质与核酸相互作用的研究技术

蛋白质与核酸(DNA和RNA)的相互作用是基因表达调控的基础。基因表达调控是细胞对外部或内部刺激发生应答的方式,可以发生在转录水平、转录后水平、翻译水平和翻译后水平。转录水平的调控涉及基因组DNA与一系列结合蛋白的相互作用,也就是多种转录因子与多个基因转录调控区域的特异性结合;而转录后水平和翻译水平的调控涉及多种 RNA 结合蛋白(RNA binding protein, RBP)参与,也即多种 RNA 分子与多种 RBP 之间的特异结合,以完成 RNA 加工、修饰、转运、定位和降解等过程。掌握 DNA 与蛋白质、RNA 与蛋白质相互作用的研究方法,对深入研究基因表达调控的分子机制有重要帮助。随着基因组学、生物信息学和测序技术的进步,我们已经可以在全基因组水平对细胞的基因表达调控进行分析。

1. **染色质免疫沉淀技术研究 DNA 与蛋白质相互作用**   染色质免疫沉淀技术(chromatin immunoprecipitation,ChIP)是一种在体内研究 DNA 与蛋白质相互作用的方法。其基本过程是:在生理状态用甲醛将细胞内的 DNA 与蛋白质交联在一起,用适度的超声波处理将交联复合体打断成含 500~1 000bp DNA 的片段,然后用所要研究的目的蛋白的特异抗体沉淀交联复合体片段,只有与目的蛋白结合的 DNA 片段才能够被沉淀下来,最后经去交联和 DNA 纯化步骤,即可以对与目的蛋白结合的 DNA 片段进行分析(图 1-3-25)。

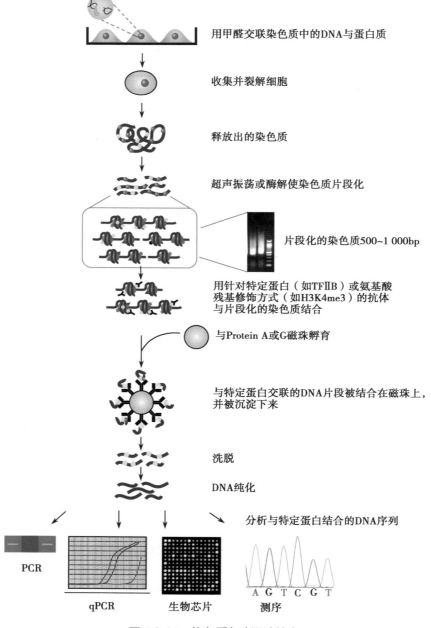

图 1-3-25 染色质免疫沉淀技术

同研究 DNA 与蛋白质相互作用的其他方法相比,如电泳迁移率变动分析、酵母单杂交系统等,ChIP 是一种体内研究方法,能够捕捉到发生在染色质上的基因表达调控的瞬时事件,反映细胞内基因表达调控的真实情况。

染色质免疫沉淀技术可以用于低通量的研究,如验证某个特定的转录因子能否与某个或多个基因的启动子区域结合,或者验证某个蛋白结合的 DNA 区域是否是启动子区域等。染色质免疫沉淀也可用于高通量的基因组水平的研究,如以 Oct4 和 Nanog 为目的蛋白分别对胚胎干细胞和已分化细胞进行免疫沉淀,然后应用表达谱芯片或高通量测序技术分析获得的 DNA 片段,可以在全基因组水平发现胚胎干细胞和已分化细胞的基因表达调控的差异和特性。由于抗体可以区分同一蛋白的甲基化、乙酰化、磷酸化等不同的修饰状态,染色质免疫沉淀在以组蛋白修饰为主要内容的表观遗传学研究中有广泛的应用。

2. 紫外交联免疫沉淀研究 RNA 与 RNA 结合蛋白相互作用 在染色质免疫沉淀的最后步骤中,如果不纯化 DNA 而是纯化 RNA,逆转录后分析沉淀下来的 RNA 片段,则可以考察与特定转录因子或组蛋白结合的 RNA 分子,这种方法适于研究染色质中存在的功能性 RNA 分子。如果考察整个细胞内与特定 RNA 结合蛋白(RBP)结合的 RNA 分子,一般用紫外交联免疫沉淀技术(ultraviolet crosslinking and immunoprecipitation,CLIP)。

CLIP 的基本原理是:用 254nm 紫外线照射使细胞中 RNA 分子与 RNA 结合蛋白发生共价结合,以 RNA 结合蛋白的特异性抗体将 RNA-蛋白质复合体沉淀之后,回收其中的 RNA 片段,经过逆转录后对 RNA 分子进行测序,进而发现 RNA 分子与 RBP 分子之间的相互作用关系。应用带有限制性酶切位点和识别序列的引物进行逆转录,可以识别出在交联碱基处被截断的 cDNA 的单核苷酸序列,从而使 CLIP 的分辨率达到单个碱基水平,即 iCLIP(individual nucleotide resolution CLIP)。

CLIP 能够在全基因组水平揭示 RNA 与 RNA 结合蛋白相互作用,是研究 RNA 与蛋白相互作用的有力工具。但在实际应用中存在一些不足,如交联效率低、难以区分结合与非结合 RNA 序列、254nm 紫外线照射可诱发细胞 DNA 损伤并合成新的 RBP 等。CLIP 重要的改良技术之一,光活化核糖核苷增强的交联免疫沉淀技术(photoactivatable ribonucleoside enhanced crosslinking and immunoprecipitation,PAR-CLIP)可以克服以上不足,并能够比较准确地确定 RNA 分子中与 RBP 结合的序列。CLIP 通常与高通量测序技术联合应用,称为 HITS-CLIP(high-throughput sequencing CLIP)或 CLIP-seq。其测序结果经过生物信息学分析,可深入揭示全基因组水平 RNA 结合蛋白与 RNA 分子的调控作用及其生物学意义,极大地促进了细胞基因表达调控的研究。

四、蛋白质组学技术

蛋白质组(proteome)是指在特定时空条件下某种细胞、组织或器官所含有的全部蛋白质。与此相对应,蛋白质组学(proteomics)是以特定时空条件下某种细胞、组织或器官所含有的全部蛋白质的存在及其活动方式为研究对象的学科。目前蛋白质组学研究技术已成为确定基因功能的有效手段,是基因组学研究进入功能基因组时代的主要标志,是功能基因组时代生命科学研究的核心内容。其中,亚细胞器蛋白质组和器官蛋白质组研究日益成为蛋白质组学研究领域的热点。

蛋白质组学最初应用蛋白质双向电泳和质谱技术研究不同组织细胞中蛋白表达谱,是蛋白质组学研究的基本技术。

来源于细胞或亚细胞结构的蛋白质样品在双向电泳中,先在第一向的高压电场下进行等电聚焦(IEF),然后再进行第二向的 SDS 聚丙烯酰胺凝胶电泳分离。目前等电聚焦电泳采用固相 pH 梯度(IPG)胶条,避免了因载体两性电解质引起的聚焦时间延长、pH 梯度不稳定、阴极漂移等现象,其分辨率已达到 1 万多个蛋白质点,但对过于偏酸或偏碱、高分子量、微量蛋白质及难溶性蛋白质的分辨仍感困难。由于双向凝胶电泳对批量蛋白质可实现一次性分离,具有高灵敏度和高分辨率、便于计算机进行图像分析处理、可以很好地与质谱分析等鉴定方法匹配的优点,因而成为目前分离蛋白质组分的核心技术。

基于双向凝胶电泳的蛋白质组研究会产生大量数据,传统的微量蛋白质测序、氨基酸组成分析等蛋白质鉴定方法费时、费力、不易实现高通量分析。因此一种新的蛋白质鉴定技术——质谱法(mass spectrometry)受到了人们的重视和应用,其基本原理是:样品分子离子化后,根据离子间质荷比(m/z)的差异来分离并确定样品的分子质量。目前用于蛋白质鉴定的质谱主要有两种:电喷雾电离质谱(electrospray ionization mass spectrometry,ESI-MS)和基质辅助激光解吸电离/飞行时间质谱(matrix-assisted laser desorption ionization/ time-of-flight mass spectrometry,MALDI-TOF-MS)。蛋白质的质谱测序通常借助串联质谱(tandem mass spectrometry,MS/MS),即质谱联用技术测定肽片段的序列结构。串联质谱将每个酶解短肽经第一级质谱或色谱分离进入碰撞室,与氮气或氨气碰撞,沿着碳骨架断成不同长度的寡肽;第二级质谱测定由第一级质谱产生的寡肽的分子质量,一系列寡肽的分子质量差异对照各种氨基酸残基的分子质量,如此对号入座即可解读出肽段的氨基酸序列。串联质谱在测定氨基酸序列方面具有灵敏度高、耗时短、样品不需纯化的特点。

五、生物芯片

生物芯片(biochip)是20世纪90年代初期发展起来的一门由生物学、微电子学、物理学、化学和计算机科学等多学科交叉融合而成的高新技术。主要包括基因芯片和蛋白质芯片。

基因芯片(gene chip)是指将大量(通常每平方厘米点阵密度高于400)特定的寡核苷酸片段或基因片段作为探针,有规律地排列固定于支持物上,形成二维DNA探针阵列,然后与标记样品的基因按碱基配对原理进行杂交,通过检测杂交信号强度获取样品分子的数量和序列信息,进而实现对生物样品快速、并行、高效地检测或医学诊断。因常用硅芯片作为固相支持物,且在制备过程运用了计算机芯片的制备技术,所以称为基因芯片技术(又称DNA芯片、DNA微阵列芯片),能高效和快速检测基因表达。

基因芯片主要技术流程包括:芯片的设计与制备、靶基因的标记、芯片杂交与杂交信号检测(图1-3-26)。待分析样品的制备是基因芯片实验流程的一个重要环节,靶基因在与芯片探针结合杂交

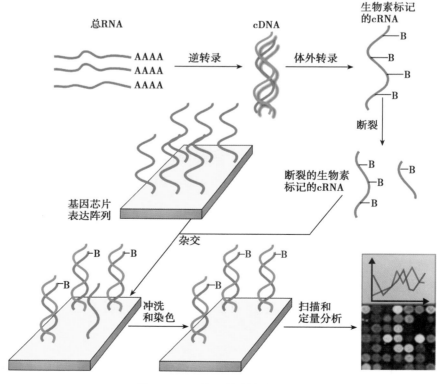

图 1-3-26 基因芯片技术的原理

之前必须进行分离、扩增及标记。标记方法根据样品来源、芯片类型和研究目的的不同而有所差异。基因芯片与靶基因的杂交过程与一般的分子杂交过程基本相同,杂交反应的条件要根据探针的长度、GC 碱基含量及芯片的类型来优化,如用于基因表达检测,杂交的严格性较低,而用于突变检测的芯片杂交温度高,杂交时间短,条件相对严格。显色和分析测定方法常用的为荧光法,其重复性较好,但灵敏度较低。

基因芯片技术能同时将大量探针固定于支持物上,可对样品中数以千计的序列进行一次性的快速、准确的检测和分析,从而弥补了传统核酸印迹杂交自动化程度低、操作过程繁杂、序列数量少及检测效率低等不足。此外,通过设计不同的探针阵列、使用特定的分析方法,基因芯片技术被广泛应用于基因表达谱测定、实变检测、多态性分析、基因组文库作图、杂交测序及药物的筛选等研究领域。

蛋白质芯片(protein chip)技术是指将大量蛋白质或多肽固化于固相支持物表面,通过蛋白质-蛋白质间的相互作用(如抗原抗体反应、受体配体识别等),对样品中靶蛋白分子进行高通量检测的一种技术。蛋白质芯片的工作原理与基因芯片类似,也多是把荧光标记的待检样品与芯片上的蛋白质探针反应,洗脱未反应成分后检测特异的反应信号。

六、模式动物个体水平的基因操作

在细胞生物学研究中,除开展大量的体外实验研究之外,特别强调体内研究结果的价值。体内研究主要在模式动物上进行,生物医学研究中常用的模式动物有果蝇(*Drosophila*)、秀丽隐杆线虫(*C. elegans*)、斑马鱼(*Zebrafish*)、爪蟾(*Xenopus*)和小鼠等(图 1-3-27,表 1-3-1)。基于模式动物个体水平的基因操作技术,特别是基因敲除(gene knock-out)技术在细胞的功能性基因研究中非常重要。

A病毒
与DNA、RNA、蛋白质合成有关的蛋白质
基因调控
肿瘤和细胞增殖的调控
蛋白质运输和细胞内细胞器
感染和免疫

B细菌
与DNA、RNA、蛋白质合成有关的蛋白质
新陈代谢
基因调控
寻找新的抗生素
细胞周期
信号传递

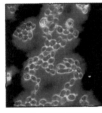
C酵母(酿酒酵母)
细胞周期和细胞分裂的调控
蛋白质分泌和膜的起源
细胞骨架的功能
细胞分化
衰老
基因调控和染色体结构

D线虫(秀丽线虫)
体节的形成
细胞系
神经系统的形成和功能
程序性细胞死亡的调控
细胞增殖和癌基因
衰老
基因调控和染色体结构

E果蝇(果腹果蝇)
体节的形成
分化细胞系的产生
神经系统、心脏和肌肉
组织的形成
程序性细胞死亡
与行为有关的基因调控
细胞极化的调控
药物、酒精、杀虫剂的作用

F斑马鱼
脊椎动物身体器官的发育脑和神经系统的形成和功能
先天缺陷
肿瘤

G小鼠(包括培养细胞)
身体器官的发育
哺乳动物免疫系统的功能脑和神经系统的形成和功能
肿瘤和其他人类疾病模型
基因调控和遗传传染性疾病

H植物(拟南芥)
器官的发育和模式
细胞遗传学
农业应用
生理学
基因调控
免疫力
传染性疾病

图 1-3-27 细胞生物学研究的常用模式生物

表 1-3-1　细胞生物学常用模式生物的特性

模式生物	基因组大小与倍性	基因组测序	基因数量	同源重组	减数分裂重组	生物化学应用
革兰氏阴性细菌（*Escherichia coli*）	4.6Mb，单倍体	是	42 881	可以	无	很好
细胞性黏菌（*Dictyostelium discoideum*）	34Mb，单倍体	是	12 000	可以	无	很好
出芽酵母（*Saccharomyces cerevisiae*）	12.1Mb，单倍体	是	6 604	可以	有	好
裂殖酵母（*Schizosaccharomyces Pombe*）	14Mb，单倍体	是	4 900	可以	有	好
线虫（*Caenorhabditis elegans*）	97Mb，双倍体	是	18 266	困难	有	很少
果蝇（*Drosophila melanogaster*）	180Mb，双倍体	是	13 338	困难	有	一般
拟南芥（*Arabidopsis thaliana*）	100Mb，双倍体	是	25 706	不可以	有	很少
小鼠（*Mus musculus*）	3 000Mb，双倍体	是	25 000	可以	有	好
人（*Homo sapiens*）	3 000Mb，双倍体	是	25 000	可以（培养细胞）	有	好

　　小鼠与医学的关系极为密切。研究基因的功能,常需要在小鼠中引入一个额外的基因或对基因进行改变,来观察其效应。进行这种基因操作的小鼠被称为转基因(transgenic)小鼠。目前用于制备转基因小鼠的主要方法有两种,一种是把待研究的基因 DNA 直接注射到受精卵的细胞核中;另一种是在培养的胚胎干细胞(embryonic stem cell,ES 细胞)基因组中改变或者加入一个基因,随后把有基因改变的 ES 细胞注入胚泡,使其成为内细胞团的一部分。后者是基因敲除的常用方法。

　　可以通过同源重组(homologous recombination)的方法,使导入 ES 细胞的外源性载体 DNA 插入到一个特定的预定位点。同源重组是两个 DNA 分子在某相似序列的特定位点上的重组。因此,导入的 DNA 必须包含足够的靶基因同源序列,才能保证其至少在一小部分培养的细胞基因组中的预定位点插入外源性基因。这些带有特定基因突变或缺失的 ES 细胞被导入胚泡的内细胞团之后,在小鼠的后代中将产生一个携带特定基因突变或缺失的转基因小鼠。一般情况下,通过这种方法获得的 F1 代小鼠通常为嵌合体。一旦突变基因进入生殖细胞,突变小鼠的杂合子可以通过杂交产生纯合体,当小鼠是失活基因纯合体的时候就称为基因敲除。由此,基因敲除被定义为利用 DNA 同源重组原理、借助于遗传操作手段使有机体的某一特有基因完全失活。通过观察基因敲除后动物的表型,即可明确基因的功能。

　　CRISPR/Cas9 基因编辑及相关技术的出现和发展,使得在胚胎干细胞基因组中敲除或者加入一个基因更加简易和高效。

　　基因改变的杂合子小鼠通过杂交可产生能存活的纯合体或纯合致死体。胎死腹中的小鼠难以观察到表型,事实上一个基因可以在个体多种组织中甚至是不同发育时期表达。因此,为研究基因的特定功能,需要在特定组织和/或在发育的特定时间里敲除靶基因。这种性质的基因敲除可通过 *Cre-loxP* 系统实现。靶基因首先被插入到两个 *loxP* 序列(有 34 个碱基对)之间,把这个基因的转基因小鼠与另一个品系的携带 Cre 重组酶的转基因小鼠交配,*loxP* 序列被 *Cre* 识别,2 个 *loxP* 位点之间的所有 DNA 被切除。在小鼠后代中,如果 *Cre* 在所有的细胞中表达,那么所有细胞的靶基因均被切除。然而,如果 *Cre* 基因的表达受控于组织特异性启动子,例如,它只在心脏组织中表达,靶基因将只在心脏组织中被切除和敲除。如果 *Cre* 基因被连在可诱导的启动子控制区之下,可以通过将小鼠暴露于诱导刺激条件下,随时切除靶基因。

　　尚须指出的是,很多单基因敲除的小鼠没有明显的表型异常或产生比预期少而轻的异常,这说明其他基因可以代替敲除基因的一些功能。

　　基因敲除技术在一般实验室中难以达到,通常是从专业实验室订购。在获得基因敲除鼠之后特别是在后续的小鼠杂交过程中,常需要对后代小鼠进行验证。PCR 和 Southern 印迹杂交可实现对基因敲除小鼠的基因突变或缺失等的鉴定。

第七节　单细胞测序技术

单细胞测序技术是在单细胞水平对全基因组或转录组等进行扩增与测序的一项新技术。其原理是将分离的单个细胞的微量全基因组 DNA 或转录组 RNA 进行扩增，获得高覆盖率的完整的基因组或转录组后进行高通量测序，用于揭示细胞群体的时空差异和细胞进化关系等。

每个细胞都是独一无二的，但我们之前的研究对象往往是细胞群体，忽略了这些细胞之间的异质性。正因如此，单细胞基因组学和转录组学研究受到了越来越多的关注。

一个细胞里的 DNA 或 RNA 仅仅处在皮克（picogram）级的水平，这么少的量远远达不到现有测序仪的最低上样需求。因此科学家们必须先对单细胞内的微量核酸分子进行扩增，而且必须保证尽可能少地出现技术误差，以便开展后续的测序及其他研究。

单细胞测序技术取得突破主要与下面几个方面有关：技术进步使全基因组及转录组扩增的效率大幅度提高；高通量测序技术使得测序的效率更高，成本更低；微流控术（microfluidics）或微孔板技术（microwell technology）以及更高精密的荧光活化细胞分选技术（fluorescence-activated cell sorting）等高效分离单细胞技术的不断涌现。

使用单细胞测序技术，能够解决：①样本珍贵，能够利用的材料稀少的问题；②揭示出每一个细胞的基因组都是独一无二的，同一组织样本中的单细胞基因组存在异质性；③单细胞的基因组可以随着时间和空间进行随机的改变。单细胞测序技术在医学领域里也有着广泛的应用前景，比如各种肿瘤和许多疾病的研究和诊断，孕妇胎儿的产前诊断等。

小结

研究方法和研究工具的不断改进与革新推动着细胞生物学的发展，技术的突破性进步往往带来学科发展的飞跃。

显微成像技术能够使细胞、细胞组分和大分子的微细结构与生命活动成为可视，是细胞生物学形态与功能关系研究的基本工具。

细胞及亚细胞组分的分离技术使细胞、细胞组分和活性分子从活的机体中被分离纯化，这给单独研究它们的功能提供了可能。

体外培养是模拟器官、组织和细胞的体内生活环境并使它们在体外生长、增殖和分化的技术，体外培养不仅可以提供大量的纯化细胞，而且可以研究在相对单纯的因素影响下细胞的各种变化。

细胞化学和分子示踪技术使细胞形态观察和组分分析相结合，能在保持组织原位结构的情况下，研究细胞内主要活性大分子的分布及动态变化。

细胞功能基因组学技术适宜于研究细胞的生物化学成分，尤其是生物大分子的性质和功能。其中 Northern、Western 印迹技术等常用的工具，核酸原位杂交和荧光实时定量 PCR 技术是基因定位和定量常用手段，RNAi、CRISPR/Cas9 基因编辑技术是研究基因功能的新方法。研究蛋白质相互作用是理解细胞生命过程的关键，免疫沉淀、酵母双杂交、噬菌体展示是研究蛋白质相互作用的常用方法。蛋白质与核酸的相互作用是基因表达调控的基础，染色质免疫沉淀技术、紫外交联免疫沉淀研究是在细胞内研究 DNA 与蛋白质、RNA 与 RNA 结合蛋白相互作用的方法。蛋白质组学研究技术是诸多传统、现代研究技术的综合。高通量测序技术与其他基因组水平的研究技术相结合，可大大推进我们对复杂基因表达调控系统的理解和认识。生物芯片技术包括基因芯片与蛋白质芯片。在细胞生物学研究中，除开展大量的体外实验研究外，特别强调模式动物体内研究结果的价值。基因功能的最终确定需要借助动物个体水平的基因敲除技术实现。CRISPR/Cas9 基因编辑及其相关技术的不断改进使得人类认识和科学改造基因的手段也发生了革命性的变化。

单细胞测序技术的出现使得科学家能够对单个细胞进行基因组学和转录组学解析。越来越多的先进方法和精密设备正用于生命科学的研究,但是,任何技术都有其长处和局限性。应该在熟悉不同的技术和方法的基础上选择最佳的技术途径或技术组合去实现研究目的。

（李　冰）

思考题

1. 举例说明研究方法的突破对细胞生物学发展的推动作用(3~5个)。

2. 在人类基因组计划获得的理论和技术突破的推动下,细胞生物学研究已经能够在全基因组的水平考察细胞功能和特性的变化,进入了功能基因组学时代,请列举几个常用的细胞功能基因组学技术。

3. 用什么方法追踪活细胞中蛋白质合成与分泌过程? 包括哪几个步骤?

第二篇
细胞的结构和功能

第四章
细胞膜与物质穿膜运输

【学习要点】

1. 细胞膜中膜脂、膜蛋白的类型和生物学功能。
2. 影响细胞膜流动性的因素及液态镶嵌模型和脂筏模型。
3. 细胞膜对小分子和离子运输的四种方式及各自特点。
4. 细胞对大分子和颗粒物质胞吞和胞吐作用分类特点。

  细胞膜（cell membrane）是包围在细胞质表面的一层薄膜，又称质膜（plasma membrane）。细胞膜将细胞中的生命物质与外界环境分隔开，维持细胞特有的内环境。在原始生命进化过程中，细胞膜的形成是关键一步，没有细胞膜的形成，细胞形式的生命就不能出现。除细胞膜外，细胞内还有其他丰富的膜结构，它们形成了细胞内各种膜性细胞器，如内质网、高尔基复合体、溶酶体、核膜等，称为细胞内膜系统。这些膜结构与细胞膜在化学组成、分子结构和功能等方面具有很多共性，目前把细胞膜（图 2-4-1）和细胞内膜系统总称为生物膜（biomembrane）。

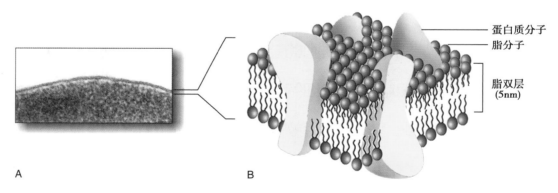

蛋白质分子
脂分子
脂双层
(5nm)

A   B

图 2-4-1 细胞膜的结构
A. 人红细胞膜电子显微镜照片；B. 细胞膜三维结构模式图。

  细胞膜不仅为细胞的生命活动提供了稳定的内环境，还行使物质转运、信号传递、细胞识别等多种复杂功能，并且与细胞增殖、分化、细胞的识别黏附、代谢、能量转换等基本过程密切相关，是细胞与细胞之间、细胞与细胞外环境之间相互交流的重要通道。细胞膜的改变与多种遗传病、神经退行性疾病、恶性肿瘤等的发生相关。因此，正确认识细胞膜的结构与功能对揭示生命活动的奥秘具有重要意义。

  目前，对细胞膜的研究已深入到分子水平，对其化学组成和相关功能及不同组分间的相互作用不断有新的认识，细胞膜的研究已成为当前细胞生物学和分子生物学的重要研究领域之一。由于细胞膜的许多特性和功能为各种生物膜所共有，因此，了解细胞膜的化学组成、生物学特性及其主要功能，亦有助于对其他生物膜的基本认识。

第一节　细胞膜的化学组成与生物学特性

不同类型的细胞,其细胞膜的化学组成基本相同,主要由脂类、蛋白质和糖类组成。脂类排列成双分子层,构成膜的基本结构,形成了对水溶性物质相对不通透的屏障;蛋白质以不同方式与脂类结合,构成膜的功能主体;糖类多分布于膜的外表面,通过共价键与膜内某些脂类或蛋白质分子结合形成糖脂或糖蛋白。此外,细胞膜中还含有少量水、无机盐与金属离子等。

一、细胞膜的化学组成

(一)膜脂构成细胞膜的结构骨架

细胞膜上的脂类称为膜脂(membrane lipid),约占膜成分的50%,一个动物细胞的细胞膜中大约含有10^9个脂分子,在$1\mu m \times 1\mu m$脂双层范围内,大约有5×10^6个脂分子。膜脂主要有三种类型:磷脂(phospholipid)、胆固醇(cholesterol)和糖脂(glycolipid),其中磷脂含量最多(图2-4-2)。

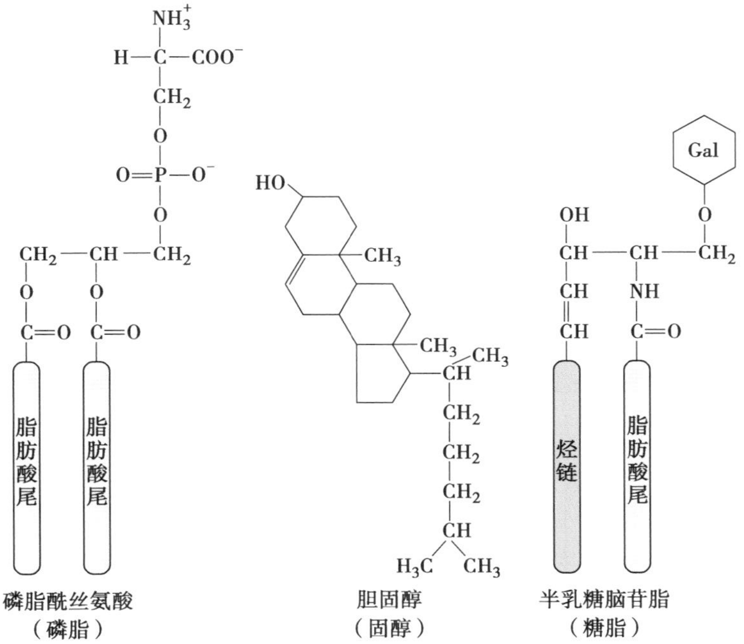

图2-4-2　三种类型的膜脂分子

1. 磷脂　大多数膜脂分子中都含有磷酸基团,被称为磷脂,约占膜脂的50%以上。磷脂又可分为两类:甘油磷脂(glycerophosphatide)和鞘磷脂(sphingomyelin,SM)。甘油磷脂主要包括磷脂酰胆碱(卵磷脂)(phosphatidylcholine,PC)、磷脂酰乙醇胺(脑磷脂)(phosphatidylethanolamine,PE)和磷脂酰丝氨酸(phosphatidylserine,PS)。此外,还有一种是磷脂酰肌醇(phosphatidylinositol,PI),位于细胞膜的内层,在膜结构中含量很少,但在细胞信号转导中起重要作用。甘油磷脂分子有共同的特征:以甘油为骨架,甘油分子的1、2位羟基分别与脂肪酸形成酯键,3位羟基与磷酸基团形成酯键,磷酸基团分别与胆碱、乙醇胺、丝氨酸或肌醇结合,即形成上述4种类型磷脂分子。这些极性小基团在分子末端与带负电的磷酸基团一起形成带电的结构域,被称为头部基团(head group)或亲水头。磷脂中的脂肪酸链长短不一,通常由14~24个碳原子组成,一条烃链不含双键(饱和链),另一烃链或含有1~2个顺式双键(不饱和链),双键处形成一个约30°角的弯曲。真核生物磷脂中主要的脂肪酸见表2-4-1。脂肪酸链无极性是疏水的,称为疏水尾。由于磷脂分子具有亲水头和疏水尾,被称为两亲性分子

（amphipathic molecule）或兼性分子（图 2-4-3）。

表 2-4-1　真核生物磷脂中主要的脂肪酸

碳原子数	双键数目	名称	分子式
12	0	月桂酸	$CH_3—(CH_2)_{10}—COO^-$
14	0	豆蔻酸	$CH_3—(CH_2)_{12}—COO^-$
16	0	棕榈酸	$CH_3—(CH_2)_{14}—COO^-$
16	1	棕榈油酸	$CH_3—(CH_2)_5—CH=CH—(CH_2)_7—COO^-$
18	0	硬脂酸	$CH_3—(CH_2)_{16}—COO^-$
18	1	油酸	$CH_3—(CH_2)_7—CH=CH—(CH_2)_7—COO^-$
18	2	亚油酸	$CH_3—(CH_2)_4—(CH=CH—CH_2)_2—(CH_2)_6—COO^-$
18	3	亚麻酸	$CH_3—CH_2—(CH=CH—CH_2)_3—(CH_2)_6—COO^-$
20	0	花生酸	$CH_3—(CH_2)_{18}—COO^-$
20	4	花生四烯酸	$CH_3—(CH_2)_4—(CH=CH—CH_2)_4—(CH_2)_2—COO^-$
22	0	正廿二烷酸	$CH_3—(CH_2)_{20}—COO^-$
24	0	正廿四烷酸	$CH_3—(CH_2)_{22}—COO^-$

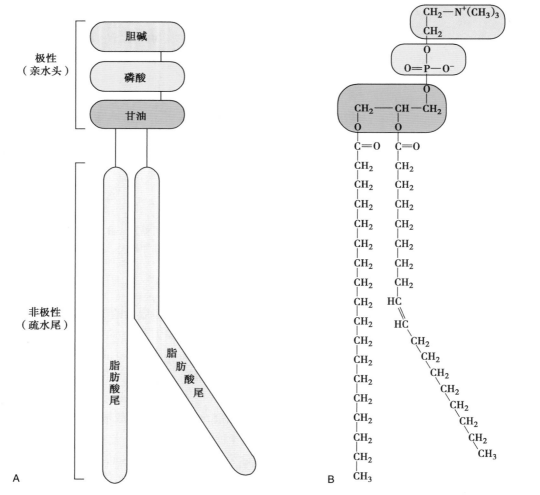

图 2-4-3　磷脂酰胆碱分子的结构
A. 分子结构示意图；B. 结构式。

NOTES

　　鞘磷脂是细胞膜上唯一不以甘油为骨架的磷脂,在膜中含量较少,但在神经元细胞膜中含量较多。它以鞘氨醇代替甘油,自身具有一条烃链,另一条烃链是与鞘氨醇的氨基共价结合的长链脂肪酸,这些脂肪酸链较长,多达 26 个碳原子,因此有较多鞘磷脂参与形成的脂双层更厚一些。极性头部同样是基于与鞘氨醇末端羟基共价结合的磷酸基团,例如丰度最高的神经鞘磷脂,其极性头部是磷脂酰胆碱(图 2-4-4)。鞘磷脂主要在高尔基复合体中合成,其代谢产物神经酰胺、鞘氨醇及 1-磷酸鞘氨醇等参与细胞的增殖、分化、凋亡等功能活动。

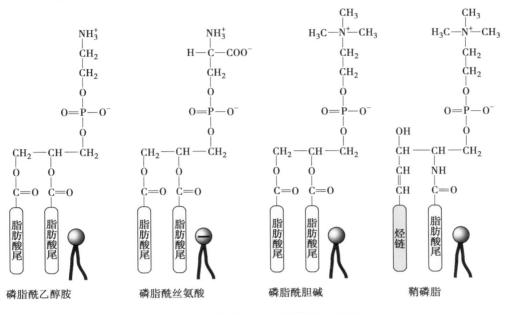

图 2-4-4　细胞膜中的主要磷脂分子结构

　　2. 胆固醇　胆固醇是细胞膜中另一类重要的脂类,分子较小,散布在磷脂分子之间。动物细胞膜中胆固醇含量较高,有的膜内胆固醇与磷脂的比例可达 1∶1,植物细胞膜中胆固醇含量较少,约占膜脂的 2%。胆固醇也是两亲性分子:极性头部为羟基,靠近相邻的磷脂分子极性头部;分子中间为固醇环,连接着一条短的疏水性烃链尾部(见图 2-4-2)。疏水的固醇环扁平富有刚性,与磷脂分子靠近头部的烃链相互作用,部分固定和干扰磷脂疏水尾部的运动,胆固醇疏水的烃链尾部埋在磷脂烃尾之间(图 2-4-5)。胆固醇是生物膜的重要组成成分,对调节膜的流动性和维持膜的稳定性具有重要作

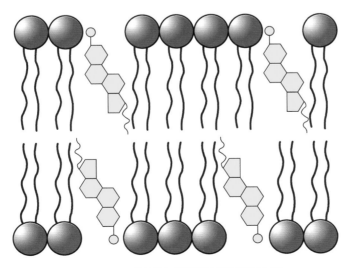

图 2-4-5　胆固醇与磷脂分子关系示意图

用。例如,一种不能合成胆固醇的中国仓鼠卵巢细胞突变株(M19),在体外培养时细胞会很快解体,只有在培养基中加入适量胆固醇并掺入到细胞膜中后,脂双层趋于稳定,细胞才能生存。

不同生物膜由各自特殊的脂类组成,如哺乳动物细胞膜上富含胆固醇和糖脂,而线粒体膜内富含心磷脂,大肠埃希菌细胞膜则不含胆固醇(表2-4-2)。而且,不同类型的脂分子具有特定的头部基团及脂肪酸链,这赋予膜不同的特性。

表 2-4-2 一些生物膜的脂类组成　　　　　(单位:%)

脂类	人红细胞膜	人髓鞘	牛心线粒体	大肠埃希菌
磷脂酸	1.5	0.5	0	0
磷脂酰胆碱	19	10	39	0
磷脂酰乙醇胺	18	20	27	65
磷酸甘油酯	0	0	0	18
磷脂酰丝氨酸	8.5	8.5	0.5	0
心磷脂	0	0	22.5	12
神经鞘磷脂	17.5	8.5	0	0
糖脂	10	26	0	0
胆固醇	25	26	3	0

表中数字表示总脂类的质量分数。

3. 糖脂 糖脂由脂分子与单糖分子或寡糖链共价结合构成,其含量占膜脂总量的5%以下。糖脂普遍存在于原核和真核细胞膜表面,对于细菌和植物细胞,几乎所有的糖脂均是甘油磷脂的衍生物,一般为磷脂酰胆碱衍生的糖脂;动物细胞膜的糖脂几乎都是鞘氨醇的衍生物,结构与鞘磷脂相似,称为鞘糖脂。糖脂的极性头部可由1~15个或更多个糖基组成,两条烃链为疏水的尾部(图2-4-6)。

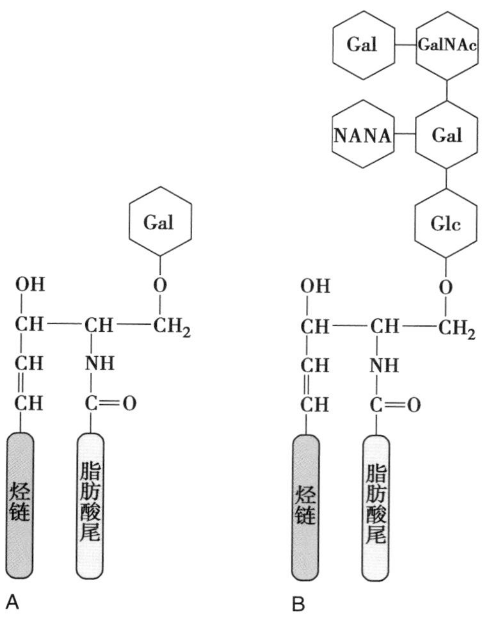

目前已发现40余种糖脂,他们的主要区别在于其极性头部不同,由1个或数个糖残基构成。最简单的糖脂是脑苷脂,其极性头部仅有一个半乳糖或葡萄糖分子,它是髓鞘中的主要糖脂。比较复杂的糖脂是神经节苷脂,其极性头部除含有半乳糖和葡萄糖外,还含有数目不等的唾液酸(N-乙酰神经氨酸,NANA)。神经节苷脂在神经元的细胞膜中最为丰富,占总脂类的5%~10%,但在其他类型细胞中含量很少。

所有细胞中糖脂均位于细胞膜非胞质面,糖基暴露在细胞表面,提示其功能与细胞同外环境的相互作用有关,如参与细胞识别、黏附及信号转导等。一些糖脂分子是某些病毒和细菌毒素进入细胞的受体,如霍乱毒素通过与小肠黏膜上皮细胞表面的神经节苷脂 G_{M1} 特异性结合进入细胞,可引起剧烈腹泻。

膜脂都是两亲性分子,由于极性头部能与水分子形成氢键或静电作用而溶于水,非极性尾部不能与水分子相互作用而疏水。当这些脂质分子被水环境包围时,它们就会自发地聚集起来,使疏水的尾部埋在内面,亲水的头部露在外与水接触。实验中出现两种存在形式:①形成球状的分子团

图 2-4-6 糖脂的分子结构
A. 半乳糖脑苷脂;B. G_{M1} 神经节苷脂(图中 Gal:半乳糖;Glc:葡萄糖;GalNAc:N-乙酰半乳糖胺;NANA:N-乙酰神经氨酸)。

（micelle），把尾部包藏在里面；②形成双分子层（bilayer），把疏水的尾部夹在两侧头部的中间。为了避免双分子层两端疏水尾部与水接触，其游离端往往能自动闭合，形成充满液体的球状小泡称为脂质体（liposome）（图 2-4-7）。人工合成脂质体的直径约在 25nm 至 $1\mu m$ 之间，可用于膜功能的研究，例如将蛋白质插入脂质体中，可以在比天然膜更简单的环境中研究其功能。脂质体也可以作为运载体，把药物或 DNA 包裹在其中，转移进入细胞，研究其生物学作用。如果将特定抗体构建到脂质体膜上，脂质体可选择性地结合到靶细胞膜表面，使药物定向作用于靶细胞。

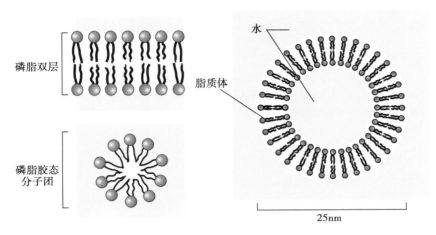

图 2-4-7　磷脂分子团和脂质体结构

　　大多数磷脂和糖脂在水溶液中自发形成脂双层（lipid bilayer）结构。脂双层具有作为生物膜理想结构的特点：①构成分隔两个水溶性环境的屏障。脂双层内为疏水性的脂肪酸链，不允许水溶性分子、离子和大多数生物分子自由通过，保障了细胞内环境的稳定。②脂双层是连续的，具有自相融合形成封闭性腔室的倾向，在细胞内未发现有游离边界，形成广泛连续性膜室。当脂双层受损伤时通过脂分子的重新排布可以自动再封闭。③脂双层具有柔性是可变形的，如在细胞运动、分裂、分泌泡的出芽和融合及受精时都涉及膜的可变形特性。另外，膜脂分子极性头部与水分子结合的隔绝作用不仅使脂质体之间不能发生融合，也使胞内各种膜性细胞器彼此不能融合。

　　（二）膜蛋白以多种方式与脂双分子层结合

　　虽然脂双层构成细胞膜的基本结构，但细胞膜的不同特性和功能却主要由与膜脂结合的膜蛋白（membrane protein）决定。如膜蛋白中有些是运输蛋白，转运特定的分子或离子进出细胞；有些是结合于膜上的酶，催化相关的生化反应；有些起连接作用，连接相邻细胞或细胞外基质成分；有些作为受体，接收细胞外信号并转导至细胞内引起相应的生物学反应。

　　在不同细胞中膜蛋白的含量及类型有很大差异。如线粒体内膜上有电子传递链，氧化磷酸化相关蛋白位于其中，故膜蛋白质含量约占 75%。而髓鞘主要起绝缘作用，膜蛋白的含量低于 25%。一般的细胞膜中蛋白质含量介于两者之间，约占 50%。由于膜脂分子比蛋白质分子小，在蛋白质含量占 50% 的膜内，蛋白质与脂类分子数目比例约为 1:50。

　　根据膜蛋白与脂双层结合的方式不同，膜蛋白可分为三种基本类型：内在膜蛋白（intrinsic membrane protein）或整合膜蛋白（integral membrane protein）、外在膜蛋白（extrinsic membrane protein）和脂锚定蛋白（lipid anchored protein）（图 2-4-8）。

　　1. 内在膜蛋白　又称穿膜蛋白（transmembrane protein），占膜蛋白总量的 70%~80%，在人类基因组中，估计 1/4~1/3 基因编码的蛋白质为内在膜蛋白。分为单次穿膜（图 2-4-8A）、多次穿膜（图 2-4-8B）和多亚基穿膜蛋白三种类型。单次穿膜蛋白的肽链只穿过脂双层一次，穿膜区（transmembrane domain）一般含有 20~30 个疏水性氨基酸残基，多数以 α 螺旋构象（长度约 3nm）穿越脂双层的疏水区。α 螺

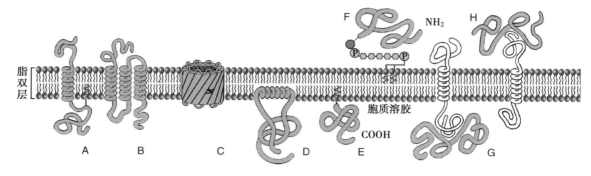

图 2-4-8　膜蛋白在膜中的几种结合方式

A~C. 穿膜蛋白,以一次或多次穿膜的 α 螺旋或 β 筒形式;D. 位于胞质侧,通过蛋白表面暴露的 α 螺旋疏水面与脂双层的胞质面单层相互作用而与膜结合;E. 位于胞质侧的脂锚定蛋白,以共价键直接与胞质面脂单层中的脂肪酸链结合;F. 位于细胞膜外表面的 GPI 连接脂锚定蛋白;G、H. 外在膜蛋白,与膜脂的极性头部或内在膜蛋白亲水区以非共价键相互作用间接与膜结合。

旋构象使相邻的氨基酸残基之间形成最大数量的氢键,使内部结构稳定性更高。穿膜 α 螺旋的外侧疏水侧链通过范德华力与脂双层疏水区(厚度约 3.2nm)相互作用,这是内在膜蛋白重要的膜结合方式。有的穿膜 α 螺旋与膜平面垂直,有的则成一定角度。亲水的胞外区和胞质区则由极性氨基酸残基构成,它们暴露在膜的一侧或两侧,可与水溶性物质相互作用。一般肽链的 N 端位于细胞膜外侧,但也有相反定位的蛋白质(如转铁蛋白受体)。多次穿膜蛋白含有多个由疏水性氨基酸连续排列构成的穿膜序列(可多达 14 个),通过多个 α 螺旋穿过脂双层。目前通过对蛋白质氨基酸序列的测定,如果某一段序列由 20~30 个高度疏水性氨基酸组成、有足够长度形成 α 螺旋穿膜,那么就可以预测其为穿膜序列。

大多数穿膜蛋白穿膜片段都是 α 螺旋构象,也有以 β-折叠片层(β-pleated sheet)构象穿膜。β-折叠片层多次穿过细胞膜,并围成筒状结构,简称 β 筒(β-barrel)(图 2-4-8C),主要存在于线粒体、叶绿体外膜和细菌细胞膜中,作为孔蛋白(porin),允许分子量小于 10^4kD 的物质自由通过。

目前发现,围成 β 筒的 β 链最少是 8 条,最多可达 22 条。多个 β-折叠片层反向平行通过氢键相互作用形成穿膜通道。极性氨基酸侧链衬在水性通道内侧,可选择性地允许水溶性小分子通过脂双层,非极性氨基酸侧链朝向 β 筒外侧并与脂双层的疏水区相互作用。另一些 β 筒,如在 E.coli 细胞膜上的 FepA 蛋白,并不形成水性通道,而是通过构象变化特异性地转运铁离子;还有一些较小的 β 筒是作为受体或酶发挥作用(图 2-4-9)。

2. 外在膜蛋白　又称周边蛋白(peripheral protein),占膜蛋白总量的 20%~30%。是一类与细胞膜结合比较松散的不插入脂双层的蛋白质,分布在细胞膜的胞质侧或胞外侧。一些周边蛋白通过非共价键(如静电作用)附着在膜脂分子头部极性区或穿膜蛋白亲水区的一侧,间接与膜结合(图 2-4-8G,图 2-4-8H);一些周边蛋白位于膜的胞质一侧,通过蛋白表面暴露的 α 螺旋疏水面与脂双层的胞质面单层相互作用而与膜结合(图 2-4-8D)。周边蛋白为水溶性蛋白,它与膜的结合较弱,使用一些温和的方法,如改变溶液的离子浓度或 pH,干扰了蛋白质之间的相互作用,即可将它们从膜上分离下来,而不需破坏膜的基本结构。

周边蛋白与膜之间通常是一种动态结合关系。一些酶蛋白或信号转导蛋白根据功能需要被募集到膜上参与重要的功能活动,功能完成后便会从膜上释放或被降解。而一些位于细胞膜内表面的周边蛋白稳定存在并且相互连接成网格状,形成了为细胞膜提供机械支持的膜骨架,最典型的就是红细胞膜骨架。

3. 脂锚定蛋白　又称脂连接蛋白(lipid-linked protein)。这类膜蛋白可位于膜的内外两侧,与周边蛋白相似,但不同的是,脂锚定蛋白以共价键与脂双层内的一个或多个脂分子共价结合。

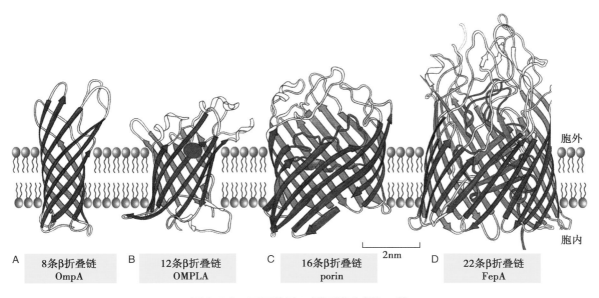

图 2-4-9　不同数目 β 折叠链形成的 β 筒

脂锚定蛋白以两种方式的共价键结合于某些脂分子。一种方式位于细胞膜胞质一侧,这些蛋白直接与脂双层中的某些脂肪酸链(如豆蔻酸、棕榈酸)或异戊二烯基(prenyl group)形成共价键而被锚定在脂双层上。例如,参与信号转导的 Src 激酶,其家族成员都是通过其 N 端的甘氨酸残基(Gly)与脂双层胞质面脂单层中的豆蔻酸结合,同时通过半胱氨酸(Cys)的巯基与棕榈酸共价结合,使 Src 牢固地附着在细胞膜上;信号转导的开关蛋白 Ras 通过其在 C 端附近的一个或两个半胱氨酸巯基分别与异戊二烯基和棕榈酸形成共价键而被锚定在细胞膜的胞质面。这种锚定通常是受细胞外信号分子的作用或在细胞恶性转化时发生(见图 2-4-8E)。信号转导的开关蛋白 G 蛋白,也是脂锚定蛋白,通过 Gα N 端棕榈酰化修饰锚定到细胞膜下方。

另一种方式的脂锚定蛋白位于细胞膜外表面,通过寡糖链共价连接到位于脂双层外层中的磷脂酰肌醇分子上,从而间接与细胞膜锚定和结合,所以又称为糖基磷脂酰肌醇锚定蛋白(glycosylphosphatidylinositol-anchored protein,GPI-anchored protein)。这种连接首先是肌醇与长短不等的寡糖链结合(形成糖脂),蛋白质的 C 端再与寡糖链末端的磷酸乙醇胺共价结合(见图 2-4-8F)。膜蛋白的这种锚定形式与穿膜蛋白相比,理论上有许多优点,认为它们在膜上有更多的侧向运动能力,有利于和其他胞外信号分子更快结合。GPI-锚定蛋白分布广泛,目前已确定有 100 多种,包括多种水解酶、免疫球蛋白、细胞黏附分子、膜受体等。

为了研究膜蛋白的结构、性质和功能,首先需要将其从细胞膜上分离出来,纯化后进行研究。由于穿膜蛋白具有疏水穿膜区,很难以可溶形式分离,需使用能干扰疏水作用并能破坏脂双层的试剂,一般常使用去垢剂(detergent)。

(三)膜糖类覆盖细胞膜表面

细胞膜中含有的糖类称为膜糖(membrane carbohydrate)。由于种属和细胞类型不同,膜糖约占细胞膜重量的 2%~10%。其中约 93% 的膜糖以低聚糖或多聚糖链形式共价结合于膜蛋白上形成糖蛋白,糖蛋白上的糖基化主要发生在肽链的天冬酰胺残基上(N-连接),其次是在丝氨酸和苏氨酸残基上(O-连接)(详解见第五章细胞内膜系统与囊泡转运)。约 7% 的膜糖以低聚糖链共价结合于膜脂上形成糖脂。大部分的膜糖都是与膜蛋白结合,暴露于细胞表面的膜蛋白可结合多个寡糖侧链,而脂双层外层中每个糖脂分子只结合 1 个寡糖链。细胞膜上所有的糖链都伸向细胞表面。自然界中存在的单糖及其衍生物有 200 多种,在动物细胞膜中主要有 7 种:D-葡萄糖、D-半乳糖、D-甘露糖、L-岩藻糖、N-乙酰半乳糖胺、N-乙酰葡萄糖胺及唾液酸。由于寡糖链中单糖的数量、种类、排列顺序以及有无分支等情况不同,低聚糖或多聚糖链出现了千变万化的组合形式。唾液酸常见于糖链的末端,真核细胞表面的净负电荷主要由它形成。

在大多数真核细胞表面有富含糖类的周缘区,称为细胞外被(cell coat)或糖萼(glycocalyx),用重金属钌红染色后,电子显微镜下显示为厚约 10~20nm、边界不甚明确的深色周缘区。细胞外被中的糖类主要包括与糖蛋白和糖脂相连的低聚糖侧链,同时也包括被分泌出去又吸附于细胞表面的糖蛋白和蛋白聚糖的多糖侧链。这些吸附的大分子是细胞外基质的成分,所以细胞膜的边缘与细胞外基质的界限是难以区分的。

现在细胞外被一般用来指与细胞膜相连接的糖类物质,即细胞膜中的糖蛋白和糖脂向外表面延伸出的寡糖链部分,因此,细胞外被实质上是细胞膜结构的一部分。而把与细胞膜相连接的细胞外覆盖物称为细胞外物质或胞外结构。

细胞外被的基本功能是保护细胞抵御各种物理、化学性损伤,如消化道、呼吸道等上皮细胞的细胞外被有助于润滑、防止机械损伤,保护黏膜上皮不受消化酶的作用。糖链末端带负电荷的唾液酸,能捕集 Na^+、Ca^{2+} 等阳离子并结合大量的水分子,使细胞周围建立起水盐平衡的微环境。糖脂及糖蛋白中低聚糖侧链的功能大多还不清楚,但根据寡糖链的复杂性及其所处的位置,提示它们参与细胞间及细胞与周围环境的相互作用。

二、细胞膜的生物学特性

细胞膜是由脂双分子层和以不同方式与其结合的蛋白质构成的生物大分子体系,它不仅具有包围细胞质形成"屏障"的作用,还执行物质运输、信号转导、细胞识别和能量转换等多种重要功能。这和细胞膜的分子组成及结构特性有关,细胞膜的主要特性是膜不对称性和流动性。

(一)膜不对称性决定膜功能的方向性

膜不对称性(membrane asymmetry)是指细胞膜中各种成分的分布是不均匀的,包括种类和数量上都有很大差异,这与细胞膜的功能有密切关系。

1. 膜脂的不对称性   多项实验分析了各种膜脂双层的化学组成,发现各种膜脂在脂双层内、外两单层中的分布是不同的。例如,在人红细胞膜中,绝大部分的鞘磷脂和磷脂酰胆碱位于脂双层的外层中,而在内层中磷脂酰乙醇胺、磷脂酰丝氨酸和磷脂酰肌醇含量较多。如图 2-4-10 所示,这些磷脂虽然在脂双层中都有分布,但含量比例上存在较大差异。胆固醇在红细胞膜内、外脂单层中分布的比例大致相等。细胞膜中糖脂均位于脂双层非胞质面。

另外,不同膜性细胞器中脂类成分的组成和分布不同。如细胞膜中一般富含鞘磷脂、磷脂酰胆碱和胆固醇等;核膜、内质网膜和线粒体外膜则富含磷脂酰胆碱、磷脂酰乙醇胺、磷脂酰肌醇;线粒体内膜富含心磷脂。由于鞘磷脂在高尔基复合体中合成,所以其膜中鞘磷脂的含量约是内质网膜中的 6 倍。正是由于膜脂组分的分布差异,使生物膜厚度不均一、特性和功能不同,而且处于动态变化中。

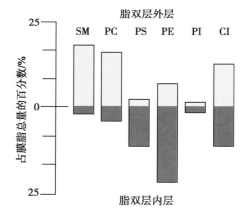

图 2-4-10   人红细胞膜中几种膜脂的不对称分布

膜脂组分不对称性分布的生物学意义尚不完全明确,但不同的膜脂组分应与膜的特定功能相一致。例如具有极性的小肠吸收上皮细胞,在基底外侧面(basolateral surface)细胞膜中,鞘磷脂与甘油磷脂与胆固醇之比是 0.5:1.5:1,大致与非极性细胞膜中的比值相同。但在朝向肠腔的游离面细胞膜中,这三种膜脂之比为 1:1:1。因为游离面细胞膜易受多种刺激,增加的鞘磷脂鞘氨醇骨架中的自由羟基间广泛形成氢键,有利于增加膜的稳定性;细胞膜胞质面脂单层中分布的磷脂酰肌醇,可以被脂质激酶在肌醇环的不同位点磷酸化,其中 PIP_3 是特异性信号蛋白膜定位分子,是相关信号通路开启的重要节点。另外,主要位于胞质面单层中的磷脂酰丝氨酸,目前已明确具有两种重要功能,一是在细胞发生凋亡时迅速翻转到细胞膜表面脂单层中,成为吞噬细胞识别凋亡细胞的重要标记;二是胞质面单层中聚集的磷脂酰丝氨酸,其极性头部带负电,可与蛋白激酶 C(PKC)结合的 Ca^{2+} 产生静电作用,帮助 PKC 进行膜定位活化(详解见第十五章细胞信号转导)。

2. 膜蛋白的不对称性　膜蛋白分布是绝对不对称的,各种膜蛋白在细胞膜中都有特定的位置。如血影蛋白分布于红细胞膜内侧面,酶和受体多位于细胞膜的外侧面,如 5′-核苷酸酶、磷酸酯酶、激素受体、生长因子受体等,而腺苷酸环化酶则位于细胞膜的内侧胞质面。利用冷冻蚀刻技术观察细胞膜的两个剖面,可清楚地看到膜蛋白在脂双层内、外两层中的分布有明显差异。如红细胞膜 P面(protoplasmic face)内蛋白颗粒为 2 800 个/μm^2,E 面(ectoplasmic face)内蛋白颗粒只有 1 400 个/μm^2。

穿膜蛋白穿越脂双层都有一定的方向性,这也造成其分布的不对称性。例如,红细胞膜上的血型糖蛋白肽链的 N 端伸向细胞膜外侧,C 端在细胞膜内侧胞质中;带 3 蛋白肽链的 N 端则在细胞膜内侧。膜蛋白的不对称性还表现在穿膜蛋白的两个亲水端,其肽链长度、氨基酸的种类和排列顺序都不同,造成有的在膜外侧有活性位点,有的在膜内侧有活性位点。

另外,对于有极性的细胞,相邻细胞间的紧密连接将上皮细胞的细胞膜分成游离面和基底面两个不同的功能区,这两个区域差异很大,由不同的脂类和蛋白质组成。

3. 膜糖的不对称性　膜糖类的分布具有显著的不对称性。细胞膜糖脂、糖蛋白的寡糖链只分布于细胞膜外表面(非胞质面),而在内膜系统,寡糖链都分布于膜腔的内侧面(非胞质面)。

膜脂、膜蛋白及膜糖分布的不对称性与膜功能的不对称性和方向性有密切关系,具有重要的生物学意义,膜结构上的不对称性保证了膜功能的方向性和生命活动的高度有序性。

(二)膜的流动性是膜功能活动的保证

膜的流动性(fluidity)是细胞膜的基本特性之一,也是细胞进行生命活动的必需条件。膜是一个动态的结构,其流动性主要是指膜脂的流动性和膜蛋白的运动性。

1. 脂双层为液晶态二维流体　细胞内外的水环境使得膜脂分子不能从脂双层中逸出,在生理温度下(37℃),膜脂分子在脂单层(lipid leaflet)平面内可以前后左右运动彼此之间交换位置,但分子长轴基本平行、排列保持一定方向。脂分子是以相对流动状态存在,此时的膜可以看作是二维流体。作为生物膜主体的脂双层它的组分既有固体分子排列的有序性,又有液体的流动性,这样两种特性兼有的居于晶态和液态之间的状态,即液晶态(liquid-crystal state)是细胞膜极为重要的特性。

在生理条件下,膜大多呈液晶态。在温度下降到一定程度(<25℃),到达某一点时,脂双层的性质会明显改变,它可以从流动的液晶态转变为"冰冻"的晶状凝胶,这时磷脂分子的运动将受到很大限制;当温度上升至某一点时又可以熔融为液晶态。因此将这一临界温度称为膜的相变温度。由于温度的变化导致膜状态的改变称为"相变"(phase transition)。在相变温度以上,膜处于流动的液晶态。

膜的流动性是膜功能活动的保证。如果膜是一种刚性、有序的结构则无法产生变形运动;而一个完全液态、毫无黏性的膜会使各种膜成分无序排列,无法组织成结构,也不能提供屏障和机械支持。膜的液晶态在这两者之间达到完美折中。实验表明有了膜的流动性,膜蛋白可以在膜的特定位点聚集形成特定结构或功能单位,以完成如建立细胞连接、信号转导等多种功能活动。许多基本的生命活动,包括细胞的运动、生长分裂,物质转运、分泌和吞噬等作用,都取决于膜的流动性。如果膜是一种刚性、非液晶态结构,这些行为都不能发生。

2. 膜脂分子的运动方式　20 世纪 70 年代,对人工合成的脂双层膜的研究证明,膜脂的单个分子能在脂双层平面自由扩散。应用差示扫描量热术、磁共振、放射性核素标记等多种技术检测膜脂分子的运动,结果表明,在高于相变温度的条件下,膜脂分子具有以下几种运动方式(图 2-4-11)。

（1）侧向扩散（lateral diffusion）：是指在脂双层的脂单层内，脂分子沿膜平面侧向与相邻分子快速交换位置，是膜脂分子主要的运动方式。温度为37℃时，交换频率约为 10^7 次/s，扩散系数（D）约为 $10^{-8}cm^2/s$，此数值说明一个磷脂分子可以在 1s 内从细菌的一端扩散到另一端（~2μm）或在 20s 内迁移大约一个动物细胞直径这样的距离。这种运动始终保持膜脂分子的排列方向不变，亲水的头部基团朝向膜表面，疏水的尾部朝向膜的内部。

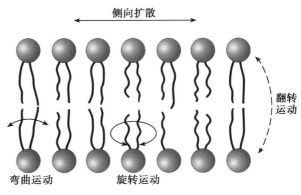

图 2-4-11　膜脂分子的几种运动方式

（2）翻转运动（flip-flop）：指膜脂分子从脂双层的一单层翻转至另一单层的运动。一般情况下磷脂分子很少发生自行翻转，因为翻转时亲水头部将穿过膜内部的疏水区，这在热力学上很不利。但在内质网膜上存在一种翻转酶（flippase），它能促使某些新合成的磷脂分子从脂双层的胞质面翻转到非胞质面，以维持脂双层中脂分子的数量平衡及不对称性分布。

（3）旋转运动（rotation）：是膜脂分子围绕与膜平面垂直的轴快速自旋运动。

（4）弯曲运动（flexion）：是指膜脂分子的烃链是有韧性和可弯曲的，烃链尾部端弯曲摆动幅度大，而靠近极性头部则幅度小。此外，烃链还可沿脂双层垂直轴进行伸缩、振荡运动。

3. 影响膜脂流动性的因素　膜脂的流动性对于膜的功能具有重要作用，它必须维持在一定范围内才能保证膜的正常生理功能。脂双层的流动性主要依赖于其不对称分布的组分和脂分子本身的结构特性，影响其流动性的主要因素如下。

（1）脂肪酸链的饱和程度：相变温度的高低和流动性的大小取决于脂类分子排列的紧密程度。已知磷脂分子疏水尾部间的范德华力和疏水性相互作用使得它们相互聚集。磷脂分子长的饱和脂肪酸链呈直线形，具有最大的聚集倾向而排列紧密成凝胶状态；而不饱和脂肪酸链在双键处形成折屈呈弯曲状，排列比较松散，干扰了脂分子间范德华力的相互作用，从而增加了膜的流动性。可以看出，脂双分子层中含不饱和脂肪酸越多，膜的流动性也越大，其相变温度越低。一些受外界环境温度影响的细胞，如细菌、真菌等，常常通过增加不饱和脂肪酸的含量来维持膜的流动性，以适应环境温度降低的变化。

（2）脂肪酸链的长短：脂肪酸链的长短与膜的流动性有关。脂肪酸链短的流动性大、相变温度低。这是因为脂肪酸链越短则尾端越不易发生相互作用，在相变温度以下，不易发生凝集而增加了流动性；长链尾端之间不仅可以在同一分子层内相互作用，而且可以与另一分子层中的长链尾端作用，使膜的流动性降低。

（3）胆固醇的双重调节作用：动物细胞膜含较多的胆固醇，与磷脂分子数相近，对膜的流动性起重要的双重调节作用。当温度在相变温度以上时，由于胆固醇分子的固醇环与磷脂分子靠近极性头部的烃链结合限制了这几个亚甲基（—CH₂—）的运动，起到稳定细胞膜的作用。当温度在相变温度以下时，由于胆固醇位于磷脂分子之间隔开磷脂分子，可有效地防止脂肪酸烃链相互凝聚，干扰晶态形成。动物细胞膜中的胆固醇可有效防止低温时膜流动性的突然降低。

（4）卵磷脂与鞘磷脂的比值：哺乳动物细胞中，卵磷脂和鞘磷脂的含量约占膜脂的50%，其中卵磷脂的脂肪酸链不饱和程度高，相变温度较低，鞘磷脂则相反，其脂肪酸链饱和程度高，相变温度也高，且范围较宽（25~35℃）。在37℃时，卵磷脂和鞘磷脂二者均呈流动状态，但鞘磷脂的黏度却比卵磷脂大6倍，因而鞘磷脂含量高则流动性降低。在细胞衰老过程中，细胞膜中卵磷脂与鞘磷脂的比值逐渐下降，其流动性也随之降低。

（5）膜蛋白的影响：膜脂结合膜蛋白后对膜的流动性有直接影响。膜蛋白嵌入膜脂疏水区后，使周围的脂类分子不能单独活动而形成界面脂(嵌入蛋白与周围脂类分子结合而形成),嵌入的蛋白越多,界面脂就越多,膜脂的流动性越小,但膜脂与某些内在蛋白的结合是可逆的。另外,在含有较多内在蛋白的膜中,存在由内在蛋白分割包围的富脂区(lipid-rich region),磷脂分子只能在一个富脂区内侧向运动,而不能扩散到邻近的富脂区。在成纤维细胞的质膜中,富脂区直径大约为 $0.5\mu m$。

除上述因素外,膜脂的极性基团、环境温度、pH、离子强度等均可对膜脂的流动性产生一定的影响。如环境温度越高,膜脂流动性越大,在相变温度范围内,每下降 10℃,膜的黏度增加 3 倍,因而膜流动性降低。

4. 膜蛋白的运动性　分布在膜脂二维流体中的膜蛋白也有发生分子运动的特性,其主要运动方式是侧向扩散和旋转运动。这两种运动方式与膜脂分子相似,但移动速度较慢。

（1）侧向扩散(lateral diffusion)：许多实验证明,膜蛋白在膜脂中可以自由漂浮和在膜表面扩散。1970 年,霍普金斯大学的 Larry Frye 和 Michael Edidin 用细胞融合和间接免疫荧光法证明,膜抗原(即膜蛋白)在脂双层二维平面中可以自由扩散。他们把体外培养的人和小鼠的成纤维细胞进行融合,观察人-小鼠杂交细胞表面抗原分布的变化(图 2-4-12)。融合前,用发绿色荧光的荧光素标记小鼠成纤维细胞的特异性抗体,用发红色荧光的荧光素标记人成纤维细胞的特异性抗体。被标记的抗体分别与小鼠和人成纤维细胞膜上的抗原相结合。当这两种细胞在灭活的仙台病毒介导下刚发生融合时,膜抗原蛋白只限于各自的细胞膜部分,人细胞一侧呈红色荧光,小鼠细胞一侧呈绿色荧光。37℃继续培养 40min 后,两种颜色的荧光在整个杂交细胞膜上均匀分布。这说明膜抗原蛋白在膜平面内经扩散运动而重新分布。但在低温条件下(1℃),膜抗原则基本停止运动。

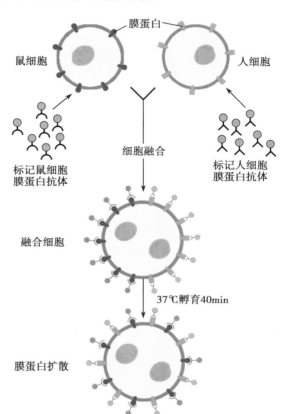

图 2-4-12　小鼠-人融合细胞膜蛋白侧向扩散示意图

目前测定膜蛋白的侧向扩散常采用荧光漂白恢复(fluorescence photobleaching recovery,FPR)技术。这种方法是利用激光束照射细胞膜表面某一区域,使膜蛋白结合的荧光素淬灭或变暗,当其他未被激光漂白的膜蛋白通过侧向扩散不断进入这一微区时荧光又恢复。可用其恢复速度计算蛋白质分子的侧向扩散速率。不同膜蛋白其扩散速率不同,扩散常数约为 $1\times10^{-11}\sim5\times10^{-9}\text{cm}^2/\text{s}$。而蛋白质在水溶液中的扩散常数为 $10^{-7}\text{cm}^2/\text{s}$,比膜蛋白高 100~10 000 倍,显然脂分子与膜蛋白及膜蛋白彼此之间的相互作用束缚了膜蛋白的自由扩散。

（2）旋转运动：或称旋转扩散(rotational diffusion),膜蛋白能围绕与膜平面相垂直的轴进行旋转运动,但旋转扩散的速度比侧向扩散更为缓慢。不同膜蛋白旋转速率也有很大差异,这与其分子结构及所处不同的微环境有关。

实际上不是所有的膜蛋白都能自由运动,有些细胞只有部分膜蛋白(30%~90%)处于流动状态。膜蛋白在脂双层中的运动还受到许多其他因素影响,如膜蛋白聚集形成复合物会使其运动减慢;整合蛋白与周边蛋白相互作用;膜蛋白与细胞骨架成分连接以及与膜脂的相互作用等,这些均限制了膜蛋白的运动性。膜蛋白周围膜脂的相态对其运动性有很大影响,处于不流动的晶态脂质区域的膜蛋白不易运动,而处于液晶态区的膜蛋白则易于发生运动。另外,膜蛋白在脂双层二维流体中的运动是自发的热运动,不需要能量。实验证明,用药物抑制细胞能量转换,膜蛋白的运动不会受到影响。

膜的流动性具有十分重要的生理意义,如物质运输、细胞识别、信息转导等功能都与膜的流动性有密切关系。生物膜各种功能的完成是在膜的流动状态下进行的,若膜的流动性降低,细胞膜固化、黏度增大到一定程度时,许多穿膜运输中断,膜内的酶丧失活性使代谢终止,最终导致细胞死亡。

三、细胞膜的分子结构模型

前面已介绍了膜脂、膜蛋白的分子结构特点,但它们是如何排列和组织的? 这些成分之间如何相互作用? 这对阐明膜的功能和机制十分重要。

在分离细胞膜以前,有关膜的分子结构理论是根据间接材料提出的。1890 年,苏黎世大学的 Ernst Overton 发现溶于脂肪的物质容易穿过膜,非脂溶性的物质不易穿过细胞膜,他据此推测细胞的表面有类脂层,初步明确了细胞膜的化学组成。1925 年,E. Gorter 和 F. Grendel 从"血影"中抽提出磷脂,在水面上铺成单分子层,测得其所占面积与所用红细胞膜总面积之比在 1.8∶1 至 2.2∶1 之间,他们猜测实际的比值应该是 2∶1,因此,他们认为红细胞膜是双层脂分子组成。第一次提出了脂双分子层是细胞膜基本结构的概念。脂双层的概念为后来大部分膜结构模型所接受,并在这一基础上提出了许多种不同的膜分子结构模型,现介绍几种主要的膜结构模型。

(一)片层结构模型具有三层夹板式结构特点

1935 年,Hugh Davson 和 James Danielli 发现细胞膜的表面张力显著低于油-水界面的表面张力,已知脂滴表面如吸附有蛋白成分则表面张力降低,因此他认为,细胞膜不是单纯由脂类组成,推测细胞膜中含有蛋白质成分,并提出"片层结构模型"(lamella structure model)。这一模型认为,细胞膜是由两层磷脂分子构成,磷脂分子的疏水烃链在膜的内部彼此相对,而亲水端则朝向膜的外表面,内外侧表面还覆盖着一层球形蛋白质分子,形成蛋白质-磷脂-蛋白质三层夹板式结构(图 2-4-13)。后来,为了解释细胞膜对水的高通透性,Davson 和 Danielli 对其模型进行了修改,认为细胞膜上有穿过脂双层的孔,小孔由蛋白质分子围成,其内表面具有亲水基团,允许水分子通过。这一模型的影响达 20 年之久。

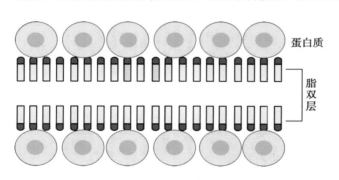

图 2-4-13   片层结构模型

(二)单位膜模型体现膜形态结构的共同特点

前面所介绍的对细胞膜化学性质与结构的认识,都是根据分析实验数据间接推论出来的,缺少直观资料。由于细胞膜非常薄,在光学显微镜下无法直接观察清楚。20 世纪 50 年代,J. D. Robertson 使用电子显微镜观察各种生物细胞膜和内膜系统,发现所有生物膜均呈"两暗一明"的三层式结构,在横切面上表现为内外两层为电子密度高的暗线,中间夹一条电子密度低的明线,内外两层暗线各厚约 2nm,中间的明线厚约 3.5nm,膜的总厚度约为 7.5nm,这种"两暗一明"的结构被称为单位膜(unit membrane)(图 2-4-14)。因此,他们在片层结构模型基础上提出了"单位膜模型"(unit membrane model)。

这一模型认为磷脂双分子层构成膜的主体,其亲水端头部向外,与附着的蛋白质分子构成暗线,磷脂分子的疏水尾部构成明线。这个模型与片层结构模型不同,认为脂双分子层

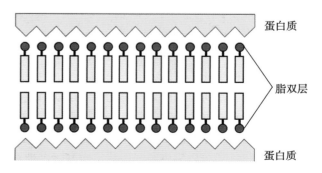

图 2-4-14   单位膜模型

内外两侧的蛋白质并非球形蛋白质,而是单条肽链以 β 片层形式的蛋白质,通过静电作用与磷脂极性端相结合。单位膜模型提出了各种生物膜在形态结构上的共同特点,即把膜的分子结构同膜的电子显微镜图像联系起来,能对膜的某些属性作出解释,在超微结构中被普遍采用,名称一直沿用至今。但是这个模型把膜作为一种静态的单一结构,无法说明膜的动态变化和各种重要的生理功能,也不能解释为何不同生物膜的厚度不同。

(三)流动镶嵌模型是被普遍接受的模型

20 世纪 60 年代以后,由于新技术的发明和应用,对细胞膜的认识越来越深入。例如,应用冷冻蚀刻技术显示膜中有蛋白质颗粒存在;应用示踪法表明膜的结构形态不断发生流动变化;应用红外光谱、旋光色散等技术证明膜蛋白主要结构不是 β 片层结构,而是 α 螺旋的球形结构。这些事实都对单位膜模型提出了修正,此阶段又相继提出了许多新的模型,其中受到广泛支持的是 S. Jonathan Singer 和 Garth Nicolson 在 1972 年提出的流动镶嵌模型(fluid mosaic model)。这一模型认为膜中脂双层构成膜的连贯主体,它既具有晶体分子排列的有序性,又具有液体的流动性。膜中蛋白质分子以不同形式与脂双分子层结合,有的嵌在脂双层分子中,有的则附着在脂双层的表面。它是一种动态的、不对称的、具有流动性的结构,其组分可以运动,还能聚集以便参与各种瞬时的或非永久性的相互作用。流动镶嵌模型强调了膜的流动性和不对称性,较好地解释了生物膜的功能特点,它是目前被普遍接受的膜结构模型(图 2-4-15)。

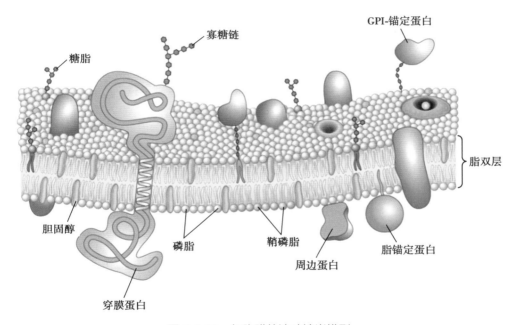

图 2-4-15 细胞膜的流动镶嵌模型

流动镶嵌模型可以解释许多膜中所发生的现象,但它不能说明具有流动性的细胞膜在变化过程中怎样保持膜的相对完整性和稳定性,忽视了膜的各部分流动性的不均匀性。因此又有人提出了一些新的模型。如 1975 年 D. F. Wallach 提出了一种"晶格镶嵌模型"(crystal mosaic model),认为生物膜中流动的脂类是在可逆地进行无序(液态)和有序(晶态)的相变,膜蛋白对脂类分子的运动具有限制作用。镶嵌蛋白和其周围的脂类分子形成膜中晶态部分(晶格),而具有"流动性"的脂类呈小片的点状分布。因此脂类的"流动性"是局部的,并非整个脂类双分子层都在进行流动,这就比较合理地说明了生物膜既具有流动性、又具有相对完整性及稳定性的原因。

1977 年,Jain 和 White 又提出了"板块镶嵌模型"(block mosaic model),认为在流动的脂双层中存在许多大小不同、刚性较大的能独立移动的脂类板块(有序结构的"板块"),在这些有序结构的板块之间存在流动的脂类区(无序结构的"板块"),这两者之间处于一种连贯的动态平衡之中,因而生物膜是由同时存在不同流动性的板块镶嵌而成的动态结构。

事实上,后两种模型与流动镶嵌模型并无本质区别,不过是对膜流动性的分子基础进行了补充。

(四)脂筏模型深化了对膜结构和功能的认识

后续研究发现,真实的细胞膜上脂双分子层并不完全是均匀的二维流体,一些膜脂分子可以形成相对稳定的凝胶或液态有序状态。1988 年 K. Simons 和 G. van Meer 提出了脂筏模型(lipid raft model)。该模型认为在甘油磷脂为主的生物膜上,存在富含胆固醇和鞘脂的微区(microdomain),其内载有许多特定功能的膜蛋白;微区的脂双层比其他部分厚,更有秩序且较少流动性,如同漂浮在较高流动性磷脂分子海洋中的"脂筏"(图 2-4-16)。脂筏最初可能在高尔基复合体上形成,最终转移到细胞膜上。

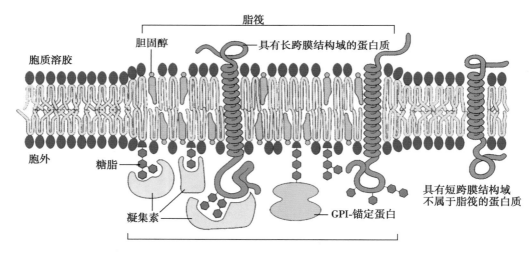

图 2-4-16　脂筏结构模式图

脂筏是膜内高度动态、异质性的微区,直径约 10~200nm。蛋白质组学分析显示,脂筏中含有多达 250 种蛋白质,许多功能性蛋白聚集其中,如 G 蛋白偶联受体、生长因子受体、胰岛素受体等。脂筏外层中主要含有鞘脂、胆固醇及 GPI-锚定蛋白;内层定位多种酰化的脂锚定蛋白,如 G 蛋白、Ras、Src、eNOS 等,这些都是参与信号转导的关键蛋白。从结构及组分分析认为,脂筏在膜内形成一个有效平台,使许多蛋白质聚集其中,便于相互作用及形成有效构象。目前比较公认的脂筏功能是参与信号转导、受体介导的胞吞以及胆固醇代谢运输等。脂筏功能的紊乱还涉及艾滋病、肿瘤、动脉粥样硬化、阿尔茨海默病、克-雅病及肌营养不良等疾病。对脂筏结构和功能的研究不仅有助于深入了解细胞膜的结构和功能,也加深了对许多重要生理功能和病理发生机制的认识,为膜生物学带来更多的信息与启示。

第二节　小分子和离子的穿膜运输

细胞是生命的基本单位,它们在进行各种生命活动中,必然要与细胞外环境进行活跃的物质交换,通过细胞膜从环境中获得所需要的营养物质和 O_2,并将 CO_2 及各种代谢产物排至细胞外。细胞膜对穿膜运输的物质有选择和调节作用,能维持细胞相对稳定的内环境,是细胞与细胞外环境间的半透性屏障。细胞膜对所运输物质通透性的高低取决于细胞膜固有的疏水性和物质本身的特性。由于脂双层的中间部分是疏水性结构,只有脂溶性、非极性和不带电小分子物质能自由扩散通过细胞膜;脂双层对绝大多数溶质分子和离子是高度不通透的,它们的穿膜转运由细胞膜上一套特殊的膜运输蛋白完成。细胞对小分子和离子的穿膜运输方式分为简单扩散、离子通道扩散、易化扩散和主动运输四种方式。另外,细胞通过胞吞和胞吐作用进行大分子和颗粒物质的运输。

一、物质简单扩散

在研究细胞膜对小分子和离子的通透性中常采用人工脂双层膜方法。如果给予足够时间,理论上任何不带电小分子都可以从高浓度向低浓度方向通过人工脂双层膜,但不同分子的扩散速率不同,这主要取决于分子的大小和在脂质中的相对溶解度。一般说来,分子量越小、脂溶性越强,通过脂双层膜的速率越快。如 O_2、CO_2、N_2 等穿膜很快;分子量较低的不带电荷极性小分子如乙醇和尿素等也能通过脂双层,但较大的分子如甘油通过较慢,葡萄糖则几乎不能通过。脂双层对所有带电荷的分子(离子),不管它多么小,都是高度不通透的,这些分子所带电荷及高度的水合状态妨碍它们进入脂双层的疏水区(图 2-4-17)。各种极性分子如单糖、氨基酸和各种磷酸化中间产物是不能通过简单扩散方式通过细胞膜的。

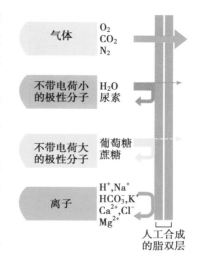

图 2-4-17　人工脂双层对不同溶质的相对通透性

简单扩散(simple diffusion)是小分子物质穿膜运输的最简单方式。但必须满足两个条件:一是溶质在膜两侧保持一定的浓度差,二是溶质必须能透过膜。根据相似相溶原理,简单扩散时脂溶性或不带电小分子物质直接溶于膜脂双层中,以热自由运动方式从高浓度向低浓度区域自由扩散,所需能量来自高浓度本身所包含的势能,不需细胞提供能量,也无须膜转运蛋白参与,故也称被动扩散(passive diffusion)。这种物质从高浓度向低浓度的穿膜运动,符合物理学上的简单扩散规律,最终消除两个区域间的浓度差。各种脂溶性药物、甾类激素以及 O_2、CO_2 等就是通过简单扩散方式穿过细胞膜。

扩散速率除依赖浓度梯度的大小以外,还同物质的油/水分配系数和分子大小有关。某种物质对膜的通透性(P)可以根据它在油和水中的分配系数(K)及扩散系数(D)来计算:$P=KD/t$(t 为膜的厚度)。显然,脂溶性越强,穿膜越快。

二、膜运输蛋白介导的穿膜运输

如前所述,只有脂溶性或不带电的小分子可用简单扩散方式穿膜转运。而绝大多数极性和水溶性物质如各种离子、单糖、氨基酸、核苷酸及许多细胞代谢产物都是通过膜上特定穿膜蛋白进行转运的。这类蛋白质称为膜运输蛋白(membrane transport protein)。各种细胞膜结合蛋白中,约 15%~30% 是膜运输蛋白。

膜运输蛋白可分为两大类:一类为载体蛋白(carrier protein),另一类是通道蛋白(channel protein)。几乎所有细胞膜上都存在载体蛋白,每种载体蛋白与特定的溶质分子结合(如离子、单糖或氨基酸等),通过一系列构象改变介导溶质穿膜转运。通道蛋白形成一种水溶性通道,贯穿脂双层,当通道开放时特定的溶质(一般是离子)经过通道穿越细胞膜。某些载体蛋白和通道蛋白介导溶质穿膜转运时不消耗能量,称为被动运输(passive transport)。在被动运输中,如果转运的物质是非电解质,膜两侧的浓度差决定物质的转运方向(顺浓度梯度);如被转运的是电解质,转运方向取决于膜两侧物质浓度差和跨膜电位差两种力的合力即电化学梯度(electrochemical gradient),物质顺着电化学梯度转运。被动运输中不消耗代谢能量,消耗的是存在于浓度梯度中的势能。然而,细胞也需要逆电化学梯度转运一些物质,这时不但需要膜运输蛋白的参与,还要消耗能量。载体蛋白利用代谢产生的能量驱动物质逆浓度梯度的转运称为主动运输(active transport)。载体蛋白既可介导被动运输(易化扩散),也可介导主动运输,而通道蛋白只能介导顺电化学梯度的被动运输(图 2-4-18)。

（一）易化扩散是载体蛋白介导的被动运输

多种非脂溶性物质,如葡萄糖、氨基酸、核苷酸以及细胞代谢物等,不能以简单扩散的方式通过细

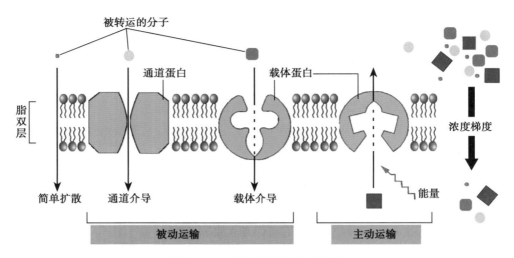

图 2-4-18   被动运输与主动运输

胞膜,但它们可在载体蛋白的介导下,不消耗细胞的代谢能量,顺物质浓度梯度或电化学梯度进行转运,这种方式称为易化扩散(facilitated diffusion)或帮助扩散。与简单扩散相同也属于被动运输。易化扩散载体蛋白可以在两个方向上同等介导物质的穿膜运输,净通量方向取决于物质在膜两侧的相对浓度。但在易化扩散中,转运特异性强,转运速率也非常快。

目前对载体蛋白在分子水平上如何发挥作用的细节还不清楚,一般认为,载体蛋白对所转运的物质具有高度专一性,转运时与之进行可逆的特异性结合。当载体蛋白一侧表面的特异性结合位点同某一物质结合时,即可引起载体蛋白发生构象变化,通过一定的易位机制,将物质从膜的一侧转移至另一侧;同时随构象的变化,载体蛋白对该物质亲和力下降而分离释放,载体蛋白又恢复它原有构象(图 2-4-19)。

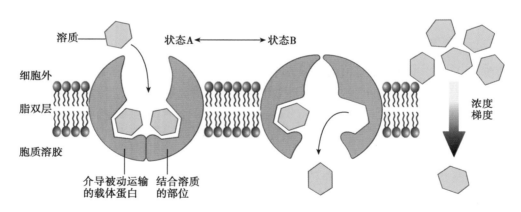

图 2-4-19   载体蛋白构象变化介导的易化扩散示意图

葡萄糖是人体最基本的直接能量来源。目前已知人类基因组编码 14 种与葡萄糖转运相关的葡萄糖转运体(glucose transporter,GLUT),即 GLUT 蛋白家族 GLUT1~GLUT14。它们具有高度同源的氨基酸序列,都含有 12 次穿膜的 α 螺旋。GLUT1 是在红细胞膜上发现的第一个成员。对 GLUT1 的研究发现,其穿膜片段主要由疏水性氨基酸组成,但有些 α 螺旋带有 Ser、Thr、Asp 和 Glu 残基,它们的侧链可以和葡萄糖分子的羟基形成氢键。这些氨基酸残基被认为可以形成载体蛋白内部朝内和朝外的葡萄糖结合位点。人红细胞膜上存在约 5 万个葡萄糖载体蛋白,其数量相当于膜蛋白总量的 5%,最大转运速度约 180 个葡萄糖分子/s。动力学研究表明对葡萄糖的转运是通过载体蛋白两种构象交替改变而完成的,因为 GLUT1 是一种多次穿膜蛋白,它不可能通过在脂双层中来回移动或翻转转运葡萄糖分子。有实验表明,在第一种构象,葡萄糖结合位点朝向细胞外,结合葡萄糖之后构象改变,使葡萄糖结合位点转向细胞内释放葡萄糖,随后又恢复原先的构象,这样不断反复将葡萄糖转运入细胞。GLUTs 家族成员之间的差异主要在于组织分布的特异性、与葡萄糖分子的亲和性和转运速率的高低。肿瘤细胞膜上高表达 GLUT,这与肿瘤细胞的恶性表型和患者的预后相关。

用红细胞和肝细胞设计葡萄糖摄取实验,发现由 GLUT 所介导的葡萄糖摄取表现出酶动力学基本特征。这个过程类似于酶和底物反应,因此有人将易化扩散载体蛋白称为通透酶(permease)。载体蛋白对转运分子有一个或多个特异性结合位点,当所有结合位点均被底物分子占据,这时的转运速率达到最大值(V_{max}),不再随底物浓度增加而增大。而每种载体蛋白对它所结合的底物都有一定的结合常数(K_m),相当于 $1/2V_{max}$ 时的底物浓度,可反映载体蛋白对底物分子的亲和性,K_m 越小表明亲和性和转运效率越高,反之亦然。与之相比,简单扩散的速率总是与溶质浓度差成正比(图 2-4-20)。与酶一样,载体蛋白和底物的结合可被竞争性抑制剂所阻断,这些抑制剂占据载体蛋白的结合位点,但不一定被转运。载体蛋白可被非竞争性抑制剂结合,发生构象改变而不能与底物分子结合。

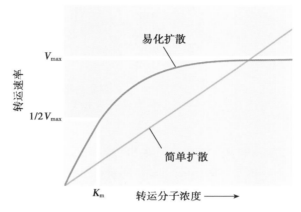

图 2-4-20　简单扩散与易化扩散的动力学比较

(二)主动运输是载体蛋白逆浓度梯度的耗能运输

被动运输只能顺浓度梯度穿膜转运物质,趋向于使细胞内外的物质浓度达到平衡,但实际上细胞内外许多物质浓度存在很大差异。一般情况下细胞内的 K^+ 浓度约为 140mmol/L,而细胞外的 K^+ 浓度只有 5mmol/L。因此,在细胞膜两侧就有一个很"陡"的 K^+ 浓度梯度,有利于 K^+ 扩散到细胞外。Na^+ 在细胞膜两侧的分布正好相反,细胞外的浓度为 150mmol/L,而细胞内则为 10~20mmol/L。Ca^{2+} 在细胞膜两侧的分布的差别更大,一般情况下,真核细胞细胞外的 Ca^{2+} 浓度要比细胞内高约 10 000 倍。这些浓度梯度由主动运输产生,以维持细胞内外物质浓度的差异,这对维持细胞生命活动至关重要。

主动运输是载体蛋白介导的物质逆电化学梯度,由低浓度一侧向高浓度一侧进行的穿膜转运方式。转运的溶质分子其自由能变化为正值,因此需要与某种释放能量的过程相偶联,能量来源包括 ATP 水解、光吸收、电子传递、顺浓度梯度的离子运动等。

动物细胞根据主动运输过程中利用能量的方式不同,可分为 ATP 驱动泵(由 ATP 直接提供能量)和协同运输(ATP 间接提供能量)两种主要类型。

1. ATP 驱动泵　ATP 驱动泵都是穿膜蛋白,它们在膜的胞质侧具有一个或多个 ATP 结合位点,能够水解 ATP 使自身磷酸化,利用 ATP 水解所释放的能量将被转运分子或离子从低浓度向高浓度转运,所以常称为"泵"。根据泵蛋白的结构和功能特性,可分为 4 类:P-型离子泵、V-型质子泵、F-型质子泵和 ABC 转运蛋白。前 3 种只转运离子,后一种主要转运小分子(图 2-4-21)。

(1)P-型离子泵(P-type ion pump):有 2 个独立的大亚基(α 亚基),具有 ATP 结合位点,绝大多数还具有 2 个小的 β 亚基,通常起调节作用。在转运离子过程中,至少有一个 α 催化亚基发生磷酸化和去磷酸化反应,从而改变泵蛋白的构象,实现离子的穿膜转运。由于在泵工作过程中,形成磷酸化中间体,"P"代表磷酸化,故名 P-型离子泵。动物细胞的 Na^+-K^+ 泵、Ca^{2+} 泵和细菌细胞膜上的 H^+ 泵等都属于此种类型。

1)Na^+-K^+ 泵(Na^+-K^+ pump):又称 Na^+-K^+-ATP 酶,是由 2 个 α 亚基和 2 个 β 亚基组成的四聚体。α 亚基分子量为 120kD 的多次穿膜蛋白,具有 ATP 酶活性。β 亚基是分子量为 50kD 的糖蛋白,具有组织特异性,并不直接参与离子转运,但能帮助新合成的 α 亚基在内质网网腔内进行折叠。α 亚基

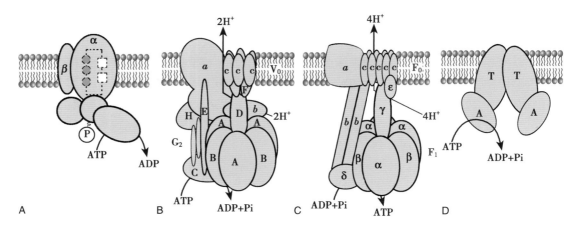

图 2-4-21　4 种类型 ATP 驱动泵模式图
A. P-型离子泵；B. V-型质子泵；C. F-型质子泵；D. ABC 转运蛋白。

的胞质侧有 3 个高亲和性 Na^+ 结合位点和 ATP 结合位点，在朝向膜外表面有 2 个高亲和性 K^+ 结合位点，也是乌本苷（ouabain）高亲和性结合位点。其作用过程如图 2-4-22 所示：在细胞膜内侧，α 亚基与 Na^+ 结合后，促使 ATP 水解为 ADP 和磷酸，磷酸基团与 α 亚基上的一个天冬氨酸残基共价结合，磷酸化引起 α 亚基构象改变，使与 Na^+ 结合位点转向细胞外并失去对 Na^+ 的亲和性，Na^+ 被释放到胞外并与 K^+ 结合；K^+ 的结合促使 α 亚基去磷酸化发生构象改变，失去了对 K^+ 的亲和力，将 K^+ 释放到胞内，α 亚基又恢复原有构象，完成一次循环。

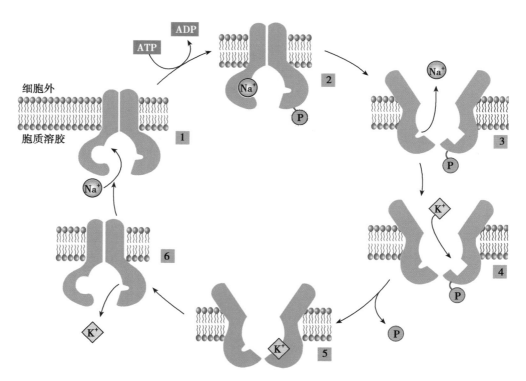

图 2-4-22　Na^+-K^+-ATP 酶活动示意图
1. Na^+ 结合 α 亚基；2. α 亚基磷酸化；3. α 亚基构象改变，Na^+ 释放到细胞外；4. K^+ 与 α 亚基结合；
5. α 亚基去磷酸化；6. α 亚基构象恢复，K^+ 释放到细胞内。

水解一个 ATP 分子,可输出 3 个 Na^+,转入 2 个 K^+。Na^+ 依赖的磷酸化和 K^+ 依赖的去磷酸化如此有序地交替进行,每秒钟可发生约 1 000 次构象变化。乌本苷和地高辛在 Na^+-K^+ 泵胞外结构域有结合位点,特异性抑制其活性。当抑制生物氧化作用的氰化物使 ATP 合成中断时,Na^+-K^+ 泵失去能量来源而停止工作。大多数动物细胞要消耗 ATP 总量的 1/3(神经细胞要消耗总 ATP 的 2/3)用于维持 Na^+-K^+ 泵的活动,从而保证细胞内低 Na^+ 高 K^+ 的离子环境,这具有重要的生理意义,如调节渗透压维持恒定的细胞体积、保持膜电位、为某些物质的吸收提供驱动力和为蛋白质合成及代谢活动提供必要的离子浓度等。

2)Ca^{2+} 泵(Ca²⁺ pump):又称 Ca^{2+}-ATP 酶,也是 P-型离子泵。真核细胞胞质中含有极低浓度的 Ca^{2+}($\leq 10^{-7}$mol/L),而细胞外 Ca^{2+} 浓度却高得多(约 10^3mol/L),胞质中 Ca^{2+} 低浓度状态主要由细胞膜和内质网膜上的 Ca^{2+} 泵维持。目前了解较多的是肌细胞内肌质网上的 Ca^{2+} 泵,已获得了 Ca^{2+} 泵三维结构高分辨解析。Ca^{2+} 泵是由大约 1 000 个氨基酸残基构成的穿膜蛋白,含有 10 次穿膜的 α 螺旋,与 Na^+-K^+-ATP 酶的 α 亚基同源,说明这两种离子泵在进化上关系密切。像 Na^+-K^+ 泵一样,在工作周期中也有磷酸化和去磷酸化过程,通过两种构象改变,结合与释放 Ca^{2+}。内质网和肌质网上的 Ca^{2+} 泵每水解 1 分子 ATP,逆浓度梯度转运 2 个 Ca^{2+} 进入内质网或肌质网,而细胞膜上的 Ca^{2+} 泵向细胞外转运 1 个 Ca^{2+}。

细胞内外较大的 Ca^{2+} 浓度差对多种细胞功能活动非常重要。当某些细胞外信号引起 Ca^{2+} 通道开放时,Ca^{2+} 顺电化学梯度进入胞质,突然升高的 Ca^{2+} 作为一种细胞内信号可引起多种生物学反应,如神经递质释放、腺上皮细胞分泌、肌细胞收缩和多种蛋白酶活化等。当这些功能活动完成后,Ca^{2+} 泵被激活又将 Ca^{2+} 泵出细胞或泵入内质网网腔,以维持胞内低 Ca^{2+} 环境。

3)H^+ 泵(H⁺ pump):又称 H^+-ATP 酶,也是 P-型离子泵。存在于植物细胞、真菌(包括酵母)、细菌等细胞质膜上,这些生物细胞质膜上没有 Na^+-K^+ 泵,但通过 P-型 H^+ 泵将 H^+ 泵出细胞,建立和维持 H^+ 跨膜电化学梯度(作用类似于动物细胞 Na^+ 电化学梯度),用来驱动上述细胞对糖和氨基酸的协同运输摄取。P-型 H^+ 泵的工作也使这些细胞周围环境呈酸性。

(2)V-型质子泵(V-type proton pump):是存在于真核细胞内膜性酸化区室如溶酶体、内体、分泌泡(包括突触小泡)、植物液泡膜上的 H^+ 泵,V 代表小泡(vesicle),也是一种转运 ATP 酶。后来发现也存在于破骨细胞、肾小管上皮细胞、巨噬细胞和中性粒细胞质膜上。V-型质子泵比 P-型离子泵结构更复杂,是由多个不同的穿膜亚基和胞质侧亚基组成。其功能是利用 ATP 水解供能,将 H^+ 逆电化学梯度从胞质基质转运到上述细胞器和囊泡中,保障细胞器功能所需的酸性环境,同时参与维持细胞质基质 pH 中性。质膜上的 V-型质子泵向胞外泵出 H^+,与骨基质的酸化吸收、肾小管内尿液酸化、免疫细胞内 pH 稳定有关。V-型质子泵转运过程中水解 ATP,但不形成磷酸化中间体。

(3)F-型质子泵(F-type proton pump):主要存在于细菌质膜、线粒体内膜和叶绿体膜中,它使 H^+ 顺浓度梯度运动,所释放的能量使 ADP 转化成 ATP,偶联质子转运和 ATP 合成。在线粒体氧化磷酸化和叶绿体光合磷酸化中起重要作用。因此,F-型质子泵也被称作 H^+-ATP 合成酶。详细结构和机制见本书线粒体一章中相关内容。

(4)ABC 转运蛋白(ABC transporter):也是一类 ATP 供能的运输蛋白,广泛分布在从细菌到人类各种生物体细胞中,目前已发现几百种,形成 ABC 超家族(ABC superfamily)。哺乳动物细胞已确定大约 50 种不同的 ABC 转运蛋白。第一个被鉴定的真核细胞 ABC 转运蛋白是多药耐药蛋白(multidrug resistance protein,MRP),来自对肿瘤细胞和抗药性培养细胞的研究。

所有 ABC 转运蛋白都共同具有由 4 个"核心"结构域组成的结构模式:2 个穿膜结构域(T),每个 T 结构域由 6 个 α 螺旋穿膜组成,形成穿膜转运通道并决定底物特异性;2 个胞质侧 ATP 结合域(A),具有 ATP 酶活性,凸向胞质(见图 2-4-21D)。该超家族所有成员的 A 结构域有 30%~40% 的同源性,表明它们有共同的进化起源。

ATP 分子结合前,ABC 转运蛋白底物结合位点暴露于胞质一侧(真核细胞)或胞外一侧(原核细胞）。当 ATP 与 ABC 转运蛋白结合时，2 个 A 结构域结合发生二聚化，引起转运蛋白构象改变，使底物结合位点暴露于质膜的另一侧；ATP 水解以及 ADP 的解离将导致 2 个 A 结构域的分离，引起转运蛋白构象恢复原状态。这样通过 ATP 分子的结合与水解，ABC 转运蛋白就能完成多种小分子物质的跨膜转运。

目前，还不能精确阐明 MRP 及 ABC 转运蛋白确切的转运机制。翻转酶模型（flippase modle）可能是说明其转运机制的较好模型。根据这一模型，MRP1 利用 ATP 水解供能，将胞质中带电荷的底物分子从脂双层胞质侧单层"翻转"（flip）到胞外侧单层中，随后被转运的分子脱离质膜进入细胞外（图 2-4-23）。带有一个或多个正电荷的脂溶性分子可竞争性地与 MRP1 结合，说明它们在 ABC 转运蛋白上有相同的结合位点。

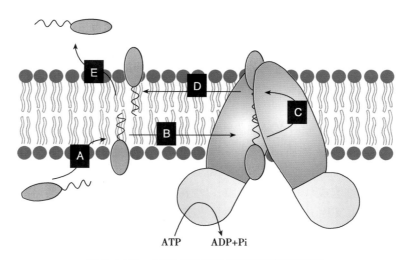

图 2-4-23　ABC 转运蛋白的转运翻转酶模型
A. 底物分子疏水部分自发转入脂双层胞质面单层中，极性部分仍暴露在胞质中；B. 底物分子侧向扩散与 MRP1 蛋白结合；C. MRP1 蛋白胞内结构水解 ATP 供能，膜内结构翻转底物分子极性头部至脂双层外层中；D 和 E. 底物分子侧向扩散最终脱离质膜进入胞外。

ABC 超家族是哺乳类质膜上重要的膜运输蛋白，每种 ABC 转运蛋白的转运有底物特异性，在正常生理条件下涉及磷脂、胆固醇、肽、亲脂性药物和其他小分子的运输。它们在肝、小肠和肾细胞等质膜中表达丰富，能将毒素、生物异源物质（包括药物）和代谢产物排至尿、胆汁和肠腔中，降低有毒物质（包括药物）的积累而达到自我保护作用。肿瘤细胞膜上如果出现 MRP 高表达，化疗药物被迅速泵出细胞而达不到药效，即出现耐药性。

2. 协同运输　细胞膜两侧所建立的 Na^+、K^+ 和 H^+ 浓度梯度是储存自由能的一种方式，可以供细胞以多种途径来做功。协同运输（cotransport）是一类由 Na^+-K^+ 泵（或 H^+ 泵）与载体蛋白协同作用，间接消耗 ATP 所完成的主动运输方式。物质穿膜运动所需要的直接动力来自膜两侧离子电化学梯度中的势能，而维持这种离子电化学梯度是通过 Na^+-K^+ 泵（或 H^+ 泵）消耗 ATP 所实现的。动物细胞的协同运输是利用膜两侧的 Na^+ 电化学梯度驱动，植物细胞和细菌是利用 H^+ 电化学梯度驱动。根据溶质分子运输方向与 Na^+ 或 H^+ 顺电化学梯度转移方向的关系，又可分为共运输（symport）和对向运输（antiport）。

（1）共运输：是载体蛋白介导的某物质逆浓度梯度的穿膜运输与 Na^+ 或 H^+ 顺浓度梯度同方向的联合转运。例如，分布在小肠黏膜上皮细胞游离面的 Na^+- 葡萄糖同向转运体（Na^+-glucose cotransporter），它在细胞膜外表面结合 2 个 Na^+ 和 1 个葡萄糖分子（在肾小管上皮细胞是 1 个 Na^+ 和 1 个葡萄糖分子），当 Na^+ 顺浓度梯度进入细胞时，葡萄糖就利用 Na^+ 电化学浓度差中的势能，与 Na^+ 相伴随逆浓度梯度进入细胞。当 Na^+ 在胞质内释放后转运体蛋白构象发生改变，失去对葡萄糖的亲和性而与之分离,蛋白构象又恢复原状,可反复工作(图 2-4-24)。进入细胞的 Na^+ 被 Na^+-K^+ 泵泵出细胞外,以保持 Na^+ 在膜两侧的浓度差。由此可见,这种运输所消耗的能量,实际上是由 ATP 水解间接提供的。体内多种细胞质膜上都有依赖 Na^+ 浓度梯度驱动的同向输转运体,各自负责运送一组特异糖类(如葡萄糖、果糖、甘露糖、半乳糖)、氨基酸、水溶性维生素等进入细胞。如小肠黏膜上皮细胞膜上参与氨基酸和维生素吸收的 Na^+-氨基酸、Na^+-维生素(维生素 B_1、维生素 B_2、维生素 B_6、PP)同向转运体;肾小管上皮细胞膜上 Na^+-HCO_3^-、Na^+-K^+-$2Cl^-$、Na^+-Cl^-、K^+-Cl^- 同向转运体;甲状腺滤泡上皮细胞膜上的 Na^+-I^- 同向运输转运体。

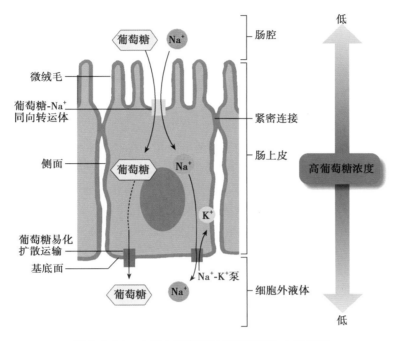

图 2-4-24　小肠上皮细胞转运葡萄糖入血示意图

上皮细胞顶端细胞膜中 Na^+-葡萄糖同向转运体,运输 2 个 Na^+ 同时逆浓度梯度转运 1 分子葡萄糖进入细胞;细胞膜基底面和侧面葡萄糖易化扩散载体蛋白,顺浓度梯度转运葡萄糖出细胞进入肠壁组织液再入血,形成葡萄糖的定向转运。底侧膜上的 Na^+-K^+ 泵将 Na^+ 转运出细胞,维持 Na^+ 跨膜浓度梯度。

(2)对向运输:是由同一种转运体将两种不同的离子或分子向膜的相反方向转运过程。脊椎动物细胞有 2 种重要的 Na^+ 浓度梯度驱动的对向转运体:①Na^+-H^+ 交换体(Na^+-H^+ exchange carrier):偶联 1 个 Na^+ 顺浓度梯度流进与 1 个 H^+ 泵出,可清除细胞代谢过程中产生的过多 H^+ 维持胞内正常 pH(≈ 7.2);生长因子促进细胞分裂时可激活 Na^+-H^+ 交换体,使胞内 pH 升高促使蛋白质与 DNA 的合成;肾近端小管上皮细胞上的 Na^+-H^+ 交换体向小管液中排出 H^+ 以利于 HCO_3^- 被重吸收。②Na^+-Ca^{2+} 交换:几乎所有细胞都表达 Na^+-Ca^{2+} 交换体,以排出 1 个 Ca^{2+} 转入 3 个 Na^+ 的化学计量联合转运。肌细胞兴奋-收缩偶联过程中进入胞内的 Ca^{2+} 主要通过 Na^+-Ca^{2+} 交换体排出细胞;小肠黏膜上皮细胞和肾近端小管上皮细胞的底侧膜上 Na^+-Ca^{2+} 交换体转运 Ca^{2+} 进入组织液然后入血,是机体 Ca^{2+} 吸收的重要载体蛋白。另外,体内存在一种不依赖 Na^+ 的 Cl^--HCO_3^- 交换体(Cl^--HCO_3^- exchanger),在细胞内 HCO_3^- 浓度升高时,将 HCO_3^- 运出细胞,同时将胞外 Cl^- 运入。Cl^--HCO_3^- 交换体在胃酸分泌、红细胞释放 CO_2 入血以及破骨细胞泌酸溶解骨基质过程中起到重要作用。

上述各种"主动运输"方式的特点是:①主动运输为小分子物质逆浓度或电化学梯度穿膜转运;②需要消耗能量,可直接水解 ATP 或利用离子电化学梯度提供能量;③需要膜上特异性载体蛋白介导,这些载体蛋白具有结构上的特异性(特异的结合位点)和结构上的可变性(构象变化进行物质转运）。细胞通过不同方式完成各种小分子物质的穿膜转运。现将部分载体蛋白种类与功能总结于表 2-4-3。

表 2-4-3　主要的载体蛋白类型

载体蛋白	位置	能量来源	功能
葡萄糖易化扩散载体蛋白	大多数动物细胞的细胞膜	无	被动输入葡萄糖
Na^+ 驱动的葡萄糖转运体	肾与肠上皮细胞顶部细胞膜	Na^+ 梯度	主动输入葡萄糖
Na^+-H^+ 交换体	动物细胞膜	Na^+ 梯度	输出 H^+，调节细胞内 pH
Na^+-K^+ 泵（Na^+-K^+-ATP 酶）	大多数动物细胞膜	ATP 水解	主动输出 Na^+ 和输入 K^+
Ca^{2+} 泵（Ca^{2+}-ATP 酶）	真核细胞膜	ATP 水解	主动输出 Ca^{2+}
V-型质子泵	动物细胞溶酶体/内体膜	ATP 水解	从细胞质主动输入 H^+

（三）离子通道高效转运各种离子

构成生物膜核心部分的脂双层对带电物质，包括 Na^+、K^+、Ca^{2+}、Cl^- 等极性很强的离子是高度不可透的，它们难以直接穿膜转运，但各种离子的穿膜速率很高，可在数毫秒内完成，在多种细胞活动中起关键作用。这种高效率的转运是借助膜上的通道蛋白完成的。目前已发现的通道蛋白有 100 余种，普遍存在于各种类型的细胞膜以及细胞内膜上。通道蛋白形成亲水性通道，有三种类型：离子通道、水通道以及孔蛋白。目前发现的大部分通道蛋白都构成离子通道。

1. 离子通道的特点　离子通道（ion channel）为整合膜蛋白构成，与载体蛋白不同，它们可以在膜上形成亲水性的穿膜孔道，快速并有选择地让某些离子通过而扩散到细胞膜的另一侧。通道蛋白有以下几个特点：①通道蛋白介导的是被动运输，通道是双向的，离子的净通量取决于电化学梯度（顺电化学梯度方向自由扩散），通道蛋白在转运过程中不与溶质分子结合。②离子通道对被转运离子的大小和所带电荷都有高度的选择性。只有大小和电荷适宜的离子才能通过。例如钾离子通道只允许 K^+ 通过，而不允许 Na^+ 通过。③转运速率高，通道可以在每秒内允许 10^7~10^8 个特定离子通过（接近自由扩散理论值），比载体蛋白所介导的最快转运速率高约 1 000 倍。④多数离子通道不是持续开放，而是受"闸门"控制，即离子通道的活性由通道开或关两种构象所调节，以对一定的信号作出适当的反应。

2. 离子通道的类型　已确认的大多数离子通道以开放构象或以关闭构象存在，通道的开放与关闭受细胞内外多种因素的调控，被称为"门控"（gated），如同一扇门的开启和关闭。通常根据通道门控机制的模式不同和所通透离子的种类，将门控通道分为三大类。

（1）配体门控通道（ligand-gated channel）：实际上是离子通道型受体，与通道蛋白结合的配体（ligand）通常是来自细胞外的神经递质，也可以是某些信号蛋白的作用（如 G 蛋白）。与配体结合后发生构象改变，将"门"打开，允许某种离子快速穿膜扩散。

乙酰胆碱受体（acetylcholine receptor, AChR）是典型的配体门控通道（图 2-4-25）。它是由 4 种不同亚单位组成的五聚体穿膜蛋

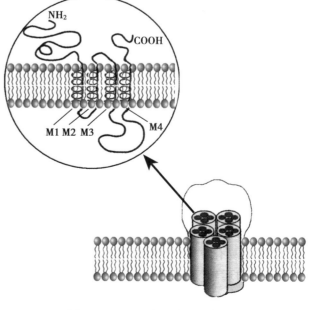

图 2-4-25　乙酰胆碱受体模式图

白（$\alpha_2\beta\gamma\delta$），每个亚单位均由一个较长胞外 N 端（约 210aa），4 段穿膜序列（M1~M4）以及一个短的胞外 C 端组成。各亚单位通过氢键等非共价键形成一个结构为 $\alpha_2\beta\gamma\delta$ 的梅花状通道结构，乙酰胆碱（ACh）在其通道表面上有两个结合位点。在无 ACh 结合的情况下，受体各亚基中的 M2 共同组成的孔区处于关闭状态，此时，M2 亚基上的亮氨酸残基伸向孔内形成一个纽扣结构。一旦 ACh 与受体结合，便会引起孔区的构象改变，M2 亚基上的亮氨酸残基从孔道旋转出去，其形成的孔径大小足以使膜外高浓度的 Na^+ 内流，同时使膜内高浓度的 K^+ 外流。

　　继 AChR 之后，又陆续发现了与其他神经递质结合的受体也可作为离子通道，如 γ 氨基丁酸（$GABA_A$ 和 $GABA_C$）受体、甘氨酸（Gly）受体、5-羟色胺（5-HT）受体以及一类谷氨酸门控阴离子通道（GluCl 受体），它们都是由单一肽链反复 4 次穿膜（M1~M4）形成一个亚单位，然后由 5 个亚单位组成穿膜离子通道。这些配体门控通道具有很高的序列结构相似性，归属于 cys-loop 受体超家族，但它们有非常不同的离子选择性。例如，5-HT 受体与 ACh 受体可选择性地通透 Na^+、K^+ 和 Ca^{2+} 等阳离子。$GABA_A$ 和 $GABA_C$ 受体、Gly 受体、GluCl 受体则主要对 Cl^- 通透。它们的氨基酸序列和整体结构的相似性足以证明它们有共同的进化起源。

　　（2）电压门控通道：膜电位的改变是控制电压门控通道（voltage-gated channel）开放与关闭的直接因素。此类通道蛋白结构中存在一些对膜电位改变敏感的带电结构域或亚单位，当膜电位变化时诱其发生相应的移动，通道蛋白构象改变，从而将"门"打开，使一些离子顺浓度梯度自由扩散通过细胞膜。闸门开放时间非常短，只有几毫秒，随即迅速自发关闭。电压门控通道主要存在于神经元、肌细胞及腺上皮细胞等可兴奋细胞膜上，包括钾通道、钙通道、钠通道和氯通道。下面介绍目前了解最清楚的电压门控 K^+（KV）通道的结构及离子选择性。

　　1）K^+ 通道的分子结构：真核生物的单个 K^+ 通道由 4 个相同的 α 亚基组成，他们对称排列在中央离子输送孔周围，每一亚基肽链的 C 端和 N 端都位于膜的胞质一侧，而多肽链的中央部分含有 6 个 α 螺旋穿膜片段（S1~S6），其中 S4 为电压敏感片段，每一 α 亚基的 N 端在胞质中卷曲成与多肽链连接的"球"形域，S5 和 S6 两个穿膜螺旋与被称为 H5（或 P）的多肽片段连接。来自 4 个亚基的 H5 片段扎入 K^+ 通道的中央，形成一个足够大的残基环，在 K^+ 脱掉水合外壳后可以让其通过。另外，通道在胞质中还结合有 4 个调节性的 β 亚基（图 2-4-26）。

　　2）K^+ 通道的开关机制：电压门控 K^+ 通道存在 3 种相互关联的构象——关闭、开启和失活（图 2-4-27）。KV 通道通过电压的变化开启，并受 S4 穿膜螺旋的调节。S4 穿膜螺旋沿着多肽链含有

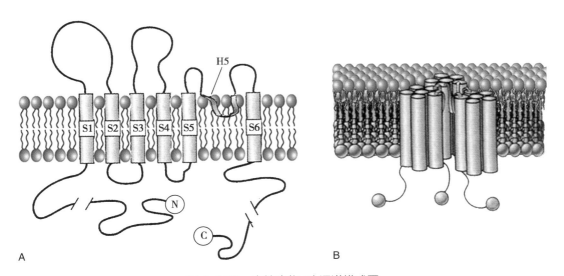

图 2-4-26　真核生物 K^+ 通道模式图

A. K^+ 通道的一个亚基多肽链包含 6 个 α 螺旋穿膜片段，H5 连接 S5 和 S6 穿膜螺旋；B. 4 个亚基围成单个 K^+ 通道，4 个 H5 片段扎入通道中央。

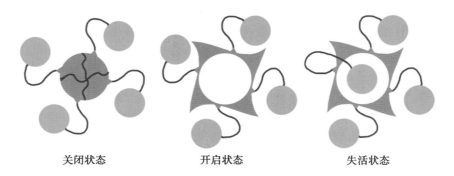

| 关闭状态 | 开启状态 | 失活状态 |

图 2-4-27　电压门控 K^+ 通道的构象变化

几个带正电荷的氨基酸残基,推测这部分作为电压感受器(voltage sensor)。在静息条件下,穿膜的负电位使 S4 螺旋保持孔的闭合状态,膜电位如果朝正值变化(去极化),就会对 S4 螺旋施加电场力,电场力被认为使 S4 螺旋旋转,S4 螺旋的旋转使得带正电荷的残基旋转 180°而朝向细胞外这样一个新位置。S4 螺旋的运动可以用实验跟踪,先在蛋白质的特定氨基酸上连上荧光基团,当含有这些通道的膜发生去极化时,细胞表面就会出现荧光,这说明标记的氨基酸已移动到朝向外部介质的位置。

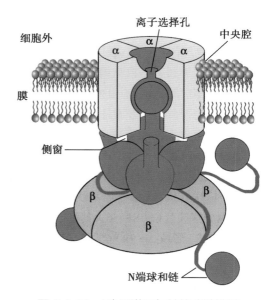

图 2-4-28　K^+ 通道开与关的球链模型

应答电位变化的 S4 螺旋的运动引起蛋白质内的构象变化,导致通道的开口打开,通道一旦打开,每毫秒就有几千个 K^+ 通过,几乎和自由扩散的速率相近。离子通道开放几毫秒后,α 亚基 N 端在胞质中卷曲的"球"形结构,通过侧窗摆动入通道的中央腔中,阻止 K^+ 通过,通道失活。几毫秒后球被释放,孔道的开口关闭。钾通道的这种开关机制称为球链模型(ball-and-chain model)(图 2-4-28)。

3)K^+ 通道的选择性:K^+ 通道有严格的选择性,只允许 K^+ 通过,而不允许比它小的 Na^+ 通过。要想了解通道功能的分子机制必须解析它的三维结构,但真核生物 K^+ 通道的结构复杂,膜蛋白的分离纯化和结晶都比较困难,而微生物 K^+ 通道的组成与结构要简单得多,但通道核心部分的结构基本相似。1998 年,R. Mackinnon 及同事成功获得了链霉菌(*Streptomyces lividans*)K^+ 通道(KcsA)核心部分的结晶,通过 X 射线衍射解析首次得到了 0.32nm 分辨率的三维结构。KcsA 通道是由 4 个完全相同的亚基组成的倒锥形孔道,每个亚基含两个穿膜螺旋(M1 和 M2),它们由 P(pore)片段环(相当于 H5)连接,4 个亚基插入脂双层形成一个狭窄的通道。认为 KcsA 通道的 M1-P-M2 与真核生物通道的 S5-H5-S6 同源。P 片段排列在离子通过的通道上,每个 P 片段环的一部分含有保守的-Thr-Val-Gly-Tyr-Gly-5 肽,此序列是各种 K^+ 通道所共有的专一序列。KcsA 通道的晶体结构显示,保守 5 肽的每一氨基酸残基提供的羰基(C=O)指向通道的中央,沿垂直于膜平面排列,排列形成孔道中最窄的部分。孔道的这部分由于其选择 K^+ 的能力被称为选择性过滤器(selectivity filter)。保守 5 肽中的突变会破坏通道区分 K^+ 和 Na^+ 的能力。Mackinnon 的结晶分析结果表明,过滤器部分全长约 1.2nm,直径约 0.25nm,每一 P 片段环中的 5 个氨基酸残基提供的羰基共同组成 5 层检测点,层与层之间距离为 0.3nm(图 2-4-29),每一层含 4 个羰基氧原子,通道的每个亚基贡献一个。我们知道,任何可溶于水的溶质,包括水分子本身,都是极性的。在水溶液中,溶质分子或离子都不是一个孤立的个体,而是吸附着周围的水分子和其他极性分子的水合物。K^+ 在水溶液中与水分子结合形成水化的 K^+,该水化的 K$^+$ 进入通道时先进行脱水,当 K$^+$ 失去其水合层后直径(约为 0.27nm)正好与羧基氧原子环直径(约为 0.3nm)大小相当。此时 K$^+$ 与氧原子的距离和它未进入过滤器时与其周围水分子中的氧原子的距离是相同的,与 4 个电负性氧原子相互作用替代水合层中的水分子,使能量得到补偿。选择性过滤器上可以接纳 2 个 K$^+$,两个离子的间距为 0.75nm,利用静电斥力,K$^+$ 能够顺电化学梯度迅速穿过孔道。

失水的 Na$^+$(0.19nm)比选择性过滤器的直径要小得多,然而其通透性不到 K$^+$ 的万分之一。原因在于 Na$^+$ 体积小,不能与环内的 4 个氧同时作用,这样脱水过程中需要的能量得不到补偿,故不能进入选择性过滤器(图 2-4-30)。因此,K$^+$ 通道只能有选择地通过 K$^+$。

(3)机械门控通道(mechanically-gated channel):通道蛋白感受作用于细胞膜上的外力发生构象变化,开启通道使"门"打开,离子通过通道进入细胞,引起膜电位变化产生电信号。如内耳听觉毛细胞顶部的听毛上即具有机械门控阳离子通道。当声音传至内耳时,引起毛细胞下方基膜发生振动,使听毛触及上方的覆膜,迫使听毛发生倾斜产生弯曲,在这种伸拉机械力作用下,使通道蛋白构象改变而开放,离子进入内耳毛细胞,膜电位改变,从而将声波信号传递给听觉神经元。目前对机械门控通道的认识主要来自细菌和古细菌,从中克隆的机械门控通道均为两段穿膜蛋白,整个通道呈五聚体结构模式,易通透阳离子。Ardem Patapoutian 利用压力敏感细胞发现了一种对皮肤和内脏器官的机械刺激作出反应的新型机械门控阳离子通道(Piezo1 和 Piezo2),而获得了 2021 年诺贝尔生理学或医学奖。让我们对机械门控受体的结构和活动模式有了进一步新认识。现将主要离子通道类型及功能总结于表 2-4-4。

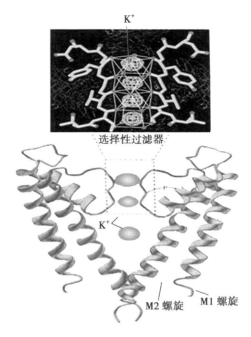

图 2-4-29 K$^+$ 通道的选择性过滤器模式图

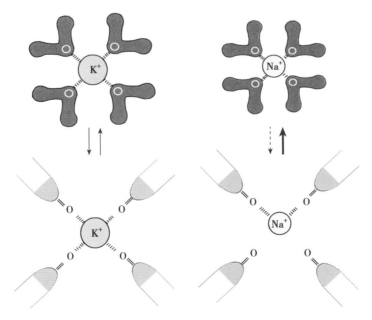

图 2-4-30 K$^+$、Na$^+$ 在选择性过滤器中与氧原子相互作用示意图
Na$^+$ 的体积小,不能与 4 个氧形成均衡的作用关系,故 K$^+$ 选择性过滤器只对 K$^+$ 有选择性。

表 2-4-4　主要的离子通道类型

离子通道	典型位置	功能
K^+ 渗漏通道	大多数动物细胞膜	维持静息膜电位
电压门控 Na^+ 通道	神经细胞轴突细胞膜	产生动作电位
电压门控 K^+ 通道	神经细胞轴突细胞膜	在一个动作电位之后使膜恢复静息电位
电压门控 Ca^{2+} 通道	神经终末的细胞膜	激发神经递质释放（将电信号转换为化学信号）
乙酰胆碱 Na^+ 和 Ca^{2+} 通道	在神经-肌接头处的细胞膜	在靶细胞将化学信号转换为电信号
GABA 门控 Cl^- 通道	许多神经元的突触处的细胞膜	抑制性突触信号
机械门控阳离子通道	内耳听觉毛细胞 皮肤及内脏器官	感受声波振动 感受压力和机械刺激

　　一些离子通道是持续开放的（如 K^+ 渗漏通道），但是大多数离子通道的开放是受"闸门"控制，开放时间短暂，只有几毫秒，开放和关闭快速切换，以调节细胞的活动。例如，一个通道短暂的开放使离子流入，可引起另一个通道开放，后者又可顺次影响其他通道开放。以神经-肌接头处神经冲动的传导引发肌肉收缩为例，说明离子通道的协同活动（图 2-4-31）。

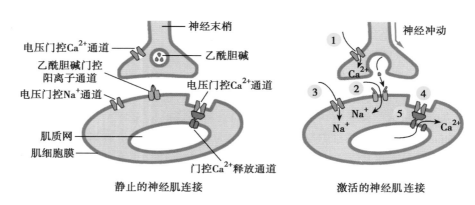

图 2-4-31　神经-肌接头处离子通道协同活动示意图

1. 神经冲动引起神经末梢膜上电压门控 Ca^{2+} 通道瞬时开放，Ca^{2+} 内流导致突触小泡内乙酰胆碱释放至突触间隙；2. 乙酰胆碱与突触后肌细胞膜上的 AChR 结合，乙酰胆碱门控 Na^+ 通道开放，Na^+ 内流引起肌细胞膜局部去极化；3. 局部去极化诱发电压门控 Na^+ 通道开放，大量 Na^+ 进入使去极化扩散到整个肌细胞膜；4 和 5. 肌细胞膜去极化，电压门控 Ca^{2+} 通道开放，肌质网上 Ca^{2+} 通道开放，肌质内 Ca^{2+} 浓度突然增加，引起肌原纤维收缩。

　　离子泵和离子通道对离子的选择性转运在细胞内外液间产生巨大的浓度差异（表 2-4-5），不仅使得细胞膜能以离子梯度的形式贮存势能，用以完成多种物质转运及可兴奋细胞的电信号传递，而且在膜两侧形成电位差即膜电位。

表 2-4-5　典型哺乳动物细胞内外离子浓度的比较　　　　　　　（单位：mmol/L）

成分	细胞内浓度	细胞外浓度
阳离子		
Na^+	5~15	145
K^+	140	5
Mg^{2+}	0.5*	1~2
Ca^{2+}	10^{-4}*	1~2
H^+	7×10^{-5}（$10^{-7.2}$mol/L 或 pH 7.2）	4×10^{-5}（$10^{-7.4}$mol/L 或 pH 7.4）

续表

成分	细胞内浓度	细胞外浓度
阴离子 **		
Cl⁻	5~15	110

* 表中 Ca^{2+} 和 Mg^{2+} 浓度是指胞质溶胶中游离离子。

** 细胞内的正负电荷应该相等(即电中性),许多细胞成分(HCO_3^-、PO_4^{3-}、蛋白质、核酸以及带有磷酸根和羧基的代谢物)带有负电荷。

(四)水通道介导水的快速转运

水分子虽然可以以简单扩散方式通过细胞膜,但是扩散速度非常缓慢。有许多细胞如肾小管和肠上皮细胞、血细胞、植物根细胞及细菌等对水的吸收极为快速。长期以来,人们就猜想细胞膜上可能存在水的专一通道。直到 1988 年,美国学者 Peter Agre 在分离纯化红细胞膜 Rh 血型抗原核心多肽时偶然发现细胞膜上有构成水通道的膜蛋白,这种蛋白质被命名为水孔蛋白(aquaporin,AQP),从而确认了细胞膜上有水转运通道蛋白的理论,Agre 因此获得了 2003 年诺贝尔化学奖。

1. 水通道的分类 目前发现哺乳动物水通道蛋白家族已有 13 种功能相似、基因来源不同的 AQPs(AQP0~AQP12),在人体的不同组织细胞上表达这 13 种成员。根据其功能特性分为三个家族:AQP0、1、2、4、5、6 和 8 基因结构类似,氨基酸序列 30%~50% 同源,只能通透水,属于经典的选择性水通道(orthodox aquaporin);AQP3、7、9、10 除对水分子通透外,对甘油和尿素等中性小分子也具有通透性,成为 AQP 家族的第二个亚家族——水甘油通道(aquaglyceroporin);而 AQP11 和 AQP12 是最远亲的种内同源基因产物,它们仅和 AQP 家族成员分享 20% 同源序列,且具有多种多样的 NAP 盒,属于第三类 AQP 亚家族。

2. 水通道蛋白的结构 水通道蛋白家族中 AQP1 的结构研究得比较清楚。AQP1 在细胞膜上是由四个对称排列的圆筒状亚基包绕而成的四聚体,每个亚基(即一个 AQP1 分子)的中心存在一个只允许水分子通过的水孔,孔的直径约为 0.28nm,稍大于水分子直径。一个 AQP1 分子是一条多肽链,AQP1 分子的 6 个长 α 螺旋构成基本骨架,其间还有两个嵌入但不贯穿膜的短 α 螺旋几乎顶对顶地位于脂双层中。在两个短螺旋相对的顶端各有一个在所有水通道家族蛋白中都保守存在的 Asn-Pro-Ala(NPA)基序(motif),它们使得这种顶对顶结构得以稳定存在(图 2-4-32)。亲水性通道的壁由这 6

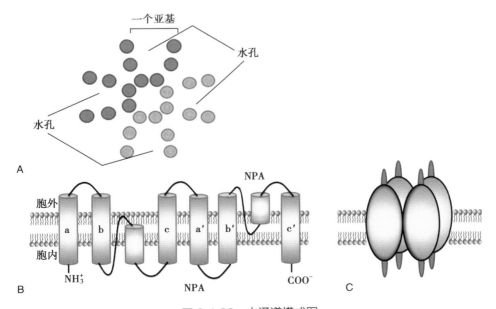

图 2-4-32 水通道模式图

A. 水通道 4 个亚基的中心分别存在水孔;B. 每个亚基含 6 条穿膜 α 螺旋,两个短 α 螺旋嵌入但不贯穿膜顶对顶位于脂双分子层中;C. 细胞膜中 4 个亚基组成水通道四聚体。

条兼性的 α 螺旋围成,每个螺旋朝向脂双层一面由非极性氨基酸残基构成,他们通过范德华力和疏水性相互作用与脂肪酸链连接;朝向水孔一面由极性氨基酸残基构成。

3. 水通道对水分子的筛选机制　AQP1 等水孔蛋白形成对水分子高度特异的亲水通道,只允许水而不允许离子或其他小分子溶质通过。这种严格的选择性主要是由于:①AQP1 水孔通道的直径(0.28nm)限制了比水分子大的小分子通过;②AQP1 水孔通道内溶质结合位点的控制。当一个水分子要通过直径为 0.28nm 的水通道时,它必须要剥除其周围与之水合的水分子,而通道管窄口周围的几种极性氨基酸残基上的羧基氧可与通过的水分子形成氢键,替代了水分子之间的氢键,使得这种去水合过程中需要的能量得到补偿。而离子与水分子之间的水合作用比水分子之间大得多,AQP1 水通道的通道管中,能替代水合水分子的羧基氧数量不足,离子只能脱去部分水分子,对于部分脱去水分子的离子水合物而言,水通道太窄无法通过。

一般认为,水通道是处于持续开放状态的膜通道蛋白,一个 AQP1 通道蛋白每秒钟可允许 3×10^9 个水分子通过。水分子的转运不需要消耗能量,也不受门控机制调控。水分子通过水通道的移动方向完全由膜两侧的渗透压差决定,水分子从渗透压低的一侧向渗透压高的一侧移动,直至两侧渗透压达到平衡,因此,水通道是水分子在溶液渗透压梯度的作用下穿膜转运的主要途径。

水通道大量存在于与体液分泌和吸收密切相关的上皮和内皮细胞膜上,参与人体的多种重要生理功能,如肾脏的尿液浓缩、体温调节、各种消化液的分泌及胃肠道各段对水的吸收、脑脊液的吸收和分泌平衡、泪液和唾液的分泌以及房水分泌吸收调节眼压等。随着对水通道蛋白功能认识的不断深化,水通道正在作为治疗人类疾病的药物作用靶点而引起重视,水通道功能的调节剂可能为与体液转运异常有关的疾病提供新的治疗途径。

第三节　大分子和颗粒物质的穿膜运输

上述主动运输和被动运输是小分子和离子的穿膜运输方式,不能转运如蛋白质、多核苷酸、多糖等大分子和颗粒物质,因而细胞进化出一种以脂双层膜包裹大分子或颗粒物质进、出细胞的运输方式。细胞以细胞膜包裹大分子和颗粒物质进行摄入和排出的运输方式分别称为胞吞作用(endocytosis)和胞吐作用(exocytosis)。在运输过程中涉及生物膜的内陷、芽生、断裂、融合等步骤,需要消耗能量,也属于主动转运。由膜性小泡包裹,常常可同时转运一种或一种以上数量不等的大分子物质,又称为批量运输(bulk transport)或囊泡转运(vesicular transport)。囊泡转运不仅发生在细胞膜,胞内各种膜性细胞器(如内体、内质网、高尔基复合体、溶酶体等)之间的大分子物质运输也是以这种方式进行。所以,囊泡转运对细胞内外物质的定向转运、信息交流均有重要作用。本节主要介绍大分子颗粒物质通过细胞膜进行的穿膜运输。

一、胞吞作用

胞吞作用又称内吞作用,它是细胞膜内陷,包围细胞外物质形成胞吞泡,脱离细胞膜进入细胞内的转运过程。胞吞涉及细胞营养吸收、感染细胞清除、抗原提呈及维持内环境稳定等多种功能,某些细菌、病毒、原虫也通过胞吞方式进入细胞。胞吞的形式有多种,根据摄入方式、摄入物质的大小、性质、特异性以及胞内最终去向,可将胞吞作用分为五种类型:吞噬、胞饮、受体介导的内吞、胞膜窖依赖的内吞、巨胞饮。

(一)吞噬作用是吞噬细胞摄入颗粒物质的过程

吞噬作用(phagocytosis)由几种特异性吞噬细胞完成,是细胞吞入摄取较大颗粒物(细菌、异物、死亡细胞等)或大分子复合物的过程。吞噬发生时细胞膜下方的微丝组装,促使局部细胞膜向外凸出形成伪足,伪足包裹颗粒物凹陷后形成吞噬体(phagosome)或吞噬泡(phagocytic vesicle)进入细胞("cell eating"),吞噬体直径一般大于 250nm。动物体内的巨噬细胞、中性粒细胞、树突细胞是特化的吞噬细胞,它们广泛分布在血液和组织中。当病原微生物感染时向局部迁移,吞噬病原体引发炎症和免疫反应,在机体抗感染免疫、清除损伤或衰老细胞的防御反应中发挥重要作用。

吞噬是特异的、有选择的内吞过程。在吞噬作用的激活过程中,抗体诱发的吞噬研究得最为清楚。吞噬过程一般经历:识别接触、内吞、吞噬体与溶酶体融合、降解四个步骤。首先吞噬细胞通过其膜上表达的 Fc 受体或补体受体特异性识别结合细菌或感染细胞表面的抗体 IgG(或补体);Fc 受体与 IgG 结合导致胞外信号向胞内传递,引起吞噬细胞质膜下方局部微丝组装,形成向外凸出的伪足,伪足融合包裹细菌形成吞噬体;吞噬体与质膜分离后在马达蛋白引导下以微管作为轨道,向细胞内部移动,最终与溶酶体融合;吞噬体内的物质被溶酶体酶降解,形成多种氨基酸、单糖、单核苷酸及小分子脂类,通过溶酶体膜上的转运蛋白进入胞质,被重新利用参与生物大分子的合成。

(二)胞饮作用非特异摄取液相可溶性物质

胞饮作用(pinocytosis)是真核细胞通过小泡的形式不断地、非特异性地摄入细胞外液的过程("cell drinking")。当细胞外环境中某可溶性物质达到一定浓度时,可通过胞饮作用被细胞吞入。胞饮作用通常发生在细胞膜的特殊区域,细胞膜内陷形成一个小窝,最后形成一个没有蛋白外被包裹的膜性小泡,称为胞饮体(pinosome)或胞饮泡(pinocytic vesicle),直径小于150nm。根据细胞外物质是否吸附在细胞表面,将胞饮作用分为两种类型:一种是液相内吞(fluid-phase endocytosis),这是一种非特异的固有内吞作用,通过这种作用,细胞把细胞外液及其中的可溶性物质摄入细胞内。另一种是吸附内吞(absorption endocytosis),细胞外大分子及/或小颗粒物质先以某种方式吸附在细胞表面,因此具有一定的特异性。胞饮泡如何进入细胞的机制不清,但进入胞内的胞饮泡将与内体(endosome)融合或与溶酶体融合后被降解,还有的与高尔基复合体反面融合。

胞饮作用在能形成伪足和转运功能活跃的细胞中多见,如巨噬细胞、白细胞、内皮细胞、肾小管和小肠上皮细胞、成纤维细胞等。巨噬细胞每小时摄入自身体积25%的细胞外液,意味着每分钟要吞进消耗3%的质膜。不同细胞质膜内化的速率不同。胞饮作用所造成质膜的损失和吞进的细胞外液,由胞吐作用补偿和平衡。胞吞-胞吐作用的偶联和平衡用以维持细胞容积和质膜表面积的相对稳定,发生过程受到严格调控。

(三)受体介导的胞吞高效选择性摄取特定物质

受体介导的胞吞(receptor-mediated endocytosis)是细胞通过受体的介导选择性高效摄取细胞外特定大分子物质的过程。有些大分子在细胞外液中的浓度很低,进入细胞需先与膜上特异性受体识别并结合,然后通过膜的内陷形成囊泡,囊泡脱离细胞膜而进入细胞。这种作用使细胞特异性地摄取细胞外含量很低的成分,而不需要摄入大量的细胞外液,与非特异的胞吞作用相比,可使特殊大分子的内化效率增加1 000多倍。

1. 有被小窝和有被小泡的形成　细胞膜上有多种配体的受体,如激素、生长因子、酶和血浆蛋白等。受体集中在细胞膜的特定区域,称为有被小窝(coated pit)。有被小窝具有选择受体的功能,该处集中的受体的浓度是细胞膜其他部分的10~20倍。体外培养细胞中,有被小窝约占细胞膜表面积的2%。电子显微镜下有被小窝处细胞膜向内凹陷,直径约为50~100nm,凹陷处的细胞膜内表面覆盖着一层毛刺状电子致密物,其中包括网格蛋白和衔接蛋白。

受体介导的胞吞,第一步是细胞外溶质(配体)与有被小窝处的受体特异性结合,形成配体-受体复合物;网格蛋白聚集在有被小窝的胞质侧,通过一些六边形的网格转变成五边形的网格,促进网格蛋白外被弯曲转变成笼形结构,牵动有被小窝逐渐凹陷;有被小窝内陷并从细胞膜上离断变成有被小泡,还需要一种小分子 GTP 结合蛋白——发动蛋白(dynamin)的参与。该蛋白自组装形成一个螺旋状的领圈结构,环绕在内陷的有被小窝的颈部,发动蛋白水解与其结合的 GTP,引起蛋白螺旋结构的构象改变,从而将有被小泡从细胞膜上缢缩切离下来,形成网格蛋白有被小泡(clathrin-coated vesicle),小泡外表面包被由网格蛋白组装成的笼状篮网结构。以上过程进行很快,大约在1min内完成。实验观察,培养的成纤维细胞(fibroblast)细胞膜上每分钟大约有2 500个网格蛋白包被小泡离断进入细胞。

网格蛋白（clathrin）也称为笼蛋白，是一种蛋白复合物，由 3
条重链和 3 条轻链组成。重链是一种纤维蛋白，分子量为 180kD，
轻链分子量为 35~40kD，二者组成二聚体，三个二聚体又形成了包
被小泡的结构单位——三腿蛋白复合物（triskelion）（图 2-4-33）。
三腿蛋白复合物聚合成六边形或五边形的篮网状结构，覆盖于有
被小窝（或有被小泡）的细胞质侧表面。三腿蛋白复合物网架具
有自我装配的能力，它们在试管中能自动装配成封闭的篮网结构
（图 2-4-34）。

在受体介导的胞吞中，网格蛋白本身并没有捕获溶质分子的
作用，转运的特异性是由蛋白包被中的衔接蛋白（adaptin）完成。
衔接蛋白既能结合网格蛋白又可结合受体胞质面的尾部肽信号
（peptide signal），参与包被的形成并起连接作用。目前发现多种
细胞内衔接蛋白，可特异性结合不同的受体，使细胞特异性捕获
不同的货物分子（cargo）。

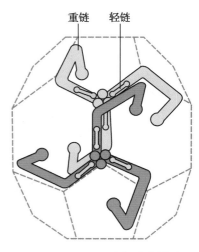

图 2-4-33　三腿蛋白复合物模式图

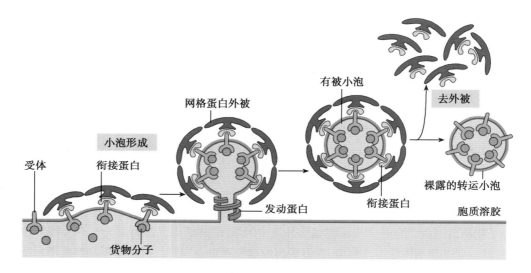

图 2-4-34　有被小窝与有被小泡的形成

2. 无被小泡与内体融合继而与溶酶体融合　一旦有被小泡从细胞膜上脱离下来，几秒后网格蛋
白和衔接蛋白与小泡脱离，囊泡变成表面光滑的无被小泡。网格蛋白返回到细胞膜下方，重新参与
新的有被小泡形成。无被小泡继而与早期内体（early endosome）融合。内体的来源目前不太清楚，认
为是动物细胞中由胞吞小泡融合形成的一种异质性、高度动态性的膜性囊泡，其作用是接收和运输
经胞吞作用新摄入的物质到溶酶体。内体膜上有 V-型质子泵，将 H^+ 泵入内体腔中，使腔内 pH 降低
（pH 5~6）。大多数情况下，内体的低 pH 改变了受体和配体分子的亲和状态，从而释放出与其结合的配
体分子。受体与配体分离后，内体以出芽的方式形成运载受体的小囊泡返回细胞膜，受体被重新利用参
与下一轮的内吞作用。而后含有配体的内体与溶酶体融合，内吞物质被溶酶体酶降解供细胞再利用。

受体介导的胞吞作用是动物细胞从胞外摄取特定大分子的有效途径，也是一种选择性浓缩机制。
动物细胞对胆固醇的吸收主要通过此种方式。

胆固醇是构成生物膜的重要脂类成分，也是细胞合成类固醇激素、维生素 D、胆酸等的前体化
合物。胆固醇在肝脏合成后被包装成低密度脂蛋白（low density lipoprotein，LDL）才能在血液中运
输。LDL 为球形颗粒，直径约为 22nm，中心含有大约 1 500 个酯化胆固醇分子，其外包围着 800 个

磷脂分子和 500 个游离的胆固醇分子。载脂蛋白 ApoB100 是细胞膜上 LDL 受体的配体,它将酯化胆固醇、磷脂、游离胆固醇组装成球形颗粒(图 2-4-35)。

LDL 受体是由 839 个氨基酸组成的单次穿膜糖蛋白,当细胞需要利用胆固醇时,细胞即合成 LDL 受体,并将其镶嵌到细胞膜中,受体介导的 LDL 胞吞过程如图 2-4-36 所示。如果细胞内游离胆固醇积累过多时,细胞通过反馈调节,停止胆固醇及 LDL 受体的合成。正常人每天降解 45% 的 LDL,其中 2/3 经由受体介导的胞吞途径摄入体细胞后被降解利用,如果细胞对 LDL 的摄入过程受阻,血液中胆固醇含量过高易形成动脉粥样硬化,是家族性高胆固醇血症发生的主要原因。

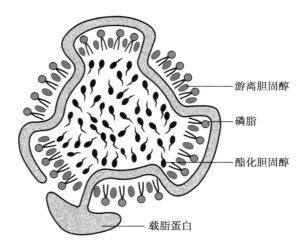

图 2-4-35　低密度脂蛋白颗粒结构模式图

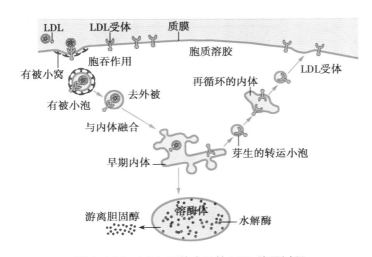

图 2-4-36　LDL 受体介导的 LDL 胞吞过程

受体向有被小窝集中与 LDL 结合,有被小窝凹陷、缢缩形成有被小泡进入细胞;有被小泡迅速脱去外被形成无被小泡;无被小泡与早期内体融合,内体酸性环境使 LDL 与受体解离;受体经囊泡转运返回细胞膜被重新利用;含 LDL 的内体与溶酶体融合,LDL 被分解释放出游离胆固醇和脂肪酸被细胞再利用。

动物细胞对许多重要物质的摄取要依赖于受体介导的胞吞作用,有 50 种以上的不同蛋白质、激素、生长因子、淋巴因子以及铁、维生素 B_{12} 等通过这种方式进入细胞。流感病毒和人类免疫缺陷病毒(HIV)也通过这种胞吞途径感染细胞。肝细胞从肝血窦向胆小管转运 IgA 也是通过这种方式进行的。

（四）胞膜窝依赖的内吞作用

并非所有胞吞泡的形成都需要网格蛋白参与,有些细胞可通过细胞窝进行内吞。胞膜窝(caveola)是细胞膜穴样内陷形成的特殊结构,电子显微镜下呈细颈瓶状细胞膜内陷,因而得名(图 2-4-37)。在内皮细胞、平滑肌细胞、成纤维细胞、I 型肺泡细胞、脂肪细胞中含量丰富。细胞窝主要在脂筏区形成,直径约为 50~80nm,膜上特征性的蛋白是窝蛋白(caveolin),目前已鉴定出:caveolin-1、caveolin-2 和 caveolin-3(肌细胞特异)三种。窝蛋白有一个疏水环形肽链插入细胞膜的胞质面脂单层中(inner leaflet),并以 1:1 的比例与脂筏内的胆固醇分子结合。窝蛋白彼此结合成二聚体并与 cavin

蛋白（cavin1、2、3 和 4）结合，它们在胞膜窖小泡胞质面形成蛋白包被（图 2-4-38）。其功能可能决定生成胞膜窖的形状、大小及稳定性。与网格蛋白有被小泡不同，胞膜窖通常是静态结构，不会轻易从细胞膜上脱落，但在信号诱导下通过 GTP 酶动力蛋白（dynamin）的收缩以及肌动蛋白丝的组装牵拉，使包裹内吞物的胞膜窖从细胞膜上缢缩离断。胞膜窖内化形成的运输囊泡可与早期内体融合或

图 2-4-37　胞膜窖电子显微镜照片

彼此融合形成膜窖体（caveolsome），或者以转胞吞作用（transcytosis）穿过胞质与另一侧细胞膜融合，不仅向另一侧细胞外释放内容物，而且也转移膜蛋白和膜脂成分至另一侧膜。胞膜窖最常见于内皮细胞，约占细胞膜面积的 10%，胞膜窖在内皮细胞中的穿梭，使内皮细胞连续不断地将营养物质及抗体等从血液运送到组织中。其他细胞中的胞膜窖不在细胞中穿梭。胞膜窖可选择性地摄取多种物质如叶酸、白蛋白、碱性磷酸酶及病毒［猿猴空泡病毒 40（SV40）、人乳头瘤病毒（HPV）］等。

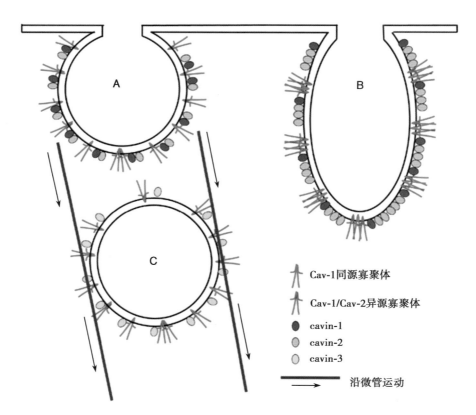

图 2-4-38　胞膜窖形成模式图
A. 窖蛋白与 cavin 聚合使胞膜窖形成；B. 胞膜窖伸长内化；C. 胞膜窖沿微管运动。

（五）巨胞饮作用

巨胞饮（macropinocytosis）可发生在多种动物细胞，是细胞较大量、非特异性摄取细胞外液及其中大分子及颗粒物质的过程。巨胞饮发生时，细胞膜下方肌动蛋白微丝组装成向细胞表面凸出的杯状褶皱（ruffle），褶皱坍塌回细胞表面，与细胞膜融合形成了较大的巨内吞泡（macropinosomes），使细胞瞬间出现一次对细胞外液的大量胞饮，巨内吞泡直径通常大于 0.2μm，其内可包含多种可溶性分子、营养物质及抗原等。巨胞饮作用并不是连续发生的，只有在细胞受到细胞外信号（如生长因子、凝集

素、病毒、细胞碎片等）刺激时,在相应膜受体介导下开启复杂的信号通路,促使细胞膜下方肌动蛋白微丝组装,才快速出现这种内吞作用。巨胞饮是细胞的一种降解途径,巨内吞泡形成后内部 pH 逐渐降低、膜上开始表达内体的蛋白标志,随后,巨内吞泡与晚期内体或内体性溶酶体融合。对于巨噬细胞和树突状细胞,活跃的巨胞饮作用是它们捕获外来抗原的主要途径;甲状腺滤泡上皮细胞通过巨胞饮从腺泡腔中摄取甲状腺球蛋白,经水解后生成甲状腺激素,再释放入血;巨胞饮也可成为细菌和病毒进入细胞的途径。

以上五种胞吞作用,除受体介导的内吞,其余四种都是非网格蛋白介导的内吞作用。另外,细胞内还存在不依赖于网格蛋白和窖蛋白的胞吞方式,如通过筏蛋白、ARF6、RhoA、CDC42 等介导进行内吞。

综上所述,不同胞吞作用形成的内吞泡进入细胞后命运不同(图 2-4-39)。吞噬和巨胞饮形成的吞噬体和巨内吞泡很快与溶酶体融合;胞膜窖进入细胞后与早期内体融合经晚期内体再与溶酶体融合,或经转胞吞作用与对侧细胞膜融合;网格蛋白依赖形成的内吞泡是与它们的"接收器"早期内体融合,随后经历内体成熟过程,部分成分返回细胞膜,最终与溶酶体融合。细胞对内吞物质的分选、加工和降解是严格复杂的调控过程,涉及内吞泡的形成、定向运输、与靶膜的锚定融合过程,详细机制见第五章细胞内膜系统与囊泡转运。

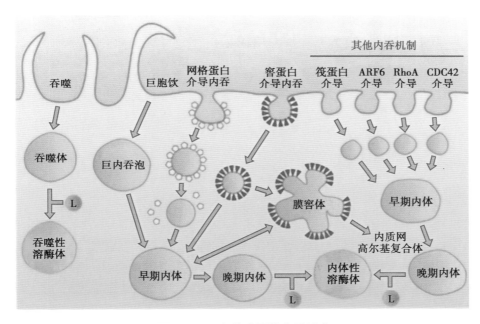

图 2-4-39　细胞主要的内吞形式

二、胞吐作用

胞吐作用又称外排作用或出胞作用,指细胞内合成的物质通过膜泡转运至细胞膜,与细胞膜融合后将物质排出细胞的过程,与胞吞过程相反。胞吐作用是将细胞分泌产生的酶、激素及一些未被分解的物质排出细胞外的重要方式。根据方式的不同,胞吐作用分为连续性分泌和受调分泌两种形式。

（一）连续性分泌是不受调节持续不断的细胞分泌

连续性分泌（constitutive secretion）又称固有分泌,是指分泌蛋白在糙面内质网合成之后,转运至高尔基复合体,经修饰、浓缩、分选,形成分泌泡,随即被运送至细胞膜,与细胞膜融合将分泌物排出细胞外的过程。这种分泌方式普遍存在于动物细胞,可以不断地更新细胞膜的膜蛋白和膜脂以及细胞外基质成分。

（二）受调分泌是细胞外信号调控的选择性分泌

受调分泌（regulated secretion）是指分泌性蛋白合成后先储存于分泌囊泡中，这些囊泡在成熟过程中相互融合，内容物逐渐浓缩。只有当细胞接收到细胞外信号（如激素）的刺激，引起细胞内 Ca^{2+} 浓度瞬时升高，才能启动胞吐过程，使分泌囊泡与细胞膜融合，将分泌物释放到细胞外。这种分泌方式只存在于分泌激素、酶、神经递质的特化分泌细胞中（图 2-4-40）。胞吐和胞吞作用在时间和空间上是紧密偶联的，受多种分子机制的调控，以保证两者之间的动态平衡，对维持细胞的正常生命活动具有重要作用。

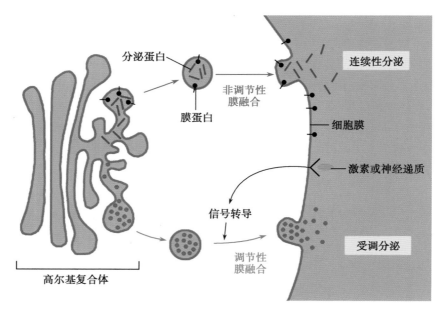

图 2-4-40　连续性分泌和受调分泌

第四节　细胞表面特化结构

细胞表面并不是光滑平整的，细胞膜常与膜下的细胞骨架系统相互联系，协同作用，形成细胞表面的一些特化结构。这些特化结构包括微绒毛、纤毛和鞭毛等，还有细胞的一些暂时的结构，如褶皱、变形足等。

一、微绒毛

微绒毛（microvillus）是细胞表面伸出的细小的指状突起，直径约为 $0.1\mu m$，长约 $0.2\sim1.0\mu m$，需使用电子显微镜观察。有些细胞的微绒毛较少，长短不等，而肠黏膜上皮中的吸收细胞和肾近曲小管上皮细胞游离面有大量密集整齐排列的微绒毛。微绒毛表面是细胞膜和糖萼，内部是细胞质的延伸部分，其中心有许多纵向排列的微丝直达微绒毛的顶端，微丝下延至细胞膜下方的终末网。如小肠黏膜上皮细胞上约有 1 000~3 000 根微绒毛，吸收表面积扩大了约 20~30 倍，其表面细胞外被中含有磷脂酶、双糖酶及氨基肽酶等，有助于食物的分解和吸收。细胞表面存在的微绒毛，并不都与吸收功能有关，某些游走细胞（单核细胞、中性粒细胞、淋巴细胞及巨噬细胞等）的微绒毛类似细胞运动工具，并且参与搜索抗原、毒素及协助摄取异物（如病毒、细菌等）。

二、纤毛和鞭毛

纤毛（cilia）和鞭毛（flagellum）是细胞表面向外伸出的细长突起，比微绒毛粗且长，能摆动，光镜下可见。纤毛长 5~10μm,数目很多,鞭毛长约 150μm,每个细胞有 1 至数根。纤毛或鞭毛的超微结构特征为表面围以细胞膜,内为细胞质,含有沿整个纤毛纵向排列的微管。它们是细胞表面特化的运动结构,如原生动物或精子借鞭毛波浪式的摆动推动整个细胞运动。在哺乳动物中,纤毛出现在一些特定的部位,如呼吸道和雌性生殖管道上皮细胞游离面、脑室的室管膜细胞等处。上呼吸道黏膜上皮中的一个纤毛细胞可有 250~270 根纤毛,纤毛可向咽部有节律地定向摆动,将呼吸道黏膜表面聚积的分泌物及黏附的尘粒和细菌等异物推向咽部,然后咳出,具有清除异物和净化入肺空气的作用。输卵管上皮细胞可借助纤毛摆动将受精卵送至子宫。

三、褶皱

褶皱(ruffle)或片足(lamellipodium)是细胞表面的临时性扁片状突起,不同于微绒毛,形状宽而扁,宽度不等,厚度约 0.1μm,高达几微米。褶皱在活动细胞的边缘比较显著,其外缘常常展现波形运动,使它呈皱褶状。圆形的白细胞膜接收到来自身体损伤部位的某些化学信号,便诱发局域的肌动蛋白聚合,使白细胞在这个方向上形成片足而产生趋化运动。巨噬细胞表面普遍存在着褶皱,与吞噬颗粒物质有关,因此,褶皱是细胞的吞饮包裹装置。

第五节 细胞膜物质转运异常与疾病

细胞膜是维持细胞内环境稳定,进行多种生命活动和保持与环境协调的重要结构。只有细胞膜的结构和功能正常,细胞才能进行物质运输、代谢、能量转化、信息传递和运动等基本功能活动。如表 2-4-6 所示许多严重的遗传性疾病与离子通道异常有关。下面介绍几种与载体蛋白、离子通道和膜受体异常相关的疾病。

表 2-4-6　离子通道异常与一些遗传性疾病的发生

遗传性疾病	离子通道	基因	临床症状
家族性偏头痛(FHM)	Ca^{2+}	CACNL1A4	周期性偏头痛
阵发性共济失调 2 型(EA-2)	Ca^{2+}	CACNL1A4	共济失调
低钾性周期性麻痹	Ca^{2+}	CACNL1A3	周期性肌僵硬和麻痹
共济失调 1 型	K^+	KCNA1	共济失调
家族性新生儿惊厥	K^+	KCNQ2	癫痫
显性非综合征性耳聋	K^+	KCNQ4	耳聋
长 QT 综合征	K^+	HERG,KCNQ,SCN5A	头晕或室颤性猝死
高血钾性周期性麻痹	Na^+	SCN4A	周期性肌强直或麻痹
利德尔综合征	Na^+	B-ENaC	高血压
重症肌无力	Na^+	nAChR	肌无力
Dent 疾病	Cl^-	CLCN5	肾结石
先天性肌强直	Cl^-	CLC-1	周期性肌强直
Bartter 综合征Ⅳ型	Cl^-	CLC-Kb	肾功障碍,耳聋
囊性纤维化	Cl^-	CFTR	支气管阻塞,感染

一、胱氨酸尿症

胱氨酸尿症(cystinuria)是一种遗传性肾小管上皮细胞膜转运蛋白异常性疾病,由于肾小管重吸收胱氨酸减少,导致尿中含量增加,在尿路中形成胱氨酸结石。此病属于常染色体隐形遗传病,人群中发病率约为 1/7 000。肾近端小管上皮细胞刷状缘上存在一种异源多聚体氨基酸转运蛋白复合物,由 b⁰,⁺AT-rBAT 组成。b⁰,⁺AT 是复合物中的轻链蛋白,负责转运底物。而 rBAT 是其中的重链蛋白,具有负责轻链蛋白细胞膜定位(即将轻链蛋白"护送"到细胞膜上)和维持轻链蛋白的稳定性的作用。

$b^{0,+}$AT-rBAT 蛋白复合物参与转运胱氨酸、赖氨酸、精氨酸和鸟氨酸,当编码 $b^{0,+}$AT 或者 rBAT 的基因发生突变(*SLC3A1* 和 *SLC7A9*)时,会引起转运复合体功能异常,出现肾小管对原尿中这四种氨基酸重吸收障碍,患者尿中这些氨基酸水平增高,而在血液中低于正常值。这四种氨基酸中只有胱氨酸不易溶于水(在 pH 为 5~7 时,尿中胱氨酸饱和度为 0.3~0.4g/L),当患者尿中出现大量胱氨酸超过其饱和度时,胱氨酸从尿液中结晶析出,形成特征性的六角形胱氨酸结晶,长期如此,这些微晶体在肾集合管或尿路中可以聚集为固态结石,临床上表现出肾结石引起的肾功损害。

近期我国学者周强在世界上首次解析出 $b^{0,+}$AT-rBAT 的高分辨率电子显微镜结构,也首次解析了 $b^{0,+}$AT-rBAT 和它的天然底物精氨酸形成复合物的冷冻电子显微镜结构。在此基础上对 $b^{0,+}$AT-rBAT 复合物的突变位点进行了准确定位,体外生化实验也验证了这些关键位点的突变影响氨基酸转运活性。这一研究成果,揭示了胱氨酸尿症发病的分子机制,为今后寻找可能的治疗方案提供线索。

二、糖尿病性白内障

晶状体混浊即白内障(cataract),可由老化、遗传、代谢异常、外伤、辐射、中毒等因素引起晶状体代谢紊乱、晶状体蛋白变性而导致。糖尿病性白内障是严重的致盲性眼病,进展较快,常双眼同时发病,与晶状体内的水通道蛋白功能异常密切相关。迄今为止,发现有 13 种水通道蛋白亚型存在于哺乳动物细胞,其中有 2 种即 AQP1 和 AQP0 在晶状体上皮细胞(LEC)和纤维细胞膜上表达,而 AQP0 只存在于晶状体纤维细胞膜上。它们在维持晶状体的脱水状态、代谢平衡和晶状体透明性方面具有重要作用。糖尿病时血糖增高,血糖通过房水扩散到晶状体内,使己糖激酶功能达到饱和,并激活了醛糖还原酶,过多的葡萄糖在醛糖还原酶作用下,通过山梨醇通路转化为山梨醇和果糖,这些糖醇不易通过囊膜渗出,使晶状体内的渗透压增高。在糖尿病性白内障早期,晶状体上皮细胞和纤维细胞代偿性增高 AQP1 和 AQP0 的表达,以增加对水的转运维持渗透压平衡,此时出现晶状体膨胀,纤维细胞肿胀、排列紊乱的现象。糖尿病性白内障晚期,晶状体上皮细胞和纤维细胞上 AQP1 和 AQP0 表达明显减弱;糖尿病时 AQP0 的糖基化使其与钙调节蛋白结合能力下降;高血糖还可引起晶状体纤维细胞连接子(connexon,Cx)蛋白改变,使得 AQP0 在晶状体纤维细胞上排列紊乱。以上因素使晶状体纤维细胞水分运转失代偿,引起水、电解质和能量代谢障碍、代谢产物蓄积及蛋白变性凝聚,晶状体的透明性难以维持,形成了白内障。目前对晶状体中水通道蛋白的研究还处于初级阶段,其具体分布、对水的运输和信号转导调节机制与白内障的更详细关系,以及可能的治疗药物等还有待更深入的研究。

三、囊性纤维化

囊性纤维化(cystic fibrosis,CF)是目前研究最清楚的 ABC 转运蛋白异常性疾病。CF 患者由于大量黏液阻塞外分泌腺,引起慢性阻塞性肺部疾病和胰腺功能不全,临床主要表现为慢性咳嗽、大量黏痰及反复发作的难治性肺部感染;胰腺外分泌不足导致长期慢性腹泻、吸收不良综合征和汗液高盐等。CF 属于常染色体隐性遗传病,在高加索人群发病率约为 1/2 500,在北欧致病基因携带者比例为 1/25。CF 患者在东方人中罕见。

引起 CF 的相关基因定位于染色体 7q31,命名为囊性纤维化穿膜转导调节因子(CFTR)。CFTR 在结构上属于 ABC 转运蛋白家族成员,但却是一种受 cAMP 调节的氯离子通道,广泛表达于呼吸道、胰腺、胃肠道、汗腺和唾液腺等多种分泌型和吸收型细胞的顶部细胞膜上。与一般的氯离子通道不同,CFTR 的激活是在 cAMP 介导下发生磷酸化,引起通道开放,每分钟向胞外转运约 10^6 个 Cl⁻。作为氯离子跨上皮转运的通道,CFTR 调节 Cl⁻ 的转运速度,并通过对其他离子通道的调节作用,参与决定这些部位盐的转运、液体的流动和离子浓度。CF 患者中约 70% 出现 ΔF508 型基因突变,他们的

DNA 都缺失编码 508 位苯丙氨酸的 3 个碱基对,表现为 CFTR 第 508 位氨基酸苯丙氨酸缺失。这种缺失导致蛋白质出现折叠错误和结构异常,异常的蛋白质有的滞留在内质网网腔中很快被降解,不能出现在上皮细胞膜表面;有的即使能与细胞膜结合,其半衰期也比野生型短很多,而且在膜上异常的 CFTR 不易激活。有的 CF 患者的细胞膜上完全缺失 CFTR,导致病情非常严重。CFTR 出现功能障碍,一方面引起 Cl⁻ 向细胞外转运减少,另一方面使上皮 Na⁺ 通道(epithelial Na⁺ channel,ENaC)过度开放,导致 Na⁺ 内流增多,从而伴随水的过度吸收。这样就造成呼吸道表面黏液水化不足黏度增大,纤毛摆动困难不能向外排出分泌物,易引起黏液阻塞性细菌感染。胰腺、胆管、肠等细胞也存在类似的机制,因而产生相应的临床症状。

四、家族性高胆固醇血症

家族性高胆固醇血症(familial hypercholesterolemia)是一种常染色体显性遗传病,患者编码 LDL 受体的基因发生突变,导致 LDL 受体异常。由于细胞不能摄取 LDL 颗粒,引起血胆固醇浓度升高并在血管中沉积,患者会过早地发生动脉粥样硬化和冠心病。LDL 受体异常主要包括受体缺乏或受体结构异常。有的患者合成的 LDL 受体数目减少,如重型纯合子患者 LDL 受体只有正常人的 3.6%,他们的血胆固醇含量比正常人高 6~10 倍,常在 20 岁前后出现动脉硬化,死于冠心病。轻型杂合子患者受体数目只有正常人的 1/2,可能在 40 岁前后发生动脉硬化和冠心病。也有一些患者 LDL 受体数目正常,但受体蛋白结构异常不能结合 LDL,或者受体与有被小窝结合部位缺陷,不能被固定在有被小窝处,如受体胞质结构域中 807 位的酪氨酸被半胱氨酸替代,这种单个氨基酸序列的改变使受体失去了定位于有被小窝的能力。这些都会造成 LDL 受体介导的胞吞障碍,出现持续性高胆固醇血症。

小结

细胞膜是细胞与外环境的屏障。不同类型的细胞其细胞膜化学组成基本相同,由膜脂、膜蛋白和膜糖类组成。膜脂主要包括磷脂、胆固醇和糖脂,它们都属于双亲性分子,在水环境中自动排列成脂双分子层,构成膜的基本骨架。磷脂含量最多,分为甘油磷脂和鞘磷脂。胆固醇散布在磷脂分子之间,能调节膜的流动性和稳定性。膜糖类通过共价键与脂分子和膜蛋白结合,形成糖脂和糖蛋白。膜蛋白通过 α 螺旋或 β 片层一次或多次穿膜,称为内在膜蛋白或整合膜蛋白;周边蛋白位于膜的两侧,通过静电或氢键与整合蛋白及膜脂的极性头部结合;脂锚定蛋白以共价键与脂双层内的脂分子结合。细胞膜的主要特性是不对称性和流动性。膜脂和膜蛋白的不对称性分布,保证了膜功能活动的方向性和有序性。膜的流动性包括膜脂的流动性和膜蛋白的运动性,膜脂流动性主要由脂分子的侧向运动来体现,与烃链的长短和饱和度、膜脂分子特性及整合膜蛋白数量有关。组成膜脂的烃链越长饱和度越高,则流动性越差,反之亦然。流动镶嵌模型目前被普遍接受,较好解释了细胞膜的结构和功能特点。脂筏是膜内含有较多鞘磷脂、胆固醇和 GPI-锚定蛋白的微区,与胞吞、信号转导等功能活动密切相关。

细胞对小分子和离子的穿膜运输通过简单扩散、通道扩散、易化扩散和主动运输四种方式。前三种为被动运输,物质从高浓度向低浓度方向运输,动力来自物质浓度梯度。通道蛋白主要形成离子通道,分为配体门控通道、电压门控通道、机械门控通道。主动运输由载体蛋白介导,根据是否直接消耗 ATP,分为 ATP 驱动泵和协同运输两种形式。ATP 驱动泵包括 P-型离子泵、V-型质子泵、F-型质子泵和 ABC 转运蛋白。前 3 种只转运离子,后一种主要转运小分子。协同运输是由载体蛋白与 Na⁺-K⁺ 泵协同作用,间接消耗 ATP 完成的逆浓度梯度穿膜转运。分为共运输和对向运输。载体蛋白可介导被动运输(易化扩散)和主动运输,每种载体蛋白与特定的溶质分子结合,通过构象改变介导物质穿膜转运。细胞通过胞吞作用和胞吐作用进行大分子和颗粒物质的囊泡转运。胞吞作用分为五种类型:吞噬作用、胞饮作用、受体介导的胞吞、胞膜窖内吞和巨胞饮。不同胞吞作用形成的内吞泡进入细胞后命运不同,体现不同的生物学功能。胞吐作用分为连续性分泌和受调分泌两种形式。胞吞和胞吐作用不仅参与物质运输而且对膜成分的更新和流动具有重要作用。

　　膜结构成分的改变和功能异常,往往导致细胞功能紊乱并引发疾病。如载体蛋白异常、通道蛋白缺陷、膜受体异常等会引发多种相关遗传性疾病。正确认识细胞膜的结构与功能,对揭示生命活动的奥秘、探讨疾病发生的机制具有重要意义。

（徐　晋）

思考题

1. 如何理解细胞膜的液晶态特性? 哪些因素影响膜的流动性?
2. 比较离子通道与离子泵的异同。
3. 试述胞吞作用的类型及功能。
4. 根据细胞生物学原理论述洋地黄类药物(地高辛)治疗充血性心力衰竭的机制。
5. 试述"奥美拉唑"治疗胃溃疡的药物靶点及治疗机制。

第五章
细胞内膜系统与囊泡转运

【学习要点】

1. 内膜系统的概念以及组成。

2. 内质网的结构与功能。

3. 高尔基复合体的结构与功能。

4. 溶酶体的结构与功能。

5. 过氧化物酶体的结构与功能。

6. 囊泡转运的途径。

内膜系统(endomembrane system)是细胞内结构、功能以及发生上密切关联的所有膜性结构细胞器的统称,主要包括:内质网、高尔基复合体、溶酶体、过氧化物酶体、各种转运小泡及核膜等功能结构。内膜系统的出现及其形成的区室化(compartmentalization)效应(图 2-5-1)主要表现为:①增加细胞内有限空间的表面积,使细胞内不同的生理、生化过程能够在相对独立的区域中进行,进而提高细胞整体代谢效率以及有序性;②内膜系统各组分在功能结构上持续发生,相互移行转换,实现细胞内不同功能结构区域之间进行物质转运、信息传递,保证胞内一系列生命活动过程的有序稳定,以及内膜系统各种功能结构组分得到不断的代谢更新;③通过由穿梭于内膜系统与细胞膜之间的各种膜性运输小泡介导的物质转运过程,沟通细胞与其外环境的相互联系,实现细胞生命有机体自身内在功能结构的整体性及其与外环境之间相互作用的高度统一。

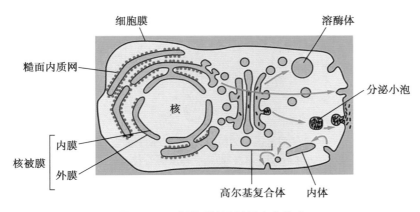

图 2-5-1　内膜系统及其区室化效应

第一节　内　质　网

1945 年,K. R. Porter 与 A. D. Claude 等人应用电子显微镜观察小鼠成纤维细胞时发现,在细胞质中分布着一些由小管、小泡相互连接形成的网状结构。根据该结构分布及形态特征,将其命名为内质网(endoplasmic reticulum,ER)。1954 年,K. R. Porte 和 G. E. Palade 应用电子显微镜结合超薄切片研究证实:内质网是由大小不同、形态各异的膜性囊泡所构成的细胞器。

一、内质网的化学组成

内质网普遍存在于动植物各种组织的绝大多数细胞之中,通常占到细胞整个膜系统组成的50% 左右,占细胞总体积的 10% 以上,相当于整个细胞质量的 15%~20%。应用超速分级分离方法,可从细胞匀浆中离心分离出直径在 100nm 左右的球囊状封闭小泡,被称为微粒体(microsome)(图 2-5-2A)。微粒体不仅包含有内质网膜与核糖体两种基本组分,而且可行使内质网的一些基本功能,提示其由细胞匀浆过程中破损的内质网所形成。通过离心分离技术得到的微粒体包括颗粒型和光滑型两种类型(图 2-5-2B)。目前,对内质网的化学特征与生理功能的了解和认识,大多是通过对微粒体的生化、生理分析而获得。

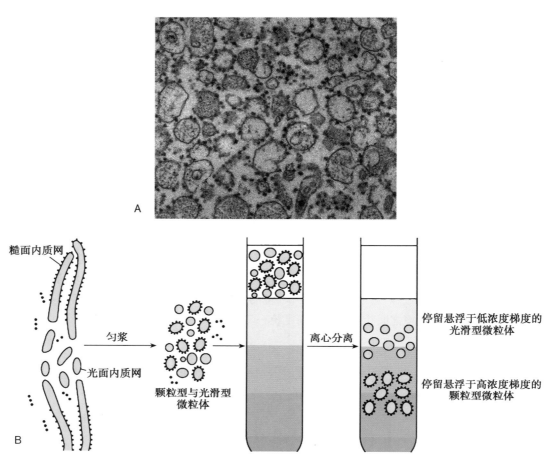

图 2-5-2　电子显微镜下微粒体的形态以及分离提取方法
A. 电子显微镜下微粒体的形态结构;B. 蔗糖密度梯度离心技术分离微粒体的示意图。

（一）脂类和蛋白质分子是内质网的主要化学组成成分

内质网膜化学组成成分主要包括脂类和蛋白质。在不同动物组织细胞中,内质网成分组成比例存在差异,其中内质网膜脂类含量为 30%~40%,而蛋白含量在 60%~70% 之间。以大鼠肝细胞和胰腺细胞来源的微粒体为例,内质网膜脂类组成包括磷脂、中性脂、缩醛脂和神经节苷脂等,其中磷脂含量最多。应用 SDS-PAGE 分析表明:在大鼠胰腺细胞内质网膜蛋白质可鉴定出 30 条不同的多肽,而在肝细胞内质网膜中可分辨出 33 种多肽。

（二）内质网膜含有以葡萄糖-6-磷酸酶为主要标志酶的诸多酶系

与其生理功能相适应,内质网膜含有至少 30 多种的酶或酶系,包括以下类型:①参与内质网解毒功能的氧化反应电子传递体系(electron transport system),如细胞色素 P450、NADPH-细胞色素

P450 还原酶、细胞色素 b5（cytochrome b5）、NADH-细胞色素 b5 还原酶、NADPH-细胞色素 c 还原酶等；②参与脂类物质代谢反应的酶类，如脂肪酸 CoA 连接酶、磷脂醛磷酸酶、胆固醇羟基化酶、转磷酸胆碱酶及磷脂转位酶等；③参与碳水化合物代谢反应的酶类，如葡萄糖-6-磷酸酶、β-葡萄糖醛酸酶、葡萄糖醛酸转移酶和 GDP-甘露糖基转移酶等。其中，葡萄糖-6-磷酸酶被认为是内质网的主要标志性酶。细胞色素 P450 在内质网中的含量最大，因与 CO 结合时在 450nm 波长处有最大吸收峰而得名。NADPH-细胞色素 P450 还原酶以黄素腺嘌呤二核苷酸（FAD）为辅基，主要催化 NADPH 和细胞色素 P450 之间的电子传递。细胞色素 b5 作为膜内在（镶嵌）蛋白酶，伸出并暴露于胞质面一侧的亲水性头端为催化功能部位，伸入及包埋于类脂双分子层中的疏水性尾端为非催化的固着结构部位。NADH-细胞色素 b5 还原酶在内质网膜中的存在形式与细胞色素 b5 相似，分布部位邻近，可直接为细胞色素 b5 提供电子。以上常见的内质网相关酶的分布与定位列于表 2-5-1。

表 2-5-1 内质网膜中部分主要酶及其定位

酶	定位	酶	定位
NADH-细胞色素 b5 还原酶	胞质面	NADPH-细胞色素还原酶	胞质面
细胞色素 b5	胞质面	细胞色素 P450	胞质面、网腔面
5′核苷酸酶	胞质面	ATP 酶	胞质面
GDP-甘露糖基转移酶	胞质面	核苷焦磷酸酶	胞质面
葡萄糖-6-磷酸酶	网腔面	核苷二磷酸酶	网腔面
乙酰苯胺-水解酯酶	胞质面	β-葡萄糖醛酸酶	网腔面

（三）网质蛋白是一类定位于内质网网腔的蛋白质

网质蛋白（reticuloplasmin）是一类定位于内质网网腔的蛋白质，其多肽链的羧基端（C 端）含有一个赖氨酸-天冬氨酸-谷氨酸-亮氨酸（Lys-Asp-Glu-Leu，KDEL）或组氨酸-天冬氨酸-谷氨酸-亮氨酸（His-Asp-Glu-Leu，HDEL）4 氨基酸序列驻留信号（retention signal）。该类蛋白可通过驻留信号与内质网膜上相应受体识别结合，并驻留于内质网网腔，而不被转运。目前已知的网质蛋白主要有以下几种：

1. 免疫球蛋白重链结合蛋白 免疫球蛋白重链结合蛋白（immunoglobulin heavy chain-binding protein）是一类与热休克蛋白 70（heat shock protein 70，Hsp70）同源的单体非糖蛋白。它们具有阻止蛋白质聚集或发生不可逆变性，并协助蛋白质折叠的重要作用。

热休克蛋白是一个在进化上十分保守的蛋白家族，普遍地存在于原核细胞和真核细胞中，包括 Hsp100、Hsp90、Hsp70、Hsp60、Hsp40 和小 Hsp 等不同亚类。不同的成员分布于细胞内不同的结构空间或特定功能区域。热休克蛋白不仅在细胞对高温的应激反应过程中高表达，而且也在其他非正常的逆境刺激中表达升高，以保障和促使细胞生物有机体正常生理、生化状态的恢复。除此之外，热休克蛋白也参与了细胞内蛋白质多肽链合成后的折叠和/或解折叠及其组装、成熟与转运等过程。因为热休克蛋白能够在细胞内帮助其他多肽完成正确的结构组装，且在组装完毕后与之分离，不参与这些蛋白质执行功能，因此被称为分子伴侣。值得注意的是，除热休克蛋白家族成员之外，细胞内也存在其他的非热休克蛋白家族伴侣蛋白（chaperonin）分子，例如 T 受体结合蛋白、触发因子（trigger factor）等。

2. 内质蛋白 内质蛋白（endoplasmin）又称葡萄糖调节蛋白 94（glucose regulated protein 94），是一种二聚体糖蛋白，广泛存在于真核细胞。作为内质网标志性的分子伴侣，参与新生成肽链的折叠和转运，同时也可与钙离子结合，影响内质网中的 Ca^{2+} 稳态。

3. 钙网蛋白 钙网蛋白（calreticulin）是一种普遍存在的内质网钙结合蛋白，具有一个高亲和性的钙离子结合位点和多个低亲和性位点。其在钙平衡调节、蛋白质折叠和加工、抗原呈递、血管发生及凋亡等生命活动过程中发挥重要的生物学功能作用。在肌质网中有一个与钙网蛋白同源的肌集钙蛋白（calsequestrin）。

4. 钙连蛋白　钙连蛋白（calnexin）是内质网中一种钙离子依赖的凝集素样伴侣蛋白。它们能够与未完成折叠的新生蛋白质的寡糖链结合，避免蛋白质彼此的凝集与泛素化（ubiquitination）；阻止折叠尚不完全的蛋白质离开内质网，并进而促使其完全折叠。

5. 蛋白质二硫键异构酶　存在于内质网网腔中的蛋白质二硫键异构酶（protein disulphide isomerase, PDI）可通过催化蛋白质中二硫键的交换以保证蛋白质的正常折叠。

二、内质网的形态结构

（一）内质网是细胞质内连续的膜性管网结构系统

内质网是由一层厚度约5~6nm的单位膜所形成的小管（ER tubule）、小泡（ER vesicle）或扁囊（ER lamina）等，其在细胞质中彼此相互连通、构成连续的膜性三维管网系统。内质网向外可扩展到细胞质溶质外侧细胞膜下的边缘区域，而向内经常与细胞核外膜直接连通，因此核膜可被认为是间期细胞包裹核物质的内质网部分。同时，内质网参与高尔基复合体、溶酶体等内膜系统移行转换，这种结构的转化使内膜系统在结构与功能上形成延续性和有序性。

在不同来源的组织细胞中，或者同一种细胞的不同发育阶段以及不同的生理功能状态下，内质网呈现形态结构、数量和分布的差别。这种结构形态上的差异，又决定、影响和反映了内质网的不同功能特性以及细胞的生理状况。例如，鼠肝细胞中的内质网主要是由外表面附着核糖体颗粒的粗糙扁囊层叠排列，并通过它们边缘的小管相互连通而形成，其小管周围散在小泡结构（图2-5-3A）。透射电子显微镜观察显示，睾丸间质细胞中的内质网则由众多的分支小管或小泡构筑呈网状结构（图2-5-3B）。应用荧光染色标记培养的哺乳动物和植物细胞的内质网，其形成较密集的复杂网状立体结构（图2-5-3C）。横纹肌细胞中的肌质网（sarcoplasmic reticulum）是内质网在肌细胞中存在的结构形式，其在每一个肌原纤维节中连成一网状单位（图2-5-3D）。随着细胞的生长发育，内质网数量由少到多，其结构由简单到复杂、由单管少囊的稀疏网状到复管多囊的密集网状变化。在不同种生物的同类组织细胞中，内质网的形态结构基本相似。

（二）内质网可分为糙面内质网和光面内质网两种基本类型

根据内质网的结构特点，可以分为糙面内质网和光面内质网两种基本类型。

1. 糙面内质网　糙面内质网（rough endoplasmic reticulum, rER）多呈扁平囊状，排列较为整齐，在扁平囊状网膜胞质面上附着有核糖体颗粒（图2-5-4）。这种结构决定了其生理功能，主要参与外输性蛋白质及膜蛋白的合成。如胰岛细胞等激素或蛋白分泌功能旺盛的细胞，其糙面内质网高度发达；而在未分化的细胞中相对数量较少。

2. 光面内质网　光面内质网（smooth endoplasmic reticulum, sER）电子显微镜下呈管、泡样网状结构（图2-5-5A），常与糙面内质网相互连通（图2-5-5B）。光面内质网是一种多功能的细胞器，在不同来源的细胞中或同一细胞的不同生理状态下，其具有不同的数量和形态分布，并表现出完全不同的功能特性。例如，在肝、肌肉、肾上腺皮质等组织细胞中，光面内质网都比较发达。

在不同组织细胞中，糙面内质网和光面内质网的分布状况与比例各不相同，两者随着细胞不同发育阶段或生理功能状态变化而发生类型转换。在一些细胞中，内质网还存在特殊形态结构，如视网膜色素上皮细胞中的髓样体（myeloid body），生殖细胞、神经元和松果体细胞以及一些癌细胞中的环孔片层（annulate lamellae）（图2-5-6）。

三、内质网的功能

（一）糙面内质网是外输性蛋白质和膜蛋白合成的支架与运输渠道

糙面内质网作为核糖体附着的支架，参与了分泌蛋白或膜蛋白的合成、修饰、转运等过程。

1. 糙面内质网参与分泌蛋白或膜蛋白的合成　核糖体是所有细胞内蛋白质合成的场所，根据其

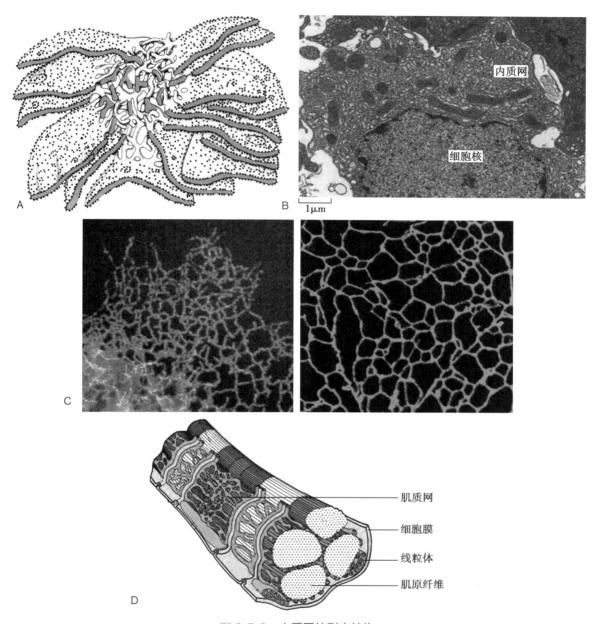

图 2-5-3 内质网的形态结构

A. 鼠肝细胞内质网形态结构模式图；B. 睾丸间质细胞中内质网形态结构透射电子显微镜图；C. 动物（左图）、植物（右图）细胞中内质网结构透射电子显微镜图；D. 横纹肌细胞肌质网立体结构模式图。

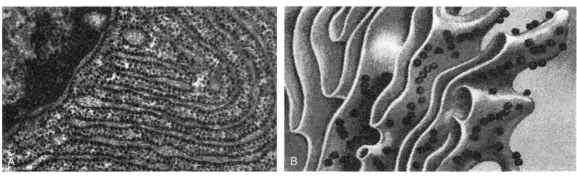

图 2-5-4 糙面内质网的形态结构

A. 糙面内质网透射电子显微镜图；B. 糙面内质网立体结构模式图。

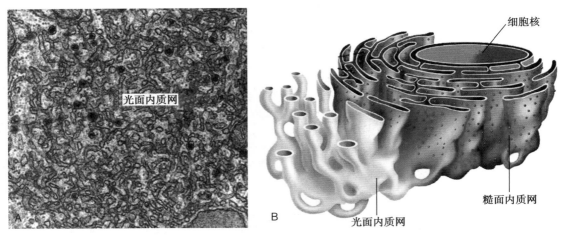

图 2-5-5　光面内质网的形态结构
A. 光面内质网透射电子显微镜图；B. 光面内质网立体结构模式图。

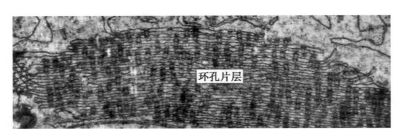

图 2-5-6　环孔片层体型内质网透射电子显微镜图

合成的蛋白质归宿的不同,可以分为游离核糖体与附着核糖体,前者负责细胞内源性蛋白的合成,而后者负责外输性蛋白、内膜系统驻留蛋白以及膜蛋白的合成(图 2-5-7),而糙面内质网为这类蛋白质合成的核糖体提供附着的支架。

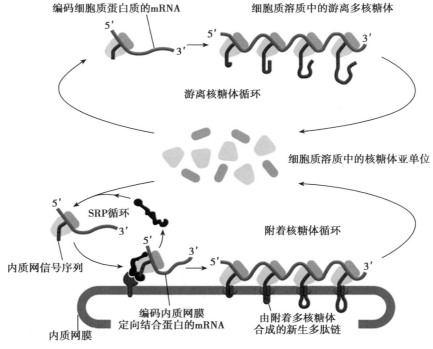

图 2-5-7　游离核糖体与附着核糖体蛋白质合成模式图

（1）内源性蛋白在游离多核糖体上进行合成，包括：①非定位分布的细胞质溶质驻留蛋白，其在细胞质溶质中参与一系列生理、生化代谢活动，如具有催化作用的酶类；②定位性分布的细胞质溶质蛋白，它们与其他成分一起装配形成特定的细胞器，或构成某些大分子功能基团，例如动物细胞的中心粒及中心粒周物质；③合成后通过核孔复合体输送转运并定位于细胞核中的核蛋白（nucleoprotein），如构成染色质的组蛋白、非组蛋白以及参与染色质凝集的酸性热稳定核质蛋白（nucleoplasmin）等；④线粒体、质体等半自主性细胞器所必需的核基因组编码的蛋白。

（2）外输性蛋白质与膜蛋白起始合成的序列为信号肽，与核糖体结合，转移并附着于糙面内质网上，完成整个蛋白的翻译过程。该类蛋白包括：①插入整合于内质网膜，并伴随着功能结构的移行转换而进入内膜系统各个区域以及细胞膜中，成为膜抗原、膜受体等膜整合蛋白；②位于糙面内质网、光面内质网、高尔基复合体、溶酶体等各种细胞器中的可溶性驻留蛋白；③通过出胞作用转运到细胞外的分泌蛋白，包括肽类激素、多种细胞因子、抗体、消化酶、细胞外基质蛋白等。

2. 新生多肽链的折叠与装配　多肽链的氨基酸组成和排列顺序，决定了蛋白质的基本理化性质；而多肽链特定的盘旋、折叠所形成的高级三维空间结构，决定蛋白质功能实现。内质网为新生多肽链的正确折叠和装配提供了有利的环境。在内质网网腔中，丰富的氧化型谷胱甘肽（GSSG）为多肽链上半胱氨酸残基之间二硫键形成提供了必要条件；附着于网膜腔面的蛋白二硫键异构酶促使二硫键的形成及多肽链的折叠。同时，存在于内质网中的结合蛋白、内质蛋白、钙网蛋白和钙连蛋白等分子伴侣，均能够与折叠错误的多肽以及尚未完成装配的蛋白亚单位识别结合，并将其滞留，促进它们的重新折叠、装配与运输。分子伴侣蛋白是细胞内蛋白质质量监控的重要因子。

3. 蛋白质的糖基化　糖基化（glycosylation）是单糖或者寡糖与蛋白质之间通过共价键的结合形成糖蛋白的过程。大多数由附着核糖体合成并经由内质网转运的蛋白质要进行糖基化修饰。发生在糙面内质网中的糖基化主要是寡糖与蛋白质天冬酰胺残基侧链上氨基基团的结合，所以亦称之为 N-连接糖基化（N-linked glycosylation）。蛋白质 N-连接糖基化修饰，均起始于 N-乙酰葡萄糖胺、甘露糖和葡萄糖组成的 14 寡糖，该寡糖首先与内质网膜中镶嵌的脂质分子磷酸多萜醇（dolichol）连接，并被其活化，其后由糖基转移酶的催化转移连接到新生肽链中特定三肽序列 Asn-X-Ser 或 Asn-X-Thr（X 代表除 Pro 之外的任何氨基酸）的天冬酰胺残基上（图 2-5-8）。

4. 蛋白质的胞内运输　由附着核糖体合成的各种外输性蛋白质，经过在糙面内质网中修饰、加工，被内质网膜包裹，以"出芽"的方式形成膜性小泡而转运。经由糙面内质网的蛋白质胞内运输主要有两条途径：①多数外输性蛋白经过内质网网腔的糖基化等修饰，以转运小泡的形式进入高尔基复合体，进一步加工浓缩，并最终以分泌颗粒的形式通过胞吐排到细胞之外；②糙面内质网的分泌蛋白以膜泡形式直接进入一种大浓缩泡，进而发育成酶原颗粒，然后被排出细胞。

（二）光面内质网是作为胞内脂类物质合成主要场所的多功能细胞器

光面内质网是细胞内脂类合成的重要场所。不同细胞类型中的光面内质网，因其化学组成上的差异以及所含酶的种类不同，常常表现出完全不同的功能作用。

1. 脂质合成与转运　脂类合成是光面内质网最为重要的功能之一。经由小肠吸收的脂肪分解物甘油、甘油一酯和脂肪酸进入细胞之后，在内质网中可被重新合成为甘油三酯。在光面内质网中合成的脂类，通常与糙面内质网来源的蛋白质化合形成脂蛋白，然后再经由高尔基复合体分泌出去。在正常肝细胞中合成的低密度脂蛋白（LDL）和极低密度脂蛋白（very low density lipoprotein，VLDL）等，被分泌后可携带、转运血液中的胆固醇和甘油三酯以及其他脂类到脂肪组织。阻断经由高尔基复合体的脂蛋白转运途径，会造成脂类在肝细胞内质网中的积聚，而引起脂肪肝。在类固醇激素分泌旺盛的细胞中，光面内质网较为发达，并存在与类固醇代谢密切相关的关键酶。

光面内质网膜上存在脂质合成的相关酶类，负责细胞膜脂合成。在光面内质网膜胞质侧，脂酰基转移酶（acyltransferase）催化脂酰辅酶 A（fatty acyl CoA）与甘油-3-磷酸反应，将 2 个脂肪酸链转移到甘油-3-磷酸分子上形成磷脂酸（phosphatidic acid）；并在磷酸酶的作用下，使磷脂酸去磷酸化生成双

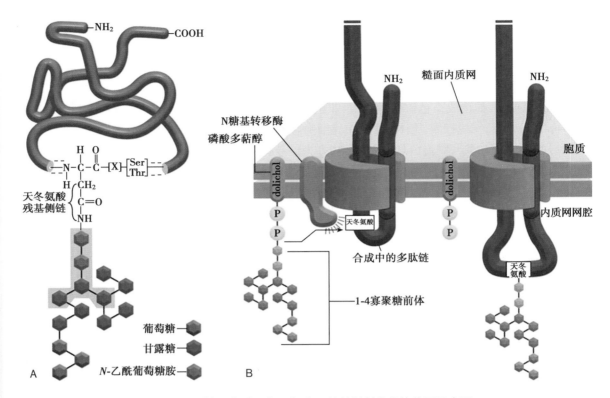

图 2-5-8   糙面内质网中蛋白质 N-连接糖基化修饰作用示意图
A. 内质网中 N-连接糖基化；B. N-连接糖基化修饰过程。

酰基甘油；再由胆碱磷酸转移酶（choline phosphotransferase）催化，添加一个胆碱极性基团，形成由一个极性头部基团和两条脂肪酸链疏水尾部构成的双亲性脂质分子。合成的脂类物质，借助于翻转酶（flippase）的作用，转向内质网网腔面。翻转酶又称"flp-frp 重组酶"（flp-frp recombinase），其家族成员主要有两种功能：①可将磷脂分子从内质网膜的胞质面脂单层转移到网腔面的脂单层，从而造成脂质分子在脂双层的不对称分布；②在酵母中负责特定 DNA 片段的重排。在该酶系统的作用下，特定的 DNA 片段从 frp 位点被切除，末端再重新连接。

脂质由内质网向其他膜相结构的转运主要有两种形式：①以出芽小泡的形式转运到高尔基复合体、溶酶体和细胞膜；②与水溶性的磷脂交换蛋白（phospholipid exchange proteins，PEP）结合形成复合体进入细胞质基质，通过自由扩散整合到线粒体和过氧化物酶体膜。

2. 光面内质网与糖原的代谢   在肝细胞的光面内质网膜胞质面上附着有许多糖原小颗粒。在机体需要能量时，糖原在激素的调控下被磷酸化酶降解为葡萄糖-1-磷酸，进一步在胞质中转化为葡萄糖-6-磷酸；而光面内质网网膜对葡萄糖-6-磷酸具有不可通透性，而光面内质网具有葡萄糖-6-磷酸酶，通过对葡萄糖-6-磷酸去磷酸化形成葡萄糖，促进葡萄糖穿越内质网膜进入光面内质网网腔，再输送至血液中，以供其他细胞使用。

3. 光面内质网与细胞解毒作用   肝脏是机体针对外源性、内源性毒物及药物分解解毒的主要器官，其解毒功能主要由肝细胞中光面内质网来完成。在肝细胞光面内质网上含有细胞色素 P450、NADPH-细胞色素 P450 还原酶、细胞色素 b5、NADH-细胞色素 b5 还原酶、NADPH-细胞色素 c 还原酶等氧化及电子传递酶系，通过氧化或羟化毒性物质，破坏其毒性结构，并经羟化作用增强化合物的水溶性，使之更易于被排泄。

4. 光面内质网与 Ca^{2+} 的储存及 Ca^{2+} 浓度的调节   内质网是细胞信号传递途径的 Ca^{2+} 储备库。内质网膜上 Ca^{2+}-ATP 酶将细胞质基质中的 Ca^{2+} 泵入网腔，导致内质网网腔中 Ca^{2+} 高浓度，细胞质溶质低浓度，造成了跨膜电化学梯度。当细胞受到信号刺激时，膜上的钙通道打开，Ca^{2+} 涌入细胞质溶质中,参与信号传递,引发细胞反应。肌肉细胞具有发达的光面内质网,特化为一种特殊的结构——肌质网(sarcoplasmic reticulum)。通常状况下,肌质网网膜上的 Ca^{2+}-ATP 酶将细胞质基质中的 Ca^{2+} 泵入网腔储存起来;当受到细胞外信号物质的作用时,即可引起 Ca^{2+} 向细胞质基质的释放,引起肌肉细胞的收缩。

5. 光面内质网与胃酸、胆汁的合成与分泌 在胃壁腺上皮细胞中,光面内质网可使 Cl^- 与 H^+ 结合生成 HCl;在肝细胞中,光面内质网不仅能够合成胆盐,而且,可通过所含葡萄糖醛酸转移酶的作用,使非水溶性的胆红素颗粒形成水溶性的结合胆红素。

四、内质网参与分泌蛋白、膜蛋白等的合成与转运机制

(一)信号肽指导蛋白多肽链在糙面内质网上合成与穿越转移

1971—1975 年期间,G. Bloble 和 B. Dobberstin 提出了分泌蛋白合成的信号肽假说:编码分泌蛋白的 mRNA 在翻译过程中,率先合成 N 末端带有疏水氨基酸残基的信号肽(signal peptide);信号肽被细胞基质中的信号识别颗粒(signal recognition particle,SRP)(图 2-5-9A)结合,并中止蛋白质的合成过程;在 SRP 的引导下,SRP 携带核糖体以及新合成的信号肽与内质网膜上的信号识别颗粒受体(SRP receptor,SRPR)结合,并将核糖体锚泊附着于内质网膜的转运体(translocon 或 translocator)上;SRP 则从信号肽-核糖体复合体上解离,返回细胞质基质中重复上述过程(图 2-5-9B)。与 SRP 解离后的信号肽开始在核糖体的作用下继续延伸,通过由核糖体大亚基的中央管和转运体共同形成的通道,穿膜进入内质网网腔。其后,信号肽序列被内质网膜腔面的信号肽酶所切除,新生肽链继续延伸,直至完成而终止,完成肽链合成的核糖体大、小亚基解聚,并从内质网上解离(图 2-5-9)。

SRP 是由 6 个多肽亚单位和 1 个沉降系数为 7S 的小分子 RNA 构成的复合体,其一端与信号肽结合,另一端则结合于核糖体,从而形成 SRP-核糖体复合结构,并可使翻译暂时中止,肽链的延长受到阻遏。

SRPR 是内质网的一种膜整合蛋白,能够通过与 SRP 的识别而使核糖体结合附着于内质网上,因此被称为停靠蛋白(docking protein)。

转运体是糙面内质网膜上的多蛋白复合体,可形成外径为 8.5nm 左右,中央孔直径平均为 2nm 的亲水性通道。有学者认为:内质网上的转运体是一种动态结构,并以两种可转化的构象形式存在。当它和信号肽结合时,处于一种开放的活性状态;在蛋白质多肽链被完全转移之后,则转变为无活性的关闭状态(图 2-5-9C)。转运体不仅是新生分泌蛋白质多肽链合成时进入内质网网腔的通道,而且还可利用水解 GTP 将内质网网腔中的损伤蛋白质转运到细胞质溶质中去。在哺乳动物,内质网转运体主要是由一种与蛋白分泌相关的多肽 Sec61 复合体(Sec61 complex)构成的亲水性复合结构。

(二)信号肽指导的穿膜驻留蛋白插入转移机制

穿膜驻留蛋白,尤其是多次穿膜蛋白的插入转移,远比可溶性分泌蛋白的转移过程更为复杂。

1. 单次穿膜蛋白插入转移的机制 单次穿膜蛋白插入内质网膜有共翻译插入(cotranslation insertion)和内开始转移肽(internal start transfer peptide)两种可能的转移机制。

(1)新生肽链共翻译插入转移机制:新生穿膜驻留蛋白多肽链上既有位于 N 端的起始转移信号肽,还有存在于多肽链中的停止转移序列(stop transfer sequence)。后者是一段由特定氨基酸组成的疏水性序列,与内质网膜有极高的亲和性,可与内质网膜脂双层结合。在信号肽引导的肽链转移过程中,当停止转移序列进入转运体并与其相互作用时,转运体即由活性状态转换为钝化状态而终止肽链的转移;N 端起始转移信号肽由信号肽酶切割,从转运体上解除释放,滞留于内质网膜,而新形成的多肽 N 端伸入内质网网腔;停止转移肽段形成单次穿膜 α 螺旋结构区,使得蛋白肽链的 C 端滞留于细胞质一侧。

(2)内信号肽介导的内开始转移肽插入转移机制:内信号肽(internal signal peptide)是指定位于

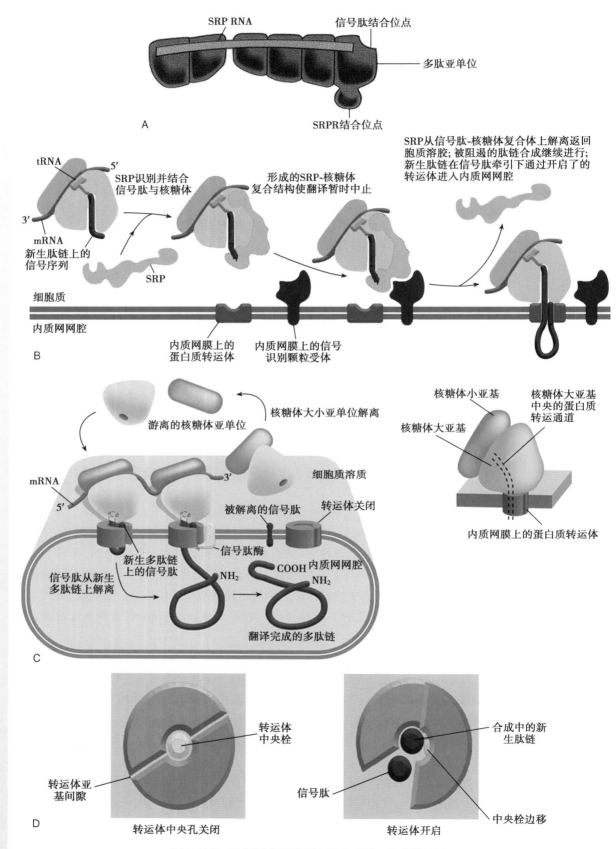

图 2-5-9　信号肽介导的蛋白质合成以及穿膜转运过程

A. SRP 结构组成示意图；B. 核糖体的附着与肽链延伸合成；C. 转运体与肽链的穿膜转运；D. 转运体结构断面示意图。

新生蛋白质多肽链内部的信号肽序列,其与 N 端信号肽功能相同。随着合成肽链的延长,合成中的内信号肽序列到达转运体时,即被保留在脂类双分子层中,成为单次穿膜的 α 螺旋结构。在内信号肽引导的插入转移过程中,插入的内开始转移肽能够以方向不同的两种形式进入转运体。当内信号肽疏水核心区中氨基端比羧基端带有更多正电荷氨基酸序列时,内开始转移肽插入的方向为羧基端进入内质网网腔面;反之,则其插入方向相反(图 2-5-10)。

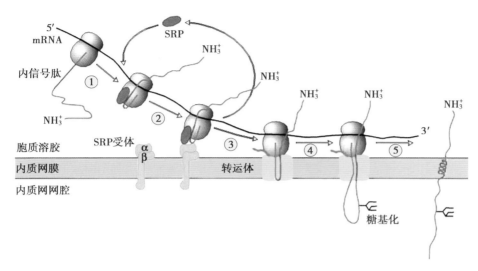

图 2-5-10　具有内信号肽的单次穿膜蛋白的转移与膜插入

2. 多次穿膜蛋白质的转移插入　多次穿膜蛋白质的转移插入过程与单次穿膜蛋白的机制相似。在多次穿膜蛋白肽链上,常常有两个或者两个以上的疏水性开始转移肽结构序列和停止转移肽结构序列,并以内信号肽作为其开始转移信号。

（三）分选信号决定细胞内蛋白质转运方向及途径

在糙面内质网上合成的蛋白除了需要信号肽的引导外,其合成的某些蛋白质还具有一些特殊的氨基酸序列,参与其在不同内膜系统中转运。其中,二硫键异构酶、结合蛋白等内质网驻留蛋白具有的 KDEL 或 HDEL4 肽信号序列,作为驻留信号(retention signal)保证蛋白质驻留在内质网中。当内质网驻留蛋白逃逸到高尔基复合体后,内质网蛋白在驻留信号的作用下,与受体结合引导蛋白质从高尔基复合体返回并驻留在内质网中,其中赖氨酸-天冬氨酸-谷氨酸-亮氨酸(KDEL)负责可溶性蛋白的回收,而赖氨酸-赖氨酸-X-X(KKXX)负责膜蛋白的回收。

除了内质网驻留信号序列外,定位于不同细胞器的蛋白还存在蛋白质转运分选信号,参与引导蛋白质从胞质溶胶进入内质网、线粒体、叶绿体和过氧化物酶体,也可以引导蛋白质从细胞核进入细胞质。根据其序列组成及结构特征,可分为信号肽与信号斑(signal patch)两种类型。信号肽为蛋白质一级结构上的线性序列,通常由 15~60 个氨基酸残基组成,其在完成蛋白质的分拣、转移引导作用后,即被信号肽酶(signal peptidase)所切除、降解。信号序列的蛋白质定向、定位作用虽然具有其特异性和专一性,但是具有同一转运和定位目标的信号序列却不尽相同,原因可能是信号序列具有相似的物理特性,比如带电荷氨基酸在肽链中的位置、信号序列中氨基酸的疏水性等。信号斑存在于完成折叠的蛋白中,由不相邻的信号序列通过折叠聚合形成具有信号功能的三维结构,溶酶体酸性水解酶多具有信号斑。细胞内不同蛋白质的定向、定位转运主要取决于不同的信号肽序列类型,细胞内典型的信号肽序列见表 2-5-2。

表 2-5-2   决定蛋白质定向转运的几种典型信号肽序列

蛋白质定向部位	信号肽序列举例
内质网输入蛋白	^+H_3N-Met-Met-Ser-Phe-Val-Ser-Leu-Leu-Val-Gly-Ile-Leu-Phe-Trp-Ala-Thr-Glu-Ala-Glu-Gln-Gln-Leu-Thr-Lys-Cys-Glu-Val-Phe-Gln
内质网驻留蛋白	Lys-Asp-Glu-Leu-COO^-
核输入蛋白	Pro-Pro-Lys-Lys-Lys-Arg-Lys-Val
核输出蛋白	Leu-Ala-Leu-Lys-Leu-Ala-Gly-Leu-Asp-Ile
过氧化物酶体输入蛋白	Ser-Lys-Leu-COO^-
线粒体输入蛋白	^+H_3N-Met-Leu-Ser-Leu-Arg-Gln-Ser-Phe-Arg-Phe-Phe-Lys-Pro-Ala-Thr-Arg-Thr-Leu-Cys-Ser-Ser-Arg-Tyr-Leu-Leu
质体输入蛋白	^+H_3N-Met-Val-Ala-Met-Ala-Met-Ala-Ser-Leu-Gln-Ser-Ser-Met-Ser-Ser-Lue-Ser-Leu-Ser-Ser-Asn-Ser-Phe-Leu-Cly-Gln-Pro-Leu-Ser-Pro-Ile-Thr-Leu-Ser-Pro-Phe-Leu-Gln-Gly

　　细胞器相关蛋白质的多肽链几乎都含有信号序列,作为分拣信号(sorting signal),将引导其通过不同途径进入相应的细胞器。由分拣信号决定的胞内蛋白质运输大致有 3 条不同的途径(图 2-5-11):①门控运输(gated transport)是由特定的分拣信号与受体结合,通过核孔复合体的选择性作用,在细胞溶质与细胞核之间所进行的蛋白质运输。②穿膜运输(transmembrane transport)是通过结合在膜上的蛋白质转运体进行的蛋白质运输。在细胞质溶质中合成的蛋白质就是经由这种方式被运输到内质网和线粒体中去。③小泡运输(vesicular transport)是由不同膜性运输小泡介导的蛋白质运输形式。例如,内膜系统之间的蛋白质分子转移、细胞的分泌活动以及细胞膜的大分子和颗粒物质转运等。

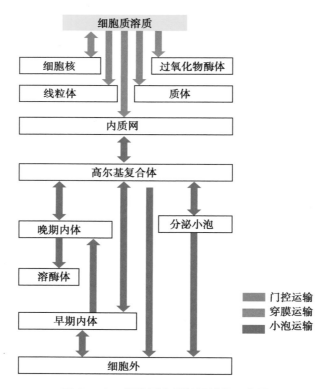

图 2-5-11   细胞蛋白质转运途径示意图

第二节 高尔基复合体

1898 年,意大利学者 Camillo Golgi 利用光学显微镜观察银盐浸染的猫头鹰脊髓神经节时,发现细胞质中存在呈现网状结构形态特征的细胞器,因此称其为内网器(internal reticular apparatus)。其后,在多种细胞中相继地发现了类似的结构。为了纪念 Camillo Golgi 的发现,后人以高尔基体(Golgi body)取代了内网器这一名称。随着电子显微镜及其超薄切片技术的应用和发展,进一步发现高尔基体是由囊泡与扁平囊复合而形成,因此更名为高尔基复合体(Golgi complex)。

一、高尔基复合体的化学组成

(一)高尔基复合体的脂质组成

作为一种膜性结构细胞器,脂类是高尔基复合体结构最基本的化学组分。根据大鼠肝细胞中高尔基复合体的组分分析,高尔基复合体膜的脂质组成除少量糖脂外,主要为磷脂与胆固醇;脂质总含量约为 45%,介于细胞膜与内质网膜之间(表 2-5-3)。

表 2-5-3　高尔基复合体膜、细胞膜和内质网膜脂类及含量对比　　　　　　　　　　(单位:%)

膜的类型	脂类及其含量					
	总脂含量	磷脂酰乙醇胺	卵磷脂	神经鞘磷脂	磷脂酰乙醇胺	胆固醇
细胞膜	40	34.4	32.0	19.2	4.6	0.51
高尔基复合体膜	45	36.5	31.4	14.2	4.7	0.47
内质网膜	61	35.8	47.8	3.4	5.6	0.12

(二)高尔基复合体含有的主要酶类

在细胞不同结构区域中,蛋白质种类以及酶类的分布存在差异,反映着该结构区域的主要功能特性。糖基转移酶(glycosyltransferase)是高尔基复合体中最具特征性的酶,主要有糖蛋白合成相关的糖基转移酶类以及糖脂合成相关的磺化(或硫化)-糖基转移酶类。除此之外,在高尔基复合体中还存在着其他一些重要的酶类,包括 NADH-细胞色素 c 还原酶和 NADHP-细胞色素还原酶的氧化还原酶;以 5′-核苷酸酶、腺苷三磷酸酶、硫胺素焦磷酸酶为主的磷酸酶类;参与磷脂合成的溶血卵磷脂酰基转移酶和磷酸甘油磷脂酰基转移酶;由磷脂酶 A_1 与磷脂酶 A_2 组成的磷脂酶类;酪蛋白磷酸激酶和 α-甘露糖苷酶等。这些酶并非均匀分布在高尔基复合体中,而是分布于高尔基复合体的不同生化功能区域,执行相应的生理功能(表 2-5-4)。

表 2-5-4　分布于高尔基复合体不同结构区域中的几种主要酶类

酶	分布部位		
	顺面	中间膜囊	反面
甘露糖酶 I	+		
脂肪酰基转移酶	+		
腺苷酸环化酶	+	+	+
5′-核苷酶	+	+	+
乙酰葡萄糖胺转移酶 I		+	
甘露糖苷酶 II		+	
NADP 酶系		+	
磷脂酶		+	

续表

酶	分布部位		
	顺面	中间膜囊	反面
酸性磷酸酶			+
核苷二磷酸酶			+
硫胺素焦磷酸酶			+
唾液酸转移酶			+
半乳糖基转移酶			+

二、高尔基复合体的形态结构

（一）高尔基复合体由三种不同类型的囊泡组成

电子显微镜下,高尔基复合体呈现一种膜性囊泡复合体结构,并具有极性分布特征,可以划分为具有形态组成特征的三个部分(图 2-5-12)。

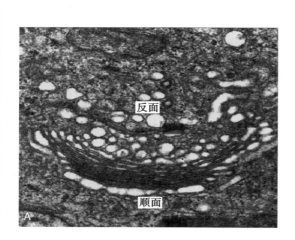
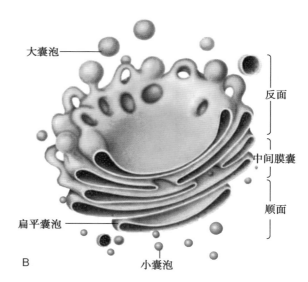

图 2-5-12　高尔基复合体的形态结构
A.高尔基复合体的透射电子显微镜图;B.高尔基复合体结构模式图。

1. 扁平囊泡　现统称为潴泡(cisterna),是高尔基复合体的主体结构。通常由每 3~8 个略呈弓形弯曲的潴泡整齐地排列层叠在一起,构成高尔基复合体的主体结构高尔基堆(Golgi stack)。高尔基潴泡囊腔宽 15~20nm,相邻潴泡间距为 20~30nm。其凸面朝向细胞核,称为顺面(cis-face)或形成面(forming face),膜厚约为 6nm,与内质网膜厚度相近似;凹面侧向细胞膜,称作反面(trans-face)或成熟面(mature face),膜厚约为 8nm,与细胞膜厚度相近。

2. 小囊泡　现统称为小泡(vesicle),聚集分布于高尔基复合体形成面,是一些直径为 40~80nm 的膜泡结构,包括两种类型:相对较多的表面光滑小泡和较少的表面有绒毛样结构的有被小泡(coated vesicle)。这些小泡是由其附近的糙面内质网芽生、分化形成,并通过这种形式将内质网中的蛋白质转运到高尔基复合体中。因此,这些小泡也被称为运输小泡(transfer vesicle)。它们可通过相互融合,形成扁平状高尔基潴泡。其功能是将物质从内质网向高尔基复合体转运,也使扁平状高尔基潴泡的膜结构及其内含物不断地得以更新和补充。

3. 大囊泡　现统称为液泡(vacuole),直径为 100~500nm,见于高尔基复合体成熟面的分泌小泡

（secretory vesicle）。其由高尔基潴泡末端膨大、断离而形成。不同分泌小泡在电子显微镜下显示不同电子密度，可能是其不同成熟程度的反映。

（二）高尔基复合体具有极性特征

高尔基复合体具有明显的极性形态结构特征。高尔基复合体的潴泡，从形成面到成熟面可呈现为典型的扁平囊状、管状或管、囊复合形式等不同的结构形态，其各层膜囊的标志化学反应及其所执行的功能亦不尽相同。目前可将高尔基复合体膜囊层依次划分为顺面高尔基网（cis-Golgi network）、高尔基中间膜囊（medial Golgi stack）和反面高尔基网（trans-Golgi network）三个组成部分（图 2-5-13）。

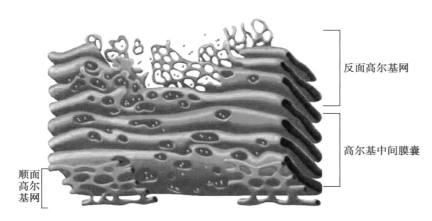

图 2-5-13 高尔基复合体极性网状结构示意图

顺面高尔基网是指由高尔基复合体顺面的扁囊状潴泡和小管连接成的网络结构，接收由内质网而来的小泡，显示嗜锇反应的化学特征。该结构区域具有两个主要功能：①分选来自内质网的蛋白质和脂类，并将其大部分转入到高尔基中间膜囊，小部分重新送返内质网而成为驻留蛋白；②进行蛋白质的 O-连接糖基化以及穿膜蛋白胞外侧结构域的酰基化修饰。其中，O-连接糖基化发生在蛋白质多肽链中丝氨酸等氨基酸残基侧链的 OH 基上，与发生在内质网中的 N-连接糖基化不同（图 2-5-14）。

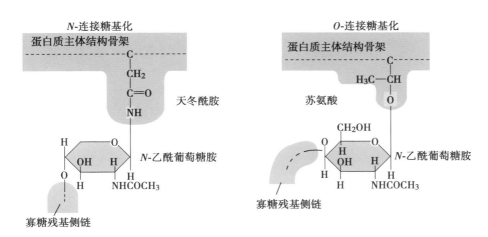

图 2-5-14 N-连接与 O-连接糖基化的比较

高尔基中间膜囊是位于顺面高尔基网和反面高尔基网之间的多层间隔的囊、管结构复合体系。除与顺面网状结构相邻的一侧对 NADP 酶反应微弱外，其余各层均有较强的反应。中间囊膜的主要功能是进行糖基化修饰和多糖及糖脂的合成。

反面高尔基网是由高尔基复合体反面的扁囊状潴泡和小管连接成的网络结构，具有形态结构和化学特性的细胞差异性和多样性。其主要功能是对蛋白质进行分选，负责分选蛋白质的定向转运，如被分泌到细胞外,或被转运到溶酶体。同时,参与蛋白质酪氨酸残基的硫酸化、半乳糖 α-2,6 位的唾液酸化等修饰作用。

（三）高尔基复合体的分布存在组织细胞差异

高尔基复合体在不同的组织细胞中具有不同的分布特征。例如,在神经细胞中的高尔基复合体围绕细胞核分布;在输卵管内皮、肠上皮黏膜、甲状腺和胰腺等具有生理极性的细胞中,在细胞核附近趋向一极分布;在肝细胞中,在细胞边缘沿胆小管侧分布;在精子细胞、卵子细胞等少数特殊类型的细胞和绝大多数无脊椎动物的某些细胞中,可见到高尔基复合体呈分散的分布状态。

高尔基复合体的数量和发达程度,也因细胞的生长、发育分化程度和细胞的功能类型不同而存在较大的差异,并且会随着细胞的生理状态而变化。在分化发育成熟且具有旺盛分泌功能活动的细胞中,高尔基复合体较为发达。

三、高尔基复合体的功能

作为内膜系统的主要结构组成之一,高尔基复合体不仅是胞内物质合成、加工的重要场所,而且和内膜系统其他结构组分一起构成了胞内物质转运的特殊通道。

（一）高尔基复合体参与细胞蛋白质转运与分泌过程

在 20 世纪 60 年代中期,J. D. Jamieson 和 G. E. Palade 将 ^{3}H 标记的亮氨酸注射豚鼠的胰腺细胞,应用放射性同位素标记示踪技术探究其在细胞中的代谢过程。结果显示:3min 后,标记的亮氨酸即出现于内质网中;约 10min 后,从内质网进入到高尔基复合体;45min 后,则进入分泌颗粒。由于亮氨酸是蛋白质合成的重要底物,因此该实验显示了外输性分泌蛋白在细胞内的合成及其转运途径（图 2-5-15）。除外输性分泌蛋白之外,胞内溶酶体中的酸性水解酶蛋白、多种细胞膜蛋白以及胶原纤维等细胞外基质成分也都是经由高尔基复合体进行定向转送和运输的。

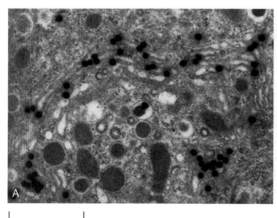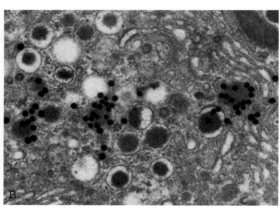

1μm

图 2-5-15　胰腺 B 细胞电子显微镜放射自显影结果

A.^{3}H-亮氨酸脉冲标记 10min 后,被标记的胰岛素蛋白(黑色银颗粒)从糙面内质网进入高尔基复合体;
B.^{3}H-亮氨酸脉冲标记 45min 后,被标记的胰岛素蛋白进入分泌颗粒。

外输性分泌蛋白具有连续分泌（continuous secretion）和非连续分泌（discontinuous secretion）两种不同的排放形式。前者亦称构成性分泌（constitutive secretion）,是指外输性蛋白质在其分泌泡形成之后,随即排放出细胞的分泌形式;而后者则是先将分泌蛋白储存于分泌泡中,在需要时再排放到细胞外的分泌形式,故又称为调节性分泌（regulatory secretion）。

（二）高尔基复合体参与胞内物质加工合成

1. 糖蛋白的加工合成　在内质网合成并经由高尔基复合体转送运输的蛋白质中,绝大多数都是经过糖基化修饰加工合成的糖蛋白,主要包括 N-连接糖蛋白和 O-连接糖蛋白两种类型。前者的糖链合成与糖基化修饰始于内质网,完成于高尔基复合体;后者主要或完全是在高尔基复合体中进行和完成的。O-连接糖基化寡糖链结合在蛋白质多肽链中的丝氨酸、苏氨酸和酪氨酸(或胶原纤维中的羟赖氨酸与羟脯氨酸)残基上。

除了蛋白聚糖外,几乎所有 O-连接寡糖中与氨基酸残基侧链 OH 直接结合的第一个糖基都是 N-乙酰半乳糖胺(蛋白聚糖中第一个糖基通常是木糖);组成 O-连接寡糖链中的单糖组分,是在糖链的合成过程中一个个地添加上去的(图 2-5-16)。N-连接糖蛋白与 O-连接糖蛋白之间的主要区别如表 2-5-5 所示。其中,甘露糖、N-乙酰葡萄糖胺位于糖蛋白寡聚糖链的核心,存在于内质网网腔;而半乳糖、唾液酸则位于寡糖链的远端区域,存在于高尔基复合体中。在糖蛋白质的形成过程中,对糖蛋白中寡糖链的修饰加工,是高尔基复合体的主要功能之一。由内质网转运而来的糖蛋白,在进入高尔基复合体后,其寡糖链末端区的寡糖基往往要被切去;与此同时,再添加上新的糖基,例如 UDP-葡萄糖和 UDP-唾液酸等。

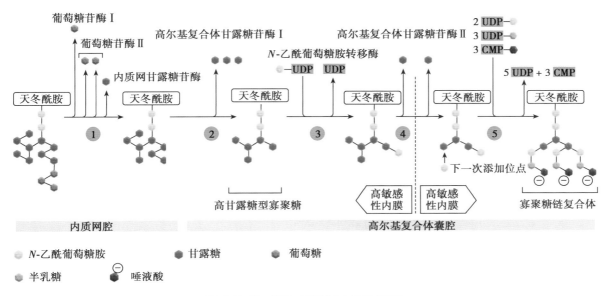

图 2-5-16　细胞中糖基化过程示意图

表 2-5-5　N-连接糖蛋白与 O-连接糖蛋白之间的主要区别比较

区别点	N-连接糖蛋白	O-连接糖蛋白
糖基化发生部位	糙面内质网	高尔基复合体
连接的氨基酸残基	天冬酰胺	丝氨酸、苏氨酸、酪氨酸、羟赖(脯)氨酸
连接基团	—NH₂	—OH
第一个糖基	N-乙酰葡萄糖胺	半乳糖、N-乙酰半乳糖胺
糖链长度	5~25 个糖基	1~6 个糖基
糖基化方式	寡糖链一次性连接	单糖基逐个添加

蛋白质糖基化的生物学意义在于:①糖基化对蛋白质具有保护作用,使它们免遭水解酶的降解;②糖基化具有运输信号的作用,可引导蛋白质包装形成运输小泡,以便进行蛋白质的靶向定位运输;③糖基化形成细胞膜表面的糖被,在细胞膜的保护、识别以及通讯联络等生命活动中发挥重要作用。

2. 蛋白质(或酶蛋白)的水解作用　蛋白质水解作用是高尔基复合体物质加工修饰的另一种方式。有些蛋白质或酶,在高尔基复合体中进行特异性水解,进而成熟或转变为具有活性的存在形式。

例如,人胰岛素原由 86 个氨基酸残基组成,含有 A、B 两条肽链以及起连接作用的 C 肽等 3 个结构域。当它被转运到高尔基复合体时,C 肽被水解切除形成有活性的胰岛素。高尔基复合体还可通过切除修饰胰高血糖素、血清白蛋白等,而促进其成熟。另外,高尔基复合体参与溶酶体酸性水解酶的磷酸化、蛋白聚糖类的硫酸化,并进行转运。

（三）高尔基复合体参与胞内蛋白质的分选以及膜泡的定向运输

高尔基复合体在细胞内蛋白质的分选和膜泡的定向运输中具有极为重要的枢纽作用,其可能机制是通过对蛋白质的修饰、加工,使得不同的蛋白质带上了可被高尔基复合体网膜上专一受体识别的分选信号,进而分拣、浓缩,形成不同去向的运输和分泌小泡。这些小泡的运输主要有三条可能的途径和去向(图 2-5-17):①经高尔基复合体分拣和包装的溶酶体酶以有被囊泡的形式被转运到溶酶体;②分泌蛋白以有被囊泡的形式输送到细胞膜,或被分泌释放到细胞外;③以分泌小泡的形式暂时性地储存于细胞质中,在需要的情况下,再被分泌释放到细胞外。

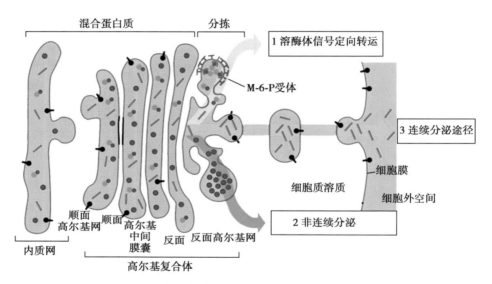

图 2-5-17 高尔基复合体形成的蛋白质运输小泡的转运途径

第三节 溶 酶 体

溶酶体(lysosome)是一类富含多种酸性水解酶的膜性结构细胞器,为内膜系统的重要结构组分。1949 年,Christian de Duve 在研究胰岛素如何影响 6-磷酸葡萄糖酶调节血糖的过程中,意外发现了后来被称为的溶酶体。其应用大鼠肝组织作为研究材料,以蒸馏水为介质进行匀浆,利用蛋白质纯化技术获得需要的酶,但纯化的酶很难再溶,测定活性存在困难。因此,应用差速离心技术分离细胞组分——富含 6-磷酸葡萄糖酶的微粒体,并以不参与糖代谢的酸性磷酸酶为内参,结果发现酸性磷酸酶的活性仅有用单纯酶纯化方法得到的 10%,并通过多次重复获得类似结果。在一次实验获得大量细胞组分后,由于时间原因而暂时放置冰箱备用,5d 后取出实验却惊奇地发现酸性磷酸酶活性基本恢复。针对这个意外的发现,Christian de Duve 等开展了一系列的研究,证明通过后续实验提出酸性磷酸酶定位于膜包被的细胞器中,而冷藏、冷冻、加热或去垢剂均能提升组分中酸性磷酸酶活性。1955 年 Novikoff A. 访问 Christian de Duve 实验室,应用特异性酶染色,同时借助光学显微镜和电子显微镜证实酸性磷酸酶定位于一种新膜性细胞器,并将其命名为"溶酶体"。Christian de Duve 在 1974 年因为溶酶体的发现,被授予诺贝尔生理学或医学奖。该研究过程提示,科学工作者需要具备三种基本素质,即敏锐、坚持与合作。

一、溶酶体的化学组成与形态结构

溶酶体是由一层单位膜包裹而成的异质性球囊状结构(图 2-5-18),其大小存在显著差异,直径为 0.2~0.8μm,小者直径仅 0.05μm,而大者直径可达数微米。不同细胞中所含溶酶体的数量差异巨大。

溶酶体膜在化学成分上与其他内膜系统不同,膜脂以磷脂为主,包括多萜醇的衍生物以及磷酸二单酰基甘油酯(二单酰基甘油磷酸)[bis-(monoacylglyceryl)-phosphate]。膜蛋白的主要成分为高度糖基化的穿膜整合蛋白即溶酶体整合膜蛋白(lysosomal integral membrane protein,LIMP),参与溶酶体结构和功能的维持。除了穿膜整合蛋白,膜蛋白还存在溶酶体结合膜蛋白(lysosomal associated membrane protein,LAMP),包括 LAMP-1 和 LAMP-2 等,参与溶酶体的酸性环境维持(如 H^+-ATP 酶)和底物的识别。

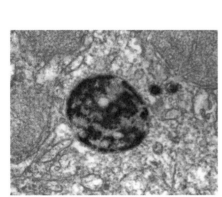
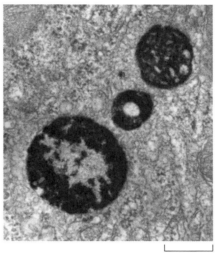

200nm

图 2-5-18　溶酶体形态结构的透射电子显微镜图

溶酶体中含有 60 多种酸性水解酶,包括蛋白酶、核酸酶、脂酶、糖苷酶、磷酸酶和溶菌酶等多种酶类。其中,酸性磷酸酶是溶酶体最具共性特征的标志性酶。这些酶活性的最适 pH 在 3.5~5.5 之间,能够分解机体中几乎所有生物活性物质。不同溶酶体中所含有的水解酶并非完全相同,因此,不同溶酶体表现不同的生化或生理性质。由于溶酶体在其形态大小、数量分布、生理生化性质等各方面存在不同,因此具有高度的异质性。溶酶体含有的几种主要酶类及其作用底物如表 2-5-6 所示。

表 2-5-6　溶酶体含有的几种主要酶类及其作用底物

降解底物	酶的种类
核酸和核苷酸	核酸酶、核苷酸酶、核苷酸硫酸化酶、焦磷酸酶
多肽链	内肽酶、外肽酶、胶原酶、顶体酶
糖蛋白	糖胺酶、糖基化酶
磷蛋白	磷脂酶、磷酸二酯酶
糖原	酸性麦芽糖酶
蛋白聚糖	内糖苷酶、外糖苷酶、溶菌酶、硫酸酶
糖脂	芳基硫酸酶 A、N-酯酰鞘胺醇酶、糖苷酶
神经脂	三酰甘油酯酶、胆碱酯酶
磷脂	磷脂酶、磷酸二酯酶
其他底物	芳基硫酸酶 A、酸性磷酸酶

二、溶酶体的类型

目前关于溶酶体类型有两种不同的分类体系,根据生理功能状态可以划分为初级溶酶体(primary lysosome)、次级溶酶体(secondary lysosome)和残余体(residual body)三种基本类型;而根据形成过程和不同发育阶段可分为内溶酶体(endolysosome)和吞噬溶酶体两大类型。不同的溶酶体类型,只是同一种功能结构不同功能状态的转换形式(图 2-5-19)。

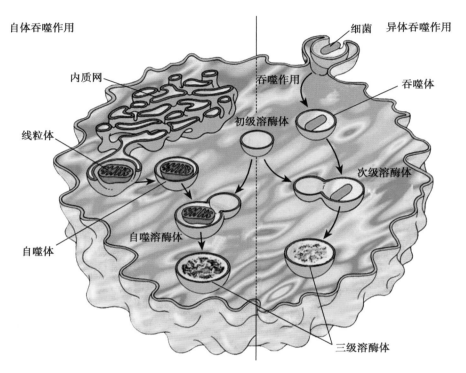

图 2-5-19   溶酶体系统功能类型转换关系示意图

1. 初级溶酶体   是从高尔基复合体成熟面形成的小囊泡,其膜厚约 6nm,在形态上呈现不含有明显颗粒物质的透明圆球状,只含有水解酶而无作用底物,囊腔中的酶通常处于非活性状态。在不同的细胞类型,或者在同一细胞类型的不同发育时期,可呈现为电子致密度较高的颗粒小体或带有棘突的小泡。

2. 次级溶酶体   由初级溶酶体成熟而形成的、含水解酶及相应底物以及水解消化的产物的囊泡。次级溶酶体体积较大,外形多不规则,囊腔中含有正在被消化分解的物质颗粒或残损的膜碎片。依据次级溶酶体中所含作用底物的性质和来源不同,又可将其分为以下类型:

(1)自噬溶酶体(autophagolysosome)又称自体吞噬泡(autophagic vacuole),系由初级溶酶体融合自噬体(autophagosome)而形成的次级溶酶体,其作用底物主要是细胞内衰老、残损破碎的细胞器,或糖原颗粒等其他胞内物质。

(2)异噬溶酶体(heterophagic lysosome)又称异体吞噬泡(heterophagic vacuole),系由初级溶酶体与细胞通过胞吞作用所形成的异噬体(heterophagosome)或吞饮体融合而形成的次级溶酶体,其作用底物源于外来异物。

3. 残余体   由次级溶酶体酶活性的逐渐降低,导致外源性或内源性物质不能被酶完全消化而残渣滞留在膜内形成的溶酶体酶终末状态。一些残余体可通过细胞胞吐的方式被清除或释放到细胞外,而另一些则可能会沉积于细胞内而不被外排,如神经细胞、肝细胞、心肌细胞内的脂褐素(lipofuscin),以及肿瘤细胞、某些病毒感染细胞、大肺泡细胞和单核吞噬细胞中的髓样结构(myelin figure）及含铁小体（siderosome）。脂褐素是由单位膜包裹的非规则形态小体，内含脂滴和电子密度不等的深色调物质。含铁小体内部充满电子密度较高的含铁颗粒，颗粒直径为50~60nm。当机体摄入大量铁质时，在肝、肾等器官组织的巨噬细胞中常会出现许多含铁小体。髓样结构由板层状、指纹状或同心层状排列的膜性物质构成，其大小在0.3~3μm之间。

基于形成及发育过程，溶酶体又可分为内溶酶体（endolysosome）和吞噬溶酶体（phagolysosome）两类。前者由高尔基复合体芽生的运输小泡与细胞质中的晚期内体（late endosome）融合所形成，而后者由内溶酶体与含有不同来源作用底物的自噬体及异噬体相互融合而成。

三、溶酶体的形成与成熟过程

溶酶体的形成过程经历内质网的溶酶体蛋白质合成、N-糖基化与内质网转运，高尔基复合体中的加工、分选与转移，高尔基复合体形成的小泡（初级溶酶体），内溶酶体的形成与成熟等阶段。

（一）酶蛋白的 N-糖基化与内质网转运

合成的酶蛋白前体进入内质网网腔，经过加工、修饰，形成 N-连接的甘露糖糖蛋白；再被内质网以出芽的形式包裹形成膜性小泡，转送运输到高尔基复合体的形成面。

（二）酶蛋白的 N-连接甘露糖残基磷酸化与高尔基复合体加工

在高尔基复合体形成面囊腔内磷酸转移酶与 N-乙酰葡萄糖胺磷酸糖苷酶的催化下，寡糖链上的甘露糖残基磷酸化形成甘露糖-6-磷酸（mannose-6-phosphate，M-6-P），形成溶酶体水解酶分选的重要识别信号。

（三）酶蛋白在高尔基复合体中的分选与转运

当带有 M-6-P 标志的溶酶体水解酶前体到达高尔基复合体成熟面时，被高尔基复合体网膜囊腔面的受体蛋白识别结合，触发高尔基复合体局部出芽和网膜外胞质面网格蛋白的组装，并最终以表面覆有网格蛋白的有被小泡（coated vesicle）形式与高尔基复合体囊膜断离。高尔基复合体除了 M-6-P 依赖性溶酶体酶分选机制外，还存在着非 M-6-P 依赖的其他分选机制。

（四）内溶酶体的形成与成熟

断离后形成的有被转运小泡脱去网格蛋白外被形成表面光滑的无被运输小泡，并与存在于细胞内的晚期内体融合，即形成所谓的内溶酶体。

内体（endosome）是由细胞的胞吞作用形成的一类异质性脱衣被膜泡，直径在 300~400nm 之间，依其发生阶段可分为早期内体和晚期内体。早期内体位于细胞质溶质外侧近细胞膜处，呈现为一种管状和小泡状的网络结构集合体，其囊腔中 pH 较高（7.0~7.4）。早期内体通过分拣，分离形成带有细胞膜受体的再循环内体（recycling endosome）以及晚期内体，其中再循环内体返回并重新融入细胞膜中。晚期内体相对靠近于细胞核一侧，它们与高尔基复合体形成的、含有酸性水解酶的运输小泡融合，并历经一系列生理、生化的变化，最终形成内溶酶体（图 2-5-20）。这些变化主要包括：①在其囊膜上质子泵的作用下，将胞质中 H^+ 泵入，使其腔内 pH 从 7.4 左右下降到 6.0 以下；②溶酶体酶前体从与之结合的 M-6-P 膜受体上解离，并通过去磷酸化而成熟；③M-6-P 膜受体以出芽形式衍生成运输小泡，重新回到高尔基复合体成熟面的网膜上。内溶酶体与自噬体及异噬体融合形成吞噬性溶酶体。

四、溶酶体的生物学功能

溶酶体内含 60 多种酸性水解酶，对细胞内的生物分子均具有消化分解能力。

（一）参与胞内残损结构更新利用

溶酶体能够通过自噬性溶酶体作用途径，对细胞内衰老、残损的细胞器进行消化，形成可被细胞重新利用的小分子物质，并透过溶酶体膜释放到细胞质基质，参与细胞的物质代谢以及重新利用，保持细胞内环境的稳定性。

NOTES

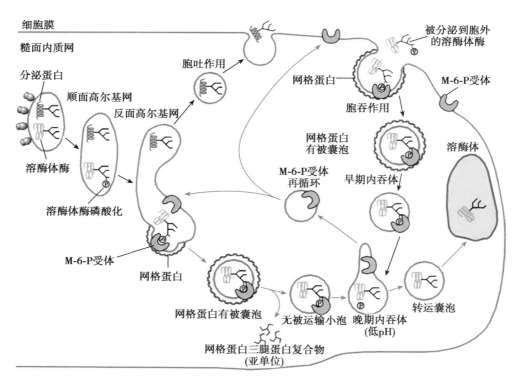

图 2-5-20　内溶酶体形成过程示意图

（二）参与物质消化分解作用的细胞营养

在细胞饥饿状态下，溶酶体可通过分解细胞内非生存必需的生物大分子物质，为细胞的生命活动提供营养和能量，维持细胞的基本生存。同时，也可通过异噬性溶酶体作用途径，对经胞吞（饮）作用摄入的外源性物质进行降解，并被细胞吸收利用。

（三）参与细胞免疫和防御保护

细胞防御是机体免疫防御系统的重要组成部分。防御细胞中溶酶体可以通过异噬作用，将细胞吞噬细菌或病毒颗粒分解消化。另外，溶酶体也可以参与免疫抗原细胞的抗原处理与加工，实现抗原提呈作用。

（四）参与腺体组织细胞分泌调控

溶酶体常常在某些腺体组织细胞的分泌活动过程中发挥重要的作用。例如，储存于甲状腺腺体内腔中的甲状腺球蛋白，首先通过吞噬作用进入分泌细胞内，在溶酶体中水解成甲状腺素，其后被分泌到细胞外。

（五）参与生物个体发育过程的调控

溶酶体不仅在细胞生命活动中发挥作用，而且也参与了生物个体的发育调节。例如，在动物精子中，溶酶体特化为其头部最前端的顶体（acrosome），当精子与卵子相遇、识别、接触时，精子释放顶体中的水解酶，溶解、消化围绕卵细胞的滤泡细胞及卵细胞外被，从而为精核的入卵受精打开一条通道（图 2-5-21）。又如，溶酶体参与了无尾两栖类动物个体的幼体尾巴的退化、吸收；脊椎动物生长发育过程中骨组织的发生及骨质的更新；哺乳动物子宫内膜的周期性萎缩、断乳后乳腺的退行性变化、衰老红细胞的清除以及某些特定的程序性细胞死亡等。

NOTES

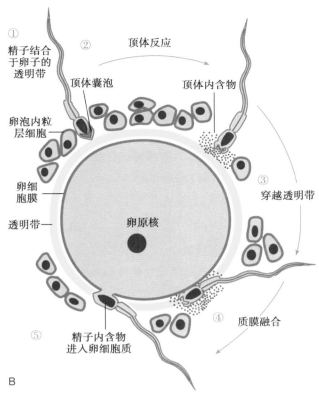

①精子结合于卵子的透明带

②顶体反应

顶体囊泡

顶体内含物

卵泡内粒层细胞

卵细胞膜

透明带

卵原核

③穿越透明带

④质膜融合

⑤

精子内含物进入卵细胞质

图 2-5-21　溶酶体在受精过程中的作用

A. 精子与卵子结合的扫描电子显微镜图；B. 精子通过顶体参与卵子受精的模式图。

第四节　过氧化物酶体

　　1954 年,J. Rhodin 首次发现于鼠肾脏肾小管上皮细胞中的膜性结构小体,早期称为微体（microbody）。此后研究发现,该结构普遍地存在于各类细胞之中,其内含氧化酶和过氧化氢酶,因此现在称为过氧化物酶体（peroxisome）。

一、过氧化物酶体的形态结构

　　过氧化物酶体是由一层单位膜包裹而成的细胞器。电子显微镜下可见过氧化物酶体多呈圆形或卵圆形（图 2-5-22）,偶见半月形和长方形,其直径变化在 0.2~1.7μm 之间,具有异质性。过氧化物酶体与溶酶体有类似形态结构,但其不同的特征表现在：①过氧化物酶体中常常含有电子致密度较高、排列规则的晶格结构,由尿酸氧化酶所形成,被称作类晶体（crystalloid）；②在过氧化物酶体界膜内表面可见一条高电子致密度条带状结构,称边缘板（marginal plate）。边缘板的位置与过氧化物酶体的形态有关,如果存在于一侧,过氧化物酶体会呈半月形；倘若分布在两侧,过氧化物酶体则为长方形。

二、过氧化物酶体的组成成分

　　过氧化物酶体作为一种膜性结构细胞器,其膜主要

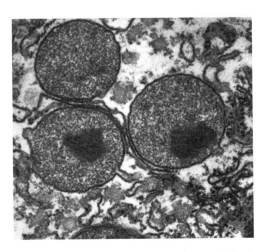

图 2-5-22　过氧化物酶体透射电子显微镜图

NOTES

由脂类及蛋白质组成,其膜脂主要为磷脂酰胆碱和磷脂酰乙醇胺,膜蛋白包括 NADH-细胞色素 b5 还原酶、细胞色素 b5、酰基 CoA 合成酶、DHAP-酰基转移酶和酰基 CoA 还原酶等多种结构蛋白和酶蛋白。过氧化物酶体膜具有较高的通透性,不仅可允许氨基酸、蔗糖、乳酸等小分子物质的自由穿越,而且在一定条件下允许一些大分子物质进行穿膜转运,保障过氧化物酶体反应底物及代谢产物的运输。

过氧化物酶体中的酶多达 40 余种,不同的过氧化物酶体所含酶类及其生理功能不同。根据酶的作用性质,可把过氧化物酶大体上分为三类。

(一)氧化酶类

包括尿酸氧化酶、D-氨基酸氧化酶、L-氨基酸氧化酶、L-α 氨基酸氧化酶等黄素(FAD)依赖氧化酶类,占过氧化物酶体酶总量的 50%~60%。各种氧化酶虽然底物不同,但具有共同的催化特征,即将其作用底物氧还原,并形成过氧化氢。其反应通式如下:

$$RH_2 + O_2 \longrightarrow R + H_2O_2$$

(二)过氧化氢酶类

过氧化氢酶约占过氧化物酶体酶总量的 40%,为过氧化物酶体的标志性酶,其将过氧化氢分解为水和氧气,即:

$$2H_2O_2 \longrightarrow 2H_2O + O_2$$

(三)过氧化物酶类

过氧化物酶可能仅存在于如血细胞等少数几种细胞类型的过氧化物酶体之中,其作用与过氧化氢酶相同,即可催化过氧化氢生成水和氧气。

此外,在过氧化物酶体中还含有苹果酸脱氢酶、柠檬酸脱氢酶等。

三、过氧化物酶体的生理功能

(一)过氧化物酶体具有解毒作用

解毒作用是过氧化物酶体的主要功能。过氧化物酶体中的氧化酶可将特异有机底物上的电子传递给分子氧,产生 H_2O_2;而过氧化氢酶,又能够利用 H_2O_2 氧化甲醛、甲酸、酚、醇等有毒的底物,使毒性的物质变成无毒性的物质,同时也使 H_2O_2 进一步转变成无毒的 H_2O。通过氧化酶与过氧化氢酶催化作用的偶联,形成了一个由过氧化氢介导的氧化还原传递链(图 2-5-23),有效地消除细胞代谢过程中产生的过氧化氢及其他毒性物质,从而对细胞起到保护作用。这种解毒作用在肝、肾组织细胞中尤为重要。例如,饮酒进入人体的乙醇,主要就是通过此种方式被氧化解毒。

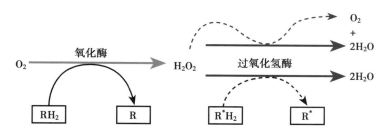

图 2-5-23　氧化酶与过氧化物酶催化作用偶联的呼吸链

(二)过氧化物酶体能够调节氧浓度

过氧化物酶体与线粒体对氧的敏感性不一样。随着氧浓度的增加,线粒体氧化能力并不增加,而过氧化物酶体的氧化率随氧张力增强而成正比地提高。在高浓度氧的情况下,过氧化物酶体的氧化反应占主导地位,使细胞避免遭受高浓度氧的损害。

(三)过氧化物酶体参与脂肪酸等高能物质分子的分解与转化

动物组织中大约有 25%~50% 的脂肪酸是在过氧化物酶体中氧化的,其他则是在线粒体中氧化的。另外,由于过氧化物酶体中有与磷脂合成相关的酶,所以过氧化物酶体也参与脂的合成。

（四）过氧化物酶体参与含氮物质的代谢

在大多数动物细胞中,尿酸通过尿酸氧化酶(urate oxidase)进行降解。另外,过氧化物酶体还参与其他的氮代谢,如转氨酶(aminotransferase)催化氨基的转移。

四、过氧化物酶体的起源

内质网在过氧化物酶体形成过程中发挥重要的作用。首先,在内质网上合成膜脂,通过磷脂交换蛋白或膜泡运输的方式完成其向过氧化物酶体转运;其次,在胞质中游离核糖体上合成的过氧化物酶体膜整合蛋白,可能通过以下三种不同的途径嵌入过氧化物酶体的脂细胞膜中:①在过氧化物酶体进行分裂增殖之前直接嵌入;②嵌入来自内质网的过氧化物酶体膜脂转移小泡,并随同转移小泡一起加入到过氧化物酶体;③嵌入正在从内质网膜上分化、尚未完全分离的过氧化物酶体脂膜,然后与过氧化物酶体膜脂一起以转移小泡的形式被转运到过氧化物酶体。最新研究表明,过氧化物酶体可能是由内质网和线粒体形成的杂合细胞器(hybrid organelle)。

第五节 囊泡与囊泡转运

囊泡是真核细胞中常见的膜泡结构,为内膜系统重要的整体功能结构组分之一。但其与内质网、高尔基复合体、溶酶体及过氧化物酶体等膜性细胞器不同,并非是一种相对稳定的细胞内固有结构,而只是细胞内物质定向运输的载体和功能表现形式。囊泡转运是真核细胞特有的一种细胞物质内外转运形式,涉及蛋白质的修饰、加工和装配,以及内膜系统不同功能结构间定向物质转运过程及其复杂的分子调控机制。

一、囊泡的类型与来源

参与细胞内物质定向运输的囊泡类型至少有10种,根据定位可以分为细胞内囊泡(intracellular vesicle)与细胞外囊泡(extracellular vesicle)。在细胞内囊泡中,研究比较清晰的包括网格蛋白有被囊泡(clathrin coated vesicle)、COPⅠ(coatomer proteinⅠ)有被囊泡和COPⅡ有被囊泡等三种囊泡类型(图2-5-24)。

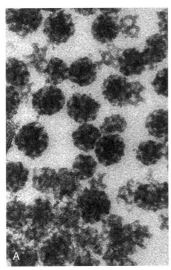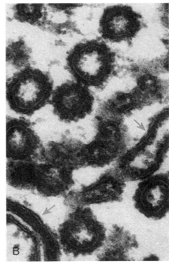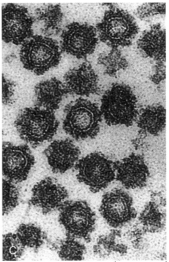

| 网格蛋白有被囊泡 | COPⅠ有被囊泡 | COPⅡ有被囊泡 100nm |

图 2-5-24 三种类型囊泡的电子显微镜图
A. 网格蛋白有被囊泡;B. COPⅠ有被囊泡;C. COPⅡ有被囊泡。

（一）网格蛋白有被囊泡产生于高尔基复合体和细胞膜

网格蛋白有被囊泡直径在 50~100nm 之间，其外被为网格蛋白纤维构成的网架结构，在网格蛋白结构外框与囊膜之间约 20nm 的间隙中填充覆盖着大量的衔接蛋白（adaptin）（图 2-5-25）。衔接蛋白不仅形成了囊泡衣被的内壳结构，而且介导网格蛋白与囊膜穿膜蛋白受体的连接，形成并维系网格蛋白-囊泡的一体化结构体系。已经发现的衔接蛋白有 AP_1、AP_2、AP_3 和 AP_4 共 4 种，其选择性地通过与不同受体-转运分子复合体的结合，形成特定的转运囊泡，进行不同的物质浓缩与转运。

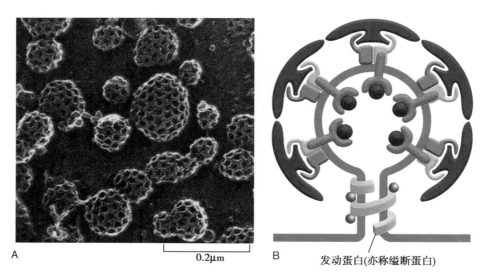

A　　　　　0.2μm　　　B　　　发动蛋白(亦称缢断蛋白)

图 2-5-25　网格蛋白有被囊泡的形态结构以及结构特征
A. 网格蛋白扫描电子显微镜结构图；B. 网格蛋白有被囊泡结构示意图。

网格蛋白有被囊泡可产生于高尔基复合体，也可由细胞膜受体介导的细胞内吞作用而形成（图 2-5-26）。由高尔基复合体产生的网格蛋白囊泡，主要介导从高尔基复合体向溶酶体、胞内体或细胞膜外进行物质输送转运；而通过细胞内吞作用形成的网格蛋白囊泡则是将外来物质转送到细胞质，或者从胞内体输送到溶酶体。

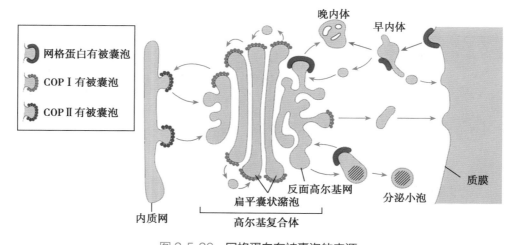

图 2-5-26　网格蛋白有被囊泡的来源

网格蛋白有被囊泡的产生，除网格蛋白与衔接蛋白之外，发动蛋白（dynamin）也具有极其重要的作用。发动蛋白由 900 个氨基酸残基组成，在膜囊芽生形成时，发动蛋白与 GTP 结合，并在外凸（或内凹）芽生膜囊的颈部聚合形成环状；随着其对 GTP 的水解，发动蛋白环向心缢缩，直至囊泡断离形成。而一旦囊泡芽生形成，便会立即脱去网格蛋白外被，转化为无被转运小泡，开始其转运运行（图 2-5-27）。

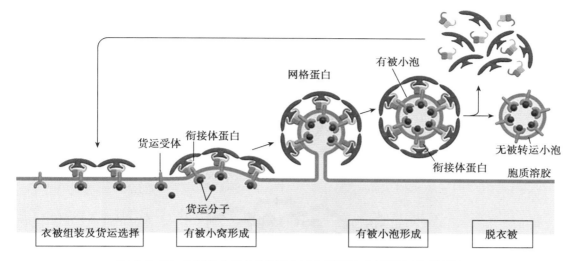

图 2-5-27　在受体介导的胞吞作用中网格蛋白有被囊泡形成过程

（二）COPⅡ有被囊泡产生于内质网

COPⅡ有被囊泡由糙面内质网所产生，表面覆盖 COPⅡ。在酵母细胞中，鉴定发现 COPⅡ外被蛋白由 5 种亚基组成。其中的 Sar 蛋白属于一种小的 GTP 结合蛋白，它可通过与 GTP 或 GDP 的结合，来调节膜泡外被的装配与去装配。Sar 蛋白亚基与 GDP 的结合，使之处于一种非活性状态；而与 GTP 结合时，Sar 蛋白将被激活，与内质网膜结合，并募集其他蛋白亚基组分在内质网膜上聚合、装配、出芽，随即断离形成 COPⅡ有被囊泡（图 2-5-28）。

COPⅡ有被囊泡主要负责介导从内质网到高尔基复合体的物质转运。应用绿色荧光蛋白（green fluorescent protein，GFP）标记示踪技术，可以观察到 COPⅡ有被囊泡在内质网生成，并向高尔基复合体的转移；数个 COPⅡ有被囊泡彼此融合，形成内质网-高尔基复合体中间体（ER-to-Golgi intermediate compartment），然后再沿微管系统继续运行，最终到达高尔基复合体的顺面（形成面）（图 2-5-29）。COPⅡ有被囊泡在抵达其靶标之后、与靶膜融合之前，其结合的 GTP 水解，产生 Sar-GDP 复合物，促使囊泡衣被蛋白发生去装配，导致囊泡脱去衣被成为无被转运小泡。

COPⅡ有被囊泡的物质转运具有选择性，其机制是 COPⅡ蛋白能够识别结合内质网穿膜蛋白受体胞质侧一端的信号序列；而内质网穿膜蛋白受体网腔侧的一端，则又与内质网网腔中的可溶性蛋白结合，实现对蛋白质的选择性转运。

（三）COPⅠ有被囊泡主要负责内质网逃逸蛋白回收转运

COPⅠ有被囊泡首先发现于高尔基复合体，主要负责内质网逃逸蛋白的捕捉、回收转运以及高尔基复合体膜内蛋白的逆向运输（retrograde transport）。COPⅠ有被囊泡也能够行使从内质网到高尔基复合体的顺向运输（anterograde transport），该过程一般不能直接完成，在囊泡的转移运行过程中，往往需要通过"内质网-高尔基复合体中间体"这一中间环节的中转（图 2-5-30）。

COPⅠ外被蛋白覆盖于囊泡表面，由 α、β、γ、δ、ε、ζ 等几种蛋白亚基成分组成。其中的 α 蛋白（也称 ARF 蛋白）类似于 COPⅡ中的 Sar 蛋白亚基，也是一种 GTP 结合蛋白，可调节控制外被蛋白复合物的聚合、装配及膜泡的转运。

COPⅠ有被囊泡形成的大致过程是：①游离于胞质中的非活化状态 ARF 蛋白与 GDP 解离，并与 GTP 结合形成 GTP-ARF 复合体；②GTP-ARF 复合体作用于高尔基复合体膜上的 ARF 受体；③COPⅠ蛋白亚基聚合，同 ARF 一起与高尔基复合体囊膜表面其他相关蛋白结合作用，诱导转运囊泡芽生。COPⅠ有被囊泡一旦从高尔基顺面膜囊生成断离，COPⅠ蛋白即可解离。

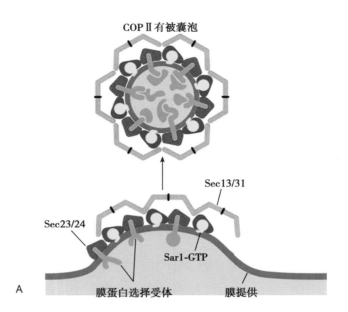

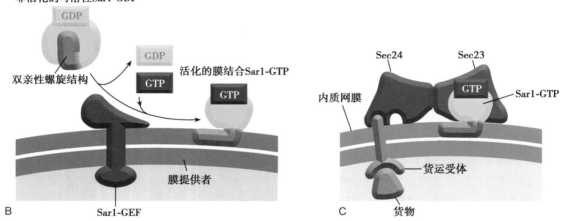

图 2-5-28　COPⅡ有被囊泡的形态结构与组装形成过程
A. COPⅡ的结构组成；B. COPⅡ的组装激活；C. COPⅡ的装配。

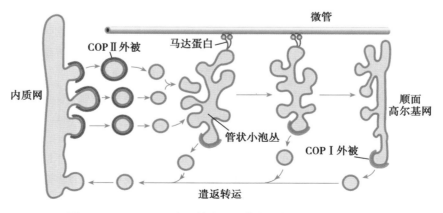

图 2-5-29　COPⅡ介导从内质网向高尔基复合体物质转运

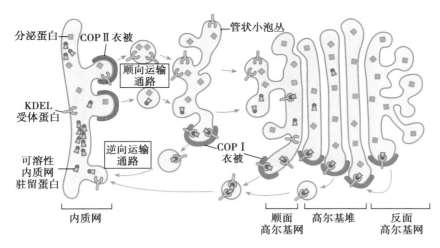

图 2-5-30　COP I 介导从高尔基复合体向内质网物质转运

二、囊泡转运过程

（一）囊泡转运是细胞物质定向运输的重要途径和基本形式

细胞中的各类囊泡,其囊膜均来自细胞器膜,是由细胞器膜外凸或内凹芽生(budding)而成。囊泡的芽生是一个主动的自我装配过程,而参与这一过程的各种组分在进化上是十分保守的。囊泡转运(vesicular transport)是由膜包裹、形成囊泡、与膜融合或断裂来完成的物质转运过程。囊泡的运行轨道及归宿,取决于其所转运物质的定位去向。例如,细胞将胞吞作用摄入的各种外来物质通过形成囊泡转移到胞内体或溶酶体,而在细胞内所合成产生的各种外输性蛋白及颗粒物质通过内质网,以囊泡的形式输送到高尔基复合体,再以囊泡的形式直接地或经由溶酶体到达细胞膜,最终通过胞吐作用(或出胞作用)分泌释放出去。

（二）识别融合是囊泡物质定向转运和准确卸载的基本保证机制

囊泡介导的蛋白质运输均要经历 3 个主要步骤:①被转运的蛋白通过膜泡形式出芽进入转运囊泡,并进行特异性分选;②在 Rab GTP 酶家族的成员、相关的效应蛋白质和细胞骨架蛋白质的作用下,囊泡转运到相关的受体细胞器的腔膜上;③膜泡锚定到受体腔膜并与之融合。

囊泡与靶膜的识别是它们之间相互融合的前提,需要 Rab GTP 酶、束缚因子和可溶性 NSF 附着蛋白受体(soluble NSF attachment protein receptor,SNARE)等组分参与。其中,SNARE 家族在囊泡转运及其选择性锚泊融合过程中发挥了重要的作用。囊泡相关蛋白(vesicle associated membrane protein,VAMP)和突触融合蛋白(syntaxin)是该蛋白家族的一对成员。定位转运囊泡表面的 VAMP 称为囊泡 SNARE(vesicle SNARE,v-SNARE),而定位于靶标细胞器膜表面的 SNARE 称为靶 SNARE(target SNARE,t-SNARE)。两者相互识别,特异互补,使转运囊泡在靶膜上锚泊停靠,保证囊泡物质定向运输和准确卸载。例如,在神经元细胞中,转运囊泡 v-SNARE(VAMP-2),可与相应靶膜上的特异的 t-SNARE(SNAP-25)识别配对,通过两者特异的相互作用将膜泡锚定到靶膜上,其后在 α-NAP 辅助下,通过 NSF 的 ATP 酶活性可逆地解离 SNARE 复合物,驱动膜融合。目前认为所有转运囊泡以及细胞器膜上都带有各自特有的一套 SNARE 互补序列,它们之间高度特异地相互识别和相互作用。

此外,GTP 结合蛋白家族 Rab 也参与囊泡转运识别、锚泊融合调节。合成于细胞质中的融合蛋白(fusion protein)也可在囊泡与靶膜融合处与 SNARE 一起组装成为融合复合物(fusion complex),促使囊泡的锚泊停靠,催化融合的发生。

（三）囊泡转运是细胞膜及内膜系统结构转换和代谢更新的桥梁

细胞膜和内质网是囊泡转运的主要发源地,而高尔基复合体则构成了囊泡转运的集散中心。伴随内质网蛋白质与脂类的合成以及运输,由内质网产生的转运囊泡融汇到高尔基复合体,其膜形成高尔基形成面膜的一部分,其内含物进入高尔基复合体的囊腔;由高尔基复合体成熟面持续地产生和分化出的不同分泌囊泡,或被直接地输送到细胞膜,或经由溶酶体再流向和融入细胞膜。细胞膜来源的囊泡转运,则以胞内体或吞噬(饮)体的形式与溶酶体发生融合。细胞膜及内膜系统结构之间的囊泡转运,形成了一个有条不紊、源源不断的膜流(图 2-5-31),实现细胞膜及内膜系统不同功能结构之间的相互转换与代谢更新。

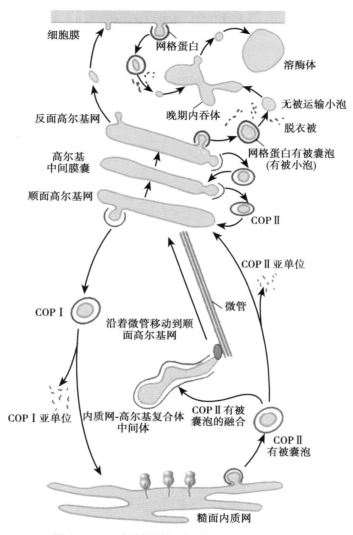

图 2-5-31　由囊泡转运介导的细胞膜流示意图

三、外泌体的结构与功能

1983 年,B. T. Pan 等用 FITC-和 ^{125}I 标记的抗转铁蛋白受体抗体跟踪羊网织红细胞体外成熟过程中转铁蛋白受体的去向,发现转铁蛋白受体结合的多肽小泡在羊网织红细胞孵育过程中释放,并带有抗转铁蛋白受体抗体。这种囊泡的形成不需要抗转铁蛋白受体抗体的存在。1987 年,C. Turbide 等发现绵羊网织红细胞在体外培养过程中释放囊泡,并含有包括乙酰胆碱酯酶、细胞松弛素 B 结合(葡萄糖转运蛋白)、核苷结合(核苷转运蛋白)、Na$^+$非依赖性氨基酸转运和转铁蛋白受体等活性组分,将其称为外泌体(exosome)。

（一）外泌体是细胞分泌的细胞外囊泡组成成分

细胞外囊泡(extracellular vesicles,EVs)是细胞旁分泌产生的一组纳米级颗粒的亚细胞成分,包括外泌体、膜微粒（microparticle，MP）、微囊泡（microvesicle，MV）等。其中，外泌体是包含复杂 RNA 和蛋白质的、直径在 40~100nm 的盘状囊泡（图 2-5-32B）。外泌体膜脂富含胆固醇和鞘磷脂，而膜蛋白根据其功能可以分为四类：①转运功能相关的蛋白，参与转运外泌体的内容物至受体细胞，其中作为外泌体标志物的有四跨膜蛋白 CD9、CD63、CD81 和 CD82 等；②信号转导相关的蛋白，如外泌体膜蛋白黏蛋白-1（Mucin-1，MUC1）β 亚基含有羧基末端结构域，其通过磷酸化和蛋白质-蛋白质相互作用参与细胞信号转导，可调节 ERK（extracellular signal-regulated kinase）、SRC 和 NF-κB（nuclear factor-kappa B，NF-κB）途径中的信号转导；③抗原处理与呈递相关蛋白，包括 MHC Ⅰ、MHC Ⅱ 以及 CD86 等；④胞吐和胞吞相关蛋白，如 Rab GTP 酶家族成员、SNAREs、筏蛋白以及膜联蛋白（annexin）等。除了以上类型的膜蛋白以外，还存在整合素 αβ 家族成员和桥粒芯蛋白-1（desmoglein-1，DSG 1）等（图 2-5-32C）。

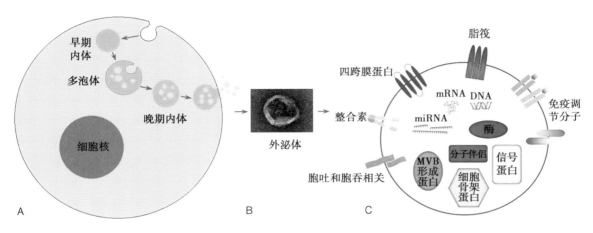

图 2-5-32　外泌体形成过程及其组成成分
A. 外泌体的形成过程；B. 外泌体的形态结构；C. 外泌体的组成成分。

　　研究表明，外泌体囊腔含有进化保守的蛋白质分子，如细胞骨架蛋白、磷脂酶 D2、热休克蛋白（HSP）以及信号转导蛋白等。来自不同细胞或同种不同生理状态的细胞的外泌体所含有的蛋白种类不同，例如，如 T 淋巴细胞分泌的外泌体表面含有 T 细胞受体、颗粒酶和穿孔素，而神经元分泌的外泌体含有谷氨酸受体。外泌体中除了含有蛋白质以外，还含有 miRNA 与 lncRNA 等非编码 RNA、mRNA 以及 DNA 等多种组分。这些组分与外泌体在生物体的生命活动中的调节作用相关，如胚胎干细胞分泌的外泌体中含有 Oct4、Nanog 和 GATA4 等编码转录因子的 mRNAs，在转运到受体细胞后，可以翻译成相应蛋白，调节靶细胞的自我更新、生长与分化。

　　（二）外泌体是由多泡小体产生

　　外泌体的形成起始于细胞的内吞作用，完成于细胞的胞吐作用，其分泌过程复杂而有序。细胞首先通过内吞形成早期内体（early endosome），其为膜包裹的囊泡结构，包含新摄入的各类受体、脂膜和细胞外液等物质。其后，胞质中转运必需内体分选复合物 0（endosomal sorting complexes required for transport-0，ESCRT-0）、ESCRT-Ⅰ 以及 ESCRT-Ⅱ 在早期内体膜表面识别和捕获泛素化膜蛋白，以"逆出芽"方式向内凹陷出芽，并选择性地将部分细胞质成分包裹形成管腔内小体，在 ESCRT-Ⅲ 的剪切作用下与内体细胞膜分离，形成多泡体（multivesicular body，MVB），后者进一步成熟形成晚期内体（late endosome）（图 2-5-32A），而晚期内体仍然表现为多泡体的结构形式。当 MVB 上的膜蛋白 TSG101 被 ISG15 修饰后，将与溶酶体融合，并被降解；而非修饰的 MVB 被转运到细胞膜后与其融合，并将其包含的小囊泡释放到细胞外微环境，这些被分泌的小囊泡即为外泌体。关于外泌体的分泌机制尚不清楚，有证据表明，微丝、微管蛋白、动力蛋白等细胞骨架蛋白、Rab GTP 酶家族成员以及 SNAREs 参与了外泌体分泌过程。

　　细胞内蛋白质被选择性富集到外泌体中的机制也不清楚。研究表明,HSC70、HSP90 等蛋白参与了特异性结合内容物并分选入外泌体。由于外泌体可以富集 AGO2 与 RISC 等 miRNA 结合相关蛋白,其可能是 miRNA 分选进入外泌体的机制。另外,RNA 的特异序列也可能介导 RNA 分选。

　　(三)外泌体作为细胞间的信息传递载体

　　外泌体由磷脂双分子层膜和其包裹的蛋白质、脂类以及核酸等大分子生物信息物质所构成,在细胞间发挥信息传递的作用,其作用方式包括以下四种:①作为信号复合体,通过配体受体介导的方式调节靶细胞的信号转导途径。例如,中性粒细胞来源的外泌体通过其膜上 Mac-1 分子激活血小板,参与凝血过程。②在细胞间转移受体,由供体细胞分泌的外泌体将细胞表面的受体通过融合转运到靶细胞膜上。例如,血小板来源的外泌体可以将黏附分子 CD41 转移到内皮细胞,增强内皮细胞的连接作用。③向靶细胞转移功能蛋白或传染性颗粒。例如,骨髓间充质干细胞(BMMSC)来源的外泌体可通过 mTOR 通路调控靶细胞自噬。④向受体细胞传递 mRNA 或非编码 RNA 等遗传物质。BMMSC 来源的外泌体 miR-196a 通过调控成骨基因 ALP、OCN、OPN 和 Runx2 的表达促进成骨分化进而促进骨折愈合。

　　外泌体向受体细胞的转运具有特异性与非特异性两种方式。特异性转运由受体细胞表面的黏附分子决定,如整合素。外泌体表面的 TSPAN 蛋白复合体的不同也会影响受体细胞对外泌体的选择。另外,外泌体可以通过内吞或者吞噬作用进入细胞,最终作为营养物质通过受体细胞的溶酶体进行降解。

第六节　细胞内膜系统与医学的关系

　　早在 1858 年,病理学家 R. Virchow 就提出病理过程是细胞和组织病变的反映。细胞的任何异常,都会直接地引起细胞生命活动的紊乱或导致细胞的病理改变。内膜系统是真核细胞内最为重要的功能结构体系之一,因此参与细胞的一系列病理过程,与多种人类疾病密切相关。

一、内质网异常与病理改变

　　内质网是极为敏感的细胞器,许多不良因素都可能会引起内质网形态、结构的改变,并导致其功能的异常。

　　(一)肿胀、肥大或囊池塌陷是最为常见的内质网形态结构改变

　　在低氧、辐射、阻塞等情况下,钠离子和水分的渗入、内流可以引起内质网的肿胀。极度的肿胀,最终会导致内质网的破裂。由低氧、病毒性肝炎引起的糙面内质网的肿胀,还常常伴随着附着核糖体颗粒的脱落和萎缩。膜的过氧化损伤所致的合成障碍可以引起内质网囊池的塌陷;而肝细胞在糖原贮积症 I 型及恶性营养不良综合征时,则表现为内质网膜断离伴随核糖体脱落的典型形态改变。

　　(二)内质网囊腔中包涵物的形成和出现是某些疾病或病理过程的表现特征

　　在药物中毒、肿瘤所致的代谢障碍情况下,可观察到一些有形或无形的包涵物在内质网中的形成富集;而在某些遗传性疾病患者,由于内质网合成蛋白质的分子结构异常,则有蛋白质、糖原和脂类物质在内质网中的累积。

　　(三)内质网在不同肿瘤细胞中的多样性改变

　　内质网的形态结构与功能改变与肿瘤细胞的特性相关。在低分化癌变细胞中,内质网比较稀少;在高分化癌变细胞中,内质网比较发达。低侵袭力癌细胞中内质网较少,6-磷酸酶活性呈下降趋势,但是分泌蛋白、尿激酶合成相对明显增多;高侵袭癌细胞中,内质网相对发达,分泌蛋白、驻留蛋白、β-葡萄糖醛酸苷酶等的合成均比低侵袭癌细胞显著增高。其中,环孔片层是肿瘤细胞中常见的内质网改变。

二、高尔基复合体异常与病理改变

　　(一)功能亢进导致高尔基复合体的代偿性肥大

　　在细胞分泌功能亢进时,常伴随高尔基复合体结构的肥大。在大鼠肾上腺皮质的再生过程中,腺

垂体细胞促肾上腺皮质激素处于旺盛分泌状态时,高尔基复合体整个结构显著增大;再生结束,随着促肾上腺皮质激素分泌的减少,高尔基复合体结构又恢复到常态。

（二）毒性物质作用下高尔基复合体的萎缩与损坏

脂肪肝的形成,是由于肝细胞中高尔基复合体脂蛋白正常合成分泌功能的丧失所致。在这种病理状态下,肝细胞高尔基复合体中脂蛋白颗粒明显减少甚至消失;高尔基复合体自身形态萎缩,结构受到破坏。

（三）肿瘤细胞中高尔基复合体的变化

高尔基复合体在肿瘤细胞中的数量分布、形态结构以及发达程度,因肿瘤细胞的分化状态不同而呈现显著差异。在低分化的大肠癌细胞中,高尔基复合体仅为聚集、分布在细胞核周围的一些分泌小泡;而在高分化的大肠癌细胞中,高尔基复合体则特别发达,具有典型的高尔基复合体形态结构。

三、溶酶体异常与人类疾病

溶酶体在细胞生命活动中具有多方面的重要生物学功能。由溶酶体的结构或功能异常所引起的疾病称为溶酶体病。

（一）溶酶体酶缺乏或缺陷疾病

目前,已经发现有 40 余种先天性溶酶体病与溶酶体中某些酶的缺乏或缺陷相关。例如,泰-萨病（Tay-Sachs disease）亦称家族性黑矇性痴呆是由于氨基己糖酶 A 缺乏,阻断了 GM2 神经节苷脂的代谢,导致了 GM2 的代谢障碍,使得 GM2 在脑及神经系统和心脏、肝脏等组织的大量累积而引发。糖原贮积症 Ⅱ 型（glycogen storage disease typeⅡ,GSDⅡ）由于缺乏 α-糖苷酶,以致糖原代谢受阻而沉积于全身多种组织,包括脑、肝、肾上腺、骨骼肌和心肌等。

某些药物也会引起获得性溶酶体酶缺乏相关疾病。例如,磺胺类药物会造成巨噬细胞内 pH 升高,使得酸化降低,导致所吞噬的细菌不能被有效地杀灭而引发炎症;抗疟疾、抗组胺及抗抑郁之类的药物,会在溶酶体中蓄积,引起某些细胞代谢中间产物在溶酶体中的蓄积,从而直接或间接地导致溶酶体病的发生。

（二）溶酶体酶的异常释放或外泄造成的损伤性疾病

由于受到某些理化或生物因素的影响,使得溶酶体膜的稳定性发生改变,导致酶的释放,结果造成细胞、组织的损伤或疾病。

硅沉着病是一种因溶酶体膜受损而导致溶酶体酶释放所引发的最常见的职业病。吸入肺部的粉尘颗粒,被肺组织中的巨噬细胞吞噬形成吞噬体,进而与内体性溶酶体（或初级溶酶体）融合转化为吞噬性溶酶体。带有负电荷的粉尘颗粒在溶酶体内形成硅酸分子,以非共价键与溶酶体膜或膜上的阳离子结合,影响膜的稳定性,使溶酶体酶和硅酸分子外泄,造成巨噬细胞的自溶。外泄的溶酶体酶进而消化和溶解周围的组织细胞,而释放出的不能被消化分解的粉尘颗粒又被巨噬细胞所吞噬,重复上述过程,结果诱导成纤维细胞增生,并分泌大量胶原物质,造成肺组织纤维化,降低肺的弹性,最终引起肺功能障碍甚或丧失。

痛风是以高尿酸血症为主要临床生化指征的嘌呤代谢紊乱性疾病。由于尿酸盐的生成与排出之间平衡失调,导致血尿酸盐升高,并以结晶形式沉积于关节周围组织,并被白细胞所吞噬。被吞噬的尿酸盐结晶与溶酶体膜之间形成氢键结合,改变了溶酶体膜的稳定性,溶酶体中水解酶和组胺等可致炎物质释放,引起白细胞自溶坏死,导致所在沉积组织的急性炎症,而被释放的尿酸盐又继续在组织沉积。当沉积发生在关节、关节周围、滑囊、腱鞘等组织时,会形成异物性肉芽肿;在肾脏,则可能导致尿酸性结石或慢性间质性肾炎。

此外,溶酶体酶的释放与类风湿关节炎疾病的发生、休克发生后的细胞与机体的不可逆损伤等都有着密切的关系。

四、过氧化物酶体异常与疾病

（一）原发性过氧化物酶体缺陷引致的遗传性疾病

与原发性过氧化物酶体缺陷相关的大多是一些遗传性疾病。例如，遗传性过氧化氢酶血症的患者细胞内过氧化氢酶缺乏，抗感染能力下降，易发口腔炎等疾病；Zellweger 脑肝肾综合征患者肝、肾细胞中过氧化物酶体及过氧化氢酶缺乏，琥珀酸脱氢酶黄素蛋白与 CoQ 之间的电子传递障碍，引起严重的肝功能障碍，重度骨骼肌张力减退，脑发育迟缓及癫痫等综合征。

（二）疾病过程中的过氧化物酶体病理性改变

过氧化物酶体的病理性改变可表现为数量、体积、形态等多种异常。例如，在患有甲状腺功能亢进、慢性酒精中毒或慢性低氧血症等疾病时，可见患者肝细胞中过氧化物酶体数量增多；而在甲状腺功能减退、肝脂肪变性或高脂血症等情况下，则表现为过氧化物酶体数量减少、老化或发育不全。这提示，甲状腺激素与过氧化物酶体的产生、形成和发育具有一定的关系。这些异常也见于病毒、细菌及寄生虫感染、炎症或内毒素血症等病理情况以及肿瘤细胞中。

基质溶解是过氧化物酶体最常见的异常形态学变化，发生于缺血性组织损伤，其主要表现为过氧化物酶体内出现片状或小管状结晶包涵物。

小结

内膜系统是指细胞内在结构上、功能上乃至发生起源上密切关联的细胞固有的膜性结构细胞器的统称，包括内质网、高尔基复合体、溶酶体、过氧化物酶体、各种转运小泡和核膜等，是真核细胞区别于原核细胞的重要标志之一，实现细胞的区室化效应。

内质网是以彼此相互连通的各种大小、形状各异的管、泡或扁囊为基本结构单位构成的膜性管网系统，葡萄糖-6-磷酸酶为主要标志酶。依据内质网不同的形态结构特征和主要的功能特性，可划分为糙面内质网和光面内质网两种基本类型。前者主要作为核糖体附着的支架，参与外输性蛋白的分泌合成、修饰加工及转运过程，而后者参与细胞内物质合成。

高尔基复合体是由三种不同大小类型的囊泡组成的极性膜性结构复合体，糖基转移酶为其标志酶。其功能主要包括蛋白质的修饰加工、糖蛋白中多（寡）糖组分及分泌性多糖类的生物合成以及蛋白质的分选和膜泡的定向运输。

溶酶体是由单层单位膜包裹而成的膜性球囊状结构细胞器，酸性水解酶为其标志性酶。根据溶酶体的不同生理功能状态，可将其划分为初级溶酶体、次级溶酶体和三级溶酶体三种基本类型；根据溶酶体的形成过程，可分为内体性溶酶体和吞噬性溶酶体两大类型。溶酶体具有细胞内消化功能。

过氧化物酶体是由一层单位膜包裹而成的膜性结构细胞器，过氧化氢酶为其标志性酶，主要完成解毒、调节细胞氧张力以及参与脂肪酸等高能分子的分解等重要功能作用。

囊泡是真核细胞中常见的膜泡结构，参与细胞内物质定向运输。根据定位可以分为细胞内囊泡与细胞外囊泡。在细胞内囊泡中，研究比较清晰的包括网格蛋白有被囊泡（clathrin coated vesicle）、COP I 和 COP II 有被囊泡等三种囊泡类型。外泌体是包含复杂 RNA 和蛋白质的、直径在 40~100nm 的盘状囊泡，是细胞外囊泡的一种结构形式。外泌体起始于细胞内吞形成的早期内体，在细胞中成熟为晚期内体，继而形成多泡体，后者通过胞吐作用，将外泌体小囊泡释放到细胞外微环境。外泌体向受体细胞的转运具有特异性与非特异性两种方式，发挥细胞间的信号传递以及营养输送。

（黄　辰）

思考题

1. 内膜系统是如何起源与发生的?
2. 细胞内囊泡通过什么机制实现运输,其生物学意义是什么?
3. 如何理解内膜系统与细胞功能的统一性和完整性?
4. 分泌蛋白的合成和修饰涉及哪些生物学过程,其如何发生转运?

第六章
线粒体与细胞的能量转换

【学习要点】

1. 线粒体的化学组成、结构及生物学功能。
2. 线粒体基因组的特点和线粒体的半自主性。
3. 核编码蛋白质向线粒体的转运。
4. 氧化磷酸化的概念及耦联机制。
5. 线粒体异常引起的人类疾病及其治疗。

地球上一切生命活动所需要的能量主要来源于太阳能。但不同类型的生物体吸收能量的机制不同，光能转变为化学能只发生在具有叶绿素的植物和一些有光合能力的细菌中，它们能通过光合作用，将无机物（如 CO_2 和 H_2O）转化成可被自身利用的有机物，这类生物是自养生物（autotroph）。而动物细胞内不具有叶绿体，它们以自养生物合成的有机物为营养，通过分解代谢而获得能量，因而被称为异养生物（heterotroph），而动物细胞实现这一能量转换的细胞内主要结构就是线粒体。

线粒体（mitochondrion）是一个敏感而多变的细胞器，普遍存在于除哺乳动物成熟红细胞以外的所有真核细胞中。细胞生命活动所需能量的 80% 是由线粒体提供的，所以它是细胞进行生物氧化和能量转换的主要场所，也有人将线粒体比喻为细胞的"动力工厂"（power station）。近年来的研究也显示，线粒体与细胞内氧自由基的生成、细胞死亡及许多人类疾病的发生有密切的关系。

第一节　线粒体的基本特征

一、线粒体的化学组成

线粒体干重的主要成分中，脂类和蛋白质约占 65%~70%，多数分布于内膜和基质。线粒体蛋白质分为两类：一类是可溶性蛋白，包括基质中的酶和膜外周蛋白；另一类是不溶性蛋白，为膜结构蛋白或膜镶嵌酶蛋白。脂类占线粒体干重的 25%~30%，大部分是磷脂。此外，线粒体还含有 DNA 和相对完整的遗传系统，多种辅酶（如 CoQ、FMN、FAD 和 NAD^+ 等）、维生素和各类无机离子。

线粒体含有众多酶系，目前已确认的有 120 余种，是细胞中含酶最多的细胞器。这些酶分别位于线粒体的不同部位，在线粒体行使细胞氧化功能时起重要作用。有些酶可作为线粒体不同部位的标志酶，如内、外膜的标志酶分别是细胞色素氧化酶和单胺氧化酶；基质和膜间隙的标志酶分别为苹果酸脱氢酶和腺苷酸激酶。

二、线粒体的形态、数量及分布

光镜下的线粒体呈线状、粒状或杆状等，直径为 0.5~1.0μm。不同类型或不同生理状态的细胞，线粒体的形态、大小、数量及排列分布并不相同。例如，在低渗环境下，线粒体膨胀如泡状；在高渗环境下，线粒体又伸长为线状。线粒体的形态也随细胞发育阶段不同而异，如人胚胎肝细胞的线粒体，在发育早期为短棒状，在发育晚期为长棒状。细胞内的 pH 对线粒体形态也有影响，酸性时线粒体膨胀，碱性时线粒体为粒状。

线粒体的数量可因细胞种类不同而不同，细胞最少的只含 1 个线粒体，最多的达 50 万个，其总体积可占细胞总体积的 25%。这与细胞本身的代谢活动有关，代谢旺盛时，线粒体数量较多，反之线粒体的数量较少。

线粒体虽然在很多细胞中呈弥散均匀分布状态，但一般较多地聚集于生理功能旺盛、需要能量供应的区域，如在肌细胞中，线粒体集中分布在肌原纤维之间；在精子细胞中，线粒体围绕鞭毛中轴紧密排列，以利于精子尾部摆动时的能量供应。有时，同一细胞在不同生理状况下，也存在线粒体的变形移位现象。例如肾小管细胞，当其主动交换功能旺盛时，线粒体常大量集中于膜内缘，这与主动运输时需要能量有关；有丝分裂时线粒体均匀集中在纺锤丝周围，分裂结束时，它们大致平均分配到两个子细胞中。线粒体在细胞质中的分布与迁移往往与微管有关，故线粒体常常排列成长链形，与微管分布相对应。

三、线粒体的结构

电子显微镜下，线粒体是由双层单位膜套叠而成。双层膜将线粒体内部空间与细胞质隔离，并使线粒体内部空间分隔成两个膜性空间，组成线粒体结构的基本支架（图 2-6-1）。

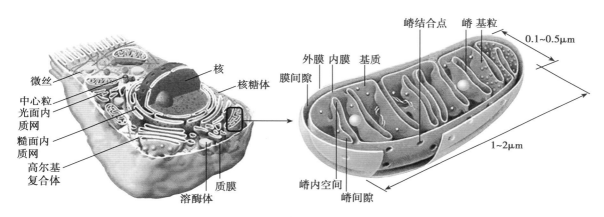

图 2-6-1　线粒体结构模式图
左为线粒体在细胞内的分布；右为线粒体结构，显示其由两层单位膜套叠而成。

（一）线粒体外膜是一层单位膜

线粒体外膜（mitochondrial outer membrane）是线粒体最外层所包绕的一层单位膜，厚约 5~7nm，光滑平整。在组成上，外膜的 1/2 为脂类，1/2 为蛋白质。外膜上镶嵌的蛋白质包括多种转运蛋白，它们形成较大的水相通道跨越脂质双层，使外膜出现直径为 2~3nm 的小孔，允许通过分子量在 5kD 以下的物质，包括一些小分子多肽。

外膜含有一些特殊的酶类，这些酶可催化肾上腺素氧化、色氨酸的降解、脂肪酸链的延长等，表明外膜不仅可以参与膜磷脂的合成，而且还可以对那些将在线粒体基质中进行彻底氧化的物质初步分解。

（二）线粒体内膜向基质折叠形成特定的内部空间

线粒体内膜（mitochondrial inner membrane）比外膜稍薄，平均厚为 4.5nm，也是一层单位膜。内膜的化学组成中 20% 是脂类，80% 是蛋白质，蛋白质的含量明显高于其他膜成分。内膜缺乏胆固醇，但富含稀有磷脂双磷脂酰甘油（diphosphatidylglycerol）即心磷脂（cardiolipin），约占磷脂含量的 20%，心磷脂与离子的不可通透性有关。内膜通透性很小，分子量大于 150Da 的物质不能通过。一些较大的分子和离子由特异的膜转运蛋白转运进出线粒体基质。线粒体内膜的高度不通透性对建立质子电化学梯度,驱动 ATP 的合成起重要作用。

内膜将线粒体的内部空间分成两部分,其中由内膜直接包围的空间称内腔,含有基质,也称基质腔(matrix space);内膜与外膜之间的空间称为外腔或膜间腔(隙)(intermembrane space)。内膜向内腔突起的折叠(infolding)形成嵴(cristae),嵴与嵴之间的内腔部分称嵴间腔(隙)(intercristae space),而由于嵴向内腔突进造成的外腔向内伸入的部分称为嵴内空间(intracristae space)。

内膜(包括嵴)的内表面附着许多突出于内腔的颗粒称为基粒(elementary particle),每个线粒体大约有 10^4~10^5 个基粒。基粒分为头部、柄部、基片三部分,由多种蛋白质亚基组成。圆球形的头部突入内腔中,基片嵌于内膜中,柄部将头部与基片相连。基粒头部具有酶活性,能催化 ADP 磷酸化生成 ATP,因此,基粒又称 ATP 合酶(ATP synthase)或 ATP 合酶复合体(ATP synthase complex)。

(三)内外膜转位接触点形成核编码蛋白质进入线粒体的通道

利用电子显微镜技术可以观察到在线粒体的内、外膜上存在着一些内膜与外膜相互接触的地方,在这些地方膜间隙变狭窄,称为转位接触点(translocation contact site)(图 2-6-2),其间分布有蛋白质等物质进出线粒体的通道蛋白和特异性受体,分别称为内膜转位子(translocon of the inner membrane,Tim)和外膜转位子(translocon of the outer membrane,Tom)。有研究估计鼠肝细胞中直径为 1μm 的线粒体有 100 个左右的转位接触点,用免疫电子显微镜的方法可观察到转位接触点处有蛋白质前体的积聚,显示它是蛋白质等物质进出线粒体的通道。

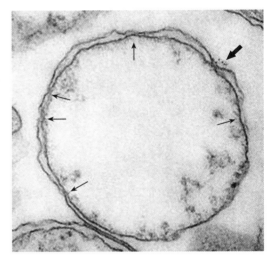

$\vdash\!\!\dashv$ 0.2μm

图 2-6-2   线粒体内膜和外膜形成转位接触点的电子显微镜图像
黑色细箭头所指为转位接触点;黑色粗箭头所指为通过转位接触点转运的物质。

(四)基质为物质氧化代谢提供场所

线粒体内腔充满了电子密度较低的可溶性蛋白质和脂肪等成分,称为基质(matrix)。线粒体中催化三羧酸循环、脂肪酸氧化、氨基酸分解和蛋白质合成等有关的酶都在基质中。此外,基质中还含有线粒体独特的双链环状 DNA、核糖体,这些构成线粒体相对独立的遗传信息复制、转录和翻译系统。因此,线粒体是人体细胞除细胞核以外唯一含有 DNA 的细胞器,每个线粒体中可有一个或多个 DNA 拷贝,形成线粒体自身的基因组及复制、转录和翻译体系。

四、线粒体的半自主性

(一)线粒体有自己的遗传系统和蛋白质翻译系统

线粒体虽然有自己的遗传系统和蛋白质翻译系统,且部分遗传密码与核密码有不同的编码含义,但它与细胞核的遗传系统构成了一个整体。线粒体基因组包含在一条 DNA 中,称为线粒体 DNA(mitochondrial DNA,mtDNA),mtDNA 是裸露的,不与组蛋白结合,存在于线粒体的基质内或依附于线粒体内膜。在一个线粒体内往往有 1 至数个 mtDNA 分子,平均为 5~10 个。线粒体 DNA 主要编码线粒体的 tRNA、rRNA 及一些线粒体蛋白质,如电子传递链酶复合体中的亚基。但由于线粒体中大多数酶或蛋白质仍由细胞核 DNA 编码,所以它们在细胞质中合成后经特定的方式转送到线粒体中。

(二)线粒体基因组为一条双链环状的 DNA 分子

每一条线粒体 DNA 分子构成线粒体基因组,人类线粒体基因组全序列的测定早已完成,线粒体基因组序列(又称剑桥序列)共含 16 568 个碱基对(bp),为一条双链环状的 DNA 分子。双链中一为重链(H),一为轻链(L),这是根据它们的转录本在 CsCl 中密度的不同而区分的。重链和轻链上的编码物各不相同(图 2-6-3),人类线粒体基因组共编码 37 个基因。重链上编码 12S rRNA(小 rRNA)、16S rRNA(大 rRNA)、NADH-CoQ 氧化还原酶 1(NADH-CoQ oxidoreductase 1,ND1)、ND2、ND3、ND4L、ND4、ND5、细胞色素 c 氧化酶 I(cytochrome c oxidase I,COX I)、COX II、COX III、细胞色素 b 的亚基、ATP 合酶的第 6 亚单位(A6)和第 8 亚单位(A8)及 14 个 tRNA 等(图中的大写字母表示其对应的氨基酸);轻链编码 ND6 及 8 个 tRNA。

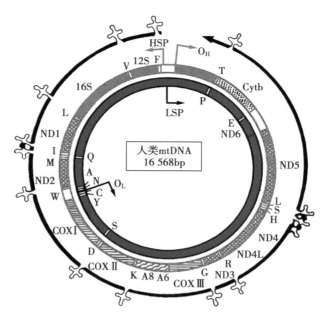

图 2-6-3 人线粒体环状 DNA 分子及其转录产物

在这 37 个基因中,仅 13 个是编码蛋白质的基因,13 个序列都以 ATG(甲硫氨酸)为起始密码,并有终止密码结构,长度均超过可编码 50 个氨基酸多肽所必需的长度,由这 13 个基因所编码的蛋白质均已确定,其中 3 个为构成细胞色素 c 氧化酶(COX)复合体(复合体IV)催化活性中心的亚单位(COX I、COX II 和 COX III),这 3 个亚基与细菌细胞色素 c 氧化酶是相似的,其序列在进化过程中是高度保守的;还有 2 个为 ATP 合酶复合体(复合体V)F$_0$ 部分的 2 个亚基(A6 和 A8);7 个为 NADH-CoQ 还原酶复合体(复合体 I)的亚基(ND1、ND2、ND3、ND4L、ND4、ND5 和 ND6);还有 1 个编码的结构蛋白质为 CoQH$_2$-细胞色素 c 还原酶复合体(复合体III)中细胞色素 b 的亚基(图 2-6-4);其他 24 个基因编码两种 rRNA 分子(用于构成线粒体的核糖体)和 22 种 tRNA 分子(用于线粒体 mRNA 的翻译)。

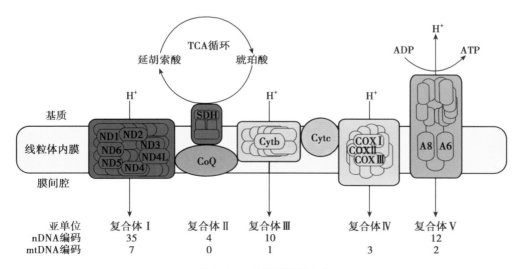

图 2-6-4 呼吸链的组成

亚单位	复合体 I	复合体 II	复合体 III	复合体 IV	复合体 V
nDNA 编码	35	4	10		12
mtDNA 编码	7	0	1	3	2

每个复合体都由多条多肽链(大部分由核基因组编码,少部分由线粒体基因组编码)组成。

与核基因组相比,线粒体基因组紧凑了许多,核基因组中的非编码序列高达 90%,而在线粒体基因组中只有很少的非编码序列。

(三)重链和轻链各有一个启动子启动线粒体基因的转录

线粒体基因组的转录是从两个主要的启动子处开始的,分别为重链启动子(heavy-strand promoter,HSP)和轻链启动子(light-strand promoter,LSP)。线粒体转录因子 A(mitochondrial transcription factor A, mtTFA）参与线粒体基因的转录调控。mtTFA 可与 HSP 和 LSP 上游的 DNA 特定序列相结合,并在 mtRNA 聚合酶的作用下启动转录过程,mtTFA 是一个分子质量为 25kD 的蛋白质,具有类似于高泳动组基序（high mobility group motifs）的 2 个结构域。线粒体基因的转录类似原核生物的转录,即产生一个多顺反子（polycistron）,其中包括多个 mRNA 和散布于其中的 tRNA,剪切位置往往发生在 tRNA 处,从而使不同的 mRNA 和 tRNA 被分离和释放。

与核合成 mRNA 不同,线粒体 mRNA 不含内含子,也很少有非翻译区。每个 mRNA 5' 端起始密码的 3 个碱基为 AUG（或 AUA）,UAA 的终止密码位于 mRNA 的 3' 端。某些情况下,一个碱基 U 就是 mtDNA 体系中的终止密码子,而后面的两个 A 是多聚腺嘌呤尾巴的一部分,这两个 A 往往是在 mRNA 前体合成好之后才加上去的。加工后的 mRNA 的 3' 端往往有约 55 个核苷酸多聚 A 的尾部,但是没有细胞核 mRNA 加工时的帽结构。

所有 mtDNA 编码的蛋白质也是在线粒体内并在线粒体的核糖体上进行翻译的。线粒体编码的 RNA 和蛋白质并不运出线粒体外,相反,构成线粒体核糖体的蛋白质则是由细胞质运入线粒体内的。用于蛋白质合成的所有 tRNA 都是由 mtDNA 编码的。值得一提的是,线粒体基因中有两个重叠基因,一个是复合物 I 的 ND4L 和 ND4,另一个是复合物 V 的 ATP 酶 8 和 ATP 酶 6（图 2-6-5）。

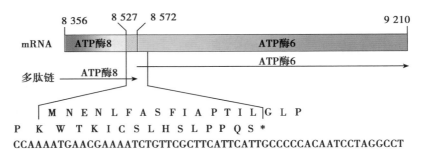

图 2-6-5　ATP 酶 8 和 ATP 酶 6 亚基翻译重叠框架

线粒体 mRNA 翻译的起始氨基酸为甲酰甲硫氨酸,这点与原核生物类似。另外,线粒体的遗传密码也与核基因不完全相同（表 2-6-1）,例如 UGA 在核编码系统中为终止密码,但在人类细胞的线粒体编码系统中,它编码色氨酸。

表 2-6-1　通用密码和线粒体遗传密码的差异

密码子	通用遗传密码	线粒体遗传密码			
		哺乳动物	无脊椎动物	酵母	植物
UGA	终止密码	*Trp*	*Trp*	*Trp*	终止密码
AUA	lle	*Met*	*Met*	*Met*	lle
CUA	Leu	Leu	Leu	*Thr*	Leu
AGA	Arg	终止密码	*Ser*	Arg	Arg
AGG	Arg	终止密码	*Ser*	Arg	Arg

*斜体表示与通用密码不同。

（四）线粒体 DNA 的复制是一个缓慢而复杂的过程

环形的人类线粒体 DNA 的复制类似于原核细胞的 DNA 复制,但也有自己的特点。典型的细菌（如 E.coli）环形基因组有一个复制起始点（origin）,并从某一位点进行双向复制,因此子链 DNA 的合成既需要 DNA 聚合酶（以母链为模板在 RNA 引物上合成子链 DNA）,也需要 RNA 聚合酶（催化合成短的 RNA 引物）,并以相反的方向同时进行。人类 mtDNA 也是单一的复制起始,mtDNA 的复制起始点被分成两半,一个是在重链上,称为重链复制起始点（origin of heavy-strand replication,O_H）,位于环的顶部,tRNA^{Phe} 基因(557)和 tRNA^{Pro} 基因(16 023)之间的控制区(control region),它控制重链子链 DNA 的自我复制;另一个是在轻链上,称为轻链复制起始点(origin of light-strand replication,O_L),位于环的"8"点钟位置,它控制轻链子链 DNA 的自我复制。这种两个复制点的分开导致 mtDNA 的复制机制比较特别,需要一系列进入线粒体的核编码蛋白质的协助(图 2-6-6)。此外,mtDNA 的复制特点还包括它的复制不受细胞周期的影响,可以越过细胞周期的静止期或间期,甚至可分布在整个细胞周期。

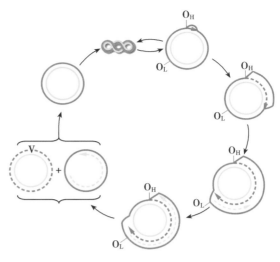

图 2-6-6　线粒体 DNA 的复制

五、核编码蛋白质向线粒体的转运

(一)核编码蛋白进入线粒体时需要分子伴侣蛋白的协助

线粒体中含有 1 000~1 500 种蛋白质,除上述的 13 种多肽外,98% 以上由细胞核 DNA 编码,在细胞质核糖体上合成后运入线粒体内。这些蛋白质中的绝大多数被转运至线粒体的基质,少数进入膜间隙及插入到内膜和外膜上(图 2-6-7,表 2-6-2)。核编码蛋白在进入线粒体的过程中需要一类被称为分子伴侣(molecular chaperone)的蛋白质的协助。输入到线粒体的蛋白质在其 N-端均具有一段基质导入序列(matrix-targeting sequence,MTS),线粒体外膜和内膜上的受体能识别并结合各种不同的但相关的 MTS。这些基质导入序列富含精氨酸、赖氨酸、丝氨酸和苏氨酸,但少见天冬氨酸和谷氨酸,并包含了所有介导在细胞质中合成的前体蛋白输入到线粒体基质的信号。

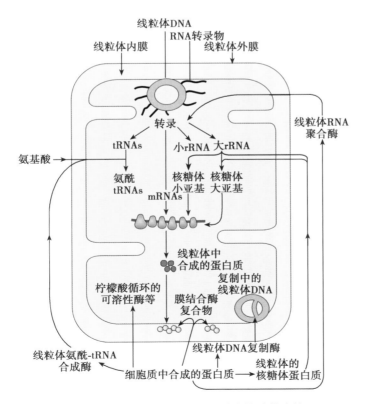

图 2-6-7　核编码蛋白在线粒体内的功能定位

表 2-6-2　部分核编码的线粒体蛋白

线粒体定位	蛋白质	线粒体定位	蛋白质
基质	乙醇脱氢酶(酵母)	内膜	ADP/ATP 反向转运体(antiporter)
	氨甲酰磷酸合酶(哺乳动物)		复合体Ⅲ亚基 1、2、5(铁-硫蛋白)、6、7
	柠檬酸合酶(citrate synthase) 其他柠檬酸酶		复合体Ⅳ(COX)亚基 4、5、6、7
	DNA 聚合酶		F_0 ATP 酶
	F_1 ATP 酶亚单位 α(除植物外) β、γ、δ(某些真菌)		产热蛋白(thermogenin)
	Mn^{2+}超氧化物歧化酶	膜间隙	细胞色素 c
	鸟氨酸转氨酶(哺乳动物)		细胞色素 c 过氧化物酶
	鸟氨酸转氨甲酰酶(哺乳动物)		细胞色素 b_2 和 c_1(复合体Ⅲ亚基)
	核糖体蛋白质	外膜	线粒体孔蛋白(porin)P70
	RNA 聚合酶		

（二）前体蛋白在线粒体外保持非折叠状态

当线粒体蛋白可溶性前体(soluble precursor of mitochondrial protein)在核糖体内形成以后,少数前体蛋白与一种称为新生多肽相关复合物(nascent-associated complex, NAC)的分子伴侣蛋白相互作用,NAC 的确切作用尚不清楚,但明显增加了蛋白转运的准确性;而绝大多数的前体蛋白都要和一种称为热休克同源蛋白 70(heat shock cognate protein 70, HSC70)的分子伴侣结合,从而防止前体蛋白形成不可解开的构象,也可以防止已松弛的前体蛋白聚集(aggregation)。尽管 HSC70 的这种作用对于胞质蛋白并不是必需的,但对于要进入线粒体的蛋白却是至关重要的,因为紧密折叠的蛋白根本不可能穿越线粒体膜。目前尚不清楚分子伴侣蛋白能否准确区分胞质蛋白和线粒体蛋白,但是细胞质内某些因子显然在这种区分中发挥着重要作用,已经证实在哺乳动物细胞质中存在两种能够准确结合线粒体前体蛋白的因子:前体蛋白的结合因子(presequence-binding factor, PBF)和线粒体输入刺激因子(mitochondrial import stimulatory factor, MSF),前者能够增加 HSC70 对线粒体蛋白的转运;后者不依赖于 HSC70,常单独发挥着 ATP 酶的作用,为聚集蛋白的解聚提供能量。

某些前体蛋白如内膜 ATP/ADP 反向转运体与 MSF 所形成的复合体能进一步与外膜上的第 1 套受体 Tom37 和 Tom70 相结合,然后 Tom37 和 Tom70 把前体蛋白转移到第 2 套受体 Tom20 和 Tom22,同时释放 MSF;而绝大多数与 HSC70 结合的前体蛋白常不经过受体 Tom37 和 Tom70,直接与受体 Tom20 和 Tom22 结合,与前体蛋白结合的受体 Tom20 和 Tom22 与外膜上的通道蛋白 Tom40(第 3 套受体)相耦联,后者与内膜的接触点共同组成一个直径为 1.5~2.5nm 的跨膜通道(Tim17 受体系统)(图 2-6-8),非折叠的前体蛋白通过这一通道转移到线粒体基质。

（三）分子运动产生的动力协助多肽链穿过线粒体膜

前体蛋白一旦和受体结合后,就要和外膜及内膜上的膜通道发生作用才可进入线粒体。在此过程中,一种也为分子伴侣的线粒体基质 HSP70(mthsp70)可与进入线粒体腔的前导肽链交联,提示 mthsp70 参与蛋白质的转运。Simon S. M. 等提出了一种作用机制,即布朗棘轮模型(Brownian ratchet model)(图 2-6-9),该模型认为在蛋白质转运孔道内,多肽链做布朗运动摇摆不定,一旦前导肽链自发进入线粒体腔,立即有一分子 mthsp70 结合上去,这样就防止了前导肽链退回细胞质;随着肽链进一步伸入线粒体腔,肽链会结合更多的 mthsp70 分子。根据该模型可以预测一条折叠肽链的转运应不慢于其自发解链,许多蛋白质的自发解链极慢,如细胞色素 b_2,其解链速度以小时计;而细胞色素 b_2 可在几分钟内进入线粒体。对这种快速转运的发生最直接的解释是 mthsp70 可拖拽前导肽链,而要

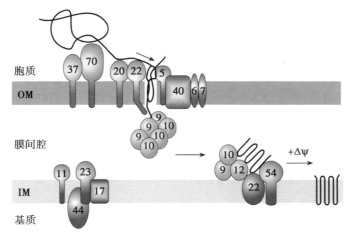

图 2-6-8　Tom 和 Tim 受体系统
显示它们参与核编码多肽链通过线粒体膜进入线粒体的过程。

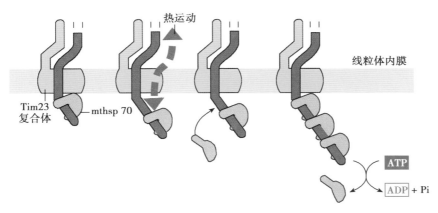

图 2-6-9　布朗棘轮模型示意图

拖拽肽链,mthsp70 必须同时附着在肽链和线粒体膜上,这一排列方式使 mthsp70 通过变构产生拖力:首先 mthsp70 以一种高能构象结合前导肽链,然后松弛为一种低能构象,促使前导肽链进入,并迫使后面的肽链解链以进入转运轨道。这种假说将 mthsp70 描绘成"转运发动机",类似于肌球蛋白和肌动蛋白的牵拉作用。

（四）多肽链需要在线粒体基质内重新折叠才形成有活性的蛋白质

蛋白质穿膜转运至线粒体基质后,必须恢复其天然构象以行使功能。当蛋白质穿过线粒体膜后,大多数蛋白质的基质导入序列被基质作用蛋白酶（matrix processing protease, MPP）所移除。人们还不知道确切的蛋白水解时间,但这种水解反应很可能是一种早期事件,因为此类 MPP 定位于线粒体内膜上。此时的蛋白质分子需要进行重新折叠,而在蛋白质浓度为 500~600mg/ml 的周围环境下,蛋白质要自发进行重新折叠的可能性几乎没有。在这种情况下,mthsp70 再次发挥其重要作用,但此时 mthsp70 是作为折叠因子而不是去折叠因子。分子伴侣从折叠因子到去折叠因子角色的转换可能与线粒体 Dna J 家族的参与有关,实验显示去除 Dna J1P 不会影响前体蛋白进入线粒体,却可以明显阻止其折叠。

在大多数情况下,输入线粒体的多肽链的最后折叠还需要另外一套基质分子伴侣的协助,如 HSC60 和 HSC10。经过上述过程,线粒体蛋白质顺利进入线粒体基质,并成熟形成其天然构象行使生物学功能。

（五）核编码蛋白以类似的机制进入线粒体其他部位

核编码的线粒体蛋白除了向线粒体的基质转运外,还包括向线粒体的膜间隙、内膜和外膜的转运,这类蛋白除了都具有 MTS 外,一般还都具有第 2 类信号序列,它们通过与进入线粒体基质类似的机制进入线粒体其他部位。

1. 蛋白质向线粒体膜间隙转运   膜间隙蛋白质如细胞色素 c_1 和细胞色素 b_2（$CoQH_2$-细胞色素 c 还原酶复合体亚单位）的前体蛋白就分别携带功能相似,但氨基酸序列不完全相同的信号序列,称为膜间隙导入序列(intermembrane space-targeting sequence,ISTS),后者引导前体蛋白进入膜间隙。在绝大多数情况下,这类蛋白的 N-端首先进入基质,并在蛋白酶的作用下切去它的 MTS 部分,接下去依照 ISTS 的不同,有两种转运方式:一种方式是整个蛋白(如细胞色素 c_1)进入基质,并与基质中的 mthsp70 结合,随后其分子上的第 2 个信号序列 ISTS 引导多肽链通过内膜上的通道进入膜间隙;另一种方式是前体蛋白(如细胞色素 b_2)的第 2 个信号序列 ISTS 起转移终止序列(stop-transfer sequence)的作用,进而阻止前体蛋白的 C 端进一步通过内膜上的通道向基质转运,并固定于内膜上,随后固定于内膜上的蛋白前体发生侧向运动而扩散,最后前体蛋白在膜间隙蛋白酶的作用下,切去位于内膜上的 ISTS 部分,C 端则脱落于膜间隙。

此外,膜间隙蛋白还有一种转运方式,即通过直接扩散从细胞质经过线粒体外膜进入膜间隙。细胞色素 c 在细胞质中的存在形式称为辅细胞色素 c(apocytochrome c),它在膜间隙中与血红素结合后的全酶形式与辅细胞色素 c 没有氨基酸组成上的差异,说明它的转运没有涉及前体蛋白的剪切。事实上,线粒体外膜上存在特定的通道(如类孔蛋白 P70),细胞色素 c 即是通过这样的通道进入膜间隙。

2. 蛋白质向线粒体外膜和内膜转运   在外膜蛋白的转运中,类孔蛋白(porin-like)P70 的研究最多。事实上在 P70 的 MTS 后有一段长的疏水序列,也起着转移终止序列的作用,而使之固定于外膜上;而内膜上的蛋白质的转运机制尚不完全清楚。

六、线粒体的起源

线粒体可能起源于与古老厌氧真核细胞共生的早期细菌。在之后的长期进化过程中,两者共生联系更加密切,共生物的大部分遗传信息转移到细胞核上,这样留在线粒体上的遗传信息大大减少,即线粒体起源的内共生学说(图 2-6-10)。许多证据支持这一假说:线粒体的遗传系统与细菌相似,如 DNA 呈环状、不与组蛋白结合;线粒体的蛋白质合成方式与细菌相似,如核糖体为 70S,抑制蛋白质合成的机制等。但也有学者提出了非共生假说。非共生假说认为原始的真核细胞是一种进化程度较高的需氧细菌,参与能量代谢的电子传递系统、氧化磷酸化系统位于细胞膜上。随着不断进化,细胞需要增加其呼吸功能,因此不断地增加其细胞膜的表面积,增加的膜不断地内陷、折叠、融合,并被其他膜结构包裹(形成的双层膜将部分基因组包围在其中),形成功能上特殊(有呼吸功能)的双层膜性囊泡,最后演变为线粒体。

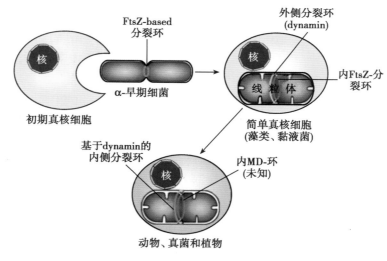

图 2-6-10   线粒体起源的内共生学说

七、线粒体的功能

营养物质在线粒体内氧化与磷酸化耦联生成 ATP 是线粒体的主要功能。此外,线粒体还在摄取 Ca^{2+} 和释放 Ca^{2+} 中起着重要的作用,线粒体和内质网一起共同调节胞质中的 Ca^{2+} 浓度,从而调节细胞的生理活动。

生命活动中重要过程——细胞死亡也与线粒体有关。在某些情况下,线粒体是细胞死亡的启动环节;而在另一些情况下,线粒体则仅仅是细胞死亡的一条“通路”。

线粒体在能量代谢和自由基代谢过程中产生大量超氧阴离子,并通过链式反应形成活性氧(reactive oxygen species,ROS),当 ROS 水平较低时,可促进细胞增生;而当 ROS 水平较高时,使得线粒体膜通透性转换孔(mitochondrial permeability transition pore,MPTP)开放,不仅导致跨膜电位崩溃,也使细胞色素 c 外漏,再启动 caspase 的级联活化,最终由 caspase-3 启动凋亡。

第二节　细胞的能量转换

一、细胞呼吸

较高等的动物都能依靠呼吸系统从外界吸取 O_2 并排出 CO_2。从某种意义上说,细胞内也存在这样的呼吸作用,即细胞内特定的细胞器(主要是线粒体)中,在 O_2 的参与下,分解各种大分子物质,产生 CO_2;与此同时,分解代谢所释放的能量储存于 ATP 中,这一过程称为细胞呼吸(cellular respiration),也称为生物氧化(biological oxidation)或细胞氧化(cellular oxidation)。细胞呼吸是细胞内提供生物能源的主要途径,它的化学本质与燃烧反应相同,最终产物都是 CO_2 和 H_2O,释放的能量也完全相等。但是,细胞呼吸的特点是:①细胞呼吸本质上是在线粒体中进行的一系列由酶系所催化的氧化还原反应;②所产生的能量储存于 ATP 的高能磷酸键中;③整个反应过程是分步进行的,能量也是逐步释放的;④反应是在恒温(37℃)和恒压条件下进行的;⑤反应过程中需要 H_2O 的参与。

细胞呼吸所产生的能量并不像燃烧所产生的热能那样散发出来,而是储存于细胞能量转换分子 ATP 中。ATP 是一种高能磷酸化合物,细胞呼吸时,释放的能量可通过 ADP 的磷酸化而及时储存于 ATP 的高能磷酸键中作为备用;反之,当细胞进行各种活动需要能量时,又可去磷酸化,断裂一个高能磷酸键以释放能量来满足机体需要。ATP 的放能、储能反应简式如下:

$$\text{A-P\~P\~P} \underset{\text{磷酸化}}{\overset{\text{去磷酸化}}{\rightleftharpoons}} \text{A-P\~P} + \text{Pi} + \text{能量}$$

随着细胞内不断进行的能量释放和储存,ATP 与 ADP 不停地进行着互变。因为 ATP 是细胞内能量转换的中间携带者,所以被形象地称为“能量货币”。ATP 是细胞生命活动的直接供能者,也是细胞内能量获得、转换、储存和利用等环节的联系纽带。

“能量货币”ATP 中所携带的能量来源于糖、氨基酸和脂肪酸等的氧化,这些物质的氧化是能量转换的前提。以葡萄糖氧化为例,从糖酵解到 ATP 的形成是一个极其复杂的过程,大体分为 3 个步骤:糖酵解(glycolysis)、三羧酸循环(tricarboxylic acid cycle,TCA cycle)和氧化磷酸化(oxidative phosphorylation)(图 2-6-11)。蛋白质和脂肪的彻底氧化只在糖酵解中与糖代谢有所区别。

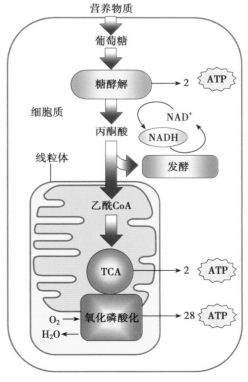

图 2-6-11　葡萄糖氧化的 3 个步骤

二、糖酵解

糖酵解在细胞质中进行,其过程可概括为以下方程式:

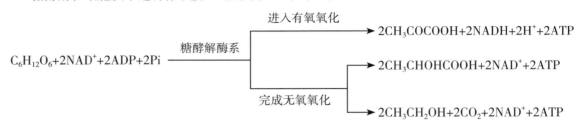

1 分子葡萄糖经过十多步反应,生成 2 分子丙酮酸,同时脱下 2 对 H 交给受氢体 NAD⁺携带,形成 2 分子 NADH+H⁺。NAD⁺能可逆地接受 2 个电子和 1 个 H⁺,另 1 个 H⁺则留在溶质中。在糖酵解过程中一共生成 4 分子 ATP,但由于要消耗 2 分子 ATP,所以净生成 2 分子的 ATP。若从糖原开始糖酵解,因不需消耗 1 分子 ATP 使葡萄糖磷酸化,则总反应净生成 3 分子 ATP。这种由高能底物水解放能,直接将高能磷酸键从底物转移到 ADP 上,使 ADP 磷酸化生成 ATP 的作用,称为底物水平磷酸化(substrate-level phosphorylation)。

糖酵解产物丙酮酸的代谢去路,因不同生活状态的生物而异。专性厌氧生物在无氧情况下,丙酮酸可由 NADH+H⁺供氢而还原为乳酸或乙醇,从而完成无氧氧化过程。专性需氧生物在供氧充足时,丙酮酸与 NADH+H⁺将作为有氧氧化原料进入线粒体中。丙酮酸进入线粒体的机制尚未完全明了,可能以其自身的脂溶性通过线粒体内膜;NADH+H⁺本身不能透过线粒体内膜,故 NADH+H⁺进入线粒体的方式较为复杂,必须借助于线粒体内膜上特异性穿梭系统进入线粒体内。肝脏、肾脏和心肌线粒体转运 NADH+H⁺的主要方式如图 2-6-12 所示,胞质中 NADH+H⁺经苹果酸脱氢酶作用,使草酰乙酸接受 2 个 H 而成为苹果酸;苹果酸经内膜上苹果酸-α-酮戊二酸逆向运输载体的变构作用转入线粒体内;进入线粒体的苹果酸在苹果酸脱氢酶作用下,以 NAD⁺为受氢体形成草酰乙酸和 NADH+H⁺;而草酰乙酸不能经内膜回到胞质,于是它与谷氨酸经谷-草转氨酶的作用而相互转变为天冬氨酸和 α-酮戊二酸,这两者都能在逆向运输载体的帮助下透过内膜进入胞质中去;线粒体内消耗的谷氨酸则由胞质内的谷氨酸与外出的天冬氨酸通过谷氨酸-天冬氨酸逆向运输载体实现交换运输以取得补充。另外,在脑和昆虫的飞翔肌中还存在一种 α-磷酸甘油穿梭系统。

在线粒体基质中丙酮酸脱氢酶体系作用下,丙酮酸进一步分解为乙酰辅酶 A,NAD⁺作为受氢体被还原:

$$2CH_3COCOOH + 2HSCoA + 2NAD^+ \rightarrow 2CH_3CO\text{-}ScoA + 2CO_2 + 2NADH + 2H^+$$

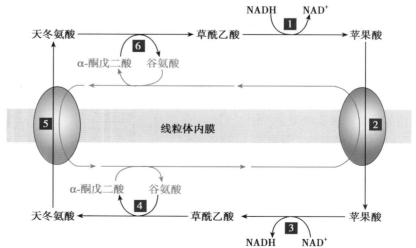

图 2-6-12   线粒体内膜的穿梭机制

三、线粒体基质中的三羧酸循环

在线粒体基质中,乙酰 CoA 与草酰乙酸结合成柠檬酸而进入柠檬酸循环,由于柠檬酸有 3 个羧基,故也称为三羧酸循环(TCA 循环)(图 2-6-13)。

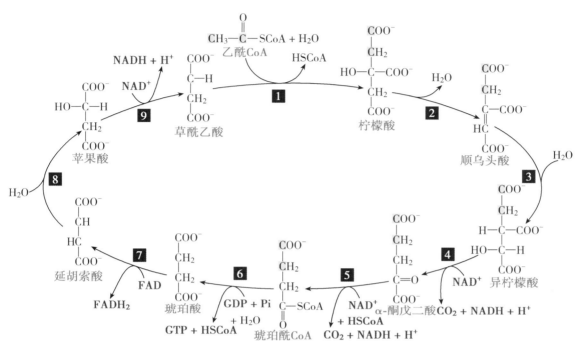

图 2-6-13　三羧酸循环示意图

循环中,柠檬酸经过一系列酶促的氧化脱氢和脱羧反应,其中的 2 个碳原子氧化形成 CO_2,从而削减了 2 个碳原子。在循环的末端,又重新生成草酰乙酸,而草酰乙酸又可和另 1 分子乙酰 CoA 结合,生成柠檬酸,开始下一个循环,如此周而复始。整个过程中,总共消耗 3 个 H_2O 分子,生成 1 分子的 GTP(可转变为 1 分子的 ATP)、4 对 H 和 2 分子 CO_2。脱下的 4 对 H,其中 3 对以 NAD^+ 为受氢体,另 1 对以 FAD 为受氢体。FAD 能可逆地接受 2 个 H,即 2 个质子和 2 个电子,转变成还原态 $FADH_2$。ATP/ADP 及 $NADH/NAD^+$ 比值高时均能降低三羧酸循环的速度。三羧酸循环总的反应式为:

$$2CH_3COSCoA + 6NAD^+ + 2FAD + 2ADP + 2Pi + 6H_2O \rightarrow 4CO_2 + 6NADH + 6H^+ + 2FADH_2 + 2HSCoA + 2ATP$$

三羧酸循环是各种有机物进行最后氧化的过程,也是各类有机物相互转化的枢纽。除了丙酮酸外,脂肪酸和一些氨基酸也从细胞质进入线粒体,并进一步转化成乙酰 CoA 或三羧酸循环的其他中间体。三羧酸循环的中间产物可用来合成包括氨基酸、卟啉及嘧啶核苷酸在内的许多物质。只有经过三羧酸循环,有机物才能进行完全氧化,提供的能量远比糖无氧酵解所能提供的多得多,供生命活动的需要。

四、氧化磷酸化耦联与 ATP 生成

氧化磷酸化是释放代谢能的主要环节,在这个过程中,NADH 和 $FADH_2$ 分子把它们从食物中氧化得来的电子转移到氧分子。这一反应相当于氢原子在空气中燃烧最终形成水的过程,释放出的能量绝大部分用于生成 ATP,少部分以热的形式释放。

(一)呼吸链和 ATP 合酶复合体是氧化磷酸化的结构基础

1. 呼吸链　1 分子的葡萄糖经无氧酵解、丙酮酸脱氢和三羧酸循环,共产生 6 分子 CO_2 和 12 对 H,

这些 H 必须进一步氧化成为水,整个有氧氧化过程才告结束。但 H 并不能与 O_2 直接结合,一般认为 H 须首先解离为 H^+ 和 e^-,电子经过线粒体内膜上酶体系的逐级传递,最终使 $1/2$ O_2 成为 O^{2-},后者再与基质中的 2 个 H^+ 化合生成 H_2O。这一传递电子的酶体系是由一系列能够可逆地接受和释放 H^+ 和 e^- 的化学物质所组成,它们在内膜上有序地排列成相互关联的链状,称为呼吸链(respiratory chain)或电子传递链(electron transport chain)。

只传递电子的酶和辅酶称为电子传递体,它们可分为醌类、细胞色素和铁硫蛋白 3 类化合物;既传递电子又传递质子的酶和辅酶称为递氢体。除了泛醌(辅酶 Q,CoQ)和细胞色素 c(Cyt c)外,呼吸链其他成员分别组成了 I、II、III、IV 4 个脂类蛋白质复合体,它们是线粒体内膜的整合蛋白(表2-6-3)。CoQ 可在脂双层中从膜的一侧向另一侧移动;细胞色素 c 是膜周边蛋白,可在膜表面移动。

表 2-6-3 线粒体电子传递链组成

复合体	酶活性	分子量/D	辅基
I	NADH-CoQ 氧化还原酶	85 000	FMN、FeS
II	琥珀酸- CoQ 氧化还原酶	97 000	FAD、FeS
III	$CoQH_2$-细胞色素 c 氧化还原酶	280 000	血红素 b、FeS 血红素 c1
IV	细胞色素 c 氧化酶	200 000	血红素 a、Cu 血红素 a3

2. ATP 合酶复合体 线粒体内膜(包括嵴)的内表面附有许多圆球形基粒。基粒由头部、柄部和基片 3 部分组成:头部呈球形,直径约 8~9nm;柄部直径约 4nm,长 4.5~5nm;头部与柄部相连凸出在内膜表面,柄部则与嵌入内膜的基片相连。进一步研究表明,基粒是将呼吸链电子传递过程中所释放的能量(质子浓度梯度和电位差)用于使 ADP 磷酸化生成 ATP 的关键装置,是由多种多肽构成的复合体,其化学本质是 ATP 合酶或 ATP 合酶复合体,也称 F_0F_1 ATP 合酶(图 2-6-14)。

(1)头部:又称耦联因子 F_1,是由 5 种亚基组成的 $\alpha_3\beta_3\gamma\delta\varepsilon$ 多亚基复合体,分子量为 360kD。3 个 α 亚基和 3 个 β 亚基交替排列,形成 1 个"橘瓣"状结构,组成颗粒的头部,每 1 个 β 亚基有 1 个催化 ATP 合成的位点。γ 亚基从 F_1 顶端到 F_0 穿过整个复合体中心,形成中央柄;ε 亚基协助 γ 亚基到 F_0 基部。γ 亚基与 ε 亚基有很强的亲和力,它们结合在一起形成"转子",位于中央;而 δ 亚基可与基片膜蛋白相结合,为 F_0 和 F_1 相连接所必需。纯化的 F_1 可催化 ATP 水解,但其在自然状态下(通过柄部与基片相连)的功能是催化 ATP 合成,原因是在体状态下存在一种 F_1 抑制蛋白(F_1 inhibitory protein),可与 F_1 因子结合,阻止 ATP 水解,但不抑制 ATP 的合成。

(2)柄部:是一种对寡霉素敏感的蛋白质(OSCP),相对分子量为 18kD。OSCP 能与寡霉素特异结合,使寡霉素的解耦联作用得以发挥,从而抑制 ATP 合成。

(3)基片:又称耦联因子 F_0,由 a、b、c 3 种亚基以 ab_2c_{12} 的方式组成,还有 2~5 个功能未明的多肽。多拷贝的 c 亚基形成一个可动环状结构,a 亚基与 b 亚基二聚体排列在 c 亚基十二聚体

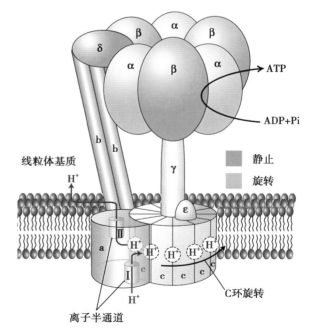

图 2-6-14 ATP 合酶复合体分子结构示意图
显示其由头部、柄部和基片 3 部分组成。

形成的环的外侧,F_0 基片中的对 b 亚基和 a 亚基与 F_1 头部的 δ 亚基组成 1 个外周柄,相当于 1 个"定子"(stator),将 α 亚基和 β 亚基的位置固定。

F_0 镶嵌于内膜的脂双层中,不仅起连接 F_1 与内膜的作用,而且还是质子(H^+)流向 F_1 的穿膜通道。F_0 与 F_1 通过"转子"和"定子"连接起来,在合成 ATP 的过程中,"转子"在穿过 F_0 的 H^+ 流的驱动下,在 $α_3β_3$ 的中央旋转,调节 β 亚基催化位点的构象变化,"定子"在一侧将 $α_3β_3$ 与 F_0 连接起来并保持固定位置。

(二)电子传递过程中释放出的能量催化 ADP 磷酸化为 ATP 实现氧化磷酸化耦联

经糖酵解和三羧酸循环产生的 NADH 和 $FADH_2$ 是两种还原性的电子载体,它们所携带的电子经线粒体内膜上的呼吸链逐级定向传递给 O_2,本身则被氧化(图 2-6-15)。由于电子传递所产生的质子(H^+)浓度梯度和电位差,其中所蕴藏的能量被 F_0F_1 ATP 合酶用来催化 ADP 磷酸化为 ATP,这就是氧化磷酸化耦联或氧化磷酸化作用。

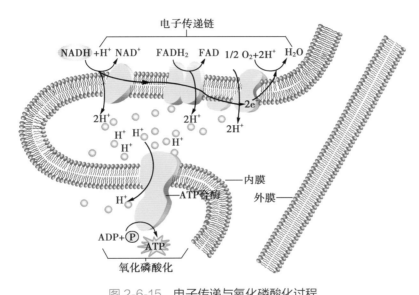

图 2-6-15　电子传递与氧化磷酸化过程

在正常情况下,氧化水平总是和磷酸化水平密切耦联的,没有磷酸化就不能进行电子传递。根据对相邻电子载体的氧化还原电位的测定表明,呼吸链中有 3 个主要的能量释放部位,即 NADH → FMN,细胞色素 b → 细胞色素 c 之间,细胞色素 a → O_2 之间。这 3 个部位释放的能量依次为 50 800J、41 000J 和 99 500J,每个部位裂解所释放的能量足以使 1 分子 ADP 磷酸化生成 1 分子 ATP。载氢体 NADH 和 $FADH_2$ 进入呼吸链的部位不同,所形成的 ATP 也有差异。1 分子 NADH+H^+ 经过电子传递,释放的能量可以形成 2.5 分子 ATP;而 1 分子 $FADH_2$ 所释放的能量则能够形成 1.5 分子 ATP。

综上所述,葡萄糖完全氧化所释放的能量主要通过两条途径形成 ATP:①底物水平磷酸化生成 4 分子 ATP,其中在糖酵解和三羧酸循环中分别生成 2 分子 ATP;②氧化磷酸化生成 28 个 ATP 分子。在葡萄糖的氧化过程中,一共产生 12 对 H,其中的 10 对以 NAD^+ 为载氢体,经氧化磷酸化作用可生成 25 个 ATP 分子,2 对以 FAD 为载氢体进入电子传递链,经氧化磷酸化作用可生成 3 个 ATP 分子,共产生 28 个 ATP 分子。因此,1 分子葡萄糖完全氧化共可生成 32 分子 ATP,其中仅有 2 分子 ATP 是在线粒体外通过糖酵解形成的。葡萄糖有氧氧化的产能效率大大高出无氧酵解的能量利用效率。

(三)H^+ 穿膜传递形成跨线粒体内膜的电化学质子梯度可驱动内膜上的 ATP 合酶催化 ADP 磷酸化为 ATP

关于电子传递与磷酸化的耦联机制至今尚未彻底阐明,曾先后有过许多假说,目前被广泛接受的是英国化学家 P. D. Mitchell(1961)提出的化学渗透假说(chemiosmotic coupling hypothesis)。该假说认为氧化磷酸化耦联的基本原理是电子传递中的自由能差造成 H$^+$ 穿膜传递,暂时转变为跨线粒体内膜的电化学质子梯度(electrochemical proton gradient)。然后,质子顺梯度回流并释放出能量,驱动结合在内膜上的 ATP 合酶,催化 ADP 磷酸化为 ATP。这一过程可综合为:①NADH 或 FADH$_2$ 提供一对电子,经电子传递链,最后为 O$_2$ 所接受;②电子传递链同时起 H$^+$ 泵的作用,在传递电子的过程中伴随着 H$^+$ 从线粒体基质到膜间隙的转移;③线粒体内膜对 H$^+$ 和 OH$^-$ 具有不可透性,所以随着电子传递过程的进行,H$^+$ 在膜间隙中积累,造成了内膜两侧的质子浓度差,从而保持了一定的势能差;④膜间隙中的 H$^+$ 有顺浓度返回基质的倾向,能借助势能通过 ATP 酶复合体 F$_0$ 上的质子通道渗透到线粒体基质中,所释放的自由能驱动 F$_0$F$_1$ ATP 合酶合成 ATP。

化学渗透假说有两个特点:一是需要定向的化学反应;二是突出了膜的结构。该假说可以解释氧化磷酸化过程中的许多特性,也得到了很多实验结果的支持。但是仍存在一些难以用化学渗透假说解释的实验结果,因此还必须不断地修改和完善。有人相继提出了一些新的理论,包括变构假说、碰撞假说等,但都存在一定的问题。

(四)电化学梯度所含能量转换成 ATP 化学能的机制

ADP 和 Pi 在 F$_0$F$_1$ ATP 合酶的催化下合成 ATP,可是 F$_1$ 因子究竟如何利用 H$^+$ 的电化学梯度势能,使 ADP 和无机磷酸间建立共价键形成 ATP,这仍是一个谜。P. D. Boyer(1989)提出了结合变构机制(binding-change mechanism)来解释 F$_1$ 因子在 ATP 合成中的作用过程(图 2-6-16)。结合变构机制的观点为:①质子运动所释放的能量并不直接用于 ADP 的磷酸化,而主要用于改变活性位点与 ATP 产物的亲和力;②任何时刻 ATP 合酶上的 3 个 β 亚基均以 3 种不同的构象存在,从而使其对核苷酸保持不同的亲和力;③ATP 通过旋转催化而合成,在此过程中,通过“F$_0$”通道的质子流引起 c 亚基环与附着于其上的 γ 亚基纵轴在 α$_3$β$_3$ 的中央进行旋转,旋转是由 F$_0$ 质子通道所进行的质子跨膜运动来驱动的。

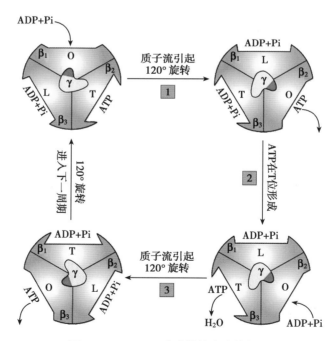

图 2-6-16 ATP 合成的结合变构机制

旋转在 360° 范围内分 3 步发生,大约每旋转 120°,γ 亚基就会与一个不同的 β 亚基相接触,正是这种接触使 β 亚基具有 3 种不同的构象。β 亚基上的 3 个催化位点在特定的瞬间:其中一个位点处于“疏松(L)”构象时,对 ADP 与 Pi 的结合松散;第二个位点处于“紧密(T)构象”时,核苷酸(底物 ADP 与 Pi 或生成的产物 ATP)被紧密结合;第三个位点则处于“开放(O)”构象,此时对核苷酸的亲和力极低,从而允许 ATP 释放。

结合变构机制的具体过程为:质子驱动力引起中央轴 γ 亚基旋转,这种旋转产生一种协同性构象改变。循环开始时,催化位点处于开放(O)构象,底物 ADP 和 Pi 进入催化位点。步骤①:质子的跨膜运动诱导位点构象变为疏松(L)型,此时底物结合疏松;步骤②:额外的质子跨膜运动诱导位点构象变为紧密(T)型,使底物与催化位点紧密结合;步骤③:紧密结合的 ADP 和 Pi 自发地缩合成紧密结合的 ATP,该步骤无须构象变化;步骤④:额外的质子运动诱导位点构象变回开放(O)型,此时位点对 ATP 的亲和性降低,从而释放 ATP(见图 2-6-16)。γ 亚基的一次完整旋转(360°)使每一个 β 亚基都经历 3 种不同构象改变,导致合成 3 个 ATP 并从 ATP 合酶复合体表面释放。这种使化学能转换成机械能的效率几乎达 100%,ATP 合酶复合体是一个高效旋转的“分子马达”。

1994 年,英国的 John Walker 及其同事发表了 F_1 头部的详细原子模型,为 P. D. Boyer 的结合变构机制提供了一个重要的结构学上的证据,他因此与 P. D. Boyer 共享了 1997 年的诺贝尔化学奖。

氧化磷酸化所需的 ADP 和 Pi 是细胞质输入到线粒体基质中的,而合成的 ATP 则要输往线粒体外,可是线粒体内膜具有高度不透性,因此这些物质进出线粒体需要依靠专门的结构。线粒体内膜上有一些专一性转运蛋白,同这些物质进出线粒体有关,例如其中的一种为腺苷酸转移酶能利用内膜内外 H^+ 梯度差把 ADP 和 Pi 运进线粒体基质,而把 ATP 输往线粒体外。

第三节　线粒体与疾病

人类的每一个细胞中带有数百个线粒体,每个线粒体中又含有若干个 mtDNA 分子。线粒体通过合成 ATP 为细胞提供能量,调节细胞质的氧化-还原(redox)状态,也是细胞内氧自由基产生的主要来源,后者则与细胞的许多生命活动有关。因此维持线粒体结构与功能的正常,对于细胞的生命活动至关重要。而在特定条件下,线粒体与疾病的发生有着密切的关系,一方面是疾病状态下线粒体作为细胞病变的一部分,是疾病在细胞水平上的一种表现形式;另一方面线粒体作为疾病发生的主要动因,是疾病发生的关键,主要表现为 mtDNA 突变导致细胞结构和功能异常。

一、疾病发生发展过程中线粒体的变化

线粒体对外界环境因素的变化很敏感,一些环境因素的影响可直接造成线粒体功能的异常。例如在有害物质渗入(中毒)、病毒入侵(感染)等情况下,线粒体亦可发生肿胀甚至破裂,肿胀后的体积有的比正常体积大 3~4 倍。如人原发性肝癌细胞在癌变过程中,线粒体嵴的数目逐渐下降最终成为液泡状线粒体;细胞缺血性损伤时,线粒体也会出现结构变异如凝集、肿胀等;维生素 C 缺乏病(坏血病)患者的病变组织中有时也可见 2~3 个线粒体融合成 1 个大的线粒体的现象,称为线粒体球;一些细胞病变时,可看到线粒体中累积大量的脂肪或蛋白质,有时可见线粒体基质颗粒大量增加,这些物质的充塞往往影响线粒体功能甚至导致细胞死亡;如线粒体在微波照射下会发生亚微结构的变化,从而导致功能上的改变;氰化物、CO 等物质可阻断呼吸链上的电子传递,造成生物氧化中断、细胞死亡;随着年龄的增长,线粒体的氧化磷酸化能力下降(图 2-6-17)等。在这些情况下,线粒体常作为细胞病变或损伤时最敏感的指标之一,成为分子细胞病理学检查的重要依据。

二、线粒体异常导致的疾病

(一) mtDNA 突变导致疾病

线粒体含有自身独特的环状 DNA,但其 DNA 是裸露的,易发生突变且很少能修复;同时,线粒体功能的完善还依赖于细胞核和细胞质的协调。当突变线粒体 DNA 进行异常复制时,机体的免疫系统并不能对此予以识别和阻止,于是细胞为了将突变的线粒体迅速分散到子细胞中,以加快分裂的方式对抗这种状态,以减轻对细胞的损害,但持续的损害最终将导致疾病的发生。这类以线粒体结构和功

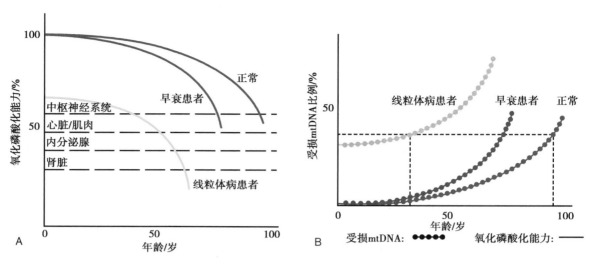

图 2-6-17   线粒体病患者的 mtDNA 状态与氧化磷酸化能力

能缺陷为主要原因的疾病常称为线粒体病（mitochondrial disorder）。

线粒体病主要影响神经、肌肉系统，所以有时也统称为线粒体脑肌病（mitochondrial encephalomyopathy），但不同的疾病，或同一疾病的不同个体都有不同的临床表现。由于 mtDNA 全序列已经被弄清楚，利用现代生物学技术可以使线粒体病得到明确诊断。

（二）线粒体融合和分裂异常导致疾病

线粒体融合和分裂异常或者编码参与线粒体融合和分裂蛋白的基因发生突变，都可能导致疾病的发生。如参与线粒体分裂的 Drp1 基因发生突变时，导致婴儿出生后大脑发育障碍，视神经萎缩同时伴有其他一些严重的并发症。当线粒体分裂被扰乱时，会导致一些常见的线粒体功能失常，如线粒体膜电位缺失，ROS 增高及线粒体 DNA 丢失等。而介导细胞融合的蛋白 Opa1 和 Mfn2（mitofusin 2）的突变会引起 Kjer's 病（常染色体显性视神经萎缩症）和 2A 型腓骨肌萎缩症（Charcot-Marie-Tooth disease type 2A，CMT2A）。Mfn2 是腓骨肌萎缩症中的关键蛋白，对线粒体正常功能至关重要。有研究人员设计了激活和抑制 Mfn2 的小分子，这些小分子能够纠正线粒体的功能障碍，有望治疗腓骨肌萎缩症和其他线粒体相关疾病。因此，细胞内线粒体不断进行的融合和分裂并保持动态平衡，对维持细胞的正常生命活动具有重要的意义。

三、多途径、多手段治疗线粒体病

线粒体病的治疗尚待突破。目前线粒体病治疗的基本措施包括：补充疗法、选择疗法和基因疗法。补充疗法是给患者添加呼吸链所需的辅酶，目前运用较广泛的是辅酶 Q，其在线粒体脑肌病（Kearns-Sayre syndrome）、心肌病及其他呼吸链复合物缺陷的线粒体病的治疗中都有一定作用，同时对缓解与衰老有关的氧化/抗氧化平衡异常也发挥了功效。另外，辅酶 Q、L-肉胆碱、抗坏血酸（维生素 C）、2-甲基萘茶醌（维生素 K_3）和二氯乙酰酸也能暂时缓解部分线粒体病的症状。而选择疗法是选用一些能促进细胞排斥突变线粒体的药物，对患者进行治疗以增加异质体细胞中正常线粒体的比例，从而将细胞的氧化磷酸化水平升高至阈值以上。一种可能的药物是氯霉素，作为 ATP 合成酶的抑制剂，连续低剂量使用此药能促进对缺陷线粒体的排斥。线粒体基因治疗是将正常的线粒体基因转入患者体内以替代缺陷的线粒体基因发挥作用，包括以改善患者临床症状为目的的体细胞基因治疗和为彻底消除致病基因而开展的生殖细胞基因治疗两类。体细胞基因治疗可通过 3 种途径实现：①直接校正核 DNA（nDNA）编码的突变线粒体基因；②将正常的 mtDNA 基因导入细胞核内使之生成正常的多肽链"重新转运至线粒体"恢复正常功能；③直接修正突变的 mtDNA。目前，有关生殖细胞的基因治疗还处在实验室阶段。

小结

　　细胞能量的摄取、转换、储存与利用是细胞新陈代谢的中心问题,正常的细胞能量代谢使细胞内部形成一个协调的系统。线粒体是细胞内参与能量代谢的主要结构,它由双层单位膜构成,内膜上分布着具有电子传递功能的蛋白质系统和使 ADP+Pi 生成 ATP 的 ATP 合酶复合体;线粒体还具有自己相对独立的遗传体系,但又依赖于核遗传体系,所以具有半自主性。线粒体基质进行着复杂的物质代谢,主要特点是脱氢和脱羧。脱下的氢由受氢体携带至线粒体内膜的电子传递链上传递,最后将电子交给氧,而质子则转移至膜间隙,质子在内膜两侧所形成的电梯度和浓度梯度足以使 ATP 合酶复合体通过特定的机制合成细胞的能量分子——ATP。ATP 分子作为能量"货币",实现供能与耗能间的能量流通,完成包括生物合成、肌肉收缩、神经传导、体温维持、细胞分裂、生物发光、细胞膜主动运输等在内的一系列细胞内部活动和整体的功能,以维持细胞整体的生存。细胞内线粒体不断进行融合和分裂并保持动态平衡,对维持细胞的正常生命活动具有重要的意义。在病理状态下,细胞能量代谢会发生崩溃,从而导致细胞内部的结构、功能改变,甚至引发临床疾病的发生。因此,探讨预防和治疗 mtDNA 疾病的途径和手段已成为生物学和医学领域研究的重要内容。

(刘　佳)

 思考题

　　1. 线粒体为什么是半自主性的细胞器?
　　2. 试述线粒体基质蛋白从细胞质运输到线粒体基质中所需要具备的条件及过程。
　　3. 试用化学渗透假说阐明电子传递与磷酸化的耦联机制。
　　4. 思考并总结线粒体病的特点。

第七章
细胞骨架与细胞运动

【学习要点】

1. 细胞骨架的概念、分布和功能。
2. 微管的形态结构、化学组成、装配特点及功能。
3. 微丝的形态结构、化学组成、装配特点及功能。
4. 中间丝的结构、类型及功能。
5. 细胞运动的类型。
6. 细胞骨架及相关疾病。

脊椎动物体内具有由上百块骨组成的骨骼,用于支撑和保护身体的柔软组织并协调身体的运动。真核细胞中也具有类似的结构称为细胞骨架(cytoskeleton)。细胞骨架指真核细胞中存在的,由蛋白纤维组成的网架系统,包括微管、微丝和中间丝。细胞骨架是由不同的蛋白质亚基装配成的纤维状的动态结构,根据细胞不同的功能状态,不断改变其排列、分布方式,相互交叉贯穿在整个细胞中,不仅对维持细胞的形态、保持细胞内部结构的有序性起重要作用,而且还与细胞的运动、物质运输、信息传递、基因表达、细胞分裂、细胞分化等重要生命活动密切相关,是细胞内除了生物膜体系和遗传信息表达体系外的第三类重要结构体系。

细胞骨架的概念一直在不断地发展中,早期发现的细胞骨架存在于细胞质,现在称为细胞质骨架或狭义的细胞骨架。后续研究又在细胞核中发现了类似结构,称为核骨架(核骨架将在细胞核一章介绍,本章仅讨论细胞质骨架的结构和功能)。因此,广义的细胞骨架应该包括细胞质骨架和核骨架。

在大部分细胞中,细胞骨架弥漫地分布在细胞质,但三种成分的分布有所不同,微丝一般分布在细胞膜内侧,微管则分布在细胞核周围,并呈放射状向胞质四周扩散,而中间丝分布在整个细胞中。三种骨架成分在细胞中构成一个三维网络结构系统(图 2-7-1)。

近年来发现原核细胞中有类似骨架成分的蛋白:FtsZ、MreB 和 CreS,它们分别与真核细胞骨架的微管蛋白、肌动蛋白丝和中间丝类似。

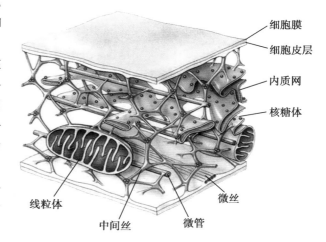

图 2-7-1　细胞骨架立体结构模式图

第一节　微　管

微管(microtubule,MT)是真核细胞中普遍存在的细胞骨架成分之一,就像它的名字意指,微管是由微管蛋白组成的、刚性、不分支的中空管状结构。细胞内微管主要存在于细胞质中,呈网状或束状分布,参与维持细胞形态、细胞内物质运输、细胞极性、细胞运动以及细胞分裂等。微管还能和其他蛋白质共同装配成细胞的纤毛、鞭毛、基体、中心体、纺锤体等结构参与细胞的运动和分裂等活动。

一、微管的形态结构和化学组成

微管直径为 24~26nm,壁厚约 5nm。其长度变化很大,是三种骨架中最为粗大者。

构成微管的基本成分是微管蛋白(tubulin),微管蛋白呈球形,是一类酸性蛋白,占微管总蛋白的 80%~95%。可分为两种,即 α 微管蛋白和 β 微管蛋白,其中 α 微管蛋白含 450 个氨基酸残基,β 微管蛋白含 455 个氨基酸残基,两者均含酸性 C 末端序列,使微管表面带有较强的负电荷。这两种蛋白 35%~40% 的氨基酸序列同源,表明编码它们的基因可能是由同一原始祖先演变而来。细胞中 α 微管蛋白和 β 微管蛋白常以异二聚体(heterodimers)的形式存在,这种 αβ 微管蛋白异二聚体是细胞内游离态微管蛋白的主要存在形式,也是微管组装的基本结构单位。若干异二聚体首尾相接,形成细长的微管原丝,由 13 根原丝通过非共价键结合形成微管(图 2-7-2)。

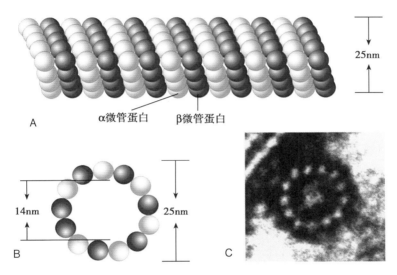

α微管蛋白　β微管蛋白

图 2-7-2　微管的结构
A、B. 微管结构模式图;C. 微管横切面电子显微镜图。

微管蛋白的结构在生物进化过程中非常保守,在 α 微管蛋白和 β 微管蛋白上各有一个 GTP 结合位点,在 α 微管蛋白位点上结合的 GTP 通常不会被水解,被称为不可交换位点(N 位点)。但在 β 微管蛋白位点上结合的 GTP,在微管蛋白二聚体参与组装成微管后即被水解成 GDP,当微管去组装后,该位点的 GDP 再被 GTP 所替换,继续参与微管的组装,所以被称为可交换位点(exchangeable site,E 位点)。此外,微管蛋白上还含有二价阳离子(Mg^{2+}、Ca^{2+})结合位点、一个秋水仙碱(colchicine)结合位点和一个长春碱(vinblastine)结合位点。秋水仙碱和长春碱与微管蛋白异二聚体结合,具有抑制微管装配的作用。

微管蛋白家族的第三个成员——γ 微管蛋白,其分子量约为 50kD,由 455 个左右的氨基酸残基组成,虽不足微管蛋白总含量的 1%,却是微管执行功能中必不可少的。如果编码 γ 微管蛋白的基因发生突变,可引起细胞质微管数量、长度上的减少和由微管组成的有丝分裂器的缺失,从而影响细胞分裂。细胞中大约有 80% 的 γ 微管蛋白以一种约 25S 的复合物形式存在,称为 γ 微管蛋白环状复合物(γ-tubulin ring complex,γ-TuRC)(图 2-7-3),由 γ 微管蛋白和一些其他相关蛋白构成,是微管的一种高效的集结结构,在中心体中是微管装配的起始结构。

微管在细胞中有三种不同的存在形式:单管(singlet)、二联管(doublet)和三联管(triplet)(图 2-7-4)。单管由 13 根原丝组成,是细胞质中微管的主要存在形式,常分散或成束分布。单管不稳定,易受低温、Ca^{2+}和秋水仙碱等因素的影响而发生解聚。二联管由 A、B 两根单管组成,A 管是由 13 根原丝组成的完全微管,B 管仅有 10 根原丝,与 A 管共用 3 根原丝,主要分布在纤毛和鞭毛的杆状部分。三联管由 A、B、C 三根单管组成,A 管有 13 根原丝,B 管和 C 管均由 10 根原丝组成,分别与 A 管和 B 管共用 3 根原丝,主要分布在中心粒及纤毛和鞭毛的基体中。二联管和三联管属于稳定微管,对于低温、Ca^{2+}和秋水仙碱等药物的作用不敏感。

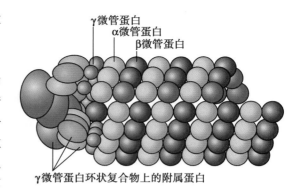

图 2-7-3　γ 微管蛋白环状复合物

 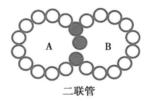 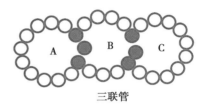

单管　　　　　　　二联管　　　　　　　　　三联管

图 2-7-4　微管三种类型横断面示意图

二、微管结合蛋白

微管结合蛋白(microtubule associated protein, MAP)是一类以恒定比例与微管结合的蛋白,决定不同类型微管的独特属性,也参与微管的装配,是维持微管结构和功能的必需成分,它们结合在微管表面,维持微管的稳定以及与其他细胞器间的连接。一般认为,MAP 由两个区域组成:一个是碱性微管结合区,该区域能结合到微管蛋白侧面,另一个是酸性区域,从微管蛋白表面向外延伸成丝状,以横桥的方式与其他骨架纤维相连接(图 2-7-5)。突出区域的长度决定微管在成束时的间距大小。

微管结合蛋白主要包括:MAP-1、MAP-2、Tau 和 MAP-4。前三种微管结合蛋白主要存在于神经元中,MAP-4 广泛存

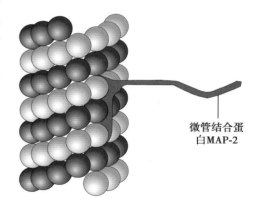

图 2-7-5　微管结合蛋白 MAP-2

在于各种细胞中,在进化上具有保守性。不同的 MAP 在细胞中有不同的分布区域,执行不同的功能。MAP-1 存在于神经细胞轴突和树突中,常在微管间形成横桥,可以控制微管延长,但不能使微管成束。MAP-2 存在于神经细胞的胞体和树突中,能在微管之间以及微管与中间丝之间形成横桥使微管成束。MAP-2 和 Tau 通常沿微管侧面结合,封闭微管表面,保持轴突和树突中微管的稳定。MAP-4 存在于各种细胞中,起稳定微管的作用。

三、微管的装配

(一) 微管的体外装配

体外实验发现,在适当的条件下,微管能进行自我组装,其组装受到微管蛋白异二聚体的浓度、pH 和温度的影响。在体外,只要微管蛋白异二聚体达到一定的临界浓度(约为 1mg/ml),有 Mg^{2+}存在(无 Ca^{2+})、在适当的 pH(pH=6.9)和温度(37℃)的缓冲液体中,由 GTP 提供能量,异二聚体即组装成微管。当温度低于 4℃或加入过量 Ca^{2+},已形成的微管又可去组装。

微管的组装是一个复杂而有序的过程,可分为三个时期:成核期、聚合期和稳定期。成核期(nucleation phase):先由 α 和 β 微管蛋白聚合成一个短的寡聚体(oligomer)结构,即组装核心,然后微管蛋白异二聚体在其两端和侧面添加使之扩展成片状带,当片状带加宽至 13 根原丝时,即合拢成一段微管(图 2-7-6)。由于该期是微管聚合的开始,速度缓慢,是微管聚合的限速过程,因此也称为延迟期(lag phase)。聚合期(polymerization phase)又称延长期(elongation phase):该期细胞内高浓度的游离微管蛋白聚合速度大于解聚速度,新的异二聚体不断添加使微管延长。由于原丝由 αβ 微管蛋白异二聚体头尾相接而成,这种排列构成了微管的极性。微管两端的异二聚体微管蛋白具有不同的构型,决定了它们添加异二聚体的能力不同,因而微管两端具有不同的组装速度。通常持有 β 微管蛋白的正极(+)端组装较快,而持有 α 微管蛋白的负极(-)端组装较慢。稳定期(steady state phase)又称为平衡期(equilibrium phase):随着细胞质中的游离微管蛋白浓度下降,达到临界浓度,微管的组装与去组装速度相等,微管长度相对恒定。在一定条件下,同一条微管上常可发生微管的正极(+)因组装而延长,而其负极(-)则因去组装而缩短,这种现象称为踏车现象(treadmilling)。当微管两极的组装和去组装的速度相同时,微管的长度保持稳定。

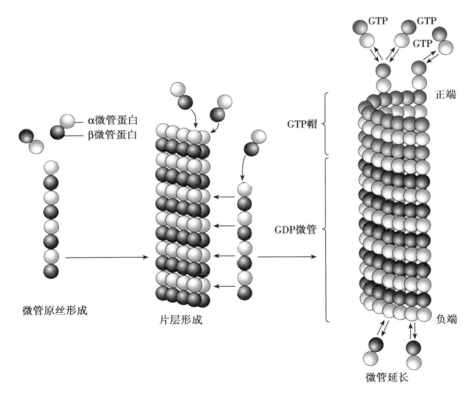

图 2-7-6 微管的体外装配过程与踏车现象模式图

（二）微管的体内装配

微管的体内装配要比体外装配更为复杂,除了遵循体外装配规律外,还受到严格的时间和空间的控制。例如,在细胞分裂期纺锤体微管的组装和去组装,称为时间控制。微管组织中心(microtubule organizing center, MTOC)是在活细胞内能起始微管成核并能使之延伸的细胞结构。MTOC 包括中心体、纤毛和鞭毛的基体等。活细胞内的微管组织中心在空间上为微管装配提供始发区域,控制着细胞质中微管的数量、位置及方向,称为空间控制。

中心体上的每一个 γ-TuRC 像一个基座,都是微管生长的起始点,或者称为成核部。微管组装时,游离的微管蛋白异二聚体以一定的方向添加到 γ-TuRC 上,而且 γ 微管蛋白只与二聚体中的 α 微管蛋白结合,结果产生的微管在靠近中心体的一端都是负极(-),而另一端都是 β 微管蛋白且是正极（+），因此产生的微管负极均被 γ-TuRC 封闭，在细胞内微管的延长或缩短的变化大多发生在微管的正极（+）（图 2-7-7）。

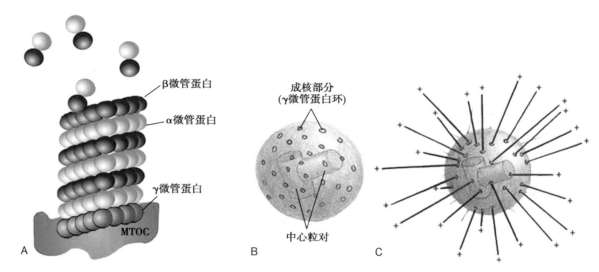

图 2-7-7   微管在中心体上的聚合

A. 中心体的无定形蛋白质基质中含有 γ-TuR，它是微管生长的起始部位；B. 中心体上的 γ-TuR；C. 中心体与附着其上的微管，负端被包围在中心体中，正端游离在细胞质。

纤毛（cilia）和鞭毛（flagellum）内部的微管起源于其基部的基体（basal body）。基体的结构与中心粒基本一致，它们是同源结构，在某些时候可以相互转变。例如，精子鞭毛内部的微管起源于中心粒衍生来的基体，该基体进入卵细胞后在受精卵第一次分裂过程中又形成中心粒。

（三）微管组装的动态调节（非稳态动力学模型）

非稳态动力学模型（dynamic instability model）在微管的组装过程中起主导作用。该模型认为，微管组装过程不停地在增长和缩短两种状态中转变，表现为动态不稳定性。

微管在体外组装时，有两个因素决定微管的稳定性：即游离 GTP-异二聚体微管蛋白的浓度和GTP 水解成 GDP 的速度。当游离 GTP-异二聚体微管蛋白的浓度高时，携带 GTP 的微管蛋白异二聚体快速添加到微管末端，使得组装速度大于 GTP 的水解速度，GTP 的微管蛋白在增长的微管末端彼此牢固结合，形成了 GTP 帽（GTP cap），此帽可以防止微管解聚，从而使微管继续生长。随着游离 GTP-异二聚体微管蛋白的浓度的降低，其加至微管末端的速度减慢，GTP 微管蛋白聚合速度小于GTP 的水解速度，GTP 帽不断缩小暴露出 GDP 微管蛋白，它们因结合不紧密而使微管原丝弯曲，并迅速脱落下来使微管缩短。当异二聚体浓度升高时，微管又开始延长（图 2-7-8）。可见，在微管的组装过程中，微管在不停地延长和缩短两种状态下转变，是微管组装动力学的一个重要特点。

微管在体内组装也具有动力学不稳定性。在间期或终末分化细胞内，微管的组装通常从 MTOC开始，并随着 GTP 微管蛋白异二聚体的不断添加而得以延伸，但并不是所有微管都能持续不断地进行组装。在同一细胞内，总是见到一些微管在延伸，而另一些微管在缩短，甚至全部解聚。在细胞内，刚刚从微管上脱落下来的 GDP 微管蛋白会转换成结合 GTP 后被组装到另一根微管的末端。这种快速组装和去组装的行为对于微管行使其功能极为重要。微管组装的动力学不稳定性可使新形成的细胞质区域很快具有微管结构，另外，这种动力学不稳定性能使微管更有效地寻找三维空间，从而使微管定位到细胞中特异的靶位点，如在细胞分裂早期，从中心体发出的不稳定微管正极就可在细胞质中寻找并捕获动粒上特异的结合位点。微管在体内组装的动力学不稳定性行为还受到其他多种因素的调节，如延伸中的微管的游离端与某些微管相关蛋白或细胞结构结合而不再进行组装或去组装，使微管处于相对稳定状态。

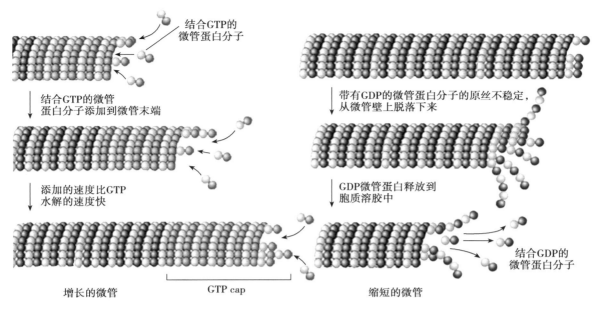

结合GTP的
微管蛋白分子

结合GTP的微管
蛋白分子添加到微管末端

带有GDP的微管蛋白分子的原丝不稳定，
从微管壁上脱落下来

添加的速度比GTP
水解的速度快

GDP微管蛋白释放到
胞质溶胶中

增长的微管　　　　　GTP cap　　　　　缩短的微管

结合GDP的
微管蛋白分子

图 2-7-8　GTP 与微管聚合

（四）影响微管组装的特异性药物

一些特异性药物可以影响细胞内微管的组装和去组装，这些药物主要有紫杉醇（taxol）、秋水仙碱和长春碱等，这些微管特异性药物在微管结构与功能研究中起重要作用。紫杉醇结合于 β 微管蛋白特定位点上，可以促进微管的装配和保持稳定，但不影响微管蛋白在微管末端进行组装。最终，微管不断地组装而不解聚，使细胞停滞在分裂期。紫杉醇及其衍生物是目前临床医学治疗癌症时常用的化疗药物。与紫杉醇的作用相反，秋水仙碱能结合和稳定游离的微管蛋白，使它无法聚合成微管，引起微管的解聚。同样破坏纺锤体的形成，使细胞停止在分裂中期（图 2-7-9）。而长春新碱可以结合在微管末端，阻止微管蛋白进一步聚集形成微管，还可以结合在微管蛋白二聚体上影响微管蛋白的聚合。

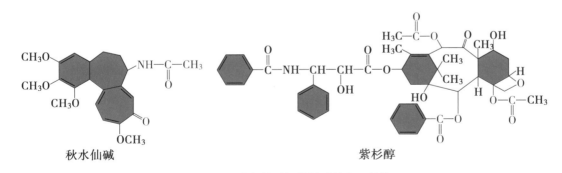

秋水仙碱　　　　　　　　　　　　　紫杉醇

图 2-7-9　秋水仙碱与紫杉醇的分子结构

四、微管的功能

（一）微管构成细胞内网状支架，支持和维持细胞的形态

微管的基本功能是维持细胞形态。微管具有一定的强度，能够抗压和抗弯曲，这种特性为细胞提供了机械支持力。微管在细胞内形成网状支架，维持细胞的形态。例如在体外培养的动物细胞中，微管围绕细胞核向外呈放射状分布，维持细胞的形态，如果用秋水仙碱处理细胞，微管解聚，细胞则变成圆形。此外，微管对于细胞的突起部分，如纤毛、鞭毛以及神经元的轴突和树突的形成和维持也起关键作用。

（二）微管参与细胞内物质的运输

真核细胞具有复杂的内膜系统,使细胞质高度区域化,新合成的物质必须经过胞内运输才能被运送到其功能部位。微管以中心体为中心向四周辐射延伸,为细胞内物质的运输提供了轨道。细胞内合成的一些运输小泡、分泌颗粒、色素颗粒等物质就是沿着微管提供的轨道进行定向运输的,如果破坏微管,物质运输就会受到抑制。

微管参与细胞内物质运输任务是通过一类马达蛋白(motor protein)来完成的,这是一类利用 ATP 水解产生的能量驱动自身携带运载物沿着微管或微丝运动的蛋白质。目前发现有几十种马达蛋白,可分为三个不同的家族:驱动蛋白(kinesin)、动力蛋白(dynein)和肌球蛋白(myosin)家族。其中驱动蛋白和动力蛋白以微管作为运行轨道,而肌球蛋白则是以肌动蛋白丝作为运行轨道的。

胞质动力蛋白和驱动蛋白各有两个球状头部和一个尾部,其球状头部具有 ATP 结合部位和微管结合部位,通过水解 ATP,导致颈部发生构象改变,使两个头部交替与微管结合、解离,沿微管移动。球状头部与微管之间以空间结构专一的方式结合。尾部通常与不同的特定货物(运输泡或细胞器)稳定结合,决定所运输的物质(图 2-7-10)。

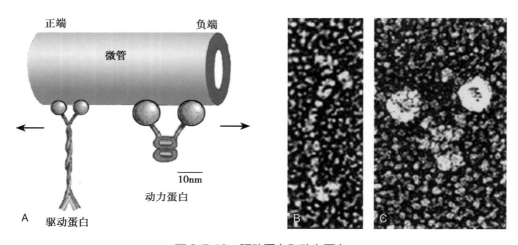

图 2-7-10   驱动蛋白和动力蛋白
A. 驱动蛋白和动力蛋白结构图;B. 驱动蛋白的电子显微镜照片;C. 动力蛋白的电子显微镜照片。

然而,并非所有的马达蛋白尾部结构域都与"货物"直接结合,典型情况是一个衔接体蛋白(adaptor protein)在一端结合运输泡或细胞器膜蛋白,另一端结合在马达蛋白尾部,间接地使马达蛋白尾部和小泡相连。当前研究最深入的是动力蛋白激活蛋白复合体模型,动力蛋白激活蛋白复合体包括 7 个多肽和由 Arp1 组成的短纤维组成。在膜泡上覆盖一些蛋白质能与 Arp1 纤维结合,如锚蛋白(ankyrin)和血影蛋白(spectrin),从而介导动力蛋白附着到细胞器上(图 2-7-11)。每一种马达蛋白分别负责转运不同的货物,被马达蛋白托运的货物还包括微管本身,如果微管被锚定了(结合在中心体上),马达蛋白就在微管上移动运输货物;如果情况相反,即马达蛋白锚定了(例如被锚定在细胞皮层上),微管蛋白就会被马达蛋白所移动,被重新组装成微管阵列。

微管马达蛋白的运输通常是单方向的,其中多数驱动蛋白利用水解 ATP 提供的能量引导沿微管的负极(−)向正极(+)

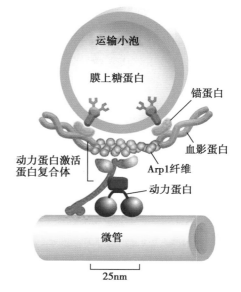

图 2-7-11   胞质动力蛋白与膜泡的附着

运输(背离中心体),而动力蛋白则利用水解 ATP 提供的能量介导从微管的正极(+)向负极(-)运输(朝向中心体)。如神经元轴突中的微管正极(+)朝向轴突的末端,负极(-)朝向胞体,驱动蛋白负责将胞体内合成的物质快速转运至轴突的末端,而动力蛋白负责将轴突顶端摄入的物质和蛋白降解产物运回胞体。在非神经元中,胞质动力蛋白被认为与运输胞内体、溶酶体、高尔基复合体及其他一些膜状小泡有关(图 2-7-12)。马达蛋白运输微管时,微管的极性决定了它移动的方向。

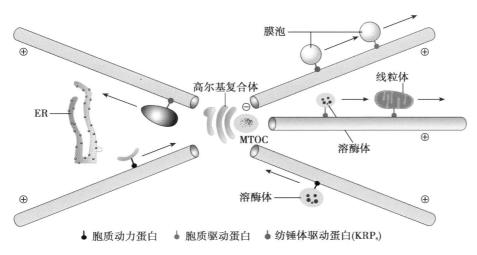

图 2-7-12　细胞中微管介导的物质运输

(三)维持细胞器的空间定位和分布

微管及其相关的马达蛋白在细胞内膜性细胞器的空间定位上起着重要作用。细胞中线粒体的分布与微管相伴随;游离核糖体附着于微管和微丝的交叉点上;驱动蛋白与内质网膜结合,沿微管向细胞的周边牵拉展开分布;而动力蛋白与高尔基复合体膜结合,沿微管向近核区牵拉,使其位于细胞中央。这些作用可被秋水仙碱破坏,去除秋水仙碱,细胞器的分布恢复正常。动力蛋白还与有丝分裂过程中纺锤体的定位和有丝分裂后期染色体的分离有关。

(四)参与鞭毛和纤毛的运动

纤毛和鞭毛在来源和结构上基本相同,纤毛和鞭毛都具有运动功能,用来划动其表面的液体,是细胞表面的特化结构。如精子靠鞭毛的摆动进行游动、纤毛虫靠纤毛击打周围介质使细胞运动、动物呼吸道上皮细胞靠纤毛的规律摆动向气管外转运痰液。鞭毛和纤毛中的微管二联管之间的滑动导致其产生运动。

(五)参与细胞分裂

微管是构成有丝分裂器的主要成分,可介导染色体的运动。当细胞进入分裂前期,胞质微管网络发生全面解聚,重新组装形成纺锤体(spindle)。纺锤体与染色体的排列、移动有关。该过程依赖纺锤体微管的组装与去组装。分裂结束后,纺锤体微管解聚,重新组装形成细胞质微管。

(六)参与细胞内信号转导

已经证明微管参与 hedgehog、JNK、Wnt、ERK 及 PAK 蛋白激酶信号通路。信号分子可直接与微管作用或通过马达蛋白和一些支架蛋白与微管作用。微管的信号转导功能具有重要的生物学作用。它通过自身长度、数量、分布、刚性、极性等方面的改变来参与多种生物学事件的发生。

五、微管组成的特殊结构

(一)中心体

中心体主要由相互垂直的一对中心粒和无定形的周围基质构成,无膜包被。因接近于细胞的中心而得名。中心粒由 9 组三联体微管组成,形成一桶状结构。中心粒的直径为 0.16~0.23μm,长度在

0.16~0.56μm 之间,成对相互垂直排列,呈"L"形,中心粒中微管的结构呈"9×3+0"式排列。即 9 组三联管斜向围成一圈,中间无微管,具有招募中心粒周围基质的作用。中心粒周围物质组成纤维状网络结构,这种纤维状网络结构被称为中心体基质,中心体基质连接各种蛋白,包括聚集微管的 γ 微管蛋白复合物。在哺乳动物细胞,中心体是主要的微管组织中心。中心体在间期细胞中调节微管的数量、稳定性、极性和空间分布。在有丝分裂过程中,中心体建立两极纺锤体,确保细胞分裂过程的对称性和双极性,而这一功能对染色体的精确分离是必需的。另外,中心体在维持整个细胞的极性、细胞器的定向运输、参与细胞的成型和运动上都起着主要作用。

（二）鞭毛和纤毛

纤毛和鞭毛是广泛存在于动、植物细胞表面的特化结构,外被质膜,内部由微管组成的轴丝（axoneme）组成。组成轴丝的微管呈规律性排列,即 9 组二联微管在周围等距离地排列成一圈,中央是两根由中央鞘包围的单体微管,成为"9+2"的微管排列形式（图 2-7-13）。每个二联管靠近中央的一根称为 A 管,另一条为 B 管,A 管向相邻二联管的 B 管伸出两条动力蛋白臂（dynein arms）,两个相邻二联管之间有微管连接蛋白（nexin）形成的连接丝,具有高度的韧性,将 9 组二联管牢固地捆为一体即为轴索。在两根中央单管之间由细丝相连,外包有中央鞘。A 管向中央鞘伸出的凸起称为放射辐条（radial spoke）。辐条末端稍膨大称辐条头（spoke head）。纤毛和鞭毛基部埋藏在细胞内的部分称为基体（basal body）,基本结构与中心粒类似。

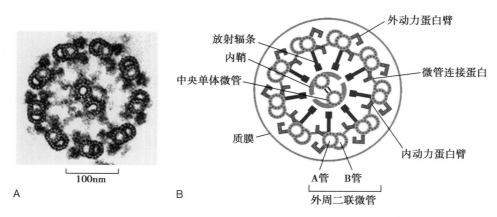

图 2-7-13　纤毛与鞭毛的结构
A. 纤毛横切电子显微镜照片;B. 纤毛结构示意图。

第二节　微　丝

微丝（microfilament, MF）是普遍存在于真核细胞中,由肌动蛋白（actin）组成的骨架纤丝,直径为 7nm,可呈束状、网状或散在分布于细胞质中。微丝、微管和中间丝共同构成细胞的支架,参与细胞形态维持、细胞内外物质转运、细胞连接以及细胞运动等多种功能。和微管一样,微丝也具有动态不稳定的特点,如细胞迁移时伪足中的微丝束和动物细胞胞质分裂时形成的收缩环。但存在于肌肉中的细肌丝及小肠上皮细胞微绒毛中的微丝束是稳定的结构。微丝与微丝结合蛋白相结合,参与完成细胞多种生理功能。

一、微丝的形态结构和化学组成

肌动蛋白是真核细胞中含量最丰富的蛋白质,在肌肉细胞中,肌动蛋白占细胞总蛋白的 10%,在非肌肉细胞中也占了 1%~5%。在哺乳动物和鸟类细胞中至少已经分离到 6 种肌动蛋白异构体,4 种为 α 肌动蛋白,分别为横纹肌、心肌、血管平滑肌和肠道平滑肌所特有,它们均组成细胞的收缩性结构；另外 2 种为 β 和 γ 肌动蛋白，存在于所有肌细胞和非肌细胞中。肌动蛋白是一种在进化上极为保守的蛋白，不同类型肌肉细胞的 α 肌动蛋白分子一级结构仅相差 4~6 个氨基酸残基；β 和 γ 肌动蛋白与横纹肌肌动蛋白相差 25 个氨基酸残基。显然编码这些不同肌动蛋白的基因是从共同祖先基因进化而来。

肌动蛋白在细胞内以两种形式存在：一种是游离状态的单体，称为球状肌动蛋白（globular actin，G-actin）；另一种是纤维状肌动蛋白多聚体，称为纤丝状肌动蛋白（filamentous actin，F-actin）。纯化的肌动蛋白单体是由单条肽链构成的球形分子，相对分子量为 43kD，外观呈哑铃形，中央有一个裂口，裂口内部有 ATP（或 ADP）结合位点和一个二价阳离子 Mg^{2+}（或 Ca^{2+}）结合位点。肌动蛋白单体具有极性，装配时头尾相接形成螺旋状纤维，有两个结构上不同的末端，因此，微丝在结构上也具有极性（图 2-7-14）。根据对微丝进行 X 射线衍射结果分析而建立的结构模型认为，每条微丝是由 2 条平行的肌动蛋白单链以右手螺旋方式相互盘绕而成。每条肌动蛋白单链由肌动蛋白单体头尾相连呈螺旋状排列，螺距为 36nm（图 2-7-15）。

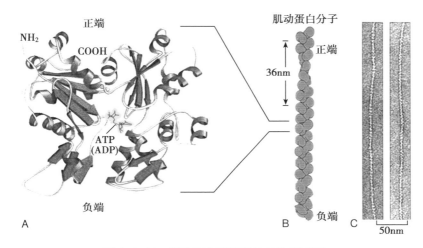

图 2-7-14 肌动蛋白和微丝的结构模式图

A. G-肌动蛋白三维结构；B. F-肌动蛋白分子模式；C. F-肌动蛋白电子显微镜照片。

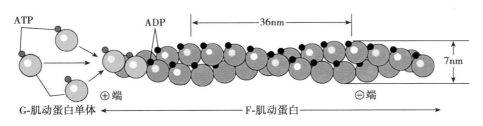

图 2-7-15 肌动蛋白亚单位组成微丝

二、微丝结合蛋白及其功能

体外实验聚合形成的纤丝状肌动蛋白，在电子显微镜下呈杂乱无章的堆积状态，也不能行使特定的功能，而细胞中的纤丝状肌动蛋白可以组织成各种有序结构，从而执行多种功能，关键原因在于细胞内存在一大类能与肌动蛋白单体或肌动蛋白纤维结合的、能改变其特性的蛋白，称为肌动蛋白结合蛋白（actin-binding protein）。它们以不同的方式与肌动蛋白相结合，形成了多种不同的亚细胞结构，执行着不同的功能（图 2-7-16），如应力纤维、肌肉肌原纤维、小肠微绒毛的轴心以及精子顶端的刺突等。这些结构的形成以及它们的变化和功能状态，都在很大程度上受到不同的肌动蛋白结合蛋白的严格调节。目前在肌细胞和非肌细胞中已分离出 100 多种肌动蛋白结合蛋白。肌动蛋白结合蛋白按其功能可分为三大类：①与 F-肌动蛋白的聚合有关的蛋白，如抑制蛋白（profilin）和胸腺素（thymosin）能同单体 G-肌动蛋白结合，并且抑制它们的聚合；②与微丝结构有关的蛋白，如片段化蛋白（fragmin），它们的作用是打断肌动蛋白纤维，使之成为较短的片段，并结合在断点上，使之不能再进行连接。另外还有一种细丝蛋白（filamin），是一种将肌动蛋白丝横向交联的蛋白，具有两个肌动蛋白结合位点，可把肌动蛋白丝相互交织成网状；③与微丝收缩有关的蛋白，如肌球蛋白（myosin）、原肌球蛋白（tropomyosin）和肌钙蛋白（troponin）等。常见的几类肌动蛋白结合蛋白如表 2-7-1 所示。

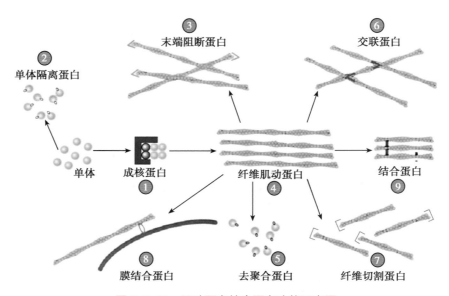

图 2-7-16 肌动蛋白结合蛋白功能示意图

表 2-7-1 常见的几类肌动蛋白结合蛋白

蛋白质	分子量/kD	来源
单体隔离蛋白		
抑制蛋白（profilin）	12~15	广泛分布
胸腺素（thymosin）	5	广泛分布
末端阻断蛋白		
β-辅肌动蛋白（β-actinin）	35~37	肾、骨骼肌
Z 帽蛋白（CapZ）	32~34	肌肉组织
加帽蛋白（capping protein）	28~31	棘阿米巴属
交联蛋白		
细丝蛋白（filamin）	250	平滑肌
肌动蛋白相关蛋白（actin-related protein, Arp）	250	血小板、巨噬细胞
成束蛋白		
丝束蛋白（fimbrin）	68	小肠表皮
绒毛蛋白（villin）	95	肠表皮、卵巢
α-辅肌动蛋白（α-actinin）	95	肌组织

续表

蛋白质	分子量/kD	来源
纤维切割蛋白		
凝溶胶蛋白（gelsolin）	90	哺乳动物细胞
片段化蛋白/割切蛋白（fragmin/severin）	42	阿米巴虫、海胆
短杆素（brevin）	93	血浆
肌动蛋白纤维去聚合蛋白		
丝切蛋白（cofilin）	21	广泛分布
肌动蛋白解聚因子（ADF）	19	广泛分布
解聚蛋白（depactin）	18	海胆卵
膜结合蛋白		
抗肌萎缩蛋白（dystrophin）	427	骨骼肌
黏着斑蛋白（vinculin）	130	广泛分布
膜桥蛋白（ponticulin）	17	网柄菌属

三、微丝的装配

在大多数非肌肉细胞中,微丝为一种动态结构,它不停地进行组装和解聚,以达到维持细胞形态和细胞运动的目的,该过程受多种因素的调节。

(一)微丝的体外组装

在体外组装实验中,微丝的组装必须要有一定的 G-肌动蛋白浓度(达到临界浓度以上)、一定的盐浓度(主要是 Mg^{2+} 和 K^+)并有 ATP 存在才能进行。当溶液中含有 ATP、Mg^{2+} 以及较高浓度的 K^+ 或 Na^+ 时,G-肌动蛋白可自组装成 F-肌动蛋白;当溶液中含有适当浓度的 Ca^{2+} 以及低浓度的 Na^+、K^+ 时,肌动蛋白纤维趋向于解聚成肌动蛋白单体。通常只有结合 ATP 的肌动蛋白单体才能参与肌动蛋白纤维的组装。当 ATP-肌动蛋白结合到纤维末端后,ATP 水解为 ADP。结合 ADP 的肌动蛋白对纤维末端的亲和性低,容易脱落使纤维缩短。当微丝的组装速度快于肌动蛋白水解 ATP 的速度时,在微丝的末端就形成一个肌动蛋白-ATP 帽,这种结构使得微丝比较稳定,可以持续组装。相反,当微丝末端的亚基所结合的是 ADP 时,则肌动蛋白单体倾向从微丝上解聚下来(图 2-7-17)。

微丝体外组装过程可分为三个阶段:成核期、延长期和稳定期。成核期是微丝组装的起始限速过程,需要一定的时间,故又称延迟期。首先由两个肌动蛋白单体形成一个二聚体,随后第 3 个单体加

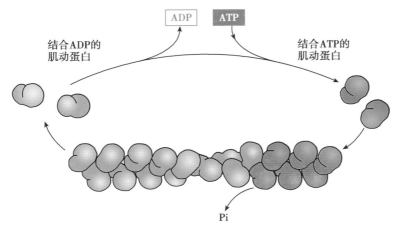

图 2-7-17　微丝装配过程中 ATP 的水解

入,形成三聚体,即核心形成。一旦核心形成,G-肌动蛋白便迅速地在核心两端聚合,进入延长期。微丝的延长发生在它们的两端,但由于微丝具有极性,新的肌动蛋白单体加到两端的速度不同,速度快的一端为正极,速度慢的一端为负极。正极速度明显快于负极 5~10 倍。随着肌动蛋白单体的组装和溶液中单体含量的减少,微丝延伸速度逐渐减缓。当肌动蛋白单体的浓度达到临界浓度,肌动蛋白的组装速度与其从纤维上解离的速度达到平衡,即进入稳定期。此时两端的组装与解聚活动仍在进行,由于正端延长长度等于负端缩短长度,因此长度基本保持不变,像体外微管组装一样,出现踏车现象。

（二）微丝的体内组装

非肌细胞中的微丝是一种动态结构,它通过组装、去组装以及重新装配来完成细胞的多种生命活动,如细胞的运动,细胞质分裂、极性建立等。微丝的动态结构变化在时空上受一系列肌动蛋白结合蛋白的调节。细胞内新的微丝可以通过切割现有微丝形成或通过成核作用组装形成。在细胞内由于肌动蛋白单体的自发组装不能满足微丝骨架快速动态变化,所以需要肌动蛋白成核因子通过成核作用来加速肌动蛋白的聚合。目前已知细胞内存在两类微丝成核蛋白（nucleating protein）,即肌动蛋白相关蛋白（actin-related protein, Arp）的复合物和成核蛋白（formin）。Arp 复合物又称为 Arp2/3 复合物,由 Arp2、Arp3 和其他 5 种附属蛋白组成,具有与微管成核时 γ-TuRC 相似的作用,是微丝组装的起始复合物。Arp2/3 复合物能促使形成微丝网络结构,而成核蛋白启动细胞内不分支微丝的形成,它们在控制细胞运动中起着非常重要的作用。

1. Arp2/3 复合物　肌动蛋白单体与 Arp2/3 复合物结合,形成一段可供肌动蛋白继续组装的寡聚体（核心）,然后其他肌动蛋白单体继续添加,形成肌动蛋白纤维。Arp2/3 复合物的成核位于肌动蛋白纤维的负极（－）,肌动蛋白由此向正极（＋）快速生长。该复合物还可以 70°角结合在原先存在的肌动蛋白纤维上,成核并形成新的肌动蛋白纤维,这样就可使原先单独存在的微丝组装成树枝状的网络（图 2-7-18）。Arp 复合物定位于快速生长的纤丝状肌动蛋白区域,如片足,它的成核活性受细胞内信号分子和细胞质面成分的调节。

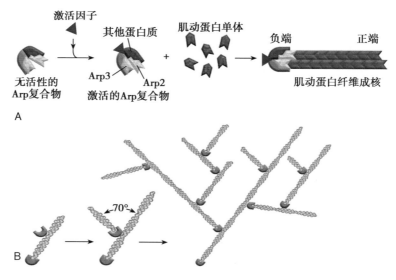

图 2-7-18　微丝装配的成核作用及微丝网络的形成
A. 纤丝状肌动蛋白纤维的成核作用;B. 微丝成网过程。

2. 成核蛋白（formin）　细胞内许多微丝结构是由不分支的肌动蛋白纤维组成的,如平行微丝束、收缩环中的微丝等结构。研究发现,这些平行微丝束的形成多是通过成核蛋白来完成的。formin是一个结构保守的二聚体蛋白家族。当新成核的微丝纤维生长时,formin 二聚体保持结合在快速生长的正端,保护正极在延伸过程中不受加帽蛋白的影响,并通过直接与抑制蛋白的结合提高延伸速度,可以形成很长的微丝束。formin 的成核和延伸机制与 Arp2/3 复合物不同,Arp2/3 复合物只是结合在肌动蛋白纤维的负端,防止负端肌动蛋白单体的添加和丢失。formin 是一种分子量较大的多结构域蛋白质,还可以与其他多种蛋白质结合,如 Rho、GTP 酶、Src 类激酶和 eEF1A 等发生相互作用而受到调控,以完成其调节微丝形成功能。

（三）微丝的解聚

与微管经历的快速组装和解聚的动态不稳定性不同,微丝不经历类似的纤维快速解聚的时期。这个差异是由于肌动蛋白单体从纤维上解离的速度约为微管的 1/100。细胞为了快速补充肌动蛋白单体可溶库,微丝骨架需要有效的解聚机制。尽管细胞可以合成新的肌动蛋白单体来补充可溶库,但它的合成对于细胞微丝骨架快速重组来说太过缓慢。因此细胞需要通过调控机制快速进行微丝的解聚来补充肌动蛋白单体可溶库。近年来研究发现丝切蛋白（cofilin）/肌动蛋白解聚因子（actin depolymerizing factor,ADF）蛋白家族在肌动蛋白纤维的解聚中起着重要的调节作用。cofilin/ADF 家族的单体与肌动蛋白纤维结合,并通过两种方式来加速它们的解聚:①增加肌动蛋白单体从纤维末端的解离速度;②剪切肌动蛋白纤维,使之片段化。

（四）影响微丝组装的特异性药物

多种特异性药物可以通过多种机制影响微丝的动态组装过程。

细胞松弛素（cytochalasin）又称松胞菌素,是真菌分泌的生物碱,可以将肌动蛋白丝切断,并结合在末端阻止新的 G-肌动蛋白加入,从而干扰 F-肌动蛋白的聚合,破坏微丝的组装。细胞松弛素有多种,常用的有细胞松弛素 B 和细胞松弛素 D,其中细胞松弛素 B 作用强度最强。在微丝功能研究中,用细胞松弛素 B 处理细胞,可以破坏微丝的网络结构,使动物细胞的各种相关活动瘫痪,如细胞的移动、吞噬作用、细胞质分裂等。去除药物后,微丝的结构和功能又可恢复。细胞松弛素 B 对微管不起作用,也不抑制肌肉收缩,因为肌纤维中肌动蛋白丝是稳定结构,不发生组装和解聚的动态平衡(图 2-7-19)。

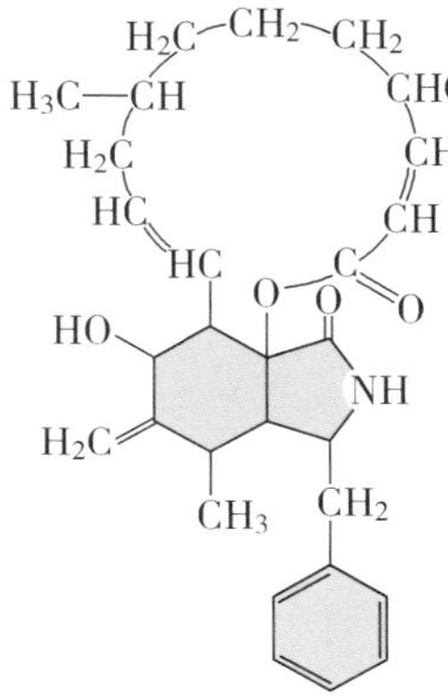

图 2-7-19　细胞松弛素 B 的分子结构

鬼笔环肽（phalloidin）是从毒蕈类鬼笔鹅膏（*Amanita phalloides*）中得到的一种有毒环状七肽,可与 F-肌动蛋白结合,使 F-肌动蛋白保持稳定。鬼笔环肽只与 F-肌动蛋白有强亲和作用,而不与 G-肌动蛋白单体分子结合。鬼笔环肽通过与聚合的微丝结合,抑制了微丝的解体,破坏了微丝的聚合和解聚的动态平衡。用 FITC 和罗丹明等荧光物质标记的鬼笔环肽可特异地与真核细胞的 F-肌动蛋白结合,从而显示微丝骨架在细胞中的分布。

四、微丝的功能

（一）构成细胞的支架并维持细胞的形态

微丝在细胞的形态维持方面起着重要的作用。在大多数细胞中,细胞膜下有一层由微丝与微丝结合蛋白相互作用形成的网状结构,称为细胞皮层（cell cortex）,该结构具有很高的动态性,为细胞膜提供了强度和韧性,并维持细胞的形态。

在细胞内有一种较稳定的纤维状结构,称为应力纤维（stress fiber）,在真核细胞中广泛存在,是微丝和肌球蛋白Ⅱ（myosin Ⅱ）相互作用形成的具有收缩功能的束状结构。在细胞内紧邻细胞膜下方,常与细胞的长轴大致平行并贯穿细胞的全长,应力纤维具有收缩功能。它在细胞的形态发生、细胞分化和组织形成中具有重要作用。

小肠上皮细胞游离面伸出大量的微绒毛（microvillus）结构(图 2-7-20),微绒毛的核心是由 20~30 个与微绒毛长轴同向平行的微丝组成的束状结构,其中有绒毛蛋白和丝束蛋白（fimbrin）,它们将微丝连接成束,赋予微绒毛结构刚性。另外还有肌球蛋白-1（myosin-1）和钙调蛋白（calmodulin）,它们在微丝束的侧面与微绒毛膜之间形成横桥连接,提供张力以保持微丝束处于微绒毛的中心位置。微绒毛核心的微丝束上达微绒毛顶端,下止于细胞膜下的终末网(terminal web),在这一区域中还存在一种纤维状蛋白——血影蛋白,它结合于微丝的侧面,通过横桥把相邻微丝束中的微丝连接起来,并把它们连到更深部的中间丝上。终末网的肌球蛋白与微绒毛中轴内的微丝束相互作用而产生的拉力,维持微绒毛直立状态或摆动力的功能。一个小肠上皮细胞表面有约 1 000 个微绒毛,这种特化结构大大增加了小肠上皮细胞对营养物质的吸收。

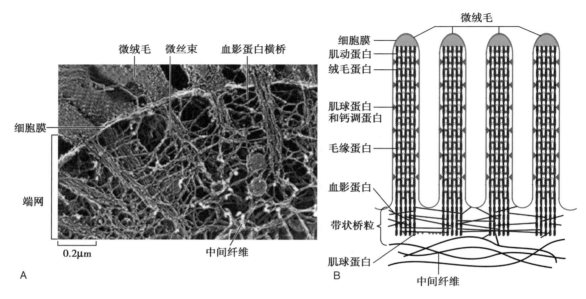

图 2-7-20　小肠上皮细胞微绒毛电子显微镜照片及其结构示意图
A. 微绒毛低温电子显微镜图像;B. 微绒毛结构示意图。

微丝的收缩活动也能改变细胞的形态。上皮细胞中形成的一种可收缩的环状微丝束,即黏着带(adhesion belt),又称带状桥粒(belt desmosome),其收缩可使细胞形态改变成锥形,微丝的这种收缩功能在胚胎发育过程中神经管、腺体的形成中起了重要的作用。

（二）参与细胞的运动

在非肌细胞中,微丝参与了细胞的多种运动,如变形运动、胞质环流、细胞的内吞和外吐作用、细胞内物质运输作用等。微丝可以两种不同的方式产生运动:一种是通过滑动机制,如微丝与肌球蛋白丝之间相互滑动;二是通过微丝束的聚合和解聚。许多动物细胞进行位置移动时多采用变形运动(amoeboid movement)方式,如变形虫、巨噬细胞、白细胞、成纤维细胞、癌细胞以及器官发生时的胚胎细胞等。在这些细胞内含有丰富的微丝,细胞依赖肌动蛋白和肌动蛋白结合蛋白的相互作用进行移动。

（三）参与细胞内的物质运输活动

在细胞内参与物质运输的马达蛋白家族中,有一类称为肌球蛋白的马达蛋白家族,它们以微丝作为运输轨道参与物质运输活动。已经在细胞内发现了多种肌球蛋白分子(图 2-7-21),其共同特点是都含有一个作为马达结构域的头部,肌球蛋白的马达结构域包含一个微丝结合位点和一个 ATP 结合位点。在物质运输过程中,肌球蛋白的头部结构域结合肌动蛋白丝,并在 ATP 存在时使其运动。肌球蛋白的尾部结构域结合被运输的特定物质(蛋白质或脂类),尾部结构域具有多样性,它们与某些特殊类型的运输小泡结合,并沿微丝轨道由负端向正端移动。细胞内一些膜性细胞器做长距离转运时通常依赖于微管运输,而在细胞皮层以及神经元凸起的生长锥前端等富含微丝的部位,"货物"的运输则以微丝为轨道进行。另外,也有一些肌球蛋白和细胞膜结合,牵引细胞膜和皮层肌动蛋白丝做相对运动从而改变细胞的形状。

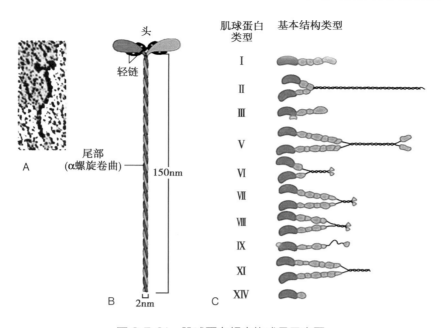

图 2-7-21 肌球蛋白超家族成员示意图

A. 电子显微镜图像;B.Ⅱ型肌球蛋白分子结构;C.一些肌球蛋白超家族成员重链的结构域比较。

（四）参与细胞质的分裂

动物细胞有丝分裂末期,核分裂完成后,要进行细胞质分裂才能形成两个子细胞,这一过程称为胞质分裂(cytokinesis)。胞质分裂通过细胞膜下由微丝束形成的收缩环(contractile ring)完成。收缩环位于分裂细胞赤道面的细胞膜下方,由大量平行排列的微丝组成,这些微丝具有不同的极性,卷曲形成环状,借助于 α-辅肌动蛋白与细胞膜相连。收缩环收紧的动力来自纤维束中肌动蛋白和肌球蛋白的相对滑动。在收缩环不断收紧的过程中,微丝的解聚也在不断缓慢进行中。随着收缩环的逐渐收紧,牵拉细胞膜向细胞内凹陷形成分裂沟,分裂沟越陷越深,最后将细胞一分为二。这一过程可被细胞松弛素 B 所抑制,但不干扰核分裂过程,从而导致细胞形成双核或多核。

（五）微丝参与肌肉收缩

肌细胞的收缩是实现有机体的一切机械运动和各脏器生理功能的重要途径。在肌细胞的细胞质中有许多成束的肌原纤维(myofibril),肌原纤维由一连串相同的收缩单位即肌节组成,每个肌节长约2.5μm。电子显微镜观察显示,肌原纤维的肌节由粗肌丝和细肌丝组成。粗肌丝(thick myofilament)又称肌球蛋白丝(myosin filament),由肌球蛋白Ⅱ组成,每一个肌球蛋白Ⅱ分子有两条重链和四条轻链分子,外形似豆芽状,分为头部和杆部两部分,头部具有 ATP 酶活性,属于与肌动蛋白丝相互作用的马达蛋白,主要功能是参与肌丝收缩。肌球蛋白Ⅱ分子尾对尾向相反方向平行排列成束,肌球蛋白分子头部露在外部,成为与细肌丝接触的横桥。当肌球蛋白与肌动蛋白结合时,ATP 分解成 ADP 并释放能量,引起肌细胞收缩。细肌丝(thin myofilament)又称肌动蛋白丝(actin filament),由 F-肌动蛋白、原肌球蛋白(tropomyosin,TM)和肌钙蛋白(troponin,TN)组成。肌动蛋白纤维形成螺旋形链,两条原肌球蛋白纤维坐落于肌动蛋白纤维螺旋沟内,横跨 7 个肌动蛋白分子。肌钙蛋白的 3 个亚基(Tn-T、Tn-C、Tn-I)结合在原肌球蛋白纤维上(图 2-7-22)。

肌肉收缩是粗肌丝和细肌丝相互滑动的结果,肌肉收缩时,粗肌丝两端的横桥释放能量拉动细肌丝朝中央移动,使肌节缩短。游离 Ca^{2+} 浓度升高,能触发肌肉收缩,该过程包括 5 个步骤(图 2-7-23)。①结合:在周期开始时,肌球蛋白头部与肌动蛋白丝(细丝)紧密结合形成强直构象。这一过程非常短暂,因为 ATP 可很快与肌球蛋白结合。②释放:ATP 结合于肌球蛋白头部后可诱导肌动蛋白结合位点上的肌球蛋白构象改变,使肌球蛋白头部对肌动蛋白的亲和力下降而离开肌动蛋白丝。③直立:

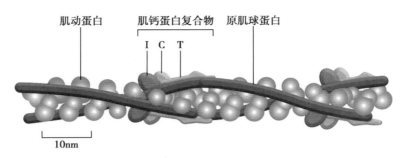

图 2-7-22   细肌丝的分子结构示意图

头部的 ATP 水解成 ADP 和无机磷(Pi)引发大的构象变化,使头部沿肌动蛋白丝移动约 5nm,产物 ADP 和无机磷(Pi)仍紧密结合在头部。④产力:肌球蛋白头部微弱结合到细丝的一个新结合位点上,释放出无机磷(Pi),使肌球蛋白头部与肌动蛋白紧密结合,并产生机械力,使肌球蛋白头部释放 ADP,恢复到新周期原始构象。⑤再结合:在周期末,肌球蛋白头部又与肌动蛋白丝紧密结合,但此时肌动蛋白头部已经移动到肌动蛋白丝上的新的位点。

（六）参与受精作用

卵子表面有一层胶质层,受精时,精子头端顶体(acrosome)要释放水解酶使卵子的胶质层溶解,同时启动微丝组装,形成顶体刺突,随着顶体刺突微丝束的不断聚合延长,穿透胶质层和卵黄层,使精子和卵子的膜融合而完成受精。精子和卵子融合的过程涉及局部细胞膜运动,融合后细胞膜形成的微绒毛结构也与细胞膜下微丝的运动有关。因此,微丝的组装和运动在受精过程中起到一定的作用。

（七）参与细胞内信息传递

微丝参与了细胞的信息传递活动。细胞外的某些信号分子与细胞膜上的受体结合,可触发膜下肌动蛋白的结构变化,从而启动细胞内激酶介导的信号转导过程。微丝主要参与 Rho(Ras homologue)蛋白家族有关的信号转导。Rho 蛋白家族是与单体的 GTP 酶有很近亲缘关系的蛋白质,属于 Ras 超家族,它的成员有:

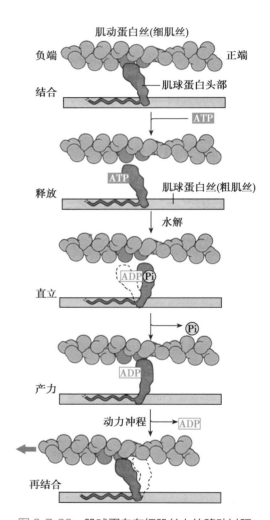

图 2-7-23   肌球蛋白在细肌丝上的移动过程

Cdc42、Rac 和 Rho。Rho 蛋白通过 GTP 结合状态和 GDP 结合状态循环的分子转变来控制细胞传导信号的作用。Cdc 42 激活后,触发细胞内肌动蛋白聚合作用和成束作用,形成丝状伪足或微棘。激活的 Rac 启动肌动蛋白在细胞的外周聚合形成片状伪足和褶皱。Rho 激活后既可启动肌动蛋白纤维与肌球蛋白 II 纤维成束形成应力纤维,又可促进细胞黏着斑的形成。

第三节　中　间　丝

中间丝(intermediate filament,IF)又称中间纤维,是 20 世纪 60 年代中期在哺乳动物细胞中发现的一种直径为 10nm 的纤丝,因其直径介于微丝和微管之间,故被称为中间丝。中间丝是最稳定的细胞骨架成分,也是三类细胞骨架纤维中化学成分最为复杂的一种。中间丝结构稳定、坚韧,对秋水仙碱和细胞松弛素 B 均不敏感,当用高盐和非离子去垢剂处理时,细胞中大部分骨架纤维都被破坏,只有中间丝可以保留下来。中间丝在大多数情况下,形成布满细胞质的网络,并伸展到细胞边缘,与细胞连接如桥粒和半桥粒结构相连。中间丝还与核纤层、核骨架共同构成贯穿于核内外的网架体系。在细胞中参与物质运输、细胞分化、信号转导等过程。

一、中间丝的类型和结构

(一)中间丝蛋白的类型

组成中间丝的蛋白质分子复杂,不同来源的组织细胞表达不同类型的中间丝蛋白。根据中间丝蛋白的氨基酸序列、基因结构、组装特性以及在发育过程的组织特异性表达模式等,可将中间丝分为 6 种主要类型(表 2-7-2)。Ⅰ型(酸性)和Ⅱ型(中性和碱性)角蛋白(keratin),在上皮细胞内以异二聚体的形式参与中间丝的组装。而Ⅲ型中间丝包括多种类型,通常在各自的细胞内形成同源多聚体,例如:波形蛋白(vimentin)存在于间充质来源的细胞;结蛋白(desmin)是一种肌肉细胞特有的中间丝蛋白,在成熟肌细胞(骨骼肌、心肌和平滑肌)中表达;胶质细胞原纤维酸性蛋白(glial fibrillary acidic protein,GFAP)特异性分布在中枢神经系统星形胶质细胞中;外周蛋白(peripherin)存在于中枢神经系统神经元和外周神经系统感觉神经元中;Ⅳ型神经丝蛋白(neurofilament protein)主要分布在脊椎动物神经元轴突中,由 3 种特定的神经丝蛋白亚基(NF-L、NF-M、NF-H)组装而成;Ⅴ型核纤层蛋白(lamin)存在于内层核膜的核纤层,有 lamin A、lamin B 和 lamin C 三种;神经(上皮)干细胞蛋白(nestin)是较晚发现的分布在神经干细胞中的Ⅵ型中间丝蛋白。

表 2-7-2　脊椎动物细胞内中间丝蛋白的主要类型

类型	名称	分子量/kD	细胞内分布
Ⅰ	酸性角蛋白(acidic keratin)	40~60	上皮细胞
Ⅱ	中性/碱性角蛋白(neutral/basic keratin)	50~70	上皮细胞
Ⅲ	波形蛋白(vimentin)	54	间充质细胞
	结蛋白(desmin)	53	肌肉细胞
	外周蛋白(peripherin)	57	外周神经元
	胶质细胞原纤维酸性蛋白(glial fibrillary acidic protein)	51	神经胶质细胞
Ⅳ	神经丝蛋白(neurofilament protein)		
	NF-L	67	神经元
	NF-M	150	神经元
	NF-H	200	神经元
Ⅴ	核纤层蛋白(lamin)		各类分化细胞
	核纤层蛋白 A	70	
	核纤层蛋白 B	67	
	核纤层蛋白 C	60	
Ⅵ	神经(上皮)干细胞蛋白(nestin)	200	神经干细胞
	联丝蛋白(synemin)	182	肌肉细胞
	平行蛋白(paranemin)	178	肌肉细胞

在人类基因组中已经发现至少 67 种不同的中间丝蛋白,其多样性与人体内 200 多种细胞类型相关。不同来源的组织细胞表达不同类型的中间丝蛋白,为各种细胞提供了独特的细胞骨架网络,中间

丝蛋白的这种特性可作为区分细胞类型的身份证。

（二）中间丝蛋白的特点

中间丝蛋白是组成中间丝的基本单位，是长的线性蛋白（图2-7-24），它们具有共同的结构特点：由头部、杆状区和尾部三部分组成。杆状区为α螺旋区，由约310个氨基酸残基组成（核纤层蛋白约356个），内含4段高度保守的α螺旋段，它们之间被3个短小间隔区隔开。杆状区是中间丝单体分子聚合成中间丝的结构基础。在杆状区的两侧是非α螺旋的头部（N端）和尾部（C端），这两个结构域的氨基酸组成是高度可变的，长度相差甚远，通常折叠成球状结构。各种中间丝蛋白之间的区别主要取决于头、尾部的长度和氨基酸顺序，它们暴露在纤维的表面，参与和细胞质其他组分的相互作用。

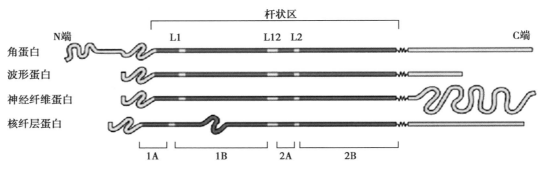

图2-7-24　中间丝蛋白的结构模型

（三）中间丝结合蛋白

中间丝结合蛋白（intermediate filament associated protein，IFAP）是一类在结构和功能上与中间丝有密切联系，但其本身不是中间丝结构组分的蛋白。IFAP作为中间丝超分子结构的调节者，介导中间丝之间交联成束、成网，并把中间丝交联到细胞膜或其他骨架成分上。目前已知约15种，分别与特定的中间丝结合（表2-7-3）。IFAP与微管、微丝的结合蛋白不同，没有发现IF切割蛋白、加帽蛋白以及IF马达蛋白。

表2-7-3　某些中间丝结合蛋白

名称	分子量/D	存在部位	功能
BPAG1*	230 000	半桥粒	将IF同桥粒斑交联
斑珠蛋白（plakoglobin）	83 000	桥粒	将IF同黏合带交联
桥粒斑蛋白I（desmoplakin I）	240 000	桥粒	将IF同桥粒斑交联
桥粒斑蛋白II（desmoplakin II）	215 000	桥粒	将IF同桥粒斑交联
网蛋白（plectin）	300 000	皮层	波形蛋白交联接头，与MAP1、MAP2以及血影蛋白交联
锚蛋白（ankyrin）	140 000	皮层	波形蛋白与膜交联
聚丝蛋白（filaggrin）	30	细胞质	角蛋白交联
核纤层蛋白B受体（lamin B receptor）	58	核	核纤层蛋白与核内表面交联

注：* 大疱性类天疱疮抗原1（bullous pemphigoid antigen 1）。

二、中间丝的装配

中间丝的组装与微管和微丝相比更为复杂。大致分四步进行：①首先是两个中间丝蛋白分子的杆状区以平行排列的方式形成双股螺旋状的二聚体，该二聚体可以是同型二聚体，如波形纤维蛋白、GFAP等，也可以是异型二聚体，如一条I型角蛋白和另一条II型角蛋白构成的异型二聚体。②由两个二聚体反向平行和半分子交错的形式组装成四聚体。一般认为，四聚体可能是细胞质中间丝组装的最小单位。由于四聚体中的两个二聚体是以反向平行方式组装而成,因此形成的四聚体两端是对称的,没有极性。③四聚体之间纵向端对端(首尾)连成一条原纤维。④由 8 条原纤维侧向相互作用,最终形成一根横截面由 32 个中间丝蛋白分子组成的长度不等的中间丝(图 2-7-25)。

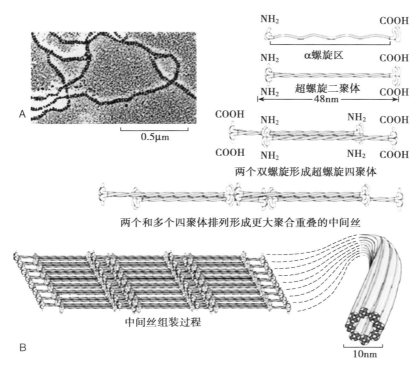

图 2-7-25 中间丝电子显微镜照片和组装过程示意图
A. 中间丝电子显微镜照片;B. 中间丝组装过程示意图。

各类中间丝目前均可在体外进行装配,不需要核苷酸和结合蛋白的参与,也不依赖于温度和蛋白质的浓度。在低离子强度和微碱性条件下,多数中间丝可发生明显的解聚,一旦离子浓度和 pH 恢复到接近生理水平时,中间丝蛋白即迅速自我装配成中间丝。而且各种不同的中间丝的组装方式大致相同。

在体内,中间丝蛋白绝大部分都被装配成中间丝,游离的单体很少,几乎不存在相应的可溶性的蛋白库,也没有踏车行为。在处于分裂周期的细胞质中,中间丝网络在分裂前解体,分裂结束后又重新组装。目前认为,中间丝的组装和去组装是通过中间丝蛋白的磷酸化和去磷酸化来控制的。中间丝蛋白丝氨酸和苏氨酸的磷酸化作用是中间丝动态调节最常见的调节方式。在有丝分裂前期,中间丝蛋白的磷酸化导致中间丝网络解体,分裂结束后,中间丝蛋白的去磷酸化后,中间丝蛋白重新参与中间丝网络的组装。

三、中间丝的功能

(一)参与构成细胞完整的支撑网架系统

中间丝在细胞内形成一个完整的支撑网架系统。它向外可以通过膜整联蛋白与细胞膜和细胞外基质相连,在内部与核膜、核基质联系;在细胞质中与微管、微丝及其他细胞器联系,构成细胞完整的支撑网架系统。中间丝还与细胞核的形态支持和定位有关。

(二)参与细胞连接

一些器官和皮肤的表皮细胞通过桥粒和半桥粒连接在一起,中间丝参与了桥粒和半桥粒的形成,参与相邻细胞之间、细胞与基膜之间连接结构的形成,因此,中间丝既能维持细胞的形态,又在维持组织的完整性方面起着重要作用。

（三）为细胞提供机械强度支持

体外实验证明，中间丝在受到较大的变形力时，不易断裂，比微管、微丝更耐受化学药物的剪切力。当细胞失去完整的中间丝网状结构后，细胞很易破碎（图 2-7-26）。因此中间丝为细胞提供机械强度的功能在一些组织细胞中显得更为重要。例如，它们在肌肉细胞和皮肤的上皮细胞中特别丰富，其主要作用是使细胞能够承受较大的机械张力和剪切力。在神经元的轴突中存在大量中间丝，起到了增强轴突机械强度的作用。

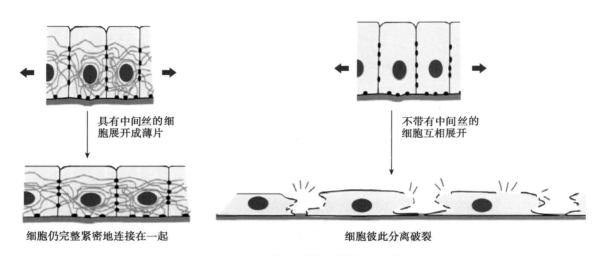

具有中间丝的细
胞展开成薄片

不带有中间丝的
细胞互相展开

细胞仍完整紧密地连接在一起

细胞彼此分离破裂

图 2-7-26   中间丝增强动物细胞强度

（四）参与细胞的分化

中间丝的表达和分布具有严格的组织特异性，这一特性表明中间丝与细胞的分化密切相关。发育分子生物学表明，胚胎细胞能根据其发育的方向调节中间丝蛋白基因的表达，即不同类型的细胞或细胞不同的发育阶段，会表达不同类型的中间丝。

（五）参与细胞内信息传递及物质运输

由于中间丝外连细胞膜和细胞外基质，内达核骨架，因此在细胞内形成一个穿膜信息通道。中间丝蛋白在体外与单链 DNA 有高度亲和性，有实验证实，在信息传递过程中，中间丝水解产物进入核内，通过与组蛋白和 DNA 的作用来调节复制和转录。研究发现，中间丝与 mRNA 的运输有关，胞质 mRNA 锚定于中间丝，可能对其在细胞内的定位及翻译起重要作用。

（六）维持核膜的稳定

核纤层是核膜内层下面由核纤层蛋白构成的网络，对于细胞核形态的维持具有重要作用，而核纤层蛋白是中间丝的一种。组成这种网络结构的核纤层蛋白 A 和核纤层蛋白 C，它们交连在一起，然后通过核纤层蛋白 B 附着在内核膜上。

第四节   细 胞 运 动

细胞运动的表现形式多种多样，从染色体分离到纤毛、鞭毛的摆动，从细胞形状的改变到位置的迁移。所有的细胞运动都和细胞内的细胞骨架体系（尤其是微管、微丝）有关，同时需要 ATP 和马达蛋白，后者分解 ATP，所释放的能量驱使细胞运动。

一、细胞运动的类型

（一）细胞位置的移动

与位置移动有关的细胞运动大体可分为：①局部性的、近距离的移动；②整体性的、远距离的移动。例如,在动物细胞发育过程中,胚胎内单个细胞或一群细胞发生位置的迁移形成原始器官;吞噬细胞具有趋向性,能主动搜寻侵入体内的病原微生物,抵御感染。此外,肿瘤细胞的扩散也是由于癌细胞的运动导致。

1. 鞭毛、纤毛的摆动　从细胞水平而言,单细胞生物可以依赖某些特化的结构如鞭毛、纤毛的摆动在液态环境中移动其体位。高等动物精子的运动,基本上也属于这一类。多细胞动物中纤毛摆动有时不能引起细胞本身在位置上的移动,但可以起到运送物质的作用。

纤毛和鞭毛的运动是一种简单的弯曲运动,其运动机制一般用微管滑动模型解释:①轴丝内 A 管动力蛋白头部与相邻微管的 B 管接触,促进与动力蛋白结合的 ATP 水解,并释放 ADP 和磷酸,改变了 A 管动力蛋白头部的构象,促使头部朝向相邻二联管的正极滑动,使相邻二联微管之间产生弯曲力。②新的 ATP 结合,促使动力蛋白头部与相邻 B 管脱离。③ATP 水解,其放出的能量使动力蛋白头部的角度复原。④带有水解产物的动力蛋白头部与相邻二联管的 B 管上的另一位点结合,开始下一个循环(图 2-7-27)。

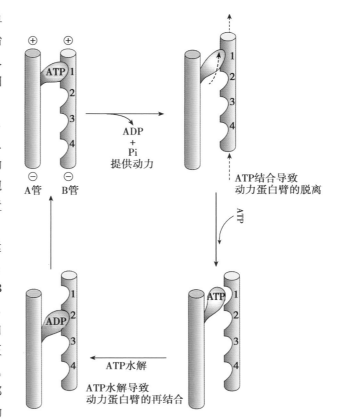

图 2-7-27　纤毛和鞭毛动力微管的滑动模型

2. 阿米巴样运动　原生动物阿米巴(amoeba)是进行这类运动的典型例子,高等动物中的巨噬细胞和部分白细胞等也进行类似的运动。细胞变形运动可以分为三个过程(图 2-7-28):①首先细

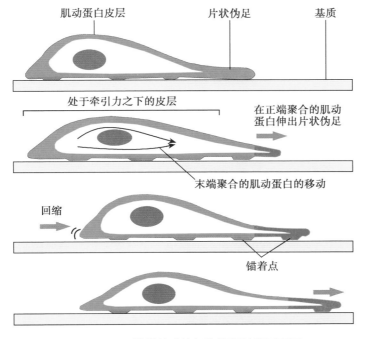

图 2-7-28　培养的动物细胞爬行过程示意图

胞质膜区微丝成核、延长,促使细胞表面伸出片状或条形凸起,也叫伪足(pseudopodium)如丝状伪足、片状伪足;②当片状伪足或丝状伪足接触到一片合适的表面时,在多种微丝结合蛋白的辅助下,伸出的凸起与基质之间形成新的锚定点(黏着斑);③在肌球蛋白Ⅱ的作用下,微丝动态组装,主体向前移动,位于细胞后部的附着点与基质脱离,细胞通过内部的收缩产生拉力,以附着点为支点向前移动。

3. 褶皱运动   将哺乳动物的成纤维细胞进行体外培养,可以看到另一种细胞运动方式,即细胞膜表面变皱,形成若干波动式的褶皱和长的突起。细胞的移动是靠这些褶皱和突起不断交替与玻璃表面接触。在细胞移动时,原生质也跟着流动,但和阿米巴运动不同,仅局限于细胞的边缘区。

(二)以细胞形态改变为特征的细胞运动

并非所有细胞都会产生位置的移动。事实上,体内大多数细胞的位置是相对固定不变的,但是它们仍能表现十分活跃的形态改变。如肌纤维收缩、神经元轴突生长、顶体反应等。细胞骨架能维持细胞的形状,却又不仅仅是一个被动的支架,而是非常复杂的动态网络,各种骨架成分不断组装和去组装,使细胞能适应其功能状态,发生形状改变及其他运动方式。

(三)细胞内发生的细胞运动

细胞运动中最复杂微妙的方式当属那些发生在细胞内的运动。

1. 细胞质流动   在活细胞中,细胞质以各种不同的方式在流动着,包括细胞质环流、穿梭流动和布朗运动等,这些也同微丝和微管系统的存在有密切的关系,细胞代谢物主要通过胞质环流来实现在细胞内的扩散,这对于植物细胞和阿米巴等体积较大的细胞尤为重要。研究发现,细胞质中有成束的微丝存在并与环流的方向平行。

2. 膜泡运输   细胞内常见的而且很重要的运输形式是生物膜将所要运输的物质包装起来,形成膜泡在细胞内运输。据前所述,微管和微丝都可以参与细胞内的膜泡运输过程。另外,研究发现,胞吞作用与微丝密切相关,在将要形成吞噬体的下方,微丝明显增多,在吞噬体形成过程中,微丝集中在其周围,吞噬泡一旦完全形成,微丝即迅速消失。关于胞吐作用,多数学者认为它与微丝、微管有一定关系。

3. 轴突物质运输   神经元是一种具有特别形状的细胞,其轴突可长达1m多,但其核糖体只存在于胞体,因此,蛋白质、神经递质、小分子物质等都必须沿轴突运输到神经末梢,同理,一些物质也要运回胞体,在胞体内被破坏或重新组装。有些病毒或毒素进入外周后,也可沿着轴突进入胞体。这些发生在轴突内的物质运输称为轴突运输(axonal transport)。目前已知轴突运输是沿着微管提供的轨道进行的。

4. 染色体分离   有丝分裂和减数分裂的中期,染色体向细胞的赤道面移动,后期染色体又向细胞两极移动。细胞从间期进入分裂期,细胞质微管全面解聚,重新装配成纺锤体,介导染色体的运动。

二、细胞运动的调节

所有细胞运动方式都不是随机进行的,而是在特定的部位和精密的时间控制下发生的。如前所述,微丝、微管的组装,以及动力蛋白的运动都具有方向性。

(一)G蛋白信号途径的调节作用

Rho在细胞信号转导中具有重要的功能。一般认为Ras家族调控细胞增殖,而在细胞变形、运动和游走调控中,Rho家族是起开关作用的最重要的分子。研究表明Rho家族的小GTP酶蛋白信号,可以通过控制细胞微丝骨架的重组来控制细胞的移动,可以有效调节肿瘤细胞的侵袭和转移过程。

(二)细胞外分子的趋化作用

细胞运动需要在特定方向上的极化,细胞骨架在其中具有主导作用。物理性或化学性的外界环境变化能引起细胞极化。趋化性(chemotaxis)指在可扩散化学因子的调控下的细胞运动,许多分子都可以作为趋化因子,包括糖、肽、细胞代谢物等。所有趋化分子的作用机制相似,即趋化分子结合细胞表面受体,激活 G 蛋白介导的信号传递系统,然后通过激活或抑制肌动蛋白结合蛋白影响细胞骨架的结构。如中性粒细胞向细菌感染部位的趋化运动。中性粒细胞的表面受体可以监测到来源于细菌蛋白的浓度较低的 N-甲酰化肽,引导中性粒细胞向细菌靶点移动;又如阿米巴向 cAMP 的移动。受体与配体结合,受体附近的肌动蛋白被激活,在局部发生聚合反应,向着信号的方向伸出突起,而且间接引发了细胞再定位,从而细胞向着信号方向移动。吸附在细胞外基质或细胞表面的非扩散性化学因子也可以影响细胞的移动方向。大多数动物细胞的长距离迁移(如神经嵴细胞和神经生长素)依赖于扩散性和非扩散性信号因子的协同作用,从而决定细胞运动方向。

(三)Ca^{2+}梯度调节细胞运动

细胞前后趋化分子的浓度差很小,细胞如何感应这么小的浓度差呢? 研究发现,在含有趋化分子梯度的溶液中,运动细胞的胞质中 Ca^{2+} 的分布也具有梯度,在趋化分子浓度高的一侧,即细胞前部 Ca^{2+} 浓度最低,后部 Ca^{2+} 浓度最高。当改变细胞外趋化分子的浓度梯度时,细胞内的 Ca^{2+} 梯度分布也随之发生改变,而后细胞的运动方向发生改变,按照新的 Ca^{2+} 浓度梯度运动。可见 Ca^{2+} 梯度决定了细胞的趋化性。很多微丝结合蛋白如 I 型和 II 型肌球蛋白、凝胶溶素、辅肌动蛋白和丝束蛋白都受到 Ca^{2+} 的调控,因此,Ca^{2+} 是细胞由溶胶变凝胶的过程中重要的一员。细胞前端 Ca^{2+} 浓度低,能激活 I 型肌球蛋白,抑制微丝分解蛋白,聚集 Ca^{2+} 调控的微丝交联蛋白,促进微丝网络的形成,促成凝胶状态的出现,总的说来,Ca^{2+} 的胞内浓度梯度对微丝的调控起到了重要作用,进而调控了细胞运动的方向。

第五节　细胞骨架与疾病

细胞骨架与细胞的形态改变和维持、细胞内物质的运输、信息传递、细胞分裂与分化等重要生命活动密切相关,是生命活动不可缺少的细胞结构,它们的结构、功能异常可引起很多疾病,包括肿瘤、神经系统疾病和遗传性疾病等。

一、细胞骨架与肿瘤

在恶性转化的细胞中,细胞常表现为细胞骨架结构的破坏和微管的解聚。免疫荧光标记技术显示,肿瘤细胞微管的数量仅为正常细胞的 1/2,微管数量的减少是恶性转化细胞的一个重要特征。肿瘤细胞内由三联微管组成的中心体,不同于正常细胞内的相互垂直排列,而是无序紊乱排列。微管在细胞质中的分布也发生紊乱,常常表现为微管分布达不到质膜下的胞质溶胶层,造成肿瘤细胞的形态与细胞器的运动发生异常。在体外培养的多种人肿瘤细胞中,微丝应力纤维破坏和消失,肌动蛋白发生重组,形成肌动蛋白小体,聚集分布在细胞皮层。在肿瘤细胞的浸润转移过程中,这些骨架成分的改变可增加肿瘤细胞的运动能力。微管和微丝可作为肿瘤化疗药物的作用靶点,如长春新碱、秋水仙碱、紫杉醇和细胞松弛素等这些药物及其衍生物作为有效的化疗药物抑制细胞增殖,诱导细胞凋亡。绝大多数肿瘤细胞通常继续表达其来源细胞特征性中间丝类型,即便在转移后仍然表达其原发肿瘤中间丝类型,如皮肤癌以表达角蛋白为特征,肌肉瘤表达结蛋白,神经胶质瘤表达神经胶质酸性蛋白等,因此可用于鉴别肿瘤细胞的组织来源及细胞类型,为肿瘤诊断起决定性作用。中间丝还可以进一步被分出许多亚型,目前已经建立的人类主要肿瘤类群的中间丝目录,利用中间丝单克隆抗体分析技术鉴别诊断疑难和常见肿瘤,已经成为临床病理肿瘤诊断的有力工具。

二、细胞骨架与神经系统疾病

许多神经系统疾病与骨架蛋白的异常表达有关,如阿尔茨海默病(Alzheimer disease, AD),在患者脑神经元中可见到大量损伤的神经元纤维,并存在高度磷酸化 Tau 蛋白的积累,神经元中微管蛋白的数量并无异常,但存在微管聚集缺陷。神经丝蛋白亚基 NF-H 的异常磷酸化也会导致疾病发生,在阿尔茨海默病患者的神经原纤维缠结(neurofibrillary tangles,NFT)和帕金森病(Parkinson disease,PD)患者的神经细胞内路易小体(Lewy body)中都有高度磷酸化的 NF-H 存在。

三、细胞骨架与遗传病

人类遗传性皮肤病单纯型大疱性表皮松解症(epidermolysis bullosa simplex,EBS),由于角蛋白 14(CK14)基因发生突变,患者表皮基底细胞中的角蛋白纤维网受到破坏,使皮肤很容易受到机械损伤,一点轻微的压挤便可使患者皮肤起疱。这样的个体很脆弱,容易死于机械创伤。

原发性纤毛运动障碍(primary ciliary dyskinesia,PCD)又称原发性纤毛不动综合征(immobile cilia syndrome),属常染色体隐性遗传,是一种由纤毛蛋白臂部分或完全缺失引起的纤毛运动异常,除了会导致男性不育外,还会引起慢性支气管炎、支气管扩张、慢性鼻窦炎、中耳炎、内脏逆位等。患者的第二性征及性器官发育正常,精液量及精子数量在正常范围,精液染色显示精子是存活的,但不能运动或很少运动,超微结构检查可见轴丝的病理改变,有的患者纤毛和鞭毛无中心微管或无轴丝。据统计,原发性纤毛不动综合征占男性不育因素的 1.14%。

小结

细胞骨架是由蛋白质纤维组成的网状结构系统,主要包括微管、微丝和中间丝。狭义的细胞骨架指细胞质骨架,广义的细胞骨架包括细胞质骨架和核骨架。微丝、微管和中间丝共同构成细胞的支架,不仅赋予细胞一定的形状,而且在细胞的各种运动、细胞的物质运输、能量和信息传递、基因表达和细胞分裂中起重要作用。

微管直径最大,是由微管蛋白组成的不分支的中空管状结构。细胞内微管呈网状或束状分布,微管是一种动态结构,可通过快速组装和去组装达到平衡,这对于保证微管行使其功能具有重要意义。微管参与维持细胞形态、物质运输等。微管还能和其他蛋白质共同装配成细胞的纤毛、鞭毛、基体、中心体、纺锤体等结构参与细胞的运动和分裂等活动。

微丝直径最小,是由肌动蛋白组成的骨架纤丝,可呈束状、网状或散在分布于细胞质中。在大多数非肌肉细胞中,微丝为一种动态结构,它不停地进行组装和去组装,以达到维持细胞形态和细胞运动的目的。肌细胞的细胞质中有许多成束的由肌动蛋白和肌球蛋白等构成的肌原纤维,参与肌肉收缩。非肌细胞中的微丝网主要位于细胞的皮层,参与细胞形态维持、细胞内外物质转运、细胞连接以及细胞运动等多种功能。

中间丝因其直径介于微丝和微管之间而得名。中间丝是最稳定的细胞骨架成分,也是三类细胞骨架纤维中化学成分最为复杂的一种,可分为六种类型。中间丝结构稳定、坚韧,在大多数情况下,形成布满在细胞质中的网络,并伸展到细胞边缘,与细胞连接如桥粒和半桥粒结构相连。中间丝还与核纤层、核骨架共同构成贯穿于核内外的网架体系,在细胞信号转导、分化等多种生命活动过程中起重要作用。

所有的细胞运动都和细胞内的细胞骨架体系(尤其是微管、微丝)有关,细胞运动包括从染色体分离到纤毛、鞭毛的摆动,从细胞形状的改变到位置的迁移等。

由于细胞的骨架系统与多种细胞功能相关,因此细胞骨架的结构和功能异常时,会导致许多疾病的发生,如肿瘤、阿尔茨海默病、遗传性皮肤病单纯型大疱性表皮松解症等。

(赵俊霞)

思考题

1. 用细胞松弛素 B 处理分裂期的动物细胞,会破坏细胞分裂吗？将产生什么现象？简述其原因。

2. 真核细胞的鞭毛损伤,能不能形成新的鞭毛？试回答其原因。

3. 试述中间丝的分布特性及其在肿瘤诊断中的作用。

4. 利用内质网的特异性抗体标记细胞内的内质网,在荧光显微镜下显示内质网在细胞质中呈现较均匀的分布,但在有丝分裂的细胞中这种分布消失。推测内质网这种分布与胞内的什么结构有关？如何用实验来证明？说明该结构具有什么功能。

第八章
细胞核与遗传物质的储存

【学习要点】

1. 核膜的结构与功能。

2. 染色质的化学组成、类型、组装，染色体的形态特征。

3. 核仁的结构与功能，核仁周期。

4. 核纤层的组分、结构与功能，核基质的组分、结构与功能。

5. 细胞核的功能。

6. 细胞核异常与疾病。

细胞核的出现是生物进化历程中一次质的飞跃，也是真核细胞结构完善的主要标志。在真核细胞中，细胞核通过核膜将细胞质物质和细胞核物质分别界定在相对独立的环境中。遗传物质被包裹在细胞核内，一方面保证了细胞遗传的稳定性；另一方面使遗传物质的转录和翻译过程在不同的时空中进行，形成了功能的区域化。而且，细胞核可以通过调节核膜内外的物质运输和信息交流，实现对细胞功能的调控。这些遗传物质事件的高效且井然有序的整合，确保了真核细胞能更精准地调控细胞的代谢、生长、增殖、分化等生命活动。因此，细胞核是细胞生命活动的指挥控制中心。

真核细胞中，除哺乳动物的成熟红细胞和高等植物韧皮部的成熟筛管细胞等极少数例外，都含有细胞核。一般而言，细胞核是真核细胞中最大、最重要的结构，细胞一旦失去细胞核后，由于不能执行正常的生理功能，将导致细胞死亡。

细胞核的形态多样，往往与细胞的形态相适应。在圆形、卵圆形、多边形的细胞中，细胞核一般为圆球形；在柱形、梭形的细胞中，则呈椭圆形；在细长的肌细胞中呈杆状；但也有形态不规则的细胞核，如白细胞的细胞核有分叶现象。一些异常的细胞如肿瘤细胞，其核也不规则，称为畸形核或异形核。

细胞核通常位于细胞的中央。有些细胞，如在含有分泌颗粒的腺细胞中，核的位置多偏于细胞的一侧，而脂肪细胞，由于脂滴较多，核常被挤至边缘。大多数细胞为单核，但肝细胞、肾小管细胞和软骨细胞有双核，破骨细胞有 6~50 个核，而骨骼肌细胞的核可达数百个。

细胞核的大小约为细胞总体积的 10%，但在不同的生物及不同生理状态下有所差异，高等动物细胞核的直径通常为 5~10μm。常用核质比（nuclear-cytoplasmic ratio）来表示细胞核的相对大小，即：核质比=细胞核的体积/细胞质的体积，核质比小表示核相对较小，核质比大则表示核相对较大。核质比与生物种类、细胞类型、发育阶段、功能状态及染色体倍数等有关。幼稚的、分化程度较低及生长旺盛的细胞，如淋巴细胞、胚胎细胞和肿瘤细胞的核质比较大；成熟的、分化程度较高的细胞，如表皮角质化细胞、衰老细胞的核质比较小。对于某一特定细胞而言，核质比通常较恒定，其数值的改变可作为细胞病变的指标。

细胞核的形态结构随着细胞的生长、分裂而呈现周期性变化。细胞分裂期，核膜崩解、各种组分重新分配，只有在分裂间期才能看到完整、典型的细胞核，称为间期核。间期核的基本结构包括核膜、染色质、核仁、核纤层与核基质等（图 2-8-1）。

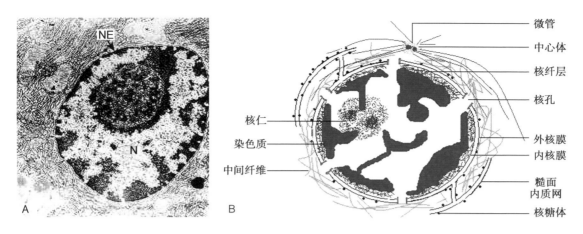

图 2-8-1 细胞核结构
A.大鼠胰腺细胞核电子显微镜照片;B.间期细胞核结构模式图。
N:细胞核;NE:核膜。

第一节 核 膜

核膜(nuclear membrane)又称核被膜(nuclear envelope),为真核细胞内膜系统的一部分,位于细胞核的最外层,是细胞核与细胞质之间的界膜。电子显微镜下可观察到核膜主要包括内核膜、外核膜、核周隙及核孔复合体等结构(图 2-8-2)。广义的核膜还包括位于内核膜下方的核纤层,但核纤层与核基质的关系更为紧密,共同构成了细胞核的网架结构体系,本章将对核纤层与核基质进行专门阐述。

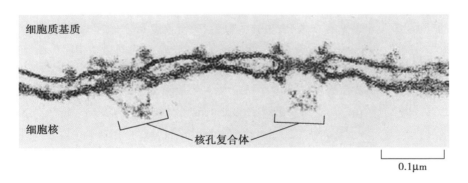

图 2-8-2 核膜的电子显微镜照片

一、核膜的化学组成

核膜的主要化学成分是蛋白质和脂类,此外,核膜中还含有少量 DNA 和 RNA。其中蛋白质约占 65%~75%,包括组蛋白、基因调节蛋白、DNA 和 RNA 聚合酶、RNA 酶等。

核膜某些组分与内质网极为相似,如内质网膜上的标记酶葡萄糖-6-磷酸酶和与电子传递有关的 NADH 细胞色素 c 还原酶、NADH 细胞色素 b_5 还原酶、细胞色素 P450 等也存在于核膜上,但其含量有所差异,如内质网上细胞色素 P450 的含量高于核膜;核膜与内质网膜都含有卵磷脂、磷脂酰乙醇胺、胆固醇、甘油三酯等,但核膜所含的不饱和脂肪酸都较低,而胆固醇和甘油三酯的含量却较高。这些结构成分的相似性和差异性,说明核膜与内质网关系密切,但作为内膜系统的不同部分,又具有各自的结构特点。

二、核膜的结构

外核膜、内核膜在组成成分和结构上都有差异,核膜是一种不对称的双层膜结构。

(一)外核膜与糙面内质网膜相连续

外核膜(outer nuclear membrane)为核膜中面向胞质侧的一层膜,在形态和生化特性上与糙面内质网膜十分相近,并与糙面内质网相连续,外核膜胞质面也有核糖体附着,有人推论,外核膜上的蛋白质绝大多数与糙面内质网上的相同。但研究证明,外核膜上也存在不同于内质网上的特定蛋白质,它们是血影重复蛋白(spectrin repeat protein)家族中的成员,这些蛋白能与内核膜蛋白相互作用并在内外核膜之间构成一种稳定的结构联系,被称为 LINC 复合体(linker of nucleoskeleton and cytoskeleton,LINC)。

另外,外核膜胞质面可见中间纤维、微管构成的细胞骨架网络,这些结构的存在起着固定细胞核并维持细胞核形态的作用。

(二)内核膜表面光滑包围核质

内核膜(inner nuclear membrane)与外核膜平行排列,面向核质,表面光滑,无核糖体附着,核质面附着一层结构致密的纤维蛋白网络,称为核纤层,对核膜起支撑作用。内核膜上有大量功能性蛋白质,包括 70 余种内在蛋白和非跨膜的结合蛋白,它们可以与核纤层蛋白结合,也可以直接结合染色质。

(三)核周隙与糙面内质网网腔相通

在外核膜和内核膜之间存在着宽 20~40nm 的腔隙,称为核周隙(perinuclear space),其宽度常随细胞种类、细胞功能状态的不同而改变。核周隙与糙面内质网网腔相通,内含有多种蛋白质和酶类。因内、外核膜在生化性质及功能上呈现较大的差异,所以,核周隙成为内、外核膜之间的缓冲区。

(四)核孔复合体是由多种蛋白质构成的复合结构

内、外核膜互相平行但并不连续,常常在某些部位融合形成环状开口,称为核孔(nuclear pore)。所有真核细胞间期核膜上普遍存在核孔,核孔的数量、疏密程度及分布形式,因细胞种类、生理状态的不同会有很大的变化。在分化程度较低、代谢旺盛的细胞中,如两栖类动物卵母细胞的核孔可达 60 个/μm^2;在高度分化但代谢活跃的肝、肾等细胞中,核孔数为 12~20 个/μm^2;而在高度分化、代谢不活跃的细胞中,如红细胞的核孔数仅为 1~3 个/μm^2。一个典型的哺乳动物细胞核膜上有 3 000~4 000 个核孔,相当于 10~20 个/μm^2。核孔在核膜上的分布排列方式,可平均分布、成簇分布或者平行排列(图 2-8-3)。

核孔并非一个简单的孔洞,而是由多种蛋白质以特定方式排列形成的复合结构,称为核孔复合体(nuclear pore complex,NPC)。核孔复合体所在区域的核膜区,通常被称为孔膜区(pore membrane domain)。迄今对核孔复合体的结构描述提出了不同的学说,其中捕鱼笼式(fish-trap)核孔复合体模型(图 2-8-4)具有一定的代表性。该模型认为核孔复合体的基本结构包括四部分:①胞质环

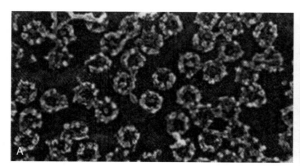
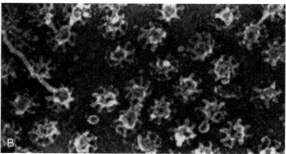

图 2-8-3　核孔复合体结构电子显微镜照片
A. 核孔复合体胞质面的结构;B. 核孔复合体核质面的结构。

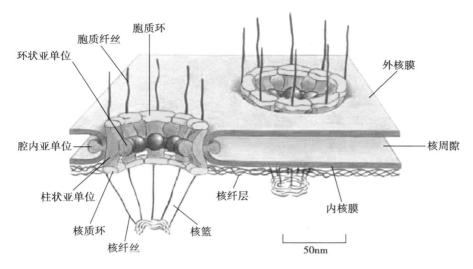

图 2-8-4　核孔复合体结构模型

（cytoplasmic ring）：位于核孔复合体结构边缘胞质面一侧的环状结构，与柱状亚单位相连，环上连有 8
条对称分布的短纤维蛋白丝，并伸向细胞质。②核质环（nucleoplasmic ring）：位于核孔复合体结构边
缘核质面一侧的孔环状结构，与柱状亚单位相连，在环上也对称分布 8 条长约 100nm 的细纤维伸向
核内，纤维的颗粒状末端彼此相连形成一个直径约 60nm 的小环，整个核质环就像一个"捕鱼笼"样
的结构，也称为核篮（nuclear basket）。③辐（spoke）：由核孔边缘伸向中心，呈辐射状八重对称分布，
把胞质环、核质环和中央栓连接在一起。辐的结构较复杂，包括连有胞质环和核质环起支撑作用的柱
状亚单位、起锚定核孔复合体作用的腔内亚单位、由颗粒状结构环绕形成的环状亚单位三个结构域。
④中央栓（central plug）：又称中央颗粒（central granule），位于核孔复合体的中心，是呈颗粒状或棒状
的蛋白质，在核质交换中发挥一定的作用，目前关于中央栓结构是否只是正在转运的货物还是核孔复
合体的固有组分还存在争议。捕鱼笼式核孔复合体结构与核膜垂直，呈辐射状的八重对称，其核质面
与胞质面结构的不对称与核膜两侧功能的不对称性是一致的。

　　核孔复合体具有特征性蛋白即核孔蛋白（nucleoporin），绝大多数核孔蛋白在核孔复合体胞质侧
和核质侧都有分布。脊椎动物细胞中的核孔蛋白大约有 30 多种，均为糖蛋白，以 O-连接糖蛋白为主，
只有少数核孔蛋白为 N-连接糖蛋白，如 Gp210 和 Pom121，它们是位于孔膜区的跨膜蛋白，在锚定核
孔复合体结构中起着关键作用，还与分裂后期新的核孔复合体形成有关。某些核孔蛋白富含苯丙氨
酸和甘氨酸，形成 FxFG 或 FG 重复区域。这些含有 FG 重复区域的蛋白在核孔复合体的胞质侧、核
质侧以及中心区域都有分布，往往能够与核质转运复合体结合，在核膜内外物质选择性通过核孔复合
体的过程中发挥作用。

三、核膜的功能

　　核膜作为细胞核与细胞质之间的界膜，将细胞分成核与质两大结构区，实现了功能的区域化；然
而，核膜并不是完全封闭的，核膜通过调节核膜内外物质的运输，实现对细胞功能的调控。

　　（一）核膜是核质功能区域化的隔离屏障

　　原核细胞没有核，遗传物质 DNA 分子位于细胞质的局部，称为拟核。拟核没有核膜，RNA 转录
及蛋白质合成均发生于细胞质，在 RNA 转录尚未结束时，蛋白质的合成就已开始进行，即转录和翻译
同时同地进行。由于时间及空间的缺乏，RNA 转录后产生的前体在进行翻译以前，不能进行有效的
剪切和修饰。

　　在真核细胞中，核膜将细胞核物质与细胞质物质限定在各自特定的区域，一方面，为遗传物质建
立了稳定的活动环境，细胞核为遗传物质的贮存、复制和转录的中心，而蛋白质的合成则主要在细胞

质中进行;另一方面,由于真核生物的基因结构复杂,RNA 转录后需要经过复杂的加工,所以核膜的出现保证了 RNA 转录后先进行加工、修饰,成熟后才能转运至细胞质中,以指导和参与蛋白质的合成。因此,遗传物质的转录和翻译具有严格的区域性与阶段性。借此,遗传信息被完整、准确地传递并得以高效地表达,其调控更为精确,有助于细胞能够适应外界环境的变化。

(二) 核孔复合体是核-质之间物质运输的主要通道

真核细胞的正常生命活动需要核质和胞质之间的物质运输,而核质之间主要通过核孔复合体进行着频繁的物质交换。核孔复合体作为被动扩散的亲水通道,其有效直径为 9~10nm,有的可达 12.5nm。实验表明,水分子和某些离子,以及一些小分子物质,如单糖、双糖、氨基酸、核苷和核苷酸等,可以自由扩散,穿梭于核质之间。但对于绝大多数大分子物质的核质交换,则主要通过核孔复合体的主动运输完成。主动运输具有高度选择性和双向性,主要表现在三个方面:①核孔复合体的有效直径大小是可调节的,主动运输的功能直径比被动运输大,为 10~20nm,甚至可达 26nm;②核孔复合体的主动运输是一个信号识别与载体介导的过程,需消耗能量;③核孔复合体的主动运输兼有核输入和核输出两种功能。它既能把复制、转录所需的各种酶及多种核蛋白经核孔复合体运进细胞核,同时又能把细胞核内成熟的 RNA 及核糖体亚基通过核孔复合体运送至细胞质。

1. 亲核蛋白的核输入   亲核蛋白(karyophilic protein)是在细胞质中游离核糖体上合成、经核孔复合体转入细胞核发挥作用的一类蛋白质。常见的有核纤层蛋白、组蛋白、DNA 聚合酶、RNA 聚合酶、核糖体蛋白等。

通过序列分析发现,这些亲核蛋白一般都含有一段特殊的氨基酸信号序列,这些内含的信号序列具有"定向"和"定位"的作用,指导蛋白质经核孔复合体向核内输入,因此,将这一特殊的信号序列命名为核定位信号(nuclear localization signal)或核定位序列(nuclear localization sequence,NLS)。

研究发现 NLS 是一段含 4~8 个氨基酸的短肽片段,不同亲核蛋白上的 NLS 不同,但都富含碱性氨基酸残基,如赖氨酸和精氨酸,通常还有脯氨酸。与指导蛋白质穿内质网膜运输的信号肽不同,NLS 可以位于亲核蛋白的任何部位,并且在指导亲核蛋白完成核输入以后不被切除。这个特点有利于细胞分裂完成后,亲核蛋白在子细胞中能够重新输入细胞核。

然而,NLS 只是蛋白质核输入的必要条件。亲核蛋白还需要与能够识别 NLS 的特异性核转运受体相结合,形成的复合物再经转运因子介导方可通过核孔复合体,这种受体称为核输入受体(nuclear import receptor)或输入蛋白(importin)。目前比较明确的输入蛋白有 importin α、importin β 和 Ran(一种 GTP 结合蛋白)等。在它们的共同参与下,亲核蛋白的入核转运可分为 5 个步骤(图 2-8-5):①亲核蛋白通过 NLS 识别 importin α,与 importin α/β 异二聚体结合,形成转运复合物;②在 importin β 的

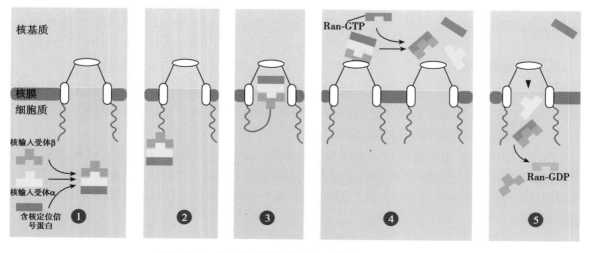

图 2-8-5 亲核蛋白通过核孔复合体转运入核的过程

介导下,转运复合物与核孔复合体的胞质纤维结合;③而 importin β 又能与核孔复合体的核孔蛋白相结合,使得转运复合物能够通过核孔复合体,从胞质面转移到核质面;④在核质面,转运复合物的 importin β 与 Ran-GTP 结合,导致复合物解离,亲核蛋白释放,从而实现入核转运;⑤受体的亚基与结合的 Ran 返回细胞质,在胞质中 Ran-GTP 水解形成 Ran-GDP 并与 importin β 解离,Ran-GDP 返回核内,再转换成 Ran-GTP 状态。

2. RNA 及核糖体亚基的核输出　核孔复合体除了能把亲核蛋白输入核内以外,还能把新组装的核糖体大小亚基、经转录加工后的 RNA 等大分子物质输出至细胞质。在体外,用小分子 RNA(5S rRNA 或 tRNA)包裹着直径为 20nm 的胶体金颗粒,然后注入蛙的卵母细胞核中,结果发现它们可以迅速地从细胞核进入细胞质中;如果将此颗粒注入细胞质中,它们则会停留在细胞质内。由此看来,核孔复合体除了有亲核蛋白输入信号的受体外,还有识别 RNA 分子的核输出受体,即输出蛋白(exportin)。输出蛋白可识别并结合含有核输出信号(nuclear export signal,NES)的 RNA 或与 RNA 结合的蛋白质,再将它们从细胞核经核孔复合体输出到细胞质。然而,出核的机制与入核不同:含有 NES 的蛋白从核内向胞质转运时,需要与外运蛋白 CRM1/exportin 和 Ran-GTP 结合形成三聚体,三聚体通过核孔复合体由核内转运到胞质后,Ran-GTP 水解形成 Ran-GDP,导致三聚体解离,含核输出信号的蛋白被释放出来。CRM1 是一种输出蛋白,能识别富含亮氨酸 NES 的蛋白质,或富含 U 的 snRNA。

由此可见,通过核孔复合体进行的核-质之间的物质运输是高度不对称的,尽管许多转运因子本身能在核质和胞质之间来回穿梭。现在普遍认为,Ran-GTP 酶在决定转运不对称性中起着主导作用。Ran 在核质和胞质中分别以 Ran-GTP、Ran-GDP 形式存在,正是这种 Ran-GTP/Ran-GDP 浓度梯度的不对称性决定了物质运输的方向性。此外,这种转运的不对称性与核孔复合体周边结构的不对称性有关,即胞质纤维、核质纤维及核篮组成蛋白的差异。

（三）核膜在基因转录调控中扮演重要角色

核膜不仅参与间期细胞核形态及空间结构的维持,对保证正常的染色质空间排布也至关重要,而这种空间排布与细胞基因转录的调控密切相关。电子显微镜下,内核膜下方存在不连续的异染色质区域,这是由于结合了异染色质的异染色质蛋白 1(heterochromatin protein,HP1)再与内核膜蛋白 LBR(lamin B receptor,LBR)结合,从而将异染色质募集到核膜下方。某些染色质是通过与核纤层结合而定位于内核膜下方,这些染色质上存在能特异结合核纤层的结构域(lamina associated domain,LAD)。LAD 富含 GAGA 序列,可以结合转录抑制因子,从而沉默该区域的基因转录。

在基因转录调控中,许多基因活化伴随着由细胞核的周边向核内部运动的过程。然而,核的周边区域并非只与基因沉默有关,如在核孔复合体下方富含常染色质,基因转录活跃。这可能是由于跨核膜运输的物质参与的调节,或是核膜结构成分本身直接参与的调节。

（四）核膜参与生物大分子的合成

外核膜通常被看作是内质网膜的特化区域,胞质侧表面附着核糖体,所以核膜有一定的蛋白质合成的功能。通过免疫电子显微镜技术已证实:抗体的形成首先出现在核膜的外层。另外,核周隙中分布有多种结构蛋白和酶类,也能合成少量膜蛋白、脂质等。有报道称核膜还可以合成糖类。

第二节　染色质与染色体

染色质(chromatin)和染色体(chromosome)是遗传信息的载体,都是由 DNA 和蛋白质构成的能被碱性染料着色的复合物。电子显微镜下,细胞间期,染色质成细丝状,形态不规则,弥散在细胞核内;进入分裂期时,染色质高度螺旋、折叠而缩短变粗,最终凝集形成条状的染色体,以保证遗传物质 DNA 能够被准确地分配到两个子代细胞中。因此,染色质和染色体是同一物质在细胞周期不同时相的两种结构状态。

一、染色质的组成成分

染色质的主要成分是 DNA 和组蛋白,还有非组蛋白及少量 RNA。DNA 和组蛋白是染色质的稳定成分,两者含量之比接近 1∶1。非组蛋白与 RNA 的含量常随细胞生理状态的不同而改变。

(一) DNA 是生物遗传信息的携带者和传递者

DNA 分子是由数目巨大的四种脱氧核糖核苷酸聚合而成的生物大分子,具有高度的稳定性和复杂性。一般而言,同一物种所有的间期体细胞中 DNA 分子结构及含量都是一致的,而不同的物种之间,细胞内 DNA 的含量、长度呈现很大差异。DNA 主要功能是携带和传递遗传信息,并通过转录形成的 RNA 来指导蛋白质的合成。

在真核细胞中,每条未复制的染色体都含有一条线型的 DNA 分子。一个真核生物储存于单倍染色体组中的遗传信息总和称为该生物的基因组(genome)。真核细胞基因组 DNA 序列按照其编码特征和拷贝数可分为单一序列、中度重复序列和高度重复序列。

单一序列(unique sequence)又称单拷贝序列(single-copy sequence),是指在基因组中只有单一拷贝或少数几个拷贝。真核生物大多数编码蛋白质(酶)的结构基因属于这种形式。

中度重复序列(middle repetitive sequence)拷贝数在 $10\sim10^{5}$ 之间,重复单元由几百到几千个碱基对(bp)组成。这些序列又可以分为两类:①有编码功能的重复序列,如编码 rRNA、tRNA、组蛋白和核糖体蛋白的基因等。②无编码功能的重复序列,散在分布于整个基因组中,构成基因内和基因间的间隔序列,在基因调控中起重要作用,涉及 DNA 复制、RNA 转录及转录后加工等方面。

高度重复序列(highly repetitive sequence)无编码功能,拷贝数超过 10^{5},其序列长度较短,一般为几个至几十个 bp,分布在染色体的端粒、着丝粒区。它们有些散在分布,另一些则串联重复,主要是构成结构基因的间隔,维系染色体结构,还可能与减数分裂过程中同源染色体联会有关。

(二) 组蛋白是染色质的基本结构蛋白

组蛋白(histone)是构成真核细胞染色质的基本结构蛋白质,富含精氨酸、赖氨酸等碱性氨基酸,等电点一般在 pH10.0 以上,属于带正电荷的碱性蛋白质,可与带负电荷的 DNA 紧密结合。用聚丙烯酰胺凝胶电泳可将组蛋白分离成 5 种,即 H1、H2A、H2B、H3、H4(表 2-8-1)。5 种组蛋白在染色质的分布与功能上存在差异,可分为核小体组蛋白和 H1 组蛋白。

表 2-8-1　组蛋白的分类及作用

种类	赖氨酸/精氨酸	残基数	分子量/D	存在部位及结构作用
H1	29.0	215	23 000	存在于连接线上,锁定核小体及参与高一层次的包装
H2A	1.22	129	14 500	存在于核心颗粒,形成核小体
H2B	2.66	125	13 774	存在于核心颗粒,形成核小体
H3	0.77	135	15 324	存在于核心颗粒,形成核小体
H4	0.79	102	11 822	存在于核心颗粒,形成核小体

核小体组蛋白(nucleosomal histone)包括 H2A、H2B、H3、H4,分子量较小,一般由 102~135 个氨基酸残基组成。这类组蛋白之间通过 C 端的疏水氨基酸互相结合形成聚合体,而 N 端带正电荷的氨基酸则向四面伸出,与 DNA 结合,从而帮助 DNA 卷曲形成核小体。核小体组蛋白无种属及组织特异性,在进化上十分保守,其中 H3 和 H4 的保守性最为显著,如小牛胸腺和豌豆的 H4 组蛋白只有两个氨基酸残基不同,海星与小牛胸腺的 H4 组蛋白只有一个氨基酸不同。这一特点表明 H3 和 H4 的功能几乎涉及它们所有的氨基酸,以致其分子中任何氨基酸的改变都将对细胞产生影响。研究表明,H3 和 H4 在染色质的高度凝集过程中发挥重要作用。

H1 组蛋白也称连接组蛋白(linker histone),分子量较大,由 215 个氨基酸残基组成,进化上不如核小体组蛋白那么保守,有一定的种属特异性和组织特异性。在哺乳类细胞中,H1 约有六种密切相关的亚型,氨基酸顺序稍有不同。H1 组蛋白在构成核小体时起连接作用,并赋予染色质以极性,与染色质结构的构建有关。

组蛋白在细胞周期的 S 期与 DNA 同时合成。组蛋白在细胞质中合成后即转移到核内,与 DNA 结合,装配形成核小体。组蛋白与 DNA 结合可抑制 DNA 的复制与 RNA 转录。细胞内很多活动可以通过调节组蛋白的修饰来影响组蛋白与 DNA 双链的亲和性,从而改变染色质的疏松或凝集状态,或通过影响其他转录因子与结构基因启动子的亲和性来发挥基因调控作用。组蛋白修饰是一种重要的表观遗传修饰,大多数细胞中都有部分组蛋白的某些碱性氨基酸侧链被乙酰化、磷酸化和甲基化等,这些修饰更为灵活地影响染色质的结构与功能,通过多种修饰方式的组合发挥其调控功能。

（三）非组蛋白可影响染色质的结构和功能

非组蛋白(non-histone protein)是指细胞核中除组蛋白以外所有蛋白质的总称,为一类带负电荷的酸性蛋白质,富含天门冬氨酸、谷氨酸等酸性氨基酸。细胞中非组蛋白的数量远少于组蛋白,但其种类多、功能广泛,用双向凝胶电泳可得到 500 多种不同组分,分子量一般在 15~100kD 之间。包括染色体骨架蛋白、调节蛋白及参与核酸代谢和染色质化学修饰的相关酶类。

非组蛋白的组分中常含有启动 DNA 复制的相关蛋白,如 DNA 聚合酶、DNA 结合蛋白和引物酶等,它们以复合物的形式结合在 DNA 分子的特定序列上,启动和推进 DNA 分子的复制。有些非组蛋白是转录活动的调控因子,当细胞处于功能活跃状态时,这些非组蛋白通过与组蛋白的识别与结合,可选择性地解除组蛋白对特异 DNA 的结合和抑制,促使相关基因的选择性表达。非组蛋白还可以组成染色体支架,参与染色质高级结构的构建。

非组蛋白有种属和组织特异性,在整个细胞周期都能合成,其含量常随细胞的类型及病理生理状态不同而变化,一般而言,功能活跃细胞的染色质中非组蛋白的含量较不活跃细胞中的高。

二、染色质的种类

间期核中染色质由于其折叠压缩程度的不同,在形态特征、活性状态和染色性能上呈现出差异,由此将染色质分为常染色质(euchromatin)和异染色质(heterochromatin)两大类。

（一）常染色质是处于伸展状态具有功能活性的染色质纤维

常染色质是指间期核内螺旋化程度低,相对处于伸展状态,用碱性染料染色时着色浅,分散度较大的染色质纤维丝。构成常染色质的 DNA 主要是单一 DNA 序列(如 mRNA 基因)和中度重复 DNA 序列(如 rRNA 基因和组蛋白基因)。常染色质具有转录活性,细胞功能越活跃,常染色质的比例越大,但并非常染色质中的所有基因都具有转录活性,处于常染色质状态只是基因转录的必要条件。常染色质大部分位于间期核的中央,一部分介于异染色质之间,可聚集于核孔复合体周围,也可以襻环的形式伸入核仁内;细胞分裂期,常染色质分布于染色体的臂部。在 DNA 复制期间,常染色质多在 S 期的早、中期复制。

（二）异染色质是处于凝缩状态且功能不活跃的染色质纤维

异染色质是指间期核中螺旋化程度高,处于凝缩状态,用碱性染料染色时着色较深的染色质纤维丝,常分布在核的周边或靠近核纤层的内侧,部分围绕在核仁的周围,是转录不活跃或者无转录活性的染色质,特化或者分化程度越高的细胞,异染色质的比例越大。异染色质又分为组成性异染色质(constitutive heterochromatin)和兼性异染色质(facultative heterochromatin)两类。

组成性异染色质又称“恒定性异染色质”,指的是在各种类型的细胞中,除复制期外的整个细胞周期中都呈凝缩状态的异染色质,由高度重复的 DNA 序列构成,不转录也不编码蛋白质,具有显著的遗传惰性。在间期,细胞核中的组成性异染色质聚集形成多个染色中心(chromocenter),在哺乳类细胞中,这些染色中心随着细胞类型和发育阶段不同而变化。在分裂中期染色体上,组成性异染色质常位于染色体的着丝粒区、端粒区、次缢痕及染色体的某些节段。组成性异染色质是异染色质的主要类型,多在 S 期的晚期复制,而凝集的发生往往较常染色质早。在功能上,其参与染色质高级结构的形成,导致染色质区间性,作为核 DNA 的转座元件,引起遗传变异。

兼性异染色质是指在生物体的某些细胞类型或一定发育阶段,原来的常染色质凝缩、丧失基因转录活性,变为异染色质。兼性异染色质的总量随不同细胞类型而变化,一般胚胎细胞中含量少,而高度分化的细胞中含量较多,这说明随着细胞分化,较多的基因渐次以聚缩状态关闭。例如,人类女性细胞含两条 X 染色体,在胚胎发育的前 16 天,两条 X 染色体在间期细胞中均为常染色质,但在第 16~18 天,细胞将随机保持其中一条具有转录活性,呈常染色质状态,而另一条则失去转录活性,成为异染色质。在间期核中失活的 X 染色体呈异固缩状态,形成直径约 1μm 的浓染小体,紧贴核膜内缘,称为性染色质或巴氏小体(Barr body)。性染色质检查可用于对性别和性染色质异常鉴定。兼性异染色质这一特性说明染色质的紧密折叠压缩可能是关闭基因活性的一种途径。

三、染色质经组装形成染色体

20 世纪 70 年代以前,染色质一直被认为是由组蛋白包裹在 DNA 外面形成的纤维状结构。直到 1974 年,R. D. Kornberg 等人根据染色质的酶切和电子显微镜观察,发现了核小体是染色质组装的基本结构单位,从而人们对染色质的结构有了新的认识。现已知道,染色体是染色质在核小体结构的基础上,经过进一步有序的盘折、压缩并最终组装形成的。

(一) 核小体为染色质的基本结构单位

组成染色质的基本结构单位是核小体(nucleosome)。每个核小体单位包括约 200bp 左右的 DNA 超螺旋、8 个组蛋白分子组成的八聚体及 1 分子组蛋白 H1。实验表明,核小体具有自装配的性质,组蛋白与 DNA 之间的互相作用主要是结构性的,基本不依赖核苷酸的特异序列。

组蛋白八聚体构成核小体的盘状核心颗粒,由 4 个异二聚体组成,两个 H3·H4 异二聚体相互结合形成四聚体,位于核心颗粒中央,两个 H2A·H2B 异二聚体分别位于四聚体两侧。146bp 的 DNA 分子以左手螺旋方式盘绕在核心颗粒表面,共 1.75 圈,形成了核小体的核心颗粒。在两个相邻的核小体核心颗粒之间以连接 DNA 分子相连,称为连接 DNA,其典型长度约 60bp,不同物种变化值为 0~80bp,其上 20bp 的 DNA 分子结合一分子组蛋白 H1,组蛋白 H1 锁定核小体 DNA 的进出端,不仅起稳定核小体的作用,还介导核小体之间彼此连接,形成直径约 10nm 的核小体"串珠"状纤维(图 2-8-6),这是染色质组装的一级结构。

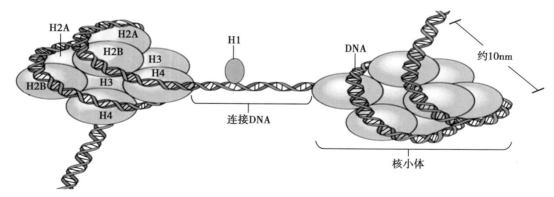

图 2-8-6　核小体结构图解

(二) 核小体螺旋形成螺线管

在组蛋白 H1 作用下,直径为 10nm 的核小体串珠结构进一步螺旋盘绕,每 6 个核小体螺旋一周,形成外径为 30nm、内径为 10nm 的中空螺线管(solenoid),组蛋白 H1 位于其内部,在螺线管的形成和稳定方面发挥重要作用。螺线管为染色质的二级结构(图 2-8-7)。电子显微镜下,大多数染色质以 30nm 染色质纤维形式存在。

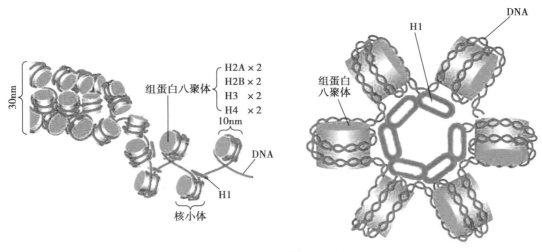

图 2-8-7　螺线管结构图解

（三）螺线管进一步组装成染色体

染色质组装的前期过程,在一级和二级结构上已有直接的实验证据,研究者们已取得基本一致的看法。然而,细胞分裂时,核内染色质如何进一步组装成染色体的过程则存在有不同观点,目前主要有以下两种结构模型受到广泛关注。

1. **染色体多级螺旋模型**　分裂细胞的染色体经温和处理后,在电子显微镜下可观察到直径为 $0.4\mu m$,长 $11\sim60\mu m$ 的染色质线,这是由螺线管进一步螺旋盘绕形成的圆筒状结构,称为超螺线管（super solenoid）。超螺线管是染色质组装的三级结构,再进一步螺旋、折叠形成长 $2\sim10\mu m$ 的染色单体,即染色质组装的四级结构。根据多级螺旋模型（multiple coiling model）,DNA 分子在经核小体、螺线管、超螺线管到染色单体四级组装后,其长度共压缩了 8 400 倍（图 2-8-8）。

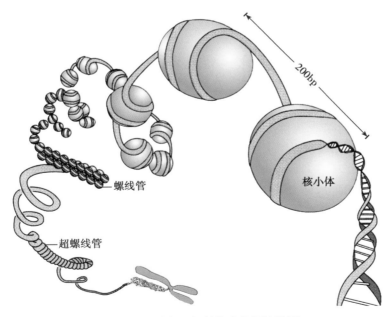

图 2-8-8　染色质组装的多级螺旋模型

2. **染色体骨架-放射环结构模型**　通过化学方法去除分裂细胞中期染色体上的组蛋白及大部分非组蛋白后,电子显微镜下观察到由非组蛋白密集的纤维网构成的染色体骨架,两条染色单体的骨架在着丝粒区相连,从骨架伸展出许多直径为 30nm 的染色质纤维构成的侧环,进一步处理后,则可见 30nm 的纤维解螺旋,形成 10nm 的纤维。此外,实验观察发现,两栖类卵母细胞的灯刷染色体和昆虫的多线染色体都含有一系列的袢环结构域（loop domain），提示袢环结构可能是染色体高级结构的普遍特征。基于这些发现，提出了染色质组装的骨架-放射环结构模型（scaffold-radial loop structure model）。

该模型认为，螺线管以后的高级结构的核心是由非组蛋白构成的染色体骨架。直径30nm的螺线管一端与染色体骨架某一点结合，另一端向周围呈环状迂回后又返回到与其相邻近的点，形成一个个袢环围绕在骨架的周围；每个DNA袢环长度约21μm，包含315个核小体；每18个DNA袢环以染色体骨架为轴心呈放射状平面排列，结合在核基质上形成微带（miniband）；微带是染色体高级结构的单位，约10^6个微带再沿骨架纵轴纵向排列构建成染色单体（图2-8-9）。

上述两种关于染色体高级结构的组织模型，多级螺旋模型强调螺旋化，解释了间期染色质的构建过程；骨架-放射环结构模型着重环化与折叠，同时也说明了染色质中非组蛋白的作用。而且，袢环结构可能是保证DNA分子多点复制特性的高效性和准确性的结构基础，也是DNA分子中基因活动的区域性和相对独立性的结构基础。

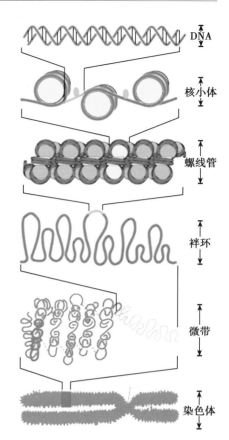

图2-8-9 染色质组装的骨架-放射环结构模型

四、染色体的形态结构

染色体是间期细胞中的染色质在有丝分裂或减数分裂时不断组装的结果，在细胞有丝分裂中期，因染色质高度凝集成染色体，此时染色体具有比较稳定的形态、结构特征最为突显，可作为染色体一般形态和结构的标准，常用于染色体研究及染色体病的诊断检查。

（一）主缢痕

在细胞有丝分裂中期，每条染色体都是由两条相同的姐妹染色单体构成，两条染色单体之间在着丝粒部位相连，此处有一个向内凹陷，着色较浅的缢痕，称为主缢痕（primary constriction）或初级缢痕。主缢痕内部结构为着丝粒（centromere），其两外侧有已特化的圆盘状结构，称为动粒（kinetochore），哺乳类动粒，又称着丝点（kinetochore）。

1. 着丝粒 着丝粒是连接姐妹染色单体的特殊部位，也是指主缢痕处的染色质部分，位于主缢痕内两条姐妹染色单体（sister chromatid）相连处的中心部位，由高度重复DNA序列的异染色质组成。着丝粒将染色体分为两部分，称为染色体的臂。根据着丝粒在染色体上所处的位置可将中期染色体分为4种类型（图2-8-10）；①中着丝粒染色体（metacentric chromosome），着丝粒位于或靠近染色体中央，两臂长度相等或大致相等；②亚中着丝粒染色体（submetacentric chromosome），着丝粒将染色体分成长短不等的短臂（p）和长臂（q）；③近端着丝粒染色体（acrocentric chromosome），着丝粒靠近染色体的一端，具有微小短臂；④端着丝粒染色体（telocentric chromosome），着丝粒位于染色体的一端，形成的染色体只有一个臂。在人类正常染色体中没有这种端着丝粒染色体，但在肿瘤细胞中可以见到。

2. 着丝粒-动粒复合体 着丝粒-动粒复合体介导纺锤丝与染色体的结合。每一中期染色体含有两个动粒，是细胞分裂时纺锤丝微管附着的部位，与细胞分裂过程中染色体的运动密切相关。在细胞分裂后期，微管牵引着两条染色单体向细胞两极移动，动粒起着核心作用，控制着微管的装配和染色体的移动。然而，若着丝粒缺失，则在细胞分裂时，染色体不能与纺锤丝相连，导致染色体分裂后期延滞而丢失。主缢痕区域的着丝粒与动粒在结构和功能上密不可分，它们共同组成一个功能单位，称为着丝粒-动粒复合体，其包括三种结构域（图2-8-11）：

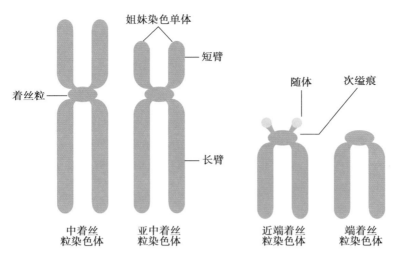

图 2-8-10　染色体四种类型示意图

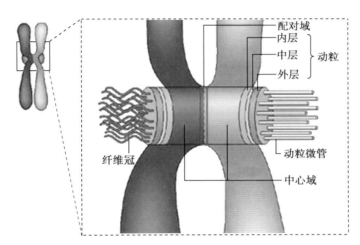

图 2-8-11　着丝粒-动粒复合体结构示意图

（1）动粒域（kinetochore domain）位于着丝粒两侧的外表面,主要由与动粒结构、功能相关的蛋白质组成,常为进化上高度保守的着丝粒蛋白（centromere protein,CENP）以及一些与染色体运动相关的微管蛋白、钙调蛋白（CaM）、动力蛋白等。动粒域的超微结构包括内、中、外三层结构和围绕在动粒外层的纤维冠。内层与着丝粒中心域相联系;中层呈半透明状,无特定的结构;外层是纺锤丝微管连接的位点;在没有动粒微管结合时,外层表面还可见覆盖着一层由微管蛋白构成的纤维冠（fibrous corona）,是支配染色体运动和分离的重要结构。

（2）中心域（central domain）位于动粒域的内侧,是着丝粒区的主体,为无结构透亮区,由富含高度重复 DNA 序列的异染色质组成,具有抗低渗膨胀和核酸酶消化的特性,并对着丝粒-动粒复合体结构的形成和正常功能活性的维持有重要作用。

（3）配对域（pairing domain）位于着丝粒内表面,是有丝分裂中期姐妹染色单体相互作用的位点。该结构域含有两类重要蛋白,即内着丝粒蛋白（inner centromere protein,INCENP）及染色单体连接蛋白（chromatid linking protein,CLIP）。在细胞分裂过程中,这些蛋白质在姐妹染色单体的配对和分离等方面发挥着重要作用,伴随着染色单体的分离,INCENP 可迁移到纺锤体赤道区域,而 CLIP 则会逐渐消失。

以上三种结构域在组成及功能上虽有区别,但它们不能独自发挥作用,彼此间需要相互配合、共同作用,才能确保有丝分裂过程中染色体与纺锤体的整合,为染色体的有序配对及分离提供结构基础。

（二）次缢痕

除主缢痕外，染色体上其他的缢缩狭窄浅染部位，称为次缢痕（secondary constriction）。并非所有的染色体上都存在次缢痕，次缢痕为某些染色体特有的形态表现，其数目以及在染色体上的位置、大小通常较恒定，可作为染色体鉴定的一种常用标记。

（三）核仁组织区

核仁组织区（nucleolar organizing region，NOR）为染色体上含有 rRNA 基因的区域（5S rRNA 基因除外），与间期细胞核仁的形成有关。核仁组织区的 rRNA 基因转录活跃，不利于该区染色质的凝集，故 NOR 在形态上表现为次缢痕，但并非所有次缢痕都是 NOR。含有 NOR 的染色体称为核仁组织染色体（nucleolar organizing chromosome）。

（四）随体

人类近端着丝粒染色体短臂的末端可见球形或棒状结构，称为随体（satellite）。随体通过柄部凹陷缩窄的次缢痕与染色体主体部分相连。随体主要由含高度重复 DNA 序列的异染色质组成，也是识别染色体的重要形态特征之一，有随体的染色体称为 sat 染色体。

（五）端粒

端粒（telomere）是指染色体两臂端部的特化结构（图 2-8-12），由端粒 DNA 和端粒蛋白质构成。端粒 DNA 通常为富含 G 的串联重复序列，在进化中高度保守，其末端不被外切核酸酶和单链特异性的内切酶所识别。不同物种的端粒的重复序列是不同的，人类染色体端粒 DNA 的重复序列是 TTAGGG，串联重复 500~3 000 次，长度在 2~20kb 之间不等。端粒蛋白可保护端粒免受酶或者化学试剂的降解。

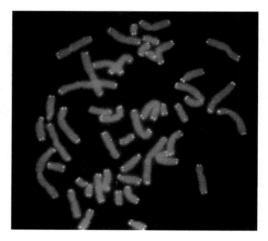

端粒是染色体末端必不可少的结构，其功能主要与维持染色体的稳定性，保证 DNA 分子末端复制的完整性，染色体在核内的空间排布及减数分裂时同源染色体配对有关。当染色体发生断裂而丢失端粒后，染色体的断端可以彼此粘连相接，形成各种染色体结构畸变。端粒的长度还与细胞周期进程及寿命有关：细胞每分裂一次，端粒重复序列可减少 50~100bp，当缩短到一定阈值时，细胞会退出细胞周期而衰老或死亡。

图 2-8-12   原位杂交实验显示位于人类染色体末端的端粒

五、核型与带型

正常人类体细胞含有 46 条染色体，根据染色体的长度和着丝粒的位置，配为 23 对，并将这 23 对染色体分别编入到 A、B、C、D、E、F、G 这 7 个组别中，A 组最大，G 组最小。其中 22 对为男女所共有，称为常染色体（autosomal chromosome），编为 1~22 号；剩余一对与性别有关，称为性染色体（sex chromosome），女性为 XX 染色体，男性为 XY 染色体。X 染色体较大，为亚中着丝粒染色体，列入 C 组；Y 染色体较小，为近端着丝粒染色体，列入 G 组（表 2-8-2）。

表 2-8-2   人类核型分组及特点（非显带）

组号	染色体号	大小	着丝粒位置	次缢痕	随体
A	1~3	最大	中（1、3 号）亚中（2 号）	1 号常见	无
B	4~5	大	亚中		无
C	6~12;X	中等	亚中	9 号常见	无
D	13~15	中等	近端		有

NOTES

续表

组号	染色体号	大小	着丝粒位置	次缢痕	随体
E	16~18	小	中（16号）、亚中（17、18号）	16号常见	无
F	19~20	次小	中		无
G	21~22；Y	最小	近端		（21、22号）有（Y）无

核型（karyotype）是指一个体细胞中全部染色体表型的总汇，即一个体细胞中所有染色体按其大小、形态等特征顺序排列所构成的图像。按照国际标准，正常女性核型描述为46,XX；正常男性核型描述为46,XY。核型分析（karyotype analysis）是对待测细胞的核型进行染色体数目、形态特征的分析。

染色体显带技术是研究核型的有力工具，其利用不同染色体中的DNA序列及致密度具有各自特点的特性，将染色体标本经过一定程序处理，用特定染料染色，使染色体沿其长轴显现出宽窄不同、明暗相间或深浅交替的一系列横行带纹，从而构成了不同染色体的带型（banding pattern），这样的染色体称为显带染色体。每对同源染色体的带型基本相同且相对稳定，不同对染色体的带型不同，因此，通过显带染色体的核型分析，可以精确鉴别一个核型中任何一条染色体，还能检测各条染色体的细微变化，如缺失、易位等，这对探讨人类遗传病的发病机制、物种间的亲缘关系与进化、远缘杂种的鉴定等方面有着重要的实用意义。

目前常用的染色体显带方法有G带、Q带、R带及高分辨显带法等。其中，高分辨显带技术，显带后可获得更多更细的带纹，使染色体核型分析更加精确，有助于发现更细微的染色体结构畸变。

第三节　核　　仁

核仁（nucleolus）是真核细胞间期核中最显著的结构，光镜下，核仁通常为一个或多个匀质的球形小体。核仁的形状、大小、数目和位置因生物种类、细胞类型和生理状态而异。生长旺盛、蛋白质合成活跃的细胞，如分泌细胞、卵母细胞中，核仁较大，可占总核体积的25%；而如肌细胞、精子等细胞中，代谢缓慢、蛋白质合成不活跃，其核仁很小，甚至没有核仁。核仁的位置一般不固定，生长代谢旺盛的细胞，核仁常位于细胞核的边缘，以便核内、外物质的运输，这种现象称为核仁边集（nucleolar margination）。另外，核仁还是一个高度动态的结构，随细胞周期性有规律地出现和消失。

一、核仁的主要成分

核仁的化学组分主要包括DNA、RNA和蛋白质。这三种成分的含量依细胞类型和生理状态而变化。其中，蛋白质约占核仁干重的80%，RNA含量占10%左右，核仁中的RNA与蛋白质通常组成核糖核蛋白颗粒（ribonucleoprotein particle，RNP）。DNA约占核仁干重的8%，主要是存在于核仁染色质（nucleolar chromatin）中的DNA。此外，核仁中存在许多参与其生理功能的酶类等。

二、核仁的结构

电子显微镜下，核仁为无被膜包裹的纤维网架结构，由3个不完全分隔的特征性区域组成，即纤维中心（fibrillar center，FC）、致密纤维组分（dense fibrillar component，DFC）、颗粒组分（granular component，GC）（图2-8-13）。

（一）纤维中心是分布有rRNA基因的染色质区

纤维中心是位于核仁中央的纤维组分，其周围被致密纤维组分不同程度地包围，电子显微镜下呈浅染低电子密度的近似圆形结构，直径10nm。纤维中心主要由含rRNA基因的DNA，即rDNA组

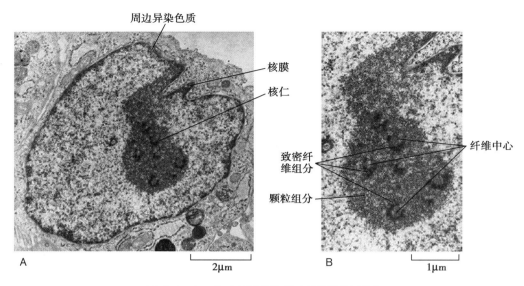

图 2-8-13　人成纤维细胞核电子显微镜照片
A. 完整的细胞核；B. 核仁。

成。rDNA 实际上是数条染色体上伸展出的 DNA 袢环，袢环上的 rRNA 基因成串排列，通过高速转录产生 rRNA，对组织形成核仁具有直接作用。因此，每一个 rDNA 袢环被称为核仁组织者（nuclear organizer）。人类细胞中，rDNA 分布于第 13、14、15、21 和 22 号 5 对染色体的次缢痕部位，因此，在人类二倍体细胞中，有 10 条染色体上含有 rDNA，他们共同构成的区域称为核仁组织区，这 10 条染色体也称为核仁组织染色体（图 2-8-14）。

（二）致密纤维组分包含处于不同转录阶段的 rRNA 分子

电子显微镜下，核仁结构的致密纤维组分由紧密排列的细纤维丝组成，是包围在纤维中心周围的高电子密度区域，染色深，呈环形或半月形分布，直径一般为 4~10nm，长度为 20~40nm。致密纤维组分主要是含 rDNA 在不同转录阶段产生的 rRNA 分子，核糖体蛋白及某些特异性的 RNA 结合蛋白，如核仁蛋白、核仁纤维蛋白等，它们共同构成核仁的纤维网架。

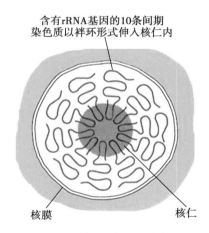

图 2-8-14　人 10 条间期染色质的 rDNA 袢环伸入核仁组织区示意图

（三）颗粒组分是由正在加工的 rRNA 及蛋白质构成

核仁结构的颗粒组分是由电子密度较大的颗粒组成，颗粒直径为 15~20nm，分布在纤维组分的外侧或纤维骨架之间。颗粒组分是 rRNA 基因转录产物进一步加工、成熟的区域，主要由 rRNA 和蛋白质组成的核糖核蛋白颗粒构成，为处于不同加工及成熟阶段的核糖体亚基前体。代谢活跃细胞的核仁中，颗粒组分是核仁的主要结构。核仁的大小与颗粒成分的数量密切相关。

除上述 3 种基本组分外，核仁周围还被一些异染色质所包围，这些染色质称为核仁周边染色质（perinucleolar chromatin），其与核仁中央含 rDNA 的常染色质（称为核仁内染色质，intranucleolar chromatin）统称为核仁相随染色质（nucleolar associated chromatin）。另外，电子显微镜下还观察到核仁中含有一些电子密度低，由无定形的蛋白质液体物质构成的核仁基质（nucleolar matrix）。

三、核仁的功能

核仁是 rRNA 合成、加工和核糖体亚基装配的重要场所。真核生物中，除 5S rRNA 在核仁外合成，其余 rRNA 都在核仁内合成和加工；成熟的 rRNA 与多种相关的蛋白质在核仁中进一步装配成核糖体亚基,最后转运至细胞质参与蛋白质的合成。

（一）核仁是 rRNA 基因转录和加工的场所

真核生物中的 18S、5.8S 和 28S rRNA 基因组成一个转录单位,串联重复排列在核仁组织区。在 RNA 聚合酶I的作用下,每个转录单位都可转录出约 13 000bp 组成的初始转录产物,即 45S rRNA。应用染色质铺展技术,可在电子显微镜标本下观察到 rDNA 转录为 rRNA 的形态学过程:新生的 RNA 链从 DNA 长轴两侧垂直伸展出来,沿着转录方向,其长度有规律地增长,形成类似"圣诞树" (Christmas tree)的结构外形(图 2-8-15)。沿 DNA 长纤维有一系列重复的"圣诞树"结构单位,每个结构单位中的 DNA 纤维代表一个 rRNA 基因转录单位,在两个结构单位之间为裸露的、不被转录的间隔 DNA 片段。核仁组织区 rRNA 基因以这种组织方式及高密度分布使 RNA 聚合酶I能够连续运作,在前一个基因转录完成后直接活化下一个基因的转录,保证转录的高效进行。

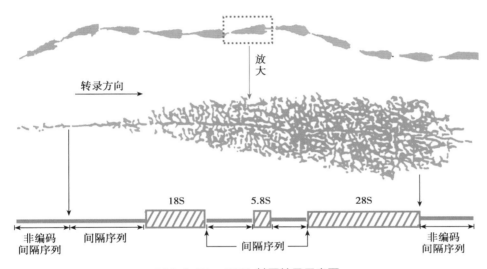

图 2-8-15　rRNA 基因转录示意图

转录形成的 45S rRNA 前体,可裂解为 32S rRNA、20S rRNA 等中间产物,20S 很快裂解为 18S rRNA,而 32S 则经过 40min 左右才被剪切为 28S 和 5.8S rRNA。RNA 的加工涉及 rRNA 上部分核苷酸的甲基化,而且,在 rRNA 成熟过程中,有一类被称为小核仁 RNA(small nucleolar RNA),其发挥着重要作用。

真核生物中,参与核糖体形成的 5S rRNA 基因不定位在核仁组织区,如人类的 5S rRNA 基因位于 1 号染色体上,也呈串联重复排列,中间同样有不被转录的间隔区域,5S rRNA 是由 RNA 聚合酶III负责转录的,经加工后被转运至核仁参与核糖体大亚基的装配。

（二）核仁是核糖体亚基装配的场所

细胞内 rRNA 前体的加工成熟过程是以核糖核蛋白复合体的形式进行的,即一边转录一边进行核糖体亚基的组装。新合成的 45S rRNA 前体可迅速地与进入核仁的多种蛋白质结合形成 80S 的 RNP 复合体(图 2-8-16)。在酶的催化下,该复合体将逐渐失去一些 RNA 和蛋白质,剪切形成两种大小不同的核糖体亚基:28S rRNA、5.8S rRNA 及来自核仁外的 5S rRNA 与 49 种蛋白质共同装配成核糖体的大亚基,其沉降系数为 60S;18S rRNA 与 33 种蛋白质一起构成 40S 的核糖体小亚基。研究表明,核糖体小亚基在核仁中首先完成装配,比核糖体大亚基更快通过核孔复合体进入细胞质中。最终,核糖体大、小亚基在细胞质中进一步装配为成熟的功能性核糖体。

如上所述,核糖体大、小亚基在核仁中组装,在细胞质中成熟,这样可避免有功能的核糖体与细胞核内加工不完全的 hnRNA 分子结合,从而阻止 mRNA 前体在核内提前翻译,这对真核细胞将转录、翻译控制在不同时空中进行有重要的意义。

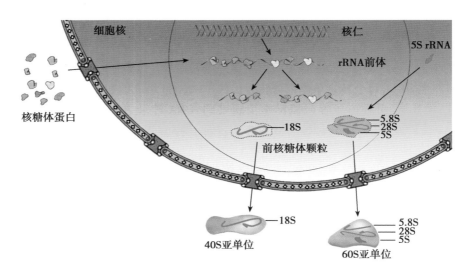

图 2-8-16   核仁在核糖体装配中的作用

四、核仁周期

在细胞周期进程中,核仁的形态、结构和功能都发生了周期性的变化,称为核仁周期(nucleolar cycle)。细胞进入有丝分裂前期,核仁缩小,随着染色质凝集,核仁组织区的 rDNA 袢环逐渐发生缠绕,回缩到核仁组织染色体的次缢痕处,所有 rRNA 合成停止,核仁的各种结构组分分散于核基质中,核仁逐渐缩小至消失;中期和后期的细胞中观察不到核仁;分裂末期,已到达细胞两极的染色体逐渐解旋成染色质,核仁组织区 DNA 解凝集,rDNA 袢环呈伸展状态,rRNA 重新开始合成,各种核仁组分聚集成数个分散的前核仁体,并在核仁组织区附近融合成极小的核仁,再进一步融合,最终形成核仁。人类细胞在相应的有丝分裂时期,最初在 10 个 rRNA 基因的 DNA 袢环上形成 10 个小核仁,它们相互融合后再形成一个较大的核仁。

目前,核仁发生周期性变化的具体分子机制尚不明确,但已有研究表明,rRNA 基因和 RNA 聚合酶 I 的活性在维持间期细胞核仁的结构和有丝分裂后核仁的重建方面起着重要作用,而原有的核仁组分可能起一定的协助作用。

第四节   核纤层与核基质

核纤层(nuclear lamina)是位于间期细胞内核膜与染色质之间,紧贴内核膜,由纤维蛋白相互交织形成的网络片层结构。真核细胞的间期核内,除核膜、染色质、核仁和核纤层以外,还存在一个以纤维蛋白成分为主的网架结构,将这种网状结构称为核基质(nuclear matrix),又称核骨架(nuclear skeleton)。核纤层与核基质共同构成细胞核内的网架结构系统,并与细胞质的中间纤维在结构上相互联系,形成一个贯穿于细胞核与细胞质的骨架体系,该体系对细胞核乃至整个细胞而言,不但起到形态结构的支撑作用,同时也是生命活动的重要组织者和参与者。

一、核纤层

核纤层是中间纤维的一种类型,为纤维蛋白多聚体,具有很多中间纤维的结构特征:由 N 端头部、中间杆状区和 C 端尾部组成。其中杆状区为 α 螺旋区,杆状区两侧的 N 端头部和 C 端尾部通常折叠成球状结构。电子显微镜下,核纤层是一层由高电子密度的纤维蛋白质组成的网络片层结构(图 2-8-17)。通常厚 10~20nm,在有些细胞中可达 30~100nm,随细胞种类的不同而呈现差异。

NOTES

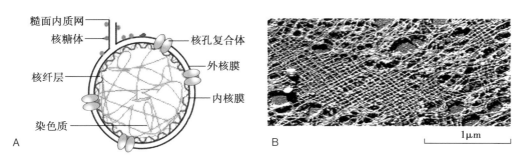

图 2-8-17　核纤层的分布与超微结构
A. 核纤层分布示意图；B. 核纤层的超微结构。

（一）核纤层蛋白

组成核纤层的蛋白质主要为核纤层蛋白（lamin），另外还有一些核纤层相关蛋白。哺乳动物细胞中核纤层蛋白主要分为 A 型和 B 型两类，A 型核纤层蛋白以 lamin A 和 lamin C 为主，B 型核纤层蛋白以 lamin B1 和 lamin B2 为主。在细胞不同的发育阶段，不同的核纤层蛋白表达程度不尽相同，A 型核纤层蛋白只在分化的细胞类型中表达，且在胚胎干细胞中低表达；而 B 型核纤层蛋白在发育的任何时期都有表达。核纤层蛋白是中间纤维蛋白超家族的成员，lamin A 和 lamin C 是由同一基因编码的不同加工产物，均有一段由 350 个氨基酸残基组成的多肽序列，此序列与中间纤维蛋白的 α 螺旋区在组成上同源性达 28% 左右。另外，核纤层蛋白与中间纤维的波形蛋白之间的同源性要高于不同的中间纤维蛋白之间的同源程度。核纤层蛋白属于 V 型中间纤维蛋白，与其他中间纤维蛋白不同，在其杆状结构域内有一段额外的 42 个氨基酸残基，在尾部结构域中还含有核定位信号，使其能定位于细胞核。

（二）核纤层的功能

核纤层与核膜、核孔复合体、染色质及核基质在结构上密切联系（图 2-8-18），其功能主要包括以下几个方面。

1. 核纤层提供结构支撑　间期细胞核中的核纤层具有较强的刚性，核纤层外通过 lamin B 与内核膜上整合蛋白（lamin B 受体）结合，内与核基质相连，共同构成弹性的网架结构，维持核孔的位置和核膜的形态。实验显示，核纤层的缺失会引起核孔复合体在核膜上的异常聚集，表明核孔复合体在核膜上的定位很大程度上取决于核纤层。而在近染色质一侧，lamin A 和 lamin C 与染色质

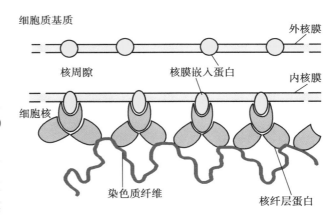

图 2-8-18　核纤层与内核膜、染色质的关系示意图

上的特异位点相结合，为其提供附着点，有助于维持和稳定间期染色质高度有序的结构。

2. 核纤层参与细胞分裂　核纤层是一种高度动态的结构。细胞分裂过程中，核纤层经历解聚和重新聚合的规律性变化，这种变化与核膜、染色质等周期性变化的活动密切相关（图 2-8-19）。

分裂前期，核纤层蛋白磷酸化，发生解聚，使核膜破裂。此过程中 lamin A 与 lamin C 分散到细胞质中，lamin B 因与核膜结合力强，解聚后还与核膜小泡结合，这有利于细胞分裂末期核膜的重建。分裂末期，核纤层蛋白发生去磷酸化，电子显微镜下可见核纤层又重新在细胞核的周围聚集，核膜再次形成。由此说明核纤层蛋白在细胞分裂过程中发生磷酸化与去磷酸化的周期性变化，调节核膜的崩解与重建。

细胞间期，染色质与核纤层紧密结合，因此不能螺旋化成染色体；而在分裂前期，随着核纤层蛋白

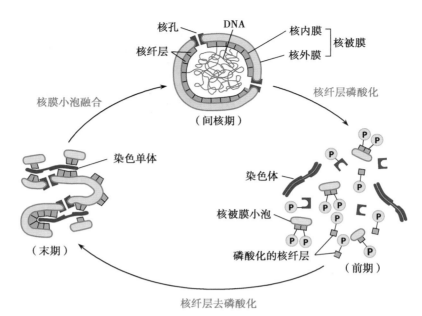

图 2-8-19　核膜的崩解和重建示意图

的解聚,染色质与核纤层蛋白的连接丧失,染色质逐渐凝集成染色体。将 lamin A 抗体注入分裂期细胞,抑制核纤层蛋白的重新聚合时,会阻断分裂末期染色体解旋成染色质,使染色体停留在凝集状态;应用免疫学方法,选择性地除去 lamin A、lamin B 和 lamin C 后,可广泛地抑制核膜和核孔复合体围绕染色质的组装。这些表明,核纤层对细胞分裂末期染色质、细胞核的形成至关重要。

3. 核纤层参与 DNA 复制和基因表达　体外重建的细胞核体系包含了 DNA 复制过程所需要的酶和蛋白质,却没有核纤层,结果不能进行 DNA 的复制,表明核纤层在染色质 DNA 复制过程中发挥作用。

研究发现,分布于核周边区域核纤层附近的基因,通常不转录或者转录活性低,而具有转录活性的基因常位于核的内部区域。在人的成纤维细胞中,与核纤层相连的染色质区域大多位于异染色质区。进一步研究表明,核纤层蛋白通过与基因启动子的特定区域结合,或者与转录因子发生直接或间接的相互作用等多种机制来影响和调节基因的表达。

二、核基质

细胞核经过一系列的生化抽提,去除 DNA、RNA、组蛋白和脂质等成分后,在电子显微镜下可观察到核基质是由直径为 3~30nm 粗细不均的纤维蛋白构成的三维网架结构,纤维单体的直径为 3~4nm,较粗的纤维是单体纤维的聚合体(图 2-8-20)。核基质也是一种动态结构,可随细胞生理状态、细胞核功能状态的不同而发生可逆的变化。

(一)核基质的组成成分

核基质的主要成分是蛋白质,其含量达 90%以上。但组成核基质的蛋白质成分较为复杂,在不同类型细胞、不同生理状态的细胞及同一细胞整个细胞周期进程中均有明显差异。双向凝胶电泳显示,核基质蛋白多达 200 余种,以非组蛋白为主,可分为两大类:一类是核基质蛋白(nuclear matrix protein,NMP),存在于各种类型细胞中,呈纤维颗粒

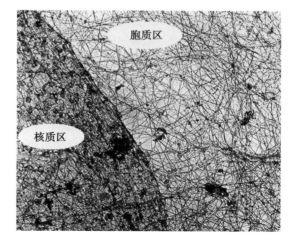

图 2-8-20　核基质的透射电子显微镜图像

状分布在核基质的网架上,多数为纤维蛋白,也含有硫蛋白;另一类是核基质结合蛋白(nuclear matrix associated protein,NMAP),包括与核基质结合的酶、细胞调控蛋白、RNP 等功能性蛋白质,这类蛋白质与细胞类型、分化程度、生理及病理状态有关。NMP 与 NMAP 相互结合,使核基质能够在细胞内行使复杂多样的生物学功能。

核基质还含有少量的 RNA 和 DNA。其中,RNA 常与蛋白质形成 RNP,其对保持核基质空间结构的完整性起着重要作用;核基质 DNA 占核 DNA 总量的 1%~2%,一般认为这些 DNA 不是核基质的结构成分,只是一种功能性的结合。

（二）核基质的功能

核基质密布于整个核空间,与 DNA 复制、基因转录与加工、细胞分裂等都有极为密切的关系。

1. 核基质参与 DNA 复制　研究显示 DNA 袢环与 DNA 复制有关的酶和因子锚定在核基质上形成 DNA 复制复合体(DNA replication complex),进行 DNA 复制。DNA 聚合酶通过与核基质上特定的位点相结合而被激活。每个 DNA 袢环可含有几个复制起始点,只有起始点结合到核基质时,DNA 合成才能开始,同时,新合成的 DNA 也是先结合在核基质上,随着复制的进行而逐渐移向 DNA 环。推测 DNA 复制从起始到终止,整个过程都在核基质上进行。而且,DNA 结合于核基质后,其复制的准确性和效率得到显著性提高。因此,核基质为 DNA 精确而高效的复制提供良好的空间支架。

研究表明,DNA 袢环是通过其特定位点结合在核基质上的。该特定位点的核苷酸序列被称为核基质结合序列(matrix-attached region,MAR),富含 AT,它通过与核基质某些特异的蛋白质相互作用,调节基因的复制与转录等。

2. 核基质参与基因转录和加工　核基质与基因转录活性密切相关。实验表明具有转录活性的基因结合在核基质上,核基质上具有 RNA 聚合酶、ADP 核苷酸转移酶等与 RNA 合成相关的酶类结合位点,只有与核基质结合的基因才能进行转录,新合成的 RNA 紧密结合在核基质上。细胞内 mRNA、rRNA 和 tRNA 的合成均在核基质上进行。

核基质也与 hnRNA 的加工密切联系。小鸡输卵管细胞中,所有的卵清蛋白和卵黏蛋白 mRNA 的前体都仅存在于核基质中,有人则具体指出 hnRNA 上的 poly A 区可能就是 hnRNA 在核基质中的附着点。转录出的 hnRNA 常以 RNP 复合物的形态进行加工,剪接内含子。用 RNase 处理 RNP 复合物,剩余的蛋白质可以组装成核基质样的纤维网络,由此说明,核基质参与了 hnRNA 加工修饰。

3. 核基质参与细胞分裂　核基质参与细胞分裂期核膜的崩解与重建。有丝分裂前期,如果用 HA95 和蛋白激酶 A 锚定蛋白(A kinase anchoring protein,AKAP)等抗体与某些核基质相关蛋白结合,就会抑制核膜的崩解、染色质的凝集等;末期,阻止核基质相关蛋白 AKAP149 与蛋白磷酸酶 1 的相互结合,核膜的重建将受到抑制。

细胞分裂过程中,染色质至染色体的层级构建也以核基质为支架。根据染色质组装的骨架-放射环结构模型,30nm 染色质纤维丝折叠而成的袢环锚定在由非组蛋白构成的骨架上,多个袢环呈放射状排列结合在核基质上构成微带,再由微带沿骨架纵轴纵向排列构建成子染色体。另外,核基质在调节染色体的结构中也发挥作用,核基质成分的差异,可导致染色质环的 DNA 链长短及包装的不同。

4. 核基质与细胞分化相关　核基质作为一种动态结构,与细胞分化关系密切。细胞分化过程中,如果核基质结构和功能发生改变,基因选择性转录活性也会发生相应变化,继而引导细胞分化。如在某些肿瘤细胞中,出现了一些新的核基质蛋白成分或发生了核基质蛋白的改变。

第五节　细胞核的功能

细胞核是细胞遗传物质贮存、复制、转录及核糖体大小亚基组装的场所,在维持细胞遗传稳定性及细胞的代谢、生长、增殖、分化等生命活动中起着控制中心的作用。

一、遗传信息的储存和复制

生物体的全部遗传信息蕴藏在组成 DNA 分子的核苷酸序列中,核苷酸数量及排列顺序的变化构成了遗传信息的复杂性与多样性。真核生物中,绝大多数 DNA 分子以染色质的形式稳定在间期细胞核内,有利于遗传信息通过复制、细胞分裂传递给子代或子细胞。

(一) 复制源序列是 DNA 进行复制的起始点

复制源序列(replication origin sequence)首先在酵母基因组 DNA 序列中发现,具有 DNA 复制起点的作用。根据不同来源的复制源 DNA 序列分析,发现所有的 DNA 序列均有一段 11~14bp 的同源性很高的富含 AT 的保守序列:200bp-A(T)TTTAT(C)A(G)TTTA(T)-200bp,同时证明这段序列及其上下游各 200bp 左右的区域是维持复制源序列功能所必需的。对于真核细胞而言,一条 DNA 分子上含有多个复制源序列,在解旋酶的作用下,该序列处的 DNA 双链解旋并打开,然后以每条链为模板,在 DNA 聚合酶的作用下,按照碱基互补原则向两侧相反的方向进行合成,在序列处两侧分别形成一个复制叉(replication fork)(图 2-8-21)。复制源序列及其两侧的复制叉共同组成一个复制单位,称为复制子(replicon),电子显微镜下呈"眼泡状"(图 2-8-22)。因此,每条 DNA 分子上可同时在不同的复制源序列处形成多个复制子,使得 DNA 分子可在不同部位同时进行复制,极大提高了复制速度。当亲代 DNA 分子上的所有复制子都汇合连接成两条连续的子代 DNA 分子时,复制得以完成。

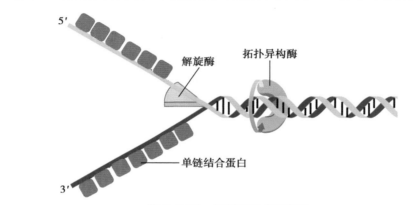

图 2-8-21　复制叉形成示意图

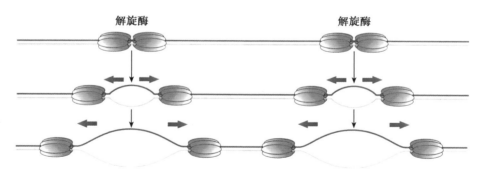

图 2-8-22　DNA 的双向及多起点复制示意图

需要指出的是,染色质 DNA 的复制源序列(replication origin sequence)、着丝粒序列(centromere sequence)和端粒序列(telomere sequence)是确保真核生物遗传信息的复制和稳定传递必需的三种功能序列。

(二) DNA 复制具有半保留和半不连续的复制特性

DNA 复制完成后,形成的两个子代双链 DNA 中的碱基顺序与复制前的 DNA 分子相同,而且每一个 DNA 分子都含有一条亲代模板 DNA 链和一条新合成的互补链,因此 DNA 的复制是半保留复制(semiconservative replication)(图 2-8-23)。

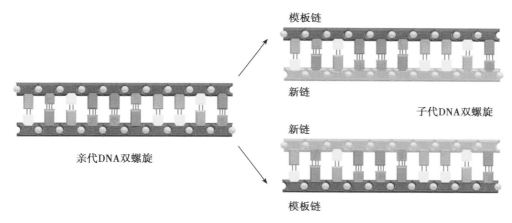

图 2-8-23　DNA 的半保留复制示意图

由于 DNA 聚合酶催化合成 DNA 链的方向只能为 5′→3′，而亲代 DNA 双链彼此反向平行，所以，复制中两条 DNA 新链具有不同的合成方式。在以 3′→5′方向为模板的链上，DNA 新链是沿 5′→3′方向连续复制的，一直合成到端粒的末端，速度较快，称为前导链（leading strand）；而以 5′→3′方向为模板的链上，DNA 的复制是不连续的：新链先按照 5′→3′方向，利用 RNA 引物（primer）提供 DNA 聚合酶所需的 3′端，合成一些短的、不连续的 DNA 片段（冈崎片段，Okazaki fragment），去除引物后，再经 DNA 连接酶（DNA ligase）的作用补上一段 DNA，最终形成完整的 3′→5′方向的新链。这一条 DNA 新链合成较慢，称为后随链（lagging strand）。因此，DNA 的复制又是半不连续复制（semidiscontinuous replication）（图 2-8-24）。

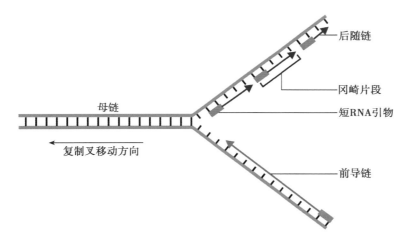

图 2-8-24　DNA 复制的半不连续性示意图

（三）端粒酶能够保证 DNA 复制时染色体末端结构的完整性

端粒酶（telomerase）是由 RNA 和蛋白质两个核心亚基组成的复合结构，其 RNA 亚基长 159bp，含一个 CAACCCCAA 序列，能为端粒 DNA 的合成提供模板，合成的方向是 5′→3′；而端粒酶中的蛋白质为催化亚基，具有反转录酶活性。

DNA 的半不连续复制过程中，后随链上冈崎片段的合成需要短的 RNA 作为引物，RNA 引物结合的位置决定了冈崎片段起始的位置。对于端粒 DNA 复制来说，最后一个冈崎片段的 RNA 引物不可能总是落到端粒 DNA 最末端，所以会有一段 DNA 不能被复制，产生了 3′的富含 G 的尾（G-overhang）。端粒酶通过与该链末端的端粒序列识别并结合，以自身 RNA 作为模板，利用其反转录酶活性，对 DNA 3′末端富含 G 的链进行延长，通过回折，对新链 DNA 5′端加以补齐，从而避免了 DNA 链随着一次次复制的进行而造成染色体末端基因的丢失，保证了 DNA 合成的完整性（图 2-8-25）。

（四）新合成的 DNA 组装成染色质

遗传信息的复制不仅仅是 DNA 的复制，同时包括核小体的复制，以及将复制好的 DNA 组装成染色质。目前，核小体复制的机制并不十分清楚，其组蛋白的合成与 DNA 复制是同步进行、相互依存的，而且，在真核生物中，DNA 复制和染色质组装紧密偶联。细胞周期的 S 期，DNA 复制叉移动的同时伴随染色质短暂地解组装，然后在两条复制好的子代 DNA 链上重新进行组装。新复制的 DNA 主要通过以下两种途径组装成染色质：第一，在复制叉的移动期间，亲代的核小体核心颗粒与 DNA 分离，至该段 DNA 复制完成，亲代的核小体核心颗粒直接转移到一条子链 DNA 上；第二，染色质组装因子（chromatin assembly factor 1，CAF-1）利用新合成的、乙酰化的组蛋白介导核小体组装到另一条子链 DNA 上。CAF-1 是一种参与染色质组装过程的蛋白复合体，对于染色质的正确装配及维持基因组的完整性起着重要作用。

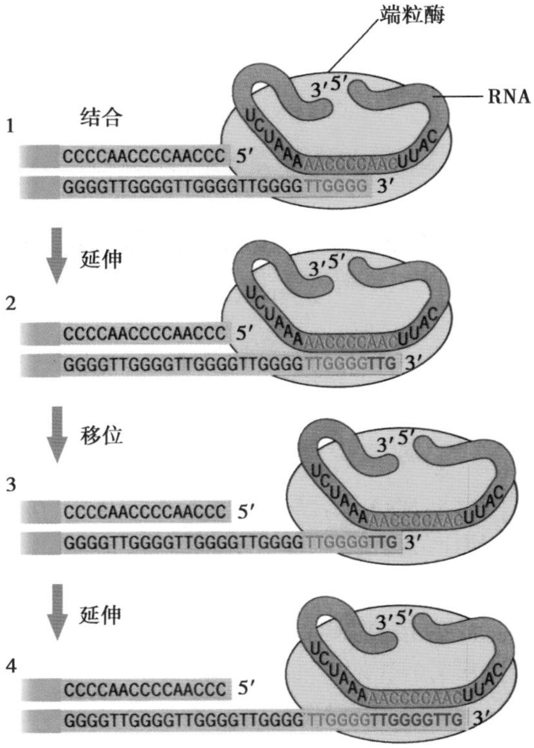

图 2-8-25　端粒酶的作用示意图

二、遗传信息的转录

转录（transcription）是将遗传信息从 DNA 传递给 RNA 分子的过程，需要在 RNA 聚合酶的催化下完成。真核细胞中基因转录的模板不是裸露的 DNA 而是染色质。因此染色质呈疏松或紧密结构，即是否处于活化状态是决定 RNA 聚合酶能否有效行使转录功能的关键。研究发现，大多数基因转录仍然保留了它们的核小体，即使有 RNA 聚合酶沿着 DNA 模板移动也是如此。RNA 聚合酶是一个大分子，它需和 DNA 模板链上约 50bp 的特定序列结合，所以，DNA 模板不太可能牢固地结合在未解开的核小体的核心结构上而被转录。普遍认为，转录起始伴随着染色质上某一基因调节序列内部或者周围的结构改变。RNA 聚合酶被认为是用"核小体犁"（nucleosome plow）来解除组蛋白和 DNA 间的相互作用，以便在核小体存在时进行基因转录。由转录产生的 RNA 分子主要有 mRNA、rRNA 及 tRNA 三种，它们分别在不同的 RNA 聚合酶催化下完成。

真核生物 DNA 转录产生的初级产物，即前体 RNA，多数并无生物学活性，还需继续在细胞核内经过一定形式的加工、剪接后成为成熟的 RNA 分子，才能被转运到细胞质中指导和参与蛋白质的合成。

第六节　细胞核与疾病

细胞核是真核细胞遗传与代谢活动的控制中心，细胞核的结构和功能受损，常会引起细胞生长、增殖、分化等生命活动的异常，从而导致疾病的产生。

一、遗传物质异常与遗传病

遗传物质异常将导致遗传病，可分为基因病和染色体病。由基因突变引起的遗传性疾病称为基因病，包括单基因病、多基因病。单基因病的发生主要受一对等位基因控制，常见的单基因病有：短指、先天性聋哑、苯丙酮尿症、白化病、色盲、血友病等。而如 1 型糖尿病、哮喘、精神分裂症、原发性高血压、冠心病等则属于多基因病，其遗传基础涉及多对基因的累加作用，同时还受环境因素的影响。由染色体数目或结构异常所引起的遗传性疾病称为染色体病（chromosomal disease）。常见的染色体病有：唐氏综合征、先天性睾丸发育不全综合征等。由于染色体病往往也涉及许多基因，所以常表现为复杂的综合征。现代医学发现，某些综合征涉及以序列为基础的邻接基因重排机制，因此将由基因重排而导致的微复制与微缺失所引起的疾病称为基因组病（genomic disorder），如猫眼综合征、Smith-Magenis 综合征等。

二、核-质转运异常与疾病

核膜内外的物质运输，对细胞核调控细胞功能及生命活动至关重要。核-质转运异常会干扰底物在细胞内的正确定位，从而诱发相应的疾病。

肌萎缩侧索硬化（amyotrophic lateral sclerosis，ALS）是一种以中枢神经系统内的运动神经元逐渐丧失为特征的致命性疾病，俗称"渐冻人"。目前已证实多个基因与 ALS 的发病相关。其中，*C9ORF72* 基因突变是 ALS 最主要的致病机制，约占家族遗传性 ALS 人群的 25%。研究表明 *C9ORF72* 基因突变影响了细胞核与细胞质之间物质的正常转运，如在 ALS 患者的皮肤细胞生成神经元中，细胞核 RNA 明显多于正常神经元；患者神经元中特定的入核蛋白滞留在细胞质。而核-质物质运输异常很可能与 *C9ORF72* 基因突变引起核孔复合体组分或结构异常相关，如 *C9ORF72* 基因突变转录生成的异常 RNA 能结合 RanGAP 蛋白、干扰其功能，RanGAP 是核质运输过程中的关键蛋白，在 Ran-GTP 水解形成 Ran-GDP 过程中发挥作用。另外，在家族遗传性 ALS 患者中，存在约 4%~5%*FUS* 基因突变，该基因突变干扰了 FUS 核定位信号而引发核转运异常，导致 FUS 蛋白错误定位于细胞质，这也是 ALS 重要的发病机制之一。与之相类似的，雄激素受体（androgen receptor，AR）或者 AR 上核定位信号突变导致 AR 不能正常入核，其亚细胞定位明显与前列腺癌以及雄激素不敏感症相关。

三、细胞核异常与衰老

衰老细胞最显著的特征是增殖缓慢，周期延长。细胞核结构与功能的异常是导致细胞衰老的直接因素。在人类早老症患者的表皮细胞中，发现核纤层增厚的现象，表明细胞衰老与核纤层结构异常有关。研究发现 Hutchinson-Gilford 综合征发生的主要病因是：编码核纤层蛋白 lamin A 的基因（*LMNA*）发生突变，引起细胞核纤层损伤，从而影响基因组的稳定性。基因组的不稳定是细胞衰老的重要分子机制之一。人类早老症患者 lamin A 合成障碍，有毒性的 lamin A 前体累积，人类正常年老细胞中同样存在 lamin A 减少。

大量的研究证实端粒长度与个体年龄成反比，随着人体衰老而逐渐缩短。虽然端粒可以由端粒酶来合成及补充，然而在正常人体中，除了成体干细胞、生殖细胞、祖细胞和少数体细胞外，绝大部分体细胞中无端粒酶活性或极低，这也是人随着年龄增长端粒逐渐缩短导致衰老的重要原因之一。

近些年人们愈发认识到细胞衰老与 DNA 损伤累积和缺乏有效的 DNA 修复密切相关。如沃纳综合征（Werner syndrome）和 Bloom 综合征等早衰疾病是由于 DNA 解旋酶的基因发生突变，引起 DNA 复制和修复容易出错，从而导致核基因组不稳定。与基因组其他位置相比，端粒对衰老伴随的 DNA 损伤累积更加敏感。体细胞多次复制积累的 DNA 损伤会使端粒功能发生紊乱，累积到一定程度会诱发端粒缩短或结构异常，细胞周期检查点发送 DNA 损伤信号，使细胞周期阻滞在 G_1 期，导致细胞衰老。

四、细胞核异常与肿瘤

就单一细胞而言，细胞核异常是肿瘤细胞与正常细胞相区别最显著的特点，这也与肿瘤细胞增殖、生长旺盛，代谢活跃的生理特征相一致。

与正常细胞相比，肿瘤细胞核的形态结构异常：细胞核较大，核质比增高，而且肿瘤细胞分化程度越低，核质比越大；细胞核拉长，边缘呈分叶、凹陷、出芽、弯月等不规则畸形；核膜增厚，形成小泡、皱褶,核孔数目增多;核仁增大、数目较多且深染。

肿瘤细胞中核基质的结构及组成存在异常:核基质蛋白及相关蛋白异常表达,导致锚定在核基质上的多种核内蛋白定位紊乱,引起基因表达失控;许多癌基因可结合于肿瘤细胞核基质上,或者核基质可能存在某些致癌物作用的位点。

染色体异常也是肿瘤细胞的一大特征:细胞核内染色质增多,呈粗颗粒或团块状,且分布不均匀;组蛋白易发生磷酸化,基因转录活跃;当染色质形成染色体时,可出现染色体畸变,很多的肿瘤细胞都有染色体畸变,染色体的变化是肿瘤早期诊断的客观指标,具有一定的医学意义。另外,肿瘤细胞具有表达端粒酶活性的能力,肿瘤细胞不断增殖而染色体的端粒不缩短。

 ## 小结

在绝大多数真核细胞中,细胞核为最大、最重要的细胞器,蕴含着生命活动最核心的信息。间期细胞核主要由核膜、染色质、核仁、核纤层及核基质组成。

核膜是内膜系统的重要成员,更是作为界膜将细胞区分为核-质两个彼此独立又相互联系的功能区;核膜上的核孔复合体是核内外物质交换的主要通道,主动运输是大分子物质通过核孔复合体的主要途径,具有选择性和双向性。

染色质和染色体为同一物质在细胞周期不同时相的两种结构状态,是由DNA、组蛋白、非组蛋白及少量RNA组成的核酸蛋白复合结构。染色质按其螺旋化程度及功能状态的不同分为常染色质和异染色质两类,异染色质又分为组成性异染色质和兼性异染色质。

染色体是由染色质经过多级折叠,组装后形成的。核小体是染色质的基本结构单位,其进一步折叠成30nm染色质纤维-螺线管,关于染色质高级结构目前比较认可的有两种模型:多级螺旋模型和骨架-放射环结构模型。

染色体由两条相同的姐妹染色单体组成,彼此以着丝粒相连。中期染色体的主要结构包括主缢痕、次缢痕、核仁组织区、随体和端粒等。正常人的染色体有中着丝粒、亚中着丝粒、近端着丝粒三种类型。核型是指一个体细胞中全部染色体表型的总汇。

核仁主要含有蛋白质、RNA和DNA三种成分,包括三个不完全分隔的特征性区域:纤维中心、致密纤维组分、颗粒成分;核仁主要功能是参与核糖体的生物合成:除5S rRNA之外的所有rRNA的合成、加工及装配核糖体大小亚基;核仁是一种高度动态的结构,随细胞的周期性变化而变化。

核纤层是由中间纤维蛋白纵横交错形成的网架片层结构,核基质是由非组蛋白纤维组成的三维网架结构,它们共同构成细胞核内的网架结构体系;在功能上,核纤层和核基质都参与DNA复制、基因转录,染色体结构构建、核膜崩解与重建,它们都与细胞分化有关。

细胞核不仅是遗传信息的贮存场所,也是细胞生命活动的控制中心。细胞核结构或功能受损,可导致多种疾病的发生。

(李正荣)

 ## 思考题

1. 为什么说细胞核的出现是生物进化历程中一次质的飞跃?
2. 如何理解真核细胞的细胞核和细胞质之间的物质运输是高度不对称的?
3. 在真核细胞中,细胞核如何体现与其他细胞器之间既联系又区别的结构及组成特点?

第九章
细胞内遗传信息的表达及其调控

【学习要点】

    1. 真核细胞的基因结构特点。

    2. 基因的转录与转录后加工。

    3. 蛋白质的生物合成。

    4. 基因表达的调控。

    细胞的生物学性状是由其遗传物质携带的遗传信息所决定的,蛋白质是生命活动的执行者,通过转录和翻译,DNA 决定了蛋白质的一级结构和功能结构,进而决定了蛋白质的功能并决定了细胞的生物性状,从而实现细胞内遗传信息的传递。同时,这种细胞内遗传信息的传递过程受到各种内在和外在因素调控。

第一节　基因的结构

    绝大多数生物的遗传物质是 DNA,少数噬菌体和病毒的遗传物质是 RNA。构成 DNA 遗传信息的物质基础是 DNA 序列中的核苷酸排列顺序,不同的生物细胞中 DNA 所载有的遗传信息大小不一,基因数目不同,所合成的蛋白质种类不同,这也是生物体功能复杂的原因。携带有细胞或生物体的一整套单倍体遗传物质称为基因组(genome)。

一、基因是具有特定遗传信息的 DNA 分子片段

    基因(gene)是细胞内遗传物质的最小功能单位,是载有特定遗传信息的 DNA 片段,其结构一般包括 DNA 编码序列,非编码调节序列和内含子。基因的功能是为生物活性物质编码,其产物为各种 RNA 和蛋白质。真核细胞的基因是由编码区和非编码区两部分组成,与原核细胞相比,真核细胞基因结构的主要特点是:编码区是间隔的、不连续的,即能够编码蛋白质的序列被不能够编码蛋白质的序列分隔开来,成为一种断裂基因的形式,包括内含子和外显子(图 2-9-1)。

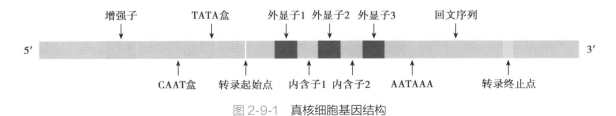

图 2-9-1　真核细胞基因结构

(一)断裂基因

    断裂基因(split gene)是由若干内含子和外显子构成的不连续镶嵌结构的结构基因。内含子(intron)是指在结构基因内部能够被转录,但不能指导蛋白质生物合成的非编码序列。外显子(exon)是指在结构基因中能够被转录,并能指导蛋白质生物合成的编码序列。

（二）外显子-内含子接头

每个外显子和内含子接头区都有一段高度保守的顺序,即内含子 5′端多以 GT 开始,3′端多以 AG 结束,称为 GT-AG 法则(GT-AG rule),是普遍存在于真核基因中 RNA 剪接的识别信号。

（三）侧翼序列

在第一个和最后一个外显子的外侧都各有一段非翻译区(untranslated region,UTR),称为侧翼序列。其内含有基因调控序列,包括启动子、增强子、沉默子、终止子等,对基因的转录有重要影响。

（四）启动子

启动子(promoter)是确保转录精确而有效起始的 DNA 序列。真核生物典型的启动子是由 TATA 盒及其上游的 CAAT 盒和/或 GC 盒组成。

在转录起始位点上游-25~-35bp 区段是由 7~10 个碱基组成且以 TATA 为核心的序列,称为 TATA 盒(TATA box)。这一部位是 RNA 聚合酶(RNA polymerase)及其他蛋白质因子的结合位点,与转录起始的准确定位相关。若 TATA 盒缺失,转录合成的 RNA 可有不同的 5′端。

位于 TATA 盒的上游,距转录起始点-70~-80bp 区含有 CCAAT 序列,在-80~-110bp 区含有 GGGCGG 序列,这两段保守序列分别称 CAAT 盒(CAAT box)和 GC 盒(GC box),目前统称为上游启动子序列(upstream promoter sequence,UPS),也称上游启动子元件(upstream promoter element,UPE),是许多蛋白质转录因子的结合位点。CAAT 盒和 GC 盒是基因有效转录所必需的 DNA 序列,主要控制转录的起始频率,基本不参与起始位点的确定。

（五）增强子

能增强基因转录的 DNA 序列称为增强子(enhancer),不具有启动子的功能,但能增强或提高启动子的活性。迄今已知,增强子有以下主要作用特点:①能远距离(距启动子数 kb 至数十 kb)影响转录启动的调控元件;②无方向性,从 5′→3′ 或从 3′→5′ 方向,均能影响启动子的活性;③对启动子的影响无严格的专一性。基因重组实验证明,同一增强子可影响不同类型的启动子,真核生物增强子也可影响原核生物的启动子。

（六）沉默子

某些基因含有负性调节元件称为沉默子(silencer),当其结合特异蛋白因子时,对基因转录起阻遏作用。沉默子的作用可不受序列方向的影响,也能远距离发挥作用,并对异源基因的表达起作用。

（七）终止子

一个基因的末端往往有一段特定序列,它具有转录终止的功能,称为终止子(terminator)。

二、细胞内遗传信息流动遵循分子生物学"中心法则"

在细胞内,遗传信息的流动一般是 DNA → RNA →蛋白质。DNA 作为合成 RNA 分子的模板,RNA 分子指导特定蛋白质合成,此过程称为基因表达(gene expression),基因表达的终产物是蛋白质(也可以是 RNA)。遗传信息通过 DNA、RNA 和蛋白质这三个重要的大分子的单方向流动,称为分子生物学的中心法则(central dogma)(图 2-9-2)。中心法则包括:①DNA 的复制,即遗传信息可由 DNA 分子的复制传给子代 DNA;②转录(transcription),即以 DNA 为模板合成 RNA 的过程;③翻译(translation),RNA 指导合成蛋白质的过程,即由 mRNA 的核苷酸序列变为蛋白质的氨基酸序列的过程。mRNA 携带着来自 DNA 的遗传信息,在胞质核

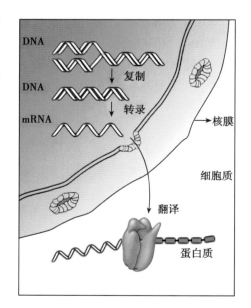

图 2-9-2 "中心法则"——遗传信息的流动方向

糖体指导合成蛋白质,其余 2 种 RNA——核糖体 RNA(rRNA)和转运 RNA(tRNA)都是基因表达的终产物,它们没有翻译成蛋白质的作用,但为蛋白质合成所需。后来发现的反转录酶能催化以 RNA 为模板合成 DNA 的过程,从而证明了遗传信息亦可反向转录,即从 RNA → DNA,这是对中心法则的补充。

第二节 基因转录和转录后加工

一、转录过程需要诸多因素参与

转录即是将 DNA 的遗传信息传递给 RNA 分子,基因转录具有以下特点:①合成 RNA 的底物是 5′-三磷酸核糖核苷(NTP),包括 ATP、GTP、CTP 和 UTP;②在 RNA 聚合酶的作用下一个 NTP 的 3′-OH 和另一个 NTP 的 5′-P 反应,形成磷酸二酯键;③RNA 碱基顺序由模板 DNA 碱基顺序决定,依靠 NTP 与 DNA 上的碱基配对的亲和力被选择;④在被转录的双链 DNA 分子的任何一个特定区域都是以单链为模板;⑤RNA 合成的方向是 5′ → 3′,生成的 RNA 链与模板链反向平行,游离的 NTP 只能连接到 RNA 链的 3′-OH 端;⑥在 RNA 合成中不需要引物。

(一)DNA 链是转录的模板

DNA 双链上有转录的启动部位和终止部位,两者之间的核苷酸序列是遗传信息的储存区域,在转录时起模板作用。在基因组全长 DNA 中只有部分 DNA 片段能发生转录,这种能转录出 RNA 的 DNA 区域称为结构基因(structural gene)。在 DNA 分子的双链上,只有一条链作为模板指引转录,另一条链不转录。能指引转录生成 RNA 的 DNA 单链称为模板链(template strand),相对于模板链不能指引转录的另一条 DNA 单链称为编码链(coding strand)。模板链并非总在同一单链上,在 DNA 双链某一区段,以其中一条单链为模板,而在另一区段,以其相对应的互补单链为模板,这种 DNA 链的选择性转录也称为不对称转录(asymmetrical transcription)。

(二)RNA 聚合酶是转录的关键酶

转录是 RNA 聚合酶催化作用的结果。双链 DNA 模板的一些"特殊"起始部位被 RNA 聚合酶识别,聚合酶与这些"特殊"的 DNA 部位结合,解旋产生一段 DNA 单链区域,DNA 得以转录。原核细胞通常只有一种类型的 RNA 聚合酶,它承担了细胞中所有 mRNA、rRNA、tRNA 的生物合成。大肠埃希菌($E.coli$)的 RNA 聚合酶是原核细胞中被研究得最深入的 RNA 聚合酶。该酶是由 5 种亚基组成的六聚体($\alpha_2\beta\beta'\omega\sigma$),分子量为 460kD,构成一个具有 RNA 合成功能的单位,称为全酶(holoenzyme)。

核心酶(core enzyme)由 $\alpha_2\beta\beta'\omega$ 亚基组成,能催化所有 RNA 合成,但不具有起始转录的能力,只有加入了不同的 σ 亚基的酶才能在 DNA 的特定位点上起始转录,σ 亚基的功能是辨认转录起始点。细胞内的转录起始需要全酶,转录延长阶段仅需核心酶。大肠埃希菌 RNA 聚合酶的组成和功能如表 2-9-1 所示。

表 2-9-1　大肠埃希菌 RNA 聚合酶的组分和功能

亚基	数目	分子量/kD	功能
α	2	37	决定转录的特异性
β	1	151	与转录全过程有关(催化)
β′	1	155	结合 DNA 模板
ω	1	10	参与全酶的装配,维持结构完整性
σ	1	70	辨认转录起始点,决定哪个基因被转录

真核细胞中含有 3 种细胞核 RNA 聚合酶,即 RNA 聚合酶Ⅰ、RNA 聚合酶Ⅱ、RNA 聚合酶Ⅲ,此

外细胞器还含有自有的 RNA 聚合酶,例如线粒体 RNA 聚合酶、叶绿体 RNA 聚合酶。一般可利用对α-鹅膏毒碱的敏感性不同将真核细胞中的 RNA 聚合酶区分。它们专一性地转录不同基因而生成各不相同的产物(表 2-9-2)。真核细胞 RNA 聚合酶的结构十分复杂,除含有组成核心酶的亚基外,还含有 7~11 个小亚基。

表 2-9-2　真核生物的 RNA 聚合酶

种类	细胞内定位	转录产物
RNA 聚合酶Ⅰ	核仁	45S rRNA
RNA 聚合酶Ⅱ	核质	hnRNA
RNA 聚合酶Ⅲ	核质	5S rRNA、tRNA
线粒体 RNA 聚合酶	线粒体	线粒体的 RNA
叶绿体 RNA 聚合酶	叶绿体	叶绿体的 RNA

（三）启动子是控制转录的关键部位

基因转录的第一步是 RNA 聚合酶结合到模板 DNA 分子上,结合的部位为启动子。启动子 -10 区的保守序列为 TATAAT,该区由 Pribnow 首先发现,称为 Pribnow 盒。Pribnow 盒能决定转录的方向,在 Pribnow 盒区 DNA 双螺旋解开与 RNA 聚合酶形成复合物。-35 区位于 Pribnow 盒的上游,是启动子中另外一个重要区域,该区域也存在着类似于 Pribnow 盒的共同序列 TTGACAT。目前认为-35 区是 RNA 聚合酶对转录起始的辨认位点。RNA 聚合酶与-35 区辨认结合后,能向下游移动,达到-10 区的 Pribnow 盒,在该区 RNA 聚合酶能和解开的 DNA 双链形成稳定的酶-DNA 开放启动子复合物,启动转录的开始。

真核细胞中三种 RNA 聚合酶都有各自的启动区,分别催化生成 mRNA、tRNA、rRNA。RNA 聚合酶需要与 DNA 模板相互辨认结合,形成起始复合物。启动区在-40~+10 区域具有决定转录起始的功能。在上游-40~-16 区域有影响转录频率的功能。RNA 聚合酶Ⅰ有明显种属特异性,它与特异的转录因子结合,促使酶与启动区结合形成转录起始复合体。

RNA 聚合酶Ⅱ的启动区位于转录起始点上游,由四部分组成:①转录起始点:又称帽子位点,该位点没有序列同源性;②TATA 盒:TATA 盒两侧往往富含 GC 序列,该序列可能与 TATA 盒的功能相关;③CAAT 盒:CAAT 盒的功能与控制转录起始频率、保证有效的起始转录的作用有关;④增强子:一般位于转录起始点上游-100 位以上,可以增强基因转录功能。

RNA 聚合酶Ⅲ的启动区是位于转录起始点下游转录基因的内部,因而又称下游转录启动区,由于其在转录基因的内部,所以又称内部启动区。RNA 聚合酶Ⅲ的启动区还需要不同的转录因子与之结合形成稳定的预起始复合物,使基因处于活化状态,然后起始转录。

除此以外,真核细胞转录过程需要多种转录因子(transcription factor)的参与,它们都是蛋白质,可与 RNA 聚合酶和 DNA 结合,也可彼此之间结合,决定了真核细胞转录的特异性。

二、基因转录过程是一个复杂的酶控过程

转录过程是在 RNA 聚合酶作用下以 DNA 为模板合成 RNA 的过程,可分为三个阶段(图 2-9-3)。

（一）转录起始复合物的形成标志转录开始

RNA 合成起始首先由 RNA 聚合酶的 σ 因子辨认 DNA 链的转录起始点,介导核心酶与 DNA 链接触。被辨认的 DNA 位点是启动子-35 区的 TTGACAT 序列,在此区段酶-DNA 松散结合并向下游的-10 区移动,在-10 区形成稳定的酶-DNA 复合物,进入了转录的起始点。RNA 聚合酶与 DNA 模板的结合能使该部位的 DNA 双螺旋解开,形成局部的单链区,并构成了转录起始复合物:RNA 聚合酶(全酶)、DNA 链和新链前两个核苷酸。该复合物一旦形成就开始转录(图 2-9-4)。

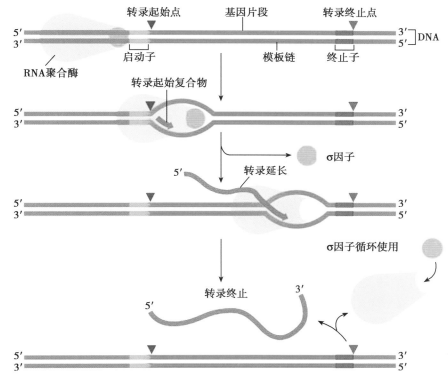

图 2-9-3　基因转录过程

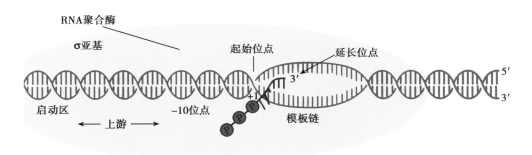

图 2-9-4　转录的起始

转录起始不需要引物,RNA 聚合酶能直接把两个与模板配对的相邻核苷酸通过形成磷酸二酯键连接起来。转录起始点生成的新 RNA 链的第一个核苷酸通常是 ATP 或 GTP。当转录复合物形成第一个磷酸二酯键后,σ 因子即从复合物上脱落下来,循环用于转录起始过程。核心酶继续结合于 DNA 模板上沿 DNA 链前移,进入延长阶段。

（二）转录空泡是转录延伸阶段的主要形式

σ 因子从起始转录复合物上脱落,并离开启动子,RNA 合成进入延长阶段。在起始区 DNA 有特殊的碱基序列,酶和模板的结合具有高度的特异性,并能形成稳定的转录复合物。离开起始区后,随着碱基序列和核心酶构象改变,酶和模板的结合比较松散,有利于核心酶迅速向前移动。

当核心酶沿着模板向前移动时结合下一个能与模板配对的核苷酸,进行一次酶促连接反应。转录延长的每一次化学反应都可以使 RNA 链增加一个核苷酸,而且 RNA 产物中没有 T,当遇到模板中 A 时,转录产物相应加 U。由于 RNA 聚合酶比较大,能覆盖转录区中解开的 DNA 双链以及新合成 RNA 链和 DNA 链形成的杂化双链（heteroduplex）,形成一个包含 RNA 聚合酶-DNA-RNA 的转录复合物,这是转录延伸阶段的主要形式,也称为转录空泡（transcription vacuole）。转录过程中只有 RNA 聚合酶覆盖区域 DNA 才能解开其双链,形成松散结构,而当 RNA 聚合酶前移时,原来位置的 DNA 单链重新形成双链螺旋,这与复制过程中的复制叉(replication fork)不同。新合成的 RNA 链 3′端依附在转录空泡上用于同下一个核苷酸的连接,其 5′端由于 DNA 双链重新结合而离开模板伸展在空泡之外,形成电子显微镜下观察到的羽毛状转录图形(图 2-9-5)。

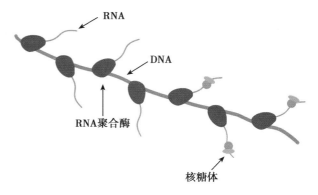

图 2-9-5　羽毛状转录图形

(三)原核生物的转录终止包括两种方式

当核心酶沿模板 3′→5′方向移行至 DNA 链的终止部位时,识别模板上特殊结构后便停顿下来不再移动,同时转录产物 RNA 链从转录复合物上释放出来,即转录终止。原核细胞的转录终止分为两大类:依赖 ρ 因子(Rho factor)的转录终止和非依赖 ρ 因子的转录终止。

1. 依赖 ρ 因子的转录终止　ρ 因子是由六个相同亚基组成的六聚体蛋白,它具有两大生物学活性:解螺旋酶活性;依赖 RNA 的 ATP 酶活性。ρ 因子接触 RNA 聚合酶后,两者的构象发生改变,利用其解螺旋酶活性拆离 DNA,RNA 杂化双链,从而使转录产物从转录复合物中完全释放出来,终止转录。

2. 非依赖 ρ 因子的转录终止　此种转录终止不需要蛋白因子参与,而是利用新合成的 RNA 链自身的某些特殊结构来终止转录。在 DNA 模板链接近转录终止的区域内有较密集的 A-T 配对区和自身互补序列,使转录产物 RNA 3′端常有若干个连续的 U 序列和自身互补序列形成的茎-环(stem-loop)结构或发夹结构(hairpin structure),这两种结构是阻止转录继续进行的关键。

三、初级转录物经过转录后加工具有活性

转录生成的 RNA 称为初级转录物(primary transcript)。转录的初级产物不一定是成熟的 RNA 分子,经过加工修饰过程,才能生成成熟的 RNA 分子。将这种新生的、无活性的 RNA 初级产物转变成有活性的成熟 RNA 的过程称为转录后加工(post-transcriptional processing),也叫 RNA 的成熟。原核细胞由于无典型细胞核,其基因又几乎都是连续的,转录生成的 RNA 加工简单(tRNA 例外),只需将多顺反子 mRNA 经特殊的 RNase 切开形成几个单独的 mRNA,在核糖体上参与蛋白质的合成。真核细胞有细胞核,基因是不连续的,所以转录生成的 RNA 必须加工才能成为有活性的 RNA 分子。

(一)hnRNA 进行首尾修饰和内含子剪切后转变为成熟的 mRNA

真核生物的 mRNA 前身为不均一核 RNA(heterogeneous nuclear RNA,hnRNA),其分子量常比成熟 mRNA 大几倍或几十倍。hnRNA 必须在核内经加工才能成为成熟的 mRNA,mRNA 转录后加工包括对其 5′端和 3′端的首尾修饰以及对 mRNA 的剪接(splicing)等。

1. 5′端帽子结构生成　mRNA 成熟的真核生物,其结构 5′端都有一个 m7GpppN 结构,该结构被称为甲基鸟苷帽子。转录产物的第一个核苷酸往往是 pppG。首先,由磷酸酶把 5′-pppGN 水解生成 5′-ppGN 或 5′pGN,然后在 5′端通过鸟苷酸转移酶催化,接上一个鸟苷酸形成三磷酸双鸟苷(5′GpppGN),最后在甲基化酶作用下,S-腺苷甲硫氨酸提供甲基,对后接上的鸟嘌呤碱基第 7 位的氮进行甲基化,生成 7-甲基鸟嘌呤核苷-5′-三磷酸鸟苷(m7GpppGN)的帽状结构(5′-cap sequence)(图 2-9-6)。真核生物 mRNA 5′端帽子结构的重要性在于它是 mRNA 作为翻译起始的必要结构,为核糖体与 mRNA 的识别提供了信号,还可能增加 mRNA 的稳定性,保护 mRNA 免遭 5′外切核酸酶的攻击。

2. poly A 尾的生成　大多数的真核 mRNA 都有 3′端的多聚腺苷酸尾(poly-A),其大小约为 200bp。有研究认为,poly A 的出现是不依赖 DNA 模板的,但也不是直接在转录物 RNA 上加尾。加入 poly A 之前,先由特异的核酸外切酶在 AAUAAA 处切除 3′端的部分核苷酸,然后加上 poly A 尾(图

2-9-7），此过程在核内完成。poly A 尾的有无与长短是维持 mRNA 作为翻译模板活性和增加 mRNA 稳定性的重要因素。

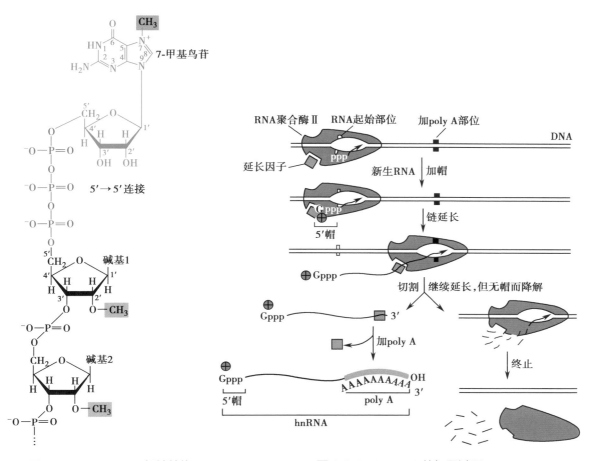

图 2-9-6　hnRNA 5′帽端结构　　　　　　　　　图 2-9-7　hnRNA 的加尾过程

3. hnRNA 的剪接　真核基因在核内先经首、尾两步加工修饰,然后进行剪接,其过程是非编码区(内含子)先弯成套索状,称为套索 RNA(lariat RNA)。套索的形成使各编码区相互靠近,由特异的 RNA 酶将编码区与非编码区的磷酸二酯键水解,并使编码区(外显子)相互连接起来,形成成熟的 mRNA。剪接作用在剪接体(spliceosome)中进行,剪接体由多种 snRNA 和几十种蛋白质组成。剪接部位在内含子末端的特定位点,即 5′GU 序列和 3′AG 序列。不论剪接过程如何,剪接必须极为精确,否则会导致遗传信息传递障碍,合成的蛋白质可能丧失其正常功能(图 2-9-8)。例如,以人 β 珠蛋白生成障碍性贫血病为例,分析这类患者的 mRNA 序列可发现,珠蛋白 mRNA 有 50 种以上的突变体,其中大部分是由于剪接改变所致,结果引起血红蛋白高级结构和功能的改变。

(二) tRNA 转录后加工包括多余部分的切除和稀有碱基的形成

原核生物和真核生物转录生成的 tRNA 前体一般无生物活性,需要进行剪切拼接和碱基修饰以及 3′-OH 连接-ACC 结构,才能形成成熟的 tRNA,参与蛋白质生物合成的氨基酸转运。

1. tRNA 前体的剪切　真核生物细胞 RNA 聚合酶Ⅲ催化产生 tRNA 前体,然后在 RNA 酶作用下 tRNA 前体的 5′端和相当于反密码环的区域分别被切除一定长度的多核苷酸链(图 2-9-9),再由连接酶催化而拼接形成成熟的 tRNA。

2. tRNA 前体的化学修饰　tRNA 前体中常见的碱基修饰有:①还原反应:某些尿嘧啶还原生成二氢尿嘧啶(DHU);②转位反应:如尿嘧啶核苷变为假尿嘧啶核苷;③脱氨反应:如腺苷酸(A)脱氨生成次黄嘌呤核苷酸(I);④甲基化反应:在甲基化酶作用下某些嘌呤变为甲基嘌呤。

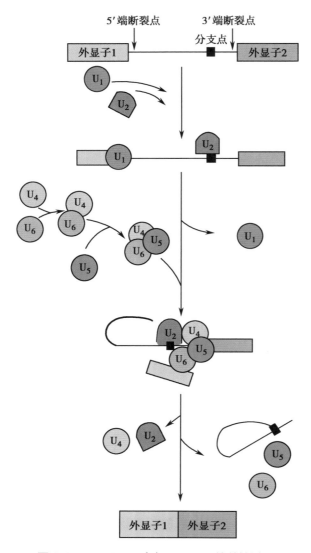

图 2-9-8   snRNA 参与 hnRNA 的剪接过程

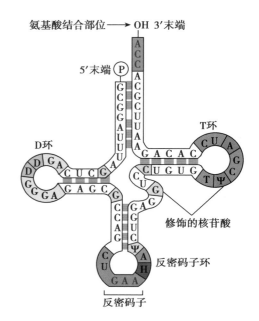

图 2-9-9   tRNA 的转录后加工

3. 3′端加上 CCA   在核苷酸转移酶作用下,以 CTP 和 ATP 为原料,在 3′端逐个接上 CCA 序列,形成了 tRNA 分子中的氨基酸臂结构。

（三）核酶参与 rRNA 的转录后加工

真核生物 rRNA 前体比原核生物大,哺乳动物的初级转录产物为 45S,低等真核生物的 rRNA 前体为 38S,真核生物的 5S rRNA 前体独立于其他三种。大多数真核生物 45S rRNA 经剪切后,先形成核糖体小亚基的 18S rRNA,余下的部分再拼接成 5.8S 及 28S 的 rRNA。成熟的 rRNA 在核仁与核糖体蛋白质一起装配形成核糖体,输出至胞质,为蛋白质生物合成提供场所。

rRNA 的剪接不需要任何蛋白参与即可发生,这表明 RNA 分子也有酶的催化活性。这种具有酶催化活性的 RNA 分子被命名为核酶(ribozyme)。核酶的发现对传统酶学概念提出了挑战,酶并不限于蛋白质,也可以是 RNA。同时表明,RNA 是催化剂以及信息携带者,它很可能是生命起源中首先出现的生物大分子,并且核酶大多是在古老的生物中发现的,这对研究生命的起源和进化具有重要意义。

第三节   蛋白质的生物合成

生物按照从 DNA 转录得到的 mRNA 上的遗传信息合成蛋白质。由于 mRNA 上的遗传信息是以密码形式存在的,只有合成为蛋白质才能表达出生物性状,因此将蛋白质生物合成比拟为翻译。在此过程中需要 300 多种生物大分子参与,其中不仅包括核糖体,还包括 mRNA、tRNA 及多种蛋白质因子。核糖体是蛋白质合成的装配机器;mRNA 携带遗传信息,在蛋白质合成时充当模板;tRNA,即转运 RNA(transfer ribonucleic acid,tRNA),具有携带并转运氨基酸的功能。

一、翻译是在 mRNA 指导下的蛋白质合成过程

蛋白质分子是由许多氨基酸组成的,在不同的蛋白质分子中,氨基酸有着特定的排列顺序,这种特定的排列顺序不是随机的,而是由蛋白质编码基因中的碱基排列顺序决定的。自然界由 mRNA 编码的氨基酸共有 20 种,只有这些氨基酸能够作为蛋白质生物合成的直接原料。某些蛋白质分子还含有羟脯氨酸、羟赖氨酸、γ-羧基谷氨酸等,这些特殊氨基酸是在肽链合成后的加工修饰过程中形成的。

(一) 核糖体为蛋白质合成提供场所

核糖体(ribosome)是一种非膜相结构的颗粒状细胞器,由 rRNA 和几十种蛋白质组成。核糖体普遍存在于原核细胞和真核细胞内,是细胞合成蛋白质的分子机器。核糖体可位于线粒体内,称为线粒体核糖体;也可存在于细胞质内,称为细胞质核糖体。细胞质核糖体又可分为两类:一类附着于糙面内质网膜表面(图 2-9-10),称为附着核糖体(fixed ribosome),主要合成细胞的分泌蛋白、膜蛋白以及细胞器驻留蛋白;另一类以游离形式分布在细胞质溶胶内,称为游离核糖体(free ribosome),游离核糖体所合成的蛋白质多半是分布在细胞基质中或供细胞本身生长所需要的蛋白质分子(包括酶分子)。此外还合成某些特殊蛋白质,如红细胞中的血红蛋白等。核糖体是细胞中的主要成分之一,在一个生长旺盛的细菌中大约有 20 000 个核糖体,其中蛋白质占细胞总蛋白质的 10%,RNA 占细胞总RNA 的 80%。

核糖体是蛋白质生物合成的分子机器,但执行蛋白质合成的功能单位并不是单个核糖体,通常是由几个乃至几十个核糖体与一条 mRNA 串联在一起形成多核糖体。多核糖体中核糖体的个数是由mRNA 分子的长度决定的,在一般情况下,mRNA 分子越长,核糖体的个数就越多。蛋白质开始合成时,第一个核糖体在 mRNA 的起始部位结合,引入第一个甲硫氨酸,接着核糖体向 mRNA 的 3′ 端移动约 80 个核苷酸的距离,第二个核糖体又在 mRNA 的起始部位结合,并向前移 80 个核苷酸的距离,在起始部位又结合第三个核糖体,依次下去直至终止。多核糖体可以在一条 mRNA 链上同时合成多条相同的多肽链,这就大大提高了翻译的效率(图 2-9-10)。

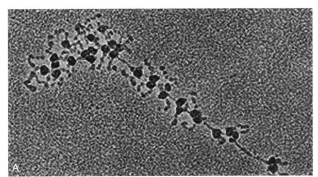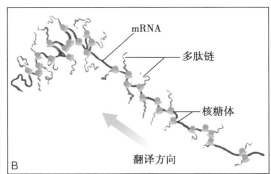

图 2-9-10　**多聚核糖体**
A. 电子显微镜图;B. 模式图。

(二) mRNA 作为蛋白质合成的模板

从 DNA 转录合成的带有遗传信息的 mRNA 在核糖体上作为蛋白质合成的模板,决定肽链的氨基酸排列顺序。mRNA 存在于原核生物和真核生物的细胞质及真核细胞的某些细胞器(如线粒体和叶绿体)中。不同的蛋白质有各自不同的 mRNA。mRNA 除含有编码区外,两端还有非编码区。非编

码区对于 mRNA 的模板活性是必需的,特别是 5′端非编码区在蛋白质合成中被认为是与核糖体结合的部位。RNA 和蛋白质的结构不同,组成 RNA 的碱基有 4 种,而组成蛋白质的氨基酸有 20 种。研究发现,mRNA 分子上以 5′→3′方向,每 3 个相邻的核苷酸可决定一个特定的氨基酸,这种三联体核苷酸称为密码子(codon),mRNA 链上从 AUG 开始每三个连续的核苷酸组成一个密码子,mRNA 中的 4 种碱基可以组成 64 种密码子(表 2-9-3)。每种氨基酸至少有一种密码子,最多的有 6 种密码子。从对遗传密码性质的推论到决定各个密码子的含义,进而全部阐明遗传密码,是科学上最杰出的成就之一。

表 2-9-3　氨基酸的密码表

第一个核苷酸	第二个核苷酸				第三个核苷酸
	U	C	A	G	
U	苯丙氨酸	丝氨酸	酪氨酸	半胱氨酸	U
	苯丙氨酸	丝氨酸	酪氨酸	半胱氨酸	C
	亮氨酸	丝氨酸	终止	终止	A
	亮氨酸	丝氨酸	终止	色氨酸	G
C	亮氨酸	脯氨酸	组氨酸	精氨酸	U
	亮氨酸	脯氨酸	组氨酸	精氨酸	C
	亮氨酸	脯氨酸	谷氨酰胺	精氨酸	A
	亮氨酸	脯氨酸	谷氨酰胺	精氨酸	G
A	异亮氨酸	苏氨酸	天冬氨酸	丝氨酸	U
	异亮氨酸	苏氨酸	天冬氨酸	丝氨酸	C
	异亮氨酸	苏氨酸	赖氨酸	精氨酸	A
	甲硫氨酸(起始)	苏氨酸	赖氨酸	精氨酸	G
G	缬氨酸	丙氨酸	天冬氨酸	甘氨酸	U
	缬氨酸	丙氨酸	天冬氨酸	甘氨酸	C
	缬氨酸	丙氨酸	谷氨酸	甘氨酸	A
	缬氨酸	丙氨酸	谷氨酸	甘氨酸	G

遗传密码有如下特点:①方向性。密码子是对 mRNA 分子的碱基序列而言的,它的阅读方向是与 mRNA 的合成方向或 mRNA 编码方向一致的,即从 5′端至 3′端。②连续性。mRNA 的读码方向从 5′端至 3′端方向,两个密码子之间无任何核苷酸隔开。mRNA 链上碱基的插入、缺失和重叠,均造成移码突变。③简并性。在遗传密码中,除了 Met、Trp 外,其他氨基酸分别有 2、3、4、6 种密码子编码,将同一种氨基酸的几种密码子称同义密码子,前两位碱基决定密码子的特异性,第三位碱基的摆动是造成兼并的原因,这对保证种属的稳定性有重要意义。④通用性。从简单生物到人类都使用同一套遗传密码,即无种属特异性。但也有例外,在动物细胞线粒体和植物细胞叶绿体中,蛋白质合成所使用三联密码子有少数与目前通用密码子不同。例如 AUA 代表甲硫氨酸,UGA 代表色氨酸等。⑤起始密码子和终止密码子。AUG、GUG、UUC 不仅代表相应的氨基酸,而且在 mRNA 起始部位代表肽链的起始信号,以 AUG 最常见。UAA、UGA、UAG 不编码任何氨基酸,仅代表肽链合成的终止。

(三)tRNA 是活化和转运氨基酸的工具

蛋白质生物合成是一个信息传递过程,要将 mRNA 密码子排列的信息转换为氨基酸的 20 种符号,且要排列正确,这就需要 tRNA。tRNA 能与专一的氨基酸结合并识别 mRNA 分子上的密码子,起重要的接合体作用,被称为蛋白质合成的接器(adaptor)(图 2-9-11)。

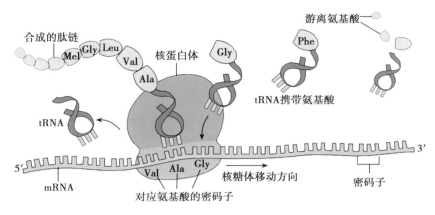

图 2-9-11　tRNA 转运氨基酸的过程

tRNA 的氨基酸臂上 3′ 末端 CCA-OH 是氨基酸的结合位点。tRNA 的反密码环上的反密码子可识别 mRNA 上的密码子，在翻译时，带有不同氨基酸的 tRNA 就能准确地在 mRNA 分子上对号入座，保证了从核酸到蛋白质信息传递的准确性。

反密码子是位于 tRNA 反密码环中部、可与 mRNA 中的三联体密码子形成碱基配对的三个相邻碱基。在蛋白质的合成中，起解读密码、将特异的氨基酸引入合成位点的作用。mRNA 的密码子以 5′→3′ 方向排列，tRNA 上反密码子则以 3′→5′ 方向排列。

密码子和反密码子配对时，密码子和反密码子的前两位碱基遵循正常的碱基互补配对原则，而第三位碱基的配对有一定的灵活性，并不严格遵守这一原则，这一特性被称为密码子和反密码子配对的摆动性（wobble），可有 U 配 G，I 与 C、A、U 相配等。

（四）一些酶类和其他因子参与了蛋白质生物合成

1. 氨酰-tRNA 合成酶　氨酰-tRNA 的生成，实际上是一种酶促的化合反应，催化这一化学反应的酶是氨酰-tRNA 合成酶（aminoacyl-tRNA synthetase）。此化学反应又可分为两个步骤完成：第一步是氨基酸结合于 AMP-酶的复合体上，完成了酶对氨基酸的特异性识别；第二步是 AMP-酶被 tRNA 置换，形成氨酰-tRNA，从而完成了酶对 tRNA 的特异性识别。这说明氨酰-tRNA 合成酶具有绝对专一性，酶对氨基酸、tRNA 两种底物都能高度特异地识别。

2. 转肽酶　转肽酶（transpeptidase）定位于核糖体大亚基上，是组成核糖体的蛋白质成分之一，其功能是使大亚基 P 位上肽酰-tRNA 的肽酰基转移到 A 位上氨酰-tRNA 的氨基上，结合成肽键，使肽链延长。

3. 其他因子　参与蛋白质生物合成的其他因子有：起始因子（IF，真核细胞写作 eIF）、延长因子（EF）、终止因子（RF，真核细胞写作 eRF）；能源物质有 ATP、GTP 等；无机离子有镁离子、钾离子等。

二、蛋白质合成过程包括五个阶段

蛋白质生物合成可分为五个阶段，氨基酸的活化、多肽链合成的起始、肽链的延长、肽链的终止和释放、蛋白质合成后的加工修饰。原核生物与真核生物在蛋白质合成过程中有很多区别，真核生物的蛋白质合成过程比较复杂，下面着重介绍原核生物蛋白质合成的过程，以及真核生物与其不同之处。

（一）氨基酸的活化

氨基酸在参与合成肽链以前需活化以获得额外的能量。在氨酰-tRNA 合成酶作用下，氨基酸的羧基与 tRNA 3′ 末端的 CCA-OH 缩合成氨酰-tRNA。该反应是耗能过程，生成的氨酰-tRNA 中酯酰键含较高能量，可用于肽键合成。其总反应式可写为：

$$氨基酸+tRNA+ATP\longrightarrow 氨酰\text{-}tRNA+AMP+PPi$$

氨酰-tRNA 合成酶分布在胞质中，具有高度特异性，它既能识别特异的氨基酸，又能辨认携带该种氨基酸的特异 tRNA,这是保证遗传信息准确翻译的关键之一。

（二）形成起始复合物

肽链合成起始包括 3 个主要步骤:小亚基与 mRNA 的结合、起始氨酰-tRNA 的加入和起始复合物装配的完成。起始氨酰-tRNA 在原核细胞是甲酰甲硫氨酰-tRNA（fMet-tRNA^{fMet}）,在真核细胞是甲硫氨酰-tRNA（Met-tRNA^{Met}）。有两种甲硫氨酰-tRNA:一种是 5′ 端具有可被起始因子识别的核苷酸序列,可与起始因子结合,由起始因子携带到核糖体 mRNA 模板的起始密码 AUG 上。这种甲硫氨酰-tRNA 具有启动作用,称为起始甲硫氨酰-tRNA;另一种是 5′ 端不具有起始因子识别序列,只能与mRNA 模板起始部位以后的 AUG 密码结合。

原核细胞翻译起始复合物形成的过程如下:①在 IF-1 和 IF-3 的作用下,核糖体 30S 小亚基通过其 16S rRNA 的一段特殊序列识别 mRNA 的起始信号部位（SD 序列）,并与之互补结合,形成 IF1-IF3-30S 亚基-mRNA 复合物;②在 IF-2 作用下,甲酰甲硫氨酰-tRNA 与 mRNA 分子中的 AUG 相结合,即密码子与反密码子配对,形成 30S 前起始复合物,即 IF1-IF2-IF3-30S 亚基-mRNA-fMet-tRNA^{fMet} 复合物,此步需要 GTP 和 Mg^{2+} 参与;③30S 前起始复合物形成后,50S 大亚基就立即加入到 30S 前起始复合物中,同时 IF-1、IF-2 和 IF-3 脱落,形成 70S 起始复合物,即 30S 亚基-mRNA-50S 亚基-mRNA-fMet-tRNA^{fMet} 复合物。此时 fMet-tRNA^{fMet} 占据着 50S 亚基的肽酰位（P 位）。而 A 位则空着有待于对应mRNA 中第二个密码的相应氨酰-tRNA 进入,至此,肽链的合成即告开始（图 2-9-12）。

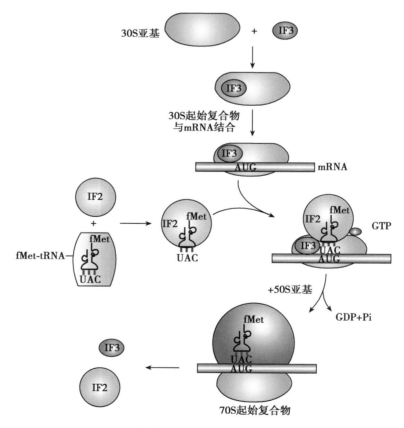

图 2-9-12　大肠埃希菌细胞翻译起始复合物的形成

与原核细胞相比,真核细胞蛋白质合成的起始过程更为复杂,参与真核细胞蛋白合成过程的起始因子为 eIF。其基本过程概括为:①形成 43S 核糖体复合物:由 40S 小亚基与 eIF3 和 eIF4c 组成。②形成 43S 前起始复合物:即在 43S 核糖体复合物上,连接 eIF2-GTP-Met-tRNAMet 复合物。③形成 48S 前起始复合物:由 mRNA 及帽结合蛋白 1（CBP1）、eIF4A、eIF4B 和 eIF4F 共同构成一个 mRNA复合物。mRNA 复合物与 43S 前起始复合物作用,形成 48S 前起始复合物。④形成 80S 起始复合物:在 elF5 的作用下,48S 前起始复合物中的所有 elF 释放出,并与 60S 大亚基结合,最终形成 80S 起始复合物,即 40S 亚基-mRNA-Met-tRNAMet-60S 亚基。

相对原核生物而言,真核细胞蛋白质合成起始过程更为复杂,需要更多的起始因子参与,同时起始 tRNA 不需要 N 端甲酰化,起始复合物形成于 mRNA 5′ 端 AUG 上游的帽子结构。

（三）肽链延长是多因子参与的核糖体循环过程

起始复合物形成后,根据 mRNA 密码序列的指导,各种氨酰-tRNA 依次结合到核糖体上使肽链从 N 端向 C 端逐渐延长。由于肽链延长在核糖体上连续循环进行,所以这个过程又称为核糖体循环(ribosome circulation),核糖体循环包括进位(registration)、成肽(peptide bond formation)、转位(translocation)3 个步骤(图 2-9-13),每经过一个循环肽链增加一个氨基酸,从而实现肽链的不断延伸。

1. 氨酰-tRNA 进入 A 位　当完整的起始复合物形成后,起始氨酰-tRNA 占据 P 位,第二个氨酰-tRNA 就进入 A 位,根据起始复合物 A 位上 mRNA 密码子,相应的氨酰-tRNA 通过反密码子与其配对结合。此步骤需要 GTP、Mg^{2+} 和延伸因子 EF-Tu 与 EF-Ts 的参与。

EF-Tu 与 GTP、氨酰-tRNA 反应生成三元复合物——氨酰-tRNA-EF-Tu-GTP。该复合物中 tRNA 的反密码子与小亚基上 mRNA 结合,其中 GTP 分解释放 Pi,EF-Tu-GDP 脱落并与 EF-Ts 反应生成 GDP 和 EF-Tu-EF-Ts,后者再与 GTP 反应,释出 EF-Ts 生成 EF-Tu-GTP 并进入下一次延长反应。

2. 肽键形成　当 P 位都被氨酰-tRNA 占据时,两个氨基酸之间发生相互作用形成肽键,从而在 P 位的氨酰-tRNA 释放出氨基酸,P位的 tRNA 随之从核糖体上脱落下来,而 A 位则形成二肽。该步骤需核糖体大亚基上的转肽酶催化及 Mg^{2+} 与 K^+ 的存在。

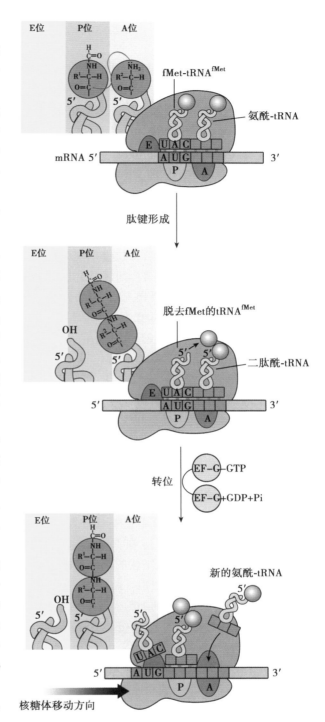

图 2-9-13　蛋白质合成过程中的核糖体循环

3. 转位　二肽形成后,核糖体沿 mRNA 5′ 端向 3′ 端移动一个密码子距离,同时 A 位的二肽酰-tRNA 移到 P 位,P 位留下的未负载氨基酸的 tRNA 脱落,P 位空出。在延长因子 G(EF-G)作用和 GTP 供能下,肽酰-tRNA 由 A 位移到 P 位,空出的 A 位可接受新的氨酰-tRNA,再重复上述 3 个步骤,如此循环,使肽链不断延长。

在真核生物中,转位时延长因子只有一种 eEF-1,可分为 α、β、γ 三类;移位时所需因子为 eEF-2,

可被白喉毒素抑制。

（四）肽链合成终止

在核糖体向 mRNA 3′端移动中,肽链也逐渐延长,当核糖体移动到 mRNA 上的终止密码子（UAA、UAG、UGA）时,没有对应的氨酰-tRNA 与之结合,只有释放因子（RF）识别这种信号,肽链合成即终止。原核细胞的 RF 有 3 种:RF-1 识别 UAA 和 UAG,RF-2 识别 UAA 和 UGA,RF-3 结合 GTP 并促进 RF-1、RF-2 与核糖体结合。一般来说:肽链合成的终止过程包括 3 个步骤（图 2-9-14）。

1. 终止密码的辨认　当 A 位上出现终止信号时,RF-1 或 RF-2 识别并结合到 A 位上。

2. 肽链和 mRNA 等释出　RF 的结合使核糖体上转肽酶构象改变,具有水解酶活性,使 P 位上 tRNA 与肽链间酯键水解,肽链脱落。tRNA、RF、mRNA 也随后从核糖体上释出。

3. 核糖体大小亚基解聚　在 IF3 作用下,核糖体解聚成为大、小亚基回到基质中,重新进入新循环。真核生物终止过程与原核生物相似,但仅有一个释放因子 eRF 可识别 3 种终止密码子,并需 GTP 参与。

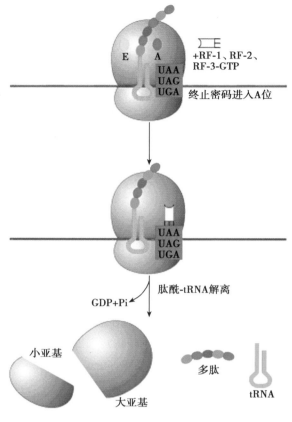

图 2-9-14　肽链合成的终止

三、肽链合成后进行加工和输送

从核糖体释放的新生多肽链不具有蛋白质生物活性,必须经过翻译后一系列加工修饰过程才能转变为天然构象的功能蛋白。如高级结构的形成、氨基酸残基的修饰（如磷酸化、糖基化、甲基化等）、二硫键的形成,使其在一级结构的基础上进一步盘曲、折叠以及亚基与亚基间的结合,形成具有天然构象和生物学活性的功能蛋白。此外,在细胞质内合成的蛋白质需要经靶向运输或蛋白质分选,输送到细胞特定的区域或分泌到细胞外发挥生物学作用。

（一）肽链合成后的加工、修饰使其具有生物学活性

1. N 端 fMet 或 Met 的去除　由于起始密码为甲硫氨酸（Met）,故新生肽链 N 末端为 Met 残基（原核细胞为 fMet）,而天然蛋白质 N 末端一般无这类残基。在真核生物中,当肽链延伸到 15~30 个氨基酸残基时,N 末端的 Met 或相连的若干残基被氨基肽酶水解。原核生物中 N 端的 fMet 先被脱甲酰化酶水解,再切除甲硫氨酸,同时也包括信号肽序列的去除。

2. 共价修饰　蛋白质可以进行不同类型化学基团的共价修饰,如磷酸化、糖基化、脂酰化,二硫键形成、羟基化、甲基化、乙酰化、泛素化等,修饰后才表现为具有生物功能的蛋白质。

（1）磷酸化是在蛋白激酶的催化作用下,将 ATP 的磷酸基转移到蛋白特定位点上的过程,磷酸化的作用位点为蛋白上的 Ser、Thr、Tyr 残基侧链。磷酸化的逆过程为去除磷酸基的水解反应,由磷酸水解酶催化。蛋白质的磷酸化与去磷酸化过程几乎涉及所有的生理及病理过程,如新陈代谢、信号转导、肿瘤发生、神经活动、肌肉收缩以及细胞的增殖、发育和分化等。

（2）蛋白质的糖基化是在一系列糖基转移酶的催化作用下,蛋白上特定的氨基酸残基共价连接寡糖链的过程,氨基酸与糖的连接方式主要有 O 型连接与 N 型连接两种,N 型连接始于内质网,在内分泌蛋白和膜结合蛋白的天冬酰胺残基的氨基上结合寡糖;O 型连接多发生于邻近脯氨酸的丝氨酸

或苏氨酸残基上,通常以逐步加接单糖的形式形成寡糖链。

（3）蛋白质的脂酰基化是长脂肪酸链通过 O 或者 S 原子与蛋白质共价结合得到蛋白复合物（脂蛋白）的过程,半胱氨酸残基的侧链巯基可被棕榈酰化,甘氨酸残基可被豆蔻酰化,通过脂肪酸链与生物膜良好的相容性,可使蛋白质固定在细胞膜上。

（4）大多数蛋白质都有二硫键,是在肽链合成后,通过由 2 个半胱氨酸的巯基氧化形成的,二硫键的形成对维持蛋白质的活性和结构是必需的。

（5）在结缔组织的胶原蛋白和弹性蛋白中,脯氨酸和赖氨酸可经过羟基化修饰成为羟脯氨酸和羟赖氨酸,位于糙面内质网上的三种氧化酶（脯氨酰-4-羟化酶、脯氨酰-3-羟化酶和赖氨酰羟化酶）负责特定脯氨酸和赖氨酸残基的羟基化,胶原蛋白的脯氨酸残基和赖氨酸残基的羟基化需要维生素 C,饮食中维生素 C 不足时就易患维生素 C 缺乏症（血管脆弱,伤口难愈）,原因就是胶原纤维的脯氨酸和赖氨酸无法羟基化,从而不能形成稳定的结构。

（6）某些原核细胞内含有甲基转移酶,可催化肽链中谷氨酸残基甲基化,甲基化的谷氨酸可以调节原核生物的化学趋化性。在真核生物中,组蛋白的精氨酸可以被甲基化修饰。某些蛋白分子（如组蛋白）中的赖氨酸的 ε 氨基也可以被甲基化,这种甲基化修饰可调节蛋白质的生物学功能,如组蛋白的甲基化修饰直接影响核小体的开放,影响基因的转录活性。

（7）乙酰化也是细胞内蛋白修饰的一种重要形式。细胞内多种蛋白都可以发生乙酰化修饰。蛋白质乙酰化（protein acetylation）是指在乙酰基转移酶的催化下,将乙酰基团转移到底物蛋白的赖氨酸残基侧链上的过程。目前认为,组蛋白的乙酰化修饰主要参与染色质结构的重塑和转录激活,而转录因子等非组蛋白的乙酰化则参与调节转录因子与 DNA 的结合、影响蛋白质之间的互相作用及蛋白质的稳定性。

（8）蛋白质的泛素化。泛素由 76 个氨基酸组成,高度保守,普遍存在于真核细胞内,故名泛素,共价结合泛素的蛋白质能被特定的蛋白酶识别并降解,这是细胞内短寿命蛋白和一些异常蛋白降解的普遍途径。泛素与靶蛋白的结合需要三种酶的帮助:泛素激活酶（E1）、泛素结合酶（E2）和泛素蛋白质连接酶（E3）,泛素的羧基末端通过异肽键与靶蛋白 Lys 残基的氨基连接在一起。

3. 辅助因子的连接和亚基聚合　结合蛋白由肽链及其辅助成分（脂、糖、核酸、血红素等）构成,具有四级结构的蛋白还要进行亚基聚合才具有生物活性。一般认为,蛋白质一级结构是其空间结构形成的基础,同时也需要其他的酶、蛋白质辅助才能完成折叠过程,如"分子伴侣"。目前认为"分子伴侣"有两类:①酶:例如蛋白质二硫键异构酶可以识别和水解非正确配对的二硫键,使它们在正确的半胱氨酸残基位置上重新形成二硫键;②蛋白质分子:如热休克蛋白（heat shock protein）、伴侣蛋白（chaperonin）,可以和部分折叠或没有折叠的蛋白质分子结合,稳定其构象,使其免遭其他酶的水解,促进蛋白质折叠成正确的空间结构。

4. 肽链的水解修饰　是在特定的蛋白水解酶的作用下,切除肽链末端或中间的若干氨基酸残基,使蛋白质一级结构发生改变,进而形成一个或数个成熟蛋白质的翻译后加工过程。如大多数蛋白酶原裂解后转变为蛋白酶。一般真核细胞中一个基因对应一个 mRNA,一个 mRNA 对应一条多肽链,但也有少数情况,一种 mRNA 翻译后的多肽链经水解后产生几种不同的蛋白质或多肽。

（二）蛋白质经过靶向运输到特定的区域发挥生物学活性

蛋白质合成后被运送到相应功能部位,称为蛋白质的靶向运输。合成的蛋白按功能和去向分成两类:一类为分泌蛋白,由结合于糙面内质网的核糖体合成;另一类分布于胞质、线粒体及核内蛋白,由游离核糖体合成。游离核糖体上合成的蛋白质释放到胞质溶胶后被运送到不同的部位,即先合成,后运输。由于在游离核糖体上合成的蛋白质在合成释放之后需要自己寻找目的地,因此又称为蛋白质寻靶。定位在线粒体、叶绿体、细胞核、细胞质、过氧化物酶体的蛋白质在游离核糖体上合成后释放到胞质溶胶中,进入细胞核的蛋白质通过核孔运输,与定位到其他翻译后转运的细胞器蛋白的运输机制不同。膜结合核糖体上合成的蛋白质通过定位信号,一边翻译,一边进入内质网,由于这种转运定位是在蛋白质翻译的同时进行的,故称为共翻译转运。在膜结合核糖体上合成的蛋白质通过信号肽,经过连续的膜系统转运分选才能到达最终的目的地,这一过程又称为蛋白质分选。膜结合核糖体合成的蛋白质经内质网、高尔基复合体进行转运,运输的目的地包括内质网、高尔基复合体、溶酶体、细胞膜、细胞外基质等。将游离核糖体上合成的蛋白质的 N 端信号称为导向信号(targeting signal),或导向序列(targeting sequence),由于这一段序列是氨基酸组成的肽,所以又称为转运肽(transit peptide),或前导肽(leader peptide)。膜结合核糖体上合成的蛋白质的 N 端的序列称为信号序列,组成该序列的肽称为信号肽(图 2-9-15)。

酶切位点

人流感病毒A	Met Lys Ala Lys Leu Leu Val Leu Leu Tyr Ala Phe Val Ala Gly Asp Gln --
人前胰岛素原	Met Ala Leu Trp Met Arg Leu Leu Pro Leu Leu Ala Leu Leu Ala Leu Trp Gly Pro Asp Pro Ala Ala Ala Phe Val --
牛生长激素	Met Met Ala Ala Gly Pro Arg Thr Ser Leu Leu Leu Ala Phe Ala Leu Leu Cys Leu Pro Trp Thr Gln Val Val Gly Ala Phe --
蜂毒肽	Met Lys Phe Leu Val Asn Val Ala Leu Val Phe Met Val Val Tyr Ile Ser Tyr Ile Tyr Ala Ala Pro --
果蝇黏液蛋白	Met Lys Leu Leu Val Val Ala Val Ile Ala Cys Met Leu Ile Gly Phe Ala Asp Pro Ala Ser Gly Cys Lys --

图 2-9-15　几种信号肽的比较

第四节　基因表达信息的调控及应用

对 DNA 到蛋白质的基因表达过程的调节即为基因表达调控。同一机体所有细胞都具有相同的整套基因组,携带个体生存、发育、活动和繁殖所需要的全部遗传信息。但生物基因组的遗传信息不是同时全部都表达出来,即使极其简单的生物(如最简单的病毒)其基因组所含的全部基因也不是以同样的强度同时表达,这说明基因的表达有着严密的调控系统。基因表达调控主要表现在以下几个方面:①转录水平上的调控;②mRNA 加工、成熟水平上的调控;③翻译水平上的调控。原核生物和真核生物在基因表达调控方面存在着相当大的差异。在原核生物中,营养状况、环境因素对基因表达起着十分重要的作用;而在真核生物尤其是高等真核生物中,激素水平、发育阶段等是基因表达调控的主要手段。

一、基因表达受严密而精确的调控

(一)基因表达具有时间性和空间性

细胞基因表达具有严格的时间和空间特异性,这是由基因的启动子和增强子与调节蛋白相互作用决定的。

例如,人没有被病原体感染时合成抗体的基因是不表达的,在被特定的病原体感染时,B 淋巴细胞分化的浆细胞会合成相应的抗体(即合成相应抗体的基因得以表达),这体现基因表达按一定的时间顺序发生,即时间特异性(temporal specificity);或者人体内合成某些蛋白质的基因在胚胎阶段不表达而出生后再表达也体现了这种时间性,称为阶段特异性(stage specificity)。

基因表达的空间特异性(spatial specificity)是指多细胞生物个体在某一特定生长发育阶段,同一基因在不同的组织器官表达不同,即在个体的不同空间出现。不同组织细胞中不仅表达的基因数量不同,基因表达的强度、种类也各不相同,称为基因表达的组织特异性(tissue specificity)。例如,同一个体所有的体细胞都含有肌动蛋白基因和血红蛋白基因,但肌动蛋白基因只在肌细胞中表达,血红蛋白基因只在红细胞中表达,这体现基因表达具有空间特异性。肝细胞中涉及编码鸟氨酸循环酶类的基因表达水平高于其他组织细胞,合成的某些酶(如精氨酸酶)为肝脏所特有。

(二)基因组成性表达、诱导与阻遏

1. 组成性表达(constitutive expression)　有些基因产物在生命全过程中都是必需的或必不

可少的,这类基因在一个生物个体的几乎所有细胞中持续表达,通常被称为管家基因(housekeeping gene)。管家基因的表达水平受内外环境因素影响较小,因此,将这类基因表达称为组成性基因表达。

2. 适应性表达(adaptive expression) 另有一些基因表达易受外环境因素的影响,随着环境信号变化,这类基因表达水平可以出现升高或降低的现象。在特定环境信号刺激下,相应的基因被激活,基因表达产物增加,即这种表达是可诱导的。可诱导基因在一定的环境中表达增强的过程为诱导,可阻遏基因表达产物水平降低的过程称为阻遏。

(三)基因表达调控是多环节、多步骤的过程

基因表达的调控是一个错综复杂的问题,其表现在不同的阶段和水平,有 DNA 重排和甲基化等遗传信息水平的调控,转录水平的调控,转录前后水平的调控,翻译水平的调控和翻译后蛋白质活性水平的调控等。一般认为转录水平的调控是关键阶段,它是基因调控的第一步,较多编码蛋白的基因在这个水平上的调控多于其他水平上的调控。

二、基因表达在转录水平受到调控

尽管基因表达调控可发生在多种不同层次和环节,但最主要的调控环节仍然是在转录水平上,即转录起始是基因表达的基本控制点。

(一)基因转录调控存在多种要素

1. 特异 DNA 序列 原核生物大多数基因表达调控是通过操纵子机制实现的。操纵子(operon)是指包含结构基因、操纵基因以及启动基因的一些相邻基因组成的 DNA 片段,其中结构基因的表达受到操纵基因的调控。其功能元件包括启动子、操纵基因(operator gene,O)、阻遏物基因(inhibitor gene,I)或称调节基因(regulatory gene)等。目前已知的操纵子有乳糖操纵子、阿拉伯糖操纵子、组氨酸操纵子、色氨酸操纵子等。

真核基因组结构庞大,参与真核生物基因转录激活调节的 DNA 序列比原核生物更为复杂,主要为顺式作用元件(cis-acting element),即存在于基因旁侧序列中能影响基因表达的序列,包括启动子、增强子、沉默子、调控序列和可诱导元件等,它们的作用是参与基因表达的调控。顺式作用元件本身不编码任何蛋白质,仅仅提供一个作用位点,要与反式作用因子相互作用而起作用。

2. 调节蛋白 原核生物基因调节蛋白分为三类:特异因子、阻遏蛋白和激活蛋白,它们都是 DNA 结合蛋白。特异因子是一类决定 RNA 聚合酶对一个或一套启动序列的特异性识别和结合能力的蛋白。与操纵子结合后能减弱或阻止其调控基因转录的调控蛋白称为阻遏蛋白(repressor),其介导的调控方式称为负性调控(negative regulation);与操纵子结合后能增强或启动调控基因转录的调控蛋白称为激活蛋白(activator),所介导的调控方式称为正性调控(positive regulation)。

真核生物基因调节蛋白又称为转录因子。转录因子也称为反式作用因子,是指和顺式作用元件结合的可扩散性蛋白,包括基础因子、上游因子、诱导因子。无论何种转录因子,其对转录激活的调节均涉及蛋白质-DNA、蛋白质-蛋白质相互作用。根据作用方式的不同,转录因子主要分为:①基本转录因子,是真核细胞内普遍存在的一类转录因子,因这类转录因子是与 TATA 盒/启动子结合的,故亦称 TATA 盒结合蛋白。例如,转录因子Ⅱ(transcriptional factor Ⅱ,TFⅡ)、TFⅢA、TFⅢB 及 TFⅢC 等。②组织特异性转录因子,也称细胞专一的基因表达的转录因子,存在于某一特定的组织细胞内,它们合成或激活后能诱发细胞专一的基因的转录。如,EFI 因子、Isl-I 因子、MyoD Ⅰ因子、NF-κB 因子等。③诱导基因表达的转录因子:这些转录因子可激活或抑制细胞中某些特定基因的表达,完成该基因的诱导表达过程。如热休克转录因子(heat shock transcription factor,HSTF)、cAMP 效应元件结合因子(cAMP response element binding factor,CREBF)、血清应答因子(serum response factor,SRF)等。④与上游启动子序列结合的蛋白质因子,如 SP1 因子、CCAAT 盒转录因子(CCAAT transcription factor,CTF)、POU 蛋白质因子;与增强子结合蛋白(enhancer binding protein,EBP)等。

真核生物的转录调控大多是通过顺式作用元件和反式作用因子复杂的相互作用而实现的。因

此,反式作用因子含有两个必不可少的结构域:即 DNA 结合结构域和转录活化结构域。前一结构域是与特定的顺式元件结合的部位,而后一结构域则是转录活化的功能区。

常见的 DNA 结合结构域如下:

(1)螺旋-转角-螺旋及螺旋-环-螺旋:螺旋-转角-螺旋(helix-turn-helix,HTH)及螺旋-环-螺旋(helix-loop-helix,HLH)有 2 个 α 螺旋,螺旋 2 负责识别并和 DNA 结合,一般结合于大沟;螺旋 1 和其他蛋白质结合。两个螺旋由短肽段形成的转角或环连接(图 2-9-16)。

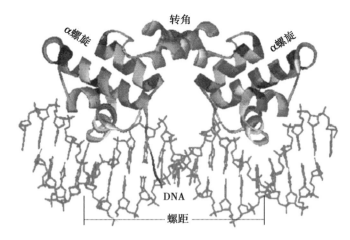

图 2-9-16　α 螺旋-转角-螺旋结构示意图

(2)锌指结构:锌指(zinc finger)结构如图 2-9-17 所示,由一小组保守的氨基酸和锌离子结合,在蛋白质中形成了相对独立的功能域,指状重复单位伸向 DNA 双螺旋的大沟。两种类型的 DNA 结合蛋白具有这种结构,一类是锌指蛋白,另一类是甾类受体。

(3)亮氨酸拉链:亮氨酸拉链(leucine zipper,L-Zip)是由伸展的氨基酸组成,每 7 个氨基酸中的第 7 个氨基酸是亮氨酸,亮氨酸是疏水性氨基酸,排列在螺旋的一侧,所有带电荷的氨基酸残基排在另一侧。当 2 个蛋白质分子平行排列时,亮氨酸之间相互作用形成二聚体,形成"拉链"。在"拉链"式的蛋白质分子中,亮氨酸以外带电荷的氨基酸形式同 DNA 结合(图 2-9-18)。亮氨酸拉链的结构存在于某些转录因子及癌基因蛋白中,它们往往与癌基因表达调控功能有关。

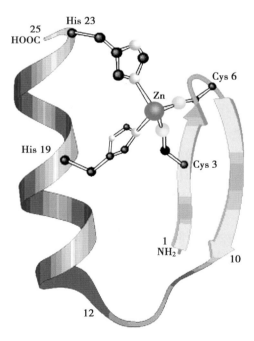

图 2-9-17　锌指结构示意图

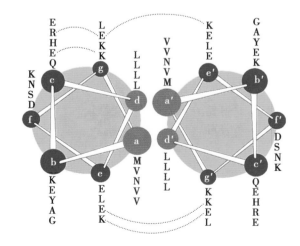

图 2-9-18　亮氨酸拉链结构示意图

(4)同源异形域(homeodomain,HD):同源异形框(homeobox)编码由 60 个氨基酸残基组成的蛋白,称为同源异形域蛋白,几乎存在于所有真核生物中。

同源异形域蛋白是 DNA 结合蛋白中的螺旋-转角-螺旋家族成员。每个同源异形域蛋白包括三个 α 螺旋,第二、第三个螺旋形成螺旋-转角-螺旋模体,第三个螺旋具有识别螺旋的作用。但大多数同源异形域蛋白的 N 端还有一个不同于螺旋-转角-螺旋的臂,可插入 DNA 小沟。

（二）基因转录调节有几种常见模式

1. 乳糖操纵子 原核基因表达调控模式有乳糖操纵子、阿拉伯糖操纵子、组氨酸操纵子、色氨酸操纵子等。下面以乳糖操纵子调控模式来说明原核基因的表达调控机制。大肠埃希菌的乳糖操纵子含 Z、Y 及 A 三个结构基因,分别编码 β-半乳糖苷酶、β-半乳糖苷通透酶和 β-半乳糖苷乙酰基转移酶,此外还有一个操纵序列 O_{lac}、一个启动序列 P_{lac} 及一个调节基因 $LacI$。$LacI$ 基因编码一种阻遏蛋白,后者与 O_{lac} 序列结合,使操纵子受阻遏而处于关闭状态。在启动子 P_{lac} 上游还有一个分解（代谢）物激活蛋白（CAP）结合位点。由 P_{lac} 序列、O_{lac} 序列和 CAP 结合位点共同构成乳糖操纵子的调控区,3 个酶的编码基因都由同一调控区调节,实现基因产物的协调表达（图 2-9-19）。

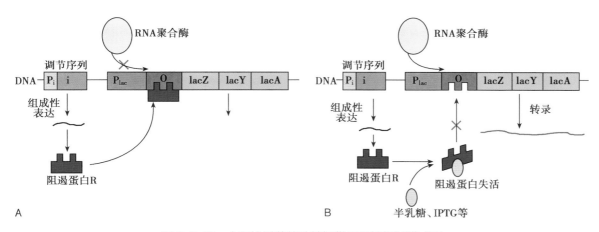

图 2-9-19 大肠埃希菌的乳糖操纵子调控机制模式图

没有乳糖存在时,$LacI$ 基因编码的阻遏蛋白结合于操纵序列 O 处,乳糖操纵子处于阻遏状态,不能合成分解乳糖的三种酶;有乳糖存在时,乳糖作为诱导物诱导阻遏蛋白变构,不能结合于操纵序列,乳糖操纵子被诱导开放合成分解乳糖的三种酶,乳糖操纵子的这种调控机制为可诱导的负调控。此外,当大肠埃希菌从以葡萄糖为碳源的环境转变为以乳糖为碳源的环境时,cAMP 浓度升高,与 CAP 结合,使 CAP 发生变构,CAP 结合于乳糖操纵子启动序列附近的 CAP 结合位点,激活 RNA 聚合酶活性,促进结构基因转录,调节蛋白结合于操纵子后促进结构基因的转录,对乳糖操纵子实行正调控,加速合成分解乳糖的三种酶。

2. RNA 聚合酶 真核生物基因转录水平的调控关键在于对 RNA 聚合酶活性的调节,在真核细胞中有 3 种典型的 RNA 聚合酶（RNA pol Ⅰ、Ⅱ、Ⅲ）:①RNA pol Ⅱ转录生成所有 mRNA 前体及大部分 snRNA。它不能单独识别、结合启动子,而是先由 TF ⅡD 形成 TF ⅡD-启动子复合物;继而在 TF ⅡA~F 等基本转录因子的参与下,RNA pol Ⅱ 与 TF ⅡD、TF ⅡB 聚合,形成功能性的前起始复合物 PIC。在几种基本转录因子中,TF ⅡD 是唯一具有位点特异的 DNA 结合能力的因子,在上述有序的组装过程起关键性指导作用。然后,结合了增强子的转录激活因子与 PIC 中的 TF ⅡD 接近,形成稳定且有效的转录起始复合物。此时,RNA polⅡ启动 mRNA 转录。②RNA pol Ⅰ 担负 18S rRNA、28S rRNA 和 5.8S rRNA 的合成。首先转录产生一个初级转录产物 per-rRNA。per-rRNA 经加工、降解转录间隔区,最终生成 18S rRNA、28S rRNA 和 5.8S rRNA。③RNA 聚合酶Ⅲ担负 tRNAs、5S rRNA 和其他小 RNAs 的合成,RNA pol Ⅲ 的启动子位于转录起始点下游,在基因的转录部分内,与之结合的一个基础转录因子 TFⅢ A 已被提纯。

真核基因表达以正性调控为主导,虽然也存在负性调控元件,但并不普遍。虽然也有起阻遏和激活作用或兼有两种作用者的调控蛋白,但总体以激活蛋白为主。多数真核基因在没有调控蛋白作用时是不转录的,需要表达时就要有激活的蛋白质来促进转录。

三、基因表达在翻译水平受到调控

翻译水平的调控一般发生在起始和终止阶段。翻译起始的调节主要靠调节分子,调节分子可直接或间接决定翻译起始位点能否为核糖体所利用。调节分子可以是蛋白质,也可以是 RNA。

（一）原核生物翻译水平的调节

原核生物翻译水平调节包括自我控制和反义控制两种方式。①自我控制。调节蛋白结合自身 mRNA 靶位点,阻止核糖体识别翻译起始区,从而阻断自身 mRNA 的翻译,这种调节方式称自我控制（autogenous control）。②反义控制。有一种反义 RNA（antisense RNA）,其序列可与 mRNA 起始密码子区域互补,反义 RNA 与 mRNA 杂交后,mRNA 不能以其起始密码子上游的 SD 序列与 30S 核糖体小亚单位的 mRNA 结合部位序列配对结合,因而不能形成 30S 起始复合体而使翻译的起始受阻,这种机制称反义控制（antisense control）。此外,还有些反义 RNA 直接作用于其靶 mRNA 的编码区,引起翻译的直接抑制,或是在转录水平上影响基因的表达等。迄今已在原核生物中发现 10 多种天然存在的反义 RNA。

（二）真核生物翻译水平的调节

真核生物翻译水平调节点主要在起始阶段和延长阶段,尤其是起始阶段。如起始因子活性的调节、Met-tRNA^{fMet} 与小亚基结合的调节、mRNA 与小亚基结合的调节等。蛋白质合成速率的快速变化很大程度上取决于起始水平,通过磷酸化调节起始因子活性对起始阶段有重要的控制作用。以网织红细胞合成血红蛋白（Hb）为例,血红蛋白分子由 4 个珠蛋白多肽和 1 个血红素（heme）辅基组成,细胞通过血红素调控抑制物（heme-controlled inhibitor,HCI）的蛋白激酶在翻译起始阶段进行调控,使珠蛋白多肽的合成与血红素相匹配:当没有血红素时,HCI 是活化的,活化的 HCI 具有蛋白激酶活性,能催化翻译起始因子 eIF2 的磷酸化,磷酸化的 eIF2 是失活的,不能与甲硫氨酰（tRNA^{Met}-tRNA^{fMet}）及 GTP 形成翻译起始复合体,因此,细胞内编码珠蛋白的 mRNA 的翻译被抑制;只有当有血红素存在时,编码珠蛋白的 mRNA 的翻译才会进行。

（三）泛素-蛋白酶体参与调控

真核细胞内的蛋白质的降解涉及溶酶体途径和泛素-蛋白酶体途径。溶酶体途径负责细胞内膜相关蛋白和某些在应激状态下产生的蛋白质,以及那些通过内吞过程从胞外摄取的蛋白质等的降解。而泛素-蛋白酶体途径（ubiquitin-proteasome pathway,UPP）则是高选择性地降解那些细胞在应激和非应激条件下产生的蛋白质,对维持细胞正常生理功能具有十分重要的意义,参与调节细胞周期进程、细胞器的发生、细胞凋亡、细胞增殖和分化调节、内质网蛋白质的质控、蛋白转运、炎症反应、抗原呈递和 DNA 修复,以及细胞对逆境的反应等。泛素-蛋白酶体系统的底物包括:受氧化损伤、突变、错误折叠或错误定位的蛋白质。细胞内蛋白质泛素化是蛋白质重要的转录后修饰方式之一。

泛素含有 76 个氨基酸残基,泛素链与蛋白底物的结合形成被蛋白酶体降解的识别信号。泛素还含有多个赖氨酸残基,可作为分子内部受体,与其他泛素分子 C 末端的甘氨酸结合,形成一条长链。被贴上标签的蛋白质就会被运送到细胞内蛋白酶体被降解。

蛋白酶体（proteasome）是由 2 个 19S 和 1 个 20S 亚单位组成的蛋白酶复合体,19S 为调节亚单位,能识别多聚泛素化蛋白并使其去折叠。19S 亚单位上还具有一种去泛素化的同功肽酶。20S 为催化亚单位,位于两个 19S 亚单位的中间,其活性部位处于结构的内表面,可避免细胞环境的影响。蛋白酶体是 ATP 依赖的蛋白水解酶复合体。

细胞表面受体和配体结合引起的受体磷酸化与受体的泛素化降解过程密切相关,许多细胞周期调节蛋白的泛素化受其自身磷酸化的调节。泛素化是一个可逆的过程,脱泛素酶能够水解泛素和蛋白质间的硫酯键。最近发现,泛素化底物及其随后的降解过程贯穿于整个细胞的细胞膜系统,从细胞膜、内质网到核膜等。

四、其他几种重要的调控机制

（一）DNA 重排是基因表达调控的一种方式

DNA 重排主要是根据 DNA 片段在基因组中位置的变化而改变基因的活性。真核 DNA 重排调节转录最熟知的两个例子是酵母交配型的控制和抗体基因的重排。而在原核生物中也有通过 DNA 交替的重排来调节转录,最著名的例子就是 Mu 噬菌体的重排以及沙门菌的相转变。

在沙门菌的鞭毛合成过程中,通过启动子方向的改变来调节不同鞭毛蛋白的合成。细菌通过摆动其鞭毛来运动,许多沙门菌因具有 2 个非等位基因控制鞭毛蛋白而出现两相性。同一菌落既可以表达为 H1 型(细菌处于 1 相),也可以表达为 H2 型(细菌处于 2 相)。在细菌的分裂中有 1/1 000 的概率会出现由一相转变为另一相,称为相转变(phase variation)。负责合成两种鞭毛的基因位于不同的染色体座位。H2 基因与 rh1 基因紧密连锁,rh1 基因编码 H1 阻遏物,这两个基因协调表达。处于 2 相时,在 H2 基因表达的同时,阻遏物基因也得到表达且阻止了 H1 基因的合成;在 1 相时,H2 基因和 rh1 基因都不表达,H1 基因表达。

在该调控途径中,细菌的相取决于 H2-rh1 转录单位是否具有活性。这个转录单位的活性是由与它相邻接的一个 DNA 片段来控制的,此片段长 995bp,两端是长 14bp 的反向重复顺序(TRL 和 TRR)。H2 的起始密码子在反向重复顺序 TRR 右侧。含有 him 基因的 DNA 片段在 TRL 和 TRR 之间,其产物 Him 蛋白通过反向重复顺序之间的交互重组来介导整个片段的倒位。H2-rh1 转录单位的启动子位于倒位片段之中,启动和转录单位方向相同时,转录在启动子处起始,通过 H2-rh1 导致 2 相的表达。当 him 片段倒位时启动子和转录单位方向不同,转录单位不能表达,从而导致了 1 相表达。

（二）微小 RNA 参与基因调节机制

微小 RNA（microRNA,miRNA）是一种小的内源性非编码 RNA 分子,由 21~25 个核苷酸组成。这些小的 miRNA 通常靶向一个或者多个 mRNA,通过翻译水平的抑制或断裂靶标 mRNAs 而调节基因的表达。miRNA 对真核细胞的基因表达、细胞发育分化和个体发育等多方面起调控作用。

miRNA 基因由 RNA pol II 或 RNA pol III 在细胞核内转录成初级转录物 pri-miRNA,后经 Drosha 酶剪切形成约 70nt 的 miRNA 前体 pre-miRNA,在核输出蛋白-5（exportin-5）的作用下转移至细胞质中,最后在 Dicer 酶作用下产生成熟的 miRNA。成熟的 miRNA 与 RNA 诱导沉默复合物（RISC）结合,通过与靶 mRNA 的特定序列互补或不完全互补结合,诱导靶 mRNA 剪切或者阻止其翻译。如果 miRNA 与靶位点完全互补(或者几乎完全互补),那么这些 miRNA 的结合往往引起靶 mRNA 的剪切;如果仅有部分互补,则引起靶 mRNA 的翻译抑制。

（三）长链非编码 RNA 参与基因表达的调控

长链非编码 RNA（long non-coding RNA,lncRNA）是一类转录本长度超过 200 个核苷酸的 RNA 分子,一般不直接参与基因编码和蛋白质合成。

但是在分子水平上,lncRNA 通过结合参与转录和转录后调控的 DNA、RNA 和蛋白质,发挥基因表达调控功能。在靶基因的转录调控过程中,lncRNA 通过充当“支架”（scaffold）抑制或激活基因。lncRNA 还可以作为基因转录的增强子发挥基因增强作用。此外,lncRNA 通过改变 mRNA 的剪接调节转录。在转录后水平,lncRNA 通过影响 mRNA 的稳定性及在翻译过程中与核糖体或 mRNA 结合来调节翻译。lncRNA 也可作为 miRNA 海绵发挥作用,通过间接抑制 miRNA,靶向调节 mRNA 的表达水平。因此,lncRNA 通过多种机制参与基因表达的调控。

五、基因信息表达调控在医学应用中的重要意义

基因表达是多步骤、多环节的过程,其稳定性和准确性受到机体严格调控,同时也受外部环境因素的影响。临床上应用某些药物,如一些抗菌药、抗代谢药和生物活性物质等,就是通过补充外源性物质来调控基因表达,使病原体或肿瘤细胞的基因信息传递过程被阻断,或代谢过程被抑制,达到治

疗疾病的目的。

（一）抗菌药可以作用于基因信息传递的多个环节

抗菌药是一类能够杀灭或抑制细菌的药物，它能在多环节、多水平上抑制原核细胞的基因传递过程，或是干扰其物质代谢。许多抗菌药是细胞内蛋白质合成的直接抑制剂和阻断剂。它们可作用于蛋白质合成的各个环节：如链霉素、卡那霉素、新霉素等氨基糖苷类抗菌药与原核生物核糖体小亚基结合，改变其构象，抑制起始复合物形成；链霉素和卡那霉素还可以使氨酰-tRNA 与 mRNA 错配；四环素、土霉素和氯霉素可抑制氨酰-tRNA 进入核糖体的 A 位，阻滞肽链的延伸；链霉素等氨基糖苷类抗菌药、四环素和土霉素等能阻碍终止因子与核糖体结合，使已合成的多肽链无法释放。利福平可与原核细胞 RNA 聚合酶核心酶的 β 亚基结合，使核心酶不能和起始因子 σ 结合，从而抑制 RNA 聚合酶的活性，阻断转录的起始，常作为临床抗结核病的治疗药物。丝裂霉素、放线菌素、博来霉素、柔红霉素等抗菌药可以破坏 DNA 分子结构，或与 DNA 结合成复合物，从而影响 DNA 的模板功能，抑制复制和转录，常用作抗肿瘤药物。

（二）抗代谢药可以阻断 DNA 复制

核苷酸的抗代谢物主要有 6-巯基嘌呤（6-MP）、氟尿嘧啶（5-FU）、氮杂丝氨酸、甲氨蝶呤等。6-MP 的结构和次黄嘌呤类似，可阻止次黄嘌呤生成 AMP 和 GMP，从而抑制核酸的合成。5-FU 的结构和胸腺嘧啶类似，可阻止 dNTP 的生成，从而抑制 DNA 复制。这些阻断剂常作为临床抗肿瘤的化疗药物。

（三）某些生物活性物质可以影响遗传信息表达

干扰素是真核细胞感染病毒后合成和分泌的一种有抗病毒作用的小分子蛋白质，可分为 α-干扰素（白细胞型）、β-干扰素（成纤维细胞型）、γ-干扰素（淋巴细胞型）。干扰素结合到未感染病毒的细胞膜上，可诱导这些细胞产生寡核苷酸内切酶（RNaseL），使病毒 RNA 被降解；干扰素和双链 RNA（RNA 病毒）存在时可激活蛋白激酶，蛋白激酶使蛋白质合成的起始因子 eIF2 磷酸化而失活，从而抑制了病毒蛋白质的生物合成。由于干扰素具有很强的抗病毒作用，因此在医学上有重大的应用价值，但组织中含量很少，难以从生物材料中大量分离干扰素。现在已经应用基因工程合成干扰素以满足研究与临床应用的需要。

由白喉杆菌所产生的白喉毒素是真核细胞蛋白质合成抑制剂。白喉毒素实际上是寄生于白喉杆菌体内的溶源性噬菌体 β 基因编码的由白喉杆菌转运分泌出来的，进入组织细胞内，对真核生物的延长因子-2（eEF-2）起共价修饰作用，生成 eEF-2 腺苷二磷酸核糖衍生物，从而使 eEF-2 失活，它的催化效率很高，只需微量就能有效地抑制细胞整个蛋白质合成，从而导致细胞死亡。

（四）泛素-蛋白酶体通路异常与多种生理及病理过程密切相关

泛素-蛋白酶体通路（UPP）是细胞内蛋白质降解的多组分系统，它参与细胞的生长、分化，DNA 复制与修复，细胞代谢、免疫反应等重要生理生化过程。在细胞内，绝大多数蛋白质都是通过 UPP 分解的。UPP 主要起两方面的作用：一是通过分解异常或损伤的蛋白质以维持细胞的质量；二是通过分解特定功能的蛋白质来控制细胞的基本生命活动；两者最终保障组织和器官功能的正常发挥。整个 UPP 涉及诸多控制节点，当这些控制节点都处于正常状态时，细胞内各种蛋白质的分解以保证机体各项功能高效发挥，始终维持在一个动态的平衡状态之中。

泛素-蛋白酶体系统功能紊乱（简称 UPP 功能紊乱）是指该动态平衡被打破。UPP 功能紊乱在人类许多疾病的发病过程中扮演着重要作用，根据其机制主要分为 2 类：第 1 类是 UPP 系统的酶突变导致这些底物不能正常降解；第 2 类是加速降解某些蛋白。在常见的帕金森病以及亨廷顿病的发病过程中，都受 UPP 因素影响；而宫颈癌等癌症，以及动脉粥样硬化、肥厚型心肌病等临床病理改变和疾病，已经探明了 UPP 发生异常的具体靶点。

（五）非编码 RNA 参与多种生理及病理过程

lncRNA 可作为基因表达的调节因子，因此，lncRNA 可以在多种生理过程中发挥调节作用（图

2-9-20）。例如，有研究表明 lncRNA 在软骨发育、退变及再生过程中发挥重要作用。lncRNA 还可以在包括癌症在内的多种疾病中发挥关键作用。某些 lncRNA 的低水平表达会上调 NF-κB 信号通路，并且与乳腺癌的预后不良相关。也有研究表明，细胞损伤诱导表达的 LncRNA 可以调节 p53 的功能，引起细胞周期的停滞或细胞凋亡。

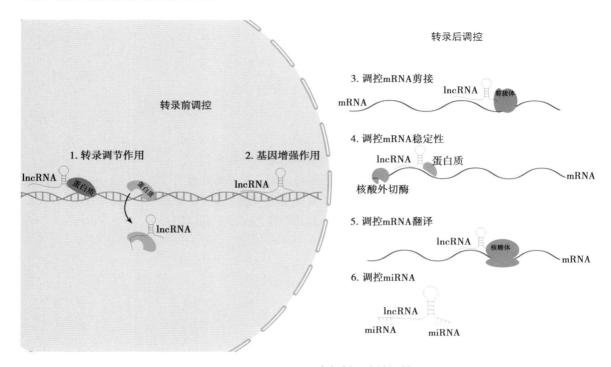

图 2-9-20　lncRNA 参与基因表达调控

　　miRNA 在中枢神经系统，自然杀伤细胞的发育、分化及功能调控中发挥作用。此外，miRNA 在多种癌症中异常表达，如 miR-15a 在 B 细胞慢性淋巴细胞白血病中低表达；miR-17-92 在包括淋巴瘤、肺癌等癌症中高表达。在癌症中，这些低水平或高水平的 miRNA 可以影响细胞周期、细胞凋亡、血管生成、药物敏感性以及肿瘤的侵袭与转移。所以 miRNA 被认为可以作为疾病的诊断工具，或是癌症的治疗工具。

 ## 小结

　　基因是遗传物质的最小功能单位。基因通过复制、转录、表达，完成生命繁衍、细胞分裂和蛋白质合成等重要生理过程。转录是遗传信息由 DNA 转换到 RNA 的过程，作为蛋白质生物合成的第一步，是 mRNA 以及非编码 RNA（tRNA、rRNA 等）的合成步骤。RNA 聚合酶是转录关键酶，转录过程可分起始、延长和终止三个阶段。

　　翻译是 mRNA 指导蛋白质合成的过程，将核酸中由 4 种核苷酸序列编码的遗传信息通过遗传密码破译的方式解读为蛋白质一级结构中 20 种氨基酸的排列顺序。核糖体是多肽链合成的场所。核糖体大、小亚基上有许多参与蛋白质生物合成的酶和蛋白质因子。mRNA 是合成蛋白质的直接模板。tRNA 是活化和转运氨基酸的工具，能与专一的氨基酸结合并识别 mRNA 分子上的密码，除外还需要氨酰-tRNA 合成酶、转肽酶和其他因子的参与。蛋白质生物合成可分为氨基酸的活化、多肽链合成的起始、肽链的延长、肽链的终止和释放、蛋白质合成后的加工修饰等阶段。从核糖体 mRNA 链释放的新生多肽链，必须经过化学修饰及加工处理，使其在一级结构的基础上进一步盘曲、折叠以及亚基之间的结合，形成具有天然构象和生物学活性的功能蛋白。

　　基因表达是指在一定的调控机制下,基因经过激活、转录和翻译等过程产生具有生物学功能的蛋白质分子。基因表达具有严格的时间性和空间性,其方式有组成性表达和适应性表达之分。基因表达调控是多环节、多步骤的过程,其中转录起始是基因表达的基本控制点。原核细胞翻译水平的调节包括自我控制和反义控制,真核细胞翻译水平调节与起始因子磷酸化密切相关。真核细胞内泛素-蛋白酶体途径可以高选择性地降解那些细胞在应激和非应激条件下产生的蛋白质,是蛋白质重要的翻译后修饰方式之一。

(郑　红)

思考题

1. 不同水平的基因表达调控及对生物体的意义是什么?
2. 中心法则对细胞内遗传信息传递的再认识及价值是什么?
3. 如何理解遗传的相对稳定性和变异的生物学意义及分子基础?
4. 举例说明细胞内遗传信息的传递及其调控在医学上的应用。

第三篇
细胞的重要生命活动

第十章
细胞周期与细胞分裂

【学习要点】

1. 细胞周期的概念及其进程。

2. 有丝分裂的特征。

3. 减数分裂的特征。

4. cyclin-CDK 对细胞周期的调控。

5. 细胞周期检查点对细胞周期的负性调控。

6. 细胞周期与肿瘤发生。

地球上所有的生物,从单细胞到哺乳动物细胞,均是通过重复的细胞生长和分裂来维持生存和保持物种的延续。一个细胞经过一系列生化事件,复制其组分,然后一分为二,形成两个子代细胞,通常将细胞从上次分裂结束到下次分裂终了所经历的过程称为细胞周期(cell cycle)。

细胞分裂(cell division)是指一个亲代细胞一分为二、形成两个子代细胞的过程,是细胞生命活动的重要特征之一。

细胞分裂与生物新个体的产生、种族的繁衍密切相关。对于单细胞生物,如细菌、酵母等,细胞分裂直接导致单细胞个体数量增加,是个体繁殖的重要方式。在多细胞生物中,细胞分裂是生物个体形成及组织生长的基础。一个受精卵细胞最终发育成新个体,需要经历长期、复杂的细胞分裂过程,而与受精卵形成相关的生殖细胞也是细胞多次分裂的结果。通过细胞分裂,遗传物质可在亲代与子代细胞间传递,保证了生物遗传的稳定性。细胞分裂在生物体正常组织结构的维持和更新中也起重要的作用。成体动物的皮肤、骨髓、肠上皮等器官和组织中,分布着一些具有不断分裂能力的原始细胞,如位于表皮基底层、毛囊隆突区、骨髓和肠隐窝等的干细胞,其分裂产生的新生细胞能不断地替代那些因衰老而死亡的细胞,使组织、器官的细胞数量得以维持恒定,细胞组成也得到了更新。此外,动物机体的创伤修复和组织再生等活动都存在活跃的细胞分裂。

在细胞周期中,细胞内发生着一系列生化反应,细胞形态及结构也经历着复杂的动态变化,这一切是在机体内外多种因素的共同调控下,有规律、协调地进行的。真核细胞在长期进化中,形成了一套由多种蛋白构成的"细胞周期调控体系"复杂精细网络,控制着细胞周期进程。如果某些细胞自身或环境因素改变,正常的细胞周期调控体系受到阻碍,这可能是某些疾病发生的原因或表现之一。

第一节 细胞周期及其进程

细胞周期具有高度精准的特性,包括周期事件发生的严格时序性、遗传物质复制的精准性和遗传物质分配的均等性。

一、细胞周期的进程

细胞周期的进程分为有丝分裂期(mitotic phase,M)和间期(interphase)两个阶段。在 M 期,细胞形态发生显著变化,如染色体凝集、核膜崩裂、纺锤体出现、细胞一分为二等。间期为两次有丝分裂之间的时期,此期细胞在形态结构上无明显变化,但内部却进行着活跃的蛋白质和核酸等物质的合成,以及遗传物质DNA的复制。经过分裂期产生的新细胞在间期开始生长,并为细胞进入下一个M期做物质上的准备。根据DNA合成的情况,间期分为三个时期,即G_1期(Gap1)、S期(DNA synthesis)和G_2期(Gap2)。G_1期为DNA合成前期,处于S期与上次M期之间,DNA复制所需的多种酶与蛋白质即在该期合成;S期为合成期,进行DNA复制;G_2期为DNA合成后期,是S期与下次M期之间的一个时期,该期发生的生化变化为S期向M期的转变提供条件(图3-10-1)。

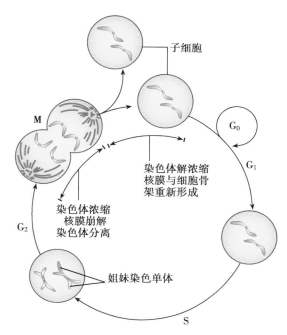

图3-10-1　细胞周期进程示意图

细胞周期普遍存在于高等生物中,持续时间为12~32h,但因物种或组织的差异,时间范围可呈现较大的变化,从数小时到数年不等。因M期所需的时间较短,常为30~60min,因此,间期,尤其是G_1期,是影响细胞周期时间的关键阶段(表3-10-1)。G_1期的时间长度与G_1期细胞中某些特殊的mRNA和蛋白质的积累相关。此外,激素、生长因子、温度等环境因素也能影响细胞周期的时长。

表3-10-1　哺乳动物细胞周期的时间　　　　　　　　　　　　　　(单位:小时)

细胞类型	T_C	T_{G1}	T_S	T_{G2+M}
人				
结肠上皮细胞	25.0	9.0	14.0	2.0
直肠上皮细胞	48.0	33.0	10.0	5.0
胃上皮细胞	24.0	9.0	12.0	3.0
骨髓细胞	18.0	2.0	12.0	4.0
大鼠				
十二指肠隐窝细胞	10.4	2.2	7	1.2
内釉上皮细胞	27.3	16.0	8.0	3.3
淋巴细胞	12.0	3.0	8.0	1.0
肝细胞	47.5	28.0	16.0	3.5
精原细胞	60.0	18.0	24.5	15.5+2.0
小鼠				
小肠隐窝上皮细胞	13.1	4.6	6.9	1.0+0.7
十二指肠上皮细胞	10.3	1.3	7.5	1.5
结肠上皮细胞	19.0	9.0	8.0	2.0
皮肤上皮细胞	101.0	87.0	11.82	2.18
乳腺上皮细胞	64.0	37.7	21.7	3+1.6

不同的真核细胞在细胞周期中的细胞分裂行为存在差异,由此可将其分为三类。①增殖型细胞:指细胞周期中能连续分裂的细胞,这类细胞的分裂维持着组织的更新,如上皮基底层细胞、部分骨髓

细胞、生殖细胞(卵母细胞、精原细胞)等。②暂不增殖型细胞:指高等生物中的肝、肾等器官的实质细胞,在一般情况下不进行 DNA 复制和细胞分裂,处于静息阶段,但受到一定的刺激后,即可进入细胞周期,开始分裂,此类细胞又称为 G_0 细胞。暂不增殖型细胞对于生物组织的再生、创伤的愈合、免疫反应等有重要意义。③不增殖型细胞:指一类结构和功能都高度特化的,直至死亡都不再分裂的细胞,如神经细胞、肌肉细胞、成熟的红细胞等。

二、细胞周期各时期的主要变化

细胞周期中各期主要动态变化围绕 DNA 复制和细胞分裂展开。

(一) G_1 期是 DNA 复制的准备期

G_1 期细胞主要特点是进行活跃的 RNA 和蛋白质合成,细胞迅速增长,体积显著增大。RNA 聚合酶活性升高,催化 rRNA、tRNA、mRNA 不断地产生,蛋白质含量也由此增加。G_1 期合成的蛋白质有些是 S 期 DNA 复制起始与延伸所需的酶,如 DNA 聚合酶,另一些则在 G_1 期向 S 期转化过程中起重要作用,如:触发蛋白、钙调蛋白、细胞周期蛋白、抑素等。G_1 期另一个较为突出的特点是可发生多种蛋白质的磷酸化,如组蛋白、非组蛋白和某些蛋白激酶等的磷酸化。组蛋白 H1(histone H1)分子的磷酸化发生于其分子—COOH 末端的丝氨酸上,随着细胞周期的进程,磷酸化的 H1 分子逐渐增多,由此可促进 G_1 晚期染色体结构成分的重排。G_1 期蛋白激酶的磷酸化大多发生于其丝氨酸、苏氨酸或酪氨酸位点。

G_1 期细胞膜对物质的转运作用加强,细胞对氨基酸、核苷酸、葡萄糖等小分子营养物质摄入量增加,为 G_1 期中进行的大量生化合成反应提供了充足原料。

G_1 期在推动整个细胞周期演进中发挥重要的始发作用。细胞周期的起始依赖于细胞外生长和分裂的信号刺激,如细胞生长因子,当物质合成与准备充足时,细胞将在触发蛋白的帮助下通过 G_1 晚期一个特定的时相位点,该位点称为限制点(restriction point,R 点)。细胞一旦通过 R 点,便能完成以后的细胞周期进程。而触发蛋白是一种 G_1 期转向 S 期进程中所必需的、专一性蛋白,又称为不稳定蛋白(unstable protein),简称 U 蛋白。只有当 G_1 期细胞中 U 蛋白含量积累到一定程度,细胞周期才能朝 DNA 合成方向进行。处于暂不增殖状态的 G_0 期细胞,可能与 U 蛋白缺乏有关。

(二) 在 S 期 DNA 完成复制

S 期细胞主要的特征是进行大量的 DNA 复制,同时合成组蛋白和非组蛋白,完成 DNA 的合成到染色质的组装过程。

DNA 复制是在多种酶的参与下完成的。细胞由 G_1 期进入 S 期时,DNA 合成所需的酶含量或活性显著增高,如 DNA 聚合酶、DNA 连接酶、胸腺嘧啶核苷激酶、核苷酸还原酶等。通常,早复制的多为 GC 含量较高的 DNA 序列,而晚复制的 DNA 序列 AT 含量较高。常染色质的复制在先,异染色质的复制在后,如人类女性细胞中钝化的 X 染色体复制发生于其他染色体复制完成以后。

S 期是组蛋白合成的主要时期,在时间上组蛋白的合成与 DNA 复制是同步进行、相互依存的。伴随着 DNA 的复制,胞质中新合成的组蛋白迅速通过核孔复合体进入胞核,与已复制的 DNA 结合,组装成核小体,进而形成染色体。

组蛋白持续的磷酸化也发生于 S 期,继 G_1 期进行其丝氨酸磷酸化后,在 S 期,H1 上另外两个丝氨酸位点也将发生磷酸化。而 H2A 的磷酸化则贯穿于整个细胞周期。

中心粒的复制完成于 S 期。首先是相互垂直的一对中心粒彼此分离,然后各自在其垂直方向形成一个子中心粒,所形成的两对中心粒将作为微管组织中心,随着细胞周期进程的延续,在纺锤体微管、星体微管等形成中发挥作用。

(三) G_2 期为细胞分裂准备期

G_2 期合成的某些特定蛋白质为细胞向 M 期转化所必需的。主要形态特征是染色质进行性地凝聚或螺旋化,同时细胞中大量合成 RNA、ATP 和一些与 M 期结构功能相关的蛋白质,如微管蛋白的合

NOTES

成在该期达到高峰,这为 M 期纺锤体的构建提供了丰富的微管来源。此外,对核膜崩裂、染色体凝集有重要作用的成熟促进因子也在 G₂ 期合成。在 G₂ 期,S 期已复制的中心粒此时体积逐渐增大,开始分离并迁移到细胞两极。

（四）M 期细胞完成分裂

此期细胞形态、结构发生显著的改变,包括染色体凝集及分离,核膜、核仁解体及重建,纺锤体、收缩环在胞质形成,细胞核发生分裂,形成两个子核,胞质一分为二,细胞分裂完成。M 期细胞膜也发生显著变化,细胞由此变圆,根据这一特点,可进行细胞同步化筛选。

在生化合成方面,可能因染色质凝集成染色体降低了其模板活性,该期细胞中 RNA 合成处于抑制状态,除了非组蛋白外,细胞中蛋白质合成显著降低。

第二节　细 胞 分 裂

真核细胞分裂的方式包括有丝分裂（mitosis）、减数分裂（meiosis）和无丝分裂（amitosis）。

一、有丝分裂

有丝分裂也称间接分裂（indirect division）,是高等真核生物体细胞分裂的主要方式。在有丝分裂过程中,当细胞核发生一系列复杂的变化（DNA 复制、染色体组装等）后,细胞通过形成有丝分裂器,将遗传物质平均分配到两个子细胞中,从而保证了细胞的遗传稳定性。

根据分裂细胞形态和结构的变化,有丝分裂连续的动态变化过程可划分为前期、前中期、中期、后期、末期和胞质分裂 6 个时期（图 3-10-2）。

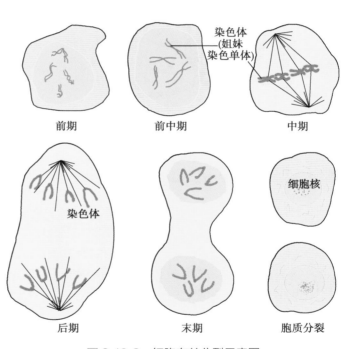

图 3-10-2　细胞有丝分裂示意图

（一）前期

前期（prophase）的主要特征是:染色质凝集、分裂极确定、核仁缩小并解体。在染色质凝集过程中,因染色质上的核仁组织中心组装到了其所属染色体中,导致 rRNA 合成停止,核仁逐渐分解,并最终消失。

1. 染色体的凝集与凝缩蛋白　前期初已复制的染色质纤维开始螺旋化,逐渐凝集成具有棒状或杆状的染色体,原来在多个位点结合在一起的两条姐妹染色单体的臂彼此分离,仅在着丝粒处相连。与染色体凝集相关的凝缩蛋白（condensin）是由 5 种蛋白质亚基组成的复合体,包括 2 种染色体结构维持蛋白（structural maintenance of chromosome protein,Smc）（Smc2、Smc4）和 3 种非 Smc 蛋白（CAP-H、CAP-G 和 CAP-D2）。Smc 分子呈卷曲螺旋结构,头部末端含 ATP 酶活性结构域,凝缩蛋白复合体中的一个 Smc 分子穿越 DNA 螺旋结构,与另一个 Smc 分子尾尾相连,形成 V 形二聚体,3 种非 Smc 蛋白将两个 Smc 分子头部连接在一起,从而形成一种环状结构。体外实验已证实,凝缩蛋白复合体在 DNA 分子螺旋间形成的环状结构,可通过水解 ATP 释放的能量,促使 DNA 分子盘绕、卷曲、改变 DNA 分子螺旋化程度,进而促进染色体进一步压缩。凝缩蛋白磷酸化后,其对 DNA 分子的卷曲、盘绕活性将增强,而 DNA 分子螺旋化程度对于染色体凝集有重要的作用(图 3-10-3)。

黏连蛋白(cohesin)是由 Smc1、Smc3 与 2 种非 Smc 蛋白 Scc1、Scc3 组成的蛋白质复合体,其结构与凝缩蛋白相似,通过在姐妹染色单体间多处环绕,黏连蛋白可使两条姐妹染色单体纵向结合在一起。随着细胞分裂进入前期,除着丝粒处外,与姐妹染色单体其他部位结合的黏连蛋白均逐渐脱离,致使姐妹染色单体的两臂分开,仅在着丝粒处相连(图 3-10-4)。所以凝缩蛋白介导分子内部的交联(intra-molecular crosslinker),完成染色体的凝集;黏连蛋白介导分子间的交联(inter-molecular crosslinker),完成姐妹染色单体的组装。

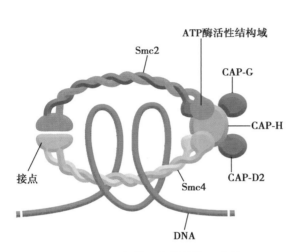

图 3-10-3   凝缩蛋白的结构示意图
由 Smc2、Smc4 与 CAP-H、CAP-G 和 CAP-D2 构成的凝缩蛋白复合体在 DNA 分子螺旋间形成环状结构。

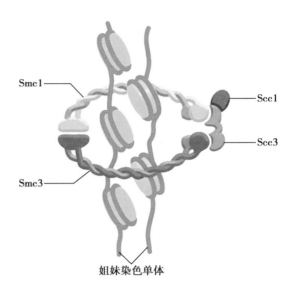

图 3-10-4   黏连蛋白的结构示意图
由 Smc1、Smc3 与 Scc1、Scc3 组成的黏连蛋白环绕在染色体外围,使两条姐妹染色单体纵向结合在一起。

2. 分裂极确定与马达蛋白   在前期,伴随着染色质的凝集,分布于细胞同一侧的两个中心体开始沿核膜外围分别向细胞两极移动,它们最后所到达的位置将决定细胞分裂极。中心体是动物细胞特有的、与细胞分裂和染色体分离相关的细胞器,由一对中心粒及其周围物质所构成,这些周围物质包括了多种与中心体结构和功能相关的蛋白质成分,如微管蛋白、微管结合蛋白和马达蛋白等。中心体是细胞的微管组织中心之一,其周围放射状分布着大量微管,它们与中心体一起被合称为星体。

中心体的极向移动需要多种马达蛋白的参与,其中,存在于星体微管正端的动力蛋白在中心体的早期分离中起着重要作用。这些蛋白被锚定在细胞皮质或细胞核核膜处,当其沿着星体微管向负端移动时,将牵引中心体彼此分离,移向细胞两极。两个中心体的进一步分离,还涉及驱动蛋白-5(kinesin-5)的作用,通过与极间微管反向平行的重叠末端交联并向正端移动,驱动蛋白-5 可将两个中心体分别推向细胞两极(图 3-10-5)。

(二)前中期

前中期(prometaphase)的主要特征是:核膜崩裂,纺锤体形成,染色体向赤道面运动。在细胞进入前期末时,染色体凝集程度增高,变得更粗、更短,与同一条染色体相连的两动粒微管长短不等,纺锤体赤道面直径较宽,两极距离相对较短,染色体在细胞中分布杂乱、无规律。随着动粒微管正端不断聚合与解聚,受其牵引,染色体发生剧烈振荡、摇摆,逐渐移向细胞中央的赤道面,即染色体列队(chromosome alignment)或染色体中板聚合(chromosome congression)。

1. 核膜崩裂与蛋白质磷酸化   前中期核膜崩裂是一个复杂、多步骤的过程,首先是核孔复合体的某些蛋白质亚单位发生磷酸化,致使核孔复合体解聚,并与核膜分离。随后内核膜及其邻近的核纤层的部分蛋白质也被磷酸化,核纤层纤维网状结构由此解体,核膜崩裂,形成许多断片和小膜泡,分散

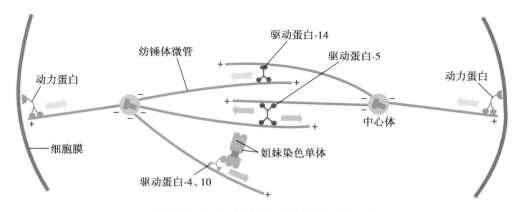

图 3-10-5　马达蛋白与中心体的极限运动

动力蛋白沿着星体微管向负端移动,将牵引中心体彼此分离并移向细胞两极。驱动蛋白-5 通过
与极间微管反向平行的重叠末端交联,可将两个中心体分别推向细胞两极。

于胞质中。蛋白质磷酸化主要由 CDK1 和蛋白激酶 C(protein kinase C,PKC)催化完成。核膜崩裂形成的这些小膜泡与内质网膜泡形态相似,在核膜重建时,这些小膜泡是参与新核膜形成的组分之一。近年来还发现在某些动物的体细胞中,核膜解聚后可直接被内质网所吸收,参与到由内质网断片所组成的网络中(图 3-10-6)。

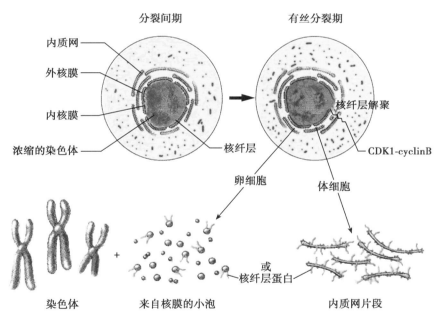

图 3-10-6　前中期核膜的变化

核膜崩裂后可直接形成小膜泡或与内质网断片融合。

2. 纺锤体的形成过程及其机制　纺锤体(spindle)是一种出现于前期末,对细胞分裂和染色体分离有重要作用的临时性细胞器,呈纺锤样,具有双极性,由纵向排列的微管及其相关蛋白组成,包括星体微管(astral microtubule)、动粒微管(kinetochore microtubule)和极间微管(interpolar microtubule)(图 3-10-7)。星体微管排列于中心体周围,在中心体向细胞两极的移动中起作用。动粒微管由纺锤体一极发出,末端附着于染色体动粒上。极间微管为一些来自纺锤体两极,彼此在纺锤体赤道面重叠、交叉的微管,也称为重叠微管。极间微管间通过侧面相连,可从纺锤体的一极通向另一极。三类纺锤体微管的负端均朝向中心体,正端则远离中心体。

双极性纺锤体的组装始于有丝分裂前期,最终形成在前中期末,其间,星体微管起着主导作用。

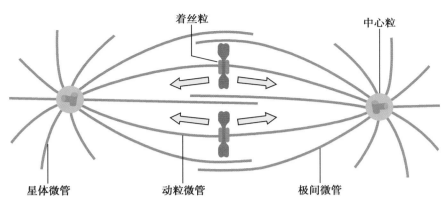

图 3-10-7   纺锤体结构示意图

随着核膜崩裂,星体微管一方面逐渐向细胞中心原细胞核所在的部位侵入,另一方面连接到染色体动粒上或彼此重叠、交叉,构成其他类型的纺锤体微管。已经知道,动物细胞的染色体动粒内部通常含有 10~40 个微管附着点(酵母细胞仅有 1 个),动粒微管的正端埋藏于其中。每一微管附着点都含有一个蛋白质环,围绕在靠近微管正端的部位,可使微管紧紧地与动粒连在一起,同时也不影响微管蛋白在该微管正端末的聚合或解聚(图 3-10-8)。

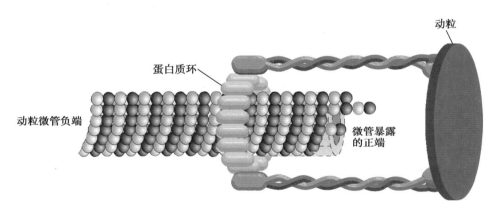

图 3-10-8   染色体动粒中的微管附着点
染色体动粒内部存在微管附着点,动粒微管的正端埋藏于其中。每一微管附着点都含有一个蛋白质环,围绕在靠近微管正端的部位。

细胞运用一种"搜索与捕获"机制,来完成纺锤体微管对染色体的附着。首先,由纺锤体一极的中心体放射性发出的一根星体微管的正端不断发生变化,最终其侧面与染色体的一个姐妹染色单体的动粒相连,将其捕获,动粒微管形成。其次,染色体将沿着该微管向中心体滑动,在这一过程中,纺锤体微管对染色体动粒的连接方式由侧面附着转换为末端附着。最后,纺锤体的其他微管可以不同的方式结合于染色体动粒上,其中正确的结合方式是来自纺锤体相反极的微管结合于染色体另一姐妹染色单体的动粒上,其结果是实现了纺锤体双极对染色体的稳定附着(图 3-10-9)。错误的结合方式包括来自同一极的微管同时结合于染色体的两个动粒上或来自两极的微管均与同一动粒结合,其结果使得纺锤体微管对动粒的附着高度不稳定,不能持续存在。纺锤体和与之结合的染色体共同构成有丝分裂器(mitotic apparatus)。

纺锤体的组装也受到染色体存在的影响,染色体可与中心体协同作用,促进纺锤体的形成。当人为地改变染色体的位置后,重新定位的染色体周围会迅速出现大量新生的微管,而染色体原来所在处的微管则发生解聚。中心体的作用是作为微管组织中心,提供微管聚合形成的一个出发点,中心体在纺锤体组装的功能并不是必需的,因此一些高等的植物细胞和许多动物的卵细胞在无中心体的情况

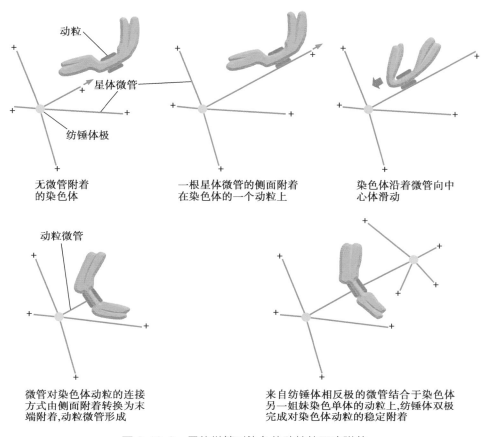

图 3-10-9　星体微管对染色体动粒的正确附着

下,仍能形成纺锤体,这主要就是依靠染色体对纺锤体的组装能力。不过,这种无中心体参与的纺锤体虽然能让染色体发生正常的分离,但是由于缺乏星体微管的指导,这些纺锤体在细胞中常发生定位错误,结果将导致胞质分裂异常。

　　纺锤体两极在不同的马达蛋白作用下,可发生分离或靠近。驱动蛋白-5 具有两个动力结构域,可结合于纺锤体中心区域的极间微管上并向正端移动,致使两反向平行的极间微管彼此滑动,迫使纺锤体两极分开。相反,驱动蛋白-14 仅具一个可向微管负端移动的动力结构域和多个可与其他不同微管结合的结构域,能使反向平行的极间微管在纺锤体中心区域交联,将纺锤体两极拉近。驱动蛋白-10、驱动蛋白-4 可附着于染色体臂上,利用其单一的动力结构域沿着纺锤体微管的正端移动,使染色体远离纺锤体两极。动力蛋白可结合于星体微管的正端,并将其与细胞皮质中的肌动蛋白骨架相连,当动力蛋白向星体微管负端移动时,纺锤体两极被拉向细胞皮质,彼此分离(见图 3-10-5)。因此,纺锤体稳定结构的形成还需要上述多种马达蛋白间作用的平衡。

　　(三)中期

　　中期(metaphase)的主要特征是:染色体达到最大程度的凝集,非随机地排列在细胞中央的赤道面上,构成赤道板。在人类细胞中,最大的几条染色体靠近赤道板中部,较小染色体则位于其周围。中期所有染色体的着丝粒均位于同一平面,染色体两侧的动粒均面朝纺锤体两极,每个动粒上结合的微管可达数十根,两个动粒上的微管长度相等,纺锤体赤道面直径变小,两极距离增长,处于动力平衡状态中。此期染色体在形态上比其他任何时期都短粗,同时两条姐妹染色单体的臂较易分离,故特别适合进行染色体数目、结构等细胞遗传学的研究。

　　(四)后期

　　后期(anaphase)的主要特征是:两姐妹染色单体发生分离,子代染色体形成并移向细胞两极。

　　姐妹染色单体分离的原因主要与其彼此间的连接骤然消失相关,而动粒微管的张力对其影响不大,因为已证实,在经秋水仙碱处理后,虽微管形成被破坏,但两条单体仍可分离。

　　分离姐妹染色单体的极向运动需依靠纺锤体微管的牵引完成,包括两个独立但又相互重叠的过程,即后期 A 与后期 B。后期 A 发生于染色体极向运动的起始阶段,与动粒微管相关,当动粒微管正端的微管蛋白发生去组装时,其长度将不断地缩短,由此带动染色体的动粒向两极移动。在后期 A 中,染色体两臂的移动常落后于动粒,因此在形态上可呈现 V 形、J 形或棒形。当姐妹染色单体分开一定距离后,后期 B 启动,通过使纺锤体拉长,细胞两极间的距离增大,促使染色体发生极向运动。极间微管长度的增长和彼此间的滑动,星体微管向外的作用力均能使纺锤体两极分开(图 3-10-10)。分离姐妹染色单体的极向运动还与马达蛋白的作用有关,该类蛋白无论在后期 A 或后期 B 中,均能协同纺锤体微管,将染色体向两极牵引。如与极间微管正端重叠区域交联的驱动蛋白-5、将星体微管正端锚定在细胞皮质层的动力蛋白,均通过其运动,促使纺锤体两极分开。

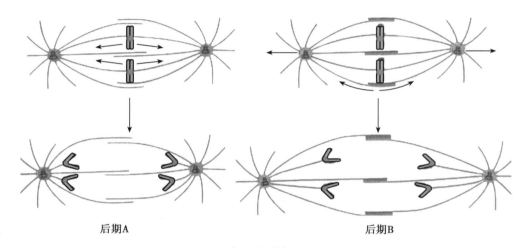

后期A　　　　　　　　　　　　　后期B

图 3-10-10　有丝分裂的后期 A 与后期 B

后期 A 中,动粒微管正端的微管蛋白发生去组装,其长度不断地缩短,由此带动染色体的动粒向两极移动。后期 B 中,通过极间微管长度的增长及彼此间的滑动和星体微管向外的作用力,细胞两极间的距离增大,促使染色体发生极向运动。

（五）末期

　　子细胞核出现是末期(telophase)细胞的主要特点。随着后期末染色体移动到两极,染色体被平均分配,此时染色体上的组蛋白 H1 发生去磷酸化,高度凝聚的染色体解旋,染色质纤维重新出现,RNA 合成恢复,核仁重新形成。分散在胞质中的核膜小泡与染色体表面相连,并相互融合,形成双层核膜,并重新与内质网相连;核孔复合体在核膜上重新组装,去磷酸化的核纤层蛋白又结合形成核纤层,并连接于核膜上,至此两个子细胞核形成,核分裂完成。

（六）胞质分裂

　　当细胞分裂进入后期末或末期初,在中部细胞膜的下方,出现大量由肌动蛋白、肌球蛋白Ⅱ和其他多种结构蛋白、调节蛋白组装形成的环状结构,即收缩环(contractile ring)。收缩环中的肌动蛋白、肌球蛋白纤维相互滑动使收缩环不断缩绷,直径减小,与其相连的细胞膜逐渐内陷,形成分裂沟。伴随着收缩环的缩小,一些来自细胞内部的囊泡聚集于收缩环处,继而与收缩环邻近的细胞膜融合,形成新生膜,以此增加细胞表面积(图 3-10-11)。随着分裂沟不断加深,细胞形状随之变为椭圆形、哑铃形,当分裂沟加深至一定程度时,细胞在此处发生断裂,胞质分裂(cytokinesis)完成。上述过程所需要的能量由 ATP 提供。

　　分裂沟发生的时间及部位与纺锤体的位置密切相关。在大多数动物细胞中,纺锤体位于细胞中央,分裂沟则形成于与其相垂直的赤道面上。如果在分裂沟形成的初期,通过显微操作或其他方法人

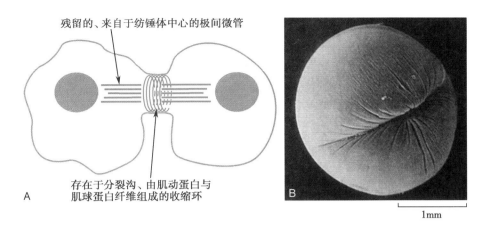

图 3-10-11 收缩环与胞质分裂

A. 收缩环中的肌动蛋白、肌球蛋白纤维相互滑动使收缩环不断缢缩,直径减小,与其相
连的细胞膜逐渐内陷,形成分裂沟;B. 扫描电子显微镜显示分裂中的蛙卵细胞。

为地使纺锤体在细胞中的位置发生改变,原有的分裂沟将消失,在纺锤体新的位置上,有新的分裂沟形成(图 3-10-12)。因此,纺锤体的位置决定着两个子细胞的大小,当纺锤体处于细胞中央时,细胞对称分裂,产生的两个子细胞大小均等、成分相同。相反,不在细胞中央的纺锤体将导致细胞不均等分裂,所产生的子细胞在大小、成分上均有差异,此种情况可见于胚胎发育过程中的某些细胞。

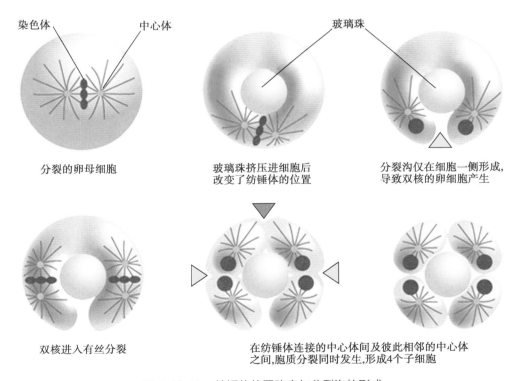

图 3-10-12 纺锤体位置改变与分裂沟的形成

　　通过核分裂和胞质分裂两个过程,借助于细胞骨架的重排,有丝分裂的细胞实现了染色体和胞质在子细胞中的平均分配。

　　染色质凝集、纺锤体和收缩环的形成是有丝分裂活动的三个重要特征,也是生物长期进化产生的结果。蛋白质磷酸化与去磷酸化是有丝分裂中染色质凝集与去凝集、核膜解聚与重建等变化的分子基础,有丝分裂时细胞与细胞间、细胞与细胞外基质间黏附性减弱、连接松弛,也与蛋白质磷酸化状态相关。

此外,在有丝分裂中,膜性细胞器也需要被平均分配到两个子细胞中。通常细胞不能组装形成新的线粒体和叶绿体,这些细胞器在胞质分裂前,需进行复制,发生数量倍增,才能被安全地遗传到子细胞中。内质网在间期时与核膜连在一起,并由微管来支撑。细胞进入分裂期后,随着微管的重排与核膜的崩裂,内质网被释放出来,在大多数细胞中,完整的内质网通过胞质分裂被一分为二,进入到子细胞中。高尔基复合体在有丝分裂的过程中将发生结构的重组和断裂,其断片通过与纺锤体两极相连,被分配到纺锤体不同极,成为末期每一子细胞中高尔基复合体重新组装的材料来源。

二、减数分裂

减数分裂是一种与有性生殖中配子产生相关的特殊细胞分裂,发生于有性生殖的配子成熟过程中,又称为成熟分裂,是最晚发现的分裂方式。其主要特征是 DNA 只复制一次,细胞连续分裂两次,所产生的子细胞中染色体数目比亲代细胞减少一半。减数分裂对于维持生物世代间遗传的稳定性有重要意义。经减数分裂,有性生殖生物配子中的染色体数目减半,由 2n 变为 n。经受精,配子融合形成的受精卵中染色体数又恢复为 2n,由此保证了有性生殖的生物上下代在染色体数目上的恒定。减数分裂也构成了生物变异和多样性的基础,减数分裂过程中可发生遗传物质的交换、重组和自由组合,使生殖细胞呈现出遗传上的多样性,生物后代变异增大、对环境的适应力增强。

减数分裂的两次分裂分别称为第一次减数分裂(meiosis Ⅰ)和第二次减数分裂(meiosis Ⅱ),两次分裂之间,通常有一个短暂的间隔期。染色体数目减半和遗传物质的交换等变化均发生于第一次减数分裂中(图 3-10-13)。

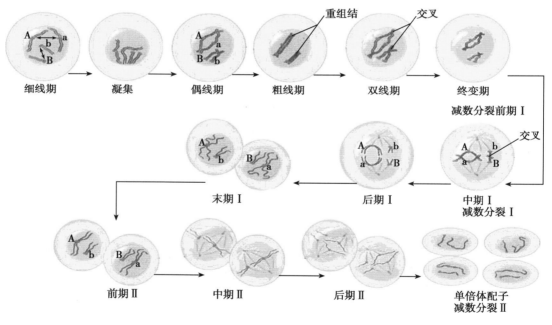

图 3-10-13 减数分裂图解

（一）第一次减数分裂染色体数目减半

第一次减数分裂可分为前期Ⅰ、中期Ⅰ、后期Ⅰ、末期Ⅰ。

1. 前期Ⅰ 该期持续时间长,细胞变化复杂,胞核显著增大,减数分裂所特有的过程如染色体配对、交换等均发生于此期。根据细胞形态变化的特点可将前期Ⅰ细分为 5 个不同阶段。

（1）细线期(leptotene stage):已在间期完成复制的染色质开始凝集,虽每一染色体具有两条姐妹染色单体,但在光镜下仍呈单条细线状,染色单体的臂未分离,这可能与染色体上某些 DNA 片段未完成复制有关。细线状染色体通过其端粒附着于核膜上,在局部有成串的、大小不一的珠状结构,称为染色粒。此期细胞中,核和核仁的体积均增大,推测与 RNA 和蛋白质合成有关。

(2)偶线期(zygotene stage):染色质进一步凝集,分别来自父母双方的、形态和大小相同的同源染色体(homologous chromosome)间两两配对,称为联会(synapsis)。配对从同源染色体上的若干不同部位的接触点开始,沿其长轴迅速扩展到整个染色体。同源染色体完全配对后形成的复合结构即为二价体(bivalent),因其共有四条染色单体,又被称为四分体(tetrad)。同源染色体的相互识别是配对的前提,其机制可能与染色体端粒对核膜的附着有关。每条同源染色体通过端粒与核膜内表面相连,联会开始时,首先是两条同源染色体端粒与核膜的接触点彼此逐渐靠近、结合,其后是结合位点向染色体其他部位延伸。

在联会的同源染色体之间,沿纵轴方向可形成一种特殊的、在进化上高度保守的结构,宽约 90~150nm,即联会复合体(synaptonemal complex),在电子显微镜下显示为三个平行的部分:侧生成分位于联会复合体两侧,电子密度较高;两个侧生成分之间,为中央成分;侧生成分与中央成分之间由横向纤维相连(图 3-10-14)。

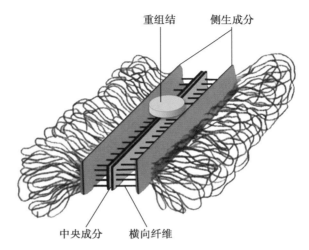

图 3-10-14 联会复合体的结构
联会复合体在结构上由三个平行的部分组成,即侧生成分、中央成分和横向纤维。

联会复合体由多种蛋白质组成。在哺乳动物中,侧生成分主要由 SYCP2(synaptonemal complex protein 2)、SYCP3 等蛋白构成,SYCP1 是横向纤维的关键成分,中央成分则是由 SYCP1、SYCP2、SYCP3 和 TEX12 等蛋白组成。联会复合体横向纤维的组成在裂殖酵母中研究较为深入。已证实 ZIP1 蛋白,即 SYCP1 在酵母中的同系物,可借助于其分子中的卷曲螺旋结构聚合成二聚体,由此构成横向纤维的主体。ZIP1 蛋白的卷曲螺旋长度的变化,将直接影响两个侧生成分间的距离。

联会复合体是同源染色体配对过程中细胞临时生成的特殊结构,其装配最早发生于偶线期,在粗线期完成,双线期解聚,与同源染色体间的配对过程密切相关(图 3-10-15)。联会复合体的组装和解聚受蛋白质磷酸化调控,例如 ZIP1 蛋白的磷酸化和去磷酸化可以控制 ZIP1 在 N 末端的二聚化。

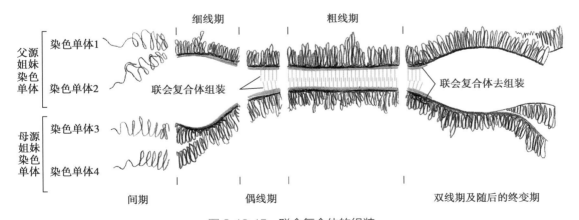

图 3-10-15 联会复合体的组装
联会复合体的组装起于第一次减数分裂前期的偶线期,在粗线期完成,双线期解聚。

(3)粗线期(pachytene stage):通过联会紧密结合在一起的两条同源染色体,因进一步的凝集而缩短、变粗,同源染色体非姐妹染色单体间出现染色体片段的交换和重组。一种保守的、减数分裂所特有的蛋白"Spo11(topoisomerase-like protein)"可通过使姐妹染色单体 DNA 双链的断裂,触发同源染色体间交换的发生。此外，在联会复合体中央新出现一些椭圆形或球形、富含蛋白质和酶的棒状结构，称为重组结（recombination nodule），多个重组结相间地分布于联会复合体上，也可能与染色体片段的重组直接相关（见图 3-10-14）。

同源染色体间的交换有两个明确的功能，首先是将同源染色体维系在一起，以保证它们在第一次减数分裂完成时，能被正确地分离到两个子细胞中。其次，是使减数分裂最终形成的配子产生遗传变异。因此，减数分裂中，同源染色体间的交换是受到细胞高度调控的，双链 DNA 断裂的数量和部位均被严格限定。尽管在第一次减数分裂中，DNA 的断裂似乎可沿染色体任意部位发生，但实际上 DNA 断裂点的分布不是随机的，主要集中于染色单体上一些容易被其他分子接近的"热点"部位，而着丝粒和端粒周围的异染色质区域，却少有 DNA 断裂的发生，是断裂的"冷点"。

在粗线期核仁也发生变化，融合成一个大核仁，并与核仁形成中心所在的染色体相连。在生化活动方面，粗线期细胞不仅能合成减数分裂所特有的组蛋白，同时也可进行少量的 DNA 合成，该期所合成的 DNA 称为 P-DNA，可在交换过程中对 DNA 链的修复、连接等方面发挥作用。动物卵母细胞粗线期中还可发生 rDNA 扩增。

（4）双线期（diplotene stage）：联会复合体发生去组装，逐渐趋于消失，紧密配对的同源染色体相互分离，仅在非姐妹染色单体之间的某些部位上，残留一些接触点称为交叉（chiasma）。交叉被认为是粗线期同源染色体交换的形态学证据，其数量与物种和细胞的类型、染色体长度有关。一般每个染色体至少有一个交叉存在，染色体较长，交叉也较多。人类平均每对染色体的交叉数为 2~3 个。交叉的分布与重组结有关。已经知道，交叉节与重组结在总的数量上是相等的，在联会染色体上的分布方式两者也存在一致性，果蝇中若某些基因发生突变，交叉分布出现异常，重组频率降低，与此同时，重组结发生数量减少和分布改变，从而证实重组结与染色体交换的发生有关。

在双线期，同源染色体的四分体结构显得非常清晰，较易被观察。随着双线期的进行，交叉将逐渐远离着丝粒，向染色体臂的末端部推移，交叉的数目也由此减少，此现象称为交叉端化（chiasma terminalization），这一过程将持续到中期，可能与同源染色体着丝粒间存在某种排斥有关。交叉端化的存在表明交叉与交换的位置两者并不能完全等同。随着交叉端化的进行，二价体可呈现 V、8、X、O 等形状，这一特征可作为此期的判断标志。

在某些生物中，持续时间长是该期细胞的另一特点，例如，人卵母细胞的双线期就可持续 50 年之久，两栖类卵母细胞的双线期持续时间近 1 年。这一时期，细胞分裂处于停滞状态，被称为不成熟，细胞进行生长，在生长结束时，卵母细胞将恢复其减数分裂活动，这一过程被称为成熟。

（5）终变期（diakinesis stage）：同源染色体进一步凝集，显著缩短、变粗成短棒状。交叉端化继续进行。终变期末，同源染色体仅在其端部靠交叉结合在一起，形态上呈现出多态性。核仁消失，中心体已完成复制，移向两极后形成纺锤体。核膜逐渐解体，纺锤体伸入核区，在其作用下染色体开始移向细胞中部的赤道面上。终变期结束标志着前期 I 完成。

2. **中期 I**　以端化的交叉连接在一起的同源染色体即四分体，向细胞中部汇集，最终排列于细胞的赤道面上，通过动粒微管分别与细胞不同极相连。虽然此时每一染色体仍有两个动粒，但均连接于同侧的纺锤体动粒微管上，此点与有丝分裂不同（图 3-10-16）。

3. **后期 I**　受纺锤体微管的作用，同源染色

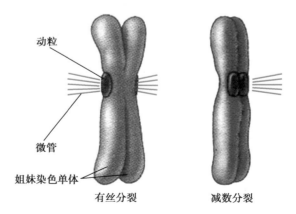

有丝分裂　　　　　减数分裂

图 3-10-16　有丝分裂中期染色体（左）与减数分裂中期 I 染色体（右）动粒微管连接方式比较
有丝分裂中期：染色体两个动粒分别与来自不同极的纺锤体动粒微管相连；减数分裂中期 I：染色体两个动粒均与来自同极的纺锤体动粒微管相连。

体彼此分离并开始移向细胞的两极。此时每极的染色体数为细胞原有染色体数的一半,但每条染色体包含了两条染色单体。同源染色体向两极的移动是随机的,因此,非同源染色体间可以自由组合的方式进入两极。

同源染色体间的交叉对于其分离的过程可能有重要的作用,如某些联会的同源染色体在彼此间缺乏交叉的情况下,正常分离受阻,所产生的子细胞中染色体数目将发生增多或减少等异常。人类常见的一些染色体病,如 Down 综合征(21-三体综合征)等的病因即与上述染色体不分离有关,孕妇高龄、卵子老化是发生不分离的重要原因。

4. 末期Ⅰ 到达细胞两极的染色体去凝集,逐渐成为细丝状的染色质纤维,核仁、核膜重新出现,胞质分裂后,两个子细胞形成,各含比亲代细胞(2n)少一半的染色体(n),每条染色体着丝粒上连接有两条姐妹染色单体。某些生物在末期Ⅰ,细胞中的染色体不发生去凝集,而依然保持凝集状态。

(二)第一次减数分裂后可出现一个短暂的间期

与有丝分裂间期相比,减数分裂间期通常持续时间较短,不发生 DNA 合成,无染色体复制,细胞中染色体数目已经减半。某些生物第一次减数分裂结束后,可以不经过这一间期,而直接进入第二次减数分裂。

(三)第二次减数分裂与有丝分裂过程类似

第二次减数分裂可分为前期Ⅱ、中期Ⅱ、后期Ⅱ、单倍体配子减数分裂Ⅱ几个时期。在前期Ⅱ去凝集染色体再次发生凝集,呈棒状或杆状形态,每一条染色体由两条姐妹染色单体组成。纺锤体逐渐形成,不同极的动粒微管分别与每一条染色体上的两个动粒相连,并使其逐渐向细胞中央的赤道面移动。前期Ⅱ末,核仁、核膜消失。中期Ⅱ时,染色体排列在赤道面上,随后姐妹染色单体在着丝粒处发生断裂,彼此分离,经纺锤体动粒微管牵引进入两极,去凝集后又成为染色质纤维,核仁、核膜重新出现,胞质分裂完成后,新的子细胞形成,其染色体数目(n)与此次分裂前相同。

在第二次减数分裂结束时,一个亲代细胞共形成 4 个子细胞,各子细胞中染色体数目与分裂前相比,均减少了一半,子细胞间在染色体组成和组合上也存在差异,这些变化主要在第一次减数分裂中完成。

减数分裂与有丝分裂的异同点见表 3-10-2。

表 3-10-2 减数分裂与有丝分裂的比较

	有丝分裂	减数分裂
发生范围	体细胞	生殖细胞
分裂次数	1	2
分裂过程		
前期	无染色体的配对、交换、重组	有染色体的配对、交换、重组(前期Ⅰ)
中期	染色体排列于赤道面上,动粒微管与染色体两侧的两个动粒相连	四分体排列于赤道面上,动粒微管只与染色体的一侧的动粒相连(中期Ⅰ)
后期	染色单体移向细胞两极	同源染色体分别移向细胞两极(后期Ⅰ)
末期	染色体数目不变	染色体数目减半(末期Ⅰ)
分裂结果	子细胞染色体数目与分裂前相同 子细胞遗传物质与亲代细胞相同	子细胞染色体数目比分裂前少一半 子细胞遗传物质与亲代细胞和子细胞之间均不相同
分裂持续时间	较短,一般为 1~2h	较长,可为数月、数年、数十年

三、无丝分裂

无丝分裂又称为直接分裂(direct division),是最早发现的一种细胞分裂方式,其分裂过程首先是胞核拉长后从中间断裂,胞质随后被一分为二,两个子细胞由此形成。无丝分裂中,胞核的核膜不消失,无纺锤丝形成和染色体组装,子细胞核来自亲代细胞胞核的断裂,因此两个子细胞中的遗传物质可能并不是均等的。无丝分裂不仅在低等生物中较为常见,还可存在于高等生物的多种正常组织中,如动物的上皮组织、疏松结缔组织、肌组织和肝脏等组织细胞中。人体创伤、癌变和衰老的组织细胞中,也常能观察到无丝分裂的存在。有研究表明,无丝分裂和有丝分裂能够相互转化。

第三节   细胞周期的调控

细胞周期中细胞生化、形态和结构等方面的变化及相邻时相间的转换,均是在细胞本身和环境因素的严格控制下有序完成的。细胞中多种蛋白构成的复杂网络,可通过一系列有规律的生化反应对细胞周期主要事件加以控制,使细胞能对内外各种信号产生反应。G_1 期到 S 期、G_2 期到 M 期是细胞周期调控的两个关键点,不同的蛋白质或多肽因子作用于这些调控点后,可实现对细胞周期的多因子、多层次调控。

一、细胞周期蛋白与细胞周期蛋白依赖性激酶构成细胞周期调控系统的核心

（一）细胞周期蛋白随细胞周期进程周期性合成和降解

细胞周期蛋白(cyclin)是一类普遍存在于真核细胞中、随细胞周期进程发生周期性合成与降解的蛋白分子。真核生物 cyclin 是一类具有相似功能的同源蛋白,由一个相关基因家族编码,种类多达数十种,哺乳动物 cyclin 包括 cyclin A~H 几大类,酵母中有 Cln、Clb、Cig。在细胞周期的各特定阶段,不同 cyclin 分子相继表达,再与细胞中其他蛋白结合,调节细胞周期相关活动。

在 G_1 期表达的细胞周期蛋白有 cyclin A、cyclin C、cyclin D、cyclin E,因 cyclin C、cyclin D、cyclin E 三种蛋白的表达仅限于 G_1 期,进入 S 期即开始降解,且只在 G_1 向 S 期转化过程中起调节作用,因此又称为 G_1 期蛋白。cyclin D 为细胞 G_1/S 期转化所必需,在哺乳动物中,存在三种具有组织和细胞特异性的 cyclin D,即 cyclin D1、cyclin D2 和 cyclin D3,分裂旺盛的细胞通常含有一种以上的 cyclin D。

cyclin A 的合成发生于 G_1 期向 S 期转换的过程中,在中期时消失,属 S 期细胞周期蛋白。cyclin B 的表达开始于 S 期,在 G_2/M 时达到高峰,随着 M 期的结束而被降解、消失,属 M 期细胞周期蛋白。

不同的 cyclin 在分子结构上存在共同的特点,即均含有一段氨基酸组成保守的细胞周期蛋白框(图 3-10-17)。该保守序列由 100 个左右的氨基酸残基组成,可介导 cyclin 与细胞周期蛋白依赖性激酶发生结合,形成复合物,参与细胞周期的调节。

在 S 期和 M 期细胞周期蛋白的分子中还存在一段被称为破坏框的特殊序列,由 9 个氨基酸残基构成,位于蛋白质分子的近 N 端,可在中期以后 cyclin A、cyclin B 的快速降解中发挥作用。G_1 期细胞

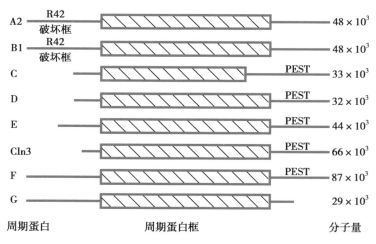

图 3-10-17   细胞周期蛋白框

周期蛋白分子虽然不具有破坏框,但可通过其 C 末端的一段 PEST 序列的介导,发生降解。

　　cyclin A、cyclin B 通常是通过多聚泛素化途径被降解的。泛素是一种由 76 个氨基酸组成的、高度保守的蛋白,当其 C 端与泛素活化酶 E1 的半胱氨酸残基以硫酯键共价结合后,泛素被活化。E1-泛素复合体可将泛素转移到泛素结合酶 E2 的半胱氨酸残基上,在特异性的、由多种蛋白质亚基构成的泛素连接酶 E3 的催化下,泛素连接于 cyclin 分子破坏框附近的赖氨酸残基上,其他的泛素分子随后相继与前一个泛素分子的赖氨酸残基相连,在 cyclin 上构成一条多聚泛素链,此链被蛋白酶体所识别,进而 cyclin 被蛋白酶体降解(图 3-10-18)。

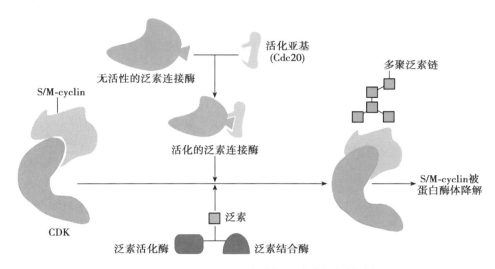

图 3-10-18　cyclin A/B 经多聚泛素化途径被降解

在泛素活化酶作用下泛素被活化,进而被转移到泛素结合酶上,经泛素连接酶催化,连接于 cyclin 分子破坏框附近的赖氨酸残基上,其他的泛素分子相继与前一个泛素分子相连,在 cyclin 分子上构成一条多聚泛素链,经蛋白酶体识别后被降解。

(二)细胞周期蛋白依赖性激酶的作用与自身磷酸化状态和 cyclin 相关

　　细胞周期蛋白依赖性激酶(cyclin-dependent kinase,CDK)为一类必须与 cyclin 结合,才具激酶活性的蛋白激酶,CDK 通过磷酸化与细胞周期相关的多种蛋白质,在细胞周期调控中起关键作用。CDK 按被发现的先后顺序分别命名为 CDK 1~12,其中 5 种 CDK 直接调控细胞周期进程。在不同的 CDK 分子结构中,均存在一段相似的结构域,其中有一小段区域序列保守性高,介导 CDK 与 cyclin 的结合。在细胞周期各阶段,不同的 CDK 通过结合特定的 cyclin,使相应的蛋白质磷酸化,由此引发或控制细胞周期的一些主要事件。因细胞周期进程中 cyclin 可不断地被合成与降解,CDK 对蛋白质磷酸化的作用也由此呈现出周期性的变化(表 3-10-3)。

表 3-10-3　细胞周期中一些主要的 CDK 与 cyclin 的结合关系和作用特点

CDK 类型	结合的 cyclin	主要作用时期	作用特点
CDK1	cyclin A	G_2	促进 G_2 期向 M 期转换
	cyclin B	G_2、M	磷酸化与有丝分裂相关的多种蛋白质,促进 G_2 期向 M 期转换
CDK2	cyclin A	S	能启动 S 期的 DNA 的复制,并阻止已复制的 DNA 再发生复制
	cyclin E	G_1 晚期	使 G_1 晚期细胞跨越限制点向 S 期发生转换
CDK3	cyclin C	G_0	促进 G_0 期向 G_1 期转换
CDK4	cyclin D(D1/D2/D3)	G_1 早期	使细胞进入细胞周期进程,阻止退出细胞周期
CDK6	cyclin D(D1/D3)	G_1 早期	使细胞进入细胞周期进程,阻止退出细胞周期

CDK 的激酶活性需要在 cyclin 和磷酸化双重作用下才能被激活。裂殖酵母中,处于非磷酸化状态的、无活性的 CDK 分子中含有一弯曲的环状区域,称为 T 环,该结构将 CDK 的袋状催化活性部位入口封闭,阻止了蛋白底物对活性位点的附着。当非磷酸化的 CDK 与 cyclin 结合后,cyclin 与 T 环彼此间发生强烈的相互作用,引起 T 环结构位移、缩回,袋状催化活性部位入口打开,活性位点暴露。而位于 CDK N 端的一段 α 螺旋此时也旋转 90°,重新定位,其底物附着位点由此转向 CDK 袋状催化活性部位分布,此时的 CDK 激酶活性较低(图 3-10-19)。

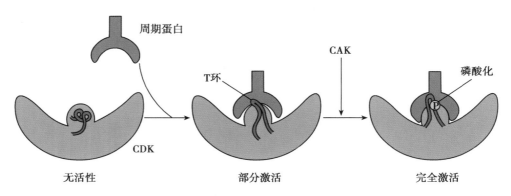

图 3-10-19   CDK 与 cyclin 的结合

无活性的 CDK 分子中含有一弯曲的 T 环结构,将 CDK 的袋状催化活性部位入口封闭,阻止了蛋白底物对活性位点的附着;CDK 与 cyclin 结合使 T 环结构位移、缩回,CDK 底物附着位点由此转向其袋状催化活性部位分布,CDK 具有了部分活性;CDK 完全激活还需 T 环上的特定位点发生磷酸化。

与 cyclin 结合的 CDK 要完全活化,还必须依赖于其分子的进一步磷酸化。磷酸化发生于 CDK 的两个氨基酸残基位点,即活性的第 161 位苏氨酸残基(Thr161)与抑制性的第 15 位酪氨酸残基(Tyr15)。Thr161 位于 T 环上,在经 CDK 活化激酶(CDK-activating kinase,CAK)磷酸化后,CDK-cyclin 复合物上底物附着部位形状显著改变,与底物的结合能力进一步增强,与未磷酸化时相比,CDK 催化活性可提高 300 倍。Tyr15 存在于 CDK 与 ATP 结合的区域,其磷酸化过程由 Wee1 激酶催化,发生于 Thr161 前。当 Thr161 被磷酸化后,Tyr15 在 Cdc25 磷酸酶的催化下再发生去磷酸化,CDK 才最终被激活(图 3-10-20)。在脊椎动物中,CDK 蛋白上第 14 位苏氨酸残基(Thr14)与 Tyr15 一样,分布于 CDK 与 ATP 结合部位,因此 CDK 的激活,还需要 Myt 激酶对 Thr14 进行磷酸化和随后 Cdc25 磷酸酶对 Thr14 去磷酸化。

CDK 的活性也受到 CKI(CDK inhibitor)的负性调节。已证实有多种 CKI 存在,哺乳动物的 CKI 根据分子量的差异,可分为 CIP/KIP 和 INK4 两大家族。CIP/KIP 家族成员有 p21$^{Cip1/Waf1}$、p27^{Kip1}、p57^{Kip}

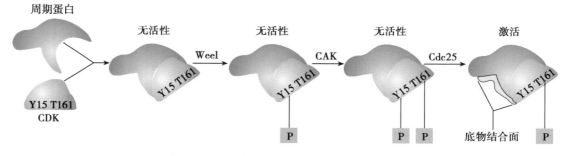

图 3-10-20   多重磷酸化对 CDK 活性的影响

CDK 的两个氨基酸残基位点 Thr161 与 Tyr15 的磷酸化与其活性密切相关。Thr161 位于 T 环上,在其磷酸化后,cyclin-CDK 复合物与底物的结合能力明显增强,CDK 活性显著升高。Tyr15 存在于 CDK 与 ATP 结合的区域,其磷酸化发生于 Thr161 前。当 Thr161 被磷酸化后,Tyr15 再发生去磷酸化,CDK 最终被激活。

等,而 INK4 家族成员则包括 p16^{INK4}、p15^{INK4}、p18^{INK4} 等。

CKI 对 CDK 的抑制作用是通过与 cyclin-CDK 复合物结合、改变 CDK 分子活性位点空间位置来实现的。例如,p27^{Kip1} N 端的一部分可与 CDK2-cyclin B 复合物的 cyclin 相连,而 N 端的另一些区域则插入到 CDK2 N 端,CDK2 结构由此受到严重的扰乱。此外,在 p27^{Kip1} 分子上存在一个类似于 ATP 的区域,可结合于 CDK 分子的 ATP 结合位点上,从而阻止 ATP 对 CDK 的附着。

(三) cyclin-CDK 对细胞周期运转的全面调控

cyclin-CDK 复合物是细胞周期调控体系的核心,其周期性的合成和降解,引发了细胞周期进程中特定事件的出现,并促成了 G$_1$ 期向 S 期、G$_2$ 期向 M 期、中期向后期等关键过程不可逆的转换。

1. G$_1$ 期中 cyclin-CDK 复合物的作用　在 G$_1$ 期起主要作用的 cyclin-CDK 复合物是由 cyclin D、cyclin E 与 CDK 结合构成的。cyclin D-CDK4/6 复合物促使 G$_1$ 早期细胞向 S 期转换,阻止 G$_1$ 期细胞退出细胞周期而成为 G$_0$ 期细胞;cyclin E-CDK2 复合物则为 S 期的启动所必需,促使 G$_1$ 晚期细胞向 S 期转换。

与 G$_1$ 期 cyclin-CDK 复合物作用相关的主要生化事件是:cyclin D 首先在细胞中大量合成,CDK4/6 与其结合,通过激酶活性磷酸化 Rb 蛋白,使其失活,与 Rb 蛋白结合的转录因子 E2F 被释放,S 期启动相关的基因开始转录,G$_1$/S 期、S 期 cyclin 大量合成,G$_1$/S-CDK、S-CDK 复合物活化,致使与 DNA 复制相关的蛋白质和酶大量合成,DNA 复制启动,细胞进入 S 期(图 3-10-21)。

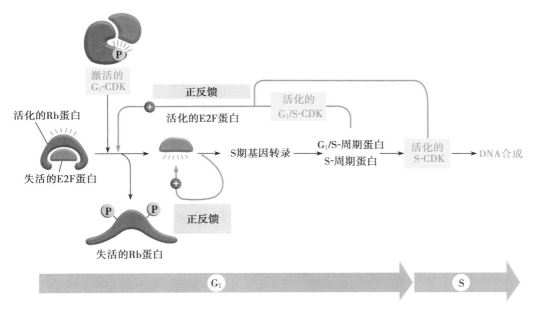

图 3-10-21　cyclin-CDK 在 G$_1$ 期向 S 期转换中的作用

G$_1$ 期 cyclin-CDK 复合物控制 G$_1$ 期向 S 期转变的另一种方式是催化 S 期 cyclin-CDK 复合物的抑制蛋白发生磷酸化,进而经多聚泛素化途径被降解,从而使 S 期 cyclin-CDK 活性得以恢复而发挥作用。S 期 cyclin-CDK 抑制蛋白是一种表达于 G$_1$ 期早期,特异性抑制 S 期 cyclin-CDK 的因子,S 期 cyclin-CDK 在 G$_1$ 期一经合成,即被该抑制蛋白结合,活性丧失。

2. S 期中 cyclin-CDK 复合物的作用　当细胞进入 S 期后,cyclin-CDK 复合物发生的主要变化包括:cyclin D/E-CDK 复合物中的 cyclin 发生降解,cyclin A-CDK 复合物形成。因 cyclin D/E 的降解是不可逆的,使已进入 S 期的细胞无法向 G$_1$ 期逆转。cyclin A-CDK 复合物是 S 期中最主要的 cyclin-CDK 复合物,能启动 DNA 的复制,并阻止已复制的 DNA 再发生复制。

关于 cyclin A-CDK 复合物启动 DNA 复制的机制,目前认为与真核细胞 DNA 分子复制起始点及其附近 DNA 序列上一个由多种蛋白质构成的结构,即前复制复合体(pre-replication complex,pre-RC)

有关。构成 pre-RC 的蛋白质主要包括复制起始点识别复合体(origin recognition complex,ORC)、Cdc6 和 Mcm。cyclin A-CDK 复合物利用其激酶活性可使 ORC 发生磷酸化,由此激活复制起始点,DNA 合成启动。此外,cyclin A-CDK 复合物还可激活 Mcm 蛋白,活化的 Mcm 蛋白具有解旋酶功能,能在 DNA 复制点处将 DNA 双链打开,当其他与 DNA 合成相关的酶,如 DNA 聚合酶等在此汇集后,DNA 复制将随之发生。

在 DNA 复制启动后,cyclin A-CDK 复合物可进一步对 pre-RC 进行磷酸化,导致 Cdc6 蛋白的降解或 Mcm 向核外的转运,阻止了 pre-RC 在原复制位点和其他复制起始点的重新装配,使 DNA 复制不会再启动。cyclin A-CDK 复合物通过上述机制,保证了 S 期细胞 DNA 只能复制一次,cyclin A-CDK 复合物的这一作用能继续维持到 G₂ 和 M 期,因此直至有丝分裂后期姐妹染色单体彼此未发生分离前,DNA 均无法再进行复制(图 3-10-22)。

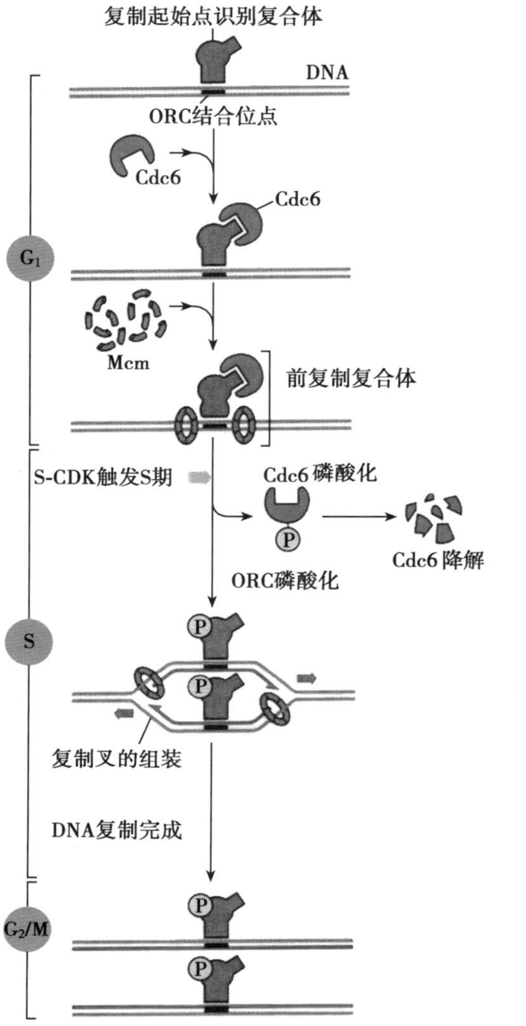

3. G₂/M 期转换中 cyclin-CDK 复合物的作用

G₂ 期晚期形成的 cyclin B-CDK1 复合物,在促进 G₂ 期向 M 期转换的过程中起着关键作用,该复合物又被称为成熟促进因子(maturation promoting factor,MPF)。

在 G₂ 期晚期 MPF 活性发生显著升高,因为此时 cyclin B 表达达到峰值,CDK1 与其结合后,原处于磷酸化的 Tyr15 和 Thr14 位点,经 Cdc25 蛋白作用发生去磷酸化,而 Thr161 位点则保持其磷酸化状态,CDK1 活性由此被激活。MPF 活性增高,促进了 G₂ 期向 M 期的转换。如果 cyclin B 与 CDK1 分离并解体,CDK1 的 Tyr15 和 Thr14 氨基酸残基又发生磷酸化,将致使 MPF 激酶活性失活,由此可促进细胞从 M 期向 G₁ 期转化。

4. M 期中 cyclin-CDK 复合物的作用

M 期细胞在形态结构上所发生的众多事件以及中期向后期、M 期向下一个 G₁ 期的转换均与 MPF 相关。

在细胞由 G₂ 期进入 M 期后,依赖于其蛋白激酶活性,MPF 可对 M 期早期细胞形态结构变化产生直接或间接的作用。MPF 与染色体的凝集直接相关。在细胞分裂的早、中期,MPF 可通过磷酸化组蛋白 H1 上与有丝分裂有关的特殊位点,诱导染色质凝集,启动有丝分裂。MPF 也可磷酸化凝缩蛋白,使散在的 DNA 分子结合于磷酸化的凝缩蛋白上后,沿其表面发生缠绕、聚集,介导了染色体形成超螺旋化结构,进而发生凝集。

核纤层蛋白(lamin)也是 MPF 的催化底物之一,lamin 经 MPF 作用后,其特定的丝氨酸残基可发生高度磷酸化,由此引起核纤层纤维结构解体,核膜崩裂成小泡。MPF 也能对多种微管结合蛋白进行磷酸化,进而调节细胞周期中微管的动态变化,使微管发生重排,促进纺锤体的形成(图 3-10-23)。

MPF 还可促进中期细胞向后期的转换。中期姐妹染色单体的分离是启动后期的关键。中期姐妹染色单体着丝粒间主要由黏连蛋白 Scc1 与 Smc 构成的复合体相连,该复合体连接活性受控于分离酶

图 3-10-22　S 期中 cyclin-CDK 复合物的作用
ORC 与 Cdc6 及 Mcm 蛋白构成前复制复合体。Cyclin A-CDK 复合物通过磷酸化 ORC 激活复制起始点,启动 DNA 合成。在 cyclin A-CDK 复合物作用下,Mcm 蛋白被活化并产生解旋酶功能,使 DNA 复制点处 DNA 双链打开,促进 DNA 复制发生。

NOTES

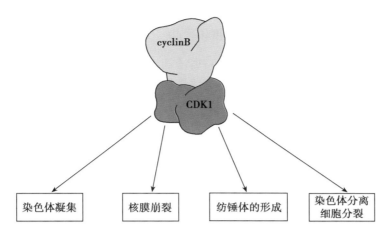

图 3-10-23　MPF 对 M 期细胞形态结构变化的作用

抑制蛋白（securin）。后期之前分离酶抑制蛋白与分离酶（separase）结合，使该酶活性被抑制。在中期较晚的阶段，一旦所有染色体的动粒均与纺锤体微管相连，作为 E3 泛素连接酶的后期促进复合物（anaphase promoting complex/cyclosome, APC/C）可在 MPF 作用下发生磷酸化，进而与 Cdc20 结合而被激活，之后引起分离酶抑制蛋白发生多聚泛素化降解，分离酶由此被释放、活化，在其作用下，黏连蛋白复合体中 Scc1 被分解，姐妹染色单体的着丝粒发生分离，在纺锤体微管的牵引下，分别移向两极，细胞进入后期阶段（图 3-10-24）。

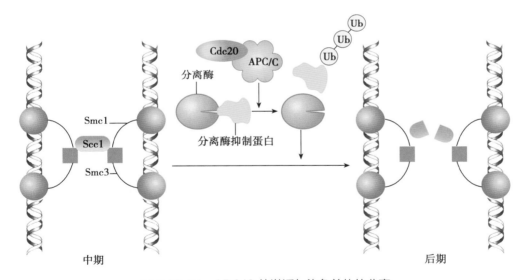

图 3-10-24　APC/C 的激活与染色单体的分离

在有丝分裂中期末，APC/C 被 MPF 磷酸化后激活，致使分离酶抑制蛋白经多聚泛素化修饰被降解，分离酶被释放、活化，进而降解 Scc1 蛋白，黏连蛋白复合体解体，姐妹染色单体的着丝粒发生分离。

在有丝分裂后期末，cyclin B 在激活的 APC/C 作用下，经多聚泛素化途径被降解，MPF 解聚、失活，促使细胞转向末期，此时细胞中因失去了 MPF 的活性作用，磷酸化的组蛋白、核纤层蛋白等可在磷酸酶作用下发生去磷酸化，染色体又重新开始凝集、核膜也再次组装，子细胞核逐渐形成。后期末 MPF 激酶活性降低，也促进了胞质分裂发生。在 M 期早期，MPF 可对参与胞质分裂收缩环形成的肌球蛋白进行磷酸化，随着后期 MPF 的失活，磷酸酶使肌球蛋白去磷酸化，其活性恢复，与肌动蛋白相互作用使收缩环不断缢缩、分裂沟不断加深直至发生胞质分裂。

二、细胞周期检查点监控细胞周期的活动

在细胞周期的进程中,如果上一个阶段的重要活动尚未结束或发生错误,细胞就进入下一个阶段,其遗传特性将受到灾难性的损害,如产生早熟染色体或导致染色体数目异常。为了保证染色体数目的完整性和细胞周期正常运转,细胞中存在着一系列监控系统,可对细胞周期发生的重要事件和出现的故障加以检测,只有当这些事件完成、故障修复后,才允许细胞周期进一步运行,该监控系统即为检查点(checkpoint),包括 DNA 复制检查点、纺锤体组装检查点、染色体分离检查点和 DNA 损伤检查点(图 3-10-25)。

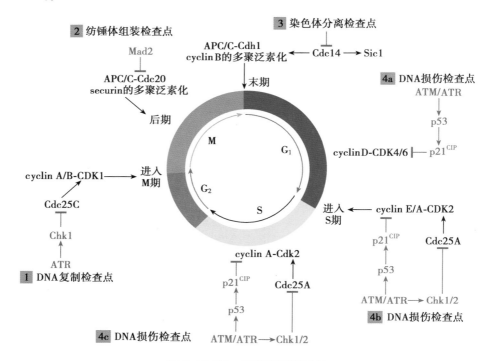

图 3-10-25　细胞周期检查点

(一) DNA 复制检查点

在正常的细胞周期中,DNA 未发生复制时,细胞将不能进入有丝分裂。DNA 复制检查点在 S 期发挥作用,即识别未复制单链 DNA,阻止复制压力引起的 DNA 损伤。

在 DNA 复制进行过程中,ATR 在与 DNA 复制叉结合后被激活,由此引起一系列蛋白激酶级联反应,即:ATR 磷酸化激活 Chk1 激酶,Chk1 磷酸化 Cdc25 磷酸酶,致使抑制 M 期 CDK 活性的磷酸基团不能去除,cyclin A/B-CDK1 复合物保持被抑制状态,不能磷酸化启动 M 期的靶蛋白。上述活动可一直发生,直至所有复制叉上所进行的 DNA 合成均完成,复制叉解体,由此使得 M 期必须在 DNA 合成结束后才能发生。

(二) 纺锤体组装检查点

该检查点的作用主要是阻止纺锤体装配不完全或发生错误的中期细胞进入后期,只要细胞中有一个染色体的动粒与纺锤体微管连接不正确,后期就不能发生。

对酵母纺锤体组装检查点突变体研究证实,Mad2 是纺锤体组装检查点的关键因子。在细胞周期进程中,APC/C 所介导的 securin 蛋白的多聚泛素化控制着中期向后期的转化。Mad2 对 APC/C 的激活因子 Cdc20 有抑制作用。在中期染色体上,如果有某一动粒未与纺锤体微管相连接,Mad2 将结合于该动粒上并短暂激活,使 Cdc20 失去活性,继而 APC/C 的活化和 securin 蛋白的多聚泛素化受阻,姐妹染色单体着丝粒间不能分离,由此阻止细胞进入后期。一旦染色体上所有的动粒均被动粒微管

附着,纺锤体组装完成,Mad2 与动粒的结合停止,恢复其无活性状态,Cdc20 活性抑制状态被解除,引起 APC/C 活化和 securin 蛋白的多聚泛素化,启动姐妹染色单体的分离和细胞向后期的转化。

（三）染色体分离检查点

M 期末期发生的各种事件和随后的胞质分裂,均需要 MPF 的失活。Cdc14 磷酸酶的活化,能促使 M 期 cyclin 经多聚泛素化修饰被降解,导致 MPF 活性的丧失,引发细胞转向末期。

染色体分离检查点是通过检测发生分离的子代染色体在后期末细胞中的位置,来决定细胞中是否产生活化的 Cdc14 磷酸酶,以促进细胞进入末期,发生胞质分裂,最后退出 M 期。该检查点的存在阻止了在子代染色体未正确分离前,末期和胞质分裂的发生,保证了子细胞含有一套完整的染色体。

（四）DNA 损伤检查点

在细胞周期过程中,DNA 可因外界一些化学和物理因素的影响被损伤,此时,DNA 损伤检查点将阻止细胞周期继续进行,直到 DNA 损伤被修复。如果细胞周期被阻在 G_1、S 期,受损的碱基将不能被复制,由此可避免基因组产生突变和染色体结构的重排。如果细胞周期被阻在 G_2 期,可使 DNA 双链断片在细胞进行有丝分裂前得以修复。

在 DNA 损伤检查点,某些肿瘤抑制蛋白如 Chk1/2、ATM/ATR 和 P53 等起着关键的作用。当 DNA 因紫外线或射线的作用发生损伤时,DNA 损伤检查点将被激活,在活化蛋白激酶 Chk2 后,可使磷酸酶 Cdc25 磷酸化,Cdc25 最终被多聚泛素化降解。在哺乳动物中,Cdc25 的磷酸酶作用为 CDK2 完全活化所必需,Cdc25 失活将导致 CDK2 不能活化,由 cyclin E/A-CDK2 介导的跨越 G_1 期或 S 期的进程将不能发生,细胞因此被滞留于 G_1 或 S 期。

以上四种细胞周期检查点的特点和作用机制总结如表 3-10-4 所示。

表 3-10-4　细胞周期检查点的特点和作用机制

检查点类型	作用特点	与作用相关的主要蛋白质
DNA 复制检查点	监控 DNA 复制,决定细胞是否进入 M 期	ATR、Chk1、Cdc25、cyclin A/B-CDK1
纺锤体组装检查点	监控纺锤体组装,决定细胞是否进入后期	Mad2、APC/C、securin
染色体分离检查点	监控后期末子代染色体在细胞中的位置,决定细胞是否进入末期和发生胞质分裂	Tem1、Cdc14、M 期 cyclin
DNA 损伤检查点	监控 DNA 损伤的修复,决定细胞周期是否继续进行	ATM/ATR、Chk1/2、P53、Cdc25、cyclin E/A-CDK2

三、多种因子与细胞周期调控相关

（一）生长因子通过信号转导影响细胞周期

生长因子(growth factor)是一类由细胞自分泌或旁分泌产生的多肽类物质,在与细胞膜上特异性受体结合后,经信号传递可激活细胞内多种蛋白激酶,促进或抑制细胞周期进程相关蛋白的表达,参与细胞周期的调节。生长因子的作用为细胞周期正常进程所必需。G_1 期早期的细胞如果缺乏生长因子的刺激,将不能向 S 期转换,转而进入静止状态,成为 G_0 期细胞。

能影响细胞增殖、调节细胞周期的生长因子有多种,常见的如:表皮生长因子(epidermal growth factor,EGF)、血小板衍生生长因子(platelet-derived growth factor,PDGF)、转化生长因子(transforming growth factor,TGF)、白细胞介素(interleukin,IL)等,这些因子主要在 G_1 期和 S 期起作用,可刺激或抑制静止期细胞进入 G_1 期或 S 期。不同因子在调节的具体时相上存在差异,PDGF 的调节点一般在 G_0 向 G_1 期转换过程中。EGF、IL、TGF-α、TGF-β 的调节点则在 G_1 期向 S 期转换过程中。已证实 TGF-β 可在 G_1 期向 S 期转换中起负调节作用。TGF-β 的存在可使 cyclin E 表达降低,cyclin E-CDK2 复合物形成受阻,细胞被迫滞留于 G_1/S 期,不能向 S 期转换。

（二）抑素对细胞周期有负调节作用

抑素（chalone）是一种由细胞自身分泌的，能抑制细胞周期进程的糖蛋白，主要在 G_1 期末和 G_2 期对细胞周期产生调节作用。抑素可通过与细胞膜上特异性受体结合，引起信号的转换及向胞内的传递，进而影响细胞周期相关蛋白的表达。

（三）cAMP 和 cGMP 以相互拮抗的方式调节细胞分裂

cAMP 和 cGMP 均为细胞信号转导过程中重要的胞内信使，在细胞周期中，两者可相互拮抗，控制细胞周期的进程。cGMP 能促进细胞分裂中 DNA 和组蛋白的合成，cAMP 对细胞分裂有负调控作用，其含量降低时，细胞 DNA 合成和细胞分裂将加速。细胞中 cAMP 与 cGMP 两者量上的平衡，是维持正常细胞周期进程的一个重要因素，cGMP 浓度的升高常发生于一些恶性肿瘤的细胞中。

（四）RNA 剪接因子 SR 蛋白和 SR 蛋白特异激酶是在转录水平上与细胞周期调节相关的因子

真核细胞基因在表达为蛋白质前，均需经历一个 RNA 剪接的过程。影响 RNA 剪接的两种因子，即剪接因子 SR 蛋白与 SR 特异激酶（SR protein specific kinase，SRPK1），已被证实与细胞周期调控相关。

SR 蛋白可通过磷酸化或去磷酸化的方式在 RNA 剪接中起作用，磷酸化的 SR 为 RNA 剪接的起始所必需，而在剪接的过程中，SR 则处于去磷酸化状态。伴随着细胞周期进程，SR 蛋白可发生有规律的磷酸化与去磷酸化。间期中 SR 蛋白磷酸化程度低，在胞核内聚集成核斑。细胞进入 M 期后，SR 磷酸化程度逐渐增高，核斑将发生去组装，逐渐分散，到中期则完全消失。SR 蛋白磷酸化水平受控于其专一激酶 SRPK1，该激酶在细胞周期中活性变化的规律与 SR 蛋白存在一致性。

（五）microRNA（miRNA）参与细胞周期调控

在机体发育和生理过程中有重要作用的 microRNA（miRNA）参与了对细胞周期的调控。通过调节 cyclin、CDK、CKI 等分子的表达，miRNA 可直接影响细胞周期的进程，尤其是 G_1 向 S 期的转换。已证实某些 G_1 期 cyclin（cyclin D2、cyclin E2）及其作用相关的 CDK6、CKI 是 let-7、miR-15a/16-1、miR-17 和 miR-34 等多种 miRNA 的下游靶蛋白。通过抑制 p21 的表达，miR-17 家族成员均可促进 G_1 向 S 期的转变，如果这类 miRNA 功能丧失，将导致 G_1 期细胞的增多。已证明由 p53 诱导造成的细胞周期 G_1 期滞留，也可能与 miRNA 的作用有关，因为已发现 miR-34a、miR-34b 和 miR-34c 等的转录均受到 p53 的直接调节（图 3-10-26）。

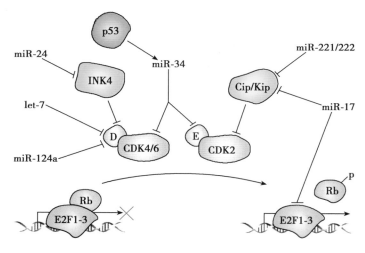

图 3-10-26　miRNA 对细胞周期的调控

四、细胞周期调控的遗传基础涉及多种编码调节蛋白和酶的基因

在细胞周期的进程中，多种蛋白质或酶直接或间接地参与了细胞周期事件的调控，编码这些蛋白质或酶的基因有规律、特异性地表达构成细胞周期调控的遗传基础。

（一）Cdc 基因编码多种与细胞周期调控相关的蛋白和酶

细胞分裂周期基因（cell division cycle gene，Cdc）是一类具有细胞周期依赖性或直接参与细胞周期调控的基因，主要包括处于细胞周期调控中心地位的 cyclin、CDK 和 CKI 等基因。此外，与 DNA 复制密切相关的 DNA 聚合酶基因、DNA 连接酶基因均属 Cdc 基因。

除 Cdc 基因外,在细胞周期进程控制中,起着重要作用的另一大类基因还有癌基因和抑癌基因,它们的产物通过与生长因子受体结合或直接作用于某些 Cdc 基因,可促进或抑制细胞增殖。

（二）癌基因通过其多样的产物对细胞周期进行调节

癌基因（oncogene）是一类在正常情况下为细胞生长、增殖所必需,突变或过度表达后将导致细胞增殖异常,引起癌变的基因。癌基因主要包括 src、ras、sis、myc、myb 等基因家族,各家族成员在结构、产物和功能上均有其特点。癌基因产物种类较多,主要可分为生长因子类蛋白（sis 基因的产物）、生长因子受体类蛋白（V-erb-B、c-fms、trk 等基因的产物）、与细胞内信号转导相关的蛋白（raf、mos 等基因的产物）和转录因子类蛋白（c-jun、c-fos、c-myc 等基因的产物）。通过不同的编码产物,癌基因能以多种方式参与对细胞周期的调节。

（三）抑癌基因在转录水平上影响细胞周期

抑癌基因（antioncogene）为正常细胞所具有的一类能抑制细胞恶性增殖的基因。这类基因编码的蛋白质通常能与转录因子结合或本身即为转录因子,可作为负调控因子,从多种途径影响细胞周期相关蛋白的合成和 DNA 复制,调节细胞周期的进程。现已有十几种抑癌基因被鉴定,常见的如 p53、Rb、DCC、WT-1、NF1/2 等,其中 p53 的作用机制研究较为深入。p53 基因是细胞内一种重要的抑癌基因,位于人类 17 号染色体的短臂上,由 11 个外显子和 10 个内含子构成,编码分子量为 53kD 的蛋白。正常生理状态下,P53 蛋白表达水平很低,细胞受到外界刺激后,如 DNA 损伤、原癌基因刺激等,P53 蛋白表达水平升高,稳定性增强。P53 蛋白的抗肿瘤作用主要是阻滞细胞周期的 G_1/G_0 期,使细胞不能进入 S 期,从而抑制细胞的生长;同时,P53 蛋白可以进入细胞核,作为转录因子或与其他转录因子结合,影响细胞周期相关基因的转录。

五、减数分裂的细胞周期调控有其自身特点

在脊椎动物卵母细胞的减数分裂中,细胞周期可在两个特殊位点受到调控,即第一次减数分裂双线期与第二次减数分裂中期,均与 cyclin B-CDK1 复合物的作用相关。

在前期 I 双线期,卵母细胞中 myt 激酶被激活,同时 Cdc25 磷酸酶失活,致使 cyclin B-CDK1 失活,细胞周期发生长时间滞留（在人类可以达到 50 年）。Cdc25 失活与 cAMP 依赖性蛋白激酶（PKA）的作用相关,即 PKA 通过对 Cdc25 第 287 位丝氨酸（Ser 287）残基的磷酸化,使 Cdc25 失活。

许多脊椎动物在受精前,其卵母细胞将一直停留于减数分裂的中期 II,其中 mos 蛋白起着关键作用。该类蛋白通过活化 MAPK 相关的信号通路,激活 cyclin B-CDK2 复合物的活性,阻止 cyclin B 的降解,同时抑制后期促进复合物 APC/C 的活性,由此引发卵母细胞在中期 II 滞留。

第四节　细胞周期与医学的关系

一、细胞周期与组织再生

机体不断产生新细胞,以补充因生理或病理原因死亡的细胞,这一过程即为组织再生,可分为生理性再生及补偿性再生两类。细胞分裂、增殖是组织再生的基础。

生理性再生常见于正常人体的骨髓、表皮、小肠等组织中,其形成与上述各组织中干细胞的分裂直接相关。如造血干细胞的数量仅占骨髓细胞量的 0.25%,但一个造血干细胞每天分裂后,经分化可形成 12 种结构与功能不同的血细胞,其中,仅血红细胞量就达 200 000 个,粒细胞量则在 1 000 个左右。

补偿性再生是指机体一些高度分化、一般不发生增殖的组织如肝、肾、骨骼等,在受到外界损伤后可重新开始分裂的现象。大鼠肝组织在切除了 2/3 结构后,发生分裂的细胞数明显增加,有丝分裂指数从 0.02% 上升至 3.6%,增高近 200 倍。与此同时,其细胞周期时间由原来的 47.5h 减少为 15h。补

偿性再生形成的机制被认为是损伤刺激了原处于 G_0 期的细胞,使其重新进入了细胞周期进程、恢复细胞分裂,同时细胞周期的进程也加快,所需时间显著缩短,于是在短时期内可产生大量的新生细胞,以促进创伤后组织的修复。

二、细胞周期异常与肿瘤发生

肿瘤是生物体正常组织细胞过度增殖后形成的赘生物,其产生与细胞周期调控发生异常相关,通常基因突变会驱动肿瘤细胞进入 S 期,阻止细胞周期退出。了解肿瘤细胞周期的特点、研究其形成的原因,对于临床上肿瘤的诊断及治疗有重要的意义。

(一)肿瘤细胞的细胞周期 G_1 期较长

1. 肿瘤细胞周期的特点　肿瘤细胞的细胞周期也由 G_1、G_2、S、M 期构成,细胞周期时间与正常细胞相近或更长一些,这主要与 G_1 期变长有关。

肿瘤细胞群体也包括了三类细胞周期行为不同的细胞,即:增殖型细胞、暂不增殖型细胞与不增殖型细胞。增殖型细胞在肿瘤中所占的数量比例,将决定肿瘤恶性的程度,肿瘤细胞总量中增殖型细胞所占的比例称为增殖比率。暂不增殖型细胞可因外界某些环境因素的刺激,而重新进入细胞周期,是肿瘤复发的根源。

肿瘤的生长快慢与细胞增殖比率、细胞周期的长短以及细胞丢失、死亡的速率等相关,其中,高增殖比率是引起肿瘤快速生长的主要原因,因为与正常细胞相比,绝大多数肿瘤细胞虽然增殖时间较长,但因处于 G_0 期细胞极少,因此有更多的细胞可进入细胞周期、发生分裂,引起肿瘤的快速增长。

肿瘤类型不同,其增殖比率可存在差异,白血病、绒癌等增殖比率常在 0.6 以上,为快速增长的肿瘤。增殖比率在 0.5 以下的肿瘤大多生长缓慢,像肺癌、乳腺癌、肝癌等。同一种肿瘤可因生长时期不同,其增殖比率值将有所变化,一般早期比晚期更高。

2. 肿瘤细胞周期调控异常　除高增殖比率外,肿瘤细胞周期中某些重要调节因子发生异常,正负调节因子间作用失去平衡是导致肿瘤细胞无限增殖的又一重要原因。

在人类许多类型的肿瘤中,常出现细胞周期负调控因子 TGF-β 受体的突变,致使 TGF-β 对 G_1 期细胞的抑制被解除,细胞增殖增加。

在肿瘤细胞中,一些能够在 G_1 期限制点发挥作用的蛋白,如 cyclin D1、P53 等也常发生表达异常。在某些能够产生抗体的 B 淋巴细胞肿瘤中,cyclin D1 易位于抗体基因增强子附近,因此在整个细胞周期进程中,cyclin D1 均能高度地表达。而约有人类 50% 的肿瘤中,存在因 *p53* 基因突变导致的 P53 蛋白功能失活。

(二)细胞周期与肿瘤治疗

了解肿瘤细胞周期的特点,可为临床上肿瘤的治疗提供理论依据。首先应根据肿瘤组织中细胞增殖的情况,确定有效的治疗方法。如果在肿瘤细胞组成中,暂不增殖型细胞所占比例较高,可针对这些细胞代谢不活跃、对药物及外界因素刺激反应不敏感等特点,用一些生长因子,如血小板生长因子来激活其潜在的分裂能力,促使其进入细胞周期。然后通过放疗、化疗手段对其加以治疗,可能会收到较好效果。

对那些增殖型细胞为主的肿瘤,肿瘤细胞如果处于 S 期,治疗手段则以化疗为主,选择那些能作用于 DNA 合成中的酶或 DNA 单链模板活性部位的药物,可抑制 DNA 合成,阻止肿瘤细胞进入到 M 期,限制其进一步生长。如果肿瘤细胞处于 G_2 期,因该期细胞对放射线较为敏感,放疗是主要治疗方法。对于 M 期的肿瘤细胞,利用秋水仙碱、长春碱等药物进行化疗,可使纺锤体微管解聚,由此破坏纺锤体的结构,肿瘤细胞被迫停滞于中期,细胞增殖受阻。

在肿瘤分子靶向治疗方面,可用 CDK4/6 抑制剂,如哌柏西利(palbociclib)、瑞波西利(ribociclib)和阿贝西利(abemaciclib)等强迫肿瘤细胞永久退出细胞周期,从而抑制持续的细胞周期进程,这些药物已在激素受体阳性的转移性乳腺癌中显示了临床疗效。

小结

无论是单细胞还是哺乳动物细胞,均要经历细胞周期变化以完成细胞分裂。细胞周期进程包括有丝分裂期(M 期)和间期两个阶段,其中间期分为 G_1 期、S 期和 G_2 期。

细胞分裂是细胞重要的生命特征之一。真核细胞中存在有丝分裂、减数分裂和无丝分裂三种方式。

有丝分裂是高等真核生物细胞分裂的主要方式,染色质凝集、核膜崩裂、纺锤体形成、姐妹染色单体分离、收缩环形成是其重要特征。有丝分裂的结果是遗传物质被平均分配到两个子细胞,从而保证细胞在遗传上的稳定性。

减数分裂是发生于配子成熟过程中的细胞分裂,由两次分裂组成,通常之间有一个短暂的间期。因整个分裂过程中 DNA 只复制一次,但细胞经两次分裂,因此所产生的子细胞中染色体数目与亲代细胞相比减少一半,从而维持生物体遗传的稳定性。同时,减数分裂过程中,发生同源染色体的配对、交换和重组,从而使生殖细胞呈现遗传多样性,增强了生物体对环境的适应能力。

cyclin-CDK 复合物是调控细胞周期进程的核心体系。cyclin D-CDK4/6 使细胞进入细胞周期进程,阻止退出细胞周期;cyclin E-CDK2 使细胞从 G_1 向 S 期转换;cyclin B-CDK1(成熟促进因子)促进 G_2 期向 M 期转换。

检查点能对细胞周期进程发生的异常进行负性调控,包括在 S 期发挥作用的 DNA 复制检查点,在 M 期发挥作用的纺锤体组装检查点和染色体分离检查点,以及在间期发挥作用的 DNA 损伤检查点。

细胞周期异常可导致肿瘤等疾病的发生,临床上 CDK 抑制剂已用于肿瘤的分子靶向治疗。

(边惠洁)

思考题

1. RB 蛋白在 G_1 期的作用是什么?

2. 第一次减数分裂前期分为哪 5 个不同阶段,划分依据是什么? 在这个过程中遗传物质发生什么改变,其意义是什么?

3. 细胞周期调控系统的核心是什么? 举例说明其是如何调控细胞周期进程的。

4. 请从细胞增殖和细胞周期的角度,探讨肿瘤发病的机制和治疗的策略。

第十一章
细 胞 分 化

【学习要点】

1. 细胞分化潜能、细胞决定、细胞分化可塑性等细胞分化的基本概念。
2. 细胞分化中基因组的活动模式及胞质中的细胞分化决定因子。
3. 基因选择性表达的转录水平调控机制。
4. 胚胎诱导的概念及胚胎诱导的分子基础。
5. 细胞分化与肿瘤及再生医学的关系。

地球上绝大多数生物特别是高等动物（包括人类）均是以有性生殖方式繁殖后代的。在有性生殖中，雄性的精子和雌性的卵细胞结合成受精卵，受精卵通过有序而复杂的细胞增殖、迁移、分化和死亡等过程发育成多细胞生物个体。在脊椎动物（包括哺乳动物），受精卵通过细胞的分化形成 200 多种不同类型的细胞，如神经元伸出长的突起，并在末端以突触方式和其他细胞接触，具有传导神经冲动和贮存信息的功能；肌细胞呈梭形，含有肌动蛋白和肌球蛋白，具有收缩功能；红细胞呈双凹面的圆盘状，能够合成携带氧气的血红蛋白；胰岛 β 细胞则合成调节血糖浓度的胰岛素，等等。这些由单个受精卵产生的细胞，在形态结构、生化组成和功能等方面均发生了明显的差异，形成这种稳定性差异的过程称为细胞分化（cell differentiation）。由一个受精卵来源的细胞为什么会变得如此多样与不同？这一直是数百年来许多生命科学家付出毕生精力而至今尚未完全解决的课题。细胞分化是个体发育的核心事件。阐明细胞分化的机制，对认识个体发育的机制和规律，以及寻找新的疾病防治措施具有重要意义。

第一节　细胞分化的基本概念

一、多细胞生物个体发育过程与细胞分化的潜能

细胞分化是个体发育过程中细胞在结构和功能上形成差异的过程。分化的细胞获得并保持特化特征，合成特异性的蛋白质。多细胞生物，如动物的个体发育，一般包括胚胎发育（embryonic development）和胚后发育（post-embryonic development）两个阶段，前者是指受精卵经过卵裂、囊胚、原肠胚、神经胚及器官发生等阶段，衍生出与亲代相似的幼小个体；后者则是指幼体从卵膜孵化出或从母体分娩以后，经幼年、成年、老年直至衰老、死亡的过程。细胞分化贯穿于个体发育的全过程，其中胚胎期最明显。

（一）动物和人类胚胎的三胚层代表不同类型细胞的分化去向

卵细胞在受精后立刻进入反复的有丝分裂阶段，这一快速的分裂时期称为卵裂（cleavage）期。动物早期胚胎发育中受精卵经过卵裂被分割成许多小细胞，这些小细胞组成的中空球形体被称为囊胚（blastula）。囊胚形成后，便进入原肠胚期。原肠胚期之前，细胞间并无可识别的明显差异。在原肠胚期，胚胎产生了内、中、外三个胚层，它们具有不同的发育和分化去向：内胚层（endoderm）将发育为消化道及其附属器官、唾液腺、胰腺、肝脏以及肺等的上皮成分；中胚层（mesoderm）将发育成骨骼、

肌肉、纤维组织和真皮,以及心血管系统和泌尿系统;外胚层(ectoderm)则形成神经系统、表皮及其附属物(图3-11-1)。

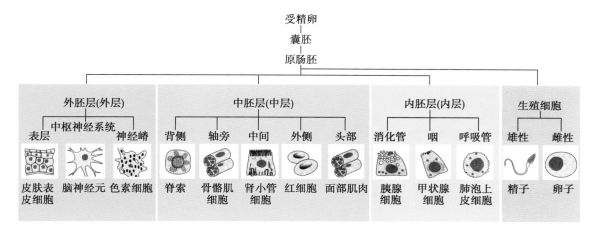

图3-11-1　脊椎动物细胞分化示意图

(二) 细胞分化的潜能随个体发育进程逐渐"缩窄"

细胞分化贯穿于有机体的整个生命过程之中,以胚胎期最为典型。研究表明,两栖类动物在囊胚形成之前的卵裂球细胞、哺乳动物桑椹胚的8细胞期之前的细胞和其受精卵一样,均能在一定条件下分化发育成为完整的个体。通常将具有这种特性的细胞称为全能性细胞(totipotent cell)。在三胚层形成后,由于细胞所处的空间位置和微环境的差异,细胞的分化潜能受到限制,各胚层细胞只能向本胚层组织和器官的方向分化发育,而成为多能细胞(pluripotent cell)。经过器官发生(organogenesis),各种组织细胞的命运最终确定,呈单能性(unipotency),即只能以某种特定方式发育成一种细胞的潜能性。这种在胚胎发育过程中,细胞逐渐由"全能"到"多能",最后向"单能"的趋向,是细胞分化的一般规律(图3-11-2)。

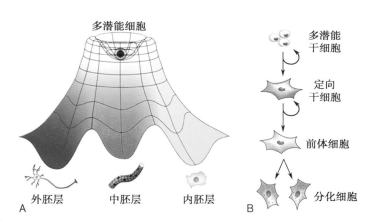

图3-11-2　细胞分化潜能逐渐缩窄示意图
A. 细胞分化的过程犹如从山顶到谷底的飞流直下的瀑布;B. 细胞分化的节点或路径。

应当指出的是,大多数植物和少数低等动物(如水螅)的体细胞仍具有全能性;而在高等动物和人类,至成体期,除一些组织器官保留了部分未分化的组织干细胞之外,其余均为终末分化细胞。

近些年从囊胚内细胞团(inner cell mass,ICM)中分离到的胚胎干细胞(embryonic stem cell,ESC细胞),它们具有分化为个体中所有细胞类型的能力,但不能分化为胎盘和其他一些发育时所需的胚外组织,这种早期胚胎细胞被称为多能干细胞(pluripotent stem cell/multipotential stem cell)。因此,可以说在个体发育过程中,细胞分化经历了由全能性干细胞(受精卵)到多潜能干细胞、定向干细胞、前体细胞、终末分化细胞的过程。

(三) 终末分化细胞的细胞核具有全能性

动物受精卵子代细胞的全能性随其发育过程逐渐受到限制而变窄,即由全能性细胞转化为多能和单能干细胞,直至分化为终末细胞。但细胞核则完全不同,终末分化细胞的细胞核仍然具有全能性,谓之全能性细胞核(totipotent nucleus)。在20世纪60年代初期,J. Gurdon 用非洲爪蟾为材料进行的核移植实验,首次证明了终末分化细胞的细胞核具有全能性。他从一种突变型蝌蚪(遗传上只有一个核仁)的肠上皮细胞中取出细胞核,将其移植到事先用紫外线照射的遗传上有两个核仁的野生型爪蟾的未受精卵中(紫外线照射破坏了野生型未受精卵中的细胞核),这种含有肠上皮细胞核的受精卵有的能发育成囊胚,其中有少数可发育成蝌蚪和成体爪蟾,成体爪蟾中的细胞核均含一个核仁(图 3-11-3)。该实验结果表明,已分化的肠上皮细胞核中仍然保持着能分化为成体爪蟾各种组织细胞的全套基因。Gurdon 最初的想法是研究分化成熟细胞的细胞核是否具有全能性,却意外地克隆了成体爪蟾,他的工作为动物克隆(animal clone)研究提供了完整的技术路线。1997 年,英国爱丁堡 Roslin 研究所的 I. Wilmut 和其同事将成年绵羊的乳腺上皮细胞的细胞核移植到另一只羊的去核的卵细胞中,成功地克隆出世界上第一只哺乳动物——"多莉"(Dolly)羊。随后,一系列克隆动物如克隆牛、克隆犬、克隆非人灵长类猕猴等也相继问世。这些动物克隆实验表明,已特化的体细胞的细胞核仍保留形成正常个体的全套基因,具有发育成一个有机体的潜能。

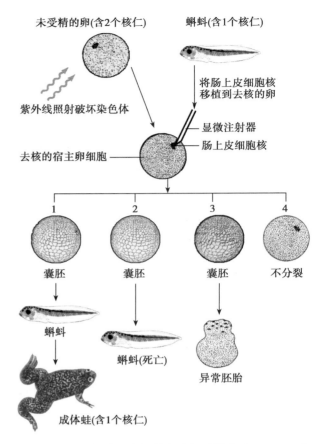

图 3-11-3　两栖类动物的体细胞核移植实验证明了已分化细胞的细胞核具有全能性

二、细胞决定与细胞分化

(一)细胞决定先于细胞分化并制约着分化的方向

在个体发育过程中,细胞在发生可识别的分化特征之前就已经确定了未来的发育命运,只能向特定方向分化的状态,称为细胞决定(cell determination)。在囊胚或胚盘形成后,通过不同的方法对每一个卵裂细胞进行标记,并追踪不同卵裂细胞的发育过程,可在囊胚或胚盘表面划定显示不同发育趋向的区域,这样的分区图称为命运图(fate map)。人们先后绘制出爪蟾、鸡、鼠和斑马鱼的命运图。以爪蟾为例,通过对 32 细胞期胚胎中的每一个卵裂球进行标记追踪,确定了爪蟾晚期囊胚发育的命运图:植物半球(卵黄较集中的一端)下部的 1/3 区域富含卵黄,其发育命运为内胚层细胞,动物半球(卵细胞质较集中的一端)将发育为外胚层,环绕在囊胚赤道处的带状区域(marginal zone)为预定中胚层区。研究表明,命运图并不表示早期胚胎中各区域细胞的发育命运已经确定,它只是反映在胚胎继续发育过程中各区域的运动趋势。当胚胎发育进行到原肠胚期以后,细胞的命运才被逐步确定。在原肠胚期的内、中、外三胚层形成时,虽然在形态学上看不出有什么差异,但此时形成各器官的预定区已经确定,每个预定区决定了它只能按一定的规律发育分化成特定的组织、器官和系统。

细胞决定可通过胚胎移植实验(grafting experiment)予以证明。例如在两栖类胚胎,如果将原肠胚早期预定发育为表皮的细胞(供体),移植到另一个胚胎(受体)预定发育为脑组织的区域,供体表皮细胞在受体胚胎中将发育成脑组织,而到原肠胚晚期阶段移植时则仍将发育成表皮。这表明,在两栖类的早期原肠胚和晚期原肠胚之间的某个时期便发生了细胞决定,一旦决定之后,即使外界的因素不复存在,细胞仍然按照已经决定的命运进行分化(图 3-11-4)。

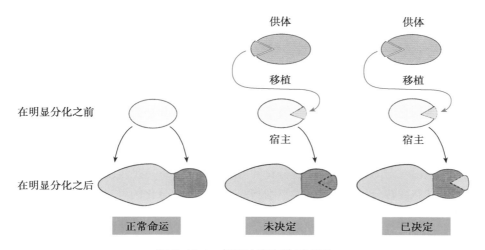

供体　　　　　　　供体

移植　　　　　　　移植

在明显分化之前　　　　　　　宿主　　　　　　　宿主

在明显分化之后

正常命运　　　未决定　　　已决定

图 3-11-4　细胞决定实验示意图

　　细胞的分化去向源于细胞决定,是什么因素决定了胚胎细胞的分化方向? 迄今尚不清楚。现有研究资料提示,有两种因素在细胞决定中起重要作用:一是卵细胞的极性与早期胚胎细胞的不对称分裂,二是发育早期胚胎细胞的位置及胚胎细胞间的相互作用。细胞的不对称分裂是指存在于核酸蛋白颗粒(RNP)中的转录因子 mRNA 在细胞质中的分布是不均等的;当细胞分裂时,这些决定因素(mRNA)被不均匀地分配到两个子细胞中,这导致两个子细胞命运的差异。例如,高等脊椎动物卵中的生殖质(germ plasm),即卵母细胞中决定胚胎细胞分化成生殖细胞的细胞质成分,在卵裂开始时就不均等地分到不同的卵裂球中,有生殖质的卵裂球,将来发育成原生殖细胞,无生殖质的卵裂球则发育为成体细胞。细胞命运的决定可以受到其所处位置和相邻细胞的影响,例如囊胚中的内细胞团可以分化为胚体,而在外表面的滋养层则只能分化为胎膜成分。可以认为,卵细胞的极性与细胞的不对称分裂、细胞间的相互作用构成了细胞决定信号,这些信号左右了细胞中某些基因的关闭和某些基因的开放。

（二）细胞决定具有遗传稳定性

　　细胞决定表现出遗传稳定性,典型的例子是果蝇成虫盘细胞的移植实验。成虫盘(imaginal disc)是幼虫体内已决定的尚未分化的细胞团,在幼虫发育的变态期之后,不同的成虫盘可以逐渐发育为果蝇的腿、翅、触角等成体结构。如果将成虫盘的部分细胞移植到一个成体果蝇腹腔内,成虫盘可以不断增殖并一直保持于未分化状态,即使在果蝇腹腔中移植多次、经历 1 800 代之后再移植到幼虫体内,被移植的成虫盘细胞在幼虫变态时,仍能发育成相应的成体结构。这说明果蝇成虫盘细胞的决定状态是非常稳定并可遗传的。

　　人们在认识到细胞决定的稳定性和可遗传性的同时,也开始探索细胞决定的可逆性。在果蝇研究中发现,有时某些培养的成虫盘细胞会不按已决定的分化类型发育,而是生长出非相应的成体结构,发生了转决定(transdetermination)。探讨转决定的发生机制对了解胚胎细胞命运的决定具有重要意义。

　　细胞命运的决定机制一直是细胞分化研究的重要课题。近年来有关细胞命运决定的主要研究策略:一是利用模式生物,分析选择性干预(如基因敲除)早期胚胎中某个基因的表达对内、中、外三胚层形成的影响;二是基于 ES 细胞,寻找决定 ES 细胞向三胚层细胞分化的决定因子。迄今已取得了一些进展,例如:抑制斑马鱼早期胚胎中 *Dapper2* 基因的表达将引起中胚层组织增厚;ES 细胞中 SOX 因子(*SOX7*、*SOX17*)的组成性表达决定了内胚层祖细胞的形成;在果蝇眼发育研究中发现,*spineless* 基因编码的转录因子是决定细胞发育成不同感光细胞的关键;等等。目前人们的研究兴趣集中在:胚

NOTES

胎细胞中命运决定因子的极性分布以及如何通过细胞的不对称分裂被分配到子代细胞中。

三、细胞分化的可塑性

一般地,细胞分化具有高度的稳定性。细胞分化的稳定性(stability)是指在正常生理条件下,已经分化为某种特异的、稳定类型的细胞一般不可能逆转到未分化状态或者成为其他类型的分化细胞。例如,神经元在整个生命过程中都保持着特定的分化状态。如果已分化的细胞保留了分裂能力,细胞能传递其分化状态到它的子代。已分化的终末细胞在形态结构和功能上保持稳定是个体生命活动的基础。细胞分化的稳定性还表现在离体培养的细胞,例如,一个离体培养的皮肤上皮细胞保持为上皮而不转变为其他类型的细胞;黑色素细胞在体外培养 30 多代后仍能合成黑色素。然而,在特定条件下细胞分化又表现出一定的可塑性。细胞分化的可塑性(plasticity)是指已分化的细胞在特殊条件下重新进入未分化状态或转分化为另一种类型细胞的现象。细胞分化的可塑性是目前生物医学研究的热点领域。

(一)已分化的细胞可发生去分化

一般情况下,细胞分化过程是不可逆的。然而在某些条件下,分化了的细胞也不稳定,其基因活动模式也可发生逆转,又回到未分化状态,这一变化过程称为去分化(dedifferentiation)。高度分化的植物细胞可失去分化特性,重新进入未分化状态,成为能够发育分化为一株完整植物的全能性细胞,这可以在实验室条件下达到,也可以在营养体繁殖过程中出现。在高等动物中,体细胞部分去分化的例子较多(如蝾螈肢体再生时形成的胚芽细胞及人类的各种肿瘤细胞等),但体细胞通常难以完全去分化而成为全能性细胞。然而近年研究发现,一些"诱导"因子能够将小鼠和人的体细胞(如皮肤成纤维细胞)直接重编程而去分化为具有多向分化潜能的诱导多能干细胞。

一般将成熟终末分化细胞逆转为原始的多能甚至是全能性干细胞状态的过程称为细胞重编程(cellular reprogramming)。前面讲到的基于细胞核移植技术的动物克隆实验就是细胞重编程的例子。然而细胞重编程概念的真正形成和发展,源于 2006 年日本科学家 S. Yamanaka(山中伸弥)等人的工作。山中伸弥借助反转录病毒载体,将四个转录因子(Oct3/4、Sox2、c-Myc、Klf4)基因导入小鼠皮肤成纤维细胞(fibroblast)中,可以使来自胚胎小鼠或成年小鼠的成纤维细胞获得类似胚胎干细胞的多能性。一般将通过这种方法获得的多能性细胞称为诱导多能干细胞(induced pluripotent stem cell,iPSC)。继山中伸弥的工作之后,有关基于基因转移技术的细胞重编程研究成果层出不穷。应用细胞重编程技术直接将体细胞(成纤维细胞)转变为组织干细胞如造血干细胞、神经干细胞及肝干细胞等也是近年来的热点领域。此外,在细胞重编程策略研究上,许多研究者也寄希望绕开基因转移步骤,试图寻找能够启动细胞发生重编程的小分子化合物。我国学者邓宏魁等在该研究领域获重要进展:他们从诱发四个转录因子(Oct3/4、Sox2、c-Myc、Klf4)表达原则出发,从 1 万多个化合物中筛选出能够使小鼠体细胞(成纤维细胞)重编程为具有胚胎干细胞样多能性的 4 种小分子化合物(糖原合成酶 3 抑制因子、TGF-β 抑制因子、cAMP 激动剂 forskolin、S-腺苷同型半胱氨酸水解酶抑制剂3-deazaneplanocin A)的组合。细胞重编程领域的研究进展不仅有重要的医学意义,而且也将为阐明成体中的组织干细胞谱系维持机制提供新思路。山中伸弥、J. Gurdon 因在细胞重编程研究领域的贡献,2012 年获得了诺贝尔生理学或医学奖。

(二)特定条件下已分化的细胞可转分化为另一种类型细胞

在高度分化的动物细胞中还可见到另一种现象,即从一种分化状态转变为另一种分化状态,这种现象称为转分化(transdifferentiation)。细胞通过转分化既能形成同一种发育相关的细胞类型,也能形成不同发育类型的细胞。

把鸡胚视网膜色素上皮细胞置于特定培养条件下,可以建立一个很好的转分化模型。此时,细胞色素渐渐消失并且细胞开始呈现晶体细胞的结构特征,并产生晶体特异性蛋白——晶体蛋白。另一个转分化的例子可见于肾上腺的嗜铬细胞。体积较小的嗜铬细胞来源于神经嵴并且分泌肾上腺素入血,在培养条件下,加入糖皮质激素可以维持嗜铬细胞的表型;但是当去除甾体激素并在培养基中加入神经生长因子(NGF)之后,嗜铬细胞转分化成交感神经元,这些神经元比嗜铬细胞大,带有树突样和轴突样突起,并且它们分泌去甲肾上腺素而非肾上腺素(图3-11-5)。在上述的两个例子中,细胞通过转分化生成了同一种发育相关的细胞类型:色素细胞和晶体细胞均来源于外胚层并且涉及眼的发育;交感神经元和嗜铬细胞均来源于神经嵴。

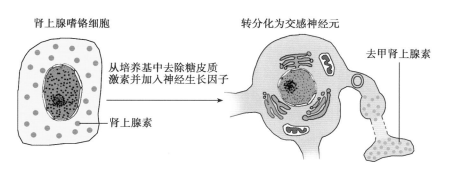

图 3-11-5　细胞转分化示意图

通过转分化形成不同发育类型细胞的例子也较常见。例如,水母横纹肌可由一种细胞类型连续转分化成两种不同类型的细胞。离体的横纹肌与其相关的细胞外基质共同培养时,可以保持横纹肌的状态。在用能降解细胞外基质的酶处理培养组织之后,细胞将形成一个聚合体,有些细胞在1~2天内转分化为具有多种细胞形态的平滑肌细胞,继续培养时,还呈现出第二种类型细胞——神经元。

关于细胞的转分化,还有一些很有趣的例子:经生肌蛋白(myogenin)基因 myoD 转染的成纤维细胞或脂肪细胞可转分化为成肌细胞。通常情况下,在一些生命周期较长的细胞例如神经元,一旦分化就不再分裂,且分化状态稳定许多年。但近些年研究发现,终末分化的神经元(细胞),在特定条件下可转变为血细胞和脂肪细胞。

必须指出的是,无论是动物还是植物,细胞分化的稳定性是普遍存在的,可以认为分化具有单向性、序列性和终末性(一般情况下都会到达分化的目标终点,成为终末分化细胞),而去分化是逆向运动,转分化是转序列运动。发生细胞的转分化或去分化是有条件的:①细胞核必须处于有利于分化逆转的环境中;②分化的逆转必须具有相应的遗传物质基础。通常情况下,细胞分化的逆转易发生于具有增殖能力的组织中。

四、细胞分化的时空性

在个体发育过程中,多细胞生物细胞既有时间上的分化,也有空间上的分化。一个细胞在不同的发育阶段可以有不同的形态结构和功能,即时间上的分化;同一种细胞的后代,由于每种细胞所处的空间位置不同,其环境也不一样,可以有不同的形态和功能,即空间上的分化。在高等动植物个体胚胎发育过程中,随着细胞数目的不断增加,细胞的分化程度越来越复杂,细胞间的差异也越来越大;同一个体的细胞由于所处的空间位置不同而决定了细胞的发育命运,出现头与尾、背与腹等不同。这些时空差异为形成功能各异的多种组织和器官提供了基础。

五、细胞分裂与细胞分化

细胞分裂和细胞分化是多细胞生物个体发育过程中的两个重要事件,两者之间有密切的联系。通常细胞在增殖(细胞分裂)的基础上进行分化,而早期胚胎细胞的不对称分裂所引起的细胞质中转录因子的差异制约着细胞的分化方向和进程。细胞分化发生于细胞分裂的 G_1 期,在早期胚胎发育阶段特别是卵裂过程中,细胞快速分裂,G_1 期很短或几乎没有 G_1 期,此时细胞分化减慢。细胞分裂旺盛时分化变缓,分化较高时分裂速度减慢是个体生长发育的一般规律。例如哺乳动物的表皮角化层细胞等终末细胞分化程度较高,分裂频率明显减慢,而高度分化的细胞,如神经元和心肌细胞则很少分裂或完全失去分裂能力。

第二节　细胞分化的分子基础

一、细胞分化的基因组活动模式

(一) 基因的选择性表达是细胞分化的普遍规律

细胞分化的实质是细胞的特化,即分化的细胞表达特异性蛋白(保持特化特征)。大量研究发现,细胞分化的本质是基因表达的变化。多细胞生物在个体发育过程中,其基因组 DNA 并不全部表达,而是按照一定的时空顺序,在不同细胞和同一细胞的不同发育阶段发生差异表达(differential expression)。这就导致了所谓的奢侈蛋白(luxury protein)即细胞特异性蛋白质的产生,如红细胞中的血红蛋白、皮肤表皮细胞中的角蛋白和肌细胞的肌动蛋白和肌球蛋白等。编码奢侈蛋白的基因称奢侈基因(luxury gene),又称"组织特异性基因"(tissue-specific gene),是特定类型细胞中为其执行特定功能蛋白质编码的基因。不同奢侈基因的选择性表达赋予了分化细胞的不同特征。当然,一个分化细胞的基因表达产物不仅仅是奢侈蛋白,也包含由持家基因(housekeeping gene)表达的持家蛋白。持家基因也被称为"管家基因",在生物体各类细胞中都表达,编码维持细胞存活和生长所必需的蛋白质,如细胞骨架蛋白、染色质的组蛋白、核糖体蛋白以及参与能量代谢的糖酵解酶类的编码基因等。一些简单的实验便可说明细胞分化的本质。例如,鸡的输卵管细胞合成卵清蛋白,胰岛细胞合成胰岛素,成红细胞合成 β-珠蛋白,这些细胞都是在个体发育过程中逐渐产生的。用相应的基因制作探针,对三种细胞总的 DNA 的限制性酶切片段进行 Southern 杂交实验,结果显示,上述三种细胞的基因组 DNA 中均存在卵清蛋白基因、胰岛素基因和 β-珠蛋白基因。然而用同样的三种基因片段作探针,对这三种细胞中提取的总 RNA 进行 Northern 杂交实验,结果表明,输卵管细胞中只有卵清蛋白 mRNA,胰岛素细胞中只有胰岛素 mRNA,成红细胞中只有 β-珠蛋白 mRNA。以上结果说明,细胞分化的本质是特定细胞中基因的选择性表达,一些基因处于活化状态,同时另一些基因表达被抑制。基于以下经典实验,认为基因的选择性表达是细胞分化的普遍规律。

1. 分化成熟细胞的细胞核支持卵的发育　人们在认识细胞分化机制过程中,曾根据少数分化细胞的染色体丢失现象而错误地认为细胞分化的本质是源于遗传信息的丢失或突变。为证明细胞分化过程中是否伴随遗传信息(基因)的不可逆变化,1952—1962 年间,以 R. Briggs、T. King 和 J. Gurdon 为代表的细胞生物学家率先开展了细胞核移植实验,Gurdon 成功地克隆出了成体爪蟾。后来,一系列克隆动物如克隆羊、克隆牛、克隆狗、克隆非人灵长类猕猴等的相继问世,充分证明了细胞分化并不是由于基因丢失或永久性地失去活性造成的,维持发育所需要的基因并没有发生不可逆的改变,当体细胞核暴露于卵细胞质中之后,它的作用就如同一个受精卵的细胞核基因一样。

2. 细胞融合能改变已分化细胞的基因表达活性　卵(尤其是蛙卵)因其胞体较大、胞质丰富而有利于外源性细胞核的植入。但在其他类型细胞,特别是已分化的细胞,很难将外源性细胞核注射到其细胞质之中。然而,通过将两个细胞融合在一起,可以使一种细胞的细胞核暴露于另一种细胞的胞质中。应用化学药品或病毒处理等手段很容易使不同来源细胞的细胞膜融合在一起,使不同的核共享一个相同的细胞质。

鸡红细胞与培养的人癌细胞融合实验很好地说明了分化终末细胞的基因具有可逆性。与哺乳动物的红细胞不同,成熟的鸡红细胞为有核细胞,但其细胞核中的基因表达活性受到了严格限制,当鸡红细胞与人癌细胞融合后,其细胞核的基因表达被重新激活,从而表达出鸡特异性蛋白质。这也说明人细胞质中含有能启动鸡红细胞核基因转录的细胞质因子。

另一个例子是,已分化细胞与不同种属的横纹肌细胞的细胞融合实验,进一步为分化终末细胞基因表达可逆性提供了证据。多核的横纹肌细胞是进行细胞融合研究的理想细胞,因为它们体积很大,并且也很容易鉴定出肌肉特异性的蛋白质。人三胚层的每层代表性分化细胞都能与大鼠的多核肌细胞融合,当人细胞核暴露于大鼠肌细胞质时,已分化的人细胞(非肌细胞)核基因被激活而开始表达肌肉特异性蛋白。例如,在大鼠肌细胞质之中的人肝细胞核不再表达肝特异性蛋白,相反,它(肝细胞核)的肌肉特异性基因被激活,而表达人肌肉特异性蛋白质(图 3-11-6)。

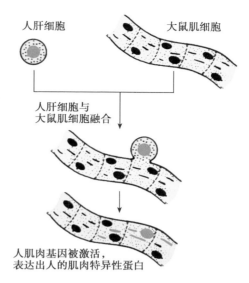

图 3-11-6　细胞融合实验

　　3. 一个细胞的分化状态能够通过转分化而改变　在细胞分化的基本概念一节中已经提到了细胞发生转分化的较多事例,这些例子证实了细胞分化的实质并不是基因的丢失,当细胞所处环境发生极端改变时,原来不表达的基因也因特殊环境改变而开始表达并赋予转分化细胞的特征。

　　上述几个经典实验结果清楚地表明,细胞分化的实质是基因的选择性或差异性表达,即一些基因处于活化状态,同时其他基因被抑制。一般认为,某一类型的成体细胞中能够表达的基因仅占基因总数的 5%~10%,其余大部分基因都处于抑制状态。这种抑制状态通常是可逆的,已分化细胞的基因表达活性可以被改变,其表达受基因组所处的微环境和存在于细胞中的转录因子所控制。

　　(二)基因组改变是细胞分化的特例

　　早期的研究结果显示,一些分化的细胞例如果蝇的腺细胞和卵巢滤泡细胞,在其分化过程中基因组发生了量的变化,表现为特定基因的选择性扩增;在果蝇的其他一些细胞,像卵巢中的营养细胞、唾液腺细胞和马尔皮基氏管细胞的发育过程中,还呈现出基因组扩增现象,染色体多次复制,形成多倍体(polyploid)和多线体(polyteny)。

　　与上述情况相反,一些细胞在分化过程中则发生遗传物质(染色质或染色体)的丢失。典型的例子是来源于对马蛔虫(*Assaris lumbricoides*)发育过程的研究。在马蛔虫个体发育中,只有生殖细胞得到了完整染色体,而体细胞中的染色体则是部分染色体片段,其余的染色体丢失了。在其他的一些例子中,还可观察到完整的染色体或完整的核丢失。例如,在摇蚊(*Wachtiella persicariae*)的发育中,许多体细胞丢失了最初 40 条染色体中的 38 条;而哺乳动物(除骆驼外)的红细胞以及皮肤、羽毛和毛发的角化细胞则丢失了完整的核。

　　在脊椎动物和人类免疫细胞发育研究中发现,执行抗体分泌功能的 B 淋巴细胞分化的本质是由于编码抗体分子的基因发生了重排(rearrangement)。抗体分子由两条轻链和两条重链组成,轻链和重链的氨基酸序列均含有两个区域:一个恒定区(constant region)和一个可变区(variable region)。其恒定区由 C 基因编码,可变区分别由 V、J 基因(轻链)和 V、D、J 基因(重链)编码。以轻链基因为例,在 B 淋巴细胞分化期间,胚细胞 DNA 通过体细胞重组(somatic recombination),部分 V 基因片段、部分 J 基因片段和恒定区 C 基因连接在一起,组成产生抗体 mRNA 的 DNA 序列。重链和轻链都有数百个 V 基因片段,因机体免疫应答需要可选择性地与 C 基因组合成多种 DNA 序列,从而产生多种多样的抗体分子。

　　基于以上事例,人们对细胞分化的机制曾提出过一些假说,如基因扩增、DNA 重排和染色体丢失等,但这些现象并不是细胞分化的普遍规律。

二、胞质中的细胞分化决定因子与传递方式

　　(一)母体效应基因产物的极性分布决定了细胞分化与发育的命运

　　一些研究提示,成熟的卵细胞中储存有 20 000~50 000 种 RNA,其中大部分为 mRNA。这些

mRNA 直到受精后才被翻译为蛋白质。其中部分 mRNA 在卵质中的分布不均,如在爪蟾未受精卵中,有些 mRNA 特异地分布于动物极,有些则分布在植物极,它们在细胞发育命运的决定中起重要作用。通常将这些在卵质中呈极性分布、在受精后被翻译为在胚胎发育中起重要作用的转录因子和翻译调节蛋白的 mRNA 分子称为母体因子。编码母体因子的基因谓之母体效应基因(maternal effect gene),也称"母体基因"(maternal gene),即在卵子发生过程中表达,表达产物(母体因子)存留于卵子中,受精后通过这些母体因子影响胚胎发育的基因。相对地,在一些物种中,精子中表达的基因提供了不能由卵子替代的重要的发育信息,这些基因被称作父体效应基因(paternal effect gene)。

在果蝇中,母体效应基因得到了比较深入的研究。果蝇和一般的脊椎动物有所不同,其母体效应基因预先决定了子代未来的相互垂直的前-后轴和背-腹轴。例如果蝇 bicoid 基因的 mRNA,在未受精时,它定位于卵母细胞的一端,即将来发育为胚胎的前端。受精后 bicoid mRNA 被翻译为蛋白质,因有限的扩散,建立了 BICOID 蛋白梯度:BICOID 蛋白沿胚胎前-后轴呈浓度梯度分布,越靠近胚胎的前端,其浓度越高(图 3-11-7)。BICOID 蛋白含有一个螺旋-转角-螺旋结构域(helix-turn-helix domain),它与卵前部区域的胚胎细胞核染色体结合(果蝇的早期胚胎为多个细胞核共存于一个细胞质中的合胞体),高浓度的 BICOID 蛋白启动了头部发育的特异性基因的表达,而低浓度的 BICOID 蛋白则与形成胸部的特异性基因表达有关。

母源 *bicoid* mRNA

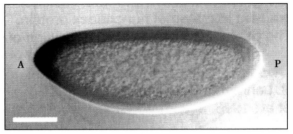

BICOID蛋白

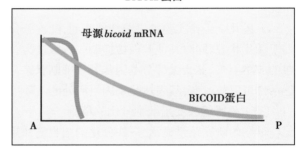

图 3-11-7　受精前后 *bicoid* 基因 mRNA 及其翻译蛋白浓度梯度分布

上图:果蝇胚胎的 mRNA 原位杂交照片;中图:果蝇胚胎的 BICOID 蛋白免疫组化照片;下图:受精前后浓度梯度分布示意图。

A:前端;P:后端。

(二) 胚胎细胞分裂时胞质的不均等分配影响细胞的分化命运

在胚胎早期发育过程中,细胞质成分是不均质的,胞质中某些成分的分布有区域性。当细胞分裂时,细胞质成分被不均等地分配到子细胞中,这种不均一性胞质成分可以调控细胞核基因的表达,在一定程度上决定细胞的早期分化。例如在果蝇感觉器官的发育过程中,细胞命运的决定物之一是 *numb* 基因编码的蛋白。该蛋白在感觉性母细胞的胞质中呈非对称分布,以致细胞在第一次分裂时只有一个子细胞中含有 NUMB 蛋白,这个子细胞在第二次分裂时产生了神经元及其鞘层细胞,而缺乏 NUMB 蛋白的细胞则生成支持细胞(图 3-11-8)。NUMB 蛋白对神经元及鞘层细胞的形成是必需的。在缺乏 NUMB 蛋白的胚胎中,那些本应该发育成神经元和鞘层细胞的细胞却发育成为外层的支持细胞。

感觉性神经母细胞

NUMB 蛋白

支持细胞　支持细胞　感觉性神经元　鞘层细胞

图 3-11-8　早期胚胎细胞不对称分裂示意图

三、基因选择性表达的转录水平调控

由受精卵发育而来的同源不同分化类型的细胞中,基因的表达特性差别很大,某个基因在一类细胞内打开而在另一种细胞内却相反。那么是什么因素决定了分化细胞中的特异性基因表达呢?研究表明,细胞分化的基因表达调控可以发生在转录、翻译以及蛋白质形成后修饰等不同水平,其中转录因子(transcription factor)介导的转录水平调控是最重要的。

在个体发育或细胞分化期间被激活的基因,通常有复杂的调控域(control region),它包括启动子区和其他能调节基因表达的 DNA 位点,这些区域中含有转录调节因子(转录因子和转录因子调节蛋白)的结合位点,在调控区上不同转录调节因子的相互作用决定了基因是否被激活(图 3-11-9)。可以认为,转录因子对基因活动的持续激活可以维持细胞的分化状态。

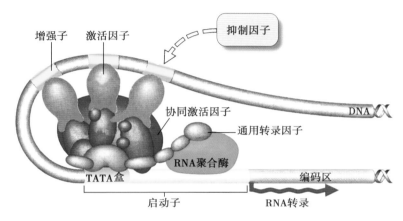

图 3-11-9 转录调节因子与基因表达调控区结合模式图

(一)基因的时序性表达

某一特定基因表达严格按照一定的时间顺序发生,这称为基因表达的时间特异性(temporal specificity)。从受精卵到组织、器官形成的各个不同发育阶段,都会有不同的基因严格按照自己特定的时间顺序开启或关闭,表现为分化、发育阶段一致的时间性,也称为阶段特异性(stage specificity)。关于基因时序性表达的机制,人们在血红蛋白的表达和形成过程中进行了较深入的研究。

表达血红蛋白是红细胞分化的主要特征。脊椎动物的血红蛋白由 2 条 α-珠蛋白链和 2 条 β-珠蛋白链组成。α-珠蛋白和 β-珠蛋白基因分别定位于不同染色体上,它们都由一个基因簇(基因家族)构成。在哺乳动物中,每个家族的不同成员都在发育的不同时期被表达,这样,在胚胎、胎儿和成体中分别生成不同的血红蛋白。人 β-珠蛋白基因簇包括 ε、$^Gγ$、$^Aγ$、δ 和 β 五个基因,这些基因在发育的不同时期表达:ε 在早期胚胎的卵黄囊中表达;$^Gγ$ 和 $^Aγ$ 在胎儿肝脏中表达;δ 和 β 基因在成人骨髓红细胞前体细胞中表达。所有这些基因的蛋白质产物都与由 α-珠蛋白基因编码的 α-珠蛋白结合,从而在发育的三个时期中分别形成有不同生理特性的血红蛋白(图 3-11-10)。

在个体发育过程中依次有不同的 β-珠蛋白基因的打开和关闭,这与 β-珠蛋白基因簇上游的基因座控制区(locus control region,LCR)有关(图 3-11-10)。LCR 最初是应用 DNase Ⅰ 消化实验鉴定的。在成体中,只有红细胞(前体细胞)中的 LCR 对 DNase Ⅰ 敏感。对 DNase Ⅰ 如此敏感意味着该区域的染色质没有被紧密包裹,转录因子易于接近 DNA。β-珠蛋白基因簇中每个基因的有效表达,除受到每个基因 5′端上游的启动子和调控位点及基因下游(3′端)的增强子控制之外,还将受到远离 β-珠蛋白基因簇上游的 LCR 的严格制约。LCR 距离 ε 基因的 5′末端约 10 000bp 以上。研究发现,LCR 可使任何与它相连的 β-家族基因呈高水平表达,即使 β-珠蛋白基因本身距离它约 50 000bp,LCR 也能指导转基因小鼠中整个 β-珠蛋白基因簇的顺序表达。有研究者认为,LCR 区和珠蛋白基因启动子之间的 DNA 呈袢环状,这样,结合到 LCR 的蛋白能够比较容易地与结合到珠蛋白基因启动子上的蛋白

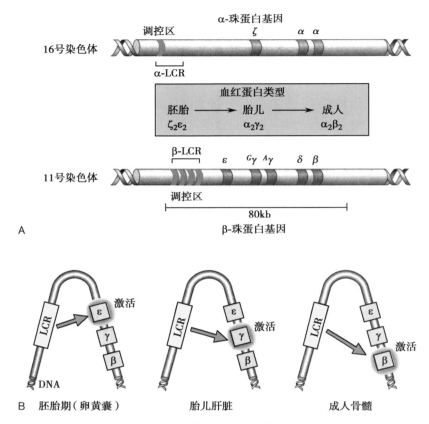

图 3-11-10　LCR 控制的 β-珠蛋白基因激活的可能机制

A. 人珠蛋白基因结构；B. LCR 控制的 β-珠蛋白基因的激活，LCR 在发育的不同阶段依次与每个基因的启动子相互作用，从而控制它们的时间顺序性表达。

发生相互作用。例如，在胚胎的卵黄囊细胞中，LCR 将与 ε 基因的启动子相互作用，在胎肝中则与两个 γ 基因启动子相互作用，最后在骨髓来源的红细胞中，与 β 基因启动子相互作用。

在 LCR 区域中含有分别为 300bp 左右的 4 个"核心"控制区，其中的每个区都有与少数几个特异性转录因子的结合位点，如转录因子 NF-E2 和在红细胞中高水平表达的 GATA-1。

（二）基因的组织细胞特异性表达

在个体发育过程中，同一基因产物在不同的组织器官中表达多少是不一样的。一种基因产物在个体的不同组织或器官中表达，即在个体的不同空间出现，这就是基因表达的空间特异性（spatial specificity）。不同组织细胞中不仅表达的基因数量不同，而且基因表达的强度和种类也各不相同，这就是基因表达的组织特异性。一般地，发育中基因的转录要求激活因子结合于基因的调控区（启动子区和其他能调节基因表达的 DNA 位点）。与基因表达调控区相结合的转录因子可区分为通用转录因子和组织细胞特异性转录因子两大类，前者是指为大量基因转录所需要并在许多细胞类型中都存在的因子；后者则是为特定基因或一系列组织特异性基因所需要，并在一个或很少的几种细胞类型中存在的因子。

通过替换组织特异性（表达）基因的调控区实验就可证明组织特异性转录因子的存在。例如，在小鼠中弹性蛋白酶仅在胰腺中表达，而生长激素只在垂体中形成，将人生长激素基因的蛋白编码区连接于小鼠弹性蛋白酶基因的调控区之后，再将此重组的 DNA 注射到小鼠受精卵中，使其整合到基因组中，在由此发育而来的转基因小鼠的胰腺组织中可检测到人生长激素，表明胰腺组织中的特异转录因子通过作用于弹性蛋白酶基因调控区，启动了胰腺细胞表达人生长激素（图 3-11-11）。

迄今已鉴定出一些组织特异性转录因子，如在红细胞中表达的血红蛋白的 EFI 因子、在胰岛中表达的胰岛素的 Isl-Ⅰ因子、在骨骼肌中表达的肌球蛋白的 MyoD Ⅰ因子等。通常情况下，细胞特异性的基因表达是由于仅存于那种类型细胞中的组织细胞特异性转录因子与基因的调控区相互作用的结果。

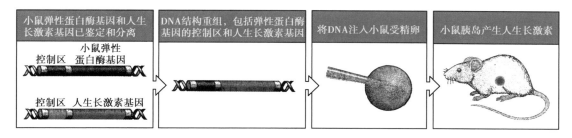

图 3-11-11　组织特异性转录因子通过调控区控制基因转录事例

小鼠弹性蛋白酶基因的控制区与编码人类生长激素的 DNA 序列相连。将此重组 DNA 注入小鼠受精卵的核，它可整合入基因组。当小鼠发育后，在小鼠弹性蛋白酶启动子的控制下，胰腺可产生人生长激素。

应该指出的是，在个体发育或细胞分化期间被激活的基因通常有复杂的调控区。一个转录因子是否影响特定基因的活动取决于许多因素，除了基因的调控区是否含有该转录因子的结合位点之外，转录因子的转录活性还受到转录因子调节蛋白的严格控制。在调控区上不同转录调节因子（转录因子和转录因子调节蛋白）的相互作用决定了基因是否被激活。

（三）细胞分化过程中基因表达调控的复杂性

动物受精卵第一次卵裂后的裂球，在个体发育中通过细胞分裂产生大量多代各种成体细胞，祖细胞与分化细胞的先后连续的宗系关系被称为细胞谱系（cell lineage）。在特定谱系细胞形成过程中，转录因子（或转录调节蛋白）比较普遍的作用方式是：①一个表达的转录因子能同时调控几个基因的表达，表现为同时发生的某些基因的激活和某些基因的关闭；②组合调控（combinatory control），即转录起始受基因调节蛋白的组合而不是单个基因调节蛋白调控的现象。这两种转录水平的调控方式在细胞分化过程中起重要作用。

1. 细胞分化主控基因　在个体发育过程中，一个关键基因调节蛋白的表达能够引发一整串下游基因的表达。这种调控方式表现为某些基因的永久性关闭和一些基因的持续性激活，同时转录因子的基因产物本身起正反馈调节蛋白作用（图 3-11-12）。这样一来，维持一系列细胞分化基因的活动只需要激活基因表达的起始事件，即特异地参与某一特定发育途径的起始基因。该基因一旦打开，它

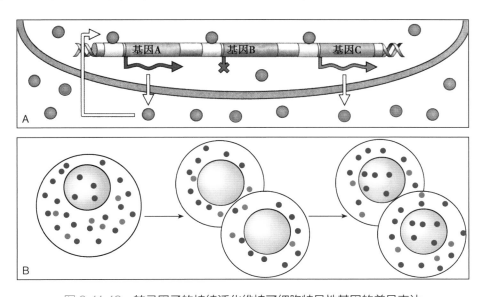

图 3-11-12　转录因子的持续活化维持了细胞特异性基因的差异表达

A. 基因 A 编码产物为转录因子，它正性调控自身的表达，一旦激活，即始终保持在开放状态；B. 转录因子 A 也激活基因 C，同时抑制基因 B，从而建立一个细胞特异性的基因表达谱：在细胞分裂后，两个子细胞的胞质中均含有转录因子 A，它进入细胞核，以维持基因 B 和基因 C 的表达谱。

就维持在活化状态,表现为能充分地诱导细胞沿着某一分化途径进行,从而导致特定谱系细胞的发育。具有这种正反馈作用的起始基因通常称为细胞分化主控基因(master control gene)。例如,在哺乳动物的成肌细胞向肌细胞分化过程中,*myoD* 基因起重要作用。*myoD* 在肌前体细胞和肌细胞中表达,它的表达将引起级联反应,包括 *MRF4*、*myogenin* 基因的顺序活化,导致肌细胞分化(图 3-11-13)。*myoD*、*MRF4* 和 *myogenin* 都编码一个含有基本的螺旋-环-螺旋(bHLH)的 DNA 结合域的转录因子。一般将 *myoD* 基因视为肌细胞分化的主控基因。有趣的是,经 *myoD* 基因转染的成纤维细胞以及其他一些类型的细胞也能够分化为肌细胞。研究资料也表明 *myf-5* 具有 *myoD* 的类似功能。在正常情况下,*myoD* 的表达对 *myf-5* 的表达有抑制效应,Myf-5 蛋白能补偿 MyoD 蛋白功能的缺失。

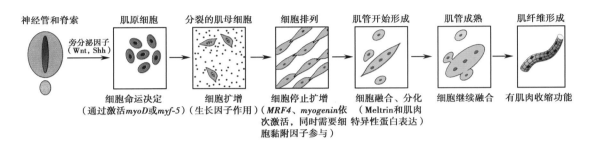

图 3-11-13   脊椎动物骨骼肌细胞分化机制

外部信号(旁分泌因子 Wnt, Shh)通过 *myoD* 和 *myf-5* 基因启动肌细胞分化,这两个基因中的哪一个优先表达取决于物种的不同,它们的基因活化形成交互抑制并维持自身状态,其编码蛋白进一步激活 *MRF4* 和 *myogenin* 基因,最终导致肌细胞特异性蛋白表达。

单个基因调节蛋白不仅在特定谱系细胞的分化过程中起重要作用,而且还能触发整个器官的形成。这种结果来自对果蝇、小鼠和人类的眼发育的研究。在眼发育过程中,有一个基因调节蛋白(在果蝇中称为 Ey,在脊椎动物中称为 Pax-6)很关键,如果在适当的情况下表达,Ey 能触发形成的不只是一种类型细胞,而是整个器官(眼),它由不同类型的细胞组成,并全部在三维空间中正确组织起来。

2. 细胞分化的组合式调控   组合调控的一个条件是许多基因调节蛋白必须能共同作用来影响最终的转录速率。不仅每个基因拥有许多基因调节蛋白来调控它,而且每个基因调节蛋白也参与调控多个基因。虽然有些基因调节蛋白在单个细胞类型特异存在(如 MyoD),但大多数基因调节蛋白存在于多种类型细胞中,在体内多个部位和发育期间多次打开。如图 3-11-14 所示,组合调控能够以相对较少的基因调节蛋白产生多种类型的细胞。

3. 同源异形框基因的时空表达   1983 年,瑞士 Gehring 实验室的工作人员在研究绘制果蝇触角足复合体(Antennapedia complex,ANTP,昆虫中对胸部和头部体节的发育具有调节作用的基因群)基因外显子图谱过程中发现,*ANTP* cDNA 不仅与 *ANTP* 基因编码区杂交,也与同一染色体上相邻的 *FTZ*(fushi tarazu)基因杂交,提示在 *ANTP* 和 *FTZ* 基因中都含有一个共同的 DNA 片段。随后利用这个 DNA 片段为探针,相继发现在果蝇的许多同源异形基因(homeotic gene)中都含有这个相同的 DNA 片段。序列分析显示这个共同的 DNA 片段为 180bp,具有相同的开放阅读框,编码高度同源的由 60 个氨基酸组成的结构单元。后来,这一 DNA 序列又相继在小鼠、人类甚至酵母的若干基因中被发现。这个共同的 180bp DNA 片段被称为同源异形框(homeobox),含有同源异形框的基因谓之同源异形框基因(homeobox gene)。迄今为止,已发现的同源异形框基因有 300 多种,它们广泛分布于从酵母到人类的各种真核生物中,如果蝇的 *HOM* 基因,动物和人类的 *Hox* 基因。由同源异形框基因编码的蛋白称为同源异形域蛋白(homeodomain protein)。同源异形域蛋白含有同源异形域(homeodomain)和特异结构域(specific domain),特异结构域通常位于同源异形域的上游,靠近蛋白的 N 端,而同源异形域则靠近蛋白的 C 端,这两个结构域在其蛋白作为转录因子发挥作用时均起决定性的作用。研究发现,由高度保守的 60 个氨基酸组成的同源异形域,表现为一种拐弯的螺旋-环-螺旋(HLH)立体结

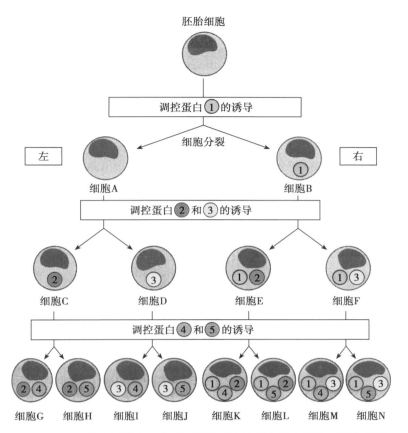

图 3-11-14　发育过程中一些基因调节蛋白的组合能产生许多细胞类型
在这个简单且理想化的体系中，每一次细胞分裂之后就会做出一个决定，合成一对不同基因调节蛋白的其中一个（用标上数字的圆圈表示）。调控蛋白①可由（受精后）母体效应基因产物的诱导产生，随后胚胎细胞感受到其所在胚胎中的相对位置，朝向胚胎左侧的子细胞常常诱导合成每对蛋白质中的偶数蛋白，而朝向胚胎右侧的子细胞诱导合成奇数蛋白。假设每种基因调节蛋白的合成一旦起始就自我持续下去，通过细胞记忆，逐步建立最终的组合指令。在图中假设的例子中，利用 5 种不同的基因调节蛋白最终形成 8 种细胞类型（G~N）。

构，其中的 9 个氨基酸片段（第 42~50 位）与 DNA 的大沟相吻合，即它能识别其所控制基因的启动子中的特异序列（应答元件），从而引起特定基因表达的激活或阻抑（图 3-11-15）。

	1																			20
小鼠HOXa-4	Ser	Lys	Arg	Gly	Arg	Thr	Ala	Tyr	Thr	Arg	Pro	Gln	Leu	Val	Glu	Leu	Glu	Lys	Glu	Phe
蛙XlHbOX2	Arg	Lys	Arg	Gly	Arg	Gln	Thr	Tyr	Thr	Arg	Tyr	Gln	Thr	Leu	Glu	Leu	Glu	Lys	Glu	Phe
果蝇 ANTP	Arg	Lys	Arg	Gly	Arg	Gln	Thr	Tyr	Thr	Arg	Tyr	Gln	Thr	Leu	Glu	Leu	Glu	Lys	Glu	Phe
果蝇 FTZ	Ser	Lys	Arg	Gly	Arg	Gln	Thr	Tyr	Thr	Arg	Tyr	Gln	Thr	Leu	Glu	Leu	Glu	Lys	Glu	Phe
果蝇 UBX	Arg	Lys	Arg	Gly	Arg	Gln	Thr	Tyr	Thr	Arg	Tyr	Gln	Thr	Leu	Glu	Leu	Glu	Lys	Glu	Phe

	21																			40
小鼠HOXa-4	His	Phe	Asn	Arg	Tyr	Leu	Met	Arg	Pro	Arg	Arg	Val	Glu	Met	Ala	Asn	Leu	Leu	Asn	Leu
蛙XlHbOX2	His	Phe	Asn	Arg	Tyr	Leu	Thr	Arg	Arg	Arg	Arg	Ile	Glu	Ile	Ala	His	Val	Leu	Cys	Leu
果蝇 ANTP	His	Phe	Asn	Arg	Tyr	Leu	Thr	Arg	Arg	Arg	Arg	Ile	Glu	Ile	Ala	His	Ala	Leu	Cys	Leu
果蝇 FTZ	His	Phe	Asn	Arg	Tyr	Ile	Thr	Arg	Arg	Arg	Arg	Ile	Glu	Ile	Ala	His	Ala	Leu	Ser	Leu
果蝇 UBX	His	Thr	Asn	His	Tyr	Leu	Thr	Arg	Arg	Arg	Arg	Ile	Glu	Met	Ala	Tyr	Ala	Leu	Cys	Leu

	41																			60
小鼠HOXa-4	Thr	Glu	Arg	Gln	Ile	Lys	Ile	TrP	Phe	Gln	Asn	Arg	Arg	Met	Lys	Tyr	Lys	Lys	Asp	Gln
蛙XlHbOX2	Thr	Glu	Arg	Gln	Ile	Lys	Ile	TrP	Phe	Gln	Asn	Arg	Arg	Met	Lys	Trp	Lys	Lys	Glu	Asn
果蝇 ANTP	Thr	Glu	Arg	Gln	Ile	Lys	Ile	TrP	Phe	Gln	Asn	Arg	Arg	Met	Lys	Trp	Lys	Lys	Glu	Asn
果蝇 FTZ	Ser	Glu	Arg	Gln	Ile	Lys	Ile	TrP	Phe	Gln	Asn	Arg	Arg	Met	Lys	Trp	Lys	Lys	Asp	Arg
果蝇 UBX	Thr	Glu	Arg	Gln	Ile	Lys	Ile	TrP	Phe	Gln	Asn	Arg	Arg	Met	Lys	Leu	Lys	Lys	Glu	Ile

图 3-11-15　不同生物同源异形框基因编码的氨基酸序列比较

目前认为,*HOM* 或 *Hox* 基因产物是一类非常重要的转录调节因子,其功能是将胚胎细胞沿前-后轴分为不同的区域,并决定各主要区域器官的形态建成。例如,果蝇 *HOM* 基因的功能是决定一组细胞发育途径的一致性,确保体节或肢芽的典型特点。当 *HOM* 基因突变时,可发生同源异形转变(homeosis),即由于与发育有关的某一基因错误表达,导致一种器官生长在错误部位的现象。例如果蝇的第三胸节转变为第二胸节,形成像第二胸节一样的翅膀。

果蝇的 *HOM* 基因位于 3 号染色体上,由两个独立的复合体组成,即触角足复合体和双胸复合体(bithorax complex),含有这两个复合体的染色体区域通常称为同源异形复合体(homeotic complex,HOM-C)。由于进化,果蝇 *HOM* 基因在哺乳动物中出现了 4 次:*Hox-A*、*Hox-B*、*Hox-C*、*Hox-D*,分别定位于人的 7、17、12 和 2 号染色体上;在小鼠则分别定位于 6、11、15 和 2 号染色体上。*HOM* 或 *Hox* 基因在染色体上的排列顺序与其在体内的不同时空表达模式相对应,即:这些基因激活的时间顺序表现为越靠近前部的基因表达越早,而靠近后部的基因表达较迟;这些基因表达的空间顺序表现为头区的最前叶只表达该基因簇的第一个基因,而身体最后部则表达基因簇的最后一个基因(图 3-11-16)。

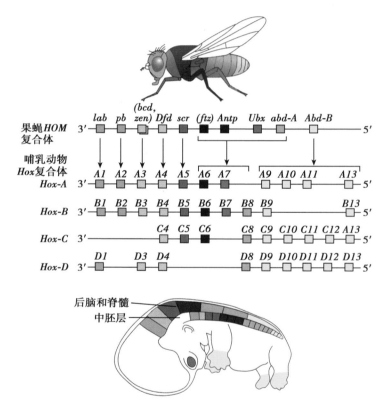

图 3-11-16   同源异形框基因在果蝇和小鼠染色体上的排列顺序及基因表达的解剖顺序
数字与颜色表示跨越两种动物之间的结构相似性;基因的表达顺序与其在染色体上的排列顺序相对应,越靠近前部表达的基因转录越早。

(四)染色质成分的化学修饰在转录水平上调控细胞的特化

基因表达的激活,首先需要将致密压缩的染色质或核小体舒展开来,以便于基因转录调节因子对 DNA 的接近和结合,起始基因转录;在转录结束后,染色质又恢复到原来的状态。这种染色质结构的动态变化过程称为染色质重塑(chromatin remodeling)。染色质重塑是基因表达调控的主要方式之一。引起染色质重塑的因素,除依赖 ATP 的物理性修饰(通过依赖 ATP 的染色质重塑复合体来完成)之外,染色质成分的化学修饰,包括 DNA 甲基化和组蛋白修饰等,也会引起染色质结构和基因转录活性的变化。染色质成分(DNA 和组蛋白)的修饰性标记在细胞分裂过程中能够被继承并共同作用决定细胞的表型,因此被称为表观遗传,即DNA序列变化以外的可遗传的DNA和组蛋白化学修饰性改变。

1. DNA甲基化　在甲基转移酶的催化下,DNA分子中的胞嘧啶可转变成5-甲基胞嘧啶,这称为DNA甲基化(methylation)。甲基化常见于富含CG二核苷酸的CpG岛。甲基化是脊椎动物基因组的重要特征之一,它可以通过DNA复制直接遗传给子代DNA。哺乳动物的基因组中70%~80%的CpG位点是甲基化的,主要集中于异染色质区,其余则散在于基因组中。

DNA甲基化对基因活性的影响之一是启动子区域的甲基化。研究表明,甲基化程度越高,DNA转录活性越低,而绝大多数管家基因持续表达,它们多处于非甲基化状态。DNA甲基化参与转录调控的直接证据来自对基因的活化与胞嘧啶甲基化程度的直接观察。例如在人类红细胞发育中,与珠蛋白合成有关的DNA几乎无甲基化,而在其他不合成珠蛋白的细胞中,相应的DNA部位则高度甲基化。在胚胎期卵黄囊,ε-珠蛋白基因的启动子未甲基化,而γ-珠蛋白基因的启动子则甲基化,因此在胚胎期ε-珠蛋白基因开放,γ-珠蛋白基因关闭;至胎儿期,在胎儿肝细胞中与合成胎儿血红蛋白有关的基因,如γ-珠蛋白基因没有甲基化,但在成体肝细胞中相应的基因则被甲基化(图3-11-17)。这说明在发育过程中,当某些基因的功能完成之后,甲基化可能有助于这些基因的关闭。

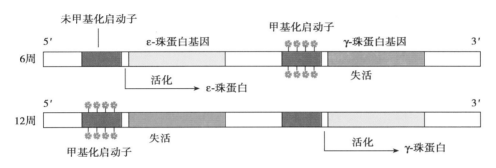

图3-11-17　人类胚胎红细胞中珠蛋白基因的甲基化

甲基化导致基因失活(或沉默)的机制目前有三种观点,第一种是直接干扰转录因子与启动子中特定结合位点的结合。有资料显示,包括AP-2、c-Myc/Myn、cAMP依赖性活化因子CREB、E2F和NF-kB等在内的多种转录因子与DNA的结合可以被DNA的甲基化所抑制。第二种观点认为,甲基化引起的基因沉默可能是由特异的转录抑制因子直接与甲基化DNA结合引起的。为寻找与甲基化特异结合的蛋白,人们利用随机甲基化DNA序列作探针进行凝胶阻滞实验,在多种哺乳动物细胞系中找到了一种与甲基化DNA结合的蛋白:MeCP-1(methyl cytosine binding protein 1)。利用数据库分析,目前已经鉴定出几个甲基化CpG结合结构域(methyl-CpG-binding domain,MBD)蛋白家族成员,包括MeCP-2、MBD1、MBD2、MBD3和MBD4,其中MBD2是MeCP-1复合体的DNA结合部分。MeCP-1与含有多个对称的甲基化CpG位点的DNA结合,由基因的高密度甲基化引起的转录抑制是由MeCP-1介导的,不能被强启动子重新激活;MeCP-2在细胞中的含量较丰富,可以和单个甲基化的CpG位点结合,MeCP-2通过与转录起始复合物作用引起基因沉默。第三个假说是,DNA甲基化引起的基因沉默是由染色质结构的改变引起的。有研究表明,DNA甲基化只有在染色质浓缩形成致密结构以后才能对基因的转录产生抑制作用。

甲基化作用也与基因组印记(genomic imprinting)有关。哺乳动物细胞是二倍体,含有一套来自父方的基因和一套来自母方的基因。在某些情况下,一个基因的表达与其来源有关,即只允许表达其中之一,这种现象称为基因组印记,与之相关的基因谓之印记基因(imprinted gene)。印记基因在哺乳动物的发育过程中普遍存在。多数情况下来源于父方和母方的等位基因都同时表达,但印记基因仅在特定的发育阶段和特定的组织中表达等位基因中的一个,即在某种组织细胞中,有些仅从父源染色体上表达,有些仅从母源染色体上表达。例如编码胰岛素样生长因子2(*Igf2*)的基因即是印记基因,来自母本的*Igf2*基因拷贝是沉默的。研究资料显示,在小鼠配子生成和胚胎发育早期,印记基因是选择表达还是关闭,其可能机制是在特定发育时期对印记基因的甲基化。

此外,在哺乳动物(雌性)和人类女性的两条 X 染色体中,其中一条灭活(钝化)的 X 染色体就与 DNA 的甲基化有关,去甲基化可以使钝化的 X 染色体基因重新活化。

2. 组蛋白的化学修饰　最初,染色质上的组蛋白被认为仅仅是维系染色质或染色体结构的组成成分,现在人们认识到,组蛋白的结构是动态变化的,这种变化影响了染色质结构的构型,从而调节基因的表达。组蛋白结构的改变源于组蛋白中被修饰的氨基酸。

核小体的核心组蛋白(H2A、H2B、H3 和 H4)是一类小分子量的强碱性蛋白,它们均由球状结构域(外周被 146bp 大小的 DNA 包绕)和从核小体表面伸出的位于蛋白 N 端的"组蛋白尾部"组成。近些年研究表明,组蛋白特别是 H3 和 H4 尾部的氨基酸残基能够被化学修饰,包括组蛋白的乙酰化、甲基化、磷酸化、泛素化、sumo 化(sumoylation)、糖基化等。组蛋白中被修饰氨基酸的种类、位置和修饰类型可以调整组蛋白结构,决定染色质转录活跃或沉默的状态(上调或下调基因活性),故被称为组蛋白密码(histone code)。组蛋白修饰的一般概念和常见标记如图 3-11-18 所示。

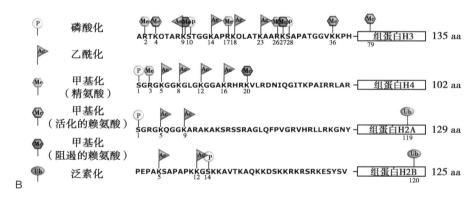

图 3-11-18　组蛋白修饰的一般概念和常见标记

A. 组蛋白核心八聚体被 DNA 盘绕,N 端无结构的组蛋白尾部从八个组蛋白组成的球状结构域上伸出。B. 组蛋白尾部氨基酸残基的修饰位点,组蛋白 N 端的尾部囊括了已知共价修饰位点的大部分,修饰也可发生在球状结构域,一般地,活化标签包括乙酰化、精氨酸甲基化,以及一些赖氨酸甲基化,如 H3K4 和 H3K36;球状区域的 H3K79 具有抑制沉默的功能;抑制标签包括 H3K9、H3K27 和 H4K20。

组蛋白修饰导致基因转录或沉默的机制与其引起的染色质重塑密切相关。一方面,组蛋白 N 端尾部的氨基酸修饰直接影响了核小体的结构,进而影响到转录起始复合体是否易于同启动子部位的 DNA 结合;另一方面,组蛋白修饰后可招募一些结合这些特定修饰的蛋白质到染色体上,产生反式效应。在此以组蛋白常见的修饰方式——组蛋白乙酰化为例,说明组蛋白修饰影响基因转录的机制。组蛋白乙酰化多发生于 H3 和 H4 氨基酸的赖氨酸残基。在组蛋白乙酰基转移酶(HAT,也称乙酰化酶)作用下,于组蛋白 N 端尾部的赖氨酸加上乙酰基,称为组蛋白乙酰化。组蛋白 N 端的赖氨酸残基乙酰化会移去正电荷,降低组蛋白和 DNA 之间的亲和力,使得 RNA 聚合酶和通用转录因子容易进入启动子区域。因此,在大多数情况下,组蛋白乙酰化有利于基因转录。低乙酰化的组蛋白通常位于非转录活性的常染色质区域或异染色质区域。一些组蛋白可以快速被乙酰化,然后又去乙酰化,使得组蛋白结合基因的表达受到精确的调控。组蛋白的去乙酰化由组蛋白去乙酰化酶(HDAC)催化完成,组蛋白去乙酰化则抑制转录。其具体机制是:基因激活因子结合于特定上游激活序列(UAS)并招募组蛋白乙酰化酶,催化附近的组蛋白乙酰化,促进基因激活;而结合于上游抑制序列(URS)的转录抑制因子则招募组蛋白去乙酰化酶,催化附近的组蛋白去乙酰化,抑制转录(图 3-11-19)。

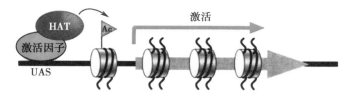

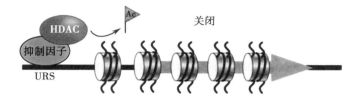

图 3-11-19　组蛋白修饰酶被 DNA 结合的转录因子招募到启动子上

组蛋白化学修饰所引起的染色质结构的动态变化能够影响细胞分化状态的转变(transition)。例如,在 ES 细胞向神经元分化过程中,组蛋白的甲基化和乙酰化状态,特别是一些与神经元分化相关的因子(如 *Mash1*、*Pax6*)的启动子区域组蛋白的修饰状态呈现出明显差异。在果蝇研究中发现,*scrawny* 基因(因突变的成熟果蝇的外观而得名)的编码产物为泛素蛋白酶(ubiquitin protease),其功能是通过抑制组蛋白 H2B 的泛素化而沉默细胞分化关键基因,使果蝇的多个干细胞(生殖干细胞、皮肤上皮和肠道的组织干细胞)维持未分化状态。在 *scrawny* 功能缺失的果蝇突变体,其生殖组织、皮肤和肠道组织中过早失去了它们的干细胞。另一个例子是:通常认为细胞中 H3K4me3 标记(在组蛋白 H3 的 K4 上连接有3 个甲基)存在于基因组的一小段区域,对基因表达发挥正调控效应。新近研究发现,H3K4me3 标记遍布于染色质基因组的更大区域,在不同细胞类型中 H3K4me3 存在于染色质的不同部位,标记了不同的基因。根据大范围的 H3K4me3 区域的染色质定位,可将肝细胞与肌细胞或肾细胞区分开来。这表明,染色质中广范围的 H3K4me3 标记区域的差异可能决定了特化细胞对其身份的维持。

3. 染色质成分共价修饰的时空性　已如上述,基因表达的激活,首先需要将致密压缩的染色质或核小体舒展开来,该过程涉及组蛋白的化学修饰和 DNA 甲基化。影响染色质结构变化的因素,除组蛋白修饰和 DNA 甲基化之外,还包括组蛋白组分的改变(如组蛋白变异体)、染色质重塑复合体或染色质重建子(remodeler)和非编码 RNA(non-coding RNA)等。这些因素或染色质上的这些标记在细胞分裂过程中能够被继承并共同作用决定细胞的表型,即表观遗传。表观遗传是近些年形成的研究领域,从分子或机制上可将其定义为"在同一基因组上建立的能将不同基因转录和基因沉默模式传递下去的染色质模板变化的总和"。在由单个受精卵发育为多细胞个体(如脊椎动物)的过程中,从一个受表观遗传调控的单基因组逐渐演变为存在于 200 多种不同类型细胞中的多种表观基因组(图 3-11-20)。这种程序性的变化被视为组成了一种"表观遗传密码",从而使经典遗传密码中所隐藏的信息得到了扩展。可以认为,染色质的共价修饰和非共价机制(如组蛋白组分改变、染色质重建子和非编码 RNA 作用)相互结合促使形成一种染色质状态,使其在细胞的分化和发育过程中能够作为模板。

染色质成分的共价修饰在细胞分化与发育中的作用是目前研究的前沿领域,涉及的机制才刚刚被人们加以阐释。人们在哺乳动物的发育过程中了解到:受精后,受精卵中的雄原核就包装上组蛋白,但其组蛋白上缺乏 H3K9me2 和 H3K27me3,而此时雌原核则具有上述标记;雄原核基因组迅速去甲基化,而雌原核基因组则维持不变。合子细胞基因组后续的去甲基化发生于前着床发育期,直至囊胚期。在囊胚期,内细胞团开始出现 DNA 甲基化,H3K9me2 和 H3K27me3 水平上升;而由滋养外胚

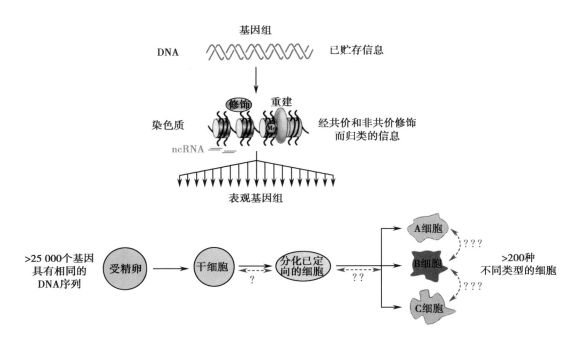

图 3-11-20　表观基因组与细胞分化

基因组：某一个体不变的 DNA 序列（双螺旋）。表观基因组：染色质模板的总体构成，分别对应特定细胞中的整个染色体。表观基因组随细胞类型的不同而变化，并能对其收到的内、外界信号发生反应。表观基因组会在多细胞生物由一个受精卵发育到许多已分化细胞这一过程中发生变化。分化或去分化的转变需要细胞的表观基因组重编程。

层（trophectoderm）发育而来的胎盘则表现出相对较低的甲基化水平。在进入生殖腺之前和之后，原始生殖细胞会逐渐发生 DNA 和 H3K9me2 去甲基化。在生殖细胞发育后期将发生 DNA 甲基化，包括亲本特异性的基因印记。我国学者近年研究发现，人类原始生殖细胞在发育过程中会经历大规模的表观遗传记忆（DNA 甲基化标记）的擦除。

四、非编码 RNA 在细胞分化中的作用

在很长的一段时间里，RNA 被认为仅仅是 DNA 和蛋白质之间传递遗传信息的中间"过渡"分子。随着近年来具有基因表达调控功能的非编码小分子 RNA 的发现，将 RNA 的功能从中心法则中遗传信息的中间传递体扩展至调控基因组的表达，使 RNA 在基因组信息转化为生物效应过程中的作用凸显出来。哺乳动物基因组中近 98% 不与蛋白质编码基因相对应。在人类中，虽然基因组成多达约 32 亿个碱基，但编码蛋白质的基因仅 2 万~3 万个，其余绝大部分为非编码序列。基因组中的非编码序列是可以表达的，其表达产物就是非编码 RNA。不仅如此，传统意义上基因的外显子和内含子序列的转录产物也可被加工为非编码 RNA。除非编码的 tRNA 和 rRNA 等组成性或持家 RNA 之外，迄今已发现的具有基因表达调控作用的非编码 RNA 主要包括小分子非编码 RNA（简称小 RNA）、长度超过 200 个核苷酸（nt）的长链非编码 RNA（lncRNA）及长度在 200~10 万 nt 的环状 RNA（circular RNA，circRNA）。转录组特别是空间转录组的研究结果表明，基因表达调节性非编码 RNA 均呈现出发育阶段性和组织细胞特异性表达。

（一）小 RNA 可在转录和转录后水平调控细胞的分化

小 RNA 是长度在 20~30nt 的非编码 RNA，包括约 22nt 的微小 RNA（microRNA，miRNA）、21~28nt 的小干扰 RNA（small interfering RNA，siRNA），以及在小鼠精子发育过程中发现的 26~31nt 的 Piwi 相互作用 RNA（Piwi-interacting RNA，piRNA）。miRNA 的前体为 70~90nt，由具有核糖核酸酶性质的 Drosha 和 Dicer 酶加工而成；siRNA 来源于外源性长的双链 RNA（机体中也存在内源 siRNA，称

为 endo-siRNA），是 Dicer 酶解产物；piRNA 与 Piwi 蛋白家族成员相结合才能发挥它的调控作用（调节精子成熟发育）。

起初，小 RNA 是在研究秀丽隐杆线虫（*C.elegan*）细胞命运的时间控制过程中被发现的：高浓度的转录因子 LIN-14 可特异性地促进早期幼虫器官的蛋白质合成，但在后续的发育中，尽管体内一直存在 *lin-14* mRNA，却检测不到 LIN-14 蛋白。后来发现在线虫的第一、二龄幼虫期存在一个 22nt 的 miRNA，即 *lin-4* RNA。*lin-4* RNA 通过与 *lin-14* mRNA 3′端 UTR 互补结合，短暂下调 LIN-14 蛋白水平，促进线虫从第一龄幼虫期向第二龄幼虫期发育。如果 *lin-4* 基因突变而失去功能，那么线虫幼虫体内可持续合成 LIN-14 蛋白，使线虫长期停滞在幼虫的早期发育阶段。随后在线虫体内又发现了另一个 miRNA，*let-7* RNA。*let-7* RNA 长为 21nt，存在于线虫的第三、四龄幼虫期及成虫期，其功能是决定线虫从幼虫向成虫的形态转变。后续研究发现，*let-7* RNA 不仅存在于线虫，也存在于脊椎动物和人类。越来越多的研究表明，小 RNA 广泛地存在于哺乳动物，具有高度的保守性，它们通过与靶基因 mRNA 互补结合而抑制蛋白质合成或促使靶基因 mRNA 降解。

miRNA 主要在转录后水平调控蛋白基因表达，即双链 miRNA 分子与 RISC（RNA-induced silencing complex）结合，使 miRNA 的双链解离，其中的一条链与同源的 mRNA 靶向结合，发挥切割、降解 mRNA 的作用。miRNA 还可发挥转录抑制作用，此时 miRNA 与另一种蛋白质复合体——RITS（RNA-induced transcriptional silencing）结合，解离后的一条 miRNA 链将 RITS 复合体引导至同源基因处（很可能是通过碱基配对结合于同 RNA 聚合酶Ⅱ结合的 mRNA 上），然后，RITS 复合体通过募集组蛋白甲基转移酶，使组蛋白 H3 的赖氨酸-9 发生甲基化，导致异染色质形成，最终抑制基因的转录。miRNA 与细胞分化和发育的关系是目前生物学研究中的热点和前沿领域，有待探索的问题还很多。例如，有多少 miRNA 在早期胚胎细胞中特异表达？有多少 miRNA 在分化后的终末细胞中表达？这些 miRNA 能调控哪些基因表达？ miRNA 最终是如何来调控细胞分化与发育的？ 回答这些问题将加深对生物发育过程的认识。

在线虫、果蝇、小鼠和人等物种中已经发现的数百个 miRNA 中的多数具有和其他参与调控基因表达分子一样的特征，即在不同组织、不同发育阶段中 miRNA 的水平有显著差异。miRNA 这种具有分化的位相性和时序性（differential spatial and temporal expression patterns）的表达模式提示，miRNA 有可能作为参与调控基因表达的分子在细胞分化中起重要作用。目前有关 miRNA 在细胞分化中作用的研究在不断增加，其中用基因敲除的方法来确定 miRNA 功能的研究成为热点。例如，小鼠中参与 pre-miRNA 加工的 Dicer-1 基因敲除后，导致胚胎早期死亡，胚胎干细胞不能分化及多能干细胞丧失；miRNA 发挥功能的复合体 RISC 的核心成分 *Argonaute-2* 基因的敲除，导致胚胎早期或妊娠中期死亡；Drosha 辅助因子 *Dgcr8* 基因敲除后，导致胚胎早期死亡，胚胎干细胞不能分化。通过小鼠中 miRNA 基因的敲除分析，鉴定了一系列与细胞分化有关的 miRNA，如发现 miR-1 能促进肌细胞分化，抑制细胞增殖，控制心室壁的厚薄；miR-126 特异性表达于内皮细胞，调控血管形成；miR-143 和 miR-145 参与调控平滑肌细胞的分化；miR-150 特异表达于成熟的淋巴细胞中，影响淋巴细胞的发育和应答反应；miR-223 特异表达于骨髓，对祖细胞的增殖和粒细胞的分化及活化进行负调控，等等。

（二）长链非编码 RNA 与细胞的分化和发育密切相关

细胞中 lncRNA 的来源极其复杂，有资料显示，哺乳动物基因组序列中 4%~9% 的序列产生的转录本是 lncRNA。lncRNA 可能具有以下几方面功能：①通过在蛋白编码基因上游启动子区发生转录，干扰下游基因的表达；②通过抑制 RNA 聚合酶Ⅱ或者介导染色质重建以及组蛋白修饰，影响下游基因表达；③通过与蛋白编码基因的转录本形成互补双链而干扰 mRNA 的剪切，从而产生不同的剪接体；④通过与蛋白编码基因的转录本形成互补双链，进一步在 Dicer 酶作用下产生内源性的 siRNA；⑤通过结合到特定蛋白质上，调节相应蛋白的活性；⑥作为结构组分与蛋白质形成核酸-蛋白质复合体；⑦通过结合到特定蛋白质上，改变蛋白的胞内定位；⑧作为小分子 RNA，如 miRNA，piRNA 的前体分子转录。

已有研究表明，lncRNA 在维持胚胎干细胞多潜能状态、神经细胞分化、肌细胞分化、表皮细胞分化、成骨细胞分化、脂肪生成等方面均起重要作用。在细胞分化与发育过程中 lncRNA 能调控基因组印记和 X 染色体失活。在发育过程中，许多 lncRNA 在 Hox 基因的选择性表达中发挥重要调控作用，它们决定这些基因座染色质结构域中组蛋白甲基化修饰是否会发生、染色质结构是否允许 RNA 聚合酶转录等。例如，一种从 Hox-C 基因座转录的 lncRNA（HOTAIR），能通过募集染色重建蛋白复合体 PRC2，诱导 Hox-D 基因座产生抑制性的染色质结构，在 Hox-D 基因座上长达 40kb 的范围内抑制基因的转录。

环状 RNA 是一种新型的不易被核酸外切酶降解的非编码 RNA，它的来源或序列构成包括外显子来源的环形 RNA 分子（exonic circRNA）、内含子来源的环形 RNA 分子（circular intronic RNA，ciRNA），以及由外显子和内含子共同组成的环形 RNA 分子（retained-intron circRNA）。环状 RNA 的表达具有组织及发育阶段特异性，已有研究表明环状 RNA 参与成骨细胞和肌细胞分化，以及神经发育。其主要作用机制包括吸附 miRNA 的海绵功能、调节可变剪接以及调控基因表达。

第三节　细胞分化的影响因素

一、细胞间相互作用对细胞分化的影响

在个体发育过程中，随着胚胎细胞数目的不断增加，细胞之间的相互作用对细胞分化的影响越来越重要。胚胎细胞之间相互作用的主要表现形式是胚胎诱导。

（一）胚胎细胞间相互作用的主要表现形式是胚胎诱导

在多细胞生物个体发育过程中，细胞分化的去向与不同胚层细胞间的相互作用有关，通常表现为一部分细胞对其邻近的另一部分细胞产生影响，并决定其分化的方向，这种现象称为胚胎诱导（embryonic induction）。在胚胎诱导中至少有两种组织细胞成分：一种是诱导子（inducer），它能产生使其他组织细胞行为发生变化的信号；另一种是被诱导变化的组织细胞，称为应答子（responder）。胚胎诱导现象最初是由 H. Spemann 等人在胚胎移植（embryonic graft）实验过程中发现的，他因此获得了 1935 年的诺贝尔生理学或医学奖。

研究表明，细胞间的相互诱导是有层次的，在三个胚层中，中胚层首先独立分化，该过程对相邻胚层有很强的分化诱导作用，促进内胚层、外胚层向着各自相应的组织器官分化。例如，中胚层脊索诱导其表面覆盖的外胚层形成神经板（neural plate），此为初级诱导；神经板卷成神经管后，其前端进一步膨大形成原脑，原脑两侧突出的视杯诱导其上方的外胚层形成晶状体，此为二级诱导；晶状体又诱导覆盖在其上方的外胚层形成角膜，此为三级诱导（图 3-11-21）。不同胚层细胞通过这种进行性的相互作用，实现组织细胞分化。

尚需指出的是，并不是所有的组织都能被诱导子诱导。例如，如果把蟾蜍的眼泡（将来发育成视网膜）放置在一个不同于正常发育的地方即在头部外胚层的下方，眼泡作为一个诱导子，将诱导该处的外胚层形成晶状体；但如果把眼泡放置在同一个体的腹部外胚层的下面，腹部外胚层便不能被诱

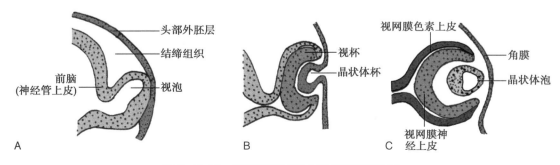

图 3-11-21　眼球发育过程中的多级诱导作用

导。这说明仅头部外胚层能接受来自眼泡的信号并被诱导成晶状体的成分,这种对特异性诱导信号产生应答反应的能力称为感受性(competence)。

(二)胚胎诱导通过信号分子介导的细胞间信息传递而实现

1. 旁分泌因子与胚胎诱导　诱导子和应答子之间的信号是如何传递的? 早年在研究诱导肾小管和牙齿形成机制时发现,尽管在表皮和间充质细胞之间放置有分隔的滤膜(filter),一些诱导事件仍能够发生。由此研究者认为,这些诱导子细胞能分泌可穿过滤膜的可溶性因子,可溶性因子扩散一小段距离之后到达应答子细胞周围,诱导应答子细胞的变化,这一事件被称为旁分泌相互作用(paracrine interaction),该扩散因子被称为旁分泌因子(paracrine factor)或生长和分化因子(growth and differentiation factor)。旁分泌因子被分泌到所诱导细胞的周围,是传统的实验胚胎学家所指的诱导因子。在过去的十余年里,发育生物学家已经发现,多数器官的诱导源于一系列的旁分泌因子。根据旁分泌因子的结构,可将其分为以下四个主要家族。

(1)成纤维细胞生长因子(fibroblast growth factor,FGF):FGF 家族包括多个结构相关的成员。FGF1 也称为酸性 FGF;FGF2 有时也称作碱性 FGF;FGF7 则称为角质化细胞生长因子。在脊椎动物中发现有 10 多种 *FGF* 基因,因不同组织中其 RNA 剪接或起始密码的不同可产生数百种蛋白异构体(isoform)。FGF 与某些发育功能相关,包括血管发生、中胚层形成和轴突延伸等。尽管 FGF 家族成员的功能类似,但其不同的表达模式,赋予其不同的功能。例如,FGF2 在血管发生上是非常重要的;FGF8 的重要性则在于中脑和肢体的发育。

(2)Hedgehog 家族:旁分泌因子 Hedgehog 蛋白家族的主要功能是在胚胎中诱导特殊细胞表型和在组织间创造一个分界线。脊椎动物中至少有三个果蝇 Hedgehog 基因同源体:*shh*(sonic hedgehog),*dhh*(desert hedgehog)和 *ihh*(indian hedgehog)。*shh* 是三个脊椎动物同源体中研究最多的基因,shh 蛋白负责神经管模式的建立,像运动神经元从腹侧的神经元形成,感觉神经元从背侧的神经元产生。shh 蛋白也负责体节模式的建立,以便体节最密切于脊索而成为脊柱的软骨。shh 蛋白已显示出介导鸡发育的左-右轴形成、启动肢体的前-后轴建立、诱导消化管的区域特异性分化和羽毛的形成等功能。shh 蛋白常同其他旁分泌因子如 Wnt、FGF 一起发挥作用。

(3)Wnt 蛋白家族:Wnt 家族蛋白为富含半胱氨酸的糖蛋白,在脊椎动物中至少有 15 个家族成员。其名称由 wingless 和 integrated 融合而成,*wingless* 为果蝇分节极性基因,*integrated* 是它的脊椎动物同源体。Wnt 蛋白涉及泌尿生殖系统等的发育。Wnt 蛋白在建立昆虫和脊椎动物肢体的极性方面也起重要作用。

(4)TGF-β 超家族:TGF-β 超家族由 30 多个结构相关的成员组成,它们对发育过程中某些重要的相互作用过程起调节作用。TGF-β 超家族基因编码的蛋白被加工为同源二聚体或异源二聚体,然后分泌出细胞外。TGF-β 超家族包括 TGF-β 家族,激活素(activin)家族,骨形成蛋白(bone morphogenetic protein,BMP)家族,Vgl 家族,以及其他一些蛋白质如胶质源性神经营养因子(glial derived neurotrophic factor,肾和小肠神经元分化需要因子)、Mullerian 抑制因子(涉及哺乳动物性别决定)。TGF-β 家族蛋白参与机体许多器官的发育过程,其中的 BMP 家族成员最初被发现它们具有诱导骨形成的能力,故而被称为骨形成蛋白。不过这只是它的许多功能之一,它们已经被发现可以调节细胞分裂、细胞凋亡、细胞迁移和细胞分化。BMP 家族包括很多成员,如负责左-右轴形成的 Nodal 及在神经管极性、眼发育和细胞死亡中起重要作用的 BMP4,等等。

除上述四类旁分泌因子之外,还有些因子像表皮生长因子、肝细胞生长因子(hepatocyte growth factor)、神经营养因子(neurotrophin)及干细胞因子(stem cell factor)等在发育过程中也起重要作用。红细胞生成素(erythropoietin)、细胞因子(cytokine)和白介素(interleukin)等在红细胞发育中起重要作用。

旁分泌因子是诱导性蛋白,起配体(ligand)作用,它以诱导组织为中心形成由近及远的浓度梯度,与反应组织细胞表面的受体结合,将信号传递至细胞内,通过调节反应组织细胞的基因表达而诱导其发育和分化。胚胎发育过程中常见旁分泌因子介导的信号转导通路见表 3-11-1。

表 3-11-1　动物发育过程中常见的胚胎诱导的信号通路

信号通路	配体家族	受体家族	细胞外抑制或调节因子
受体酪氨酸激酶	EGF FGF（Branchless） ephrins	EGF 受体 FGF 受体（Breathless） Eph 受体	Argos
TGF-β 超家族	TGF-β BMP（Dpp） Nodal	TGF-β 受体 BMP 受体	chordin（Sog），noggin
Wnt	Wnt（Wingless）	Frizzled	Dickkopf，Cerberus
Hedgehog	Hedgehog	Patched，Smoothened	
Hippo 通路	胞外抑制因子	胞外抑制因子受体	
Notch	Delta	Notch	Fringe

近年发现，来源于许多细胞的旁分泌因子和膜蛋白受体的胞外生长抑制性信号，均能激活一个高度保守的 Hippo 信号通路。Hippo 信号通路最先被发现于果蝇中，其核心是一个激酶级联反应。哺乳动物 Hippo 信号通路的主要组分包括 Mst1/2 激酶（果蝇 Hippo 的同源物）、LATS1/LATS2 激酶及下游效应因子 YAP（yes-associated protein）和 TAZ（transcriptional co-activator with PDZ binding motif）转录共激活因子。Hippo 信号通路上游的膜蛋白受体感受到胞外环境的生长抑制信号后，经过一系列激酶的磷酸化反应，最终作用于下游效应因子 YAP 和 TAZ。磷酸化的 YAP 和 TAZ 被滞留在胞质内，不能进入细胞核行使其转录激活功能，从而实现对器官大小和体积的调控。去磷酸后，YAP 和 TAZ 转运到胞核，并与 TEAD1-4 及其他转录因子发生相互作用，从而诱导促进细胞增殖和抑制凋亡的基因表达。

2. 近分泌相互作用与胚胎诱导　除旁分泌之外，在研究诱导肾小管和牙齿形成机制时还发现，有些诱导事件因在表皮和间充质细胞之间放置分隔的滤膜而被封闭，提示这类诱导事件的发生需要表皮细胞和间充质细胞的直接接触。这种诱导现象被称为近分泌相互作用（juxtacrine interaction），其实质是由于相互作用细胞的细胞膜并置在一起，一个细胞表面的膜蛋白与邻近细胞表面受体相互作用。Notch 信号途径是胚胎发育过程中近分泌相互作用的典型事例。*Notch* 基因最早在果蝇中被发现，因其部分丧失功能突变在果蝇翅的边缘造成缺口（notch）而得名。后来在脊椎动物和哺乳动物中也发现了在结构上与果蝇高度保守的 Notch 蛋白。Notch 蛋白是神经发育过程中的重要受体，Notch 的配体为其邻近细胞（诱导子）膜上的 Delta 蛋白家族。Notch 和 Delta 均是大分子的穿膜蛋白质，由胞外区、穿膜区和胞内区构成，它们的细胞外结构域类似，含有多个 EGF 样重复序列以及和其他蛋白质结合的位点，但它们的胞内结构域则截然不同。胞内结构域是 Notch 与 Delta 结合起始信号转导过程所必需的。当 Delta 配体诱导激活时，Notch 受体水解断裂，释放出它的胞内结构域，受体的胞内区域转位至细胞核。进入细胞核后，Notch 的胞内结构域与一种被称为 Su（H）（suppressor of hairless）的 DNA 结合蛋白形成复合物，调控基因的表达（图 3-11-22）。

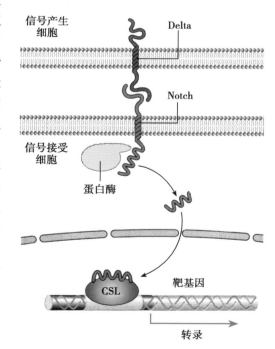

图 3-11-22　近分泌相互作用事例：Notch 活化的机制

在果蝇中,*Notch* 或 *Delta* 基因的功能缺失可以产生多种表型。其中最具代表性的是神经过度肥大,即在中枢神经系统中,神经母细胞数量的增加或外周神经系统感觉器官前体细胞数量的增加。

3. 位置信息在胚胎诱导(细胞分化)中的意义　在胚胎细胞采取特定的分化模式之前,细胞通常发生区域特化,获得独特的位置信息(positional information),细胞所处的位置不同对细胞分化的命运有明显的影响,改变细胞所处的位置可导致细胞分化方向的改变。

鸡胚肢体的形态发生研究可说明位置信息的存在及其在胚胎诱导中的作用。在鸡胚发育过程中,其胚胎长轴两侧形成凸起状肢芽,肢芽将发育成腿和翅。肢芽由外层的外胚层细胞和外胚层细胞所包围的间充质细胞组成。间充质细胞将分化为腿和翅的骨及肌肉组织。在间充质细胞分化为骨和肌肉组织之前,如果将翅芽的顶部切除,以腿芽的顶部代替,则移植胚芽细胞形成的肢体结构不像正常的翅,而是像由趾、爪及鳞片组成的腿部结构。这说明在组织学上相同的腿芽和翅芽在发育上并不是等效的,在胚胎早期发育过程中,它们已形成了不同的位置信息。近些年来的研究表明,位置信息的本质可能是源于不同位置胚胎细胞中的信号分子,它可影响邻近细胞的分化方向。典型的例子是含有产生 sonic hedgehog 蛋白的胚胎细胞团的移植实验。原位杂交结果显示,sonic hedgehog mRNA 也存在于胚胎的翅芽中,但仅定位于将来发育为翅膀小趾的翅芽后部,如果把另一产生 sonic hedgehog 蛋白的翅芽后部细胞团移植到翅芽的前部,则在以后发育成的翅膀上出现镜像的趾重复(图 3-11-23)。位置信息还表现在不同部位胚胎细胞对同一种信号蛋白的分化效应不同,如 sonic hedgehog 蛋白诱导肢芽细胞发育为趾,而由脊索产生的 sonic hedgehog 蛋白则诱导邻近的神经管细胞分化成底板(floor plate)和运动神经元。

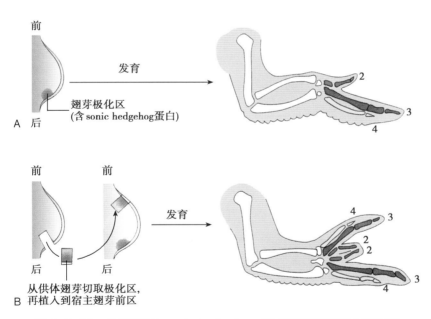

图 3-11-23　位置信息(sonic hedgehog 信号)在翅膀发育中的作用
A. 正常翅芽的发育;B. sonic hedgehog 的正常表达部位在翅芽后部极化区,把该极化区细胞移植到宿主翅芽的前区,则产生了额外的翅趾。

尚需指出的是,位置信息对细胞分化的影响包括多个方面:①细胞核内基因组提供的位置信息,如 *HOM* 和 *Hox* 基因在染色体上的排列顺序不仅和其激活的时间顺序一致,也和其表达的蛋白产物在躯体纵轴上的排列顺序相对应;②细胞质成分提供的位置信息,如果蝇的母体效应基因产物 BICOID 等蛋白的浓度梯度分布决定胚胎前-后轴的建立;③细胞所在空间提供的位置信息,如上面谈到的表达 sonic hedgehog 蛋白的肢芽后部细胞团,以及许许多多原因尚不清楚的处于不同空间位置细胞的固定分化去向,像哺乳动物卵裂球中的细胞命运与其所在空间位置有关,覆盖在外层的细胞将分化为滋养层,包裹在内部的细胞将成为内细胞团,以后发育为胚胎细胞。迄今人们对胚胎发育过程中空间位置信息及其信号传递途径在细胞分化中的作用了解甚少,有待于借助空间转录组学等技术进一步揭示。

（三）胚胎细胞间的相互作用还表现为细胞分化的抑制

细胞间的相互作用对细胞分化与发育的影响除表现为"诱导分化"之外,在有些情况下还表现为"抑制分化"。已完成分化的细胞可产生化学信号——抑素,抑制邻近细胞进行同样的分化。例如,如果把发育中的蛙胚置于含成体蛙心脏组织的培养液中,蛙胚的分化进程将被阻断。此外,在具有相同分化命运的胚胎细胞中,如果一个细胞"试图"向某个特定方向分化,那么这个细胞在启动分化指令的同时,也发出另一个信号去抑制邻近细胞的分化,这种现象被称为侧向抑制（lateral inhibition）。比如在脊椎动物的神经板细胞向神经前体细胞（neural precursor cell）分化过程中,尽管这些神经板细胞均有发育为神经前体细胞的潜能,但只有其中的部分细胞可发育为神经前体细胞,其余的则分化为上皮性表皮细胞。这种现象是由神经板细胞间的侧向抑制作用所决定的。研究表明,这种侧向抑制是胚胎细胞在竞争过程中随机产生的,由信号分子 Notch 和 Delta 介导。Delta 配体通过与 Notch 受体的相互作用,提供一个抑制性信号,抑制 *neurogenin* 基因的表达而阻止神经元分化。起初,每个神经板细胞均表达 Neurogenin、Delta 和 Notch,随着时间的延长,某些细胞偶尔表达较多的 Delta,该细胞将获得竞争优势,在强烈抑制邻近细胞分化的同时,不断表达 Neurogenin,最终分化为神经前体细胞。而原来具有同样潜能的邻近细胞只能向非神经元性细胞（表皮细胞）方向分化（图 3-11-24）。

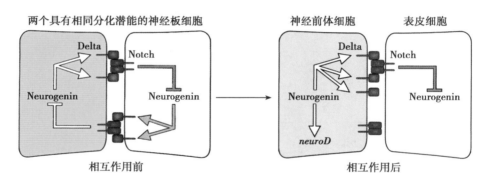

图 3-11-24　侧向抑制特化神经前体细胞

二、激素对细胞分化的调节

在个体细胞分化与发育过程中,除相邻细胞间可发生相互作用之外,不相邻的远距离的细胞之间也可发生相互作用。与介导邻近细胞间相互作用的旁分泌因子不同,远距离细胞间的相互作用由经血液循环输送至各部位的激素来完成。激素所引起的反应是按预先决定的分化程序进行的,是个体发育晚期的细胞分化调控方式。激素可分为甾类激素和多肽类激素两大类:甾类激素如类固醇激素、雌激素和昆虫的蜕皮素等为脂溶性,分子小,可穿过靶细胞的细胞膜进入细胞质,与细胞质内的特异受体结合形成受体-激素复合物,该复合物入核,能作为转录调控物,直接结合到 DNA 调控位点上激活（或在一些情况下抑制）特异基因的转录;多肽类激素如促甲状腺素、肾上腺素、生长激素和胰岛素等为水溶性,分子量较大,不能穿过细胞膜,而是通过与细胞膜上的受体结合、并经过细胞内信号转导过程将信号传递到细胞核,从而影响核内 DNA 转录。如同许多其他的细胞内信号转导途径一样,这个过程包括蛋白激酶的顺序激活。

激素影响细胞分化与发育的典型例子是动物发育过程中的变态（metamorphosis）效应。变态是动物从幼体变为在形态结构和生活方式上有很大差异的成熟个体的发育过程。例如,蝇类和蛾类等昆虫,其幼虫身体被一坚硬的角质层所覆盖,运动能力有限,需要经过多次蜕皮才能成为在空中飞舞的成虫;在两栖类,只能在水中生活的有尾蝌蚪需经过变态发育才能形成可在陆地生活的无尾的蛙。

研究表明,昆虫的变态发育受蜕皮激素的影响,而两栖类的变态则与甲状腺激素(T3、T4)有关。在哺乳动物和人类,乳腺的发育自胚胎期已开始,但直到青春期受雌激素的作用才开始迅速发育。

三、环境因素对细胞分化的影响

环境因素调节或影响细胞分化与发育的研究越来越受到人们的重视。迄今已了解到物理的、化学的和生物性因素均可对细胞的分化与发育产生重要影响:在两栖类动物,其受精卵背-腹轴的决定除了取决于精子穿透进入卵的位点之外,还和重力的影响有关。在某些低等脊椎动物,性别决定与分化受环境因素的影响较大,环境信号启动基因的表达不同,从而影响动物的性别。例如,孵化温度可以决定某些爬行动物(如鳄鱼)的性别,在其受精卵发育的一个特定时期,温度是性别分化的决定因子,在低温下孵化产生一种性别,在高温下孵化则产生另一种性别。而哺乳类动物(包括人类)B淋巴细胞的分化与发育则依赖于外来性抗原的刺激。目前已发现许多环境因素可干扰人类器官的正常发育,例如,碘缺乏将引起甲状腺肿、精神发育和生长发育迟缓;在妊娠时感染风疹病毒易引起发育畸形,该病毒主要作用于胚胎的视觉器官和心脏,引起先天性白内障和心脏发育畸形。有关环境因素影响细胞分化与发育的机制也是目前生物医学研究的热点领域之一,该领域的深入研究,可望为环境有害物质引起的出生缺陷和发育畸形等提供新的干预靶点。

第四节　细胞分化与疾病

一、细胞分化与肿瘤

肿瘤(tumor)是从生物体内正常细胞演变而来的赘生物(neoplasm),即一团无限增殖的异常细胞。如果赘生细胞仍然以单细胞团簇生在一起,则是良性肿瘤;一旦赘生细胞获得了侵袭周边组织的能力并形成远处转移,则成为恶性肿瘤。正常细胞转变为恶性肿瘤的过程称为癌变,其中90%以上的肿瘤起源于上皮细胞;非上皮细胞起源的肿瘤,如由结缔组织或肌细胞产生的肉瘤(sarcoma),和来源于造血细胞的各种白血病(leukemia)等。

(一)肿瘤细胞是异常分化的细胞

肿瘤细胞和胚胎细胞具有许多相似的生物学特性,均呈现出未分化和低分化特点。

肿瘤细胞是异常分化的细胞。肿瘤细胞具有某些其来源组织细胞的分化特点,但更多见的是缺少这种特点,甚至完全缺失。高度恶性的肿瘤细胞,其形态结构显示迅速增殖细胞的特征,细胞核大、核仁数目多、核膜和核仁轮廓清楚。电子显微镜下的超微结构特点是,细胞质呈低分化状态,含有大量的游离核糖体和部分多聚核糖体;内膜系统尤其是高尔基复合体不发达;微丝排列不够规则;细胞表面微绒毛增多变细;细胞间连接减少。分化程度低或未分化的肿瘤细胞缺乏正常分化细胞的功能,如胰岛细胞瘤可不合成胰岛素,结肠肿瘤可不合成黏蛋白,肝癌细胞不合成血浆白蛋白。不仅如此,某些癌细胞还表现为合成胚胎性蛋白,如结肠癌合成癌胚抗原、肝癌细胞合成甲胎蛋白。但并非所有肿瘤细胞的分化都很差,有些相对较好。

恶性肿瘤细胞还表现出停滞在细胞分化过程的某一阶段,即分化障碍的特性。分化是一个定向的、严密调节的程序控制过程,其关键在于基因按一定的时空顺序有选择地被激活或抑制。多数情况下,终末分化细胞不再具有增殖能力,而肿瘤细胞在不同程度上缺乏分化成熟细胞的形态和完整的功能,丧失某些终末分化细胞的性状包括接触抑制或密度依赖性抑制。因此,有人认为恶性肿瘤是细胞分化和发育过程中的一种异常表现,肿瘤本身是一种分化疾病,是由于正常基因功能受控于错误的表达程序所致。

(二)细胞分化的研究进展促进了对肿瘤细胞起源的认识

绝大多数肿瘤呈单克隆生长的特性说明,肿瘤中的全部细胞都来源于同一个恶变细胞。根据生长动力学原理,肿瘤细胞群体大致可分为四种类型:①干细胞,它是肿瘤细胞群体的起源,具有无限分裂增殖及自我更新能力,维持整个群体的更新和生长;②过渡细胞,它由干细胞分化而来,具备有限分裂增殖能力,但丧失自我更新特征;③终末细胞,它是分化成熟细胞,已彻底丧失分裂增殖能力;④G_0期细胞,它是细胞群体中的后备细胞,有增殖潜能但不分裂,在一定条件下,可以更新进入增殖周期。其中肿瘤干细胞在肿瘤发生、发展中起关键作用。

大量证据表明,肿瘤起源于一些未分化或微分化的干细胞,是由于组织更新时所产生的分化异常所致。组织更新存在于高等生物发育的各个时期。在成年生物组织如骨髓等,存在着未分化干细胞。干细胞的增生和分化使衰老和受损的组织、细胞更新或恢复,这些正常干细胞常是恶性变的靶细胞。肿瘤起源于未分化或微分化干细胞的直接证据来自小鼠的畸胎瘤(teratoma)实验。畸胎瘤为最常见的生殖细胞肿瘤,可区分为良性的成熟畸胎瘤(mature teratoma)和恶性的未成熟畸胎瘤(immature teratoma),前者由三个胚层的各种成熟组织构成,常见于皮肤、毛发、脂肪、肌肉、骨、呼吸道上皮、消化道上皮及脑组织等;后者在肿瘤组织中常见于未成熟组织如未成熟骨组织、未成熟神经组织等。研究发现,将 12 天胚龄的小鼠胚胎生殖嵴移植到同系成年小鼠睾丸被膜下,移植 17 天后,80% 的睾丸有胚胎性癌细胞病灶,并且很快发展成典型畸胎瘤细胞。胚胎性癌细胞在形态上非常类似于原始生殖细胞,都具有未分化的细胞质;同时,将早期发育阶段的胚胎包括受精卵移植至同系成年小鼠睾丸被膜下,也获得畸胎瘤。受精卵、原始生殖细胞都处于相同的未分化状态,因此,正常未分化生殖干细胞是畸胎瘤的起源细胞。白血病的发生也遵循这一规律,它起源于未分化或微分化的干细胞。这种认识可从白血病细胞免疫表型、免疫球蛋白和 T 细胞受体(TCR)基因分析及其与正常造血干细胞发育、分化比较中找到依据。上皮细胞作为由干细胞自我更新的组织和细胞类型更容易发生癌变。据统计,目前人类肿瘤的 90% 以上是上皮源性的,这是因为上皮包含有许多分裂中的干细胞,易受到致癌因素的影响发生突变,转化为癌细胞。

在正常组织更新过程中,致癌因素如放射线、化学致癌物等可作用于任何能合成 DNA 的正常干细胞,而受累细胞所处的分化状态可能决定了肿瘤细胞的恶性程度。一般认为,受累细胞分化程度越低所产生的肿瘤恶性程度越高;反之,若受累细胞分化程度越高,所产生肿瘤恶性程度越低,甚至只产生良性肿瘤。仍以小鼠畸胎瘤为例,若将 12.5~13 天的小鼠胚胎生殖嵴作异位移植,可致畸胎瘤,而将 13.5 天的生殖嵴作同样的异位移植,则丧失致畸胎瘤的能力,说明分化程度不同的细胞会产生截然不同的结果。

(三)肿瘤细胞可被诱导分化为成熟细胞

越来越多的研究表明,肿瘤细胞可以在高浓度的分化信号诱导下,增殖减慢,分化加强,走向正常的终末分化。这种诱导分化信号分子称为分化诱导剂,它可以是体内的或人工合成的。分化诱导剂对肿瘤的这种促分化作用,称为分化诱导作用。

20 世纪 70 年代,人们开始发现肿瘤细胞的诱导分化现象,先后发现细胞膜的环磷酸腺苷(cAMP)衍生物,如环丁酰 cAMP、8-溴 cAMP 等可使神经母细胞瘤的某些表型逆转,二甲亚砜(DMSO)在体外可使小鼠红白血病细胞发生部分分化。继而有人用微量注射法将小鼠睾丸畸胎瘤细胞注入小鼠囊胚,经培养后植入假孕的雌鼠子宫,结果生出"正常的小鼠"。这证明恶性肿瘤细胞在某些物质作用下可以改变其生物学性状,使恶性增殖得到控制。但是,这些结果仅适用于实验研究而无临床应用价值。

20 世纪 80 年代,T. R. Breitman 利用原代细胞培养实验,发现维生素 A 衍生物——维 A 酸对人急性早幼粒细胞白血病具有诱导分化作用,并在两例 M3 型患者中观察到疗效。Flynn 使用 13-顺维 A 酸治疗患者取得成功。我国学者应用全反式维 A 酸治疗急性早幼粒细胞白血病在大样本病例中获得成功,证明全反式维 A 酸可诱导白血病细胞沿着粒细胞系进行终末分化。后来的研究相继证实,许多细胞因子、小剂量的化疗药物都具有诱导分化作用。

自 20 世纪 90 年代以来,随着肿瘤外科手术治疗、化疗和放疗取得的成就,肿瘤的诱导分化治疗也从实验室走向临床。目前,诱导分化治疗的研究与观察已涉及多种人类肿瘤,如结肠癌、胃癌、膀胱癌、肝癌等。但不同肿瘤细胞可有多种分化诱导剂,并有相对的专一性,其中研究及治疗最深入的是全反式维 A 酸和三氧化二砷对人急性早幼粒细胞白血病的诱导分化治疗。全反式维 A 酸和三氧化二砷联合应用可以使 90% 患者的生存期达到 5 年,这是中国学者对人类的重大贡献。虽然诱导分化治疗仅在这单一病种上最为成功,但其意义重要,它揭示了一个肿瘤治疗的方向,即通过诱导肿瘤细胞分化来实现肿瘤细胞的"改邪归正",改变肿瘤细胞恶性生物学行为,达到治疗的目的。

二、分化异常相关性疾病

细胞分化是个体发育的核心事件,它与细胞的增殖、迁移和死亡等共同作用促成了组织或器官的形态建成;同样,许多出生缺陷也是包括细胞分化在内的多个发育事件共同作用的结果。在此只举例介绍与细胞分化异常密切相关的疾病。其中来源于生殖细胞异常分化的畸胎瘤已在前面阐述。

(一)骨髓增生异常综合征

骨髓增生异常综合征(myelodysplastic syndrome,MDS)是起源于造血干细胞的一组异质性髓系克隆性疾病,其特点是髓样细胞(myeloid cell)分化及发育异常,表现为骨髓原始细胞过多、无效造血和外周血细胞减少,部分患者进展为急性髓系白血病(acute myeloid leukemia,AML)。MDS 主要发生于老年人群,目前认为是由于体细胞突变(somatic mutation),也称为驱动突变(driver mutation)提供了造血干细胞的生长优势,后续其他基因突变的共同作用导致细胞分化异常,引起无效造血的髓系后代细胞的克隆性血细胞发生。高通量 DNA 序列分析和 RNA 测序结果显示,MDS 的造血干细胞有多个类型的基因突变,包括 RNA 剪接体、转录调节因子、DNA 修复因子、信号转导蛋白、着丝粒黏着复合体等基因突变,以及 DNA 甲基化和组蛋白修饰改变。这些基因突变驱动着 MDS 病变,并与临床表型密切相关。例如,5q32-5q33 杂合性缺失引起的单倍剂量不足(haploinsufficiency)导致未成熟红细胞的过度凋亡(红细胞缺陷)、大细胞性贫血(macrocytic anemia)及巨核细胞的异常成熟;RNA 剪接因子 *SF3B1* 基因突变引起的多个基因的表达改变将导致红系细胞成熟障碍和环形铁粒幼细胞(ring sideroblast)增多的难治性贫血;RNA 剪接因子 *SRSF2* 基因突变和表观遗传因素异常调节(*TET2*、*DNMT3A*、*IDH2* 等突变)的协同作用所引起的一些基因表达改变,将导致干细胞增生、红系细胞成熟受损及髓样细胞分化阻断。少数 MDS 可发生于 50 岁以下的年轻人群,这主要与生殖细胞基因突变有关。

(二)肌营养不良症

肌营养不良(muscular dystrophy)是指以进行性加重的肌无力和支配运动的肌肉变性为特征的遗传性疾病群。临床上主要表现为不同程度和分布的进行性加重的骨骼肌萎缩和无力,也可累及心肌。传统上分为假肥大型肌营养不良(Duchenne muscular dystrophy,DMD)、面肩肱型肌营养不良(Facioscapulohumeral muscular dystrophy,FSHD)、肢带型肌营养不良(limb-girdle muscular dystrophy,LGMD)、Emery-Dreifuss 肌营养不良、眼咽型肌营养不良、眼型肌营养不良和远端型肌营养不良等。目前肌肉进行性萎缩的机制尚不清楚。从细胞分化角度看,肌营养不良表现为肌细胞相关蛋白如肌膜蛋白、近肌膜蛋白及核膜蛋白的表达缺陷,以及这些遗传性基因表达改变造成的肌细胞分化和发育途径障碍。

在 DMD,骨骼肌和心肌细胞中缺少抗肌萎缩蛋白(dystrophin)。抗肌萎缩蛋白为肌细胞膜蛋白,由 X 染色体短臂 Xp21 上相应基因编码,位于肌细胞膜的内表面,它作为连接细胞内骨架蛋白和细胞外基质蛋白的"桥梁",维持肌纤维完整性和抗牵拉功能。抗肌萎缩蛋白缺陷的肌纤维因肌细胞膜不稳定而引起肌细胞坏死和功能丧失。研究表明,早期胚胎细胞中抗肌萎缩蛋白的缺陷将引起肌管(myotube)分化或发育障碍,延迟成肌细胞(myoblast)分化;而肌肉干细胞即肌卫星细胞(muscle satellite cell)中抗肌萎缩蛋白的缺陷,将下调细胞极性相关蛋白 Par1b 的表达,减少细胞不对称分裂,导致肌前体细胞形成障碍。

LGMD 是一组遗传模式和临床症状有高度异质性的肌营养不良。LGMD 可分为 LGMD1(常染色显性遗传)和 LGMD2(常染色体隐性遗传)两大类。通常在 LGMD1 或 LGMD2 后加字母表示不同的致病基因所导致的相应亚型。目前已发现有超过 30 种的不同的致病基因亚型。迄今有许多研究表明细胞分化异常在 LGMD 病变中的作用。例如,LGMD1A 中肌收缩蛋白(myotilin)的基因突变将导致肌细胞分化后期的肌节装配障碍;LGMD1C 中小窝蛋白-3(caveolin-3)的基因突变将导致肌细胞分化过程中的肌管发育异常。在 LGMD2A,钙蛋白酶 3(calpain 3)基因异常,将影响肌细胞分化主控基因 *myoD* 的表达;在 LGMD2B,Dysferlin 膜蛋白缺失将下调肌细胞分化基因 *myogenin* 的表达,延迟成肌细胞融合,等等。

在 FSHD,近 95% 的患者在染色体 4q35 区域都存在 3.3kb 重复单元的部分单元缺失,这种缺失将激活骨骼肌细胞中 DUX4(double homeobox protein 4)转录因子的表达,使原本应该关闭的 *DUX4* 基因被错误地启动。因为 *DUX4* 通常表达于胚胎早期发育阶段,随发育进程,除睾丸和胸腺组织者外,机体其他所有组织中的 *DUX4* 基因均处于静默状态。骨骼肌细胞中 *DUX4* 基因的活化,下调了肌细胞分化基因包括 *myoD*、*myogenin* 等的表达,阻止肌细胞分化,引起肌细胞死亡。

在 Emery-Dreifuss 肌营养不良,核纤层蛋白 A/C、核纤层相关蛋白 emerin 等基因突变,不仅导致成肌细胞中肌细胞分化相关基因 *pRB*、*myoD* 等的表达下调,也阻止了肌卫星细胞向肌细胞的分化。

三、细胞分化与再生医学

一些发育成熟的成年动物个体有再生(regeneration)现象,表现为动物的整体或器官受外界因素作用发生创伤而部分丢失时,在剩余部分的基础上又生长出与丢失部分在形态结构和功能上相同的组织或器官的过程。机体在正常生理条件下由组织特异性成体干细胞完成的组织或细胞的更新,如血细胞的更新、上皮细胞的脱落和置换等,虽然与再生相似,但性质上有所不同。不同动物的再生能力有显著差异。一般来说,高等动物的再生能力低于低等动物,脊椎动物低于无脊椎动物,而哺乳动物的再生能力很低,仅限于肝脏等少数器官。为什么有的动物能够再生,有的动物不能,再生过程的机制是怎样的? 阐明这些问题具有重要的医学意义。

(一)再生的本质是缺损器官处的成体细胞能够自发去分化为再生器官的前体细胞

自然界动物的再生方式并不完全相同。概括起来,有三种方式:第一种,如水螅等低等动物,其再生是通过已存在组织的重组分化,即组织中的多潜能未分化细胞的再分化和部分细胞的转分化,此现象称为变形再生或形态重组再生(morphallaxis regeneration)。第二种,组织器官内没有干细胞,在受伤时,受伤部位组织中的部分细胞通过去分化过程形成未分化的细胞团(原基细胞),再重新分化形成再生器官。这种形式的再生称为微变态再生(epimorphosis regeneration),是两栖类动物再生肢体的主要方式。第三种再生是一种中间形式,被认为是补偿性再生(compensatory regeneration),表现为细胞分裂,产生与自己相似的细胞,保持它们的分化功能,如哺乳动物肝脏的再生。

人们在两栖类有尾动物蝾螈(*Salamander*)的肢体再生上进行了较为深入的研究。在此以蝾螈肢体再生为例来说明再生的变化过程。

当一只成体蝾螈的肢体被切除后,剩余的细胞可以重建成完整的肢体。例如,当手腕被切除后,蝾螈会长出一只新的手腕而不是新的肘。蝾螈的肢体"知道"远-近端轴的何处受伤并且能够从那个地方开始再生。蝾螈肢体的再生主要包括以下几个过程(图 3-11-25)。

1. 顶端外胚层帽和去分化再生胚芽的形成　肢体

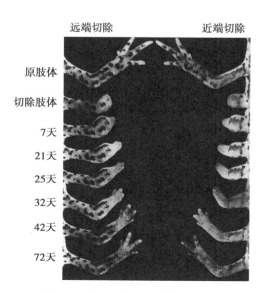

图 3-11-25　蝾螈肢体的切除再生

切除后，在 6~12h 之内，来自剩余截面的表皮细胞迁移来覆盖创面，形成创面表皮（wound epidermis）。这种单层细胞结构对于肢体的再生是必需的，它通过增殖而形成顶端外胚层帽（apical ectodermal cap）。因此，与哺乳动物的创面愈合相对比，它没有瘢痕的形成，因为有表皮来覆盖截面。在随后的 4 天里，顶端外胚层帽下面的细胞经历了戏剧性的去分化：骨细胞、软骨细胞、成纤维细胞、肌细胞和神经元失去了它们的分化特性，其中在分化组织中表达的基因，例如在肌细胞中表达的 *MRF4* 和 *myf5* 基因被下调，而与胚胎样肢体的区域间充质增生过程有关的基因如 *msxl* 的表达则明显升高。由此在截面处的肢体组织区域形成了在顶端外胚层帽之下的不能辨别的去分化的细胞增殖团块，称为再生胚芽（regeneration blastema），其中的细胞称为胚芽细胞。

关于胚芽细胞，以往人们一直认为这是一组均一的多潜能未分化细胞，它能够再分化形成再生组织中所有类型的细胞。新近基于 GFP 技术的特定组织细胞标记分析结果显示，胚芽细胞是一个不均一的各种类型前体细胞（progenitor cell）的"混合体"，每个前体细胞由残留肢体中的成熟组织细胞去分化而来，它们仍保持着其来源组织的"记忆"。例如由肌组织来源的肌前体细胞在再生时仅形成肌组织，而不是其他类型细胞。这表明，蝾螈肢体再生并不要求成体细胞完全去分化成一种多能状态。

2. 胚芽细胞的增生和再分化　胚芽细胞的增生依赖于神经的存在，因为神经元能释放刺激胚芽细胞增殖的有丝分裂刺激因子。在胚芽中存在神经胶质生长因子（glial growth factor，GGF），去除神经支配后则检测不到 GGF，当这种多肽加入到去除神经支配的胚芽中后，有丝分裂中止的细胞又能够再次分裂。此外，成纤维细胞生长因子、转铁蛋白（transferrin）等也在胚芽细胞增殖中起重要作用。胚芽细胞在经过分裂增殖之后即开始再分化，肌细胞开始合成肌蛋白，软骨细胞分泌软骨基质，等等，直至形成与原来肢体相同的新结构。

3. 再生胚芽的模式形成　再生胚芽在很多方面与肢体正常发育区域的肢芽相似。残肢和再生组织之间的腹-背轴和前-后轴是一致的，细胞和分子水平的研究证实了肢体再生与正常发育的机制十分相似。通过把再生肢体胚芽移植到发育中的肢体芽上，证明了胚芽细胞可对肢体芽的信号产生反应并有助于肢体发育。正如信号分子 sonic hedgehog 被发现存在于肢芽发育区域间充质的后区一样，sonic hedgehog 也存在于早期再生胚芽的后部区域。

以上蝾螈肢体切除再生的研究表明，再生的本质是成体动物为修复缺失组织器官的发育再活化，是部分细胞进入去分化的自我重编程（self-reprogramming）过程。

尽管人类和其他哺乳动物没有蝾螈如此幸运，但在儿童或幼体时期，只要还有足够的指（趾）甲，就可以再生出指（趾）尖。研究表明，在指甲根处下存在一个干细胞群，这些细胞可以协调修复部分被切除的指头。哺乳动物指尖再生的分子程序与两栖类动物肢体的切除再生极为相似，指甲干细胞作为一个"信号转导中心"，利用了一种对于胚胎四肢发育至关重要的 Wnt 信号通路，在组织再生过程中帮助了神经、新指甲以及骨细胞协调信号转导。当小鼠趾尖被截去后，剩余趾甲下的上皮组织中的 Wnt 途径被激活，将神经（纤维末梢）吸引至此，通过 FGF2 蛋白驱动间充质细胞的生长（间充质细胞可恢复骨、肌腱及肌肉组织），数周后，小鼠的趾尖恢复如初。不过，如果趾尖被截断过多、趾甲上皮组织丢失过多或整个指甲被移除，则无法再生。

（二）低等动物的再生过程给人类以重要启示

由于损伤后再生在医学上的重要性，许多生命科学工作者根据低等动物的再生机制，试图找出激活曾经是人体器官建成的发育程序的方法，包括：一是寻找相对未分化的多潜能干细胞；二是寻找能够允许这些细胞开始形成特定组织细胞的微环境；三是依据蝾螈在受到外界损伤后其体细胞会自发改变本身的特性，即通过去分化获得一定的可塑性的现象，寻找把体细胞重编程为多潜能未分化细胞的技术手段。目前在寻找未分化的多潜能干细胞及"诱导"体细胞具有多能性的技术方法上取得了突破性进展。

（三）细胞分化的可塑性研究将引领再生医学的发展

哺乳动物中不同组织来源的成体干细胞被发现具有横向分化和跨胚层分化潜能，特别是 iPS

细胞被建立以来,基于体细胞重编程技术而获取有治疗意义的去分化多潜能细胞的研究成果层出不穷。应用细胞重编程技术,不仅能将体细胞转变为多潜能未分化干细胞和组织特异性干细胞,而且还可绕开细胞重编程的干细胞阶段,将皮肤成纤维细胞(fibroblast)直接转化为血细胞、心肌细胞及神经元等。有关这一领域的研究进展,详见第十六章,在此仅阐述细胞重编程技术诞生的工作基础。

人们对细胞分化机制的不断探索催生了细胞重编程技术。在细胞分化机制研究中,三个领域的重要研究成果对 iPS 细胞的诞生起到了重要的引导作用:一是对核移植的重编程研究,包括克隆蛙和克隆羊研究,以及基于细胞融合实验而发现的 ES 细胞也含有重编程体细胞的因子;二是发现细胞分化主控基因,包括发现果蝇触角足基因(*Antennapedia*)异位表达时会诱导腿而非触角的形成,以及证明哺乳动物转录因子 MyoD 能将成纤维细胞转换为肌细胞;三是 ES 细胞研究,包括小鼠和人类 ES 细胞的成功建系,以及能够长期维持干细胞多能性的体外培养条件的建立。

新近,在 iPS 研究成果基础上建立的化学重编程技术,即使用化学小分子将体细胞重编程为多潜能干细胞(chemically induced pluripotent stem cell,CiPS 细胞)特别是人 CiPS 细胞的发现,给糖尿病、神经退行性疾病等的细胞治疗带来了希望。可以确信,随着对细胞分化机制研究特别是对低等动物再生本质和细胞分化可塑性认识的不断深入,以及细胞重编程、跨物种混合胚胎及类器官培养技术的革新,真正实现按照人们的意愿去再生细胞和组织器官,以达到彻底修复和替代病变器官的时代将会逐渐变为现实。

小结

细胞分化是指在个体发育中由单个受精卵产生的细胞在生化组成、形态结构和功能上形成稳定差异的过程。分化的细胞获得并保持特化特征,合成特异性的蛋白质。

细胞分化的潜能由"全能"到"多能"再到"单能"。细胞分化的方向由细胞决定所选择。已分化的细胞在特定条件下表现出可塑性,可发生去分化和转分化。

细胞分化的分子基础是基因的选择性表达。母体效应基因产物和早期胚胎细胞的不对称性分裂决定或影响了细胞的分化命运。细胞分化的基因表达调控主要发生在转录水平:组织特异性转录因子和活性染色质结构的调控区决定了分化细胞的特异性蛋白表达;细胞分化主控基因的表达能够启动特定谱系细胞的分化,而多数情况下一些基因调节蛋白的组合能产生许多类型的细胞;高度保守的 *Hox* 基因在机体前-后轴结构的形成和分化过程中起重要作用。染色质成分的共价修饰在表观遗传层面调控基因表达,如 DNA 甲基化将导致基因表达的沉默,组蛋白的乙酰化则有利于基因的转录。非编码 RNA 能同时在转录和转录后水平调控细胞分化基因的表达。

细胞分化受多种因素的影响。随个体发育进程,不断增加的胚胎细胞间的相互作用对细胞分化的影响越来越明显,其主要表现形式是由旁分泌因子介导的胚胎诱导;而激素则是个体发育晚期细胞分化的调节因素。

细胞分化与肿瘤的发生和机体的再生关系密切。肿瘤细胞和胚胎细胞间具有许多相似的生物学特性,是异常分化的细胞。恶性肿瘤可以向正常成熟细胞诱导分化。低等动物能再生缺损器官,其本质是缺损器官处的成体细胞能够自发去分化为再生器官的前体细胞。

由一个受精卵分化来的细胞为什么会变得如此多样与丰富多彩?这一问题,数百年来虽经许多生命科学家前赴后继地工作,但至今仍不清楚。细胞分化的表观遗传调控机制,细胞分化的可塑性,体细胞经重编程向 iPS/CiPS 细胞的"诱导"成功,以及跨物种混合胚胎和类器官培养技术的革新,成为近年来细胞分化研究领域的亮点,并正在向彻底修复疾病损伤的再生医学领域迈进。

(陈誉华)

思考题

1. 通过哪些实验可证明细胞分化的本质是基因的选择性表达？
2. 简述母体基因调控细胞分化命运的方式。
3. 简述细胞身份确定的分子基础。
4. 简述胚胎诱导的分子基础。
5. 举例说明迄今人为改变细胞分化潜能的研究成果及其理论依据。

第十二章
细胞衰老与细胞死亡

【学习要点】

1. 细胞衰老的特点和机制。
2. 细胞死亡的方式和特点。
3. 细胞死亡与疾病的联系。

生、老、病、死是生命的自然规律。与其他生物体一样,人体自诞生起就要经历生长、发育、成熟、衰老、疾病,直至死亡的生物学过程。这是不可抗拒的客观规律。生命是物质的,是由细胞作为基本单位组织起来的,衰老过程发生在生物的整体水平、细胞水平以及分子水平等不同层次。细胞水平的衰老和死亡也是细胞生命活动的必然规律,是重要的细胞生命现象。事实上,机体中细胞衰老、死亡现象从胚胎时期就开始了。因此,细胞衰老和细胞死亡并不意味整体的衰老与死亡,但它最终将是整体衰老和死亡的基础。

渴望长寿是人类一个古老的愿望。正因如此,细胞的衰老和死亡机制的研究以及延缓衰老的措施已成为当前生命科学领域的一个重要课题。近年来,随着社会科学、生命科学、心理科学的发展,对衰老及其相关问题的研究已形成一门新型独立的学科——老年学(gerontology);而在临床上,以老年病为主要对象的学科称为老年医学(geriatric medicine/geriatrics)。

人体内有 200 多种细胞,它们的寿命各不相同,引起这些细胞的衰老是由诸多因素控制的,从细胞整体、亚细胞和分子等水平探讨细胞衰老的机制,对于延缓个体的衰老具有重要的意义。细胞的终末分化与衰老最终导致细胞死亡。程序性细胞死亡是一种由基因控制的细胞死亡方式,它关系到个体的生长、发育、畸形、衰老、疾病和癌症的发生。探讨控制细胞死亡的分子机制对于揭示生命的奥秘具有重要的生物学意义。

第一节 细 胞 衰 老

衰老是生物体结构和功能的退化。要给衰老下一个确切的定义则非常困难,因为很难对结构或功能上的退化进行真正的量化。由此推论,所谓细胞衰老(cell aging/cell senescence)是指细胞在结构和功能上的衰变、退化。细胞衰老可以仅仅是机体组织正常的新陈代谢,如红细胞的衰老;但也可以是组织器官衰老的基础,如神经细胞的退化(degeneration)、衰老,并最终导致脑的衰老。

一、细胞衰老与机体衰老是有一定联系的两个概念

对多细胞生物而言,机体的衰老与细胞的衰老是两个不同的概念。不同的物种有不同的寿命,机体的衰老并不等于体内所有细胞都衰老,寿命长的多细胞生物必须快速更新各种组织损失和消耗死亡的细胞,以维持机体正常生理功能的平衡。不同组织细胞的更新速度不同:如人的小肠上皮细胞 2~5 天更新一次,胰腺上皮细胞约需 50 天,皮肤表皮细胞需要 1~2 个月。在这种情况下的细胞衰老与死亡,是机体维持正常生命活动的需要。在一些病理情况下(如病毒感染)也会造成大量细胞衰老死亡,体内一些增殖静止的细胞能重新进入细胞周期,通过调节增殖来增加组织中细胞的数量,弥补

功能细胞的丢失,避免组织发育不良和退化的产生。在胚胎发育过程中,胎儿体内也会有大量细胞衰老死亡的现象,如胎儿表皮细胞的衰老脱落;肾、动脉弓、鳃的演化过程都会伴随着大量细胞的自然死亡,这些细胞的衰老与死亡是保持胚胎正常发育的基础。

以上这些在胚胎发育过程和机体维持正常生理功能过程中出现的细胞衰老死亡与机体的衰老死亡没有直接的因果联系,这些细胞的衰老不等于个体的衰老。

研究证实,机体的衰老与体内细胞的衰老有着密切的联系。人的个体随着年龄的增长,会出现头发变白、牙齿脱落、肌肉萎缩、血管硬化、感觉反应迟钝、记忆力衰退、代谢功能下降等衰老表现。通常人们将体内各种器官、组织和细胞随着年龄的增加而伴随出现的不可逆转的功能衰退、逐渐趋向死亡的现象称为机体的衰老(aging)。细胞是生命活动的基本单位,机体的衰老都有其细胞生物学基础。在衰老过程中,组织器官的细胞也经历了形态结构和生理功能逐渐衰退的现象。例如,老年人运动功能衰退与体内运动神经元的衰老和死亡密切相关;老年人体内的许多细胞(心肌细胞、神经细胞、皮肤细胞)就不如年轻人的细胞生命活力旺盛等。多种证据表明,衰老机体在应急与损伤状态下,保持体内稳态能力和恢复稳态的能力下降,而机体组织内环境的稳定间接由组织中干细胞控制,各种组织中的干细胞通过增殖分化产生栖息器官中的各种功能细胞,以补充组织中损耗与死亡的细胞,维持机体内环境的稳定。随着年龄的增长,干细胞自我更新和增殖分化能力下降,导致组织器官损伤难以修复,正常生理功能难以维系,机体衰老必然发生。最近的研究提示,生物体的衰老可能是组织中干细胞的衰老所致,干细胞的衰老是个体衰老的基础,但是,干细胞和衰老关系这一令人感兴趣的新领域的研究工作刚刚开始。

二、二倍体细胞在体外的增殖能力和寿命是有限的

在 20 世纪 60 年代以前,细胞"不死性"的观点在衰老研究领域中占据统治地位。Alexis Carrel 宣称他们培养的鸡胚心脏成纤维细胞可以无限制地生长和分裂(连续培养了 34 年),认为细胞本身不会衰老,多细胞生物体内的细胞衰老是由于环境的影响。这一观点在 20 世纪 60 年代初,被 Leonard Hayflick 等人的出色工作彻底动摇了。

1961 年,Hayflick 和 Paul Moorhead 报告了体外培养的人二倍体细胞表现出明显的衰老、退化和死亡的过程。在体外平均只能传代 40~60 次,此后细胞就逐渐死亡解体。Hayflick 等人提出:体外培养的二倍体细胞的增殖能力和寿命不是无限的,而是有一定的限度,即 Hayflick 界限(Hayflick limitation)。Hayflick 认为 Carrel 所说的现象是传代时向培养基中加入的鸡胚提取物中混入了新鲜细胞所致。

他们还发现,以 1:2 的比例传代,从胎儿肺得到的成纤维细胞可在体外传代 50 次,而从成年人肺组织得到的成纤维细胞只能传代 20 次,说明细胞的增殖能力与供体年龄有关。Hutchinson-Gilford 综合征及沃纳综合征(Werner syndrome)的患者表现出极其明显的衰老特征,例如 9 岁的儿童早老症

患者外貌看起来像 70 多岁的老人,其组织中有老年色素的沉积、秃发、老年容貌、早发性动脉粥样硬化等症状,通常在 20 岁前死去(图 3-12-1)。对从这两种患者身上得到的成纤维细胞进行培养,发现细胞在体外只能传代 2~4 次。这些研究有力地说明,体外培养的二倍体细胞的增殖能力反映了它们在体内的衰老状况,而且其分裂次数与供体年龄之间的关系成反比。

Hayflick 还比较了不同物种的细胞在体外培养条件下的传代规律,发现物种寿命与培养细胞寿命之间存在着相关关系,如加拉帕戈斯象龟平均最高寿命达 175 岁,而细胞传代次数最多 90~125 次;小鼠平均最高寿命为 3~5

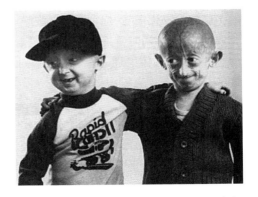

图 3-12-1　Hutchinson-Gilford 综合征患者

年,其细胞平均传代次数仅 14~28 次,证实了不同物种的细胞最大分裂次数与动物平均寿命的关系成正比。

为了确定培养的人二倍体细胞的衰老是细胞本身决定的还是培养条件恶化(缺乏营养或有毒物质积累)造成的,Hayflick 设计了巧妙的实验,将老年男性细胞与年轻女性细胞分别单独培养和混合培养,以有无 X 染色质为鉴定指标,统计细胞倍增次数,结果发现混合培养中的两类细胞与各自分别培养细胞的倍增次数一致,即在同一培养条件下,年轻细胞旺盛增殖的同时,老年细胞就停止生长了,提示决定细胞衰老的原因主要在细胞内部,而不是外部环境。为了进一步探明二倍体细胞衰老表达的控制机制,Hayflick 等人还进行了细胞融合实验,发现年轻细胞胞质体(cytoplast)与年老细胞融合后不能分裂,而年老细胞胞质体与年轻细胞融合后,杂合细胞的分裂能力与年轻细胞相似,说明细胞核决定了细胞衰老的表型。

Hayflick 界限关于细胞增殖能力和寿命是有限的观点已为广大研究者所接受,并推动了细胞衰老机制研究的发展。

三、体内条件下细胞衰老及其增殖能力与分化程度有关

人类的自然寿命约 120 岁,而组成人体的组织细胞的寿命有显著差异,例如,成年人血液中的红细胞平均寿命为 120 天,白细胞为 7~14 天,肠黏膜细胞为 2~5 天,肝细胞寿命为 500 天左右,而脑组织中神经细胞的寿命可长达几十年。根据细胞的增殖能力、分化程度、生存时间,将人体组织细胞作如下分类对研究人体的衰老具有重要意义。

(一) 不育细胞群的衰老研究以长寿细胞为对象

不育细胞群是指那些高度分化没有增殖能力的细胞。根据细胞寿命的长短,人体内不育细胞群可以分为两类:①短寿细胞,这类细胞存活不长时间(一般少于 30 天)就会衰老死亡,被新生的细胞替代,如血液中的红细胞、白细胞、皮肤表皮细胞、口腔和胃、肠道上皮细胞等。这类细胞不具有普遍意义的衰老过程。②长寿细胞,如神经细胞和心肌细胞,它们在个体发育到一定阶段就停止了分裂,形成高度分化细胞,不再有增殖能力,并随着年龄的增长细胞逐渐衰老死亡。这类细胞的寿命几乎与个体寿命等长,它们长期保持代谢及其特殊的生理功能,其衰老与年龄呈线性关系,是研究细胞衰老的理想材料。

(二) 暂不增殖细胞群很少用于衰老研究

暂不增殖细胞发育到一定阶段后,不再分裂,长期保持分化状态,执行特定功能活动,但仍然保留分裂能力。当机体需要时,在一定条件下可以恢复其增殖能力,属于回复性分裂后细胞,如肝、肾实质细胞、软骨细胞等。这类组织细胞的损伤与死亡,可刺激组织细胞恢复旺盛的增殖能力来补充。这类仍然保留增殖能力的分化细胞很少用来研究衰老。

(三) 存在于组织或器官中的干细胞是研究细胞衰老的重要模型

这是一类存在于一种组织或器官中的未分化细胞,具有自我更新的能力,并能分化成所来源组织的主要类型特化细胞,称为成体干细胞。这些细胞终身保持分裂能力,它们可以通过对称分裂维持自身数量的恒定,同时又可以通过不对称分裂方式增殖、分化产生大量分化细胞来补充组织中功能细胞的丧失,维持机体生理平衡,如骨髓造血干细胞、表皮生发层细胞、小肠隐窝干细胞等。那么随着年龄的增加存在于组织中的干细胞是否会衰老呢? 有人研究了不同年龄的小鼠小肠隐窝上皮细胞的周期长度,发现随着个体年龄的增加,细胞分裂周期明显延长,2 个月龄小鼠的细胞分裂周期时间为10.1h,而 27 个月龄小鼠的细胞分裂周期竟达 15.2h,延长了 50%。通过细胞周期时相分析,发现细胞分裂速度减慢的主要原因是 G_1 期时间显著延长。大量实验表明,随着年龄的增长,组织中的干细胞也会逐渐衰老,由于干细胞染色体端粒的缩短、DNA 损伤修复能力下降以及氧化应激与紫外线造成的 DNA 损伤和染色体稳定性下降可以诱导干细胞周期调控点失去平衡,导致其自我更新和多向分化潜能逐渐衰退,甚至增殖分化失控,这必将导致组织器官结构与功能的衰退、损伤组织难以修复再生,

随之伴随着相关老年性疾病的产生。研究发现,所有衰老现象包括组织器官退变、功能丧失、肿瘤发生和反复感染等老年性疾病都反映出成体干细胞衰老的水平。所以,存在于组织或器官中的干细胞是研究细胞衰老极为重要的模型,寻找延缓干细胞衰老、重新激活干细胞的方法和调控其靶向分化,具有重大的科学意义,在预防老年性疾病和治疗退行性疾病中具有不可估量的临床价值。

四、细胞衰老最终反映在细胞形态结构和代谢功能的改变

衰老细胞脱离细胞周期并不可逆地丧失了增殖能力,细胞生理、生化也发生了复杂变化。例如,细胞呼吸率减慢。酶活性降低,最终反映出形态结构的改变,表现出对环境变化的适应能力降低和维持细胞内环境稳定的能力减弱,出现功能紊乱。

（一）细胞衰老时,细胞内水分减少,体积缩小

细胞内物质伴随细胞衰老而逐渐减少,细胞脱水导致细胞收缩、体积变小,原生质浓缩,黏稠度增加,细胞失去了正常形态。

（二）膜体系的理化性质发生了改变

在细胞衰老过程中,细胞膜体系以及细胞表面发生一系列变化。胆固醇与磷脂之比随年龄而增大,膜由液晶相变为凝胶相或固相,黏度增加,膜的流动性减小,使膜受体以及信号转导受到阻碍。其选择透性降低,在机械刺激或压迫下,膜出现裂隙、渗漏,引起细胞外钙离子大量进入细胞质基质,并与钙调蛋白结合产生一系列生物化学反应,导致磷脂降低,细胞膜崩解。

（三）各种细胞器发生结构、功能改变

1. 细胞核的变化　核膜内陷是衰老细胞核最明显的变化,在培养细胞和体内细胞中均可以观察到,此外,还出现染色质凝聚、固缩、碎裂、溶解,核仁不规则。

2. 线粒体的老化　线粒体老化是细胞衰老的重要原因之一。细胞中线粒体的数量随年龄减少,而其体积则随年龄增大。例如,在衰老小鼠的神经肌连接的前突触末梢中可以观察到线粒体数量随年龄减少,有人称它是决定细胞衰老的生物钟。

（1）线粒体数目及大小的改变:衰老细胞内线粒体平均体积及总体积改变。例如,对18~19个月龄的老年大鼠与3~4个月龄年轻大鼠肾的线粒体分别在电子显微镜下进行观察,发现老年大鼠的近曲小管上皮细胞内线粒体明显肥大、肿胀,并出现巨大的线粒体,而数量显著减少,细胞线粒体总体积下降。

（2）线粒体结构的改变:18~19个月龄的老年大鼠与3~4个月龄年轻大鼠肾的线粒体相比,线粒体嵴排列紊乱,表现出菱形嵴、纵形嵴和嵴溶解等现象,在其他的衰老细胞(如心脏、肝脏、大脑等)中也发现了类似的现象。

（3）线粒体膜的改变:衰老细胞线粒体内膜表现出通透性增强,对无机离子(主要是钾离子)渗透能力降低,改变了分子的静电作用,导致大分子凝聚,功能出现障碍。水分丢失导致衰老细胞线粒体内代谢产物的弥散受到限制,引起衰老细胞线粒体内膜形态发生变化,ADP/ATP转换活动显著降低。

3. 内质网的变化　在光学显微镜下,用碱性染料染色后,观察小鼠、人的大脑及小脑的某些神经元,发现神经元中尼氏体(Nissl body)的含量随年龄增长而下降,而神经元的尼氏体由神经元的内质网和核糖体组成,衰老细胞中糙面内质网的总量减少。

4. 溶酶体的变化　细胞衰老还表现在多种溶酶体酶活性降低,对各种外来物不能及时消化分解,使之蓄积于细胞内,形成衰老色斑——老年斑。此外,老化的溶酶体可消化分解自身细胞的某些物质,导致细胞死亡。

（四）细胞骨架发生改变

随着细胞衰老的进程,G-肌动蛋白含量下降、微丝数量减少,结构和成分发生改变,同时,核骨架改变,使微丝对膜蛋白的运动作用调控失衡,受体介导的信号转导系统发生改变,影响细胞表面大分子物质的表达和核内转录。

（五）细胞内生化改变

随着细胞的衰老,细胞内一系列化学组成及生化反应也发生变化。首先是氨基酸与蛋白质合成速率下降,细胞内酶的含量及活性降低。老年人的白发增加,就是头发基部黑色素细胞酪氨酸酶活性下降的结果。此外,衰老神经细胞中硫胺素焦磷酸酶的活性减弱,导致高尔基复合体的分泌功能、囊泡转运功能下降。

（六）细胞外基质改变

细胞外基质大分子交联增加,如结缔组织含丰富的胶原蛋白和弹性蛋白,胶原分子间产生的交联链随年龄而增加,使胶原纤维吸水性下降,上皮下的基底膜交联增加,引起基膜增厚,随着年龄的增加,晶状体纤维可溶性蛋白减少,不溶性蛋白的种类及其分子质量增加。

（七）致密体生成

致密体（dense body）是衰老细胞中常见的一种结构,绝大多数动物细胞在衰老时都会有致密体的积累。除了致密体外,这种细胞成分还有许多不同的名称,如脂褐素（lipofuscin）（图 3-12-2）、老年色素（age pigment）、血褐素（hemofuscin）、脂色素（lipochrome）、黄色素（yellow pigment）及残余体（residual bodies）等。致密体由溶酶体或线粒体转化而来。多数致密体具单层膜且有阳性的磷酸酶反应,这和溶酶体是一致的。少数致密体显然是由线粒体转化而来。脂褐素通常产生自发荧光,它是自由基诱发的脂质过氧化作用的产物。

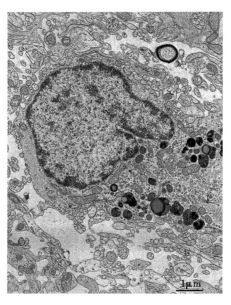

图 3-12-2　电子显微镜下细胞内的脂褐素

在细胞质中可见许多由单位膜包裹形成的较高电子密度的不规则小体,含有浅亮的脂滴。

五、细胞衰老机制涉及内在和外在的多种因素

人们曾对衰老的机制提出了很多的假说和理论,达 300 余种,如遗传程序学说（genetic program theory）、线粒体 DNA 损伤学说（mitochondrial damage theory）、自由基学说（free radical theory）、错误成灾学说（error catastrophe theory）、端粒缩短学说、神经内分泌学免疫学说等。其实衰老是一个复杂的生命现象,是多种因素包括环境因素和体内因素共同作用的综合反应,而以上提出的理论多是从不同角度反映了衰老这一复杂过程的某一侧面或层次,因此目前仍然未形成较为一致的论点。我们也可以将细胞衰老看成是抑制细胞增殖、防止细胞癌变的一种自我保护措施。

（一）遗传学说认为衰老是由遗传控制的

该学说认为衰老是遗传控制的主动过程。细胞核基因组内存在遗传“生物钟”。一切生理功能的启动和关闭,生物体的生长、发育、分化、衰老和死亡都是按照一定程序进行及控制的。大量研究资料证明物种的平均寿命和最高寿限（maximum lifespan）是相当恒定的,子女的寿命与双亲的寿命有关。Hutchinson-Gilford 综合征是因为核纤层蛋白 A（*LMNA*）基因突变,产生了异常的核纤层蛋白 A,使核膜不稳定,影响 DNA 复制和表达,细胞结构及功能逐渐退化。

寿命受基因控制,因而可能存在所谓的“衰老相关基因”（senescence-associated gene,SAG）和“抗衰老相关基因”（anti-senescence-associated gene）。

1. 衰老相关基因　以线虫 *Caenorhabditis elegans*（平均寿命仅 20 天,适于寿限研究）所做研究表明,其 *age-1* 单基因突变可提高平均寿命 65%,提高寿限 110%;*age-1* 突变型 *C.elegans* 的抗氧化酶活力、应变能力以及耐受 H_2O_2、农药、紫外线及高温的能力都强于野生型 *C.elegans*。研究还发现 *C.elegans* 的寿限与 *clk* 基因家族的 *clk-1* 以及 *daf* 基因家族的 *daf-2* 基因相关。

daf-2 基因为 *C.elegans* 形成休眠状态幼虫所必需,是编码与蠕虫发育相关传递途径中某些蛋白

质分子的基因。*clk-1* 基因可能影响染色体结构功能,与生物钟有关,故又称为生物钟基因。*clk-1* 突变株 *C.elegans* 发育晚于野生株,细胞周期及代谢率减慢,紫外线耐受能力增加。*daf-2* 与 *clk-1* 双突变的 *C.elegans* 寿命为野生型的 5 倍多,在 25℃环境中寿命由 8.5 天增至 49 天。

近年来发现 *p16^{INK4a}*、*p53*、*p21*、*Rb* 基因及 β 淀粉样蛋白基因等都与衰老有关,称为"衰老相关基因"。*p16^{INK4a}* 基因编码的蛋白质是作用于细胞周期关键酶之一的 CDK4 抑制因子,*p16^{INK4a}* 基因被认为是肿瘤抑制基因。近年来的研究表明 p16^{INK4a} 还与细胞衰老有着紧密联系。有研究显示 p16^{INK4a} 在人类细胞衰老过程中的表达持续增高,甚至较年轻细胞高 10~20 倍。将该基因导入成纤维细胞后,细胞衰老加快;而抑制 p16^{INK4a} 表达,则使细胞增殖力和 DNA 损伤修复力增强,端粒缩短速度减慢,衰老表征延迟出现。*p16^{INK4a}* 敲除小鼠模型也证明该基因参与细胞周期调控,并以一种年龄依赖性(age-dependent)方式表达。所以 *p16^{INK4a}* 基因是细胞衰老的主控基因,是抑制肿瘤发生的主要基因之一。

p16^{INK4a} 基因表达与 *Rb* 密切相关。当 *Rb* 基因功能下调则 *p16^{INK4a}* 基因表达呈高水平。在细胞内 Rb、p16^{INK4a}、cyclin D 和 CDK 等因子共同组成负反馈调节系统。当 CDK 被激活时,Rb 磷酸化而失活,p16^{INK4a} 的表达代偿性增加,cyclin D 的活性下降;而 *p16^{INK4a}* 基因的激活与 cyclin D 的下调又抑制了 CDK 的活性,阻止细胞从 G_1 期至 S 期的进程,从而对细胞的有丝分裂进行负反馈调节,使干细胞增殖能力及癌细胞增殖能力均降低,细胞衰老,寿命缩短。

p21 基因是近年来发现的另一种与衰老有关的重要基因。P21 蛋白能够与 CDK2/cyclin E 及 CDK4/cyclin D 等多种细胞周期蛋白结合,并抑制其活性,使细胞被阻止在 G_1 期而停止分裂。研究表明,*p21* 基因是抑癌基因 *p53* 的下游控制基因,当 DNA 损伤时,细胞内 P53 蛋白发生磷酸化而被激活,通过启动 P21 蛋白的转录表达,抑制 CDK 的活性,导致细胞周期停滞(图 3-12-3)。衰老细胞端粒长

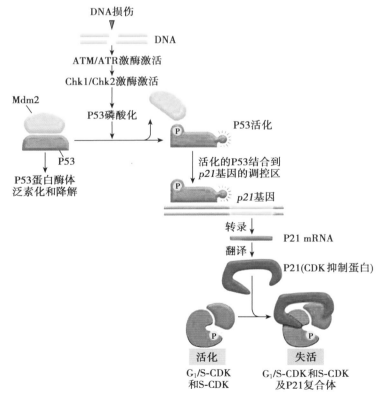

图 3-12-3 P53 激活 *p21* 将细胞阻滞在 G_1 期

当 DNA 损伤时(缩短的端粒可被识别为 DNA 损伤)导致细胞内 P53 蛋白磷酸化而被激活,刺激编码 CDK 抑制蛋白 *p21* 基因转录;P21 蛋白与 G_1/S-CDK 和 S-CDK 期的周期蛋白复合物结合,并使之失活,将细胞阻滞在 G_1 期。

度的缩短(可视作 DNA 的一种损伤)也会诱导细胞中 P53 蛋白含量明显增加,继而诱导 P21 的表达,抑制 CDK 的活化,使得 Rb 不能被磷酸化,E2F 处于持续失活状态,最终引发细胞衰老。

　　p16 和 *p21* 基因在目前被广泛接受的与衰老相关的两条信号通路中担任非常重要的角色:①P53-P21 通路(见图 3-12-3)。P21 在转录水平由 P53 活化,主要介导因子为端粒依赖的衰老和基因毒性应激诱导的衰老。调节 P53 的因子有很多,如 ARF(在人和鼠分别是 P14ARF 和 P19ARF)、PML、PTEN、NPM、P33 等正调节因子及 E3 泛素连接酶 MDM、PIRH2 和 COP1 等负调控因子。②P16-Rb 通路。主要介导多种形式的非基因毒性应激诱导的衰老,如染色质混乱诱发的衰老。目前已知调节 Rb 的正调节因子包括 P16 和上游调控因子 Bmi-1、CBX7、IDI、Tts-1,负调控因子有 P21、P27 等。

　　此外,某些与老年性退行性疾病有关的基因亦可看作衰老基因,例如,载脂蛋白 E 基因表达活跃时易发生冠状动脉硬化;与阿尔茨海默病(Alzheimer disease,AD)有关的 β 淀粉样蛋白基因也被看作一种衰老基因,用该基因制作转基因动物,与正常鼠交配后所得子代 1/2 出现老年性痴呆症状,脑组织具有 β 淀粉样斑块形成以及学习与记忆力下降等典型症状。迄今已发现 5 种基因突变或多型性与阿尔茨海默病有关,它们或多或少涉及该病的主要病理变化,这些基因包括 21 号染色体的淀粉样前体蛋白(amyloid precursor protein,*APP*)基因、14 号染色体的早老蛋白-1(presenilin-1,*PS1*)基因、1 号染色体的早老蛋白-2(presenilin-2,*PS2*)基因、19 号染色体的载脂蛋白 E(apolipoprotein E,*ApoE*)基因和 12 号染色体的 A2 巨球蛋白(*A2M*)基因。其中 *PS1* 与 *ApoE* 基因缺陷在散发性 AD 中较为常见,国际上已有人将两者的基因探针制成商品,用于 AD 辅助诊断。

　　目前认为细胞老化相关信号途径主要有两条,分别是:P16-Rb 途径和 P53-P21-Rb 途径。通过这些抑癌基因的作用介导细胞老化,逃逸肿瘤发生。所以,衰老实际上是一种机体防止肿瘤发生的保护性机制。

　　2. 抗衰老相关基因　基因组中存在一些与抗衰老有关的基因,统称为"抗衰老相关基因"。抗氧化酶类基因、延长因子-1α(EF-1α)、凋亡抑制基因等都与"长寿"有关。如果将参与蛋白质生物合成的 EF-1α 基因转入果蝇生殖细胞,可使子代果蝇比其他果蝇寿命延长 40%,说明 EF-1α 可能具有长寿作用。"长寿"常常与机体代谢能力以及应激能力的增强有关。

　　细胞通过衰老相关基因和抗衰老相关基因的表达影响细胞的寿命。但是人与动物不同,人的寿命除了受内外因素影响外,还受社会因素、精神压力等因素的影响,所以基因不能完全决定人类的衰老或长寿。从理论上推测人类寿命可以达 120~150 岁(一般是成熟期长度的 5~7 倍),但实际寿命却比这短得多。

　　(二)损伤积累学说认为内外环境导致细胞发生的错误不断积累

　　随着时间的推移,各种细胞成分在受到内外环境的损伤作用后,修复能力逐步下降,使"差错"积累,导致细胞衰老。根据对导致"差错"的主要因子和主导因子的认识不同,有不同的学说。

　　1. 代谢废物积累学说　细胞代谢产物积累至一定量后会危害细胞,引起衰老,哺乳动物脂褐素的沉积是一个典型的例子,如阿尔茨海默病(AD)就是由 β 淀粉样蛋白(Aβ)沉积引起的,因此 Aβ 可作为 AD 的鉴定指标。

　　2. 自由基学说　自由基(free radical)是指瞬时形成的含不配对电子、原子团,特殊状态的分子或离子。机体在活动过程中如细胞呼吸作用、线粒体内的氧化过程,会产生超氧阴离子自由基($\cdot O_2^-$)、羟离子自由基($\cdot OH$)、过氧化氢(H_2O_2)、氢自由基($\cdot H$)、脂质自由基($\cdot L$)、脂质过氧化自由基(LOO·)、有机自由基(R·)、有机过氧化自由基(ROO·)等。

　　人体内自由基的产生有两个方面:一是环境中的高温、辐射、光解、化学物质等引起的外源性自由基;二是体内各种代谢反应产生的内源性自由基。内源性自由基是人体自由基的主要来源,其产生的主要途径有:①由线粒体呼吸链电子泄漏产生;②由经过氧化物酶体的多功能氧化酶等催化底物羟化产生。此外,机体血红蛋白、肌红蛋白中还可通过非酶促反应产生自由基。

　　任何事物都有两面性,自由基是有氧代谢的副产物,适量的自由基在人体生命活动中发挥着重要的作用,许多生理过程,如线粒体和微粒体的氧化还原反应、白细胞对病原体及肿瘤细胞的杀伤作用均需超氧阴离子参与。但是过量的自由基因为含有未配对电子,具有高度反应活性,引发链式自由基反应,引起 DNA、蛋白质和脂类,特别是多不饱和脂肪酸(polyunsaturated fatty acid,PUFA)等大分子物质变性和交联,损伤 DNA、生物膜、重要的结构蛋白和功能蛋白,从而引起衰老的发生。

机体内存在自由基清除系统,可以最大限度地防御自由基的损伤。自由基清除系统包括酶类抗氧化剂和非酶类抗氧化剂两部分。酶类抗氧化剂是内源性抗氧化剂,主要有谷胱甘肽过氧化物酶(GSH-PX)、超氧化物歧化酶(superoxide dismutase,SOD)、过氧化物酶(peroxidase,PXP)及过氧化氢酶(catalase,CAT)。非酶类抗氧化剂是一些低分子的化合物,主要有谷胱甘肽(GSH)、维生素 C、维生素 E、半胱氨酸、辅酶 Q(CoQ)、丁羟基甲苯(BHT)、硒化物、疏基乙醇等。此外,细胞内部形成的自然隔离,也能使自由基局限在特定部位。如果体内清除自由基的酶类或抗氧化物质活力减退、含量减少,细胞将发生衰老。

衰老的自由基学说是 D. Harman 于 1956 年提出的。此学说的核心内容是:衰老起因于代谢过程中不断产生的自由基,损坏细胞膜结构,增加 DNA 突变,造成功能蛋白合成误差;促进核酸和蛋白质的分子内和分子间逐步发生化学交联,使细胞不能发挥正常的功能,最终死亡;维持体内适当水平的抗氧化剂和自由基清除剂水平可以延缓衰老,延长寿命。

3. 线粒体 DNA 突变学说　在线粒体氧化磷酸化生成 ATP 的过程中,有 1%~4% 氧转化为氧自由基,也叫活性氧(reactive oxygen species,ROS),因此线粒体是自由基浓度最高的细胞器。mtDNA 裸露于基质,缺乏结合蛋白的保护,最易受自由基伤害,复制错误频率高,而催化 mtDNA 复制的 DNA 聚合酶 γ 不具有校正功能,线粒体内缺乏有效的修复酶,故 mtDNA 最容易发生突变。mtDNA 突变使呼吸链功能受损,进一步引起自由基堆积,如此反复循环,导致衰老。研究证明衰老个体细胞中 mtDNA 缺失表现明显,并随着年龄的增加而增加;研究还发现 mtDNA 缺失与衰老及伴随的老年衰退性疾病有密切关系。人类脑、心、骨骼肌的氧化应激(oxidative stress)负荷最大,是最容易衰老的组织。

(三)端粒学说认为端粒是控制细胞寿命的生物钟

端粒(telomere)是真核细胞染色体末端的一种特殊结构。人类端粒由 6 个核苷酸串联重复序列(TTAGGG)和结合蛋白组成,具有维持染色体结构完整性,稳定染色体,防止染色体 DNA 降解、末端融合,保护染色体结构,调节正常细胞生长的功能。在具有增殖能力的细胞中,端粒 DNA 在细胞分裂过程中不能为 DNA 聚合酶完全复制,每分裂一次,此序列缩短一次,当端粒长度缩短到一定程度,会使细胞停止分裂,细胞逐渐衰老、死亡。因而端粒的长度作为细胞的有丝分裂钟(mitosis clock)来对待。

W. E. Weight 等做了一个有趣的实验,他们将人的端粒反转录酶亚基(hTRT)基因通过转染,引入正常的人二倍体细胞(人视网膜色素上皮细胞),发现表达端粒酶的转染细胞,其端粒长度明显增加,分裂旺盛,作为细胞衰老指标的 β-半乳糖苷酶活性则明显降低,与对照细胞形成极鲜明的反差。同时,表达端粒酶的细胞寿命比正常细胞至少长 20 代,且其核型正常。这一研究提供的证据说明端粒长度确实与衰老有着密切的关系。

端粒酶是一种反转录酶,由 RNA 和蛋白质组成,是以自身 RNA 为模板,合成端粒重复序列,加到新合成 DNA 链末端。在人体内端粒酶出现在大多数的胚胎组织、生殖细胞、炎性细胞、更新组织的增殖细胞以及肿瘤细胞中。

衰老的端粒学说由 A. Olovnikov 提出,认为细胞在每次分裂过程中都会由于 DNA 聚合酶功能障碍而不能完全复制它们的染色体,因此,端粒 DNA 序列逐渐丢失,最终造成细胞衰老死亡。2009 年,诺贝尔生理学或医学奖授予美国加利福尼亚旧金山大学的 E. Blackburn、美国约翰·霍普金斯医学院的 C. Greider、美国哈佛医学院的 J. Szstak,以表彰他们发现了端粒和端粒酶保护染色体的机制。他们的研究成果使揭示人类衰老和癌症等疾病的机制的研究又向前迈出了一步。

(四)神经内分泌免疫调节细胞衰老过程

神经内分泌免疫调节细胞衰老的假说首先是用来解释机体衰老的,表面上看,它与细胞衰老机制无关。但实际上,所谓的神经内分泌免疫调节最终靶向的是细胞,所以它也是细胞衰老的机制之一,只不过,这个学说是把细胞置于整体之中加以讨论的。有机体的细胞活动和生存主要取决于神经内分泌、免疫系统以及细胞的信号转导系统所提供的细胞内环境自稳和整合机制。该理论提出,机体中各种不同细胞内基因的启动与关闭是受神经系统内分泌系统调节的。大脑是控制机体衰老的"生物钟",它是神经、内分泌两大系统的主宰者,以神经系统和内分泌系统网络通过电子、化学物质作为信息,调控人体所有细胞和器官生命力及衰退。例如,垂体与下丘脑互相联系,分泌各种激素调节着机体生长、发育、衰老的过程;下丘脑的衰老是导致神经分泌器官衰老的中心环节。由于下丘脑-垂体-内分泌系统功能的衰退,使机体表现出内分泌功能的下降,如生殖与性功能的衰退、免疫功能下降等表型。

六、细胞衰老会引起器官老化和老年性疾病

人和动物体内细胞的衰老,尤其是组织中干细胞的衰老,会引起器官老化以及各种老年性疾病。

(一)以提前衰老为主要特征的早老性疾病

一些人类疾病在生命的早期阶段就表现出衰老表型快速进展相关特征,这些疾病特征与正常衰老过程有着惊人的相似之处,也称为局部早老症。早老性疾病共同特点是它们均存在 DNA 损伤修复缺陷。

沃纳综合征是最典型的早老性疾病,是由体内编码 DNA 解旋酶的 WRN 基因突变、WRN 蛋白异常所致。患者在幼年就表现出与正常衰老相关的多种特征:身体矮小、典型的鸟样面容、头发变白、白内障、骨质疏松、动脉硬化、皮肤及皮下组织萎缩、分泌代谢疾病(如 2 型糖尿病)。大部分患者在 50 岁前死于动脉粥样硬化血管疾病并发症或恶性肿瘤。

Rothmund-Thomson 综合征是由于 RECQ4 蛋白缺陷而引起,RECQ4 蛋白在 DNA 损伤修复、重组等过程中发挥着"基因卫士"功能。RTS 是一种常染色体隐性遗传性皮肤病,患者的细胞表现出严重的基因组不稳定性,其特征是从婴儿期便开始出现皮肤异色病皮疹、身体矮小、骨骼异常、青少年白内障及个别癌症易发性。

前述的 Hutchinson-Gilford 综合征为一种极为罕见的遗传性疾病,发生率为 1/8 000 000,特征性表现为患儿以极快速度衰老,秃发、老年容貌、多数死于冠脉病变引起的心肌梗死或广泛动脉粥样硬化导致的卒中,平均寿命 16 岁。研究表明,绝大多数 Hutchinson-Gilford 综合征的致病原因是由体内核纤层蛋白 A(*lamin A*)基因突变所致。*lamin A* 基因突变影响 DNA 损伤修复,基因组不稳定,从而使 lamin A 蛋白缺陷的细胞终止分裂,衰老过程加速并过早死亡。带有 *lamin A* 基因突变的患儿的大多数细胞核形状都表现异常。

(二)干细胞衰老导致相关疾病的发生

已经证实随着年龄的增加,组织中的干细胞也在逐渐地衰老,干细胞的衰老将导致其自我更新和多向分化能力的衰退,甚至增殖分化失控,致使损伤组织难以修复、组织器官结构与功能的衰退,随之伴随相关疾病的产生。例如,造血干细胞的衰老将导致免疫系统的衰退,使老年机体对病原体的防御能力下降,出现反复感染;对损伤和突变细胞的识别能力下降,使老年个体易发生恶性肿瘤;造血系统的衰退和异常将导致老年性再生障碍性贫血、白血病等。间充质干细胞的衰老将破坏组织的稳定性,降低机体的损伤修复或应激能力,发生相关老年性疾病,如骨髓间充质干细胞的衰老,其成骨作用减弱,成脂肪细胞和破骨细胞作用增强,可导致老年性骨质疏松;间充质来源的前脂肪细胞(preadipocyte)的衰老,导致体内脂肪组织的生长、可塑性、功能和分布异常,使老年个体常伴发 2 型糖尿病、动脉粥样硬化、血脂代谢障碍等。

干细胞衰老与疾病的发生是当前生物医学研究中的新兴领域,深入研究干细胞衰老与疾病发生的关系,对于推动人体衰老与抗衰老的研究有重要的科学意义和社会价值。

第二节　细胞死亡

细胞生命活动的终结称为细胞死亡（cell death），细胞死亡如同细胞的生长、增殖、分化一样是细胞的基本生命现象。引起细胞死亡的因素很多，但不外乎内因和外因这两类。内因主要是由于发育过程或衰老所致的自然死亡，而外因则指外界物理、化学、生物等各种因子的作用引起的细胞死亡。根据死亡细胞的形态学变化和处置方式，细胞死亡按传统的形态学分类法可分为三类：①Ⅰ型细胞死亡或细胞凋亡，表现出细胞质收缩、染色质凝聚、核碎裂和细胞膜起泡，最终形成完整的小囊泡（通常称为凋亡小体）被相邻的吞噬细胞吞噬，并在溶酶体内降解；②Ⅱ型细胞死亡或自噬，表现为具有广泛的细胞质空泡化和类似的最终以吞噬细胞摄取和随后的溶酶体降解；③Ⅲ型细胞死亡，又称细胞坏死，没有表现出Ⅰ型或Ⅱ型细胞死亡的特征。

形态学分类方法虽然被广泛使用，但具有诸多局限性。从 2005 年起，细胞死亡术语委员会（Nomenclature Committee on Cell Death, NCCD）开始致力于建立基于遗传、生化、药理和功能的细胞死亡新分类方法。根据 2018 年 NCDD 的最新命名推荐，细胞死亡可分为意外性细胞死亡（accidental cell death, ACD）和调节性细胞死亡（regulated cell death, RCD）两大类。ACD 是由极端的物理（高温、高压、高渗透压）、化学（极端 pH）或力学条件（剪切力）诱发的细胞的快速死亡。ACD 是不可控的，不受药物调节的细胞死亡方式，类似于传统分类中的细胞坏死。RCD 则是由细胞信号通路调控的细胞死亡方式，主要包括：内源性/外源性细胞凋亡（intrinsic/extrinsic apoptosis），MPT 驱动性细胞坏死（mitochondrial permeability transition-driven necrosis），坏死性凋亡（necroptosis），铁死亡（ferroptosis），细胞焦亡（pyroptosis），PARP-1 依赖性细胞死亡（parthanatos），侵入性细胞死亡（entotic cell death），中性粒细胞胞外陷阱（neutrophil extracellular traps, NETs）驱动性死亡（NETotic cell death），溶酶体依赖性细胞死亡（lysosome-dependent cell death, LDCD），自噬依赖性细胞死亡（autophagy-dependent cell death, ADCD），免疫原性细胞死亡（immunogenic cell death, ICD）。下面详细介绍主要的 RCD 方式。

一、内源性/外源性细胞凋亡

细胞凋亡（apoptosis）是古希腊语，意指细胞像秋天的树叶凋落一样的死亡方式，1972 年 J. Kerr 最先提出这一概念，认为细胞凋亡是一个主动的、由基因决定的、自主结束生命的过程。线虫（C. elegans）是研究个体发育和细胞凋亡的理想材料。其生命周期短，细胞数量少，线虫的成体若是雌雄同体有 959 个体细胞、约 2 000 个生殖细胞；如果是雄虫，有 1 031 个体细胞、约 1 000 个生殖细胞，神经系统由 302 个细胞组成，它们来自 407 个前体细胞，而这些前体细胞中有 105 个发生了细胞程序性死亡。用体细胞突变的方法发现在 C.elegans 细胞凋亡中有 14 个基因起作用，其中 ced-3、ced-4 和 ced-9 在细胞凋亡的实施阶段起作用，ced-3 和 ced-4 诱发凋亡，ced-9 抑制 ced-3、ced-4，使凋亡不能发生。2002 年，英国人 S. Brenner、美国人 H. R. Horvitz 和英国人 J. E. Sulston 因利用 C.elegans 研究器官发育的遗传调控和细胞程序性死亡方面的开创性突出贡献获 2002 年度诺贝尔生理学或医学奖。

（一）细胞凋亡具有一定的生物学意义和病理学意义

1. 细胞凋亡的生物学意义　　细胞凋亡是生物界普遍存在的一种生物学现象，是在生物进化过程中形成的，由基因控制的、自主的、有序的细胞死亡方式，对于机体维持其自身稳定具有重要的生物学意义。

（1）发育过程中清除多余的细胞：哺乳动物在胚胎发育过程中会出现祖先进化过程中曾经出现过的结构，如鳃、尾、前肾、中肾等，当发育至某个阶段，这些区域的细胞通过自然凋亡被清除，有利于器官的形态发生。例如，哺乳动物手指和脚趾在发育早期是连在一起的，指（趾）间的蹼状结构通过细胞凋亡而被清除，使单个指（趾）分开（图 3-12-4A）；蝌蚪发育成蛙的变态过程中，蝌蚪的尾部的细胞要通过细胞凋亡来清除（图 3-12-4B）；乳腺泌乳细胞在婴儿断乳后很快凋亡，代之以脂肪细胞。

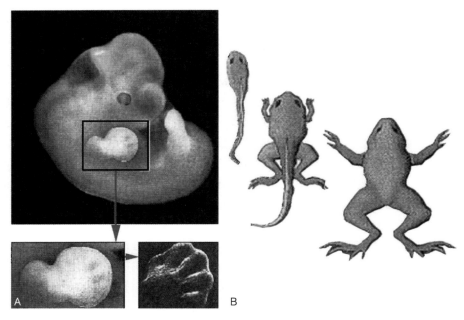

图 3-12-4　个体发育过程中的细胞凋亡
A. 细胞凋亡在指（趾）形成中的作用；B. 蝌蚪发育过程中尾部细胞的凋亡。

　　在脊椎动物神经系统发育过程中，一般要先产生过量的神经细胞，然后通过竞争从靶细胞释放的数量有限的生存因子而获得生存机会。那些得不到生存因子的神经细胞将通过细胞的自然凋亡而被清除。一般认为这种竞争方式有利于提高调节神经细胞与靶组织联系的精确度。在脊椎动物神经系统发育过程中，15%~85% 的神经细胞通过细胞凋亡被清除（图 3-12-5）。

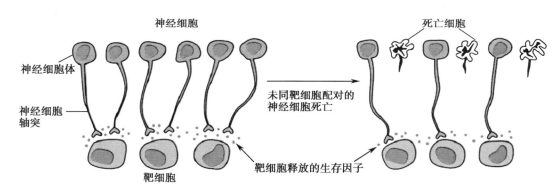

图 3-12-5　程序性细胞死亡对发育中神经细胞数量的调节

　　（2）清除正常生理活动过程中无用的细胞：人体内每天会有上万亿的细胞发生生理性的死亡，如人体内衰老的血细胞要通过凋亡被清除，以维持血细胞的正常新旧交替；人类免疫系统的 T、B 淋巴细胞分化过程中，95% 的前 T、前 B 淋巴细胞通过细胞凋亡而清除，细胞凋亡是维持机体正常生理功能和自身稳定的重要机制。

　　（3）清除病理活动过程中有潜在危险的细胞：DNA 受到损伤又得不到修复的有癌变危险的细胞、病毒感染的细胞可通过细胞凋亡途径被清除。

　　2. 细胞凋亡的病理学意义　细胞凋亡在个体发育、维持机体生理功能以及细胞数量稳定中起了非常重要的作用，是保持机体内环境平衡的一种自我调节机制，如果这种动态平衡失调，将导致畸形或引起疾病，如在发育过程中凋亡异常引起的并指（趾）、肛门闭锁、两性畸形等，另外，一些神经系统退行性疾病，如阿尔茨海默病（Alzheimer 病）、帕金森病（Parkinson 病）等都与神经细胞凋亡有关。现

NOTES

已证实,细胞凋亡与生物的发育、遗传、进化、病理以及肿瘤的发生均有密切的关系。

（二）细胞凋亡具有独特的形态学和生物化学特征

1. **形态变化**　电子显微镜下细胞凋亡的形态学变化是多阶段的,表现为:①细胞表面微绒毛、细胞突起和细胞表面皱褶消失,形成光滑的轮廓,从周围活细胞中分离出来;②细胞内脱水,细胞质浓缩,细胞体积缩小,核糖体、线粒体聚集,结构更加紧密;③染色质逐渐凝聚成新月状附于核膜周边,嗜碱性增强,细胞核固缩呈均一的致密物,进而断裂为大小不一的片段;④细胞膜结构不断出芽、脱落,形成数个大小不等的由膜包裹结构,称为凋亡小体(apoptotic body),内可含细胞质、细胞器和核碎片,有的不含核碎片;⑤凋亡小体被具有吞噬功能的细胞如巨噬细胞、上皮细胞等吞噬、降解。凋亡发生过程中,细胞膜保持完整,细胞内容物不释放出来,所以不引起炎症反应(图 3-12-6)。

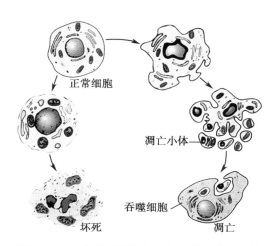

图 3-12-6　细胞凋亡与细胞坏死的形态学比较

2. **生化变化**　细胞凋亡时,细胞发生一系列生化改变。主要表现为以下几个方面。

（1）细胞膜磷脂酰丝氨酸:在凋亡发生早期,细胞膜上往往出现一些标志性生物化学变化,有利于邻近细胞或巨噬细胞识别和吞噬。首先是细胞膜上的磷脂酰丝氨酸(PS)由细胞膜内侧外翻到细胞膜外表面,这一特征可以作为早期凋亡细胞的特殊标志。暴露于细胞膜外的磷脂酰丝氨酸可以用荧光素标记的 Annexin-V 来检测。

（2）胱天蛋白酶(caspase)构成的级联反应:胱天蛋白酶是一组存在于胞质溶胶中的结构上相关的半胱氨酸蛋白酶,能特异地断开天冬氨酸残基后的肽键,是参与细胞凋亡过程的重要酶类。凋亡过程中由这些蛋白酶构成一系列级联反应,使靶蛋白活化或失活而介导各种凋亡事件。

（3）染色质裂解为特定大小的 DNA 片段:在细胞凋亡后期,由于细胞核酸内切酶的活化,使染色质核小体之间的连接处断裂,裂解成长度为 180~200bp 及其倍数的 DNA 片段(图 3-12-7)。从凋亡细胞中提取的 DNA 在琼脂糖凝胶电泳中呈现梯状 DNA 图谱(DNA ladder)。近年来发现,有些发生凋亡的细胞其染色质 DNA 并不降解,表明 DNA 降解并不是细胞凋亡的必需标志。

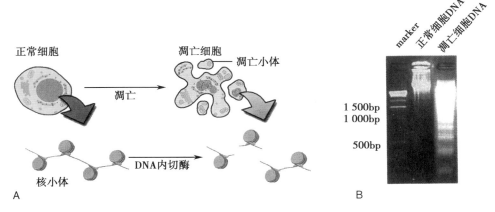

图 3-12-7　细胞凋亡中染色质裂解为特定的 DNA 片段

3. **细胞凋亡发生过程的形态学分期**　从形态学角度,细胞凋亡的发生过程可分为以下几个阶段:①凋亡诱导期:凋亡诱导因素作用于细胞后,通过复杂信号转导途径将信号传入细胞内,由细胞决定生存或死亡;②执行期:决定死亡的细胞将按预定程序启动凋亡,激活凋亡所需的各种酶类及降解相关物质,形成凋亡小体;③消亡期:凋亡的细胞被邻近的、具有吞噬能力的细胞所吞噬并降解。从细胞凋亡开始到凋亡小体的出现仅数分钟,而整个细胞凋亡过程可能延续 4~9h。

（三）细胞凋亡的发生涉及细胞外和细胞内的多种因素

细胞凋亡是一个复杂的过程,受到机体内、外多种因素的影响,其具体的分子机制尚不完全清楚。据现有的研究发现能诱导细胞凋亡的因素多种多样。同一组织和细胞受到不同凋亡诱因的作用,其反应结果不尽相同,而同一因素对不同组织和细胞诱导凋亡的结果也各不相同。目前,多数研究者认为细胞凋亡相关因素分诱导性因素和抑制性因素两大类。

1. 细胞凋亡诱导因素　凋亡是一个程序化的过程,该程序虽然已经预设于活细胞之中,正常情况下它并不"随意"启动,只有当细胞受到来自细胞内外的凋亡诱导因素作用时才会启动。因此,凋亡诱导因素是凋亡程序的启动者。常见的诱导因素如下:

（1）激素和生长因子:失衡生理水平的激素和生长因子是细胞正常生长不可缺少的因素,一旦缺乏,细胞会发生凋亡;相反,某些激素或生长因子过多也可导致细胞凋亡。例如,强烈应激引起大量糖皮质激素分泌,后者诱导淋巴细胞凋亡,致使淋巴细胞数量减少。

（2）理化因素:射线、高温、强酸、强碱、乙醇、抗癌药物等均可导致细胞凋亡。例如,电离辐射可产生大量氧自由基,使细胞处于氧化应激状态,DNA 和大分子物质受损,引起细胞凋亡。

（3）免疫因素:在生长、分化及执行防御、自稳、监视功能中,免疫细胞可释放某些分子导致免疫细胞本身或靶细胞的凋亡。例如,细胞毒性 T 淋巴细胞（cytotoxic T lymphocyte,CTL）可分泌颗粒酶（granzyme）,引起靶细胞凋亡。

（4）微生物因素:细菌、病毒等致病微生物及其毒素可诱导细胞凋亡。例如,HIV 感染时,可致大量 CD4$^+$T 淋巴细胞凋亡。

（5）其他:缺血与缺氧、神经递质（如谷氨酸、多巴胺）、失去基质附着等因素都可引起细胞凋亡。在肿瘤治疗中,单克隆抗体、反义寡核苷酸、抗癌药物等均可诱导肿瘤细胞凋亡。

2. 细胞凋亡抑制因素　体内外一些因素是细胞凋亡的抑制因素。

（1）细胞因子 IL-2、神经生长因子等具有抑制凋亡的作用,当从细胞培养基中去除这些因子时,依赖它们的细胞会发生凋亡;反之,如果在培养基中加入所需的细胞因子,则可促进细胞内存活基因的表达,抑制细胞凋亡。

（2）某些激素 ACTH、睾酮、雌激素等对于防止靶细胞凋亡,以及维持其正常存活起了重要作用。例如,当腺垂体被摘除或功能低下时,肾上腺皮质细胞失去 ACTH 刺激,可发生细胞凋亡,引起肾上腺皮质萎缩。如果给予生理维持量的 ACTH,即可抑制肾上腺皮质细胞的凋亡。睾酮对前列腺细胞、雌激素对子宫平滑肌细胞也有类似的作用。

（3）其他某些二价金属阳离子（如 Zn^{2+}）、药物（如苯巴比妥）、病毒（如 EB 病毒）、中性氨基酸等均具有抑制细胞凋亡的作用。

（四）细胞凋亡是一系列蛋白质参与的过程

细胞凋亡是级联式基因表达的结果。已经发现了多种基因编码的产物参与了凋亡的发生与调控。细胞内部的基因直接调控凋亡的发生和发展,细胞外部因素通过信号转导通路影响细胞内基因的表达,间接调控细胞的凋亡。

1. 线虫和哺乳动物细胞的凋亡相关基因　研究表明在线虫和哺乳动物细胞中有许多高度保守的凋亡相关基因的对应同源物。

（1）线虫细胞凋亡基因:秀丽隐杆线虫（C.elegans）的发育过程中,共产生 1 090 个体细胞,其中 131 个要发生程序性细胞死亡。研究人员利用一系列突变体发现了线虫发育过程中控制细胞凋亡的关键因子。已经发现 15 个基因与线虫细胞凋亡有关（图 3-12-8）,可分为四组。

第一组是与细胞凋亡直接相关的基因,分别为 *ced-3*、*ced-4* 和 *ced-9*。其中 *ced-3* 和 *ced-4* 促进细胞凋亡,只要它们被激活,则导致细胞的程序性死亡;而 *ced-9* 激活时,*ced-3* 和 *ced-4* 被抑制,从而保

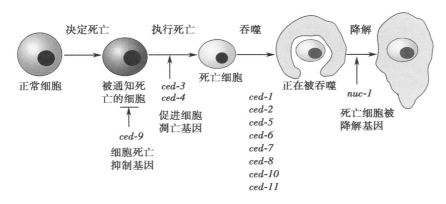

图 3-12-8　细胞凋亡途径及其相关基因

护细胞免于凋亡。因此 *ced-3*、*ced-4* 被称为细胞死亡基因（cell death gene），*ced-9* 被称为死亡抑制基因（cell death suppresser gene）。第二组是与死亡细胞吞噬有关的基因，共 7 个基因，即 *ced-1*、*ced-2*、*ced-5*、*ced-6*、*ced-7*、*ced-8*、*ced-10*，这些基因突变会导致细胞吞噬作用的缺失。第三组是核酸酶基因-1，即 *nuc-1*，它主要控制 DNA 裂解，该基因发生突变，则 DNA 降解受阻，但不能抑制细胞死亡，表明核酸酶并非细胞凋亡所必需。第四组是影响特异细胞类型凋亡的基因，包括 *ces-1*、*ces-2*（*ces* 表示线虫细胞存活的调控基因）以及 *egl-1* 和 *her-1*。它们与某些神经细胞和生殖系统体细胞的凋亡有关。

（2）人和哺乳动物细胞凋亡相关基因及其产物：研究表明在哺乳动物中有与线虫主要死亡基因产物相对应的同源物。

1）caspase 家族：*ced-3* 的同源物是一类半胱氨酸蛋白水解酶（cysteine aspartic acid specific protease），简称脱天蛋白酶（caspase）家族。caspase 家族的共同特点是富含半胱氨酸，被激活后能特异地切割靶蛋白的天冬氨酸残基后的肽键。

caspase 通过裂解特异性底物调控细胞凋亡，已发现的 caspase 家族成员共有 15 种（表 3-12-1），每种 caspase 作用底物不同，其中 caspase-1、caspase-4、caspase-11 参与白细胞介素前体活化，不直接参加凋亡信号的传递；其余的 caspase 根据在凋亡级联反应中的功能不同，可分为两类：一类是凋亡上游的起始者，包括 caspase-2、caspase-8、caspase-9、caspase-10、caspase-11；另一类是凋亡下游的执行者，包括 caspase-3、caspase-6、caspase-7。起始者主要负责对执行者前体进行切割，从而产生有活性的执行者；执行者负责切割细胞核内、细胞质中的结构蛋白和调节蛋白。

表 3-12-1　哺乳动物细胞 caspase 家族成员及其在细胞凋亡过程中的功能

名称及别名	在细胞凋亡过程中的功能
caspase-1（ICE）	IL-前体的切割；参与死亡受体介导的凋亡
caspase-2（Nedd-2/ICH1）	起始 caspase 或执行 caspase
caspase-3（apopain/CPP32/Yama）	执行 caspase
caspase-4（Tx/ICH2/ICErel-Ⅱ）	炎症因子前体的切割
caspase-5（ICE rel-Ⅲ/TY）	炎症因子前体的切割
caspase-6（Mch2）	执行 caspase
caspase-7（ICE LAP3/Mch3/CMH-1）	执行 caspase
caspase-8（FL ICE/MACH/Mch5）	死亡受体途径的起始 caspase
caspase-9（ICE LAP6/Mch6）	起始 caspase
caspase-10（Mch4/FLICE2）	死亡受体途径的起始 caspase

续表

名称及别名	在细胞凋亡过程中的功能
caspase-11（ICH3）	IL-前体的切割,死亡受体途径的起始 caspase
caspase-12	内质网凋亡途径的起始 caspase
caspase-13	未知
caspase-14	未知
caspase-15	未知

在正常细胞中,caspase 是以无活性状态的酶原形式存在,细胞接受凋亡信号刺激后,酶原分子在特异的天冬氨酸残基位点被切割,形成由 2 个小亚基和 2 个大亚基组成的有活性的 caspase 四聚体(图 3-12-9A),少量活化的起始 caspase 切割其下游 caspase 酶原,使得凋亡信号在短时间内迅速扩大并传递到整个细胞,产生凋亡效应(图 3-12-9B)。

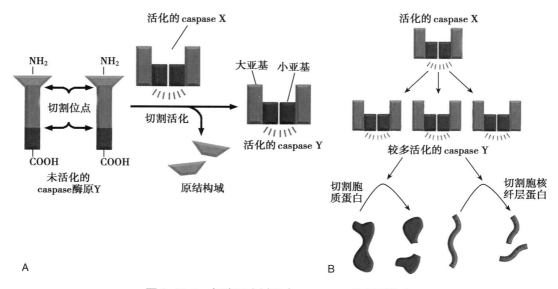

图 3-12-9　细胞凋亡过程中 caspase 的级联效应

A. caspase 酶原的活化:caspase 酶原在特异性位点被切割(通常由另一家族成员催化),切割产生的片段聚合形成由 2 个小亚基和 2 个大亚基组成的有活性的 caspase 四聚体;B. caspase 的级联效应:少量活化的起始 caspase 能够切割许多下游 caspase 酶原,产生大量活化的下游 caspase,其中执行 caspase 切割细胞质内及细胞核内重要结构和功能蛋白,导致细胞凋亡。

目前已知的执行 caspase 作用底物约 280 余种,caspase 对于这些底物的切割使得细胞出现凋亡的一系列形态和分子生物学特征。如活化的 caspase-3 可降解 CAD(DNA 酶)的抑制因子,使 CAD 活化,将 DNA 切割成长度为 180~200bp 及其倍数的 DNA 片段;活化的 caspase-6 作用底物是 lamin A、keratin 18,导致核纤层和细胞骨架的崩解等。由于 caspase 在细胞凋亡途径中发挥关键作用,将其作为治疗相关疾病的靶标分子的药物研究已引起人们极大的重视。

2)Bcl-2 蛋白家族:Bcl-2 基因是线虫死亡抑制基因 ced-9 的同源物,最初发现于人 B 淋巴细胞瘤/白血病-2(B cell lymphoma/leukemia-2,Bcl-2)而得名。Bcl-2 蛋白家族在线粒体凋亡通路中居核心地位而备受关注。当线粒体凋亡通路被激活时,线粒体外膜被破坏,线粒体膜间隙的细胞色素 c 释放到细胞质中触发 caspase 级联反应,引发细胞凋亡。而 Bcl-2 可以诱导、直接引发或抑制线粒体外膜的通透化,调控细胞的凋亡。

Bcl-2 家族蛋白在结构上非常相似,都含有一个或多个 BH(Bcl-2 homology)结构域,大多定位于线粒体外膜上,或受信号刺激后转移到线粒体外膜上。根据其功能可以分为两大类:一类是抑制凋亡的 Bcl-2，主要有 Bcl-2、Bcl-xL、Bcl-w、Mcl-1 等，这类蛋白拥有 BH-4 结构域，能阻止线粒体外膜的通透化，保护细胞免于凋亡；另一类是促进细胞凋亡的 Bcl-2，主要有 Bax、Bak、Noxa 等，这类蛋白缺少 BH-4 结构域，能够促进线粒体外膜的通透化，促进细胞凋亡。实验证明，如果细胞中 Bax 和 Bak 的基因突变，细胞能够抵抗大多数凋亡诱导因素的刺激，是凋亡信号途径中关键的正调控因子。而抑制凋亡因子 Bcl-2 和 Bcl-xL 能够与 Bax、Bak 形成异二聚体，通过抑制 Bax、Bak 的寡聚化来抑制线粒体膜通道的开启。

3）*p53* 基因：因编码一种分子量为 53kD 的蛋白质而得名，是一种抑癌基因。其表达产物 P53 蛋白是基因表达调节蛋白，当 DNA 受到损伤时，P53 蛋白含量急剧增加并活化，刺激编码 CDK 抑制蛋白 p21 基因的转录，将细胞阻止在 G_1 期，直到 DNA 损伤得到修复。如果 DNA 损伤不能被修复，P53 持续增高引起细胞凋亡，避免细胞演变成癌细胞。一旦 *p53* 基因发生突变，P53 蛋白失活，细胞分裂失去抑制，发生癌变。人类癌症中约有一半是由于该基因发生突变失活。因此，*p53* 是从 DNA 损伤到细胞凋亡途径上的一种分子感受器（molecular sensor），以一种"分子警察"的身份监视细胞 DNA 状态，是细胞的一种防护机制。

4）Fas 和 FasL：Fas 是广泛存在于人和哺乳动物正常细胞和肿瘤细胞膜表面的凋亡信号受体，是肿瘤坏死因子（TNF）及神经生长因子（NGF）受体家族成员，而 Fas 配体 FasL（Fas ligand）主要表达于活化的 T 淋巴细胞，是 TNF 家族的细胞表面 II 型受体。FasL 与其受体 Fas 组成 Fas 系统，两者结合将导致携带 Fas 的细胞凋亡。Fas 和 FasL 对免疫系统细胞的死亡起重要作用。Fas 系统参与清除活化的淋巴细胞和病毒感染的细胞，而 Fas 和 FasL 可因基因突变而丧失功能，致使淋巴细胞积聚，产生自身免疫病。

2. 诱导细胞凋亡的信号通路　细胞凋亡是一个极其复杂的生命活动过程，目前在哺乳动物细胞中了解比较清楚的凋亡信号通路有两类：一是细胞表面死亡受体介导的外源性细胞凋亡通路（extrinsic apoptotic pathway），与之相应的凋亡方式称为外源性细胞凋亡；二是以线粒体为核心的内源性细胞凋亡通路（intrinsic apoptotic pathway），与之相应的凋亡方式称为内源性细胞凋亡（图 3-12-10）。

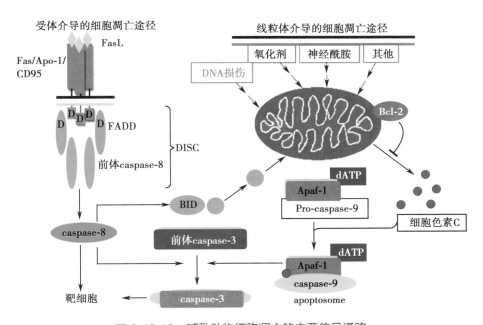

图 3-12-10　哺乳动物细胞凋亡的主要信号通路

（1）外源性细胞凋亡通路：主要由细胞膜上的死亡受体结合死亡配体来激活凋亡信号通路。哺乳动物细胞表面死亡受体是一类属于 TNF/NGF 受体超家族，TNFR-1 和 Fas/Apo-1/CD95 是死亡受体家族的代表成员，它们的胞质区都含有死亡结构域（death domain，DD）。当死亡受体 Fas 或 TNFR 与配体结合后,诱导胞质区内的 DD 结合 Fas 结合蛋白(FADD),FADD 再以其氨基端的死亡效应结构域(DED)结合 caspase-8 前体,形成 Fas-FADD-Pro-caspase-8 组成的死亡诱导信号复合物(DISC),caspase-8 被激活,活化的 caspase-8 再进一步激活下游的死亡执行者 caspase-3、caspase-6、caspase-7,从而导致细胞凋亡。

(2)内源性细胞凋亡通路:当细胞受到微环境干扰,例如生长因子剥夺、DNA 损伤、内质网应激、活性氧过载、复制压力、有丝分裂缺陷时,线粒体外膜通透性改变,使线粒体内的凋亡因子,如细胞色素 c(Cytc)、凋亡诱导因子(AIF)等释放到细胞质中,与细胞质中凋亡蛋白酶活化因子 Apaf-1 结合,活化 caspase-9,进而激活 caspase-3,导致细胞凋亡(见图 3-12-10)。线粒体在细胞凋亡中处于凋亡调控的中心位置,很多 Bcl-2 家族的蛋白如 Bcl-2、Bax、Bcl-xL 等都定位于线粒体膜上,Bcl-2 通过阻止 Cytc 从线粒体释放来抑制细胞凋亡;而 Bax 通过与线粒体上的膜通道结合促使 Cytc 的释放而促进凋亡。

活化的 caspase-8 一方面作用于 Pro-caspase-3,另一方面催化 Bid(Bcl-2 家族的促凋亡分子)裂解成 2 个片段,其中含 BH-3 结构域的 C 端片段被运送到线粒体,引起线粒体内 Cytc 高效释放。Bid 诱导 Cytc 释放的效率远高于 Bax。

线粒体释放的凋亡诱导因子 AIF 除了可以诱导 Cytc 和 caspase-9 释放外,还被转运入细胞核诱导核中的染色质凝集和 DNA 大规模降解。

(五)细胞凋亡的异常将导致疾病的发生

过去认为细胞凋亡是个体发育过程中维持机体自稳的一种机制,是生长、发育、维持机体细胞数量恒定的必要方式,具有一定的生物学意义。随着研究的深入,人们进一步认识到,细胞凋亡与疾病的发生有一定的关系,具有重要的临床意义。

在健康的机体中,细胞的生生死死总是处于一个良性的动态平衡中,如果这种平衡被破坏,人就会患病。如果该死亡的细胞没有死亡,就可能导致细胞恶性增长,形成癌症。如果不该死亡的细胞过多地死亡,如受人类免疫缺陷病毒(HIV)的攻击,不该死亡的淋巴细胞大批死亡,就会破坏人体的免疫系统,导致艾滋病发作。

细胞凋亡之所以成为人们研究的一个热点,在很大程度上在于细胞凋亡与临床的密切关系。这种关系不仅表现在凋亡及其机制的研究,阐明了免疫疾病的发病机制,而且由此可以导致疾病新疗法的出现,特别是细胞凋亡与肿瘤以及心血管疾病之间的密切关系备受人们重视。

1. 细胞凋亡与心血管疾病　当细胞凋亡规律失常时,就可能发生先天性心血管疾病。有证据表明,致心律失常性右心室心肌病与心肌细胞过度凋亡有关;在急性心肌梗死的早期和再灌注期,发现有大量的凋亡细胞;扩张型心肌病、心律失常、主动脉瘤等疾病则证明凋亡现象明显活跃,导致组织细胞失常;实验表明血管内皮细胞凋亡具有促凝作用,能促发和加重动脉粥样硬化病变;高血压则因凋亡血管重塑,使血管变得僵硬,压力负荷增加,高血压恶化的同时又促使心功能不全。

2. 细胞凋亡与肿瘤　一般认为恶性转化的肿瘤细胞是因为失控生长、过度增殖,从细胞凋亡的角度看则认为是肿瘤的凋亡机制受到抑制不能正常进行细胞死亡清除的结果。肿瘤细胞中有一系列的癌基因和原癌基因被激活,并呈过度表达状态。这些基因的激活和肿瘤的发生发展之间有着极为密切的关系。癌基因中一大类属于生长因子家族,也有一大类属于生长因子受体家族,这些基因的激活与表达,直接刺激了肿瘤细胞的生长。这些癌基因及其表达产物也是细胞凋亡的重要调节因子,许多种类的癌基因表达以后,即阻断了肿瘤细胞的凋亡过程,使肿瘤细胞数目增加,因此,从细胞凋亡角度来理解肿瘤的发生机制,是由于肿瘤细胞的凋亡机制、肿瘤细胞减少受阻所致。因此,通过细胞凋亡角度和机制来设计对肿瘤的治疗方法就是重建肿瘤细胞的凋亡信号传递系统,即抑制肿瘤细胞的生存基因的表达、激活死亡基因的表达。

3. 细胞凋亡与自身免疫病　自身免疫病包括一大类难治的、免疫紊乱造成的疾病,自身反应性 T 淋巴细胞及产生抗体的 B 淋巴细胞是引起自身免疫病的主要免疫病理机制。正常情况下,免疫细胞的活化是一个极为复杂的过程。在自身抗原的刺激作用下,识别自身抗原的免疫细胞被活化,从而通过细胞凋亡的机制而得到清除。但如这一机制发生障碍,那么识别自身抗原的免疫活性细胞的清除就会产生障碍。有人观察到在淋巴增生突变小鼠中 Fas 编码的基因异常,不能翻译正常的 Fas 跨膜蛋白分子,如 Fas 异常,由其介导的凋亡机制也同时受阻,便造成淋巴细胞增殖性的自身免疫疾患。

4. 细胞凋亡与神经系统的退行性病变　目前知道老年性痴呆症是神经细胞凋亡的加速而产生的。阿尔茨海默病(AD)是一种不可逆的退行性神经疾病,淀粉样前体蛋白(APP)早老蛋白-1(PS1)、早老蛋白-2(PS2)的突变导致家族性阿尔茨海默病(FAD)。研究证明 PS 参与了神经细胞凋亡的调控,PS1、PS2 的过表达能增强细胞对凋亡信号的敏感性。

二、自噬依赖性细胞死亡

细胞自噬(autophagy)现象于 19 世纪 50 年代首次被发现,并于 1963 被 de Duve 等正式命名。自噬是真核细胞内普遍存在的一种通过包绕隔离受损的或功能退化的细胞器(如线粒体)及某些蛋白质和大分子物质,与溶酶体融合并水解膜内成分的现象。在营养缺乏的情况下,细胞获得营养物质;在细胞受到损伤(或衰老)时,细胞通过自噬可清除受损或衰老的细胞器;在细胞受到微生物感染或毒素侵入时,细胞通过自噬可清除这些微生物或毒素。因此,对于细胞来说,自噬是保护细胞的一个有效机制。然而,在一些细胞的死亡进程中,并未观察到细胞凋亡的特征,而显示出细胞自噬的特征,这种细胞死亡被称为自噬性细胞死亡(Ⅱ型细胞死亡)。然而,是自噬诱发了细胞死亡(以及自噬通过哪些通路诱发细胞死亡)还是细胞死亡伴随着自噬还有待进一步研究。

(一)细胞自噬分为三种类型

相对于主要降解短半衰期蛋白质的泛素-蛋白酶体系统,细胞自噬参与了绝大多数长半衰期蛋白质的降解。在形态上,即将发生自噬的细胞胞质中出现大量游离的膜性结构,称为前自噬体(preautophagosome)。前自噬体逐渐发展,成为由双层膜结构形成的空泡,其中包裹着退变的细胞器和部分细胞质,这种双层膜被称为自噬体(autophagosome)。自噬体双层膜的起源尚不清楚,有人认为其来源于糙面内质网,也有观点认为来源于晚期高尔基复合体及其膜囊泡体,也有可能是重新合成的。自噬体的外膜与溶酶体膜融合,内膜及其包裹的物质进入溶酶体腔,被溶酶体中的酶水解。此过程使进入溶酶体中的物质分解为其组成成分,并可被细胞再利用,这种吞噬了细胞内成分的溶酶体被称为自噬溶酶体(autophagolysosome)。整个这一过程可人为地分为感应诱导(induction)、靶物识别(cargo recognition)、选择(selection)、自噬体形成(autophagosome formation)、与溶酶体融合降解(fusion, and degradation of cargo by lysosomes)等 5 个阶段。在细胞自噬过程中,除可溶性胞质蛋白外,线粒体、过氧化物酶体、高尔基复合体和内质网的某些部分都可被溶酶体所降解。

根据细胞内底物运送到溶酶体腔方式的不同,细胞自噬可分为三种主要方式(图 3-12-11):①巨自噬(macroautophagy)通过形成双层膜包绕错误折叠和聚集的蛋白质病原体、非必需氨基酸等并与溶酶体融合降解,是真核细胞内最普遍的自噬方式,营养缺失、感染、氧化应激、毒性刺激等许多应激都能诱导巨自噬的发生,一般所说的自噬都指巨自噬。②微自噬(microautophagy)不同于巨自噬,其中没有自噬膜的形成过程,它的典型特点是通过溶酶体膜直接内陷或外凸(evagination)包绕胞质及内容物进入溶酶体进行降解。现在开始用专有词汇描述对某个细胞器的自噬,如对线粒体自噬,不管是巨自噬或微自噬,统一用线粒体自噬(mitochondrial autophagy/mitophagy)来表示。③分子伴侣介导的自噬(chaperone-mediated autophagy, CMA)是一种高度选择的自噬方式,它有两个核心成员:热休克蛋白 HSC70 和溶酶体膜相关蛋白 2A(lysosomal-associated membrane protein 2A, LAMP2A)。热休克蛋白 HSC70 是一种分子伴侣蛋白。CMA 只降解肽链中含有 KFERQ(Lys-Phe-Glu-Arg-Gln)的五肽片段的蛋白。首先热休克蛋白 HSC70 特异地识别并结合含有 KFERQ(Lys-Phe-Glu-Arg-Gln)的五肽片段的蛋白,然后通过与 LAMP2A 相互作用而将目的蛋白转运至溶酶体内降解。

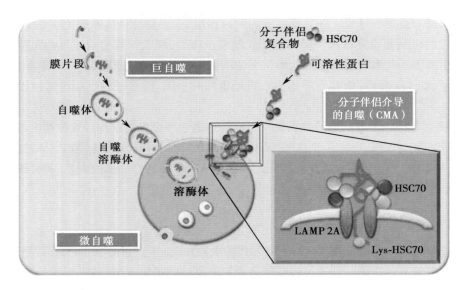

图 3-12-11　三种细胞自噬方式

（二）细胞内一系列大分子参与了细胞自噬

　　早期人们在酵母中发现与细胞自噬相关的基因,称为 *ATG*（autophagy-related gene）,哺乳动物自噬相关基因则被命名为 *Atg*,在哺乳动物细胞自噬的自噬泡形成过程中,由 *Atg3*、*Atg5*、*Atg7*、*Atg10*、*Atg12* 和 *LC3*（microtubule-associated protein 1 light chain 3,MAP1-LC3,相当于酵母的 *ATG8*）所编码的蛋白是参与自噬体形成的两个泛素样蛋白系统的组成成分。其中 Atg12 结合过程与前自噬泡的形成相关,而 LC3 修饰过程对自噬泡的形成必不可少（图 3-12-12）。第一条泛素样蛋白系统是 Atg12 首先由 E1 样酶 Atg7 活化,之后转运至 E2 样酶 Atg10,最后与 Atg5 结合,形成自噬体前体;第二条泛素样蛋白系统是 LC3 前体形成后,加工成胞质可溶性 LC3-Ⅰ,并暴露出其羧基末端的甘氨酸残基。LC3-Ⅰ被 Atg7 活化,转运至第二种 E2 样酶 Atg3,并被修饰成膜结合形式 LC3-Ⅱ,参与自噬泡形成。LC3-Ⅱ定位于前自噬体和自噬体膜,成为检测自噬发生的分子标记之一。一旦自噬体与溶酶体融合,自噬体内的 LC3-Ⅱ即被溶酶体中的水解酶降解。上述两条泛素样加工修饰过程可以互相调节,互相影响。

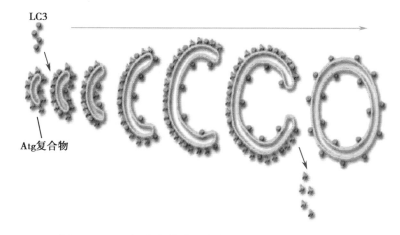

图 3-12-12　细胞自噬过程中自噬泡的双层膜形成过程

　　除了上述蛋白外,还陆续发现了其他一些参与细胞自噬的蛋白,如Ⅲ型磷脂酰肌醇三磷酸激酶（Class Ⅲ PI3K）等。

　　（三）细胞自噬受多条途径调控

　　1. 哺乳动物雷帕霉素靶蛋白（mammalian target of rapamycin,mTOR）信号途径　　mTOR 激酶

是氨基酸、ATP 和激素的感受器,对细胞生长具有重要调节作用,抑制自噬的发生,是自噬的负调控分子。雷帕霉素(rapamycin)通过抑制 mTOR 的活性,抑制核糖体蛋白 S6(p70S6)活性,诱导自噬发生。

2. Gαi3 蛋白 结合 GTP 的 G 蛋白亚基 Gαi3 是自噬的抑制因子,而结合 GDP 的 Gαi3 蛋白则是自噬的活化因子。Gα 作用蛋白(G Alpha interacting protein,GAIP)通过 Gαi3 蛋白加速 GTP 的水解,促进自噬的发生。

3. 其他 信号转导通路中的许多因素影响着细胞自噬的发生,尚待进一步探讨。

(四)细胞自噬参与疾病的发生

一方面,细胞自噬清除细胞内衰老的细胞质成分、去除毒素和微生物感染、提供细胞营养,从而对保护细胞具有重要的意义;另一方面,自噬介导了细胞死亡,对于机体来说,自噬性细胞死亡是有利还是不利很难界定,但在疾病的发生发展中会起到一定的作用。

1. 细胞自噬与恶性肿瘤 细胞自噬是将细胞内受损、变性或衰老的蛋白质以及细胞器运输到溶酶体进行消化降解的过程。正常生理情况下,细胞自噬利于细胞保持自稳状态;在发生应激时,细胞自噬防止有毒或致癌的损伤蛋白质和细胞器的累积,抑制细胞癌变;然而肿瘤一旦形成,细胞自噬为癌细胞提供更丰富的营养,促进肿瘤生长。因此,在肿瘤发生发展的过程中,细胞自噬的作用具有两面性。此外,自噬还可保护某些肿瘤细胞免受放化疗损伤。这种保护作用的机制可能是通过自噬清除受损的大分子或线粒体等细胞器,从而保护肿瘤细胞免受放化疗损伤,维持恶性细胞的持续增殖。

2. 自噬与帕金森病 研究表明帕金森病患者的脑内黑质纹状体区 CMA 相关蛋白 LAMP2A 和 HSC70 表达量明显下降,而 AD 患者和对照组样本 LAMP2A 和 HSC70 表达量则没有明显变化。α-突触核蛋白(α-synuclein)因(95 VKKDQ 99)肽段能与 HSC70 稳定结合推测其通过 CMA 降解;而突变的 α-synuclein 蛋白则能与溶酶体表面受体高亲和地结合而不进入溶酶体膜内降解,从而影响 CMA 功能,致 α-synuclein 堆积形成 PD 的特征性病理改变路易小体(Lewy body)的形成。PD 患者黑质纹状体区域自噬泡增加也支持 CMA 在 PD 中起着重要作用这一假设。

三、其他调节性细胞死亡方式

(一)MPT 驱动性细胞坏死

MPT 驱动性细胞坏死(mitochondrial permeability transition-driven necrosis)是由氧化应激和细胞质 Ca^{2+} 过载等严苛环境导致的调节性细胞死亡方式,通常表现为坏死形态。亲环蛋白 D(cyclophilin D,CYPD)在 MPT 驱动性细胞坏死中发挥着关键作用。CYPD 抑制剂如环孢素(cyclosporin A,CsA)和 sanglifehrin A(SfA)能抑制 MPT 驱动性细胞坏死。MPT 驱动性细胞坏死中,线粒体膜电位快速消失,线粒体内外膜崩解,伴随着"通透性转换孔复合物"(permeability transition pore complex,PTPC),一种线粒体内外膜之间的蛋白复合物孔道的不可逆打开。研究表明多种蛋白通过与 PTPC 组分相互作用来调节 MPT 驱动性细胞坏死,如 Bcl-2 家族蛋白 Bax、Bcl-2 和 Bcl-xL,DRP1 和 p53。

(二)坏死性凋亡

坏死性凋亡(necroptosis)是通过多种受体例如肿瘤坏死因子受体 1(tumor necrosis factor receptor 1,TNFR1),Toll 样受体 4(Toll like receptor 4,TLR4),干扰素受体(IFNR)诱发的调节性细胞死亡方式,在肿瘤发生和细胞免疫中发挥重要作用。坏死性凋亡的主要参与分子包括 RIPK1、RIPK3 和 MLKL。坏死性凋亡的主要信号通路为:在死亡受体如 TNFR1 启动坏死性凋亡后激活 RIPK1,RIPK1 进一步激活 RIPK3,并形成含有 RIPK1 和 RIPK3 的多聚淀粉样蛋白复合体,称为坏死小体(necrosome)。其中 RIPK1 和 RIPK3 经历一系列磷酸化事件,对于 MLKL 的招募和坏死性凋亡是必需的。RIPK3 的激活依赖于它与含 HSP90 和 CDC37 的共分子伴侣复合物的结合。坏死小体继续催化下游 MLKL(mixed lineage kinase domain-like)蛋白的磷酸化,MLKL 形成寡聚体并转移到细胞膜上,或通过招募 Ca^{2+} 和 Na^+ 通道,增加细胞膜通透性来执行坏死性凋亡。MLKL 执行坏死性凋亡的精确机制依然没有完全阐明。最近的研究发现热休克蛋白 90 在 MLKL 的寡聚化和细胞膜转移中发挥重要作用。MLKL 寡聚化可能触发细胞内的级联反应 Ca^{2+} 内流入和磷脂酰丝氨酸暴露到细胞膜外表面。这似乎是由 MLKL 直接作用,随后形成磷脂酰丝氨酸暴露的细胞膜泡,最终被分解,这个过程亦受内体分选运输所需复合体(ESCRT)-Ⅲ的调控。一旦定位在细胞膜上,MLKL 可以激活 ADAM 细胞表面蛋白酶家族,促进细胞膜相关蛋白的分解或离子通道的形成。

（三）铁死亡

铁死亡(ferroptosis)是近年发现的一种铁依赖的,脂质过氧化和细胞膜破裂驱动的调节性细胞死亡方式。铁死亡的发生主要依赖铁元素,而不依赖传统细胞死亡中的脱天蛋白酶(caspase)、坏死小体(necrosome)或细胞自噬组分。铁死亡的典型表现为线粒体的异常,减少的嵴和破裂的线粒体外膜,并可持续释放免疫刺激性的损伤相关分子模式(damage associated molecular patterns,DAMPs)。铁死亡主要由两条信号通路引发,外源性通路和内源性通路。外源性通路是由抑制细胞膜转运蛋白引发铁死亡,如胱氨酸/谷氨酸转运蛋白(也称为 system xc-),也可通过激活铁转运蛋白如血清转铁蛋白和乳转铁蛋白来引发铁死亡。内源性通路是通过阻断细胞内抗氧化酶如谷胱甘肽过氧化物酶 4(glutathione peroxidase 4,GPX4)的作用来激活铁死亡。GPX4 催化 GSH 依赖性脂质还原反应,将过氧化氢物转化为脂质醇,以此来限制脂质过氧化从而抑制铁死亡发生,所以阻断 GPX4 可以激活铁死亡。

铁死亡的详细分子机制仍有待进一步揭示,但可以明确的是多不饱和脂肪酸(polyunsaturated fatty acid,PUFA)如花生四烯酸的过氧化造成细胞膜结构和功能的破坏,在铁死亡中扮演重要角色。PUFA 的过氧化通过作用相反的 lipoxygenase(LOX,催化 PUFA 过氧化)和 GPX4(抑制 PUFA 过氧化)来共同调节。越来越多的证据表明,铁死亡通路中 GPX4 的促存活功能在发育和内稳态维护中发挥重要作用。$Gpx4^{-/-}$ 小鼠具有完全显性的胚胎致死。此外,$Gpx4$ 敲除小鼠会引发多种病理状况,包括急性肝损伤,神经退行性和免疫缺陷。而所有这些缺陷都可以通过抑制铁死亡来改善。此外,铁死亡似乎还在肿瘤抑制中发挥作用,肿瘤抑制因子 $p53$ 的部分功能可能通过下调 system xc-来实现。

（四）细胞焦亡

细胞焦亡(pyroptosis)是在细菌、病毒、真菌等外界病原菌感染后,在先天免疫系统的细胞(如单核细胞、巨噬细胞)内被触发的一种调节性细胞死亡方式。细胞焦亡表现为一些特有的形态学特征,这些特征与传统的细胞凋亡不同,例如特有的染色质凝聚方式,以及细胞肿胀和最终的细胞膜通透化。细胞焦亡主要通过激活 caspase 家族蛋白,使其切割 Gasdermin D(GSDMD),GSDMD 被切割为 N 端和 C 端两个结构域片段。其中 GSDMD 的 N 端结构域被转运到细胞膜上与磷脂蛋白结合,发生多聚化并在细胞膜上形成裂解孔,细胞膜通透性迅速增加,诱发细胞焦亡。细胞焦亡的信号通路分为两种,经典的和非经典的细胞焦亡通路。经典细胞焦亡途径依赖于炎性小体(inflammasome)在识别 PAMPs 和 DAMPs 后对 caspase-1 的激活。而非经典细胞焦亡途径由 caspase 4、caspase-5、caspase-11 介导,可通过脂多糖(lipopolysaccharide,LPS)直接激活。LPS 能与 caspase-4、caspase-5、caspase-11 的 CARD 结构域结合,介导这些 caspase 的寡聚化和激活。不论是经典途径中的 caspase-1 还是非经典途径中的 caspase-4、caspase-5、caspase-11,这些 caspase 被激活后,切割 Gasdermin D,使其与细胞膜中的脂质结合并形成寡聚孔,导致细胞内容物释放和细胞焦亡。

（五）PARP-1 依赖性细胞死亡

PARP-1 依赖性细胞死亡(又称 parthanatos)最初是由 T. Dawson 与 V. Dawson 根据 "PAR"(多聚 ADP 核糖,PARP-1 的酶活产物)和 "thanatos"(塔纳托斯,古希腊神话中的 "死神")而命名。parthanatos 是一种氧化应激,低血糖或炎症导致 DNA 损伤,从而聚(ADP-核糖)聚合酶 1(PARP-1)过度激活引发的调节性细胞死亡方式。DNA 损伤导致的 PARP-1 的过度激活会产生细胞毒性作用：①NAD^+ 和 ATP 大量消耗,最终导致生物能量和氧化还原系统崩溃;②多聚 ADP 核糖(PAR)在线粒体积聚,导致线粒体膜通透性增加,释放细胞死亡因子。parthanatos 的关键过程之一是 PAR 与线粒体外膜的结合,促使凋亡诱导因子 AIF 释放到细胞质中,帮助招募一种核酸酶,巨噬细胞迁移抑制因子(macrophage migration inhibitory factor,MIF)到细胞核,切割 DNA,引发细胞死亡。

(六) 侵入性细胞死亡

侵入性细胞死亡(entotic cell death)是一种细胞同类相食,涉及一个细胞被另一个非吞噬细胞吞噬的调节性细胞死亡方式。侵入性细胞死亡主要是由上皮细胞的脱落和整联蛋白信号失活触发的。侵入细胞的内化主要通过细胞侵入而非吞噬作用完成。因此,侵入细胞的内化独立于整联蛋白,主要由侵入细胞和被侵入细胞之间的细胞连接介导,涉及黏附分子 E-钙黏着蛋白(E-cadherin)和连锁蛋白 alpha 1(CTNNA1)。肌动蛋白和肌球蛋白在被侵入细胞的细胞极形成,产生收缩反应促进细胞侵入。肌动蛋白通过促进细胞膜起泡来驱动侵入性细胞死亡,涉及一系列信号通路的激活,包括心肌素相关转录因子(MRTF)和血清反应因子(SRF)和埃兹蛋白(EZR)。细胞侵入后,通常会被不依赖于 Bcl-2 和 caspase 的 RCD 信号通路消灭。这个信号通路依赖于 LC3 相关的吞噬(LC3-associated phagocytosis,LAP),巨自噬的成分,包括 LC3、Atg5、Atg7 和 VPS34 被招募到被侵入细胞的细胞质,促进它们与溶酶体的融合,虽然这里并未形成真正的自噬体。侵入性细胞死亡在器官发育、组织稳态和肿瘤发生中发挥潜在作用。需要注意的是,一般来说,侵入细胞会死亡,但在某些特殊情况下,侵入细胞能够存活并逃逸到被侵入细胞外进行增殖。

(七) NETs 驱动性细胞死亡

NETs 驱动性细胞死亡(NETotic cell death)是一种炎性细胞死亡方式,最初在中性粒细胞中发现,主要涉及一种特殊的由染色质、组蛋白和颗粒状蛋白形成的细胞外网络纤维的形成,被称为中性粒细胞胞外陷阱(neutrophil extracellular traps,NETs)。NETs 由各种微生物活化剂或刺激特定受体如 Toll 样受体产生的细胞外网络结构,用来捕获和杀死微生物发挥抗菌作用,同时也是一些人类疾病如糖尿病和癌症的病因之一。类似 NETs 的结构也可由中性粒细胞以外的其他细胞释放,例如肥大细胞、嗜酸性粒细胞和嗜碱性粒细胞。NETs 的产生本身并不一定会导致细胞裂解。

尽管 NETs 形成的潜在分子机制尚未完全阐明,但无论是 NETs 驱动性细胞死亡还是单纯的 NETs 产生似乎都依赖于 NADPH 氧化酶。NETs 驱动性细胞死亡涉及一条信号通路,包括丝氨酸/苏氨酸激酶(RAF1)、有丝分裂活化蛋白激酶激酶(MAP2Ks)和 ERK2,通路的末端是 NADPH 氧化酶的激活和 ROS 生成。细胞内 ROS 通过两方面来进行 NETs 驱动性细胞死亡:①触发中性粒细胞表达的弹性蛋白酶(ELANE)和髓过氧化物酶(MPO)的释放,它们被从细胞质的颗粒中释放到细胞质中,然后被转运到细胞核中;②通过促进 ELANE 的 MPO 依赖性蛋白水解活性,细胞质中的 ELANE 被激活后会催化 F-肌动蛋白的水解,破坏细胞骨架。同时,细胞核中的 ELANE 促进组蛋白、核膜的降解和染色质的去凝集。这一切将使染色质纤维与细胞组分被挤出到细胞外,形成 NETs,导致细胞膜破裂和细胞死亡。

(八) 溶酶体依赖性细胞死亡

溶酶体依赖性细胞死亡(lysosome-dependent cell death,LDCD)是一种以溶酶体膜通透化(lysosomal membrane permeabilization,LMP)为主要特征的调节性细胞死亡方式。溶酶体依赖性细胞死亡与多种病理生理状况相关,包括炎症,组织重塑、衰老、神经退化、心血管疾病和细胞内病原体应答。在生化水平上,溶酶体依赖性细胞死亡中发生了溶酶体膜通透化,导致溶酶体裂解,内容物包括组织蛋白酶被释放到细胞质介导细胞死亡。LMP 上游的机制尚未完全阐明。某些情况下,LMP 发生在线粒体外膜通透化(MOMP)下游,作为细胞凋亡信号的结果。在另一些情况下,溶酶体膜通透化发生在 MOMP 下游,选择性地招募 BAX 到溶酶体膜上形成孔道。组织蛋白酶通过催化水解作用使其蛋白底物激活或失活,包括 Bid、Bax、Bcl-2 和 XIAP。溶酶体依赖性细胞死亡可通过抑制 LMP 或阻断组织蛋白酶来抑制。常用的组织蛋白酶靶向分子包括内源性蛋白酶抑制剂(如胱抑素和丝氨酸蛋白酶抑制剂)、半胱氨酸组织蛋白酶的特异性药物(如 E64D 和 Ca-074-Me)或天冬氨酰组织蛋白酶的药物(如胃酶抑素 A)。与癌症治疗相关,癌细胞对溶酶体的敏感性可能增加,且通常容易受 LMP 的影响,所以可以对此开发激活溶酶体依赖性细胞死亡的抗癌药物。

（九）免疫原性细胞死亡

免疫原性细胞死亡（immunogenic cell death,ICD）是一种激活机体适应性免疫的调节性细胞死亡形式,用来对抗濒死细胞表达的内源性或外源性抗原。ICD 的诱导因子包括病毒感染、化疗试剂、放射疗法,以及光动力疗法。这些因子能刺激一系列 DAMP 的释放,并被免疫系统的病原识别受体（pathogen recognition receptor,PRR）识别,引发免疫响应。到目前为止,有六种 DAMP 被认为具有免疫原性:钙网蛋白（CALR）、ATP、HMGB1、Ⅰ 型干扰素、癌细胞来源的核酸和膜联蛋白 A1（ANXA1）。在 ICD 过程中,CALR 从 ER 转移到细胞膜的外叶,参与维持 Ca^{2+} 内稳态。细胞外的 ATP 不仅能通过结合 DC 前体受体 P2Y G 蛋白偶联（P2RY2）给巨噬细胞的 "find-me" 信号,也能通过与 P2RX7 结合后激活炎症小体来介导免疫刺激效应。Ⅰ 型干扰素是由进行 ICD 的癌细胞通过响应内源性 dsRNA 或 dsDNA 来释放。Ⅰ 型干扰素还可激活癌细胞的自分泌/旁分泌信号通路,表达一系列干扰素刺激基因包括 CXCL10。

 小结

细胞衰老与死亡是生物界的普遍规律。细胞衰老是指随着时间的推移,细胞增殖能力和生理功能逐渐下降的变化过程。Hayflick 研究证实:体外培养的二倍体细胞的增殖能力和寿命有一定的界限,体外培养的二倍体细胞分裂次数与供体年龄之间成反比关系;不同物种的细胞最大分裂次数与动物平均寿命成正比关系;决定细胞衰老的原因主要在细胞内部,细胞核决定了细胞衰老的表达。衰老细胞分裂速度减慢,主要原因是 G_1 期时间明显延长。

生物体的衰老与组织中干细胞的衰老密切相关,不育细胞群中长寿细胞和组织中的干细胞是研究细胞衰老的重要模型。

细胞在衰老过程中发生了一系列变化:细胞内水分减少,膜流动性降低,细胞间连接减少,糙面内质网减少,线粒体的数量减少、体积增大,脂褐素在细胞内蓄积并随年龄增长而增多,核膜内折,染色质固缩等。组织中干细胞衰老时其自我更新、增殖能力以及分化潜能会发生不同程度的下降和衰退。

细胞衰老的机制有多种理论,如错误成灾学说、自由基学说、端粒学说和遗传程序学说等。细胞衰老受到其自身基因的控制和环境因素的影响。已发现与人类衰老相关的基因有:*MORF4*、*p16*、*p21*、*WRN*、*klotho*、*SIRT1* 等。组织中干细胞的衰老与老年性疾病密切相关。

细胞死亡包括意外性细胞死亡 ACD 和调节性细胞死亡 RCD。ACD 是偶发的,不受调控的细胞的快速崩解和死亡。而 RCD 是由死亡信号诱发的受调控的细胞死亡过程,是细胞生理性死亡的普遍形式,对于动物体的正常发育、维持正常生理功能以及多种病理过程具有重要意义。内源性/外源性细胞凋亡是 RCD 的主要形式之一,已经发现了一些凋亡的相关基因,其中线虫的 *ced-3*、*ced-4* 是死亡基因,与人的胱天蛋白酶（caspase）家族同源,线虫的 *ced-9* 是死亡抑制基因,与人的 *Bcl-2* 基因同源。在细胞凋亡过程中,caspase 家族成员发挥了重要作用,caspase 通过裂解特异性底物调控细胞凋亡。细胞中存在细胞死亡的抑制因子,可以通过抑制细胞死亡来维持细胞存活。细胞死亡的调控失常与许多疾病,例如癌症密切相关。

（刘　雯）

 思考题

1. 细胞衰老的一般分子机制是什么？如何延缓细胞衰老？
2. 如何在分子层面区分内源性和外源性细胞凋亡？
3. 细胞凋亡与癌症有怎样的关系？

第四篇
细胞与环境的相互作用

第十三章
细胞连接与细胞黏附

【学习要点】
1. 细胞连接的概念和分类。
2. 紧密连接、锚定连接和间隙连接的组织分布、结构组成及生物学功能。
3. 细胞黏附的概念和实质、主要的细胞黏附分子种类。
4. 四类主要细胞黏附分子的结构、作用方式和生物学功能。
5. 细胞连接、细胞黏附与医学或疾病的关联。

在高等的多细胞生物体内,没有哪个细胞是孤立存在的,同一组织或不同组织的细胞之间,常会以不同的结构形式,形成直接或间接、持久或临时的联系,生物体借此形成协调统一的整体结构而进行生命活动。细胞连接和细胞黏附是这种联系的基本形式。通过形成连接或黏附,细胞之间以及细胞与细胞外基质之间建立起确定的结构联系和相互作用。这是细胞极性维持、生物体组织形成、器官发生及稳态维持的重要保证。

第一节 细 胞 连 接

人和动物体内,除结缔组织和血液外,绝大多数组织细胞均按一定方式相互接触,并在相邻细胞膜表面形成具有特定分子组成及结构特征的连接装置,以加强细胞间的机械联系,维持组织结构的完整性并协调组织细胞的生理活动。这类连接装置称为细胞连接(cell junction)。根据其结构和功能特点可分为三种主要类型,即封闭连接、锚定连接和通讯连接(表 4-13-1、图 4-13-1)。

表 4-13-1　细胞连接的类型

功能分类	结构名称	主要特征	主要分布
封闭连接	紧密连接	相邻细胞膜形成封闭索	上皮细胞、脑微血管内皮细胞
锚定连接	黏着连接	与肌动蛋白丝相连的锚定连接,包括黏着带和黏着斑	
	黏着带	连接细胞与细胞	上皮细胞、心肌细胞
	黏着斑	连接细胞与细胞外基质	上皮细胞基底面
	桥粒连接	与中间纤维相连的锚定连接,包括桥粒和半桥粒	
	桥粒	连接细胞与细胞	上皮细胞、心肌细胞
	半桥粒	连接细胞与细胞外基质	上皮细胞基底面
通讯连接	间隙连接	形成直接连通细胞的亲水通道	大多数动物组织细胞
	化学突触	通过释放神经递质传递兴奋	神经元、神经元-效应细胞间
	胞间连丝	原生质丝贯穿细胞壁直接沟通相邻细胞	植物细胞间

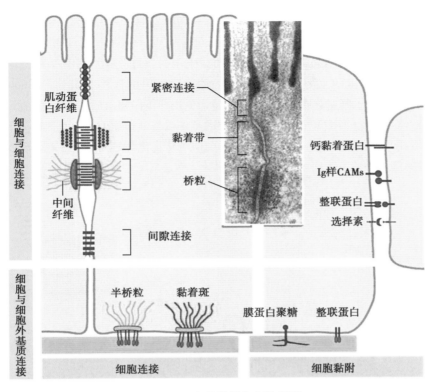

图 4-13-1　细胞连接与细胞黏附

一、封闭连接

人和脊椎动物体内的封闭连接（occluding junction）又称紧密连接（tight junction），多见于体内各种管腔、腺体上皮和脑毛细血管内皮细胞靠近腔面一侧的相邻细胞膜间。透射电子显微镜下紧密连接处相邻的细胞膜呈现为间断的点状黏合，黏合处无细胞间隙，非黏合处尚有 10~15nm 的细胞间隙。冷冻蚀刻复型技术显示，紧密连接区域是一种"焊接线"样的带状网络。这些"焊接线"是由相邻细胞膜上成串排列的穿膜蛋白彼此对合连接形成，称为封闭索（sealing strand）。封闭索交织成网，呈带状环绕每个上皮细胞的顶部，将相邻细胞紧紧连接在一起（图 4-13-2）。

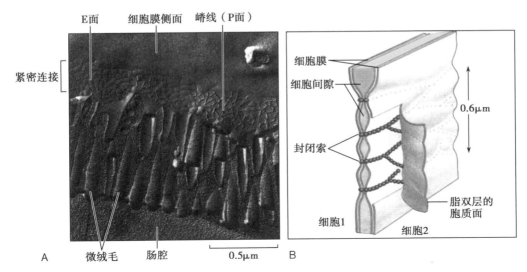

图 4-13-2　紧密连接结构
A. 紧密连接冷冻蚀刻复型电子显微镜照片；B. 紧密连接结构模式图。

目前已鉴定出 40 余种参与紧密连接形成的蛋白,包括穿膜蛋白和胞质中的膜外周蛋白。构成紧密连接的穿膜蛋白,一类称为闭合蛋白(occludin),是相对分子量为 65kD 的 4 次穿膜蛋白,功能尚不清楚;另一类称密封蛋白(claudin),也是 4 次穿膜蛋白,目前已鉴定出 27 种,其相对分子量约为 20~27kD,是形成封闭索的主要成分。此外,一种单次穿膜的连接黏附分子(junctional adhesion molecules,JAMs)也参与了紧密连接的构建,它们属于免疫球蛋白超家族。相邻细胞膜上同类型的穿膜蛋白通过其胞外结构域的相互作用而结合,其胞内 C 末端与细胞膜下的支架蛋白分子(如 ZO 蛋白、PAR-3、PATJ)等相互作用,并通过 ZO 蛋白的介导与肌动蛋白丝相连(图 4-13-3),支架蛋白也可募集蛋白激酶、磷酸酶等多种调节蛋白。

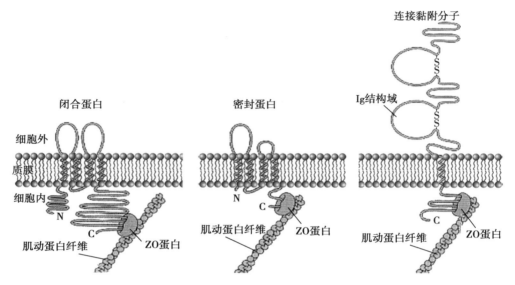

图 4-13-3　三种紧密连接蛋白与肌动蛋白丝的连接

紧密连接中的三种主要穿膜蛋白均通过 ZO 蛋白与肌动蛋白丝连接。密封蛋白和闭合蛋白分别与相邻细胞膜中同种的分子相互作用结合,相邻细胞膜中的 JAM 通过 N 端的两个 Ig 结构域相互作用结合。

紧密连接除了具有将上皮细胞联合成整体的机械连接作用外,还具有两种重要功能:第一是封闭细胞间隙,阻止管腔中的物质无选择性地通过细胞间隙进入组织,或组织中的物质回流到腔内,从而保证组织内环境的稳定;第二是形成细胞膜蛋白和膜脂分子侧向扩散的屏障,维持细胞的极性。正是由于紧密连接的存在,使得上皮细胞的顶面与侧面基底面的膜蛋白和膜脂分子只能在各自的膜区域内运动,行使各自不同的功能。紧密连接的这两种功能特性对上皮细胞的选择性物质吸收能力非常重要。如小肠上皮细胞的紧密连接对肠腔内的大部分物质起着阻隔作用,由此构成了肠腔的黏膜屏障。营养物质只能由小肠上皮细胞的顶部摄入,而不能穿过紧密连接进入细胞间隙,从而保证了物质转运的方向性,同时使组织不受异物的侵害。

正常状态下,小肠和肾小管上皮细胞的紧密连接对水分子、离子和小分子营养物质等具有一定的通透性。一部分小分子物质可穿过紧密连接进入上皮组织间隙,这称为"细胞旁途径"(paracellular pathway),对于消化道营养吸收和肾小管重吸收具有重要意义。但在某些组织,如脑毛细血管内皮细胞之间的紧密连接几乎无通透性,由此形成的血脑屏障(blood brain barrier)可以保护脑组织免受异物侵害。

不同组织中紧密连接的通透性与封闭索的发达程度直接相关,也与组成紧密连接的密封蛋白种类有密切关系,某些类型的密封蛋白所形成的紧密连接对特定离子具有选择通过性。紧密连接的通透性还受细胞信号的调控,例如虽然水等小分子物质不能通过血脑屏障,但某些免疫细胞却可以通过,这是由于这些细胞释放特定信号,从而打开紧密连接。此外,某些细菌、病毒的感染及环境因素如高温等也会增加紧密连接的通透性,减弱其屏障作用。近年来发现,Claudin-1 和闭合蛋白是丙型肝炎病毒(HCV)入侵细胞所必需的受体,提示紧密连接可能与 HCV 入侵细胞的过程有关。

二、锚定连接

锚定连接(anchoring junction)是一类由细胞骨架参与的、将相邻细胞或细胞与胞外基质牢固黏合的细胞连接结构。广泛存在于机体多种组织中,在那些需承受机械力的组织,如上皮、心肌和子宫颈等组织中尤为丰富。锚定连接的共同结构模式是通过相邻细胞膜上穿膜黏着蛋白(transmembrane adhesion protein)胞外结构域的相互作用、或胞外结构域与细胞外基质成分的相互作用,将相邻细胞或细胞与胞外基质相连;其胞内结构域则通过与锚定蛋白(anchor protein)相互作用而锚定于质膜下集束排列的细胞骨架纤维上。这种由细胞骨架成分参与的跨细胞连接网络不仅增强了单个细胞承受机械压力的能力,同时可将所承受的机械力向相邻细胞或胞外基质分散传递,从而极大地增强了组织抵抗机械张力的能力。根据形态结构及参与连接的细胞骨架成分的不同,可将锚定连接分为黏着连接和桥粒连接两大类(图 4-13-4)。

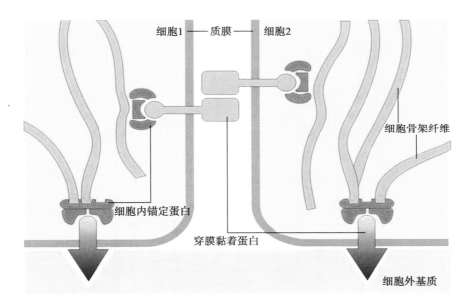

图 4-13-4　锚定连接示意图

(一)黏着连接是由肌动蛋白丝参与的锚定连接

黏着连接(adhering junction)形成于相邻细胞之间,或细胞与胞外基质之间,分别称为黏着带和黏着斑。

1. 黏着带　黏着带(adhesion belt)常见于上皮细胞顶部紧密连接的下方,呈连续带状环绕于上皮细胞顶部,在心肌细胞则呈斑点状连接。电子显微镜下,黏着带处的细胞之间存在 15~20nm 的间隙,充满中等电子密度的无定形物质,其成分主要为相邻细胞膜上穿膜黏着蛋白相互作用的胞外端。构成黏着带的穿膜黏着蛋白是一种依赖于 Ca^{2+} 的单次穿膜糖蛋白,称为钙黏着蛋白(cadherin)。钙黏着蛋白在质膜中形成同源二聚体,其胞内结构域通过质膜下锚定蛋白与肌动蛋白丝相连,从而使细胞间的连接与胞内的微丝束网络连接在一起(图 4-13-5)。胞内锚定蛋白包括 α、β、γ 联蛋白(catenin)、黏着斑蛋白(vinculin)、斑珠蛋白(plakoglobin)和 α-辅肌动蛋白(α-actinin)等,形成复杂的多分子复合体,起锚定肌动蛋白丝的作用。

黏着带为上皮细胞和心肌细胞提供了抵抗机械张力的牢固黏合,对维持细胞形态及组织完整性有重要作用。在动物胚胎发育过程中,黏着带影响组织器官的形态建成:黏着带所连接的与质膜平行

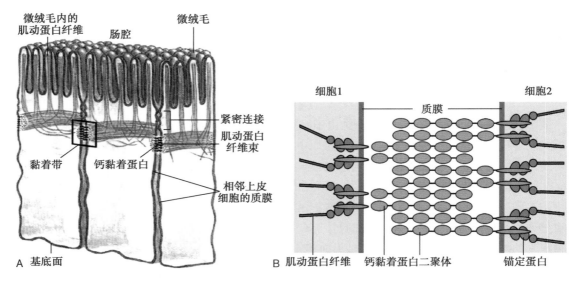

图 4-13-5　小肠上皮细胞之间黏着带示意图
A. 黏着带示意图；B. 黏着带的组成结构模式图。

排列的微丝束可通过与肌球蛋白（myosin）相互作用而产生收缩，从而使上皮细胞层内卷形成管状或泡状原基。

2. 黏着斑　黏着斑（focal adhesion）位于上皮细胞基底部或肌细胞与肌腱之间，是细胞通过点状接触与胞外基质之间形成的锚定连接结构。参与形成黏着斑的穿膜黏着蛋白为整联蛋白（integrin）（大多数为 $\alpha_5\beta_1$），其胞外区与细胞外基质成分如胶原（collagen）和纤连蛋白（fibronectin）结合，胞内部分通过锚定蛋白与肌动蛋白丝相连。参与黏着斑的锚定蛋白有踝蛋白（talin）、黏着斑蛋白、α-辅肌动蛋白和细丝蛋白（filamin）等。

黏着斑的生物学功能之一是使上皮细胞与基膜、肌细胞与肌腱之间形成稳固的机械连接；二是进行信号转导。当整联蛋白与胞外配体结合后，其胞内端可激活某些蛋白激酶，如黏着斑激酶（focal adhesion kinase，FAK），从而引起下游连锁反应，促进与细胞生长和增殖相关的基因转录。此外，研究发现，体外培养的细胞通过黏着斑附着在培养皿底部，当黏附的细胞要移动或进入有丝分裂时，黏着斑会迅速去装配。这说明黏着斑是一种动态结构，它的形成与解离对细胞的铺展和迁移有重要作用（图 4-13-6）。

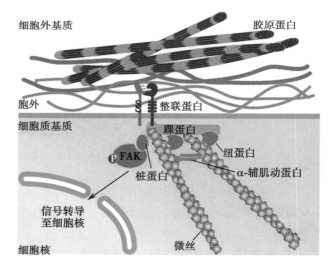

图 4-13-6　黏着斑的结构与功能示意图

（二）桥粒连接是由中间纤维参与的锚定连接

根据连接对象的不同，桥粒连接（desmosome junction）也分成两类：相邻细胞间的桥粒连接称为桥粒，或点状桥粒；细胞与胞外基质之间的桥粒连接则称为半桥粒。

1. 桥粒　桥粒（desmosome）广泛存在于承受机械力的组织中，如皮肤表皮，食管、膀胱和子宫颈等的上皮细胞间，位于黏着带的下方；亦见于心肌细胞闰盘处。电子显微镜下，桥粒处的细胞间隙为 20~30nm，紧贴质膜的胞质侧各有一致密的胞质斑，厚 10~20nm，直径约 0.5μm，称为桥粒斑（desmosomal plaque），这是桥粒标志性的结构特征，整个桥粒像纽扣一样将相邻细胞铆接在一起。

构成桥粒的穿膜黏着蛋白为桥粒黏蛋白（desmoglein）和桥粒胶蛋白（desmocollin），它们均属于钙黏着蛋白家族，故又称桥粒钙黏着蛋白。其胞外部分相互重叠，通过 Ca^{2+} 依赖的黏附机制牢固结合，胞内部分则与桥粒斑成分相结合。桥粒斑由桥粒斑珠蛋白和桥粒斑蛋白（desmoplakin）等多种锚定蛋白构成。这些蛋白又与质膜下成束的中间纤维结合，从而使中间纤维以返折袢环的形式锚定于桥粒斑上。不同类型细胞中附着的中间纤维不同，如上皮细胞中为角蛋白丝（keratin filament），心肌细胞中则为结蛋白丝（desmin filament）。中间纤维束将散在分布的多个桥粒串联成网，并通过桥粒钙黏着蛋白与相邻细胞的中间纤维网络相连，形成了贯穿整个组织的网架结构，为整个上皮层提供了结构上的连续性和抗张力（图 4-13-7）。

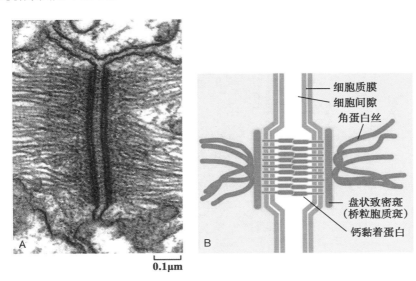

图 4-13-7　桥粒的结构
A. 桥粒电子显微镜照片；B. 桥粒结构模式图。

桥粒在细胞之间形成了牢固而坚韧的机械连接，对维持组织结构的完整性非常重要。桥粒的破坏会导致上皮细胞松解、组织液渗透等病理改变。临床上一种自身免疫病——天疱疮（pemphigus），就是由于患者体内产生了抗自身桥粒黏蛋白的抗体，导致皮肤表皮棘细胞间的桥粒结构破坏而造成严重的皮肤水疱病。

2. 半桥粒　半桥粒（hemidesmosome）是体内上皮细胞基底面与基膜之间的连接结构，因其结构相当于半个桥粒而得名。半桥粒在质膜内侧有一个胞质斑，主要由一种称为网蛋白（plectin）的胞内锚定蛋白组成，角蛋白丝与胞质斑相连并伸向胞质中。构成半桥粒的穿膜黏着蛋白，一种是整联蛋白（$α_6β_4$），另一种是穿膜蛋白（BP180），通过与胞外基质中一种特殊的层粘连蛋白（laminin）相互作用而与基膜相连，从而将上皮细胞铆定在基膜上（图 4-13-8）。

三、通讯连接

生物体大多数组织的相邻细胞膜上存在特殊的细胞连接结构，可实现细胞间电信号和化学信号的通讯联系，从而协调群体细胞间的活动。这种连接形式称为通讯连接（communicating junction）。动物细胞的通讯连接方式主要包括间隙连接和化学突触两种，而植物细胞的通讯连接方式则是胞间连丝（plasmodesma）。

（一）间隙连接

间隙连接（gap junction）或称缝隙连接，因连接处的相邻细胞膜间有 2~3nm 的细胞间隙而得名。是动物组织中普遍存在的一种细胞连接结构，除骨骼肌和血细胞外，几乎所有的组织细胞都通过间隙连接实现通讯联系。

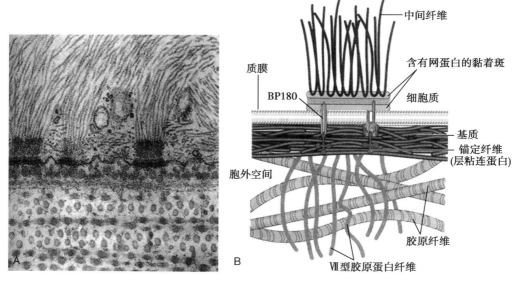

图 4-13-8   半桥粒的结构

A. 半桥粒电子显微镜照片；B. 半桥粒结构模式图。

　　间隙连接的基本结构单位是连接子（connexon）。每个连接子由 6 个穿膜蛋白，即连接子蛋白（connexin，Cx）亚基环聚而成，在电子显微镜下呈现为一个外径为 6~8nm、内径为 1.5~2nm 的穿膜亲水通道。相邻质膜上的两个连接子对合连接，形成一个完整的间隙连接结构，通过中央通道使相邻细胞质连通，允许无机盐离子和分子量小于 1kD 的水溶性小分子通过。冷冻蚀刻技术显示，许多连接子单位往往聚集分布在细胞膜局部，形成大小不一的斑块状结构（图 4-13-9），其最大直径可达 0.3μm，利用密度梯度离心技术可将间隙连接区域的膜片分离出来。

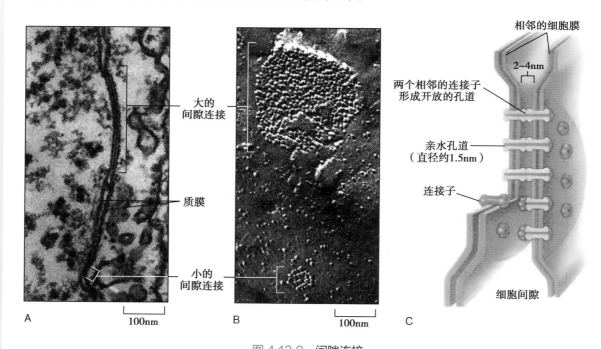

图 4-13-9   间隙连接

A. 间隙连接透射电子显微镜图；B. 质膜冷冻蚀刻显示间隙连接成片分布区；C. 间隙连接结构模式图。

　　目前已从不同动物和组织中分离出 20 余种连接子蛋白，相对分子量从 25~62kD 不等，它们属于同一类蛋白家族，都具有 4 个保守的 α 螺旋穿膜区。多数细胞表达一种或几种连接子蛋白，单个连接子可以是相同的连接子蛋白构成的同源连接子,也可以是不同的连接子蛋白构成的异源连接子。组成不同的连接子在通透性、导电率和可调性方面是不同的,它们的分布具有组织细胞特异性。

间隙连接的重要功能是介导细胞间通讯,即介导化学递质或电信号在细胞间的快速传递,从而在细胞间形成代谢偶联(metabolic coupling)或电偶联(electric coupling),以此协调群体细胞的功能活动。①代谢偶联指单糖、氨基酸、核苷酸、ATP 等小分子代谢物和 cAMP、IP$_3$ 等信号分子,可通过间隙连接形成的亲水性通道在相邻细胞间交换传递,从而使细胞共享这些重要物质,这对于协调细胞群体的功能活动具有重要意义。如在细胞分泌或代谢调节过程中,cAMP、Ca^{2+} 等信号分子在细胞间的共享,使组织细胞对同一刺激信号产生同步化反应,形成协同的生理效应。在胚胎发育早期,小分子物质通过间隙连接在相邻细胞中平均分配,使同一发育区的细胞分化状态保持一致。②电偶联也称离子偶联(ionic coupling),指在可兴奋细胞之间,带电离子通过间隙连接在相邻细胞间快速传递,从而使电信号从一个细胞传递到另一个细胞。电偶联对于兴奋性细胞功能活动的协调、神经冲动的快速传导具有重要意义。如电偶联使心肌细胞保持同步收缩和舒张,从而维持心脏的正常跳动;使小肠平滑肌细胞协同收缩,控制小肠蠕动。神经元之间或神经元与效应细胞之间的间隙连接称为"电突触",其对兴奋的传递速度比化学突触快很多,这对于某些无脊椎动物和鱼类的快速逃避反射十分重要。

不同连接子蛋白的表达具有显著的组织器官特异性,反映出间隙连接具有编码分化信息、调控细胞增殖与分化的作用。肿瘤细胞之间的间隙连接明显减少或消失,提示通讯连接的关闭可能是肿瘤细胞失去正常细胞的调控、获得自主生长的原因之一。

间隙连接的通透性是可调的,在实验条件下,降低细胞 pH 和升高胞质 Ca^{2+} 浓度都会使间隙连接通透性降低,这反映出间隙连接是一种能进行可逆性构象改变的动态结构。在某些组织中,间隙连接的通透性还受质膜两侧电压梯度和胞外化学信号的调节,这种调节往往通过改变连接子蛋白的磷酸化状态进而影响连接子的结构来实现。例如胰高血糖素能刺激肝细胞分解糖原升高血糖,当胰高血糖素作用于肝细胞时,肝细胞 cAMP 水平升高,激活依赖于 cAMP 的蛋白激酶。活化的蛋白激酶使连接子蛋白发生磷酸化,导致连接子构象发生改变,从而使间隙连接通透性增加。cAMP 因而得以迅速地从一个细胞扩散到周围细胞,使肝细胞共同对胰高血糖素的刺激作出反应。

(二) 化学突触

化学突触(chemical synapse)是另一种存在于神经元之间或神经元与效应细胞之间的通讯连接方式,通过释放神经递质来传导神经冲动。当神经冲动传递至神经元轴突末端时,引起突触前释放神经递质,神经递质作用于突触后细胞引发新的神经冲动。电兴奋在经化学突触传递过程中,有一个将电信号转化为化学信号,再将化学信号转化为电信号的过程。因而与电突触相比,表现出动作电位在传递中的延迟现象。化学突触和电突触一起介导神经元之间的通讯,协调神经组织的功能活动。

第二节　细 胞 黏 附

多细胞生物在个体发育过程中,同类型细胞会相互黏着聚集形成细胞团或组织,这一现象称为细胞黏附(cell adhesion)。细胞黏附可发生于同种细胞之间,也可发生于不同种细胞或细胞与细胞外基质之间,其实质是细胞表面特定的膜蛋白分子进行特异性识别并相互作用的过程。细胞黏附不仅是多种组织形成和结构维持的基础,也是组织基本功能状态的一种体现。在个体发育过程中,无论是受精、胚泡植入、形态发生、组织器官形成,还是成体组织结构与功能的维持,都离不开细胞黏附。

细胞黏附的形成由细胞表面特定的穿膜糖蛋白——细胞黏附分子(cell adhesion molecule,CAM)介导。目前已发现达百余种细胞黏附分子,它们在不同类型细胞表面分布不同,其特异性决定着细胞识别和黏附的选择性。根据分子结构与功能特性,主要的细胞黏附分子可分为四大类:钙黏着蛋白、选择素、免疫球蛋白超家族、整联蛋白家族。

　　所有的细胞黏附分子都具有相似的结构特点：N 端胞外区较长且结合有糖链，为配体识别部位；穿膜区为单次穿膜的 α 螺旋；短的 C 端胞质区，可与细胞膜下的细胞骨架成分或信号蛋白结合。细胞黏附分子通过 3 种方式介导细胞识别和黏附：①同亲型结合（homophilic binding），即相邻细胞表面的同种黏附分子间的识别和黏附；②异亲型结合（heterophilic binding），即相邻细胞表面的不同种黏附分子间的相互识别与黏附；③连接分子依赖性结合（linker dependent binding），即相邻细胞表面的黏附分子通过其他连接分子的帮助完成相互识别与黏着（图 4-13-10）。多数细胞黏附分子需要依赖 Ca^{2+} 或 Mg^{2+} 才能发挥作用，由其介导的细胞黏附还能在细胞骨架的参与下形成黏着带、黏着斑、桥粒和半桥粒等细胞连接结构（表 4-13-2）。

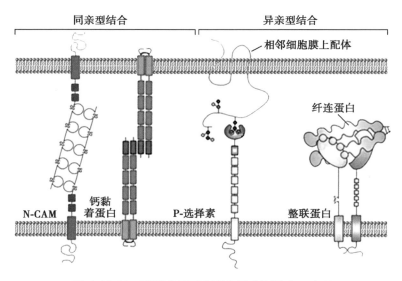

图 4-13-10　黏附分子同亲型和异亲型结合示意图

表 4-13-2　细胞表面主要黏附分子家族

黏附分子类型	主要成员	Ca^{2+}/Mg^{2+} 依赖性	相连的细胞骨架成分	参与的细胞连接
介导细胞与细胞黏着				
钙黏着蛋白	E/N/P-钙黏着蛋白	+	肌动蛋白丝	黏着带
	桥粒-钙黏着蛋白	+	中间丝	桥粒
选择素	L/E/P-选择素	+	–	–
免疫球蛋白超家族	N/V/I/PE-CAM	–	–	–
白细胞整联蛋白	$\alpha_1\beta_2$	+	肌动蛋白丝	
介导细胞与胞外基质黏着				
整联蛋白	$\alpha_5\beta_1$ 等	+	肌动蛋白丝	黏着斑
	$\alpha_6\beta_4$	+	中间丝	半桥粒

一、钙黏着蛋白家族

　　钙黏着蛋白（cadherin）也称钙黏素，是一类依赖于 Ca^{2+} 的、介导同亲型结合的细胞黏附分子。钙黏着蛋白是一个很大的糖蛋白家族，目前已在人类中发现了 114 种家族成员，不同类型的细胞及细胞发育的不同阶段，其表面钙黏着蛋白的种类和数量均有所不同。

钙黏着蛋白家族成员广泛分布在体内多种组织细胞表面,常以其最初被发现的组织类型命名和分类,如上皮组织中的钙黏着蛋白称为 E-钙黏着蛋白(epithelial cadherin,E-cadherin);神经组织中的为 N-钙黏着蛋白(neural cadherin,N-cadherin);胎盘、乳腺和表皮中的称为 P-钙黏着蛋白(placental cadherin,P-cadherin);在血管内皮细胞表达的称 VE-钙黏着蛋白(vascular endothelial cadherin,VE-cadherin)。这几类钙黏着蛋白在序列组成和空间结构上高度相似,称为典型钙黏着蛋白。此外,也存在一些在序列组成上差异较大的非典型钙黏着蛋白,如桥粒-钙黏着蛋白。

(一)钙黏着蛋白的分子结构

大多数钙黏着蛋白是单次穿膜糖蛋白,由 700~750 个氨基酸残基组成,在细胞膜中常形成同源二聚体或多聚体,依靠 Ca^{2+} 与相邻细胞表面的钙黏着蛋白结合。

典型的钙黏着蛋白分子的胞外区常折叠形成 5 个串连的重复结构域,每个结构域约含 110 个氨基酸残基,Ca^{2+} 结合在重复结构域之间,可将胞外区锁定在一起形成棒状结构。Ca^{2+} 对维持钙黏着蛋白胞外结构域刚性现象是必需的,Ca^{2+} 结合越多,钙黏着蛋白刚性越强。当去除 Ca^{2+},钙黏着蛋白胞外部分就会松软塌落,失去相互黏着的能力(图 4-13-11)。因此,在细胞培养时常用阳离子螯合剂乙二胺四乙酸破坏 Ca^{2+} 或 Mg^{2+} 依赖性细胞黏着。X 射线晶体衍射结果显示,钙黏着蛋白通过 N 端胞外结构域相互结合形成"细胞黏附拉链"(cell adhesion zipper),从而使相邻细胞彼此黏合。钙黏着蛋白的胞内部分是高度保守的区域,通过胞内衔接蛋白即联蛋白(α-catenin 或 β-catenin)与肌动蛋白丝连接;也可与胞内信号蛋白(如 β-catenin 或 p120-catenin)相连,介导细胞外信号向胞内的传递。

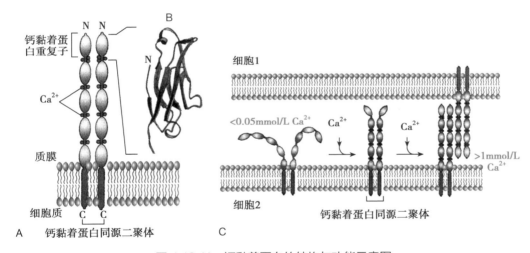

图 4-13-11 钙黏着蛋白的结构与功能示意图
A. 典型的钙黏着蛋白二聚体结构;B. 一个钙黏着蛋白重复子的三维结构;C.Ca^{2+} 对钙黏着蛋白功能的影响。

(二)钙黏着蛋白的功能

钙黏着蛋白主要介导同亲型细胞黏附,在胚胎发育中的细胞识别、迁移、组织分化以及成体组织器官的形成中起重要作用。

1. 介导同亲型细胞黏附 在胚胎和成体组织中,特定组织细胞表面的同类型钙黏着蛋白的结合是同种细胞之间识别和黏附的分子基础。如将编码 E-钙黏着蛋白的基因转染至不表达钙黏着蛋白也无黏着作用的成纤维细胞系,可使成纤维细胞之间发生 Ca^{2+} 依赖性的同亲型细胞黏着,表现出上皮细胞样聚集。

2. 影响细胞分化,参与组织器官的形成 在胚胎发育过程中,细胞通过调控钙黏着蛋白表达的种类和数量而决定细胞间的相互作用(黏附、分离、迁移、再黏附),从而影响细胞的分化,参与组织器官的形成。

例如小鼠胚胎发育至 8 细胞时会首先表达 E-钙黏着蛋白,使松散的卵裂球细胞紧密黏附。在外胚层发育形成神经管时,参与神经管构建的细胞停止表达 E-钙黏着蛋白,转而表达 N-钙黏着蛋白;当进一步发育,那些将要脱离神经管形成神经嵴的细胞又转而表达 cadherin 7;而当神经嵴细胞迁移至神经节并分化成神经元时,又重新表达 N-钙黏着蛋白;成熟的神经元还会表达原钙黏着蛋白(protocadherin),参与突触的形成与功能维持。

在胚胎和成体组织中,受转录信号调控,一些上皮细胞停止表达 E-钙黏着蛋白,失去黏附作用的细胞会从上皮组织迁移出来,丢失上皮表型而成为游离的间质细胞;而当分散的间质细胞表达 E-钙黏着蛋白时则会聚集在一起形成上皮组织。这种现象称为上皮-间充质转化(epithelial-mesenchymal transition,EMT),对于胚胎发育、组织更新或重建及某些多能干细胞的分化具有重要意义。

3. 参与形成稳定的细胞连接结构　在上皮和心肌组织中,相邻细胞膜上的桥粒-钙黏着蛋白的细胞外部分相互重叠并牢固结合,细胞内部分通过胞质斑与中间纤维结合,形成牢固的桥粒结构;黏着连接中钙黏着蛋白通过细胞内锚定蛋白 α 联蛋白和 β 联蛋白与肌动蛋白丝连接,形成牢固连接的黏着带(图 4-13-12)。在上皮组织来源的恶性肿瘤细胞表面,E-钙黏着蛋白减少或消失,细胞之间的黏附作用与锚定连接结构被破坏,从而导致肿瘤组织 EMT 的发生,癌细胞易从瘤块脱落而具有迁移和侵袭能力。因此 E-钙黏着蛋白又被称为转移抑制分子,其表达水平是检测上皮性肿瘤迁移侵袭能力的一个重要标准。

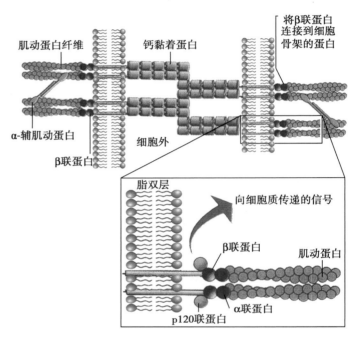

图 4-13-12　钙黏着蛋白通过锚定蛋白与肌动蛋白丝结合

4. 参与跨膜信号转导　钙黏着蛋白连接胞外环境与胞内的肌动蛋白丝,可作为受体参与由细胞外向细胞内的信号传递。如 VE-钙黏着蛋白不仅参与血管内皮细胞间的黏附和连接,还作为内皮生长因子的辅助受体,参与内皮细胞存活信号的转导。缺失 VE-钙黏着蛋白的小鼠无法传递内皮细胞存活信号,内皮细胞的死亡导致小鼠死于胚胎发育中。

二、选择素

选择素(selectin)是一类依赖于 Ca^{2+} 的异亲型细胞黏附分子,能特异性地识别并结合其他细胞表面寡糖链中特定糖基,从而介导细胞黏附。选择素家族包括 3 种成员:L-选择素(leukocyte selectin),最早在淋巴细胞上作为归巢受体被发现,后来发现存在于所有类型白细胞上;P-选择素(platelet selectin),主要位于血小板和内皮细胞上;E-选择素(endothelial selectin),表达于活化的内皮细胞表面。

(一)选择素的分子结构

选择素是单次穿膜糖蛋白,其家族各成员的胞外区结构相似,均包含三个结构域:N 末端的 C 型凝集素样(C lectin,CL)结构域、表皮生长因子(EGF)样结构域以及与补体调节蛋白(CCP)同源的结构域。其中 CL 结构域是识别特定糖基、参与细胞之间选择性黏附的部位。所有选择素可识别和结合糖蛋白或糖脂寡糖链末端相似的糖基(图 4-13-13),Ca^{2+} 参与该识别和黏附过程。EGF 样和 CCP 结构域有加强分子间黏附及参与补体系统调节等作用。选择素分子胞内结构域通过锚定蛋白与微丝相连。

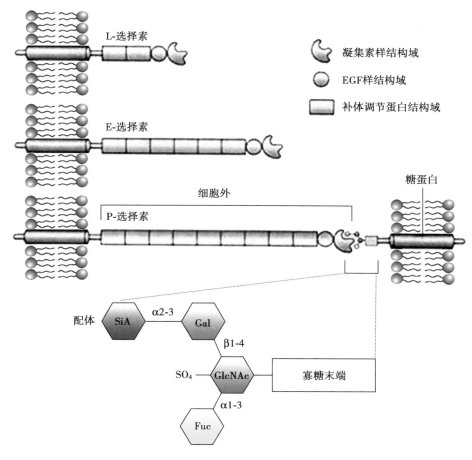

图 4-13-13　三种选择素的结构示意图

（二）选择素的功能

选择素主要介导白细胞或血小板与血管内皮细胞的识别与黏着,参与淋巴细胞归巢或使白细胞从血液进入炎症部位。

1. 参与淋巴细胞归巢　淋巴细胞归巢(lymphocyte homing)是指淋巴细胞向淋巴器官或炎症部位的定向迁移。表达在淋巴细胞的 L-选择素作为归巢受体,识别并结合血管内皮细胞表面的相应配体是驱动这一过程的分子基础。

2. 参与白细胞向炎症部位的迁移　在炎症发生部位,炎症介质诱导血管内皮细胞表达选择素,与白细胞表面唾液酸化的路易斯寡糖(sLe^X)结合。由于选择素与寡糖链之间的亲和力较小,在血流影响下,白细胞在炎症部位的血管中黏附、分离、再黏附、再分离,呈现滚动方式运动。随后激活自身整联蛋白(LFA-1/Mac1),后者与血管内皮细胞表面免疫球蛋白超家族成员 I-CAM-1 结合而形成更牢固的黏着,并使白细胞穿过内皮细胞间隙到达血管外炎症部位(图 4-13-14)。

三、免疫球蛋白超家族

免疫球蛋白超家族(immunoglobulin superfamily,IgSF)由一类分子结构中具有类似免疫球蛋白(immunoglobulin,Ig)结构域的细胞黏附分子组成,至今已发现 100 多个成员,介导不依赖 Ca^{2+} 的细胞黏着。IgSF 成员复杂,包括多个黏附分子家族:神经细胞黏附分子(N-CAM)和血小板内皮细胞黏附分子(PE-CAM)介导同亲型细胞黏着;细胞间黏附分子(I-CAM)和血管细胞黏附分子(V-CAM)介导异亲型细胞黏着。大多数 IgSF 细胞黏附分子介导淋巴细胞和免疫应答所需的细胞(如吞噬细胞、树突状细胞和靶细胞)之间特异的相互作用,但某些 IgSF 成员,如 N-CAM 介导非免疫细胞的黏着。

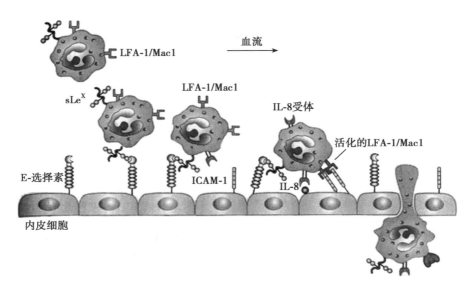

图 4-13-14　选择素与整联蛋白介导白细胞迁移

（一）IgSF 细胞黏附分子的分子结构

IgSF 细胞黏附分子都具有相似的分子结构模式：N 端胞外区包含一个或多个 Ig 样结构域以及若干个在纤连蛋白中发现的类似的重复结构域（FnⅢ）。每一个 Ig 样结构域由 90~110 个氨基酸组成，其氨基酸序列具有同源性。构成 Ig 样结构域的多肽链折叠形成两个反向平行的 β 片层，其间由二硫键连接形成稳定的结构域。相邻细胞表面的两个 IgSF 分子通过 Ig 样结构域的相互作用而产生黏着（图 4-13-15）。

（二）IgSF 细胞黏附分子的功能

1. 介导神经细胞间的黏附，参与胚胎神经系统的发育　表达于神经组织的 N-CAM 由单一基因编码，其 mRNA 经选择性剪切及不同的糖基化修饰，形成了 20 余种不同的 N-CAM。它们在胚胎发育过程中以同亲型结合方式介导神经细胞的识别和黏着，对神经系统的发育、轴突生长及突触的形成有重要作用，N-CAM 功能缺陷会使神经发育受损，引发神经系统病变。如

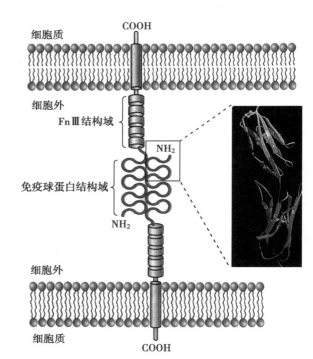

图 4-13-15　同亲型 IgSF 细胞黏附分子相互作用示意图

NCAM-L1 基因突变导致新生儿患致死性脑积水。妇女孕期大量饮酒会导致幼儿出现智力迟钝、精神异常及颜面畸形等胎儿酒精综合征（fetal alcohol syndrome，FAS），这是由于一定浓度的酒精可与 NCAM-L1 结合，致使神经元无法相互识别和黏着，导致胎儿神经发育缺陷所致。

2. 介导血管内皮细胞与白细胞的黏附，参与白细胞的定向迁移　如血管内皮细胞膜上的 V-CAM 可与白细胞表面的 $\alpha_4\beta_1$ 整联蛋白相结合，使白细胞沿血管壁滚动迁移并固着于炎症部位的血管内皮上。

3. 参与免疫细胞的识别和黏着　I-CAM 有多种类型，在 T 细胞、单核细胞和中性粒细胞上表达不同，对淋巴系统抗原识别、细胞毒 T 淋巴细胞功能发挥及淋巴细胞的募集起重要作用；血管内皮表达的 I-CAM 可与中性粒细胞膜上的整联蛋白结合，介导此类白细胞通过内皮细胞间隙进入炎症部位。此外，I-CAM 还介导肿瘤细胞与白细胞的黏附，肿瘤细胞上的 I-CAM 表达降低可能与肿瘤细胞逃逸免疫监视有关。

4. 参与血小板和内皮细胞的识别与黏着　PE-CAM 主要表达于血小板和内皮细胞,以同亲型或异亲型方式与配体结合,介导血小板与内皮细胞的识别黏着,也参与内皮细胞之间的紧密黏附。

四、整联蛋白家族

整联蛋白(integrin)又称整合素,是一类依赖于 Ca^{2+} 或 Mg^{2+} 的异亲型细胞黏附分子,普遍存在于各种脊椎动物的细胞表面,介导细胞与胞外基质以及细胞与细胞之间的相互识别和黏附,在细胞信号转导、细胞生存、迁移、增殖和分化等活动中起作用。

(一)整联蛋白的分子结构

整联蛋白家族成员都是由 α (120~185kD)和 β(90~110kD)两个亚基组成的异二聚体穿膜蛋白。α亚基和 β 亚基均由胞外区、穿膜区和胞质区三个部分组成,两个亚基通过胞质区形成二硫键结合在一起。电子显微镜结果显示,由 α 和 β 亚基胞外区组成的球状头部通过一个刚性的柄部与膜相连。通过对 α 亚基氨基酸序列的分析得出,该亚基胞外部分的 N 端由 7 个重复模块构成,每个模块约由 60 个氨基酸组成,呈平展的环状结构,称为七叶 β 螺旋桨(seven bladed β propeller)。其中,5、6、7 叶各有一个 Ca^{2+} 结合位点,可能是保持整联蛋白正确结构所需。α亚基存在一个朝向胞外空间的球形 I 结构域,其上含有与配体结合的位点。β 亚基胞外区也形成一个 I 结构域或 I 样结构域(图 4-13-16),某些整联蛋白 β 亚基的 I 结构域可与纤连蛋白、层粘连蛋白等含有 Arg-Gly-Asp(RGD)三肽序列的细胞外基质成分结合。

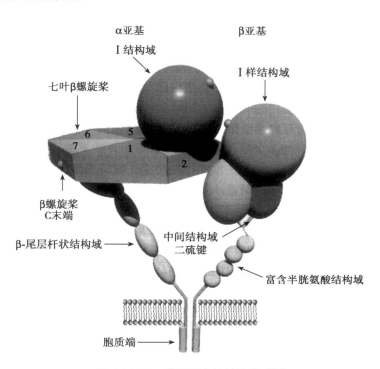

图 4-13-16　整联蛋白的结构模式图

目前已鉴定出哺乳动物中18种 α 亚基和8种 β 亚基,它们相互组合构成 24 种不同的整联蛋白(表4-13-3)。一种细胞可表达几种不同的整联蛋白,同种整联蛋白也可分布于多种细胞表面;一种整联蛋白可结合一种或几种配体,而同一种配体也可以与多种整联蛋白相结合;根据与整联蛋白结合部位的序列差异,配体可分为 RGD 序列和非 RGD 序列两类。

表 4-13-3　常见的整联蛋白及其配体

整联蛋白的亚单位组成	配体	主要的细胞分布
$\alpha_1\beta_1$	胶原、层粘连蛋白	多种细胞类型
$\alpha_2\beta_1$	胶原、层粘连蛋白	多种细胞类型
$\alpha_4\beta_1$	纤连蛋白、VCAM-1	造血细胞
$\alpha_5\beta_1$	纤连蛋白	成纤维细胞
$\alpha_L\beta_2$	ICAM-1、ICAM-2	T 淋巴细胞
$\alpha_M\beta_2$	ICAM-1、血纤维蛋白原	单核细胞
$\alpha_{IIb}\beta_3$	纤连蛋白、血纤维蛋白原	血小板
$\alpha_6\beta_4$	层粘连蛋白	上皮细胞

（二）整联蛋白的功能

整联蛋白的功能主要有两方面：一是介导细胞与细胞外基质或其他细胞的黏着；二是介导细胞外环境与细胞内的信号转导。

1. 介导细胞与细胞外基质的黏着 整联蛋白参与细胞与胞外基质之间锚定连接（黏着斑和半桥粒）的形成。由 β_1 亚基参与形成的整联蛋白可通过其球形胞外区与蛋白聚糖、纤连蛋白、层粘连蛋白等含 RGD 序列的大多数细胞外基质蛋白识别结合，胞质区通过连接蛋白（踝蛋白、黏着斑蛋白等）与肌动蛋白丝连接，从而使细胞黏着于胞外基质上（图 4-13-17）。一般来说，整联蛋白与其配体的亲和性不高，但在细胞表面的数量较多，这有利于细胞调节其与细胞外基质成分结合的牢固程度与可逆性。这种调控是通过调节整联蛋白的活性和基因表达实现的。细胞可通过整联蛋白与细胞外基质成分黏附、分离、再黏附、再分离而实现迁移。

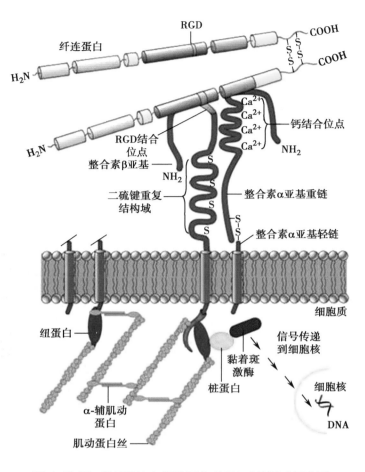

图 4-13-17　整联蛋白与纤连蛋白 RGD 序列结合示意图

2. 介导细胞与细胞间的黏着 白细胞上由 β_2 亚基参与组成的整联蛋白可以通过与血管内皮细胞上的 IgSF 成员 ICAM-1 结合而介导白细胞在感染部位的血管内皮黏附，白细胞由此得以迁出血管进入炎症部位发挥作用。遗传性"白细胞黏合缺陷症"患者因不能合成 β_2 亚基，容易发生细菌感染。含 β_3 亚基的整联蛋白见于血小板细胞膜上，可介导血小板的黏附，参与凝血过程。

3. 参与细胞与环境间的信号传递 整联蛋白在介导细胞与胞外基质成分黏附的同时，可进行细胞与环境间的信号转导，从而调节细胞迁移、增殖、分化、凋亡等行为。整联蛋白参与的信号转导有"由外向内"（outside in）和"由内向外"（inside out）两种形式。

活化的整联蛋白可作为受体介导信号从细胞外环境向细胞内的传递，称为"由外向内"的信号转导。这种现象最先发现于对肿瘤细胞的研究：大多数肿瘤细胞可以在液体培养基中悬浮生长，而大多数正常细胞必须附着在细胞外基质上才能生长和分裂，若悬浮在液体培养基中细胞就会停止分裂直至死亡，这种现象称为锚定依赖性生长（anchorage-dependent growth）。其原因是细胞在悬浮培养时，整联蛋白不能与细胞外基质配体相互作用，无法向细胞内传递必需的生长刺激信号。而当细胞恶变时，细胞的存活不再依赖整联蛋白与胞外配体的结合。典型的由整联蛋白介导的"由外向内"的信号转导通路，依赖于细胞内的一种酪氨酸激酶——黏着斑激酶（FAK）。整联蛋白与胞外配体的结合会使整联蛋白在细胞表面发生成簇聚集，并迅速与细胞内肌动蛋白丝及多种连接蛋白相作用而形成黏着斑。FAK 被募集于此处并发生自磷酸化而与 Src 激酶结合，FAK/Src 复合体磷酸化多个下游分子，活化 FAK-MAPK 和 FAK-PI3K 等信号通路，从而调控细胞黏附、增殖、存活与凋亡等生命活动（图 4-13-18）。

整联蛋白还介导信号"由内向外"传递。研究发现，整联蛋白往往以无活性的形式存在于细胞表面,当细胞内事件启动胞内信号传递后,一些胞质蛋白或激酶,如踝蛋白、FAK等会直接与整联蛋白胞质域相互作用,从而激活整联蛋白,其胞内结构域构象改变,进而诱导胞外结构域构象也发生改变,使其对细胞外配体的亲和性增强。整联蛋白介导的"由内向外"的信号转导主要调控细胞黏附能力,对血小板和白细胞参与的黏附反应非常重要。在凝血过程中,血小板结合于受损伤的血管或被其他可溶性信号分子作用后引起细胞内信号传递,激活血小板细胞膜上的整联蛋白($\alpha_{IIb}\beta_3$),使其与血液中的含有RGD序列的纤维蛋白原(fibrinogen)的亲和性增加。后者作为衔接蛋白使血小板聚集在一起形成了血凝块(图4-13-19)。

动物实验表明,含有RGD序列的人工合成肽可以竞争性地阻止血小板整联蛋白与纤维蛋白原的结合,从而抑制血凝块的形成。根据这一原理,临床上使用含有类似RGD结构的非肽类抗血栓药物或$\alpha_{IIb}\beta_3$整联蛋白抗体药物来预防血栓的形成。

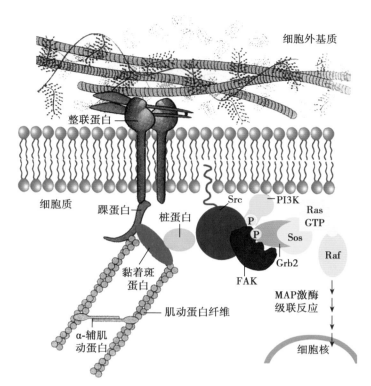

图4-13-18　整联蛋白介导的由外向内的信号转导示意图

整联蛋白($\alpha_5\beta_1$)的聚集活化黏着斑信号转导复合体中的Src酪氨酸激酶,活化的Src磷酸化黏着斑激酶(FAK)产生一个磷酸酪氨酸残基,该残基能与接头蛋白Grb2的SH2结构域结合,与Grb2结合的鸟苷酸交换因子SOS可活化Ras蛋白,活化的Ras通过MAPK信号途径将生长促进信号传递到细胞核,从而调控细胞的生存和增殖。

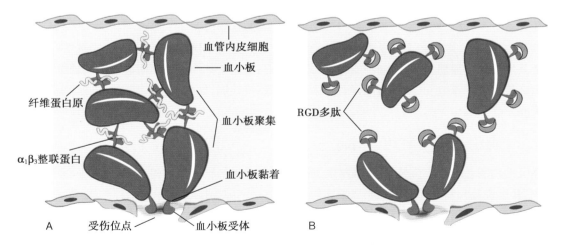

图4-13-19　整联蛋白介导血小板凝聚形成血凝块

A.活化的血小板整联蛋白与纤维蛋白原结合介导血小板相互黏附;B.用含RGD的合成短肽抑制血小板凝聚。

第三节　细胞连接与疾病

细胞连接作为细胞之间或细胞与胞外基质之间重要的机械连接和信息交流装置,对维持组织结构完整性、协调细胞功能具有重要作用。细胞连接结构的异常会造成组织结构受损,细胞生理功能的协调性被破坏,从而导致疾病的发生。

一、细胞连接与神经系统疾病

哺乳动物中枢神经系统,包括神经元之间、神经胶质细胞之间均存在广泛的间隙连接。神经元之间的间隙连接形成电突触,促进神经元电活动快速达到同步化;同时,间隙连接参与神经元代谢及离子的调节,从而保证神经元电活动的正常进行。星形胶质细胞通过间隙连接快速地调节局部代谢物的浓度,对维持神经系统内环境稳定发挥作用。间隙连接受损与多种神经系统疾病相关。

研究发现,构成神经元间隙连接的连接子蛋白 connexin 32(Cx-32)在癫痫患者海马区表达减少;而 Cx-36 在癫痫动物模型的大脑皮质表达量增加,应用间隙连接阻滞剂后,癫痫的发作程度减轻,持续时间缩短。这些结果提示神经元间隙连接的异常参与了癫痫的发生与发展,这可能与间隙连接介导神经元电活动同步化的作用有关。

连接子蛋白 Cx-43 参与星形胶质细胞间隙连接的形成。在阿尔茨海默病(AD)患者和 AD 动物模型的大脑中均检测到 Cx-43 异常增加,由 Cx-43 形成的半通道活性增强,导致胞质 Ca^{2+} 流入而使星形胶质细胞中维持高浓度游离 Ca^{2+}。这会引起 AD 患者脑中 amyloid-β 淀粉样斑块沉积,以及致神经元损伤的胶质传递素的释放。而在 AD 动物模型敲除 Cx-43 后,神经元损伤明显减轻,认知功能障碍得到改善。因此,Cx-43 有望成为临床上治疗阿尔茨海默病的药物靶点。此外,在帕金森病(PD)动物模型纹状体中也检测到了 Cx-43 含量升高,提示其与 PD 的发生也具有相关性。

动物实验显示,在脑缺血后,大脑海马体 CA1/CA2 区的间隙连接的通透性增加,海马体的 Cx-43、Cx-32 和 Cx-36 的表达均增多。用间隙连接抑制剂作用后,可使神经毒素在细胞间的传递减少,从而减轻神经元损伤。这些结果提示缺血引起的脑损伤可能与大脑神经元间隙连接功能增强相关。

Cx-32 还参与神经髓鞘的形成和维持,Cx-32 编码基因突变会引起一种外周神经系统脱髓鞘性神经病变,表现为神经纤维的髓鞘脱失而神经元保持相对完整。少突胶质细胞中 Cx-47 表达缺失会引起一种精神运动发育障碍性疾病,称为佩利措伊斯-梅茨巴赫病(Pelizaeus-Merzbacher disease),临床表现为共济失调、进行性痉挛和智力障碍。这两类疾病的具体机制尚不清楚。

除间隙连接外,由于脑毛细血管内皮细胞的紧密连接是血脑屏障的结构基础,紧密连接结构的异常会使其屏障作用减弱,导致血液中的毒素、蛋白质、金属离子甚至细菌和病毒等进入脑组织中,并引发脑内环境的进一步改变,最终可能导致一系列神经系统疾病,如帕金森病、阿尔茨海默病、肌萎缩脊髓侧索硬化症和癫痫等的发生或发展。

二、细胞连接与心脏相关疾病

哺乳动物的心脏存在桥粒、黏着连接和间隙连接等多种细胞连接结构,主要分布于心肌细胞间的闰盘内,其中桥粒和黏着连接参与心肌细胞的机械连接,间隙连接则介导心肌电活动。这些连接结构的异常会引起整个闰盘的结构和功能发生异常,从而导致心脏疾病。

间隙连接是维持心肌电快速传导以及电活动同步性的主要结构基础。间隙连接结构和分布异常可导致心肌局部电活动的不平衡,或改变动作电位传导的方向和速度等,从而引起心律失常的发生。心肌细胞表达多种间隙连接蛋白,其中,Cx-43 是心脏工作细胞表达的最主要的通道蛋白,它的表达水平和磷酸化水平下降以及分布异常会使心肌细胞发生解偶联作用,心脏电活动传导的速率及同步性受损而导致心律失常。因此,Cx-43 的表达或分布异常与心肌缺血、心肌炎、扩张性心肌病以及冠心病等多种心脏疾病的心律失常相关。另有研究表明,心房颤动(简称房颤)常伴随有心肌细胞 Cx-40 的严重下调和异常磷酸化,这也反映了间隙连接的重构可能导致心房心肌细胞间通讯的异常。

间隙连接的缺失或异常会导致多种先天性心脏病的发生。如 Cx-40 杂合突变会导致左心耳分叉、室间隔缺损；Cx-43 基因缺陷可导致心内膜垫缺损或心脏发育不对称等症状。这是由于在心脏发育的不同阶段，心肌细胞所形成的间隙连接类型及其功能特性是不同的，心脏的正常发育依赖于心肌细胞间的电活动和代谢活动的协调，而间隙连接的异常会破坏细胞间的正常通讯，从而导致心脏发育畸形。

心肌细胞桥粒缺陷会引起一种致心律失常性右心室心肌病（arrhythmogenic right ventricular cardiomyopathy，ARVC）。该病的发病机制是编码桥粒斑珠蛋白和亲斑蛋白 2 的基因突变，造成桥粒结构和数量异常，心肌细胞在闰盘处分离，导致心肌细胞退化、凋亡并被纤维脂肪组织替代，临床表现为心脏扩大、心力衰竭。同时，受桥粒结构影响，其心肌细胞间隙连接数量减少，导致心肌电传导延迟和心室电不稳定，从而造成致命性心律失常。因而，ARVC 也被称为"细胞间连接异常心肌病"。

小结

在多细胞生物体内，大多数组织的相邻细胞间以及细胞与细胞外基质之间存在由细胞膜特化形成的细胞连接结构。细胞连接包括封闭连接、锚定连接和通讯连接三种类型。以紧密连接为代表的封闭连接通过相邻细胞膜上特定穿膜蛋白的相互作用将细胞紧密连接在一起，封闭上皮细胞间隙，阻止细胞外物质通过细胞间隙进入组织；同时还限制了膜分子的侧向扩散，维持上皮细胞的极性。锚定连接分为两大类：一类是肌动蛋白丝参与的黏着连接，包括黏着带和黏着斑，另一类是中间纤维参与的桥粒连接，包括桥粒和半桥粒。它们将相邻细胞或细胞与胞外基质相连。所形成的跨细胞连接网络增强了细胞间的机械连接力，使组织具有较强的抵抗机械张力的能力，对维持组织结构完整性具有重要意义。动物组织的通讯连接主要有间隙连接和化学突触两种方式，间隙连接由穿膜的连接子蛋白形成亲水通道，将相邻细胞直接连通，在细胞间形成代谢偶联和电偶联，群体细胞借此协调功能活动。

细胞与细胞及细胞与细胞外基质之间的识别和黏着是多数组织结构的基本特征。细胞黏附由细胞表面特定的黏附分子介导。细胞黏附分子主要有四种类型：钙黏着蛋白、选择素、免疫球蛋白超家族和整联蛋白家族。钙黏着蛋白以 Ca^{2+} 依赖的方式介导同亲型细胞黏附，对胚胎发育中的细胞识别、迁移、组织分化和器官构筑具有重要作用。选择素是一类依赖于 Ca^{2+} 的异亲型黏附分子，主要参与白细胞和血管内皮细胞之间的识别和黏着，使白细胞迁移至炎症部位。免疫球蛋白超家族是分子结构中含有类似免疫球蛋白结构域、不依赖于 Ca^{2+} 的细胞黏附分子超家族，大多数介导淋巴细胞和免疫应答细胞之间的黏附，某些类型介导神经细胞间的黏附，影响神经系统发育。整联蛋白普遍存在于脊椎动物细胞表面，是 Ca^{2+} 或 Mg^{2+} 依赖的异亲型黏附分子，介导细胞间及细胞与胞外基质之间的黏着。活化的整联蛋白具有信号转换器的作用，可将信息双向穿膜传递，调节细胞的运动、生存、分裂增殖及凋亡等重要生命活动。

（张新旺）

思考题

1. 结合紧密连接的结构与组成阐述其功能、通透性及生理意义。
2. 结合实例分析间隙连接在细胞分化和组织发生过程中的作用。
3. 不同细胞黏附分子怎样协同参与白细胞向炎症部位的迁移？
4. 举例说明整联蛋白如何发挥其信号转导作用。
5. 请分析细胞连接和细胞黏附与肿瘤发生发展之间的联系。

第十四章
细胞外基质及其与细胞的相互作用

【学习要点】

1. 细胞外基质的基本概念。

2. 细胞外基质的主要成分。

3. 细胞外基质各成分的功能。

4. 基膜的结构和功能。

5. 细胞和细胞外基质的协同作用。

多细胞生物体的组织中除了细胞成分外,还包括细胞之间的非细胞性物质。这些存在于细胞外空间、由细胞分泌的蛋白质和多糖大分子等物质构成的精密有序的纤维网络结构体系,称为细胞外基质(extracellular matrix,ECM)。细胞外基质是组织的重要组成成分,是细胞生命代谢活动的分泌产物,构成了组织细胞整体生存和功能活动的直接微环境。细胞外基质不同于以共价键形式结合于膜脂或膜蛋白上的多糖链细胞被(cell coat),它主要是通过与细胞膜中的细胞外基质受体结合而与细胞之间构成结构联系(图 4-14-1)。细胞通过细胞外基质行使多种功能,细胞外基质不仅对组织细胞起支持、保护、营养等作用,还能参与调节组织细胞的诸多基本生命活动,两者相互依存,共同构成了完整的有机体。

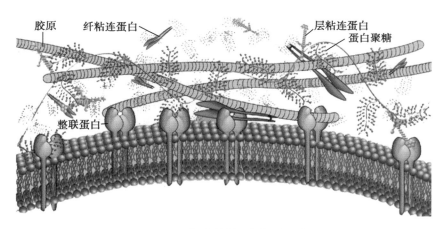

图 4-14-1　细胞外基质与细胞示意图

生物体内不同组织中细胞外基质的组分、含量、结构及存在形式具有差异性和多样性。上皮组织、肌组织及脑与脊髓中的细胞外基质含量较低,而结缔组织中细胞外基质含量较高。细胞外基质的组分及组装形式由所产生的细胞决定,并与组织的特殊功能需要相适应。例如,角膜的细胞外基质为透明柔软的片层,肌腱的细胞外基质则坚韧如绳索。虽然细胞外基质形式多样,但它们的生物学作用基本相同。细胞外基质对细胞的增殖、分化、迁移、通讯、识别、黏着及组织器官的形态发生等基本生命活动具有重要的影响。

细胞外基质的异常与许多病理过程密切相关,如器官组织的纤维化,肿瘤的生长、浸润和转移;另外,某些遗传性疾病的病理变化也与细胞外基质有关。近年来,有关细胞外基质的研究备受关注,已经成为细胞生物学及医学科学领域的重要研究前沿之一。

第一节　细胞外基质的主要组分

细胞外基质是一种异常复杂的功能物质体系,其组成成分可大致分为三种基本类型:氨基聚糖与蛋白聚糖,胶原与弹性蛋白等结构蛋白,以及纤连蛋白与层粘连蛋白等非胶原糖蛋白。

一、氨基聚糖与蛋白聚糖

(一)氨基聚糖是由重复的二糖单位聚合而成的直链多糖

氨基聚糖(glycosaminoglycan,GAG)是由重复的二糖单位构成的无分支的长链多糖,又称糖胺聚糖。其二糖单位由氨基己糖和糖醛酸(uronic acid)(葡萄糖醛酸或艾杜糖醛酸)组成,其中氨基己糖通常是 N-乙酰氨基葡萄糖(N-acetylglucosamine)或 N-乙酰氨基半乳糖(N-acetylgalactosamine)(图 4-14-2)。氨基聚糖根据其组成糖基和连接方式的不同可分为 4 类(表 4-14-1),即①透明质酸(hyaluronan);

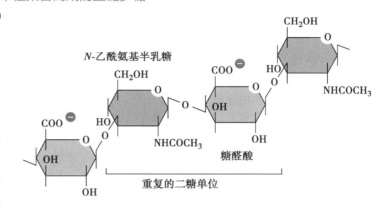

图 4-14-2　氨基聚糖二糖单位的化学结构

②硫酸软骨素(chondroitin sulfate)和硫酸皮肤素(dermatan sulfate);③硫酸角质素(keratan sulfate)和④硫酸乙酰肝素(heparan sulfate)和肝素(heparin)。

表 4-14-1　几种氨基聚糖的糖基组成及组织分布

氨基聚糖	分子量	二糖结构单位的糖基组成		硫酸基	主要组织分布
透明质酸	$(4\sim8)\times10^6$	D-葡萄糖醛酸	N-乙酰氨基葡萄糖	−	皮肤、结缔组织、软骨、滑液、玻璃体
4-硫酸软骨素	$(5\sim50)\times10^3$	D-葡萄糖醛酸	N-乙酰氨基半乳糖	+	皮肤、骨、软骨、动脉、角膜
6-硫酸软骨素	$(5\sim50)\times10^3$	D-葡萄糖醛酸	N-乙酰氨基半乳糖	+	皮肤、骨、动脉、角膜
硫酸皮肤素	$(15\sim40)\times10^3$	*D-葡萄糖醛酸	N-乙酰氨基半乳糖	+	皮肤、血管、心脏、心瓣膜
硫酸角质素	$(4\sim19)\times10^3$	D-半乳糖	N-乙酰氨基葡萄糖	+	软骨、椎间盘、角膜
硫酸乙酰肝素	$(5\sim12)\times10^3$	*D-葡萄糖醛酸	N-乙酰氨基葡萄糖	+	肺、动脉、细胞表面
肝素	$(6\sim25)\times10^3$	*D-葡萄糖醛酸	N-乙酰氨基葡萄糖	+	肝、肺、皮肤、肥大细胞

注:* 亦可为其差向异构体 L-艾杜糖醛酸。

由于氨基聚糖链刚性较强,不会像多肽链那样折叠成致密的球状结构,因此,氨基聚糖趋向于形成扩展性构象,占据了很大的空间体积(图 4-14-3)。此外,由于糖基通常带有硫酸基团或羧基,因此氨基聚糖带有大量负电荷,能结合许多阳离子尤其是 Na⁺ 而增加渗透压,从而将大量水分子吸收到基质中。氨基聚糖呈现出充分的伸展构象和高度的亲水性,形成了充满整个细胞外基质空间的多孔隙凝胶,既能对组织细胞起到机械支持的作用,又能允许水溶性分子迅速扩散和细胞在胞外基质中迁移。

透明质酸的整个分子全部由葡萄糖醛酸及乙酰氨基葡萄糖二糖单位重复排列而成,从几个二糖单位到 25 000 个二糖单位不等,在溶液中呈非规则卷曲状态存在,糖链特别长,如果强行拉直,其分子长度可达 20μm。透明质酸是 4 种氨基聚糖中结构最为简单、唯一不含硫酸基团的,其不与蛋白质形成共价交联,但可与多种蛋白聚糖的核心蛋白及连接蛋白非共价结合,参与蛋白聚糖多聚体的形成。

透明质酸广泛分布于动物多种组织的细胞外基质和体液中,尤其在早期胚胎和创伤愈合的组织内特别丰富,它们的分子表面含有大量的亲水基团,可与大量的阳离子及水分子结合,增加了离子浓度和渗透压,形成水合胶体。同时,由于透明质酸分子中糖醛酸的羧基提供大量的负电荷,借助负电荷之间的相斥作用,使得整个分子呈伸展状并有一定的刚性。透明质酸的这种理化性质赋予了组织较强的抗压性。透明质酸也能以可溶的游离形式存在,在体液尤其是关节滑液中浓度很高,增加了体液和滑液的黏度及润滑性,具有润滑关节的作用。此外,透明质酸形成的水合空间有利于细胞保持彼此分离,使细胞易于增殖和迁移。例如,在早期胚胎或创伤组织中,合成旺盛、含量丰富的透明质酸可促进细胞增殖或迁移;一旦细胞增殖或迁移停止,透明质酸则被活性增强的透明质酸酶(hyaluronidase)所降解,同时细胞表面的透明质酸受体减少。

球状蛋白(分子量 50 000)

糖原(分子量约400 000)

血影蛋白(分子量460 000)

胶原(分子量290 000)

透明质酸(分子量8 × 10⁶)

300nm

图 4-14-3　细胞外基质生物大分子的相对尺寸与空间体积

(二) 蛋白聚糖是由蛋白质与氨基聚糖共价结合的糖蛋白

蛋白聚糖(proteoglycan)是由核心蛋白(core protein)的丝氨酸残基与氨基聚糖(除透明质酸外)共价结合的产物,分布于结缔组织、细胞外基质和许多细胞表面,通常是依据其所含的主要二糖单位来命名(图 4-14-4)。在蛋白聚糖的氨基聚糖中,除透明质酸及肝素外,其他几种氨基聚糖均不游离存在,与核心蛋白质共价结合构成蛋白聚糖。大多数蛋白聚糖分子巨大,其单体的分子量平均为 2 000kD,多聚体的分子量更高达 200 000kD。在一个核心蛋白上可同时结合一个到上百个同一种类或不同种类的氨基聚糖链,形成大小不等的蛋白聚糖单体,若干蛋白聚糖单体又能够通过连接蛋白(linker protein)与透明质酸以非共价键结合形成蛋白聚糖多聚体,这就使得蛋白聚糖具有高含糖量(90%~95%)和多态性的特点(图 4-14-5)。

蛋白聚糖的装配一般在高尔基复合体和内质网中进行。首先,在核心蛋白的丝氨酸残基(一般是 Ser-Gly-X-Gly 序列)上结合一个专一的连接四糖(link tetrasaccharide)(-木糖-半乳糖-半乳糖-葡糖醛酸-),随后,在专一的糖基转移酶(glycosyltransferase)作用下,逐个添加糖基使糖链增长,形成氨基聚糖链。同时,在高尔基复合体中对所合成的重复二糖结构单位进行硫酸化和差向异构化(epimerization)修饰。硫酸化极大地增加了蛋白聚糖的负电荷,差向异构化则改变了糖分子中绕单个碳原子的取代基的构型。

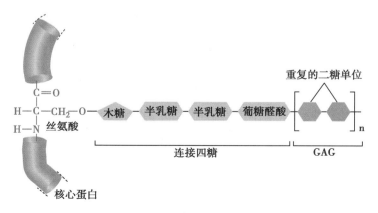

图 4-14-4　蛋白聚糖结构示意图

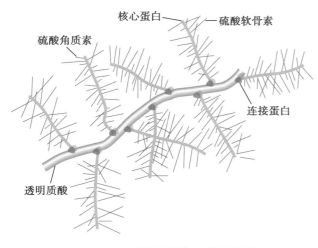

图 4-14-5　蛋白聚糖复合体示意图

细胞外基质中的氨基聚糖和蛋白聚糖由于具有强负电性和亲水性,可形成高度水化的多孔凝胶基质,不仅赋予组织抗压性,其孔隙大小和电荷密度可调节对分子和细胞的通透性,允许某些营养物、代谢产物、激素和细胞因子等在血液和组织细胞之间迅速扩散。同时,单个的蛋白聚糖或透明质酸-蛋白聚糖复合物可直接与胶原纤维连接成细胞外基质中的纤维网络(fiber network),对细胞外基质的连贯性具有重要作用。例如,存在于软骨中的蛋白聚糖,其单个分子最大长度可达到 4μm,这些蛋白聚糖赋予软骨强大的抗变形能力和凝胶样特性。此外,蛋白聚糖可与细胞外基质中成纤维细胞生长因子(fibroblast growth factor,FGF)、转化生长因子 β(transforming growth factor-β,TGF-β)等生物活性分子结合,增强或抑制其与细胞表面受体的结合,进而影响细胞信号转导。基膜中的蛋白聚糖相对较小,由一个 20~400kD 的核心蛋白和连接的几个硫酸肝素链构成,其与Ⅳ型胶原结合,构成基膜的结构组分。蛋白聚糖的异常与人类疾病密切相关,例如,构成软骨的聚集蛋白聚糖(aggrecan),其含量不足或代谢障碍可引起长骨发育不良、四肢短小。

二、胶原与弹性蛋白

胶原与弹性蛋白是细胞外基质中两类主要的结构(纤维)蛋白组分,赋予细胞外基质一定的强度和韧性。

(一)胶原是细胞外基质中含量最丰富的纤维蛋白家族

胶原(collagen)是动物体内分布最广、含量最丰富的纤维蛋白家族,存在于各种器官组织的胶原约占人体蛋白质总量 25% 以上,主要由间充质来源的成纤维细胞、成骨细胞、软骨细胞、牙本质细胞、神经组织细胞及各种上皮细胞合成和分泌。

胶原的基本结构单位是由三条 α 链构成的三股右手超螺旋结构——原胶原(tropocollagen)分子(图 4-14-6)。构成原胶原分子的多肽链称作 α 链,人类基因组编码 42 种不同类型的胶原 α 链,不同组织常表达不同类型的 α 链。每条 α 链约含 1 050 个氨基酸残基,并呈左手螺旋构象,每一螺圈有 3 个氨基酸残基,其中有一个为甘氨酸残基。因此,α 链就是由一系列重复的 Gly-X-Y 序列构成,其中 X 常为脯氨酸(proline),Y 常为羟脯氨酸(hydroxyproline)或羟赖氨酸(hydroxylysine)残基。α 链中丰富的甘氨酸和脯氨酸对于维持胶原三级螺旋结构的稳定性非常重要。

目前已经发现的胶原有 27 种,具有不同的分子组成和功能,在不同组织中的含量和种类不同(表 4-14-2)。皮肤组织中以Ⅰ型胶原为主,Ⅲ型胶原次之;Ⅱ型胶原是软骨组织中的主要胶原成分。Ⅰ、Ⅳ、Ⅴ、Ⅸ和Ⅺ由 2~3 种不同的 α 链组成;而Ⅱ、Ⅲ、Ⅶ、Ⅹ Ⅶ、Ⅹ Ⅷ则由单一类型的 α 链组成。同一组织中含有几种不同类型的胶原,常以一种为主,这种不同的胶原组合为组织提供了结构和功能的复杂性。

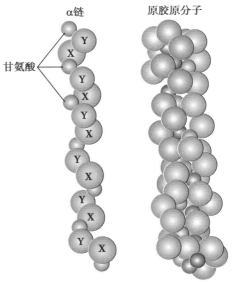

图 4-14-6　原胶原分子结构示意图

表 4-14-2   胶原的类型及特性

	类型	多聚体形式	组织分布	突变表型
原纤维形成胶原	I	纤维	骨、皮肤、肌腱、韧带、角膜、体内器官等（占人体胶原蛋白的90%）	严重的骨缺陷、骨折（成骨不全症）
	II	纤维	软骨、脊索、人眼玻璃体	软骨缺陷,侏儒症（软骨发育异常）
	III	纤维	皮肤、血管、体内器官	皮肤易损、关节松软、血管易破（埃勒斯-当洛斯综合征）
	V	纤维（结合I型胶原）	与I型胶原共分布	皮肤易损、关节松软、血管易破
	XI	纤维（结合II型胶原）	与II型胶原共分布	近视、失明
原纤维结合胶原	IX	与II型胶原侧面结合	软骨	骨关节炎
网络形成胶原	IV	片层状（形成网络）	基膜	血管球型肾炎、耳聋
	VII	锚定纤维	鳞状上皮下	皮肤起疱
跨膜胶原	XVII	非纤维状	半桥粒	皮肤起疱
蛋白聚糖	XVIII	非纤维状	基膜	近视、视网膜脱落、脑积水

　　胶原的合成与装配始于内质网,在高尔基复合体中进行修饰,最终在细胞外组装成为胶原纤维（图 4-14-7）。胶原肽链的翻译合成是在糙面内质网附着的核糖体上进行的,最初翻译合成出来的原胶原 α 肽链被称作为前 α 链（pro-α chain）,其 N 端和 C 端各有一段不含 Gly-X-Y 三体序列的前肽（propeptide）。前肽序列中具有较多的酸性氨基酸、芳香族氨基酸和一些含硫的半胱氨基酸的残基。C 端前肽约有 250 个氨基酸残基,N 端前肽约有 150 个氨基酸残基。前 α 链上的脯氨酸及 Lys 在内质网中经过羟基化修饰后,三条前 α 链会通过 C 端前肽之间的二硫键彼此交联,"对齐"排列,再从 C 端向 N 端聚合形成三股螺旋结构,其前肽序列部分则保持非螺旋卷曲构象。这种带有前肽结构序列的三股螺旋胶原分子称作前胶原（procollagen）。前胶原中前肽序列的存在,具有抑制前胶原在细胞内组装成大的胶原纤维的作用。

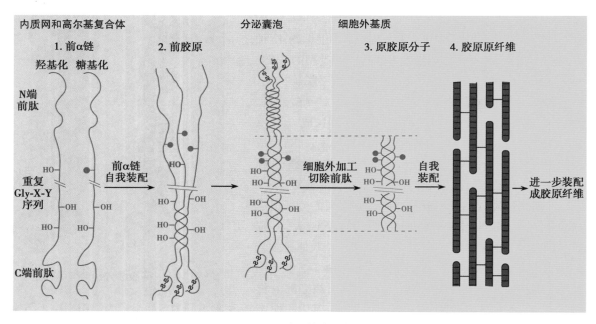

图 4-14-7   胶原的合成与装配

前胶原在内质网和高尔基复合体中进行修饰加工后,以分泌小泡的形式转运到细胞外,然后由细胞外的两种特异性前胶原肽酶分别水解除去 N 端和 C 端的前肽序列,形成原胶原(tropocollagen)分子。在被切除前肽序列的原胶原两端,依然分别保留着一段被称为端肽区(telopeptide region)的非螺旋结构区域。在此基础上,不同的原胶原分子相互间呈阶梯式有序排列,并通过侧向的共价结合,彼此交联聚合形成直径不同(10~300nm)和长度不等(150μm 至数百微米)的细纤维束——胶原原纤维(collagen fibril)。胶原原纤维在装配于其表面的原纤维结合胶原(fibril associated collagen)作用下,进而聚集结合成胶原纤维(collagen fiber)(图 4-14-8)。

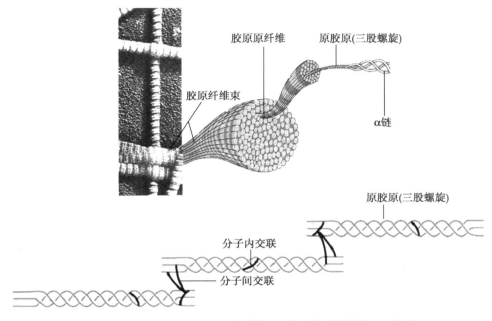

图 4-14-8　胶原纤维、胶原原纤维与原胶原分子结构关系示意图

胶原蛋白以其丰富的含量、良好的刚性和极高的抗张力强度,构成了细胞外基质的骨架结构,并通过与细胞外基质中的其他组分结合,形成结构与功能的统一体。正常情况下,胶原的存在及其组织分布是比较稳定的,但在胚胎发育、创伤愈合等特殊生理或炎症反应等病理状况下,常会局部出现胶原类型或含量转变的现象。胚胎及新生儿的胶原交联程度相对较低,随年龄增长,交联日益增多,皮肤、血管及各种组织变得僵硬,这是老化的一个重要特征。可催化天然胶原降解的胶原酶通常以非活性形式广泛地分布于血液及组织中,在分娩后的子宫和创伤组织中,胶原酶活性会显著增高。

(二)弹性蛋白是构成细胞外基质中弹性纤维网络的主要成分

细胞外基质中弹性纤维网络结构赋予组织以弹性,弹性蛋白(elastin)是其中的主要组成成分。例如,弹性蛋白是动脉血管最主要的细胞外基质组分,其含量占最大的动脉-主动脉干重的 50%。弹性蛋白纤维与胶原蛋白纤维相互交织共存于组织细胞外基质中,在赋予组织一定弹性的同时,又具有高度的韧性,使之既不会因为正常的牵拉而导致撕裂,也不至于因为过度地伸张而变形。

弹性纤维(elastic fiber)直径约为 0.2~1.0μm,光镜下外观均匀,纤维中心区域主要是弹性蛋白构成,外围包绕着一层由微原纤维(microfibril)构成的鞘。弹性蛋白由两种类型短肽段交替排列构成,一种是具有高度疏水性的短肽,赋予分子以弹性,肽链中富含甘氨酸和脯氨酸,不发生糖基化修饰;另一种亲水性的短肽为富含丙氨酸及赖氨酸残基的 α 螺旋,负责在相邻分子间形成交联。这种组成结构使得弹性蛋白在整体上呈现出两个明显的特征:①构象为无规则卷曲状态,使分子富有弹性;②通过赖氨酸残基相互交联成疏松网状结构(图 4-14-9)。

弹性蛋白的前体蛋白为原弹性蛋白（tropoelastin），细胞合成可溶性的原弹性蛋白，并将其分泌到细胞外，再经赖氨酰氧化酶的催化，使原弹性蛋白肽链中的赖氨酸转化成醛，形成原弹性蛋白中所特有的氨基酸锁链素（desmosine）和异锁链素（isodesmosine），并借此聚集交联，在细胞膜附近装配成具有多向伸缩性能的弹性纤维立体网络结构。其中，锁链素是通过 4 个赖氨酸残基的 R 侧链基团环状交联而成的复合分子结构（图 4-14-10）。

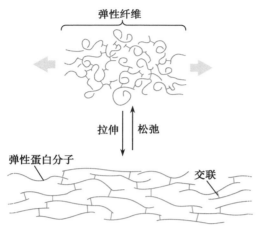

图 4-14-9　弹性蛋白结构示意图

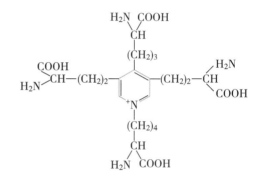

图 4-14-10　原弹性蛋白锁链素分子结构

三、非胶原糖蛋白

非胶原糖蛋白又称纤维连接蛋白，是细胞外基质中除蛋白聚糖、胶原及弹性蛋白之外的另一类重要的蛋白成分，是在个体胚胎发育中出现最早的细胞外基质成分，如纤连蛋白和层粘连蛋白，能促使细胞同基质结合。在已经发现的数十种非胶原糖蛋白中，对其结构与功能了解较多的是纤连蛋白和层粘连蛋白两种。细胞表面覆盖有以胶原和蛋白聚糖为基本骨架的纤维网状复合物，这种复合物通过纤连蛋白或层粘连蛋白以及其他的连接分子直接与细胞表面受体连接或附着到受体上。由于受体多数是膜蛋白，并与细胞内的骨架蛋白相连，所以细胞外基质通过膜蛋白将细胞外基质与细胞内连成了一个整体。

（一）纤连蛋白是动物界最普遍存在的非胶原蛋白之一

纤连蛋白（fibronectin，FN）是动物界最普遍存在的非胶原糖蛋白之一，不仅见于人类及各种高等动物组织，而且还存在于较为低等的原始多细胞海绵动物体内。纤连蛋白具有多方面的生物活性，其主要的功能表现为可介导细胞黏着，促进细胞的迁移与分化。

纤连蛋白是一类含糖的高分子非胶原蛋白质，含糖 4.5%~9.5%，由两个巨大的肽链亚单位通过其 C 端形成的二硫键交联结合而成（图 4-14-11）。构成纤连蛋白分子的不同肽链结构亚单位由极为相似的氨基酸序列组成，每一亚单位肽链约含有 2 450 个氨基酸残基，分子量为 220~250kD。与胶原不同，分布于细胞外基质及细胞表面的不溶性纤连蛋白不能自发组装成纤维。不同的纤连蛋白分子，必须

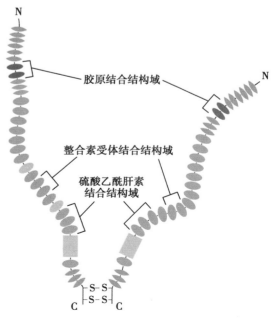

图 4-14-11　纤连蛋白二聚体结构示意图

在细胞表面相应的纤连蛋白受体的指导和转谷氨酰胺酶的参与下,才能够通过分子间二硫键的交联键合,组装形成纤维。

不同组织来源的纤连蛋白亚单位虽然为同一基因的表达产物,但是由于转录后 RNA 剪接的差异,所以相互之间存在一定差别,并因此形成了纤连蛋白分子的异型性。与之相关,纤连蛋白糖链的组成结构因其组织细胞来源及分化状态而异,也是形成纤连蛋白异型性的重要因素之一。

在纤连蛋白的每一肽链亚单位中,都含有由不同重复的氨基酸序列组成的三种不同类型、数目的模块结构(Ⅰ、Ⅱ、Ⅲ),它们的特殊排列,构成了肽链上不同的功能结构域(图 4-14-12)。在每条肽链中,有 12 个 I 型重复序列模块结构单位,它们分三组分布排列,其中两组构成与纤维蛋白(fibrin)的结合结构域;仅有的 2 个Ⅱ型重复序列模块结构是与胶原结合的结构域;而Ⅲ型重复序列模块结构单位则多达 15~17 个,主要构成与细胞表面受体结合的结构域。这些与细胞表面受体结合的结构域中含有一个 RGD(Arg-Gly-Asp)三肽序列,该序列是纤连蛋白中与细胞表面某些整联蛋白识别及结合的部位。

纤连蛋白多肽链

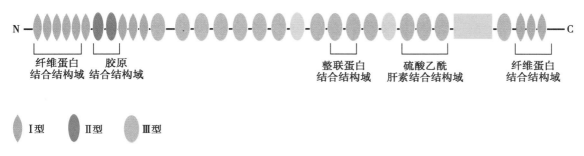

图 4-14-12　纤连蛋白多肽链中的功能结构域组成示意图

实验提示,化学合成的外源性非纤连蛋白 RGD 三肽,可与纤连蛋白竞争结合细胞上的结合位点,从而抑制细胞同细胞外基质的结合;在非组织成分的固体物质表面黏合上含有 RGD 三肽序列的寡肽,也能使细胞与之结合。需要指出的是:①RGD 序列并非纤连蛋白所独有,它们较为广泛地存在于多种细胞外基质蛋白中;②单纯的 RGD 三肽与细胞表面整联蛋白受体的亲和性远低于整个纤连蛋白分子。这些特征说明,RGD 虽然是细胞外基质与细胞结合的重要因素,但不是唯一的因素。除RGD 之外,其他相关协同序列的作用,也是细胞外基质与细胞之间高亲和性稳定结合不可缺少的重要因素。

(二)层粘连蛋白是个体胚胎发育中出现最早的细胞外基质成分

层粘连蛋白(laminin)是动物个体胚胎发育过程中最早出现的细胞外基质成分,同时也是成体组织基膜的主要结构组分之一,与Ⅳ型胶原一起构成基膜。相对于纤连蛋白,层粘连蛋白是一种更为巨大的高含糖量非胶原蛋白质,其含糖量可达 15%~28%,分子量为 820~850kD,是由一条重链(α 链,曾被称为 A 链)和两条轻链(β 链与 γ 链,曾被称为 B1 链和 B2 链)借二硫键交联成非对称的十字形分子构型(图 4-14-13)。构成层粘连蛋白的三条不同多肽链,以其各自的 N 端序列形成了层粘连蛋白非对称十字形分子结构的三条短臂,每一短臂上都有相间排列的两个或三个球区和短杆区。层粘连蛋白十字形结构的长臂杆状区域,为三条组成肽链的近 C 端序列所共同构成。长臂末端,则由位于三条肽链中间的一条 α 肽链 C 端序列高度卷曲而形成一个较大的球状结构。其中研究最多的层粘连蛋白是 laminin-111(图 4-14-13)。

目前已经发现的层粘连蛋白分子结构亚单位有 8 种,α1、α2、α3、β1、β2、β3、γ1 和 γ2,它们分别由 8 个不同的结构基因编码,这些亚单位可以组合形成至少 7 种类型的层粘连蛋白。出现于早期胚胎中的层粘连蛋白,对于保持细胞间黏附、细胞极性及细胞分化均具有重要的意义。层粘连蛋白是构

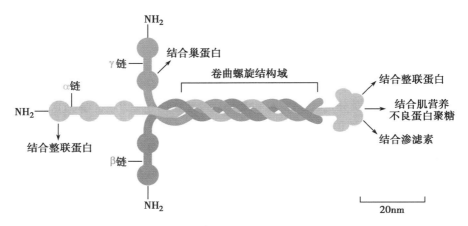

图 4-14-13　层粘连蛋白分子（laminin-111）结构示意图

成基膜的主体成分,在成体动物内,除构成基膜之外,层粘连蛋白还存在于上皮与内皮下紧靠细胞基底部位以及肌细胞和脂肪细胞的周围,同时还可对再生中的肝细胞提供支持。

第二节　基　　膜

　　基膜(basement membrane)又称基板(basal lamina),是细胞外基质特化而成的一种薄层网膜结构,厚度通常为 40~120nm,以不同的形式存在于不同的组织结构之中。在各种上皮及内皮组织中,基膜则是细胞基部的支撑垫,将细胞与结缔组织相隔离;在肌肉、脂肪等组织中,基膜包绕在细胞的周围;在肺泡、肾小球等部位,基膜介于两层细胞之间。基膜在上皮组织和结缔组织间的分布及其结构关系如图 4-14-14 所示。

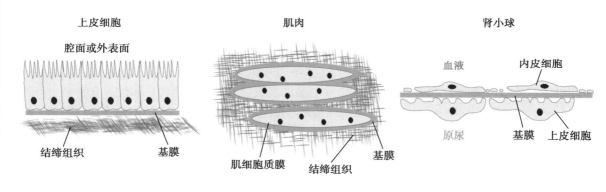

图 4-14-14　基膜的主要组织形式

一、基膜的组成成分

　　构成基膜的绝大多数细胞外基质组分都是由位于基膜上的上皮细胞和下方的结缔组织细胞合成并分泌的。虽然不同组织器官的基膜,甚至是同一基膜的不同区域,其组成成分也有所不同,但所有基膜都含有以下四种蛋白成分(图 4-14-15)。

　　1. Ⅳ型胶原　Ⅳ型胶原是构成基膜的主要结构成分之一。Ⅳ型胶原分子长 400nm,被非螺旋片段隔断 20 多处,为其提供可弯曲部位。非连续三股螺旋结构的Ⅳ型胶原分子,通过其 C 端球状头部之间的非共价键结合及 N 端非球状尾部之间的共价交联,形成二维网络结构,构成了基膜的基本框架。

　　2. 层粘连蛋白　层粘连蛋白是基膜中最主要的蛋白质组分,以其特有的非对称型十字结构,相

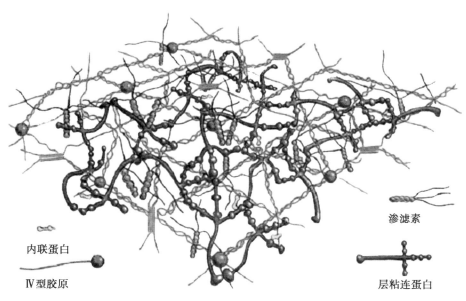

内联蛋白

IV型胶原

渗滤素

层粘连蛋白

图 4-14-15 **基膜结构成分示意图**

互之间通过长、短臂臂端的相连,装配成二维纤维网络结构,并通过巢蛋白(nidogen)与IV型胶原二维网络相连接。层粘连蛋白也可与细胞表面受体结合,将细胞与基膜紧密结合起来。

3. 巢蛋白   也称内联蛋白(endonexin),其分子呈哑铃状,具有 3 个球区,G3 区与层粘连蛋白结合,G2 区与IV型胶原结合,可连接IV型胶原纤维网络与层粘连蛋白纤维网络;另外,还可协助细胞外基质中其他成分的结合,在基膜的组装中扮演非常重要的作用。

4. 渗滤素   渗滤素(perlecan)是基膜中最丰富的蛋白聚糖之一,包含一个巨大的多结构域的核心蛋白,核心蛋白上结合有 2~15 条特异性的硫酸乙酰肝素链。渗滤素可与许多细胞外基质成分(IV型胶原、层粘连蛋白、纤连蛋白等)及细胞表面分子交联结合,共同构成基膜的网络结构。

二、基膜的生物学功能

作为细胞外基质的一种特化结构,基膜具有多方面的重要功能。基膜是上皮细胞的支撑垫,在上皮细胞与结缔组织之间起结构连接作用;在肌肉、脂肪等组织中,基膜包绕在细胞的周围,将细胞与结缔组织隔离;在机体组织的物质交换运输和细胞的运动过程中,基膜具有分子筛滤和细胞筛选的作用。例如,在肾小球等部位,基膜介于两层细胞(内皮细胞和祖细胞)之间,是滤孔膜的主要结构,基膜和上皮细胞突起间裂隙共同控制着原尿的分子过滤。在上皮组织中,基膜允许淋巴细胞、巨噬细胞和神经元突触穿越通过,但却可以阻止其下方结缔组织中的成纤维细胞与上皮细胞靠近接触。在胚胎发育过程中,基膜为细胞的分离和分化提供支架;在成年机体中,基膜参与细胞的增殖、分化、迁移和组织损伤修复等过程。

第三节   细胞外基质与细胞的相互作用

细胞外基质与细胞之间存在着十分密切的关系和复杂的相互调控作用。一方面,作为细胞生命活动的产物,细胞外基质的形成是由细胞所决定的,直接或间接地反映了细胞的生存和功能状态,并执行和行使细胞的诸多功能;另一方面,作为机体组织的重要结构成分,它又提供了细胞生存的直接微环境,对细胞的基本生命活动具有重要的影响,发挥着不可或缺的生物学作用。细胞与细胞外基质之间的彼此依存、相互作用及其动态平衡,保证了生命有机体结构的完整性及其功能的多样性和协调性。

一、细胞外基质对细胞生物学行为的影响

整联蛋白(integrin)是作为胶原、纤连蛋白、层粘连蛋白等绝大多数细胞外基质组分受体的穿膜糖蛋白,在细胞与相邻细胞外基质之间相互作用,共同形成的组织结构关系中,扮演着极其重要的角色。它们对外以受体配体的结合形式,充当着联系细胞与细胞外基质整体结构的媒介,对内则与细胞表面膜下胞质溶胶中细胞骨架相连接,成为连通细胞外基质与细胞内骨架结构系统的桥梁。细胞外基质与细胞的相互作用,直接或间接地体现为细胞外基质在细胞生命活动中极其重要的生物学功能,它不仅构成和提供了各类细胞实现其最基本的生命活动过程所必需的环境条件,而且还影响着不同组织细胞各自特殊的生存、生理状态及功能,甚至在一定程度上决定着细胞的命运与存亡。

(一)细胞外基质影响细胞的生存与死亡

细胞外基质对于细胞的生存与死亡有着决定性的作用。除成熟的血细胞外,几乎所有的细胞都需要黏附于一定的细胞外基质上才能得以生存,否则便会发生凋亡。例如,当乳腺上皮细胞黏附于人工基膜(matrigel)时,可避免凋亡,而当其黏附于纤连蛋白或I型胶原时,就会发生凋亡。不仅如此,不同细胞对细胞外基质的黏附还具有一定的特异性和选择性,即细胞并非黏附在任意一种细胞外基质上都能够生存。例如,中国仓鼠卵巢细胞和人成骨肉瘤细胞在无血清培养时,只有通过 α5β1整联蛋白的介导,黏附于细胞外基质的纤连蛋白,才能存活;其他整联蛋白虽能介导黏附,但细胞仍会发生凋亡。细胞对于细胞外基质的选择性,也恰恰说明了细胞外基质对细胞的生存具有决定性的影响。

(二)细胞外基质决定细胞的形态

细胞的形态往往与其特定的生存环境密切相关。同一种细胞在不同的基质上附着,会呈现不同的形状。大部分组织细胞在脱离其组织基质,处于单个的游离悬浮状态下均会呈圆球状。上皮细胞只有黏附于基膜时才能显现其极性状态,并通过细胞间连接的建立而形成柱状上皮细胞。成纤维细胞在天然的细胞外基质中呈扁平多突状,而在I型胶原凝胶中则呈梭状,若将其置于玻片上时又会呈球状。细胞外基质对细胞形状的决定作用,主要是通过其受体影响细胞骨架的组装来实现的。

(三)细胞外基质参与细胞增殖的调节

细胞外基质可影响细胞的形态,而细胞形态又和细胞增殖密切相关。已知绝大多数正常的真核细胞在球形状态下是不能够进行增殖的,细胞只有黏附、铺展在一定的细胞外基质上,才能进行增殖,此即所谓的细胞锚定依赖性生长(anchorage-dependent growth)现象。细胞外基质的许多成分中含有某些生长因子的同源序列、一些基质成分可结合生长因子、细胞外基质中的不溶性大分子常常可与细胞表面特异性受体发生作用,以上这些因素都可能直接或间接地影响到细胞的增殖活动。不同的细胞外基质对细胞增殖的影响不同。例如,成纤维细胞在纤连蛋白基质上增殖加快,在层粘连蛋白基质上增殖减慢;而上皮细胞对纤连蛋白及层粘连蛋白的增殖反应则与成纤维细胞相反。

(四)细胞外基质参与细胞分化的调控

细胞外基质在个体胚胎发育的组织、细胞分化以及器官形成中具有重要的调控作用,其多种组分可通过与细胞表面受体的特异性结合,从而触发细胞内信号传递的某些连锁反应,影响细胞核基因的表达,最终表现为细胞的生存和功能状态及其表型性状的改变。特定的细胞外基质可使某些类型的细胞退出细胞周期,进行形态与功能的分化。例如,在纤连蛋白基质中处于增殖状态且保持未分化表型的成肌细胞,当被置于层粘连蛋白基质上时,其增殖活动立即终止并转入分化状态,进而融合为肌管。同样是纤连蛋白,对于成红细胞,则有促进其分化的作用。再如,未分化的间质细胞,在纤连蛋白和I型胶原基质中可形成结缔组织的成纤维细胞;在软骨粘连蛋白和II型胶原基质中可演化成为软骨细胞;而在层粘连蛋白与IV型胶原基质中则又会分化为呈片层状极性排列的上皮细胞。

(五)细胞外基质影响细胞的迁移

无论是在动物个体胚胎发育的形态发生、组织器官形成,还是在成体组织的再生及创伤修复过程

中,都伴随着十分活跃的细胞迁移活动。在细胞迁移过程中,与之密切相关的细胞黏附与去黏附、细胞骨架组装与去组装等,都不能离开细胞外基质的影响和作用。例如,纤连蛋白可促进成纤维细胞及角膜上皮细胞的迁移;层粘连蛋白可促进多种肿瘤细胞的迁移。细胞外基质不仅是细胞迁移活动的"脚手架",而且还在很大程度上决定并控制着细胞迁移的方向和速度以及迁移细胞未来的分化趋势。以多向分化的神经嵴细胞为例,神经嵴周围的细胞外基质富含的透明质酸可促进神经嵴细胞的分散迁徙;然而,当神经嵴细胞分别沿着背、腹两侧进行迁徙时,由于背、腹两侧不同路径中细胞外基质所含成分存在差别,结果导致了原本同一来源的同种细胞在背、腹两侧迁徙速度的不同:与腹侧途径相比,背侧迁移途径的细胞外基质中硫酸软骨素成分含量较高,这对细胞迁移有抑制作用,从而使得背侧迁移细胞的移动速度远远慢于腹侧细胞。神经嵴细胞迁移途径的细胞外基质中往往富含纤连蛋白成分,其迁移停止部位的细胞外基质中则缺乏纤连蛋白成分。同样是神经嵴细胞,在沿富含纤连蛋白基质途径进行迁移时,最终可分化为肾上腺素能神经元,形成神经节;当其迁移终止于缺乏纤连蛋白基质部位时,在这些细胞表面就会表达神经元黏附分子和 N-钙黏着蛋白,以使神经节中的细胞黏着。

　　总之,由于细胞外基质对细胞的形状、结构、功能、存活、增殖、分化、迁移等生命现象具有显著的影响,因而无论在胚胎发育的形态发生、器官形成过程中,或在维持成体结构与功能完善(包括免疫应答及创伤修复等)的生理活动中均具有不可忽视的重要作用。

二、细胞对细胞外基质的影响

(一)细胞是所有细胞外基质产生的最终来源

　　细胞外基质与细胞的相互作用,还体现为细胞对细胞外基质产生形成的决定性作用。一方面,细胞外基质对细胞的生命活动有着各种各样的重要影响;另一方面,细胞外基质是细胞生命活动的产物,是若干组织细胞按照既定的程序,以一定的方式合成并经由一定的转运途径分泌而形成的。细胞不仅产生和分泌细胞外基质成分,而且还调节和控制着细胞外基质组分在胞外的加工修饰过程、整体组装形式和空间分布状态。所以,细胞决定着细胞外基质的产生与形成,是所有细胞外基质成分的最终来源。

(二)不同细胞外基质的差异性产生取决于其来源细胞的性质及功能状态

　　不同的细胞外基质成分,是由不同局部的细胞合成和分泌的。同一个体的不同组织,同一组织的不同发育阶段,或同一发育阶段、同一组织中细胞的不同功能状态,所产生的细胞外基质也会有所不同。换句话说,细胞外基质的产生,完全取决于相应细胞的性质、功能及其生理状态。例如,胚胎结缔组织中成纤维细胞产生的细胞外基质以纤连蛋白、透明质酸、Ⅲ型胶原及弹性蛋白为主要组分,成年结缔组织成纤维细胞产生的细胞外基质以纤连蛋白、Ⅰ型胶原等为主要成分,而软骨中的成软骨细胞则产生以软骨粘连蛋白、Ⅱ型胶原等为主要成分的细胞外基质。

(三)细胞外基质成分的降解是在细胞的控制下进行的

　　细胞对细胞外基质的作用,不仅在于能够决定细胞外基质各种成分的有序合成,而且还表现在能够精密地控制细胞外基质成分的降解。细胞外基质中的蛋白组分主要由基质中的蛋白水解酶(protease)进行降解,其糖链部分的降解则是在各种相应的糖苷酶的催化下完成的。细胞外基质中主要的蛋白水解酶有两种:第一种是基质金属蛋白酶(matrix metalloproteinase,MMP)家族,该蛋白家族在真核生物中含有超过 50 种成员,主要通过结合 Ca^{2+} 或者 Zn^{2+} 发挥水解酶的活性;第二种是丝氨酸蛋白酶(serine protease)家族,其活性区域含有丝氨酸残基。基质金属蛋白酶通常与丝氨酸蛋白酶协同作用,以降解胶原、层粘连蛋白和纤连蛋白等。此外,组织金属蛋白酶抑制物(tissue inhibitor of matrix metalloproteinases,TIMPs)可以与各种基质金属蛋白酶结合,抑制基质金属蛋白酶的水解作用,以维持细胞外基质的动态平衡。

　　基质金属蛋白酶通常根据其底物和其结构域的组织结构分为胶原酶(collagenases)、明胶酶(gelatinases)、溶血素(hemolysin)、基质溶素(matrilysins)和膜型 MMPs(membrane-type-MMPs)等。基质金属蛋白酶家族中各个成员的基本结构一致（图 4-14-16）。经过转录和翻译过程产生的基质金属蛋白酶前酶原的 N 末端含有一个信号肽序列，其作用是引导翻译后的产物至内质网，信号肽在内质网中被切除以后，基质金属蛋白酶以无活性的酶原形式分泌至细胞外基质，特异性地与细胞外基质结合而被激活。前肽区大约由 80 个氨基酸残基组成，其中含有保守的半胱氨酸残基序列（PRCGXPD），这一序列通过半胱氨酸残基中的硫原子与活性位点 Zn^{2+} 的相互作用抑制酶活性。当酶原中的前肽区被其他的基质金属蛋白酶或者蛋白酶（如纤溶酶）切除后，基质金属蛋白酶就会具有活性，这一激活过程是由所谓的"半胱氨酸开关"（cysteine switch）机制完成。

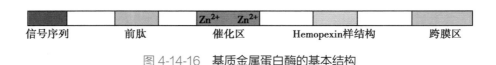

信号序列　　　　　前肽　　　　　催化区　　　　Hemopexin样结构　　　　跨膜区

图 4-14-16　基质金属蛋白酶的基本结构

三、细胞外基质与疾病的关系

细胞外基质作为细胞和组织内稳态的调节者，它不仅可作为干细胞、前体细胞、体细胞的微环境，参与各种组织和器官的形成、发育、修复和再生，还可作为多种细胞因子、生长因子和生物活性调节因子的整合和信息传递者，在细胞分裂、存活、极性、形态、增殖、分化和迁移等过程中发挥重要作用，从而参与肿瘤、炎症、免疫、神经、老化、遗传等各种疾病的发生和发展过程，尤其在纤维化、肿瘤和心血管疾病中发挥重要作用。

（一）细胞外基质与肾脏纤维化

肾脏纤维化是以肾小球硬化、肾小管-间质纤维化、肾血管纤维化及细胞外基质过度积累与沉积，并取代健康肾单位造成的肾单位功能逐渐丧失为特征。各种原发性或继发性致病原因所导致细胞外基质合成与降解的动态失衡，促使大量细胞外基质积聚而沉积于肾小球、肾间质内，导致肾脏各级血管堵塞，混乱分隔形成肾脏组织形态学改变，最终导致肾单位丧失，肾功能衰竭，进一步发展成为不可逆转的肾小球硬化。

（二）细胞外基质与恶性肿瘤

恶性肿瘤的转移是一个动态的、连续的过程。肿瘤细胞首先从原发部位脱落，侵入到细胞外基质，与基底膜和细胞间质中一些分子黏附，并激活细胞合成、分泌各种降解酶类，协助肿瘤细胞穿过细胞外基质进入血管，然后在某些因子等的作用下运行并穿过血管壁外渗到继发部位，继续增殖、形成转移灶。一般恶性程度高的肿瘤细胞具有较强的蛋白水解作用，可侵蚀破坏包膜，促进转移。目前较为关注的酶主要是丝氨酸蛋白酶类（如纤溶酶原激活物）和金属蛋白酶类（如胶原酶Ⅳ、基质降解酶、透明质酸酶）。基质金属蛋白酶对细胞外基质的降解是肿瘤细胞侵袭和转移的关键环节之一，多种恶性肿瘤都伴有基质金属蛋白酶分泌水平和活性的增高。

恶性肿瘤的发生、侵袭和转移常常伴有细胞外基质及其细胞表面受体表达的变化。正常肝细胞没有基膜，也不表达层粘连蛋白的特异性整合素族受体 α6β1；而在肝细胞癌组织中，层粘连蛋白和 α6β1 不仅表达水平升高，呈明显的共分布，而且其高水平表达与肝癌患者的预后呈负相关。肝癌的发病过程中往往早期就出现门静脉侵袭、肝内转移以及肝外肺脏和骨组织的转移，肝癌的侵袭、转移和术后复发是影响患者预后的主要因素。

（三）细胞外基质与心血管疾病

细胞外基质在血管可以形成内膜表面的黏附保护层、内膜下层、基底膜层、内弹力层、外弹力层、血管中层和外层系膜结缔组织等。每一个结构区域都具有其复杂的成分、结构和各自的功能，形成多重通道、支架、隔栅、巢穴或屏障，保护和调节着血管的完整的功能。在心血管病的发病过程中，细胞外基质呈现时程性的变化：在发病初期，多表现为细胞外基质网络调节的异常，如生长因子、活性物质、MMP/TIMP 的表达变化,产生细胞外基质蛋白表达改变、合成和降解的平衡失调,继而产生细胞外基质组成、构型、构象的变化,从而影响其支撑、屏障、信息汇聚和传递功能,再引起细胞表型和组织结构的变化,最后产生病理形态和组织器官的损伤,从而引起各种严重心血管疾病。这种时空性的改变是相互交叉、互为因果和循环往复的。不同心血管疾病,即使同一种心血管疾病,不同原因、不同类型、不同病程,细胞外基质的改变亦是不同的,但都有细胞外基质组成、结构和功能的变化。细胞外基质是心血管病发生和发展的一个重要的病理生理基础,可以为心血管病提供重要的诊断标记物和治疗靶点。

　　不同细胞产生和分泌的细胞外基质成分亦不同;不同组织所含的细胞外基质的成分和比例亦不同;即使同一种细胞或同一种组织,在不同的生理、病理和反应条件下,细胞外基质的成分、结构和构型亦不同;结构和构型不同,细胞外基质的功能和作用亦不同。随着基因和蛋白质组生物学的研究进展,新的细胞外基质分子还在不断诞生,其类型、构型、构象还有更多发现,其功能亦在不断地扩展,构成了一个十分复杂的细胞外基质的网络家族和体系。近 20 年来,细胞外基质的研究取得了飞速发展和惊人的成就,但是,鉴于细胞外基质众多的成员、多重的生理功能、复杂的网络调节体系和广泛而重要的病理和生理意义,细胞外基质的研究还需要不断深入。

小结

　　细胞外基质是由细胞分泌到细胞外空间的蛋白和多糖等大分子构成的精密有序的纤维网络结构。细胞外基质的主要组分为氨基聚糖与蛋白聚糖、结构蛋白(胶原与弹性蛋白)和非胶原糖蛋白三种类型。

　　氨基聚糖是由重复二糖单位聚合而成的直链多糖,可与核心蛋白共价结合形成高分子复合物-蛋白聚糖。氨基聚糖分子表面带有大量的负电荷,可结合大量水分子。氨基聚糖不仅易于在所处的有限的组织空间内形成黏稠的胶体,同时又能够最大限度地保持分子的伸展状态,从而赋予组织良好的弹性和抗压能力。

　　胶原和弹性蛋白是细胞外基质中最主要的纤维蛋白。胶原是含量最丰富的纤维蛋白家族,胶原分子由 3 条 α 多肽链盘绕成三股螺旋的结构,胞外组装成胶原纤维,构成了细胞外基质的框架结构。弹性蛋白是构成细胞外基质中弹性网络结构的主要组分,富含甘氨酸和脯氨酸、不发生糖基化修饰和具有高度的疏水性。弹性蛋白构象为无规则卷曲状态,同时为富有弹性的疏松网状结构。细胞外基质中的弹性蛋白纤维与胶原蛋白纤维相互交织,赋予组织一定弹性和高度的韧性。

　　纤连蛋白和层粘连蛋白是两种非胶原糖蛋白,是细胞外基质的组织者。纤连蛋白广泛分布在结缔组织中,而层粘连蛋白主要分布于基膜,两种蛋白的分子肽链中均含有多个功能结合区,可与基质中其他大分子或细胞表面受体结合,从而介导细胞与细胞、细胞与细胞外基质相互黏着。

　　基膜是由层粘连蛋白、IV型胶原、巢蛋白和渗滤素等细胞外基质中的蛋白质所构成的一种柔软而坚韧的网膜样结构,为细胞外基质的特化形式。基膜具有支撑上皮组织细胞、隔离细胞与结缔组织、形成滤过屏障等重要作用。

　　细胞外基质对细胞生命活动的影响主要包括:影响细胞的生存与死亡;决定细胞的形态,影响和改变细胞的功能活动状态,参与细胞增殖的调节,参与细胞分化的控制,影响细胞的迁移。细胞对于细胞外基质具有决定性的作用,主要表现为:细胞是所有细胞外基质产生的最终来源,不同细胞外基质的差异性的产生取决于其来源细胞的性质及功能状态,细胞外基质成分的降解是在细胞的调控下进行的,其中基质金属蛋白酶作为水解酶在这一过程中起重要作用。

思考题

1. 氨基聚糖的多糖链与特异的核心蛋白结合形成基膜中具有负电性的蛋白聚糖,请简要阐述,这些携带负电荷的多糖如何帮助形成细胞外水合胶。若多糖分子上不携带电荷,将会发生什么变化。

2. 为什么弹性蛋白能为细胞外基质提供弹性?

3. 举例讨论细胞外基质异常与疾病的关系。

第十五章
细胞信号转导

【学习要点】

1. 构成细胞信号转导的基本要素。
2. G 蛋白偶联受体（GPCR）通路的基本组成。
3. 酶联受体介导的信号通路。
4. 细胞内受体介导的信号通路。
5. 信号转导通路的共同特点。
6. 信号转导过程中的受体脱敏现象。

无论是单细胞生物还是多细胞生物，它们的细胞每时每刻都与周围环境发生联系，进行丰富多彩的交流，以保持生物体与周围世界及生物体本身的平衡与统一。各种不同的细胞外部信号或刺激（stimuli）作用于受体，不同类型的受体对信号处理的方式也是不同的，有些受体本身具有酶的活性，有些受体可以调节离子通道的开关，有些受体则通过 G 蛋白实现信号的转导过程。受体下游对应的效应蛋白则可直接影响细胞内分子的表达量或活性，或将信号最终传入细胞核，诱导相应基因表达，并产生各种生物效应。

细胞信号转导（signal transduction）是实现细胞间通讯的关键过程，也是协调细胞功能、组织发生与形态维持所必需的，更是细胞感知并应对外界环境刺激而产生生理反应的基础。细胞信号转导参与调节许多重要生命过程，包括生物体的生长、发育、激素和内分泌作用、神经传导、学习与记忆、免疫、疾病、衰老与死亡等，也包括细胞的增殖与细胞周期调控、细胞迁移、细胞的形态维持与功能分化、细胞应激、细胞恶变与细胞凋亡等。从生物学角度来看，细胞信号转导的研究有利于阐明细胞与细胞内外环境交流、协调的机制及其生物学意义；从医学角度来看，细胞信号转导的研究有利于阐明疾病发生的机制、寻找疾病诊断治疗的靶点。

第一节　信号转导过程中的关键分子

细胞信号转导通常指细胞通过细胞膜表面或胞内受体感受胞外信号分子（配体）的刺激，在细胞内传递特定的调控信号，从而引起细胞应答反应的过程。一般而言，细胞表面受体介导的信号转导包括以下几个基本步骤：①信号细胞分泌胞外信号分子（配体），配体经扩散或血液循环到达靶细胞，与靶细胞表面或胞内受体结合，导致受体激活；②激活的受体产生构象变化，靶细胞内产生第二信使或活化的信号蛋白；③通过细胞内第二信使或者信号蛋白激发胞内信号的级联反应；④信号转导触发一系列胞内生化反应和基因表达变化，导致细胞行为的改变（图 4-15-1）。当配体过多或持续存在时，细胞会出现脱敏等反应，终止或降低细胞的应答，进而维持细胞的正常稳态。

一、配体

细胞所接受的胞外信号分子称为配体（ligand），它既可以是物理信号（光、热、电和温度等），也可以是化学信号。化学信号在有机体间和细胞间的通讯中的应用最广泛，也称第一信使（first messenger)。从产生和作用方式来看,可将化学信号分为四类:①激素:由内分泌细胞合成或分泌的化学信号分子,与细胞膜上或细胞内的专一性受体蛋白结合而将信息传入细胞,引起细胞内发生一系列相应的连锁变化,最后表现出生理效应;②神经递质:从受刺激的突触前神经元中释放出来的化学物质,与突触后靶细胞膜结合,并诱导靶细胞产生抑制或兴奋的反应;③局部化学因子:如细胞因子和生长因子等多肽类物质;④气体分子:包括 NO 和 CO 等,可以自由扩散到细胞,直接激活效应蛋白产生第二信使。

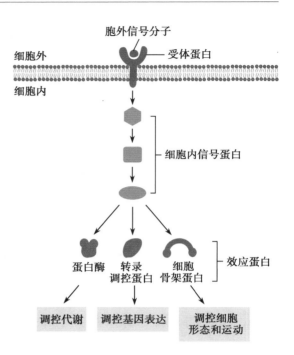

图 4-15-1   细胞表面受体介导的信号转导通路示意图

根据胞外信号分子对靶细胞发挥效应的作用方式和空间距离,可将细胞通讯的方式分为 4 种(图 4-15-2):①内分泌(endocrine):信号分子(如激素)从不同内分泌器官的细胞释放后作用于距离较远的靶细胞。在动物体内,内分泌激素往往是经由血液或其他细胞外液从其分泌部位运输到作用部位。②旁分泌(paracrine):由分泌细胞释放的信号分子经局部扩散影响近距离的靶细胞。神经递质由一个神经细胞向另一个神经细胞或向肌肉细胞传递的过程通常是通过旁分泌实现的。③自分泌(autocrine):细胞对自身分泌的物质产生反应。培养细胞就往往会分泌某些生长因子来刺激自身的生长增殖。④突触信号传递(synaptic signaling):通过化学突触传递神经信号,当神经细胞接受刺激后,神经信号以动作电位的形式沿轴突快速至神经末梢,电信号转换为化学信号(神经递质或神经肽),化学信号通过扩散与突触后膜上的受体迅速结合,再次转化为电信号。

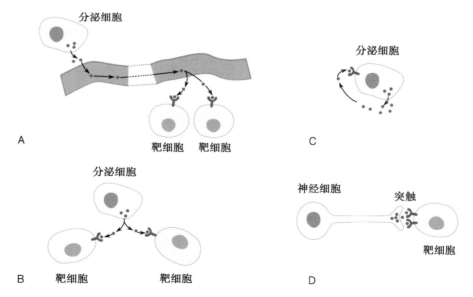

图 4-15-2   配体作用的主要方式
A. 内分泌;B. 旁分泌;C. 自分泌;D. 突触信号传递。

二、受体

(一)受体的化学本质

受体(receptor)是存在于细胞膜或细胞内、能特异性识别并结合胞外信号分子,进而激发胞内一系列生物化学反应,使细胞对外界刺激产生效应的一类特殊蛋白。大多数受体是糖蛋白,少数是糖脂(如促霍乱毒素受体和百日咳毒素受体)或糖蛋白和糖脂的复合物(如促甲状腺素受体)。受体所接受的外界信号,包括神经递质、激素、生长因子、光子、气体分子等,这些不同的配体作用于不同的受体而产生不同的生物学效应。

(二)受体的分类

根据靶细胞上受体的存在部位,可将受体分为细胞表面受体(cell surface receptor)或膜受体(membrane receptor)和胞内受体(intracellular receptor)(图4-15-3)。胞内受体的配体多为脂溶性小分子,常见的有甾体类激素、类固醇激素类、甲状腺素类激素、维生素D和气体分子。这些小分子可直接以简单扩散的方式或借助于某些载体蛋白跨越靶细胞膜,与位于胞质或核内的受体结合。例如,糖皮质激素、盐皮质激素的受体位于胞质中,维生素D_3及维A酸受体存在于核内,还有一些受体可同时存在于胞质及胞核中,如雌激素受体、雄激素受体等。

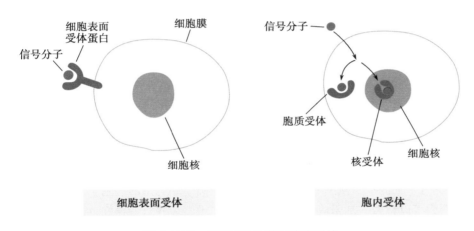

图 4-15-3　细胞表面受体和胞内受体

根据信号转导机制和受体蛋白类型的不同,细胞表面受体一般可分为三大类:①G蛋白偶联受体(G-protein-coupled receptor,GPCR)是细胞表面受体最大的家族,普遍存在于真核生物细胞表面,由于其偶联的效应蛋白不同而介导不同信号通路;②离子通道偶联受体(ion channel-coupled receptors)又称配体门控离子通道(ligand-gated ion channel),受体本身既有配体结合位点,也有离子通道,其跨膜信号转导无须中间步骤;③酶联受体(enzyme-linked receptor),胞内结构域具有潜在的酶活性,或受体本身不具有酶活性而通过其胞内段直接与酶相联系。受体一般至少有两个功能域,包括结合配体的功能域和产生效应的功能域。

细胞信号转导始于配体和受体的结合,受体结合特异性配体后被激活,通过信号转导途径将胞外信号转换为胞内信号。一般而言,可以诱导两种基本的细胞应答:一类是快反应,指特异性地改变已存在蛋白的活性或功能;第二类是慢反应,激活或抑制相关基因的转录,使得细胞内特异分子表达量发生变化。

三、分子开关

在细胞信号转导过程中,有两类蛋白在引发信号级联反应中起到分子开关(molecular switch)的作用:蛋白激酶与蛋白磷酸酶、GTP结合蛋白。蛋白激酶能将磷酸基团加到特定的靶蛋白,而蛋白磷酸酶则在特定的靶蛋白上去除磷酸基团,从而调节靶蛋白的活性(图 4-15-4)。换句话说,单个磷酸基团的存在与否,直接影响了靶蛋白在活性与非活性状态构象之间的切换。由于磷酸基团的添加或去除是一个可逆的过程,所以这种切换方式可视为"分子开关"。GTP 结合蛋白结合 GTP 时呈活化的状态,结合 GDP 时呈失活的状态。构成这些"分子开关"的分子通常串联连接形成信号级联(cascade),逐级转导、放大并优化这些信号。

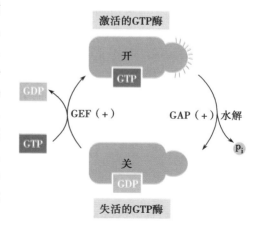

图 4-15-4　细胞内蛋白激酶分子开关

（一）蛋白激酶

蛋白磷酸化(protein phosphorylation)是一种常见的细胞蛋白质翻译后修饰过程,主要由蛋白激酶在靶蛋白的丝氨酸、苏氨酸或酪氨酸残基上共价添加磷酸基团。磷酸基团以两个负电荷结合到单个氨基酸残基上,可显著改变靶蛋白的空间构象。一个磷酸基团可以通过多个途径来改变蛋白质的活性,例如:蛋白磷酸化可以直接地阻断一个配体与蛋白的结合(直接干涉),通过参与氢键形成和静电的相互作用(构象改变)使两个相关蛋白形成可以相互结合的位点(促进蛋白相互作用)。蛋白激酶(protein kinase)可以催化 ATP(在某些情况下是 GTP)上的 γ-磷酸转移到靶蛋白的氨基酸侧链上。蛋白激酶的重要性可以从这些基因存在的数量看出:例如,芽酵母基因组中有 116 个蛋白激酶基因(仅次于转录因子基因),线虫基因组中有 409 个蛋白激酶基因(仅次于 G 蛋白偶联受体基因),人体基因组中则至少有 518 个蛋白激酶基因。真核细胞中很多蛋白激酶都是丝氨酸/苏氨酸激酶或是酪氨酸激酶。多数丝/苏氨酸激酶仅能磷酸化丝氨酸/苏氨酸而不能磷酸化酪氨酸,同样,大多数酪氨酸激酶也只能使酪氨酸磷酸化而对丝/苏氨酸不起作用。细胞内常见的丝氨酸/苏氨酸激酶包括蛋白激酶 A(protein kinase A,PKA)、蛋白激酶 C(protein kinase C,PKC)和钙离子/钙调素依赖性蛋白激酶(Ca^{2+}/calmodulin-dependent protein kinase,CaMK)。

（二）蛋白磷酸酶

蛋白磷酸酶(protein phosphatase)是一种能够去除特定蛋白质底物上磷酸基团的酶,即通过水解磷酸单酯将底物分子上的磷酸基团除去,并生成磷酸根离子和自由的羟基。真核生物具有多个蛋白磷酸酶家族,它们可以将磷酸基团从氨基酸侧链移除。虽然一些双特异性磷酸酶既可以使磷酸化的丝氨酸/苏氨酸去磷酸化,也可以使磷酸化的酪氨酸去磷酸化,但大部分蛋白磷酸酶像蛋白激酶一样仅作用于丝氨酸/苏氨酸或仅作用于酪氨酸。人类基因组中存在 90 个以上有活性的酪氨酸磷酸酶基因和 20 个丝氨酸/苏氨酸磷酸酶基因。

（三）GTP 结合蛋白（GTP 酶）

GTP 结合蛋白(GTP binding protein)在进化上高度保守,都有一个能与 GTP(或 GDP)结合的核心域,能结合、分解、释放 GTP(或 GDP),进而影响蛋白质的功能,因此 GTP 结合蛋白在本质上是 GTP 酶(GTPase)。GTP 酶可在 GTP 酶促进因子(GTPase-accelerating protein,GAP)的作用下,通过水解自身结合的 GTP,成为 GTPase-GDP 而失去活性;此外,鸟苷核苷酸解体抑制物(guanosine nucleotide dissociation inhibitor,GDI)可与细胞内的 Rab、Rho 等 GTP 酶的非活性形式结合,可防止 GDP 转换成为 GTP,即维持 GTPase 的非活性状态(图 4-15-5)。反之,GTPase 在鸟嘌呤核苷酸交换因子(guanine nucleotide exchange factor,GEF)的作用下,GTP 酶从 GTPase-GDP 状态转变为具有活性的 GTPase-GTP 状态。

GTP 酶一般可以分为三类,包括:①由 α、β 和 γ 亚基

图 4-15-5　GTP 酶分子开关的调控方式

组成的异源三聚体（G 蛋白）。α 亚基（Gα）具有与鸟苷酸结合的活性，还有 GTP 水解酶活性，决定了 G 蛋白的独特性。β 和 γ 亚基（Gβγ）为各种 G 蛋白共用，β 和 γ 亚基形成复合体，促进 α 亚基的激活。②一些分子量在 20kD 左右的单一多肽，具有分解 GTP 的活性，属于低分子量的 G 蛋白，称为小分子 GTP 酶（小 G 蛋白），如 ras 基因的产物只包含一个 GTP 结合的核心域。③延伸因子和动力蛋白相关的 GTP 酶，这类 GTP 酶具有附加结构域，这些附加结构域是分子间的相互作用所必需的。其中前两类 GTP 酶参与了多种信号转导过程。

四、衔接体蛋白

衔接体蛋白（adaptor protein）一般是指在细胞内信号传递通路中，在不同信号蛋白间起连接作用的蛋白，常含有 SH2（Src homology 2）或 SH3 结构域，如哺乳类动物的生长因子受体结合蛋白 2（growth factor receptor-bound protein 2，GRB2）。SH 结构域是 Src 酪氨酸激酶中的一个保守结构域，约由 100 个氨基酸残基组成，可特异性结合一些磷酸化酪氨酸残基。人类基因组约编码 200 个含有 SH2 或 SH3 结构域的蛋白，参与蛋白与蛋白之间的相互作用。衔接体蛋白介导的蛋白间相互作用，可将蛋白装配成能执行一系列反应的多分子功能元件。为了使这些相互作用更易发生，许多信号蛋白分子具有一个以上的衔接体蛋白结构域。在信号转导过程中，这样的特性使受体到效应分子的转导更为可靠。

五、第二信使

第二信使（second messenger）学说是由美国范德堡大学教授 Earl W. Sutherland 于 1965 年首先提出。他认为人体内各种含氮激素（蛋白质、多肽和氨基酸衍生物）都是通过细胞内的环磷酸腺苷（cyclic adenosine monophosphate，cAMP）而发挥作用的，首次把 cAMP 叫作第二信使。由于 Sutherland 对阐明激素作用机制作出的卓越贡献，他获得了 1971 年诺贝尔生理学或医学奖。第二信使是指在细胞内产生的，可以通过其浓度变化应答胞外信号，调节细胞内信号分子的活性，从而介导细胞信号转导的分子。常见的第二信使包括：cAMP、环磷酸鸟苷（cyclic guanosine monophosphate，cGMP）、二酰甘油（diacylglycerol，DAG）、1,4,5-三磷酸肌醇（inositol triphosphate，IP_3）、Ca^{2+} 等（图 4-15-6）。

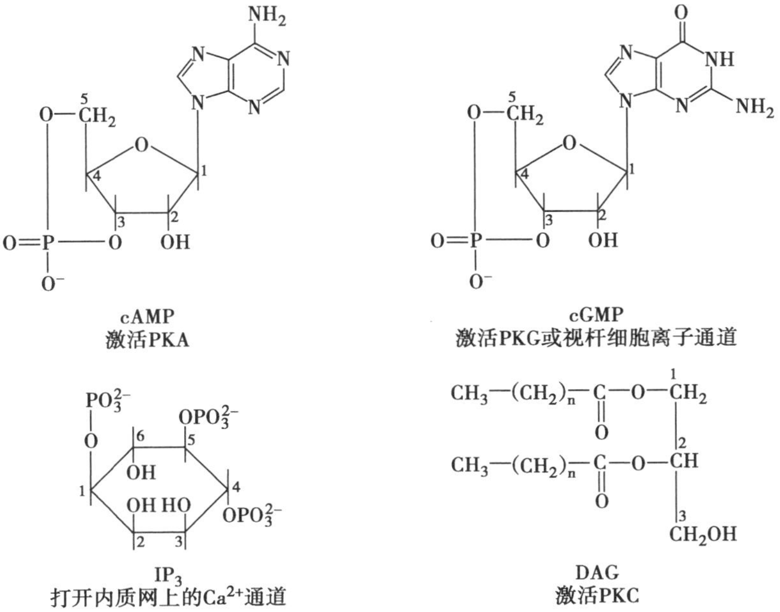

cAMP
激活PKA

cGMP
激活PKG或视杆细胞离子通道

IP_3
打开内质网上的 Ca^{2+} 通道

DAG
激活PKC

图 4-15-6　细胞内常见第二信使的化学结构

第二节　G 蛋白偶联受体介导的信号通路

G 蛋白偶联受体（GPCR）是一种与三聚体 GTP 结合蛋白偶联的七次跨膜受体，是迄今发现的最大的受体超家族，其成员有 1 000 多个，包括多种神经
递质、肽类激素的受体以及在视觉、嗅觉中接受外源
理化因素的受体。目前超过 30% 的临床药物是针对
GPCR 介导的信号通路为靶点研发的，可见其与人类健
康密切相关。

所有的 GPCR 都含有 7 个疏水肽段形成的跨膜 α
螺旋结构和类似的三维结构，N 端在细胞外侧，C 端在
细胞胞质内侧（图 4-15-7）。每个跨膜 α 螺旋由 22~24
个氨基酸残基组成疏水核心区，其中第 5 和 6 螺旋之
间的胞内环状结构域 C3，对于受体与 G 蛋白之间的相
互作用非常重要。

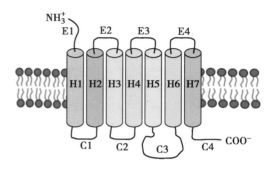

图 4-15-7　G 蛋白偶联受体结构示意图

三聚体 GTP 结合蛋白简称为 G 蛋白，位于细胞膜的胞质侧，所有 GPCR 都偶联一个三聚体 G 蛋白，其在信号转导通路中起着分子开关的作用。当 GPCR 与配体结合后，通过激活所偶联的 G 蛋白，启动不同的信号转导通路，产生各种生物学效应。G 蛋白的效应蛋白具有多样性，与细胞的类型及其亚单位的类型密切相关，主要包括离子通道、腺苷酸环化酶（adenylyl cyclase，AC）、磷脂酶 C（phospholipase C，PLC）、磷脂酶 A2 和磷酸二酯酶等。因此，由 GPCR 介导的信号通路按其效应蛋白主要可分为三类：①激活或抑制 AC，以 cAMP 为第二信使；②激活离子通道；③激活 PLC，以 IP_3 和 DAG 作为双信使。

一、G 蛋白偶联受体激活或抑制腺苷酸环化酶

在 GPCR 介导的信号通路中，Gα 的首要效应酶是 AC，其为分子量为 150kD 的 12 次跨膜蛋白，在 Mg^{2+} 或 Mn^{2+} 存在条件下，可以催化 ATP 分解形成 cAMP。在正常细胞内，cAMP 的浓度小于 10^{-6}mol/L，当 AC 被激活后，cAMP 水平急剧增加，靶细胞产生快速应答；在细胞内还存在 cAMP 磷酸二酯酶（phosphodiesterase，PDE），可降解 cAMP 生成 5′-AMP，导致细胞内 cAMP 水平下降，终止或减弱信号反应（图 4-15-8）。

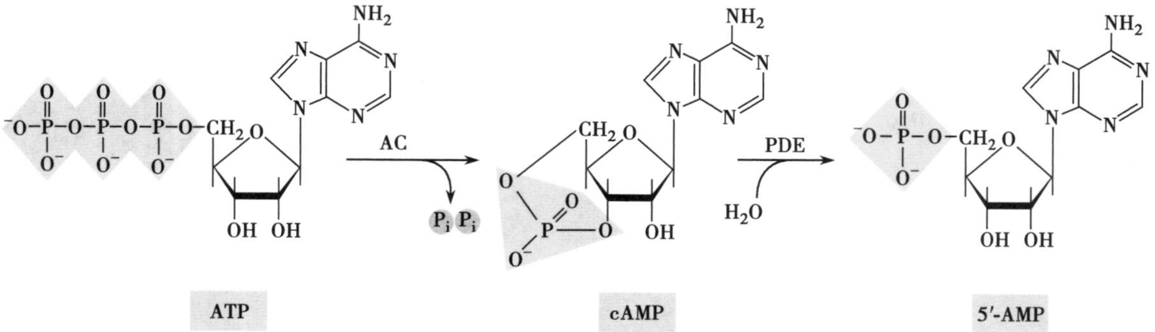

图 4-15-8　cAMP 的合成与降解

在绝大多数真核细胞中，以 cAMP 为第二信使的信号通路，主要是由依赖 cAMP 的蛋白激酶（cAMP-dependent protein kinase，PKA）介导的。PKA 是由两个调节亚基（R）以及两个催化亚基（C）组成的四聚体，但是，这样的全酶是没有活性的。每个 R 亚基有两个特异性的 cAMP 结合位点，当

其与 cAMP 结合后,可释放出 2 个具有激酶活性的 C 亚基,进而磷酸化底物的丝氨酸和苏氨酸残基,如 CREB(cAMP response element-binding protein)等,磷酸化的 CREB 可与 DNA 上的 CRE(cAMP response elements)元件结合,从而促进靶基因的表达(图 4-15-9)。

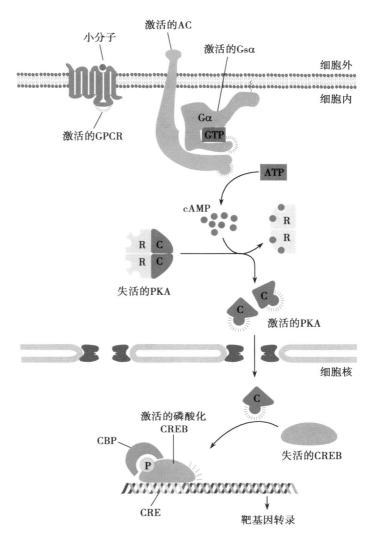

图 4-15-9　G 蛋白偶联受体激活腺苷酸环化酶信号通路

在不同的组织细胞中,依赖 cAMP 的 PKA 的底物不同,cAMP 通过活化或抑制不同的酶系统,使细胞对外界产生不同的反应。例如,肾上腺素通过 cAMP 和 PKA 对糖原代谢的调控主要表现在肝脏和肌肉细胞,因为这两种细胞表达合成和降解糖原的酶。在脂肪细胞中,肾上腺素使 PKA 激活促进 PLC 的磷酸化,磷酸化的 PLC 催化储存的甘油三酯水解,产生游离的脂肪酸以及甘油分子,这些脂肪酸释放到血液中被其他组织(例如肾脏、心脏以及肌肉)作为能量来源摄取。在卵巢细胞表面的 GPCR 受体被一些垂体激素激活,活化的 PKA 促进雌激素及孕激素的合成,这两种激素对于女性第二性征的发育是至关重要的。虽然 PKA 在不同类型的细胞中作用于不同底物,但底物都具有可被磷酸化的保守的氨基酸序列:X-Arg-Arg/Lys-X-Ser/Thr-疏水氨基酸(其中 X 代表任意氨基酸)。

肾上腺髓质可分泌肾上腺素和去甲肾上腺素。肾上腺素可调节糖代谢,促进肝糖原和肌糖原的分解,增加血液中糖和乳酸含量。去甲肾上腺素也有类似作用,但作用较弱。肾上腺素由肾上腺分泌后通过血液输送到肝细胞,即与肝细胞膜表面上的肾上腺素受体结合,肾上腺素受体可分为 α 及 β 两种类型。肾上腺素对 α 及 β 两种类型受体均起作用,而去甲肾上腺素主要对 α 型起作用。β 肾上腺素介导的信号通路包括以下基本步骤(图 4-15-10):①肾上腺素与 β 肾上腺素受体结合,诱导受体形成活性构象。②激活后的受体与 G 蛋白结合,导致激活型 Gα 亚单位(Gsα)与 Gβγ 亚单位分离;同时,Gsα 亚单位与 GDP 的亲和力下降,与 GTP 的亲和力增加,故 Gsα 亚单位转而与 GTP 结合。③Gsα-GTP 结合并激活 AC,后者水解 ATP,形成 cAMP。④cAMP 激活 PKA,cAMP 与 PKA 调节亚基(R)的结合表现出一种协同效应,就是说,第一个 cAMP 分子与一个调节亚基结合位点结合能够促进第二个 cAMP 分子与其结合位点的结合。因此,胞质 cAMP 水平的微小变化就可以导致 PKA 激酶活性的成倍增加。⑤激活的 PKA 使底物蛋白磷酸化,其中包括磷酸化酶 b 激酶(phosphorylase b kinase)的磷酸化。⑥磷酸化酶 b 激酶进一步放大信号转导的效应,使大量的糖原磷酸化酶 b(glycogen phosphorylase b)磷酸化,并使之激活为糖原磷酸化酶 a。⑦糖原磷酸化酶 a 催化糖基从糖原分子中分离,使糖原转化成葡萄糖-1-磷酸。⑧葡萄糖-1-磷酸转化为葡萄糖-6-磷酸,并最终分解形成葡萄糖。在上述的过程中,$10^{-10} \sim 10^{-8}$mol/L 的肾上腺素被结合,就能产生 5mmol/L 的葡萄糖,这说明反应过程中激素的信号被逐级放大了约 300 万倍。

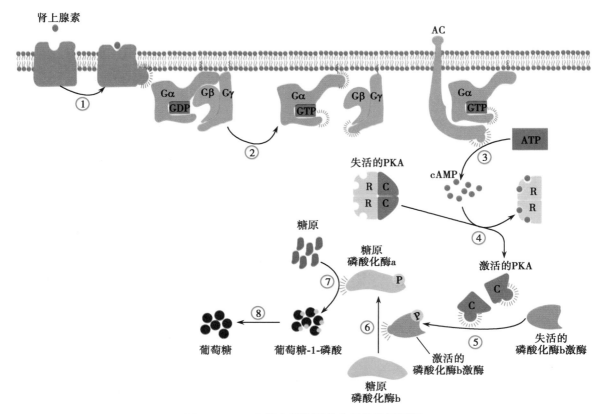

图 4-15-10　β 肾上腺素受体介导的信号通路

二、G 蛋白偶联受体激活离子通道

许多神经递质受体是配体门控离子通道,包括谷氨酸和 5-羟色胺受体,也有很多神经递质受体是 G 蛋白偶联受体,其中一些受体的效应蛋白是 Na^+ 或 K^+ 通道,神经递质与这些受体的结合导致相关离子通道的开启或关闭,引起了神经元膜电位的改变。另外一些神经递质受体以及鼻腔中的嗅神经受体、眼睛中的光感受器也属于 G 蛋白偶联受体,它们是通过激活第二信使而间接调节离子通道的活性。

人类的视网膜有两种感光细胞,视杆细胞和视锥细胞,它们是视觉刺激的主要接收者。其中,视锥细胞与颜色视觉有关,而视杆细胞则感受一定范围波长的微弱光线(类似月光)的刺激。视蛋白(opsin)是一类定位在视网膜感光细胞的细胞膜上的 G 蛋白偶联受体,具有感光作用,参与光到电化学信号的转化,从而介导视觉信号的转导通路。视紫红质(rhodopsin)是由视蛋白与光吸收色素 11-顺式视黄醛共价结合而成的,定位于形成视杆细胞外层部分的圆盘膜(disk membrane)上。每一个视杆细胞含有 4×10^7 个视紫红质分子,与视紫红质结合的 G 蛋白三聚体一般被称作转导蛋白(transducin,Gt)。在黑暗中,视杆细胞内高浓度的 cGMP 保持 cGMP 门控阳离子通道处于开放状态,细胞膜去极化,此时视杆细胞的膜电位大约为 –30mV,大大低于(绝对值)神经细胞或其他电活化细胞的典型静息电位(–90~–60mV),导致神经递质释放。而光则能诱导 cGMP 水平的降低,引起 cGMP 门控阳离子通道关闭,细胞膜超极化,引起膜电位的负值增大,减少神经递质的释放。视紫红质吸收的光子越多,通道关闭的程度就越大,膜电位的负值就越大,神经递质也就越少。这种变化传递到大脑皮质,人们就能够感觉到光的存在。

光诱导的 G 蛋白偶联受体介导的信号通路一般具有以下基本步骤(图 4-15-11):①当细胞吸收光后,视紫红质(R)的视黄醛部分快速转换成其全反式同工体,导致视蛋白发生构象改变而活化(活性视蛋白)。②活性视蛋白与 Gαt-GDP 结合,介导 GDP 向 GTP 的转换,形成 Gαt-GTP。③Gαt-GTP

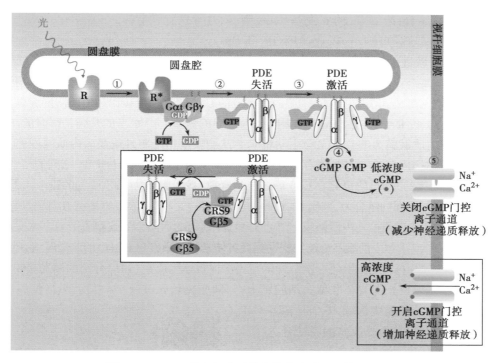

图 4-15-11　G 蛋白偶联受体介导的光感受器信号通路

通过与磷酸二酯酶（PDE）的抑制型 γ 亚基相结合，导致其与催化亚基 α 及 β 解离。④自由的 PDE 催化亚基 α 及 β 促进 cGMP 水解为 GMP，使得胞质中 cGMP 水平下降。⑤cGMP 水平的降低导致 cGMP 从细胞膜门控阳离子通道上解离，使得离子通道关闭；这时，细胞膜短暂超极化，神经递质释放减少。⑥随后 GAP 复合物（GRS-Gβ5）与 Gαt-GTP 和 PDEγ 亚基复合物结合，Gαt-GTP 转化为 Gαt-GDP，进而导致 PDE 快速失活。

三、G 蛋白偶联受体激活磷脂酶 C

由 GPCR 启动的另一条信号转导通路是以 IP₃ 和 DAG 为第二信使的磷脂酰肌醇（phosphatidyli-nositol，PI）信号通路（图 4-15-12），具体步骤如下：①信号分子结合并激活 GPCR 受体；②活化后的受

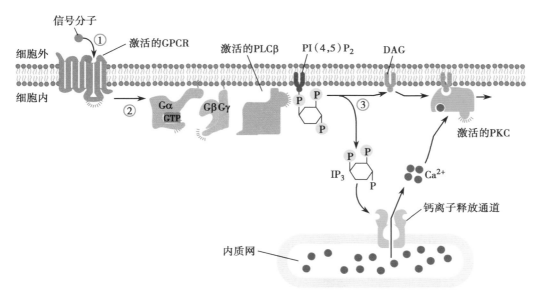

图 4-15-12　G 蛋白偶联受体激活磷脂酶 C 信号通路

体与 G 蛋白（Gq）结合,激活 Gq 的 α 亚基和 βγ 亚基,这导致胞膜上的 PLCβ 活化;③活化的 PLCβ 催化 4,5-二磷脂酰肌醇［PI（4,5）P_2］水解为 IP_3 和 DAG。

一方面,IP_3 扩散进入细胞质,与内质网膜上 IP_3 门控的 Ca^{2+} 通道结合,IP_3 门控 Ca^{2+} 通道由 4 个相同的亚基组成,每个亚基在 N 端的胞质结构域中都有一个 IP_3 结合位点,IP_3 的结合能刺激通道开放,使 Ca^{2+} 从内质网释放到细胞质中。细胞内大部分的 Ca^{2+} 储存在线粒体和内质网网腔以及其他细胞小囊中,胞质中 Ca^{2+} 的浓度在 2μmol/L 以下。IP_3 介导的胞质 Ca^{2+} 水平的升高是瞬时的,一方面是因为细胞膜以及内质网膜上的 Ca^{2+} 泵会主动将 Ca^{2+} 从胞质泵出细胞外或泵入内质网网腔。另一方面,胞质中的 Ca^{2+} 对 IP_3 门控 Ca^{2+} 通道存在双向调控:Ca^{2+} 能提高通道受体与 IP_3 之间的结合力,以增强 IP_3 门控 Ca^{2+} 通道的开放,使得储存 Ca^{2+} 的进一步释放;然而胞质中 Ca^{2+} 浓度的进一步升高,又会降低通道受体与 IP_3 之间的结合力,抑制 IP_3 诱导的胞内储备 Ca^{2+} 的释放。当细胞 IP_3 信号通路被激活时,这种由胞质 Ca^{2+} 浓度调控的内质网膜上 IP_3 门控 Ca^{2+} 通道的启闭会导致胞质中 Ca^{2+} 水平的快速摇摆（oscillation）。例如,垂体中的激素分泌细胞受到促黄体素释放激素（LHRH）的刺激时,胞质中的 Ca^{2+} 的水平会出现快速的重复性脉冲,每一次脉冲都与一次促黄体生成素（LH）分泌的爆发相吻合。

另一方面,亲脂性分子 DAG 驻留在细胞膜上,与磷脂酰丝氨酸及 Ca^{2+} 共同激活细胞膜胞内侧的 PKC。PKC 有两个功能结构域,一个是亲水的催化活性中心,另一个是疏水的膜结合域。在静息细胞中,非活性 PKC 主要分布在细胞质中。当胞质中 Ca^{2+} 水平升高会导致 PKC 结合到细胞膜的胞质面,被 DAG 活化,磷酸化细胞内底物蛋白。

此外,细胞内 Ca^{2+} 浓度升高还可以激活 Ca^{2+}-CaM 依赖性蛋白激酶（CaM kinase）通路,Ca^{2+} 能与钙调蛋白（calmodulin,CaM）结合,形成 Ca^{2+}-CaM 复合物,该复合物进一步激活 CaM kinase,后者可磷酸化一系列底物蛋白,调节细胞内代谢活动。另一种由 Ca^{2+}-CaM 复合物激活的酶是 cAMP 磷酸二酯酶,该酶能降解 cAMP,使其变为 5′-AMP,终止 cAMP 的作用;这条通路把细胞中的 Ca^{2+} 通路与 cAMP 通路联系起来,使得细胞的信号调控变得更加精准。综上所述,信号分子通过与 G 蛋白偶联受体结合,激活 G 蛋白及其下游的效应蛋白,包括腺苷酸环化酶和磷脂酶 C 等,调节细胞应答,进而实现细胞信号的转导过程（图 4-15-13）。

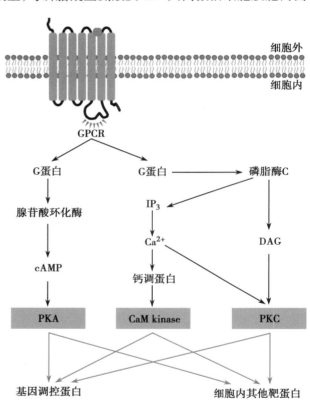

图 4-15-13　G 蛋白偶联受体介导的信号通路示意图

第三节　酶联受体介导的信号通路

酶联受体既是酶也是受体,一旦与配体结合即激活受体的酶活性,又称催化受体（catalytic receptor）,主要包括受体酪氨酸激酶（receptor tyrosine kinase,RTK）、受体丝氨酸/苏氨酸激酶、受体酪氨酸磷脂酶和受体鸟苷酸环化酶等。酶联受体的共同特点是:通常是单次跨膜蛋白,结合配体后发生二聚化而激活,启动下游信号转导。酶联受体可以分为两类:第一类是受体胞内段本身就具有催化活性,如肽类生长因子;第二类是本身没有酶活性,但胞内段直接与酶相连接,如细胞因子受体超家族。

NOTES

一、受体酪氨酸激酶信号通路

在人类细胞中,已经鉴定到至少 58 个 RTK 家族成员,包括 20 个亚族。所有的 RTK 成员都具有类似的分子结构:与配体结合的胞外结构域、单次跨膜螺旋、具有酪氨酸激酶结构域的胞内段。RTK 的胞外配体是可溶性或者膜结合的多肽或蛋白类激素,包括表皮生长因子(epidermal growth factor,EGF)、血小板生长因子(platelet-derived growth factor,PDGF)、成纤维细胞生长因子(fibroblast growth factor,FGF)、胰岛素和胰岛素样生长因子(insulin like growth factor,IGF)等。当配体和 RTK 结合后,激活 RTK 的酪氨酸激酶活性,进而激活下游包括 Ras-MAPK(mitogen-activated protein kinase)通路等多条信号通路。1986 年的诺贝尔生理学或医学奖即授予了美国范德比尔特大学医学院的 Stanley Cohen 和意大利罗马细胞生物研究所的 Rita Levi Montalcini,以表彰他们在神经生长因子发现和 RTK 信号通路功能研究领域作出的开拓性贡献。

大多数 RTK 都是以单体形式存在于细胞膜上,当配体与 RTK 结合后,能导致 RTK 二聚化,激活 RTK 的酪氨酸激酶活性,使 RTK 胞内段的一个或者多个酪氨酸残基被磷酸化。被磷酸化的酪氨酸残基可以作为锚定位点,被含有 SH2 和 SH3 等结构域的蛋白所识别并结合,从而启动下游信号转导。根据招募蛋白的不同,RTK 信号通路的下游信号通路至少包含 2 条重要的信号通路,Ras-MAPK 和 PI3K-Akt 信号通路。

(一)RTK-Ras-MAPK 信号通路

在真核细胞中,Ras 蛋白是 RTK 介导的信号通路中的一种关键组分。Ras 蛋白是一种 GTP 结合蛋白,具有 GTPase 活性。在细胞中,GAP 能刺激 Ras 蛋白的 GTPase 活性,促进 Ras-GTP 向 Ras-GDP 转变;而 Ras-GDP 在鸟苷酸交换因子(GEF)的帮助下,将 GDP 转换为 GTP,形成活化态的 Ras-GTP 形式。这种 Ras 蛋白的 GTP/GDP 转换起到了分子开关的作用,调控了信号通路的开与关。

RTK-Ras-MAPK 信号通路包含如下基本步骤(图 4-15-14):①EGF 等配体与 RTK 结合并活化 RTK,RTK 磷酸化自身酪氨酸残基,磷酸化的酪氨酸残基与具有 SH2 结构域的衔接体蛋白生长因子受体结合蛋白 2(growth factor receptor-bound protein 2,GRB2)结合;②GRB2 蛋白还有 2 个 SH3 结构域,能结合并激活 Ras-GEF 蛋白 Sos(son of sevenless),具有鸟苷酸交换因子活性的 Sos 蛋白与 Ras 蛋白结合,能将 Ras 蛋白从 Ras-GDP 转换为 Ras-GTP,进而激活 Ras 蛋白;③活化的 Ras 蛋白进一步启动 Ras-MAPK 磷酸化级联反应,Ras-GTP 蛋白与 Raf(rapidly accelerated fibrosarcoma,又称 MAPK kinase kinase,MAPKKK)蛋白结合,使其激活;④活化的 Raf 结合并磷酸化另一种蛋白激酶 Mek(MAPK/ERK kinase;又称 MAPK kinase,MAPKK),从而活化 Mek 的激酶活性;⑤活化的 Mek 磷酸化 Erk(extracellular signal-regulated kinases,又称 MAPK)并使之激活;⑥活化的 Erk 既能磷酸化激活细胞内一系列靶蛋白(如 p90[RSK],the 90kD ribosomal s6 kinase),调节这些蛋白的活性;又可入核后磷酸化激活转录调节因

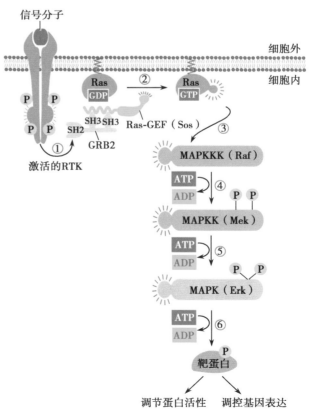

图 4-15-14　RTK-Ras-MAPK 信号通路

子（TCF，ternary complex factor），活化的转录调节因子进一步调控基因表达，从而让细胞对胞外信号作出响应。

（二）PI3K-Akt 信号通路

RTK 受体结合的另一个重要分子是磷脂酰肌醇-3-激酶（phosphoinositide-3-kinase，PI3K），PI3K 与细胞膜结合，不仅具有 Ser/Thr 激酶活性，而且还具有磷脂酰肌醇激酶活性，能磷酸化细胞膜上的磷脂酰肌醇，磷酸化的磷脂酰肌醇可作为蛋白激酶的锚定位点，从而启动下游的信号通路。其中最典型的下游信号通路是 PI3K-Akt 信号通路，具体基本步骤如下（图 4-15-15）：①当 RTK 被信号分子激活后，能招募并激活 PI3K，PI3K 进一步磷酸化 PI（4,5）P$_2$ 生成 PI（3,4,5）P$_3$；②PI（3,4,5）P$_3$ 能招募具有 PH（pleckstrin homolgy）结构域的磷脂酰肌醇依赖激酶（phosphoinositide-dependent kinase 1，PDK1）和 Akt，使它们转位到细胞膜胞内侧；③Akt 活性位点上的苏氨酸残基被 PDK1 和 mTOR（target of rapamycin）等激酶磷酸化；④活化的 Akt 从细胞膜胞内侧解离，进入胞质和细胞核，磷酸化下游靶蛋白，如促凋亡 Bad 蛋白（Bcl-2-associated death promoter）；⑤被 Akt 磷酸化的 Bad 释放凋亡抑制蛋白，从而抑制细胞凋亡、促进细胞存活。活化的 Akt 能磷酸化多种靶蛋白，从而对细胞生物学行为产生广泛的影响。PI3K-Akt 信号通路与多种疾病密切相关，例如，该信号通路的重要调控因子——磷脂酰肌醇的磷酸酶 PTEN（phosphatase and tensin homologue）在肿瘤中存在大量的突变，突变的 PTEN 无法将磷酸化的磷脂酰肌醇去磷酸化，使得 PI3K-Akt 信号通路持续激活，从而促进肿瘤发生。

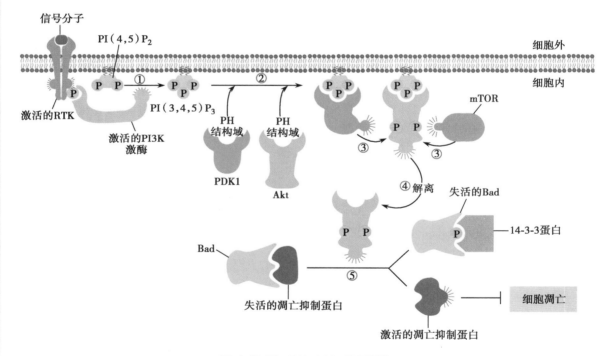

图 4-15-15　PI3K-Akt 信号通路

二、细胞因子受体信号通路

细胞因子是由细胞分泌并作用于其他细胞的一类小分子蛋白，包括白介素（interleukin）、干扰素（interferon）和促红细胞生成素（erythropoietin，EPO）等。细胞因子受体同 RTK 一样也是单次跨膜受体，但其本身不具有激酶活性，其胞内段能与胞质酪氨酸激酶 JAK（Janus kinase）稳定结合。JAK 家族包括 4 个家族成员 Jak1、Jak2、Jak3 和 Tyk2（tyrosine kinase 2）。JAK 能磷酸化并活化 STAT（signal transducers and activators of transcription）蛋白。目前发现 STAT 家族包含 7 个成员，STAT 一般存在于胞质中，但在被磷酸化的情况下可以进入细胞核，调控下游基因表达。

细胞因子受体的活化机制与 RTK 非常相似,具体基本步骤如下(图 4-15-16):①当细胞因子与受体结合后,受体发生构象变化并形成二聚体,使结合在受体上的 JAK 相互靠近,继而 JAK 相互交叉磷酸化激活 JAK 的活性;②活化的 JAK 磷酸化细胞因子受体胞内段的酪氨酸残基;③磷酸化的酪氨酸残基被具有 SH2 结构域的 STAT 蛋白识别并结合,JAK 进一步磷酸化 STAT 蛋白 C 端的酪氨酸残基;④磷酸化的 STAT 蛋白从受体上解离下来,2 个磷酸化 STAT 蛋白相互结合形成二聚体,暴露其核定位序列;⑤磷酸化 STAT 蛋白入核,调节靶基因表达。

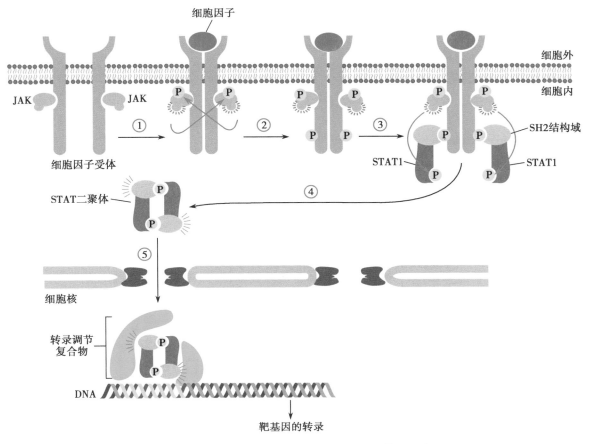

图 4-15-16　细胞因子激活的 JAK-STAT 信号通路

EPO 是一种重要的细胞因子,可通过诱导骨髓中的红细胞前体细胞的增殖和分化促进红细胞的生成和成熟。在这个过程中,EPO 通过细胞膜的细胞因子受体 EPOR,激活 STAT5,防止红细胞前体细胞的凋亡,促进红细胞的生成和成熟。EPOR 敲除的小鼠胚胎在发育到第 13 天时,因无法正常产生红细胞而死亡。目前,人工合成的 EPO 已广泛应用于临床中,被应用于治疗肾性贫血和由炎症性肠病或癌症治疗引起的造血功能不佳等疾病。然而,EPO 的滥用也会造成严重的副作用,可导致脑梗死、心肌梗死、肺栓塞以及脉管炎等疾病。EPO 也是著名的兴奋剂之一,在竞技性体育赛事中被严格禁用。

三、TGF-β 信号通路

人类转化生长因子 β(transforming growth factor β,TGF-β)超家族是一类作用广泛、具有多种功能的生长因子,可以分为 2 大家族:TGF-β/activin 家族和 BMP(bone morphogenetic protein)家族。TGF-β 家族蛋白通过与细胞膜上单次跨膜的酶联受体相结合,将信号转导到细胞内。TGF-β 受体的胞内段都含有丝氨酸/苏氨酸激酶结构域,根据分子量大小可分为 2 类:Ⅰ 和 Ⅱ 型受体(RⅠ 和 RⅡ)。TGF-β

受体介导的信号通路基本步骤如下(图4-15-17):①当 TGF-β 信号分子与相应的 R I 二聚体和 R II 二聚体结合,R II 受体磷酸化激活 R I 受体胞内段的丝氨酸/苏氨酸残基,并与之形成激活型的四聚体受体复合物;②活化后的 R I 受体能直接结合并磷酸化下游的转录调节蛋白 Smad(Sma-and Mad-related protein);③被磷酸化的 Smad(R-Smad)从受体上解离,并与 Smad4(co-Smad)形成复合物;④Smad 复合物进入细胞核,调控靶基因的表达。活化的 TGF-β/activin 受体能够磷酸化 Smad2 和 Smad3,而活化的 BMP 受体能够磷酸化 Smad1、Smad5 和 Smad8。

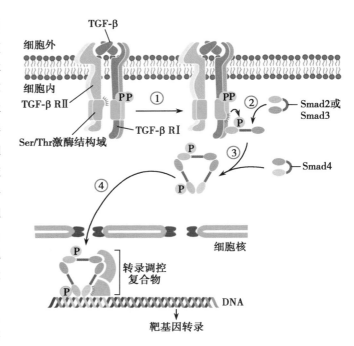

图 4-15-17　TGF-β 信号通路

　　TGF-β 信号通路能影响细胞增殖、分化、细胞外基质的产生和细胞死亡等多种生物学功能,参与调控动物胚胎发育的模式形成。一般而言,TGF-β 信号激活会抑制细胞增殖,可阻碍肿瘤的生长;但是,TGF-β 信号激活也会使肿瘤细胞出现上皮-间质转化(epithelial-mesenchymal transition,EMT),促进肿瘤浸润和转移。

第四节　其他细胞信号通路

　　在多细胞生物的生命过程中涉及十分复杂的信号转导过程,除 GPCR 和酶联受体信号通路之外,还存在一系列可控性蛋白水解相关的信号途径和细胞内受体介导的信号通路。

一、蛋白水解相关的信号通路

　　蛋白水解相关的信号通路大体可以分为两类,一类为泛素化降解介导的信号通路如 Wnt 和 NF-κB 等信号通路,另一种是蛋白切割(cleavage)介导的信号通路如 Hedgehog 和 Notch 等信号通路。

(一) Wnt/β-catenin 信号通路

　　Wnt 是一类分泌型糖蛋白,通过自分泌或旁分泌发挥作用。Wnt 信号通路有两种细胞表面受体蛋白,其中,膜受体 Frizzled(Fz)含有七次跨膜 α 螺旋且能直接和 Wnt 结合,共受体 LRP(low density lipoprotein receptor-related protein,果蝇中同源蛋白称为 Arrow)则以 Wnt 信号依赖的方式与 Fz 结合。Wnt 信号转导通路中的关键因子 β-catenin(果蝇中同源蛋白 Armadillo)扮演了转录激活因子和膜骨架连接蛋白的双重角色。

　　当细胞没有接收 Wnt 信号时,细胞质中的 β-catenin 与支架蛋白 Axin 介导的腺瘤性结肠息肉(adenomatous polyposis coli,APC)降解复合物结合;复合物中的激酶 CK1(casein kinase 1)和 GSK3(glycogen synthase kinase 3)能磷酸化 β-catenin;磷酸化的 β-catenin 能招募 E3 泛素化连接酶 TrCP(β-transducing repeat containing protein)而被泛素化;泛素化的 β-catenin 进一步被 26S 蛋白酶体降解。当细胞外存在 Wnt 信号时,Wnt 与细胞膜表面受体 Fz 和 LRP 相结合,激发 CK1 和 GSK3 磷酸化 LRP 的胞内段;促使 Dishevelled(Dsh)蛋白及 Axin 与受体的结合,Axin-APC-CK1-GSK3-β-catenin 复合物解体,β-catenin 游离到胞质而不被 GSK3 和 CK1 磷酸化,不被泛素化降解,进而在胞质中出现累积;游离的 β-catenin 能够进入细胞核,结合转录因子 TCF(T-cell factor),并作为共激活因子诱导下游靶基因的表达(图 4-15-18)。

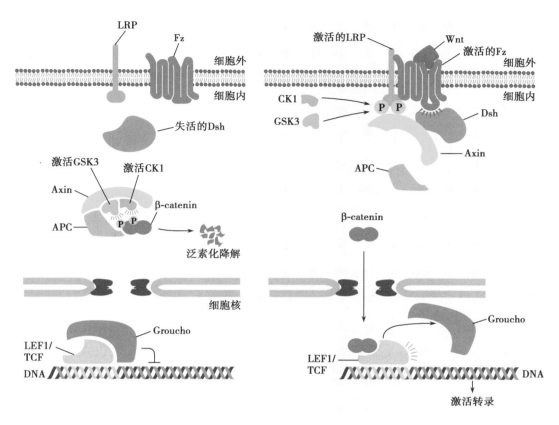

图 4-15-18　Wnt/β-catenin 信号通路

Wnt 信号通路的激活在动物个体发育的许多过程中发挥重要作用,包括大脑发育、肢体形成和分化、器官形成、骨骼发育以及干细胞分化更新等。然而,Wnt 信号通路的过度活化会导致肿瘤的发生。例如,在结直肠癌患者中广泛存在 Wnt 通路的调节因子包括 *APC*、*β-catenin*、*Axin*、*TCF* 等基因的突变。

（二）NF-κB 信号通路

NF-κB（nuclear factor κB）最初是在 B 细胞中发现的,其能特异性激活免疫球蛋白 κ 轻链基因表达。NF-κB 是哺乳动物免疫系统重要的转录调控因子,受其激活转录的基因有 150 多种,其中包括编码细胞因子和趋化因子的基因,这些基因能够诱导免疫细胞迁移到感染部位。NF-κB 能促进中性粒细胞通过血管迁移到炎症组织,也能在细菌刺激下诱导 iNOS（诱导型一氧化氮合酶）的表达,以及产生一些抗凋亡蛋白拮抗细胞死亡。果蝇中 NF-κB 的同源蛋白能在细菌病毒感染时诱导机体产生大量的抗菌肽,提示 NF-κB 的免疫调节功能在进化上非常保守。

NF-κB 信号通路的受体主要包括 TNF-α（tumor necrosis factor）受体,Toll 样受体和 IL-1 受体。NF-κB 蛋白是由 p65 和 p50 两个亚基组成的异源二聚体,在哺乳动物细胞中主要有五种类型,RelA、RelB、c-Rel、NF-κB1、NF-κB2。在没有应激或感染的静息状态下,细胞内抑制蛋白 I-κB 结合到 p65和 p50 异源二聚体的 N 端同源区,隐藏 NF-κB 的核定位序列,使 NF-κB 处于失活状态。当细胞受到感染或炎症细胞因子的刺激时,细胞外的 TNF-α 等配体与 TNF-α 等受体结合,胞内异三聚体复合物 I-κB 激酶（IKK）中的 β 亚基被磷酸化激活;活化的 IKK 激酶进一步磷酸化 I-κB 蛋白 N 端的丝氨酸残基,E3 泛素化连接酶结合到磷酸化的丝氨酸位点并对 I-κB 进行泛素化修饰,诱导其被蛋白酶体降解;当 I-κB 被降解后,NF-κB 的抑制被解除,核定位序列暴露,NF-κB 进入细胞核,进而激活靶基因的转录（图 4-15-19）。

（三）Hedgehog 信号通路

Hedgehog（Hh）是一类分泌型蛋白，其作用范围一般为 1~20 个细胞，Hh 离分泌细胞越远，其浓度越低。不同浓度的 Hh 信号会诱导靶细胞不同的命运，这种作用方式与其他形态发生素（morphogens）一样。在发育过程中，Hh 和其他形态发生素的产生在时间和空间上受到严格的调控。Hh 在细胞内的前体蛋白能进行自我蛋白切割，前体蛋白合成后切割形成的 N 端片段发生胆固醇化和软脂酰化后释放到细胞外，而 C 端片段被降解。Hh 信号分子有两种膜受体：Smoothened（Smo）和 Patched（Ptc）。Smo 是七次跨膜蛋白，Ptc 是 12 次跨膜蛋白。在哺乳动物中，当胞外没有 Hh 信号时，Ptc 主要富集于初级纤毛膜和纤毛基底部，抑制 Smo 进入纤毛膜，Smo 被限制在细胞内膜泡中；Hh 信号通路的胞内蛋白复合物由 SUFU（suppressor of fused protein），Kif7（kinesin family member 7）和

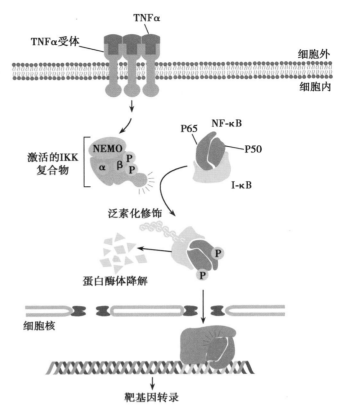

图 4-15-19　NF-κB 信号通路

Gli（gliotactin）蛋白组成，Kif7 能结合细胞内微管，阻止转录因子 Gli 进入纤毛；Kif7/SUFU/Gli 复合物与 CK1、PKA 或 GSK3β 等激酶形成复合物，Gli 被激酶磷酸化后水解为 GliR，GliR 能入核抑制 Hh 下游靶基因的表达。当胞外存在 Hh 信号时，Hh 可与 Ptc 结合后，抑制 Ptc 活性，诱发其内吞并被溶酶体降解，从而解除 Ptc 对 Smo 的限制作用；Smo 通过膜泡融合移位到纤毛顶端，诱发 Kif7/SUFU/Gli 复合物的解体，Gli 不被磷酸化而出现累积，并通过修饰添加磷酸盐或乙酰基团而激活；活化的 Gli（Gli*）被纤毛内马达蛋白 dynein 从纤毛运输到细胞质，并进入细胞核，促进下游靶基因的表达（图 4-15-20）。

（四）Notch/Delta 信号通路

在 Notch/Delta 信号通路中，受体 Notch 和配体 Delta 都是位于细胞膜表面的单次跨膜蛋白。Notch 蛋白在内质网中合成单体膜蛋白，随后进入高尔基复合体，经过蛋白酶水解形成一个胞外亚基和一个跨膜胞质亚基，这两个亚基之间以非共价的形式相互作用。当一个信号细胞上的 Delta 与邻近靶细胞上的 Notch 结合，Notch 被激活，Notch 受体胞外部分首先被金属蛋白酶 MMP 家族蛋白 ADAM10（ADAM metallopeptidase domain 10，又称 α-secretase）切割，释放出 Notch 受体胞外片段。随后，γ-secretase 四亚基跨膜复合体中的 nicastrin 亚基结合到 Notch 被切割后的残余部分，其 presenilin 1 亚基催化膜内切割并释放 Notch 胞内片段。Notch 胞内片段入核与转录因子相互作用，进而影响靶基因表达（图 4-15-21）。

一般认为，阿尔茨海默病的主要病理特征是 Aβ42 多肽聚集形成的淀粉样斑块在大脑中的异常积累。Aβ42 多肽主要是由淀粉样前体蛋白（amyloid precursor protein，APP）经过蛋白水解切割形成。与 Notch 蛋白类似，APP 分别经历胞外切割和膜内切割。首先，APP 的胞外段被 α-secretase 或 β-secretase 切割，然后由 γ-secretase 在膜内进行二次切割，释放 APP 胞内片段。如果第一次切割由 α-secretase 执行，会形成正常的 26 个残基多肽；反之，如果第一次切割由 β-secretase 执行，则会产生 Aβ42 多肽，Aβ42 多肽会形成多聚体，最终导致阿尔茨海默病患者脑中淀粉样斑块的形成。

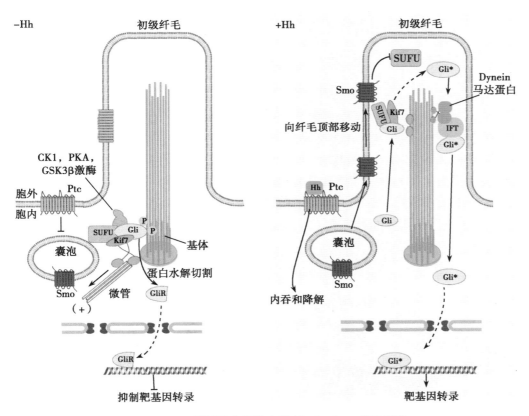

图 4-15-20　脊椎动物细胞中的 Hedgehog 信号通路

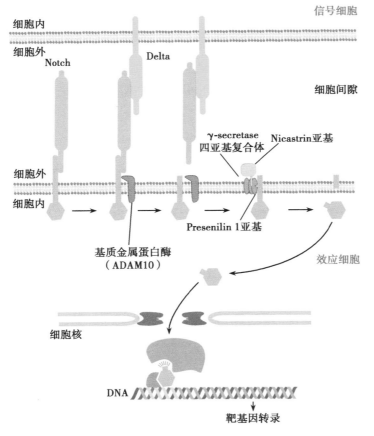

图 4-15-21　Notch/Delta 信号通路

二、细胞内受体介导的信号通路

细胞内受体的配体大多为脂溶性小分子,它们可以透过靶细胞膜,直接进入细胞与细胞内受体结合而传递信号。

(一) 细胞核受体介导的基因表达调控

根据受体分子在细胞内的分布不同,胞内受体可分为胞质受体和核受体。核受体的配体主要是类固醇类激素、甲状腺激素、视黄酸、维生素 D_3 及维 A 酸等脂溶性小分子甾体类激素。这些小分子可与细胞核受体结合,影响靶基因转录,从而调节生物体的内稳态。

核受体主要是由 400~1 000 个氨基酸残基组成的单体蛋白,其氨基末端的氨基酸残基序列高度可变,长度不一,具有激活转录功能,多数受体的这一区域也是抗体结合区;其羧基末端由 200 多个氨基酸组成,是配体结合的区域,对受体二聚化及转录激活也有重要作用。受体的 DNA 结合区域由66~68 个氨基酸残基组成,富含半胱氨酸残基,具有两个锌指结构,可与 DNA 结合(图 4-15-22)。配体结合区与 DNA 结合区之间为铰链区,这一序列较短,其功能未完全明确。

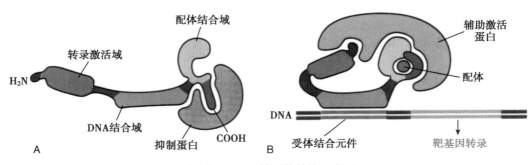

图 4-15-22   核受体结构示意图

甾体类激素进入靶细胞内,与特异性核受体结合,改变受体构象从而激活受体,被激活的受体与DNA 上的受体结合元件结合,影响靶基因转录。甾体类激素诱导的基因活化分为两个阶段:①快速直接活化少数特殊基因转录的初级反应阶段;②初级反应的基因产物再进一步活化其他基因,产生延迟的次级反应,对初级反应起放大作用。

(二) NO 参与的细胞信号通路

长期以来,一氧化氮(nitric oxide,NO)被认为是具有毒性的气体分子。直到 20 世纪 80 年代,人们发现血管内皮细胞能产生 NO,可作用于动脉管壁的平滑肌细胞使血管舒张;随后的研究证实,在神经系统的神经元中也能够产生 NO。1998 年,美国科学家 Robert F. Furchgott、Louis J. Ignarro 和 Ferid Murad 因发现 NO 在心血管系统中起信号分子作用而获得诺贝尔生理学或医学奖。NO 可以快速地通过细胞膜,实现细胞与细胞间的直接扩散,使血管平滑肌舒张或作为神经递质传递信号。NO 的半衰期很短,在细胞外极不稳定,只能在组织中局部扩散,它的生成需要一氧化氮合成酶的催化。一氧化氮合酶(nitric oxide synthase,NOS)催化 L-精氨酸和氧分子合成瓜氨酸和 NO。人体 NOS 有三种同工酶:NOS1、NOS2 和 NOS3;其中,NOS1(neuronal NOS,nNOS)和 NOS3(endothelial NOS,eNOS)为组成型表达,NOS2 也称为诱导型 NOS(inducible NOS,iNOS),主要表达于巨噬细胞、成纤维细胞和肝脏细胞中等。

Ca^{2+}/NO/cGMP 介导的平滑肌细胞舒张的信号通路基本步骤如下(图 4-15-23):①血管内皮细胞含有 $G_{\alpha o}$ 蛋白偶联的 GPCR,可以与血液中的乙酰胆碱(acetylcholine)相互作用,激活磷脂酶 C(phospholipase C);②磷脂酶 C 通过 IP_3 使得胞质 Ca^{2+} 水平升高,与钙调蛋白(CaM)结合形成 Ca^{2+}/钙调蛋白复合物;③Ca^{2+}/钙调蛋白复合物激活 NOS;④NOS 催化精氨酸和 O_2 生成 NO;⑤NO 从血管内皮细胞扩散进入邻近的平滑肌细胞,结合具有鸟苷酸环化酶活性的 NO 受体,激发其构象改变而激活其鸟苷酸环化酶;⑥鸟苷酸环化酶水解 GTP,生成 cGMP;⑦cGMP 激活 PKG(cGMP 依赖的蛋白激酶 G);

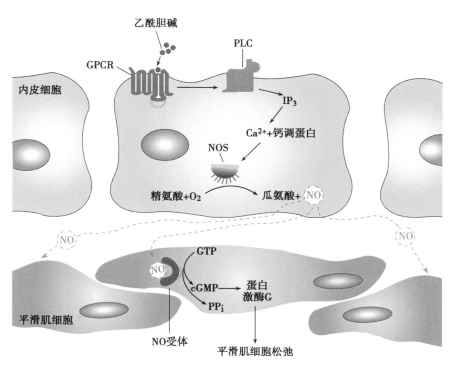

图 4-15-23 Ca^{2+}/NO/cGMP 介导的平滑肌细胞舒张的信号通路

⑧活化的 PKG 导致血管平滑肌松弛,促进血管舒张。

运动可刺激骨骼肌收缩而导致细胞内 Ca^{2+} 反复释放,Ca^{2+} 与 CaM 结合,激活 NOS 生成 NO,NO 扩散进入围绕血管壁的平滑肌细胞,通过激活鸟苷酸环化酶生成 cGMP 使血管舒张,增加局部的血液(营养和 O$_2$)供给。硝酸甘油治疗心绞痛的原因也在于它可以在体内转化为 NO,从而使血管舒张,减轻心脏负荷和心肌的缺氧量。很多神经细胞也可产生 NO,NO 可以作为神经递质传递信号,例如,突触后神经元可释放 NO,逆向传递至突触前神经元,刺激谷氨酸递质不断释放,从而介导突触的可塑性,参与大脑的学习记忆。

第五节 细胞信号通路的调控

细胞信号转导过程是由前后相连的生物化学反应组成的,前一个反应的产物可作为下一个反应的底物或者发动者,通过一系列的蛋白质与蛋白质相互作用,信息可从胞内一个信号分子传递到另一个分子,每一个信号分子都能够激起下一个信号分子的变化,形成级联(cascade)反应,直至代谢酶活性、基因表达和细胞骨架变化等细胞生理效应的产生。在许多情况下,细胞的反应依赖于接收信号的靶细胞对多种信号的整合以及对信号有效性的网络调控。

一、细胞信号通路的共同特点

(一)蛋白质的磷酸化和去磷酸化是信号转导分子激活的重要机制

蛋白质的磷酸化和去磷酸化是绝大多数信号分子可逆地激活的共同机制,例如 cAMP 激活 PKA、cGMP 激活 PKG、NO 通过提高细胞内 cGMP 的浓度间接地激活 PKG、IP$_3$ 通过提高细胞内 Ca^{2+} 与 CaM 的浓度共同激活 Ca^{2+}/CaM 依赖性蛋白激酶、DAG 激活 PKC,这些蛋白激酶的激活可使底物蛋白磷酸化,进而产生各种生物学变化,包括基因表达的调节。

(二)信号转导过程中的各个反应相关衔接而形成级联式反应

细胞内蛋白质的磷酸化和去磷酸化可以引起级联反应。级联效应对细胞至少有两方面作用:

①一系列酶促反应仅通过单一种类的化学分子便可加以调节；②可使信号得到逐渐放大。例如，血中仅需 10^{-10}mol/L 肾上腺素，便可刺激肝糖原和肌糖原分解产生葡萄糖，使血糖升高 50%。如此微量的激素可以通过信号转导促使细胞生成 10^{-6}mol/L 的 cAMP，信号被放大了 10 000 倍；此后经过 3 步酶促反应，信号又继续放大 10 000 倍（图 4-15-24）。

（三）信号转导通路的通用性与特异性

信号转导通路的通用性是指同一条信号转导通路可在细胞的多种功能效应中发挥作用，如 cAMP 通路不仅可介导胞外信号对细胞的生长、分化产生效应，也可在物质代谢的调节、神经递质

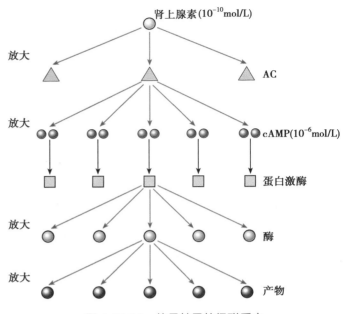

图 4-15-24　信号转导的级联反应

的释放等方面起作用，使得信号转导通路呈现出经济的特点。同时，信号转导通路还具有特异性，从而介导胞外信号对细胞功能的精细调节，其产生的基础首先是受体的特异性，如生长因子受体的酪氨酸激酶，能在生长因子刺激的细胞增殖中起独特作用。此外，与信号转导相关的蛋白质，如 G 蛋白家族及各种类型的 PKC 在分子结构及组织分布等方面的多样性，对于信号转导通路特异性的形成也有一定影响。

二、信号通路网络的整合

由于参与信号转导的分子大多数都有复杂的异构体和同工酶，它们对上游激活条件的要求各不相同，而对于其下游底物分子的识别也有差别，使整个信号转导通路之间相互交叉、相互影响，形成复杂的信号网络系统。事实上，一方面，每一种受体被活化后通常导致多种第二信使的生成；另一方面，不同种类的受体也可以刺激或抑制产生同一种第二信使，包括 Ca^{2+}、DAG 和 IP_3 等。人们将各个信号通路之间的交互关系称为"串扰"（crosstalk），不同上游信号共用下游同一底物的行为称为"会聚"（convergence），而同一上游信号作用于不同的下游底物则被称为"发散"（divergence）。串扰、会聚和发散等现象的存在保证了细胞信号通路具有一定的自我修复和代偿能力。细胞信号转导系统的网络化相互作用是细胞生命活动的重大特征，也是细胞生命活动的基本保障之一。

通过蛋白激酶网络整合信息调控复杂的细胞行为是不同信号通路之间实现串扰的一种重要方式。图 4-15-25 概括了 GPCR 和 RTK 介导的主要信号通路，其中，PLC 既是 GPCR 受体信号通路的效应酶，也是受体酪氨酸激酶信号途径的效应酶，在两条信号通路中都起到重要的中介作用；尽管两类信号通路彼此不同，但在信号转导机制上又具有一定的相似性，都能够激活蛋白激酶。因此，在某种意义上可以认为，由蛋白激酶整合的信号网络能够调节细胞大多数特定的生理过程。

三、细胞对外界信号的适应

细胞对外界信号作出应答既涉及信号的有效刺激和启动，也依赖于信号的及时解除和细胞反应的终止。事实上，信号的解除和终止与信号的刺激和启动对于确保靶细胞对信号的适度应答来说是同等重要的。当信号分子浓度过高或细胞长时间暴露于某一种信号刺激情况下，细胞会以不同的机制脱敏（desensitization），这种现象又称为适应（adaptation）。细胞可通过对信号敏感性的校正来适应较强的刺激或较长的刺激时间，一般而言，靶细胞对于信号分子的脱敏机制主要有五种方式（图 4-15-26）。

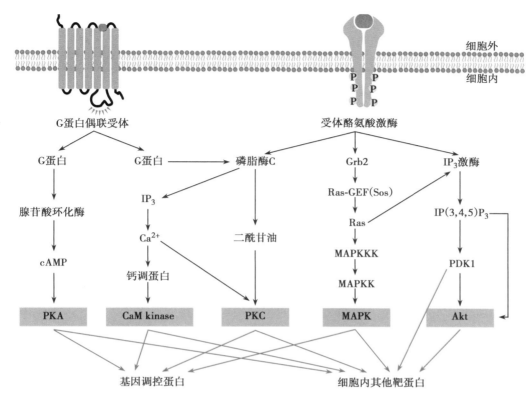

图 4-15-25　GPCR 和 RTK 介导的信号通路

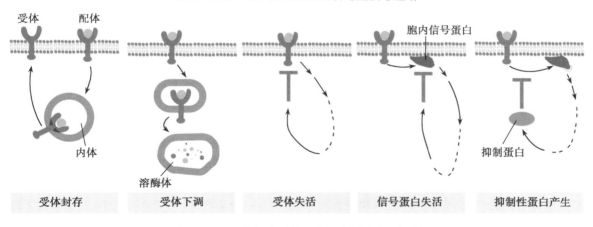

图 4-15-26　靶细胞对信号分子脱敏的主要机制

1. **受体封存**（receptor sequestration）　细胞通过配体依赖性受体介导的内吞作用（receptor-mediated endocytosis）来减少细胞表面可利用受体的数量。受体-配体复合物被网格蛋白/接头蛋白包被的膜泡摄入细胞，形成早期细胞内体。随着 pH 发生改变，受体-配体复合物在晚期细胞内体中解离，受体返回细胞膜再利用。

2. **受体下调**（receptor down-regulation）　通过受体介导的内吞作用，受体-配体复合物被转移至胞内溶酶体消化降解，细胞通过减少受体数量和清除配体来降低细胞对信号敏感性。

3. **受体失活**（receptor inactivation）　G 蛋白偶联受体激酶能使结合配体的受体磷酸化，磷酸化的受体通过与胞质逮捕蛋白（β-arrestin）结合，阻断受体与 G 蛋白的偶联作用，这是一种使受体快速脱敏的机制。

4. **信号蛋白失活**　通过细胞内信号蛋白本身发生改变，从而使信号级联反应受阻，不能正常诱导细胞应答。

5. 抑制性蛋白产生　受体结合配体后激活,在下游反应中(如对基因表达调控中)产生抑制蛋白,形成负反馈环,从而降低或阻断信号转导通路。

第六节　信号转导与疾病

一、信号转导与疾病发生

细胞信号转导是细胞应对外界刺激而作出必要应答的途径,因此信号转导通路出现异常时,会造成细胞无法对外界的刺激作出正确的反应,导致细胞生理异常乃至机体病变。近年来研究发现,细胞信号通路的异常与肿瘤、心血管疾病、糖尿病等重大疾病的发生发展密切相关。细胞信号转导通路常涉及大量的信号分子,任一环节异常均可通过级联反应引起疾病,包括细胞信号分子(第一信使)过量或不足,第二信使、受体及蛋白激酶的数量或结构功能异常。例如,胰岛素生成减少,体内产生抗胰岛素抗体或胰岛素拮抗因子等,均可导致胰岛素的相对或绝对不足,引起血糖升高;防治的方法是补充信息分子(胰岛素)的不足或设计相应的药物封闭抗胰岛素抗体或胰岛素拮抗因子的效应。家族性肾性尿崩症是抗利尿激素(antidiuretic hormone,ADH)受体基因突变导致 ADH 受体合成减少或结构异常,使 ADH 对肾小管和集合管上皮细胞的刺激作用减弱,上皮细胞膜对 ADH 的反应性降低,对水的重吸收能力降低,引起尿崩症。佛波酯(phorbol ester)的分子结构与 DAG 相似,可在细胞内与 PKC 相结合而激活 PKC;然而,佛波酯不像 DAG 那样被很快降解,从而使 PKC 产生长时间活化,导致细胞出现不可控制的增殖,从而促进肿瘤发生发展过程。

二、信号转导与疾病治疗

细胞信号转导的研究有助于我们更好理解细胞内信息流动网络,使我们可以通过操纵信息流来影响细胞的生理过程,从而对药物研发(尤其是药物作用靶点的选择)产生深远的影响。蛋白质的可逆磷酸化在信号转导系统中具有十分重要的作用,是调控大多数细胞生理功能的关键机制。很多人类疾病与蛋白激酶和磷酸酶的表达、结构和功能的异常密切相关。信号转导网络里常见的调控手段是激酶和磷酸酶协同的磷酸化与去磷酸化,因此,蛋白激酶和磷酸酶也就成为药物设计的重要靶点。

蛋白激酶通过催化靶蛋白的丝氨酸、苏氨酸或酪氨酸残基的磷酸化,导致靶蛋白构象的改变,从而激活或抑制相关的信号转导通路。通过寻找特异性蛋白激酶抑制剂可达到疾病治疗的目的,一个标志性的成功案例是伊马替尼。从 1960 年到 1990 年,科学家们发现多数慢性粒细胞白血病患者 9 号染色体上 *c-abl* 癌基因转移到 22 号染色体上,形成了 *bcr-abl* 融合基因(费城染色体),进而确定了慢性粒细胞白血病的重要病因。研究人员通过筛选小分子化学物库,找到可抑制 Bcr-Abl 融合蛋白的先导药物,鉴定了 2-苯基氨基嘧啶是发挥抑制作用的关键分子骨架。通过引入甲基和苯甲酰胺基团来测试和修饰该化合物,增强其与融合蛋白的结合能力,最终选取伊马替尼作为 Bcr-Abl(breakpoint cluster region-ABL proto-oncogene 1)的特异性抑制剂。在 2001 年 5 月,伊马替尼最终获得美国食品与药品管理局(FDA)批准用于临床治疗慢性粒细胞白血病,取得了显著的疗效。

在 TNF-α 介导的炎症反应中,TNF 通过与受体结合激活一系列蛋白激酶之间的相互作用,最终活化 NF-κB 而引起炎症反应。TNF-α 通路在银屑病、溃疡性结肠炎和克罗恩病(Crohn disease)等自身免疫病中具有重要作用,针对 TNF-α 的单克隆抗体(infliximab)获得了美国 FDA 的批准,用于这些疾病的靶向治疗,也获得良好的治疗效果。

人表皮生长因子受体(HER2)在 Her/ErbB 家族的活化和信号转导中起重要作用;近年的研究发现,HER2 蛋白在 25% 左右的乳腺癌组织中高表达,其过度活化与乳腺癌的发生发展以及不良预后有着重要的关联。靶向 HER2 的单克隆抗体(trastuzumab)也获得了美国 FDA 的批准,用于治疗 HER2 蛋白过量表达的乳腺癌,并取得了显著的疗效。

因此,研究人员可以通过研究蛋白与蛋白间的相互作用,揭示信号转导通路中的关键环节,筛选并开发影响蛋白与蛋白间相互作用的药物,以达到有效防治疾病的目的。

小结

细胞通过细胞膜表面或胞内受体感受配体的刺激,在细胞内传递特定的信号,从而引起细胞的应答。信号转导过程具有信号转导分子激活机制的类似性、转导过程的级联式、转导通路的通用性与特异性以及信号转导通路之间相互交叉等特点。受体是存在于细胞膜或细胞内,能特异性识别并结合胞外信号分子,进而激发胞内一系列生物化学反应,使细胞对外界刺激产生效应的一类特殊蛋白。与受体结合的生物活性物质统称为配体。受体分为细胞表面受体和胞内受体。细胞表面受体一般可分为 G 蛋白偶联受体(GPCR)、离子通道受体和酶联受体三种类型。G 蛋白偶联受体是一种与 GTP 酶偶联的七次跨膜受体,GPCR 介导的信号通路中主要的效应蛋白包括腺苷酸环化酶、离子通道和磷脂酶 C 等。酶联受体的胞内段本身具有催化活性或直接与酶结合,主要包括受体酪氨酸激酶(RTK)和受体丝氨酸/苏氨酸激酶等。RTK 与生长因子等配体结合后,其胞内域发生自身磷酸化,进一步作用于 Ras 蛋白、磷脂酰肌醇-3-激酶和磷脂酶等底物。细胞因子的受体本身没有酪氨酸蛋白激酶活性,但与胞质酪氨酸激酶(JAK)紧密结合,配体与其相互作用能使之活化,激活与转录相关的调节蛋白,进而影响靶基因转录。细胞内受体介导的主要信号通路包括核受体介导的基因表达调控和 NO 参与的细胞信号转导。信号转导在细胞的正常功能和代谢活动中起着非常重要的调节作用,从受体接收信号至细胞对信号作出应答的任何环节发生异常,均会导致或促进疾病的发生。细胞信号转导的研究一方面有利于我们深化对疾病发生发展分子机制的认识,另一方面还可为疾病的诊断和治疗提供新的靶点。

(周天华)

思考题

1. 一般情况下,当人感到恐惧时,其体内肾上腺素的分泌量常常会快速上升,使人进入应激状态。请从细胞信号转导通路的角度,简要描述肾上腺素作用于人体的主要内在机制。

2. 一位细胞生物学专业的博士生在实验时,将血小板衍生生长因子(platelet-derived growth factor,PDGF)加入培养哺乳类细胞(其细胞膜表面表达 PDGF 受体)的培养液中,36h 后观察到细胞出现明显的增殖现象。请简要描述这一现象内在的细胞信号转导机制。

3. 临床研究表明,促红细胞生成素(erythropoietin,EPO)对肾功能不全合并的贫血具有较好的治疗效果。请从细胞生物学的角度,简要描述 EPO 发生作用的机制,包括其在人体内对红细胞有什么作用及主要的细胞信号转导途径。

第五篇
干细胞与细胞工程

第十六章
干细胞与组织的维持和再生

【学习要点】

1. 干细胞的基本概念。

2. 各种干细胞的特征。

3. 干细胞"干性"的调控机制。

4. 干细胞的医学应用。

生物体在其整个生命过程中需要维持自身组织器官的自稳态（self-homeostasis），这一过程主要包括对衰老和死亡细胞的清除及新生细胞的更替，对细胞外信号分子的平衡与协调，以此保持细胞和组织的结构和功能相对正常，从而维持机体的完整与稳定。在组织细胞衰老或受损时，生物体常采用两种方式来维持机体的稳态平衡（homeostasis）：一是利用细胞外基质快速修复损伤，保持机体结构的完整，重建机体的功能，称为组织修复（tissue repairing）；二是通过启动类似胚胎发育过程所需要的重要信号途径，通过新生相同细胞及细胞外基质来重塑损伤器官，再现组织发育的过程。这种完全修复是维持机体稳态平衡理想的方式，称为组织再生（tissue regeneration）。

再生（regeneration）是指部分缺失或者受损的组织器官重新生长并保持较完整的生理功能的过程。组织或器官的再生是动物和植物体中的普遍现象，但不同物种的再生能力与其结构复杂程度及组织和器官的分化程度相反。一般说来，低等生物的再生能力较高等动物强。例如两栖类动物蝾螈一生都保持较强的肢体再生能力，但是哺乳动物如小鼠和人类，只有肢体末端能够再生，而且随着个体发育成熟，肢体的再生能力逐渐下降。而当成人组织器官损伤后，组织的再生潜能也能被启动。人体组织细胞中再生能力较强的是表皮细胞、呼吸道和消化道黏膜被覆细胞、淋巴和造血组织细胞，其次是肝细胞、骨髓、骨以及外周神经组织等。

在机体受重大创伤（如交通事故、产生意外等）和疾病康复过程中，受损组织和器官的修复与重建也涉及组织再生。但是目前重要脏器的修复方式，相当一部分仍然停留在纤维化修复（瘢痕愈合）层面上，尚无有效的手段能够完全修复坏死细胞或受损组织，重建功能性组织。因此，从最早发现的两栖类动物肢体再生现象到表皮重建的伤口愈合过程，直至当今快速发展的器官移植（organ transplantation）和组织工程（tissue engineering），大量的研究工作聚焦于阐明组织再生的分子机制，寻找参与其中的重要分子，期望通过人为干预达到组织损伤后完全再生的理想效果。

自20世纪90年代以来，随着细胞生物学和分子生物学等基础学科的迅猛发展，干细胞和组织工程的理论技术快速渗入到现代医学的基础研究与临床应用中，组织维持和再生的研究也日渐深入。目前已经明确，发育期胚胎中存在的胚胎干细胞（embryonic stem cell，ESC）具有多向分化潜能，能够分化为三种胚层干细胞，进而在不同的细胞外环境刺激信号下，进一步诱导分化形成组成机体的所有组织细胞。胚胎干细胞是目前已知分化潜能最为强大的干细胞。体内已分化定型的组织器官中也存在着组织干细胞（tissue specific stem cell，TSC），这些细胞保持着自我更新和分化的潜能，维持组织器官的稳态平衡，在外来刺激例如细胞衰老和死亡信号的作用下，能够启动分化进程，生成成熟的功能细胞以替代丢失或损伤的细胞并修复组织，从而保持组织器官的结构和功能完整性。因此，组织的再生与维持与干细胞密切相关。

第一节　干细胞生物学

1896 年 E. B. Wilson 在关于蠕虫发育的研究论文中,最早使用了"干细胞"一词,但是在最近几十年才开始对干细胞有深入研究,并逐渐成为当今生命科学研究的热点,其核心科学问题与生命的起源与进化、个体的发育与维持联系紧密,也与人类的疾病与衰老、再生与修复等问题息息相关。同时,干细胞技术也是生物技术发展的前沿领域之一,干细胞的分离富集方法和定向分化诱导技术能够为组织工程、器官移植等提供关键的技术平台,以干细胞为中心的再生治疗(regenerative therapy)或替代治疗(reparative therapy)给严重危害人类健康的多种慢性或退行性疾病的治疗与康复带来了新的希望。

一、干细胞是具有自我更新与分化潜能的未分化或低分化细胞

干细胞是高等多细胞生物体内具有自我更新(self-renewal)及多向分化潜能(pluripotency)的未分化或低分化的细胞。自我更新是指干细胞具有"无限"的增殖能力。通过对称分裂(symmetric division)和不对称分裂(asymmetric division),干细胞能够产生与母代细胞完全相同的子代细胞,以维持该干细胞种群。多向分化潜能是指干细胞能分化生成不同表型的成熟细胞。例如,胚胎干细胞可以分化为个体的所有成熟细胞类型,包括来源于外胚层、中胚层和内胚层的各种细胞。组织干细胞在生物体的终生都具有自我更新能力,但是其多向分化能力较胚胎干细胞弱,只能分化为特定谱系(lineage)的一种或数种成熟细胞。

干细胞通过对称分裂可产生 2 个相同的子细胞。而干细胞的不对称分裂可产生两个不同的子代细胞,一个与母代细胞完全相同,另外一个是分化细胞。干细胞不对称分裂的机制目前尚不明确,可能是当干细胞进入分化程序以后,首先要经过一个短暂的增殖期,产生过渡放大细胞(transit amplifying cell,TAC)。过渡放大细胞再经过若干次分裂,最终生成分化细胞(图 5-16-1)。过渡放大细胞的产生可以使干细胞通过较少次数的分裂而产生较多的分化细胞。干细胞本身的增殖通常很慢,而组织中的过渡放大细胞分裂速度则相对较快。干细胞的增殖缓慢性有利于其对特定的外界信号作

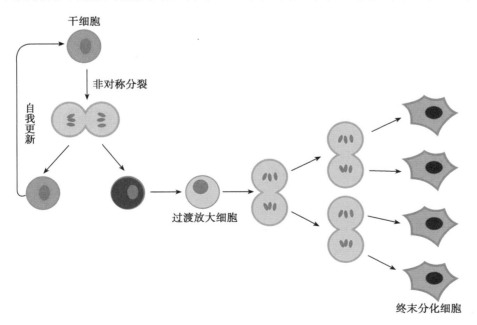

图 5-16-1　干细胞的不对称分裂
干细胞的不对称分裂产生一个与母代细胞完全相同的子代细胞,以保持干细胞稳定;同时还产生 TAC,再由 TAC 经过若干次分裂,最终产生分化细胞。

出反应,以决定干细胞进入增殖周期,或特定的分化程序。同时,这种缓慢增殖特性,还可以减少基因突变的危险,并使干细胞有更多的时间发现和矫正复制错误。

二、干细胞具有区别于其他类型细胞的重要生物学特征

干细胞的生物学特征包括具有自我更新能力、多向分化潜能以及未分化/低分化特性。首先,干细胞能够通过细胞增殖完成自我更新,以维持稳定的干细胞数量。有些组织干细胞(例如肝干细胞)虽然长期处于静息状态,但仍然具备强大的自我更新能力。其次,在特定的分化信号刺激下,干细胞能够通过非对称分裂被诱导分化为具备特定功能的组织细胞。在某些组织器官(例如皮肤、胃肠上皮或骨髓),干细胞较频繁地进行分裂增殖以替代损伤、衰老和死亡细胞,但是其他一些器官,例如胰腺或心脏,干细胞仅在某些特殊条件下分裂增殖。

(一)干细胞具有“无限”的自我更新能力

胚胎干细胞和某些组织干细胞的增殖能力非常旺盛,尤其是胚胎干细胞的分裂十分活跃。胚胎干细胞能够在体外培养环境中连续增殖一年并且仍然保持良好的未分化状态。但是,绝大多数组织干细胞在体外的增殖能力有限,它们在快速增殖以后常进入静息状态。例如,成人心肌干细胞、肝干细胞和神经干细胞通常处于静息状态,这种独特的增殖方式与组织干细胞保证整个生命周期中组织的稳态平衡与再生密切相关。目前评价组织干细胞自我更新能力的方法是通过体内实验观察组织干细胞的增殖状况,例如用长期重建实验(long-term repopulating assay,LTRA)来观察造血干细胞(hematopoietic stem cell)的自我更新能力;用单个骨骼肌纤维的移植(single muscle fiber transplantation)来观测骨骼肌干细胞(卫星细胞)的体内重建。

(二)干细胞具有多向分化潜能

干细胞经过分化进程逐渐变为具有特殊功能的终末分化细胞,与此同时干细胞的多向分化潜能也逐渐丧失。例如,囊胚(blastocyst)多能胚胎干细胞可以产生多分化潜能的各胚层干细胞,然后胚层干细胞再分化为成熟组织细胞;造血干细胞和神经干细胞可以分化产生不同血液和神经细胞的祖细胞和前体细胞,而祖细胞和前体细胞只能分化产生特定谱系的血液和神经细胞。在上述分化进程中,干细胞的分化谱逐步“缩窄”,能分化产生的功能细胞的种类越来越少。在发育和再生过程中,干细胞的谱系和分化潜能的变化受到外源性和内源性信号分子系统的协同调控。外源性信号主要指来自机体系统环境(如血液系统等)和干细胞微环境物理(如机械力和电击)、生物和化学的刺激。内源性信号主要包括某些重要转录因子、非编码 RNA 等。这些调控因子可通过干细胞 DNA 的表观遗传修饰(epigenetic modification),关闭或者开启某些重要基因的表达,最终调控干细胞的分化潜能与进程。

(三)干细胞具有未分化或低分化特性

干细胞通常不具备终末分化细胞(terminal differentiated cell)的形态特征,因此难以用常规的形态学方法加以鉴别。干细胞也不能执行分化细胞的特定功能,例如心肌干细胞不具备心肌细胞的收缩功能,造血干细胞无法像红细胞一样携带氧分子。但是,干细胞(尤其是组织干细胞)的重要作用是作为成体组织细胞的储备库,它们在某些特定条件下可以进一步分化为成熟细胞或终末分化细胞,执行特定组织细胞的功能。

三、干细胞的分类

根据所处的发育阶段和发生学来源的不同,可以将干细胞分为:胚胎干细胞(embryonic stem cell,ESC)、组织干细胞(tissue specific stem cell,TSC)和生殖干细胞(germline stem cell,GSC)。在癌症组织中,还可能存在肿瘤干细胞(cancer stem cell,CSC)的概念。组织干细胞也被称为成体干细胞(somatic stem cell/adult stem cell)。

按分化潜能的不同,干细胞可以分为全能、多能和单能干细胞。全能干细胞(totipotent stem cell)

是指能够形成整个机体所有的组织细胞和胚外组织的干细胞,例如受精卵和早期胚胎细胞,它们可以分化为个体的所有细胞类型(包括外胚层、中胚层和内胚层来源的细胞)及胎膜。多能干细胞(pluripotent stem cell 或 multipotent stem cell)是能够分化形成多种不同细胞类型的干细胞,显示出多系分化潜能的特征。例如造血干细胞能分化形成单核/巨噬细胞、红细胞、淋巴细胞、血小板等,间充质干细胞能分化为成骨细胞、软骨细胞、脂肪细胞等。目前研究中常用的胚胎干细胞不具备分化成胚外组织的能力,因而属于多能干细胞,而非全能干细胞的范畴。单能干细胞(unipotent stem cell)通常指特定谱系的干细胞,它们仅产生一种类型的分化细胞,因此分化能力较弱。例如表皮干细胞只能分化成为皮肤表皮的角质形成细胞,而心肌干细胞只能发育为心肌细胞。

目前干细胞研究的主要对象为哺乳动物及人类的胚胎干细胞和组织干细胞,研究的主要问题包括:胚胎正常发育过程中干细胞的增殖如何调控? 干细胞如何保持未分化状态,即保持干细胞的干性(stemness)? 干细胞初始分化的触发信号分子是什么? 来源于何处? 干细胞的微环境和机体系统环境的构成以及不同器官间的相互作用如何调控组织干细胞的命运,干细胞异常与肿瘤、遗传性疾病、衰老和退行性疾病的发生有何关系? 这些问题的阐明将有助于进一步认识干细胞基本生物学特性。

四、干细胞的来源和组织类型不同决定其独特的生物学特征

(一) 胚胎干细胞表达特征性的基因产物和表面标志分子

ESC 没有特殊的形态学特点,其核质比较高,呈正常的二倍体核型。细胞表面标志物是指胚胎干细胞未分化状态下高度表达的抗原分子,胚胎干细胞一旦分化,这些分子的表达会迅速降低甚至消失。胚胎干细胞常见的特征性基因产物和表面标志分子主要有以下几种。

1. 阶段特异性胚胎抗原　人胚胎干细胞(human embryonic stem cell,hES)可高表达阶段特异性胚胎抗原(stage specific embryonic antigen,SSEA),如 SSEA3、SSEA4;硫酸角质素相关抗原即肿瘤识别抗原(tumor recognition antigen,TRA),如 TRA-1-60 和 TRA-1-81、碱性磷酸酶、端粒酶等。此外,CD90、CD133、CD117 也是 hES 的重要标志物。小鼠胚胎干细胞与 hES 的表面分子不完全一致,例如小鼠胚胎干细胞仅表达 SSEA1 抗原,不表达 SSEA3 和 SSEA4。小鼠与人类 ES 细胞表达的基因标志物重叠和交叉较少,提示了不同种属 ES 细胞分化的复杂性。

2. 整联蛋白　细胞外基质成分对胚胎的早期发育具有重要影响。例如小鼠胚胎发育早期(2~4细胞阶段)高表达层粘连蛋白(laminin),hES 高表达整联蛋白(integrin),这些基质成分有助于干细胞定位于细胞外基质中。在体外培养环境中,hES 的整联蛋白 α6 和 β1 的表达水平较高,其次是整联蛋白 α2 和整联蛋白 α1~α3。另外 hES 还通过连接蛋白 43(connexin 43)紧密连接相邻干细胞。

3. 特异性转录因子　特异性转录因子的表达也能用于识别和鉴定胚胎干细胞。例如,含有 POU 结构域的 Oct3/4 是未分化 ES 细胞特征性的转录活化因子,在早期胚胎及多能干细胞中高表达,是维系小鼠胚胎干细胞多向分化潜能和自我更新的重要因子。细胞一旦分化,Oct3/4 的表达迅速下降。ES 表达的其他重要转录因子还包括 Nanog、Sox2、cripto 等。

(二) 组织干细胞具有组织定向分化能力和特定组织定居能力

组织干细胞具备以下三个重要的生物学特征:①能够自我更新。组织干细胞通过分裂增殖,产生与其完全相同的子代细胞,有效地维持了组织干细胞群体数量和功能的稳定性。②具有谱系定向分化(lineage specific differentiation)能力。组织干细胞可以进一步分化为专能祖细胞,最终成为终末分化细胞。组织中细胞分化的过程实际上是组织干细胞获得特定组织细胞形态、表型(phenotype)以及功能特征的过程。绝大多数组织干细胞具有一定的多能分化特性,能够分化为特定组织中的多种细胞类型。③具有在特定组织定居的能力。组织干细胞可对组织再生的特异刺激和信号分子产生应答,分化为特定类型的组织细胞,替代受损细胞或死亡细胞的功能。

组织干细胞的概念最早于 1960 年提出,当时首次发现骨髓中定居着某种特殊的细胞,在特定的环境条件和其他因素作用下,能够诱导分化并重建所有血液细胞的功能即造血干细胞。目前造血

干细胞生物学技术可以对造血干细胞进行完全鉴定和分离。此后还陆续发现了多种组织干细胞，例如，间充质干细胞（mesenchymal stem cell，MSC）、毛囊干细胞（hair follicle stem cell）、心肌干细胞（cardiomyogenic stem cell）、肝干细胞（liver stem cell）等。研究发现，组织干细胞的生化特性与其所在组织的类型密切相关，可以通过一些特异表达的细胞表面分子鉴定组织干细胞。例如Ⅵ型中间丝蛋白、CD133 和 CD24 是神经干细胞的特异标志物，体外培养的 CD133$^+$/CD24$^+$ 细胞可以进一步分化为神经细胞、星形胶质细胞和少突胶质细胞。骨髓间充质干细胞高表达 CD29、CD44、CD166 等分子，在体外培养环境中可以分化为骨细胞（osteocyte）、脂肪细胞（adipocyte）、软骨细胞（chondrocyte）、肌细胞（myocyte）等。造血干细胞表面富含 Ly6A/E（又称为干细胞抗原 1，stem cell antigen 1，Sca1）、CD34 和 CD133 分子。但是由于技术手段和研究方法的局限，目前对组织干细胞表达特异分子的研究还不够深入，还不能采用各胚层和各种组织干细胞的特异标志物完全鉴定和分离不同来源的组织干细胞。

五、组织干细胞具有分化的可塑性

传统的干细胞发育理论认为，组织干细胞是胚胎发育至原肠胚形成（gastrulation）以后出现的。组织干细胞不是分化全能细胞，而是具有组织特异的、有限分化能力的细胞，一般只能分化为所在组织的特定细胞类型。但近来的研究表明，某些情况下，骨髓间充质干细胞可以跨胚层向肝脏、心脏、胰腺或神经系统的细胞分化，而肌肉、神经干细胞也可以向造血干细胞分化。目前将组织干细胞这种跨谱系甚至跨胚层分化的潜能，称为组织干细胞的可塑性（plasticity）。其可能机制主要包括以下几个方面。

（一）组织干细胞的来源

目前发现，大多数组织中栖息着具有单向或多向分化潜能的组织干细胞。一般认为，组织干细胞来源于胚胎发育不同时期的干细胞。在个体的器官和组织发生过程中，某些干细胞可能先后脱离所在群体的增殖、分化进程，迁移并定居在特定器官或器官雏形中的某个位置，并保留自己的干细胞特性，形成组织干细胞。组织干细胞多数时间处于静息状态，一旦所定居的组织需要再生或修复，便在特定微环境下被激活并分化成所需的功能细胞。

（二）组织干细胞的转分化和去分化

组织干细胞的转分化（transdifferentiation）是指通过激活其他潜在的分化程序，从而改变了组织干细胞的特定谱系分化的进程。造血干细胞向非造血组织细胞分化，神经干细胞向血液系统细胞分化都是组织干细胞转分化的例子。去分化（dedifferentiation）是指分化成熟细胞首先逆转分化为相对原始的细胞，然后再按新的细胞谱系分化通路进行分化的过程。例如，两栖类生物蝾螈伤口切除边缘的分化成熟细胞能够逆分化成原始细胞，再形成新生的组织干细胞，最后分化为被切除的肢体和尾巴等组织。但是正常生理状态下，成年哺乳动物的组织干细胞转分化或去分化的现象较为少见，其机制也有待进一步研究。

（三）组织干细胞的多样性

特定组织中有可能存在其他谱系来源的组织干细胞，例如骨髓或肌肉的侧群细胞（side population cell，SP）可能包括了多种组织干细胞。如造血干细胞、间充质干细胞、内皮祖细胞（endothelial progenitor cell）和肌肉干细胞等。另外，造血干细胞不仅仅定位于骨髓中，它可以随着血液循环被一些组织器官例如肌肉和脾脏等摄取，并定居于该区域。一些特定组织中共存的其他组织干细胞能够按照自己的定向需要，分化为与该特定组织不同的其他细胞类型。

（四）细胞融合

细胞融合（cell fusion）是指一种细胞可以通过与其他细胞的相互融合而表现出另一种细胞的生物学特性。成年哺乳动物细胞在体外培养条件下，存在细胞融合现象。例如成肌细胞在破骨细胞作用下，细胞融合后形成多核的骨骼肌纤维；感染 HIV 的 T 细胞与靶细胞的融合能够介导病毒进入靶细胞等。体外培养的胚胎干细胞能够自发地与神经干细胞融合，并且还能将供体细胞的分子标志物转移至融合细胞中。因此,如果一种组织中含有其他类型的组织干细胞,那么不同的组织干细胞可以通过相互融合而表现出与组织类型不同的细胞特性。体内细胞自然融合的发生率较低,其对组织干细胞可塑性的影响还需要进一步研究。

目前对组织干细胞可塑性的认识还不够深入,需建立成熟的组织干细胞的分离、纯化和功能鉴定等技术,以及体外维持组织干细胞未分化状态的模型。因此,组织干细胞可塑性的机制和生物学意义有待进一步研究。

六、干细胞的来源、定位和功能

胚胎干细胞的来源较为清楚,组织干细胞的确切起源尚不明确,某些组织和器官是否存在组织干细胞还存在争议。

(一)胚胎干细胞的来源

胚胎干细胞理论上泛指胚胎发育期的各种原始细胞,但目前研究者获得的胚胎干细胞主要经由囊胚期的内细胞团(inner cell mass,ICM)和生殖嵴(genital ridge)两条途径。

小鼠和人类的胚胎干细胞可以分化形成胚层干细胞,包括外胚层、中胚层和内胚层细胞。外胚层细胞形成神经组织和皮肤的表皮,中胚层形成结缔组织、骨髓、血液细胞、肌肉组织、软骨与骨组织等,内胚层形成肺、肝、胰腺、消化道的上皮组织等。内细胞团以外的胚外细胞团则分化形成滋养层(trophoblast)干细胞,这些特定细胞可以分化为组成滋养层的所有细胞类型,参与胎盘与胎膜的形成。

囊胚期的胚胎干细胞发育潜能由于受到一些限制,因此囊胚期的胚胎干细胞并非真正意义上的全能干细胞,它不能产生滋养层细胞,而滋养层干细胞也仅能形成滋养层的所有类型细胞,不能产生三种胚层细胞(图 5-16-2)。

(二)组织干细胞的来源

组织干细胞的起源目前尚无定论,一般认为,组织干细胞来源于胚胎期不同发育阶段的干细胞,在胚层细胞分化以后形成。但是组织干细胞是如何逃逸早期胚胎发育过程中各特定谱系细胞定向分化的限制的? 组织干细胞微环境又是如何形成的? 这些问题尚未阐明。目前研究较为明确的是造血干细胞和神经干细胞的起源。

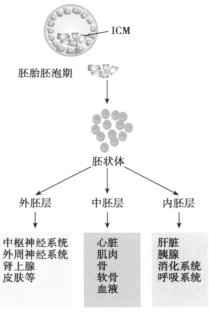

图 5-16-2　胚胎干细胞的来源与早期分化

目前胚胎干细胞的主要来源是植入前囊泡内细胞团,在体外培养环境中 ES 细胞首先形成胚状体(embryoid body,EB),并分化为三种胚层干细胞,然后胚层干细胞再分化形成不同的组织细胞。

1. 造血干细胞　小鼠造血系统发育的第一个部位是胚外卵黄囊(yolk sac),随后是胚内的主动脉-性腺-中肾区(aorta-gonad-mesonephros region,AGM 区),然后逐渐移位到胚胎期肝脏、骨髓,最后发育为成体的造血系统。由于胚胎期血液系统的发育是一个动态过程,因此不同解剖学部位虽然出现造血分化细胞,但是并不代表造血干细胞起源于该区域,可利用造血干细胞特异的表面分子追踪的方法,追溯造血干细胞的起源。

2. 神经干细胞　神经干细胞出现在原肠胚期。胚胎外胚层形成神经组织以后,外胚层中轴部分在脊索(notochord)的诱导下增厚形成神经板(neural plate),再分化形成神经管(neural tube)。神经管的神经上皮细胞可增殖、迁移、分化为神经细胞和神经胶质细胞。由于神经干细胞缺乏特异的表面标志分子,目前仍然不明确神经干细胞的确切定位。胚胎期神经上皮可以产生放射状胶质神经元(radial glia),而后形成星形胶质细胞。目前认为这些细胞是胚胎期和成体中枢神经系统的神经干细胞。神经干细胞的发育还具有空间和时间调控的特点。从不同神经区域分离的神经干细胞能分化产生对应神经区域的子代细胞,同时早期神经干细胞更倾向分化为神经细胞,而发育晚期的神经干细胞则优先分化为胶质细胞。

阐明组织干细胞的起源可以深化对组织干细胞可塑性的认识,有助于阐明干细胞谱系定向分化的分子机制,对组织干细胞的应用具有重要意义。

七、干细胞微环境是干细胞维持自我更新和分化潜能的重要条件

在胚胎发育及组织再生过程中,干细胞能够自我更新以维持稳定的细胞数目,并进一步分化形成成熟细胞。个体出生以后,组织干细胞(包括生殖干细胞)生活的特殊的微环境称为干细胞微环境(microenvironment),又称为干细胞巢(stem cell niche)。不同组织类型的"干细胞微环境"的组成及定位不同。

(一)干细胞需要特殊的微环境才能执行正常的生理功能

干细胞微环境这一概念最早在 1978 年由 R. Schofield 提出,主要描述的是一种支持干细胞的局部微构筑。体外共培养实验和骨髓移植实验证实了"干细胞需要特殊的环境才能执行正常生理功能"这一假说。如果将造血干细胞从其正常生存的微环境中分离,它们即丧失了自我更新的能力。干细胞微环境能调控干细胞的分化发育方向,例如,在不同信号途径构成的微环境中,干细胞能向不同的谱系细胞分化。

由于哺乳动物的干细胞栖息地细胞种类众多、解剖结构复杂,因此对其微环境的精确定位较为困难。可以利用一些重要的模式生物例如果蝇(Drosophila)和线虫(C.elegans),研究干细胞和干细胞微环境的相互关系。已知果蝇的卵巢干细胞微环境位于卵巢的前侧,即与生殖干细胞邻近的生殖腺端(germarial tip),而果蝇精巢干细胞微环境则位于精巢中心的顶端。

成年果蝇的卵巢中,生殖干细胞位于卵巢原卵区的顶部,并被三种不同的基质细胞群所包绕:端丝(terminal filament)、帽细胞(cap cell)以及内鞘细胞(inner sheath cell)。这三种基质细胞以及基膜共同构成 GSC 微环境,其中帽细胞通过 E-钙黏着蛋白介导的紧密连接将 GSC 固定在微环境中,与其他基质细胞产生的细胞信号分子如 BMP、Notch 等共同调控 GSC 的生长和分化(图 5-16-3)。

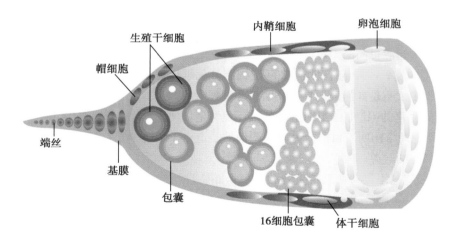

图 5-16-3　果蝇卵巢生殖干细胞微环境

(二)干细胞微环境包括多种组成成分

干细胞微环境描述的是一个结构与功能的统一体。一般认为,其主要组成成分包括干细胞本身、通过表面受体或分泌介质与干细胞相互作用的支持细胞、维持干细胞微环境所需的细胞外基质等。有人认为还包括同巢共存的其他种类干细胞。不同的微环境中上述成分有一定差异。各种组织干细胞微环境组成的多样性恰好说明了干细胞微环境调控的复杂性。干细胞微环境时刻处于动态平衡中,微环境中多种信号的整合和协同作用,对干细胞种群的数量和生物学功能进行精密的调控。

1. 信号分子　干细胞与微环境的信息交流是保证干细胞行使正常功能、决定干细胞命运的关键。生物体内某些在细胞间和细胞内传递信息的化学分子,例如激素、神经递质、生长因子等,被统称为信号分子,它们的主要功能是同细胞受体结合,传递细胞信息。在干细胞微环境中有许多的信号分子,它们能够以自分泌(自身分泌调节干细胞本身)或者旁分泌(弥散在微环境中影响其他干细胞)的形式影响干细胞的增殖与分化。哺乳动物干细胞微环境中的信号分子相似性较高,但是相同的信号途径对不同组织干细胞的作用可能不同。例如某些信号分子可以通过 Wnt 信号途径促进造血干细胞的增殖和自我更新,但同一 Wnt 信号却促进毛囊干细胞的分化。另外,存在于干细胞微环境中的一些小分子和离子也对干细胞的功能具有重要的调节作用,例如骨髓局部高浓度的钙离子有助于造血干细胞的定位等。

2. 细胞黏附分子　细胞黏附是细胞间信息交流的一种形式,执行信息交流的可溶性递质被称为细胞黏附分子(CAM)。CAM 是一类跨膜糖蛋白,分子结构由三部分组成:①胞外区,肽链的 N 端部分,带有糖链,负责识别配体;②跨膜区,多为一次跨膜;③胞质区,肽链的 C 端部分,一般较小,或与细胞膜下的骨架成分直接相连,或与胞内的化学信号分子相连,以活化信号转导途径,参与细胞与细胞之间及细胞与细胞外基质之间的相互作用。干细胞微环境的支持结构或基底层的黏附分子也是调节干细胞功能的关键因素,这些细胞黏附分子确保干细胞定居于微环境中,并接受信号分子的调节。钙黏着蛋白是一种细胞黏附分子,通过钙黏着蛋白的相互作用可以形成细胞-细胞黏附连接,形成细胞-细胞连接,其对于果蝇卵巢生殖干细胞、造血干细胞的定位和锚定都有重要作用。整联蛋白也是一种重要的黏附分子,是成年哺乳动物组织干细胞的重要标志物。例如整联蛋白 α6 在表皮角质细胞高表达、整联蛋白 β1 则在造血干细胞和表皮干细胞高表达。

3. 细胞外基质和组分　干细胞微环境中的细胞外基质和组分对干细胞的可塑性起着重要的作用,它们为干细胞正常功能的维持提供了重要信号,可以直接调节干细胞的分化方向。例如在骨髓间充质干细胞体外培养环境中加入脑组织发育相关的胶原,能够促进骨髓间充质干细胞向神经细胞分化。而在正常情况下,骨髓间充质干细胞优先向成骨细胞或脂肪细胞分化。

4. 空间效应　干细胞与邻近支持细胞,以及细胞外基质构成的三维空间结构,其对于保持适宜的干细胞数目具有重要意义。同时干细胞通过细胞黏附分子与微环境支持结构的极性黏附,对干细胞的定向分化也发挥了重要作用。例如在黑腹果蝇(*D.Melanogaster*)卵巢和精巢中,每种生殖干细胞的有丝分裂纺锤体一端均定位于干细胞微环境中的支持细胞,以确保干细胞非对称分裂后形成的子代干细胞能够定位于干细胞微环境中。而分化细胞则位于微环境外,逃逸干细胞自我更新信号的调控并开始进一步分化。又如在哺乳动物上皮干细胞、成肌细胞也发现有类似的、与空间定位相关的干细胞定向分化效应。

(三)干细胞微环境具有一些共同的结构与功能特点

不同的干细胞微环境,不同发育和衰老阶段的同一干细胞微环境,其成分及功能有一定,甚至很大差异,这种组成的动态和多样性提示了干细胞微环境调控的复杂性和重要性,也给研究带来了巨大的挑战。但是干细胞微环境又必须是一个稳态平衡过程,通过多种信号的动态整合和协同作用完成对干细胞种群的数量和生物功能的精密调控。因此,尽管干细胞微环境具有多种形式和组成,其结构与功能仍具有一定相似性。

1. 干细胞微环境由定位于组织内的一群特殊细胞和细胞外支持结构组成　其总体构成在不同组织不尽相同,可能由不同的细胞组成。例如造血干细胞微环境主要由位于骨小梁表面、N-钙黏着蛋白染色阳性的成骨细胞(osteoblast)参与组成,而神经干细胞微环境的主要支持细胞是内皮细胞。

2. 干细胞微环境是干细胞解剖学意义上的定居点　一些重要的信号分子辅助干细胞定位于微环境,例如 E-钙黏着蛋白介导果蝇生殖细胞定位及黏附于生殖干细胞巢;N-钙黏着蛋白是造血干细胞重要的归巢信号。其他的黏附分子,例如整联蛋白则有利于干细胞锚定于干细胞微环境的细胞外基质中。

3. 干细胞微环境能够产生多种外源信号分子以调控干细胞分化及增殖　许多信号转导途径参与调控干细胞的生物学行为,例如 Wnt、BMP、FGF、Notch 等,其中 Wnt 和 BMP 信号途径是调控干细胞更新和分化的通用信号途径。在干细胞更新和分化过程中,多种信号途径可能协同作用,调控一类干细胞的自我更新,同时一种信号分子也能够调控多种干细胞的分化。

4. 哺乳动物干细胞微环境具有特定的结构　一旦干细胞分化过程启动,以非对称分裂增殖方式产生的一部分子代细胞可以作为干细胞储备,而另一部分子代细胞则离开微环境继续增殖和分化,最终成为成熟的终末分化细胞。

八、干细胞生物学研究具有广阔的应用前景

(一)干细胞为器官移植和组织工程提供了重要的细胞来源

胚胎干细胞能够分化为组成个体的所有成熟细胞类型,即所有特殊分化的细胞类型和组织器官,包括心脏、肺、肝、皮肤及其他组织,可以用于某些疾病的细胞替代治疗和组织器官损伤的修复。人类胚胎干细胞系的成功建立,有望在体外获得大量的胚胎干细胞,提供用于移植的细胞来源。或者利用组织工程技术制作人造组织和器官,用于器官移植治疗。但胚胎干细胞的研究,首先要解决可能引发的伦理道德问题。

(二)干细胞研究有望确定疾病病因并对疾病治疗提供新的手段

随着干细胞分化发育调控机制研究的深入,将进一步阐明胚胎发育和干细胞定向分化的关键环节,有助于阐明细胞分化和发育异常所造成的遗传性疾病病因。同时,基于干细胞强大的增殖能力和多向分化潜能,组织干细胞为治疗某些疾病,例如心血管疾病、自身免疫病、糖尿病、骨质疏松、恶性肿瘤、阿尔茨海默病、帕金森病、严重烧伤、脊髓损伤等提供了新的手段。

(三)干细胞研究有助于筛选新药及建立新的模型系统

新药安全性试验可以在多能干细胞模型上进行,使药物开发的流程更加完整和规范,只有那些在细胞试验中被证明是安全有效的药物,才能进行进一步的动物和人体试验。除了评价药物的安全性和疗效以外,干细胞的研究成果有望用于阐明疾病和环境因素的复杂关系以及药物的作用机制,同时为胚胎发育的研究提供新的评价模型。

第二节　胚胎干细胞、组织干细胞和生殖干细胞

一、胚胎干细胞具有"无限"的增殖能力和多向分化潜能

(一)胚胎干细胞的分离、体外培养和鉴定

哺乳动物胚胎干细胞的成功分离和培养技术最早由 Martin Evans、Matthew Kaufman 和 Gail R. Martin 建立。他们分离了植入前胚胎胚泡期的胚胎干细胞,采用与同种动物成纤维细胞共培养的方式,成功地建立了体外胚胎干细胞的培养技术。胚胎干细胞具有强大的增殖能力和多向分化潜能,形态和分化能力与胚胎癌性细胞非常相似,体外培养可以形成胚状体(EB),进而分化为个体的所有细胞类型。研究者鉴定了维持小鼠 ES 细胞未分化状态的重要细胞外因子——白血病抑制因子(LIF)。目前已经明确,LIF 通过活化 STAT 信号途径,调控干细胞增殖和分化的平衡,影响细胞增殖或细胞周期进程,从而维持 ES 细胞的未分化状态。

1998 年 James A. Thomson 和 John D. Gearhart 分别从人囊胚泡期胚胎内细胞团和受精后 5~9 周的胚胎生殖嵴分离了具有多能分化特性的胚胎干细胞,为深入研究胚胎的发育机制和组织器官的替代治疗提供了良好的细胞来源。人类 ES 细胞(hES)与小鼠 ES 细胞有许多相似之处,都可以在体外连续培养,具有多向分化潜能,并且在长期培养过程中保持染色体核型和细胞表型的稳定性,可表达多种多能干细胞特征性的基因和功能标志物等。但是,两类 ES 之间也存在一些差别:①形态差异:小鼠 ES 细胞体外培养条件下呈紧密聚集型,形成圆顶样克隆;而 hES 则是扁平的、有明显细胞边界的克隆。②分化差异:hES 细胞表型没有小鼠 ES 稳定,在体外培养条件下较易分化,形成由多种原

始干细胞和部分处于不同分化阶段的幼稚细胞组成的多克隆。③培养条件差异:hES 需要利用小鼠胚胎成纤维细胞(mouse embryonic fibroblast,MEF)作为饲养细胞(feeder cell)共培养才能维持未分化状态,只加入 LIF 不能完全替代饲养细胞的作用,只有用含有层粘连蛋白的细胞基质和 MEF 来源的条件培养基,才能取代饲养细胞。可能是其他细胞因子例如成纤维细胞生长因子(fibroblast growth factor,FGF)对维持 hES 细胞的未分化状态起到重要作用。需要特别指出的是早期小鼠和人的 ES 细胞的来源和所处的阶段不同,导致其生物学性状和表面标记分子的差异。最近,与人 ES 或小鼠细胞相对等的人或小鼠的多能细胞都相继成功获得,这些在发育中对等的 ES 和幼稚(naïve)ES 细胞不论其种属来源,都具有相似的克隆形态、分化特性和培养要求。

(二)胚胎干细胞体外分化首先形成胚状体

1. 小鼠 ES 细胞的体外分化　此诱导分化可以通过以下技术实施:①采用 STAT/gp130 抑制剂:STAT/gp130 是 LIF 的主要效应分子,gp130 抑制剂能够阻断 LIF 信号的传递,下调 Oct3/4 的表达,从而干扰 ES 细胞未分化状态的维持。在 ES 细胞体外培养过程中,加入 gp130 抑制剂,可以诱导小鼠 ES 细胞形成处于不同分化阶段的多克隆幼稚细胞。②加入维甲酸(retinoic acid)和二甲基亚砜(DMSO)促进分化:这两种诱导剂作用的具体机制目前尚未明确,但通过化学诱导剂诱导分化形成的细胞种类有限,很难诱导形成所有的成熟细胞类型。

通过体外悬浮培养技术,小鼠 ES 细胞可聚集成团,自发分化形成多细胞结构,即胚状体(EB)。EB 通常由具有三个胚层结构的衍生物组成。首先聚集在 EB 的外层细胞逐渐分化形成原始内胚层,原始内胚层再进一步分化形成体壁和脏壁内胚层(parietal and visceral endoderm),EB 内层细胞通过形成原始外胚层逐渐分化为三种主要的胚层细胞:外、中、内胚层细胞,最后分化形成各谱系细胞。EB 分化形成胚层细胞的过程与胚胎发育早期十分相似,但是 EB 缺乏胚胎早期发育过程中前-后与背-腹定位分化调节信号,因此如何模拟空间效应从而突破这一局限性将是 EB 用于早期胚胎发育研究的关键所在。

2. 人类胚胎干细胞的分化　hES 的体外定向分化较小鼠更为困难。体外培养的 hES 细胞通常形成由原始干细胞和部分处于不同分化阶段的幼稚细胞组成的多克隆细胞群,因此将 hES 细胞培养形成胚状体的技术要求更高。化学诱导剂诱导 hES 细胞分化与小鼠相似,例如,加入维甲酸可以诱导形成神经干细胞,再加入 FGF2 诱导神经干细胞可以进一步分化为神经细胞和神经胶质细胞。

hES 细胞还能在体外诱导分化形成搏动的原始心肌细胞,在细胞贴壁培养过程中,可以看到同步收缩的心肌细胞,并且表达组织特异性标志物,例如结构蛋白和细胞因子等,具有心脏特殊功能的细胞还可以用电生理的方法进行检测。又如 hES 细胞在小鼠骨髓细胞系 S17 或卵黄囊内皮细胞系的共培养条件下,可以形成造血集落细胞。此外,hES 细胞能在不同外源因子的作用下向不同谱系细胞分化,例如,BMP-4 可以诱导 hES 分化形成皮肤、造血组织和骨组织等。

(三)胚胎干细胞可以诱导分化为任何一种组织细胞

胚胎干细胞具有强大的增殖能力和多向分化潜能,在不同诱导条件下可分化为机体的任何一种组织细胞。近年来,随着干细胞生物学研究的飞速发展,以及临床应用的日益膨胀的需求与期望,ES 细胞的定向诱导分化取得了一系列的突破。不论是分化成为三个不同胚层,还是更进一步的定向分化成为不同的功能细胞(包括不同神经元、血液细胞、肌肉细胞和胰岛细胞等)都取得了突破性的成果。定向分化的细胞移植物能够在动物体内存活并整合,替代受损组织的部分生理功能。例如将小鼠 ES 来源的神经干细胞移植入大鼠脑内,可以分化成神经细胞、神经胶质细胞、少突胶质细胞(oligodendrocyte)。ES 来源的胶质干细胞移植到髓鞘发育缺陷的大鼠中,可以分化为髓鞘少突胶质细胞及星形胶质细胞。这些进展给发育和疾病机制的研究,药物及其他新的治疗方法的临床前和临床研究及应用带来了巨大推动作用。

二、组织干细胞的分化受到精密而复杂的调控

组织干细胞的主要作用是补充受损和死亡细胞,保持组织器官的完整性和生理功能。目前已经

成功分离和鉴定了许多组织干细胞,例如造血干细胞、间充质干细胞、毛囊干细胞等,但是还有一些器官的干细胞尚未被发现或确认。以下将从定位、发生、特异标志物以及微环境中调控分化发育的重要信号分子等方面,来描述目前认识比较明确的几种组织干细胞。

（一）造血干细胞启动造血并分化形成所有谱系血液细胞

1. 造血干细胞的启动　造血干细胞启动造血并分化形成所有谱系血液细胞。胚胎发育不同时期造血干细胞的定位不同。胚胎期和成年哺乳动物的造血干细胞（HSC）分别主要定位于胎肝和骨髓,成年小鼠 HSC 约占骨髓细胞的 0.01%,但是 HSC 并不在胎肝和骨髓中形成,而是从其他部位产生然后迁移到上述组织中的。小鼠 HSC 是胚胎发育过程中首先出现的组织干细胞之一,在胚胎期存在于体内多个部位。第一个部位是胚外卵黄囊,随后是胚内的主动脉-性腺-中肾区（aorta-gonad-mesonephros region,AGM 区）,然后逐渐移位到胚胎期肝脏、骨髓,最后发育为成体的造血系统。2012年中国学者报道了造血干细胞的头侧起源。成年小鼠 HSC 约占骨髓细胞的 0.01%。

与其他组织干细胞一样,造血干细胞具有多向分化潜能和自我更新的能力,造血干细胞的主要功能是启动造血,并分化形成所有谱系的血液细胞。由于各种终末分化的血液细胞生存时间有限,因此造血干细胞需要在机体一生中持续提供稳定的造血祖细胞,以产生新的血液细胞,维持自身干细胞群体的稳定性。造血干细胞的上述特性是通过调节对称分裂与不对称分裂的平衡来实现的。在胚胎期和再生活跃的骨髓中,造血干细胞多处于细胞增殖周期中,而正常骨髓的 HSC 大多数处于静止的 G_0 期（小鼠骨髓中 HSC 约 75% 长期处于 G_0 期,每天仅有约 8% 的 HSC 进入细胞增殖周期）,当机体需要时,一部分 HSC 分化成熟,另外一部分则进行增殖,以维持造血干细胞的数量相对稳定,因此调节 HSC 的增殖周期是调控其数量的有效途径。例如细胞周期抑制因子 p21 的缺失将导致 HSC 数量的增多。

2. 造血干细胞的等级式分阶段分化过程　HSC 首先分化形成多能造血祖细胞,进一步分化形成单能造血祖细胞,最后形成血液系统终末分化细胞。其中多能造血祖细胞可以增殖分化为髓系干细胞和淋巴系干细胞,髓系干细胞分化形成红细胞、血小板以及与细胞免疫相关的细胞,例如巨噬细胞、中性粒细胞。而淋巴系细胞则形成与体液免疫相关的细胞,例如 T 细胞、B 细胞、NK 细胞等（图 5-16-4）。

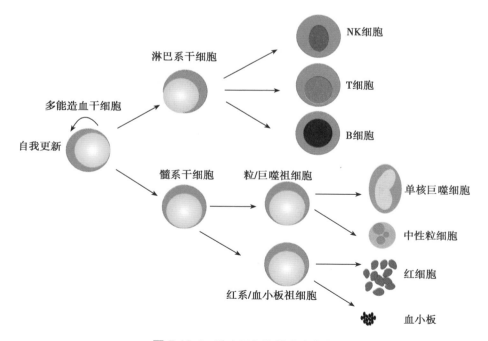

图 5-16-4　造血干细胞的定向分化

造血干细胞（HSC）的分化是典型的等级式分化过程,HSC 首先分化形成多能造血祖细胞,然后分化为髓系干细胞和淋巴系干细胞,髓系干细胞分化形成红细胞、血小板、巨噬细胞、中性粒细胞,而淋巴系干细胞则形成 T 细胞、B 细胞 NK 细胞。

3. 造血干细胞的分离与鉴定　目前普遍采用流式细胞分选技术,根据特异细胞表面标志物从骨髓中分离 HSC。人类 HSC 比较明确的主要表面标志物为 CD34$^+$、Lin$^-$、C-kit$^+$、Sca 1$^+$,其他表面分子还包括 Thy 1、IL 7Rα、Flt3、CD150 等。功能鉴定则采用长期重建实验,即用致死剂量放射线彻底破坏受体动物骨髓后,植入供体来源的 HSC,观察重建骨髓的造血功能和较长时间(>16 周)生成多谱系成熟血液细胞的能力。

(二)间充质干细胞是多能组织干细胞

1. 间充质干细胞的表型特征　间充质干细胞(MSC)早期主要在骨髓、胎盘和脐血等组织器官中,骨髓中 MSC 占有核细胞总数的 0.001%~0.01%;后续的研究发现 MSC 广泛分布于不同的组织器官,比如肝、牙龈和脂肪等,其中脂肪组织能够简便地分离获得大量 MSC。MSC 是多能组织干细胞,具有自我更新、多向分化潜能以及克隆形成能力,可以分化为中胚层来源的细胞,包括软骨细胞、脂肪细胞、骨和肌肉细胞等。在一定条件下 MSC 可以形成非中胚层细胞例如神经细胞和肝细胞。MSC 还提供了造血干细胞生长和分化的支持环境,以促进造血系统的发生。

人 MSC(hMSC)呈纺锤形,为成纤维细胞样细胞(fibroblast-like cell),能黏附于塑料培养皿表面,在体外培养初始阶段形成克隆,因此早期曾被命名为成纤维细胞克隆形成单位。目前已经鉴定了 MSC 特有的一些分子标志物,包括 CD73、CD105、Stro 1 和 VCAM 1 等。hMSC 和小鼠 MSC 的表型特征有一定差异。hMSC 的标志物主要包括:CD73$^+$、CD90$^+$、CD105$^+$、CD45$^-$,而小鼠 MSC 的表型特征为:Sca 1$^+$、CD90$^+$、CD45$^-$。不同组织来源的 MSC 分化能力和基因表达有一定的差异,即使是同一组织来源的 MSC 细胞也有形态和细胞表面标志的细微差异。目前 MSC 还没有普遍适用的表面标志分子,MSC 表面标志分子并不总是稳定地表达,MSC 所处的微环境不同,其表面标志分子也不同。在体外培养或是将其进行诱导过程中,MSC 表面标志分子会发生明显的变化。

Maureen Owen 和 A. J. Friedenstein 最早开展了对 MSC 的分离培养、扩增鉴定以及生物学表型的研究。目前 hMSC 的鉴定主要依靠体外和体内的功能实验。体外培养条件下,MSC 可以向中胚层类型细胞分化,例如形成骨细胞、脂肪细胞及软骨细胞,而接种于重度联合免疫缺陷病(severe combined immunodeficiency disease,SCID)小鼠的皮下会形成骨及骨髓造血微环境。

2. 间充质干细胞的体外诱导分化　MSC 多采用骨盆髂骨嵴或胫骨、股骨骨髓抽吸物,以密度梯度离心的方法分离获得。MSC 初期培养可持续 12~16 天,然后在成骨诱导混合物(osteogenic cocktail,含 β-甘油磷酸、维生素 C 和地塞米松)以及胎牛血清的联合诱导作用下,向成骨细胞分化,表现为分化细胞的碱性磷酸酶活性升高,出现 Ca^{2+} 沉积的细胞外基质。向软骨细胞的分化则需要采用无血清和三维培养条件,并添加细胞因子 TGF-β 等。在此体外培养条件下,MSC 逐渐失去了成纤维细胞形态,并开始表达软骨细胞特征性的细胞外基质成分,包括糖胺聚糖和硫酸软骨素等。

一些特异转录因子可以诱导 MSC 向不同的谱系细胞分化。例如核心结合因子 1(core binding factor 1)/Runx2、Ostrix、脂蛋白相关受体 5/6(LRP5/6)和 Wnt 可以诱导 MSC 向成骨细胞分化,而过氧化物酶增殖活化受体 γ2(PPARγ2)和 Sox9 则分别有利于 MSC 向脂肪或软骨细胞分化。MSC 的谱系定向分化同样受到 MSC 微环境中的信号分子、激素以及细胞外基质成分等的联合调控。例如 BMP、Wnt、EGF 等可以诱导 MSC 成骨,而 Wnt 抑制信号 Dlk1/Pret-1、BMP 抑制信号 Noggin 和 PDGF 等可抑制 MSC 向成骨细胞分化(图 5-16-5)。

3. 间充质干细胞的应用　MSC 取材容易,来源丰富,是目前使用最为广泛的组织干细胞,其临床应用主要包括以下几方面:①MSC 局部移植治疗:将 MSC 定向分化和扩增以后局部注射,可以治疗缺陷性骨折、骨折不完全愈合的大块骨缺损,也可用于软骨缺失的修补等。②组织器官的系统移植:目前系统 MSC 移植的一种重要应用方式,是采用异源的正常骨髓进行移植,或者利用纯化的 MSC 移植治疗严重的骨发育不良。③干细胞的基因治疗:基因修饰的 MSC 可以将目的基因或蛋白呈递入器官或组织,例如表达外源 BMP-2 的 MSC 可成功促进关节软骨和新骨的形成。④组织工程中 MSC 的应用:将分离获得的患者体细胞培养于人工生物支架,诱导分化形成特定组织,可以修复因慢性疾

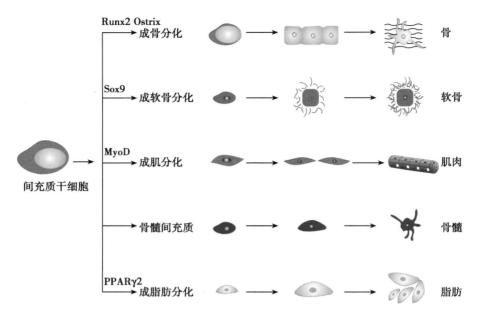

图 5-16-5   间充质干细胞的体外诱导分化

间充质干细胞（MSC）主要从骨髓中分离，在不同的诱导条件下，可以分别向骨、软骨、肌肉、脂肪以及间充质细胞分化。信号分子对 MSC 谱系具有定向诱导作用，例如 Runx2 和 Ostrix 诱导 MSC 向骨分化，MyoD 诱导 MSC 向骨骼肌细胞分化，而 PPARγ2 和 Sox9 则分别有利于 MSC 向脂肪和软骨分化。

病或肿瘤导致的组织缺损。由于 MSC 体外培养方法相对简单，分化潜能较强，可以采用三维生物支架培养 MSC，分化形成组织器官例如肝脏、心脏等，修复缺陷或病损组织器官，重建器官的生理功能。⑤MSC 的免疫调节和旁分泌作用：不同来源的 MSC 能够参与免疫调节，分泌众多不同的生长、营养和细胞因子，在器官移植、组织器官的损伤修复再生中起重要的免疫调节和旁分泌作用。

（三）皮肤干细胞包括多种与皮肤更新有关的干细胞类型

皮肤干细胞维持体表屏障结构和功能的完整。皮肤的结构比较复杂，具有强大的再生能力以维持自我更新的快速动态平衡。皮肤基底细胞具有较强的增殖能力，随着向皮肤表层的推移分化，逐渐变为表皮各层细胞，最后取代脱落的角质细胞。毛囊是皮肤重要的附属器，毛囊具有终生周期性生长与自我更新的能力，不仅是产生毛发和皮脂腺的特殊附属器，而且也参与皮肤组织的再生。

目前认识比较明确的皮肤干细胞包括：从表皮中分离的表皮干细胞（epidermal stem cell）、从毛囊分离的毛囊干细胞、毛囊黑素干细胞（hair follicle melanocyte stem cell）以及最近报道的从真皮中分离的间充质干细胞。20 世纪 80 年代首先发现皮肤表皮干细胞位于表皮基底层，并在表皮基底层呈片状分布，例如在口腔上皮，表皮干细胞位于舌乳头和腭乳头的分散区；在小鼠耳部皮肤，位于分化细胞柱边缘。目前认为基底层中有 10%~12% 的细胞为表皮干细胞，随着年龄的增长，表皮干细胞的数量随之减少。表皮干细胞是各种表皮细胞的祖细胞，来源于胚胎的外胚层，具有双向分化的能力。一方面可向下迁移分化为表皮基底层，进而生成毛囊；另一方面则可向上迁移，并最终分化为各种表皮细胞。

核苷是 DNA 合成的主要原料之一，当细胞分裂时，采用特定标志的核苷可以标识新生成的细胞。由于表皮干细胞增殖非常缓慢，因此含标志 DNA 的细胞可以维持较长时间的标志信号，而其他增殖细胞由于细胞多次分裂增殖，标志物逐渐被稀释而消失。此技术是区别和鉴定干细胞的重要手段，称为标记滞留细胞技术。20 世纪 90 年代采用标记滞留细胞技术研究小鼠皮肤干细胞时发现，大部分的标记滞留细胞（label-retaining cell，LRC）存在于毛囊的隆突（bulge）部位，仅有一小部分干细胞分散在毛囊间表皮的基底膜。毛囊 bulge 区是公认的毛囊干细胞聚集区，这一区域的部分细胞为标记滞留细胞,能在体外培养环境中增殖形成较大的细胞克隆,并且能够产生皮肤的许多分化细胞,例如表皮、皮脂腺以及不同亚群的毛囊上皮细胞,参与毛囊与受损皮肤的再生。最近发现,bulge 区的细胞外基质如整联蛋白,以及重要的信号分子如 Wnt、Shh(Sonic Hedgehog)、BMP 等对毛囊干细胞的分化以及毛囊的形成都具有重要的调控作用(图 5-16-6)。

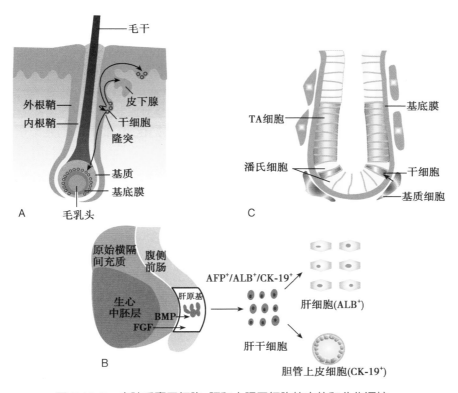

图 5-16-6 皮肤毛囊干细胞、肝和小肠干细胞的定位和分化调控
A. 毛囊干细胞位于毛囊的隆突(bulge)区,能够产生皮肤的许多分化细胞,即表皮、皮脂腺以及不同亚群的毛囊上皮细胞,参与损伤后皮肤的再生;B. 在胚胎肝脏早期的发育过程中,肝原基起源于前肠内胚层,原始横隔间充质产生的 BMP 信号和生心中胚层产生的 EGF 信号对肝细胞的定向分化有重要的诱导作用,肝干细胞最终定向分化为肝细胞(ALB⁺)和胆管上皮细胞(CK19⁺);C. 小肠干细胞位于小肠隐窝底部,干细胞产生的 TA 细胞逐渐向隐窝顶部移动,Wnt 信号途径调控小肠干细胞的行为。

1. 皮肤干细胞的特征与表面标志物 皮肤干细胞有以下生物学特征:①细胞增殖缓慢,主要体现在活体细胞标记滞留;②自我更新能力强,体外培养条件下,毛囊干细胞能增殖形成较大的克隆群;③通过整联蛋白与表皮基底膜紧密相连。

皮肤表皮干细胞的表面标志物有:①整联蛋白:整联蛋白对表皮干细胞黏附于基底膜有重要作用,包括 α 和 β 两种亚基。目前认为 β1 和 α6β4 是表皮干细胞重要的表面标志,这些整联蛋白分子将毛囊干细胞锚定于毛囊隆突区的基底层,并将表皮干细胞锚定于基底膜,接受干细胞微环境中其他信号分子的调控,有助于保持干细胞的生物学特性。②运铁蛋白受体(transferrin receptor):在毛囊干细胞和已分化的毛囊细胞中,此受体表达水平不同。毛囊干细胞运铁蛋白受体的表达水平非常低,而毛囊细胞的运铁蛋白受体表达增加,细胞增殖活跃。③角蛋白:角蛋白(keratin,CK)对于鉴别表皮干细胞也有重要的意义,CK19 是皮肤干细胞的表面标志之一,其阳性细胞定位于毛囊隆突部,并具有干细胞的特征。④c-Myc 和 P63:c-Myc 和 P63 是皮肤干细胞重要的转录因子,在转基因小鼠皮肤过表达原癌基因 *c-Myc*,可导致毛囊隆突部多能干细胞的耗竭,标记滞留细胞大量减少,伤口愈合受阻。c-Myc 表达增加,还可以使毛囊干细胞向皮脂腺细胞转化,因此 c-Myc 不仅影响皮肤干细胞向过渡放大细胞转化,同时还决定皮肤干细胞向何种细胞分化。P63 是 P53 的同源分子,在体内角膜缘(corneal limbus)的上皮干细胞和体外培养的皮肤角质细胞高表达,*p63* 基因敲除导致了小鼠皮肤发育的严重缺陷。

2. 调控毛囊干细胞分化发育的重要信号分子　胚胎期皮肤及其附属结构的分化发育过程中,Wnt 和 BMP 是公认的关键调控因子,参与调控皮肤干细胞的生长和分化。胚胎期皮肤多能干细胞在定向分化为毛囊之前,就已经接受 Wnt 信号调控。特殊分化的皮肤间质细胞通过抑制 BMP 信号途径的诱导分化,使皮肤多能干细胞接受活化的 Wnt 信号,进一步分化形成毛囊。Lef、β-catenin 或 BMP 抑制分子 *Noggin* 基因敲除小鼠的毛囊形成均严重受损。在成年哺乳动物中,转录因子 Lef/Tcf 在毛囊的不同部位表达水平不同,使得 Wnt 信号在毛囊不同部位的活化状态不同,有助于上皮细胞结构重塑,最终有利于毛囊的形成。此外,Hh 信号以及 Notch 信号对皮肤干细胞的诱导分化也具有重要的调控作用,特别是在毛囊干细胞微环境中,上述信号分子协同作用,相互平衡,精细调控皮肤干细胞的分化发育。

(四) 肝干细胞的分化是一个严密调控的变化过程

1. 肝干细胞的起源和定位　胚胎发育过程中,肝原基(liver bud)起源于前肠内胚层(foregut endoderm),肝脏的器官形成发生在内胚层来源的成肝细胞索侵入到原始横隔间充质过程中。胚胎期和新生儿期肝干细胞位于导管板(ductal plate)内,可以定向分化为肝细胞和胆管上皮细胞。成体肝组织也存在肝干细胞,其位于 Hering 管区域内,直接参与肝脏的生长和发育,同时也是肝细胞再生的重要细胞来源。除了肝组织来源以外,一些组织干细胞在体外培养条件下也可以向肝细胞分化,包括造血干细胞、脐带血多能干细胞、骨髓干细胞和间充质干细胞等(见图 5-16-6)。因此,根据肝脏干细胞起源的不同可将其分为肝源性肝干细胞和非肝源性肝干细胞,不同来源的肝脏干细胞虽然在形态、表面标志功能及分化等诸方面有所差异,但均具有分化多向性的特性。

2. 调控肝干细胞分化的重要信号分子　胚胎肝脏发育和肝干细胞的研究结果提示,肝干细胞的分化是一个严密调控的复杂变化过程,一些调控因子在分化的不同时期起关键性作用,使得肝脏表型特异性基因按照一定的时序表达。Hex、FoxA2、BMP、HNF4 等是调控肝脏发育的重要信号分子,分别在胚胎肝脏发育的不同时期发挥重要的调控作用。在肝干细胞定向分化过程中,这些信号因子的作用还受到其他多个信号途径、多种因素的调控和影响,并表现出十分严格的有序性和协调性,提示了肝干细胞功能行为调控机制的复杂性。

胚胎肝脏的早期发育需要来自生心中胚层的成纤维细胞生长因子(FGF)和来自原始横隔间充质的 BMP 信号。BMP 除 BMP-1 外构成一个结构和功能相似的多肽因子家族,同属转化生长因子 β(transforming growth factor β,TGF-β)超家族成员。BMP-9 在胚胎肝组织内高表达,提示 BMP 信号对肝细胞的分化和发育可能有重要作用,BMP-9 还能抑制肝细胞葡萄糖合成、诱导肝细胞参与脂质代谢关键酶的表达。BMP-2、BMP-7 在肝细胞再生过程中也发挥了重要作用。基因敲除实验研究发现,BMP-4 对于肝细胞的再生和完全分化都是必需的,其主要通过影响重要转录信号 GATA 进而调控白蛋白(albumin,Alb)的表达。发育晚期前肠内胚层和中胚层移植物(含有重要的 BMP 信号分子)可以诱导表达 Alb 的肝前体细胞形成,此外肝板内胚层发育的极早期分子 Hex、Alb 的产生也需要 BMP 信号。

3. 肝干细胞的特征性标志物　角蛋白 19(keratin 19,CK19)、神经细胞黏附分子(neural cell adhesion molecule,NCAM)、上皮细胞黏附分子(epithelial cell adhesion molecule,EpCAM)和 claudin3(CLDN-3)是人肝干细胞的特征标志物,而在肝祖细胞中胎蛋白(α-fetoprotein,AFP)相对高表达,Alb,NCAM 和 CLDN-3 表达水平较低。此外,Liv2、Dlk-2、PunCE11、Thy1(CD90)等也被认为是重要的肝干/祖细胞标志物。肝卵圆细胞是目前研究较多的一种肝脏干细胞,其表面标志如细胞角蛋白 7、细胞角蛋白 8、细胞角蛋白 18、细胞角蛋白 19 表达较高。但是目前对肝干细胞特异表达基因的鉴定方法比较单一,对不同发育阶段肝干细胞特征性标志物的表达谱以及肝干细胞分化过程中基因表达谱的变化等基本问题的认识仍不全面。

4. 肝干细胞的诱导分化　肝干细胞是一种多源性兼性细胞,具有分化成肝细胞、胆管上皮细胞及其他类型细胞的潜力。目前已经从成体肝组织内分离得到,具有向肝细胞和胆管上皮细胞双向分化特性的肝干细胞。从小鼠胚胎肝组织中分离的肝干细胞,在地塞米松、二甲基亚砜或丁酸钠诱导下,可表达肝细胞或胆管细胞特征性标志物,经体外诱导分化表达肝特异性转录因子 HNF1α、HNF4α和 GATA4。同时体内移植实验也证实肝干细胞参与肝细胞再生,细胞移植后 3~8 周内增殖分化为肝细胞和胆管细胞,并产生肝细胞特异性转录因子。体外胚胎干细胞向肝细胞的定向诱导分化,则主要经过胚状体形成→内胚层定向分化→肝祖细胞形成→类肝细胞成熟四个阶段形成肝样细胞。一些重要的细胞因子、化学诱导剂和肝组织内非肝细胞如胆管上皮细胞、内皮细胞和星形细胞等,对胚胎干细胞体外诱导分化为肝样细胞也具有重要作用。

（五）其他干细胞的自我更新与分化同样受到精密调控

1. 神经干细胞　神经干细胞(neural stem cell, NSC)是具有分化为神经元、星形胶质细胞和少突胶质细胞的能力,能自我更新,并足以提供大量脑组织细胞的细胞群。1992 年 Brent A. Reynolds 和 Samuel Weiss 从成年小鼠侧脑室膜下区,分离出能够不断增殖并具有分化潜能的细胞,首次提出了神经干细胞的概念。随后在中枢神经系统的其他部位,例如大脑海马区、大脑皮质、纹状体等相继分离出可以分化为神经细胞和神经胶质细胞的神经干细胞。

神经干细胞的特征性表面标志物包括神经细胞中间丝蛋白(intermediate neurofilament protein),即神经(上皮)干细胞蛋白(nestin),以及波形蛋白(vimentin)、胶质细胞原纤维酸性蛋白(GFAP)等。nestin 仅在胚胎发育早期的神经上皮表达,出生以后表达下调,只在神经再生活跃的侧脑室膜下区和海马的齿状回底部等部位的神经干细胞和祖细胞中表达。一旦神经干细胞分化为神经细胞和胶质细胞时,nestin 的表达也消失,因此 nestin 被广泛用于神经干细胞的鉴定。

根据分化潜能及产生子细胞种类不同分类,可分为:①神经上皮(neural epithelium)细胞:分裂能力最强,只存在胚胎时期,可以产生放射状胶质神经元和神经母细胞。②放射状胶质神经元(radial glia):可以分裂产生本身子细胞,同时产生神经元前体细胞或是胶质细胞。其主要作用是在幼年时期神经发育过程中,产生投射神经元,完成大脑中皮质及神经核等基本神经组织细胞的形成。③神经母细胞(neuroblast):产生中枢神经系统中的多种神经元和胶质细胞。④神经前体细胞(neural precursor cell):是各类神经细胞的前体细胞,比如小胶质细胞是由神经胶质细胞前体产生的。

一些重要的信号分子和细胞内转录因子参与调控神经干细胞的自我更新与分化。例如核激素受体对维持早期神经祖细胞的未分化状态有重要作用,同时还参与调控神经祖细胞的谱系定向分化。其他维持神经干细胞"干性"的重要转录调控因子包括 Sox2、bHLH、Hes、肿瘤抑制因子 PTEN 和 Numb 等。细胞外重要的信号分子例如 Wnt、Notch、Shh、表皮生长因子(EGF)和碱性成纤维细胞生长因子(basic fibroblast growth factor, bFGF)等对维持神经干细胞的未分化状态,以及高度的自我更新能力也发挥了重要的调控作用。此外,一些重要的神经递质也参与了对神经干细胞发育和分化的调控,例如肾上腺素、5-羟色胺、谷氨酸、甘氨酸、乙酰胆碱、GABA(γ-氨基丁酸)等。

2. 小肠干细胞的增殖与分化　小肠上皮是单层柱状上皮结构,肠上皮从功能上可分为两个不连续的单位——绒毛分化单位和隐窝增殖单位。小肠绒毛被单层柱状细胞覆盖,绒毛顶端细胞的磨损和脱落是由绒毛基底部的隐窝增殖单位所调控的。正常生理状态下,小肠上皮细胞的凋亡脱落或受损坏死,与小肠干细胞的增殖与分化之间处于动态平衡,以维持小肠绒毛的正常数量,确保肠道屏障结构和功能的完整性。

小肠绒毛基底部隐窝(crypt)产生的细胞可以逐渐移位补充绒毛细胞。小鼠的小肠隐窝细胞约有 250 个,隐窝底部被一小群分化细胞所占据,称为 Paneth 细胞(潘氏细胞)。每一个隐窝包括 4~6 个小肠干细胞,小肠干细胞(intestine stem cell)位于小肠隐窝底部,分散于潘氏细胞周围,增殖周期约 24h,隐窝干细胞的数目占隐窝细胞总数的 0.4%~0.6%,因种属不同有所差异。

　　小肠干细胞接受微环境中信号分子的调控,以确保小肠行使正常的生物学功能。小肠干细胞微环境由上皮细胞、实质细胞以及细胞外基质组成,主要通过生长因子和细胞因子以旁分泌的形式调控干细胞的行为。Wnt/β-catenin 和 BMP/Smad4 信号主要调控小肠干细胞的增殖与分化,Notch 信号则在调控隐窝轴的细胞定位方面具有重要作用。此外,基膜外间充质来源的成纤维细胞也是调控小肠干细胞功能的一个重要因素。克隆亚系分离实验已经证明该成纤维细胞是异质性的,它们分泌 TCF-4 信号分子,通过 Wnt 信号通路调控小肠干细胞的分化。

　　小肠干细胞的主要生物学特征包括:①特异表达 Musashi-1 分子。Musashi-1 是一种 RNA 结合蛋白,对神经干细胞的非对称分裂起关键作用,同样在小肠干细胞发育早期特异表达。Mushasi-1 可以上调转录抑制因子 Hes-1 的表达,Musashi-1 和 Hes-1 在小肠干细胞中特异高表达,是小肠干细胞特征性的细胞标志物。最新的谱系追踪等研究表明 Lgr5、Olfm4、Ascl2 和 Smoc2 表达的小肠绒毛柱细胞能够产生小肠壁细胞,具有小肠干细胞功能。②对基因损伤的刺激(例如低剂量放射线照射)非常敏感,可造成细胞 DNA 损伤和 p53 通路活化导致细胞脱落死亡形成局限性溃疡。

　　最近还在其他组织器官中发现和鉴定了一些组织干细胞,例如具有特异心肌分化潜能的心肌干细胞,具有分化为生殖细胞和配子的生殖干细胞以及血管内皮干细胞(endothelial stem cell)等,这些组织干细胞能够增殖分化并补充修复受损或死亡细胞,维持居住地组织器官的正常生理功能。同时,组织干细胞在不同的培养条件下可以表现出多样的分化潜能,提示组织干细胞微环境对干细胞分化调控的复杂性。

三、生殖干细胞维持了生物种代间的延续性

　　生殖干细胞(germline stem cell,GSC)是形成成熟配子体(精子或卵子)的前体细胞,通常认为其起源于原始生殖细胞(primordial germ cell,PGC)。雌性和雄性哺乳动物生殖干细胞的分化过程是不同的,主要区别是出生后睾丸内存在生殖干细胞,即精原干细胞(spermatogonia stem cell,SSC)。SSC 可以在雄性哺乳动物一生中不断增殖并分化形成精子。而哺乳动物卵子的发育主要在胎儿期,由原始生殖细胞分化为雌性生殖干细胞(卵原细胞,oogonium),并在出生前终止于减数分裂前期。通常认为雌性动物出生时即具有全部数量的卵母细胞,出生后不存在生殖干细胞。但近来研究发现,成年雌性哺乳动物卵巢中存在极少数量的 GSC,但因其数量很少,不足以引起卵巢滤泡的迅速再生,其生物学意义还有待研究。

　　根据生殖干细胞的来源,可以将其分为胚胎来源的胚胎生殖细胞和成体组织来源的生殖干细胞。胚胎生殖细胞是从胚胎生殖嵴原始生殖细胞培养分化而来。成体生殖干细胞主要包括精原干细胞、雌性生殖干细胞(卵原细胞)和睾丸内的多潜能生殖干细胞等。成体生殖干细胞,尤其是睾丸内具有多分化潜能的生殖干细胞可从正常成体睾丸组织中获取,能分化为组成机体的三种胚层细胞,包括传递遗传信息的配子细胞。由于 GSC 具有多向分化潜能,同时可以避免胚胎干细胞的伦理和免疫排斥问题,具有更为广阔的应用前景。

(一)原始生殖细胞是各级生殖母细胞和成熟配子的共同祖先

　　在胚胎发育早期、组织器官形成之初,小部分干细胞退出分化发育过程,逃逸组织器官定向分化信号的调控,并随着胚胎的发育,陆续向生殖嵴部位迁移,逐渐发育为原始生殖细胞。但是关于原始生殖细胞的来源尚有争议:多数观点认为其来源于胚胎外胚层,但人类原始生殖细胞可能起源于靠近尿囊基部的卵黄囊背侧内胚层。

　　在胚胎发育过程中,PGC 从尿囊基部沿后肠背系膜陆续向生殖嵴部位迁移。雄性生殖嵴的 PGC 被支持细胞——塞托利前体细胞(precursor Sertoli cell)包绕,PGC 与塞托利细胞形成实体细胞团——生精索。生精索逐渐形成腔隙,最后形成生精小管。PGC 在生精索中形态发生改变,称为生精母细胞(gonocyte),是精原干细胞的前体细胞。生精母细胞增殖数天后停止在 G_0/G_1 期,在个体出生几天后增殖发育为成体精原干细胞。自青春期开始,在脑垂体促性腺激素的作用下,生精小管内精原干细胞经

过数次分裂逐渐分化为精原细胞、初级精母细胞、次级精母细胞，最终分化形成成熟精子。

（二）原始生殖细胞具有特征性的表面标志物

人类原始生殖细胞高表达碱性磷酸酶、糖脂类 SSEA8、糖蛋白 TRA-1-60、TRA-1-81、EMA-1、转录因子 Oct4 及端粒末端转移酶（hTERT）。PGC 在适当的培养条件下可以形成细胞集落，其形态和功能类似于未分化的胚胎干细胞，并具有部分胚胎干细胞的特点，例如：体外培养能长期生存；可以产生胚状体；具有多向分化潜能；将其注入小鼠胚泡可以产生嵌合体等。

PGC 的分化需要 BMP 和转化生长因子超家族成员的协同作用。BMP-4 由胚外中胚层产生，与 PGC 的形成相关。在体外 PGC 的分离和培养过程中，需要在基础培养液中添加一些细胞因子抑制其分化，促进细胞生长和增殖。目前常用的细胞因子主要有：白血病抑制因子（LIF）、碱性成纤维细胞生长因子（bFGF）、干细胞因子（stem cell factor，SCF）等。上述细胞因子可以激活 PGC 细胞内相应的信号转导通路，一方面阻碍 PGC 的分化进程，使其静止于非分化的 PGC 前体细胞；另一方面促进细胞增殖，获得大量具有多向分化潜能的生殖干细胞。

第三节　干细胞"干性"的调控机制

干细胞的"干性"（stemness）是指能够维持自我更新和分化的潜能，即干细胞经过自我更新形成与母代细胞相同的细胞，同时又具有分化为多种或某种终末细胞的能力。在机体发育和再生过程中，来自干细胞微环境的外源性信号分子系统和干细胞内源性因子（包括重要转录和表观遗传因子）相互整合，协调干细胞的增殖，抑制关键分化基因的表达，维持胚胎干细胞的未分化状态，调控干细胞的分化潜能与进程。干细胞增殖与分化的平衡对于保持机体的稳态平衡十分必要。一旦平衡被打破，将出现细胞增殖与分化紊乱：例如细胞不受限制地过度增殖，导致肿瘤的发生；或者干细胞提前终止分化，造成组织发育的缺陷等。因此对影响干细胞分化和发育过程的细胞内外源因子的认识，有助于了解干细胞"干性"维持和机体发育稳态的分子机制，并为开发可能的新型治疗技术提供理论基石。

一、细胞外信号分子通过调控细胞内一些重要转录因子来维持干细胞"干性"

干细胞的"干性"是指干细胞保持未分化的特性，即干细胞能够维持自我更新和分化的潜能。干细胞经过自我更新可以形成与母代细胞完全相同的细胞，同时干细胞具有分化为多种终末细胞的能力。目前对胚胎干细胞"干性"的研究较为深入。胚胎干细胞主要通过细胞外信号分子调控细胞内一些重要转录因子，促进干细胞增殖，抑制细胞分化关键基因的表达水平，维持胚胎干细胞的未分化状态。目前已知的主要细胞外因子包括白血病抑制因子 LIF、BMP-4 等，细胞内重要的转录因子包括 STAT3、Oct3/4、Sox2 和 Nanog 等。

（一）LIF 是目前唯一明确的保持小鼠干细胞干性的重要细胞因子

研究者将小鼠胚胎干细胞（ES）培养于用放射性核素照射后失去增殖能力的小鼠成纤维细胞上，成功建立了体外 ES 培养系统。在随后的研究中发现，如果没有这一层称为饲养细胞（feeder cell）的成纤维细胞，小鼠胚胎干细胞将难以保持未分化状态，提示成纤维细胞分泌的某些细胞因子能够有效地促进 ES 细胞自我更新和/或同时抑制了 ES 细胞的分化。直到 1988 年，Austin Smith 才鉴定出成纤维细胞分泌的细胞因子 LIF 是保持 ES 细胞干性的重要分子。LIF 也称为分化抑制因子（differentiation inhibition factor），属于 IL-6 超家族成员，可以活化细胞内重要的信号转导分子——信号转导及转录激活蛋白（signal transducer and activator of transcription，STAT），调控干细胞未分化与分化基因间的平衡，影响细胞增殖或细胞周期进程，使 ES 细胞保持未分化状态。

LIF 受体属于 I 类细胞因子受体。高亲和力的 LIF 受体主要包括 gp130 和 LIFRβ 的异二聚体，跨膜糖蛋白 gp130 是 LIF 信号传递的共用关键分子，gp130 主要通过下游 JAK/STAT 分子进行细胞内信号传递过程。LIF 结合于细胞膜上，引发了 gp130 在局部的聚集，而后活化受体相关的激酶 Janus 家

NOTES

族 JAK,促使 STAT 进入细胞核,与特定基因的重要调控区域结合,调控重要基因的转录与表达。

目前的研究发现,LIF 并不是维持干细胞干性的唯一外源细胞因子,其他一些重要的细胞因子也参与维系干细胞的未分化状态,例如 BMP-4、Wnt 信号分子等。通常情况下,这些细胞因子通过激活相关的信号途径协同作用,或者以细胞内效应分子交互影响的形式调控细胞增殖和分化的关键基因。例如 LIF 激活的 STAT3 就可以和 Oct3/4 相互协调,调控细胞周期的一些关键基因表达,保持干细胞的未分化状态。目前将维持 ES 细胞干性的其他重要因子统称为胚胎干细胞自我更新因子(ES cell renewal factor,ESRF)。

(二) 一些重要的转录因子参与调控干细胞的未分化状态

真核生物调控基因表达的一种重要方式是通过转录因子调控。转录因子是结合于基因上游特异核苷酸序列(例如启动子、增强子序列)的蛋白质分子,具有结合特异 DNA 序列和激活基因转录的活性。细胞外信号分子例如 LIF 等作用于干细胞,通过细胞内信号途径的逐级放大,以转录因子作为信号传递的中间体,与特定基因的 DNA 结合,激活某些关键基因的转录,从而调控细胞增殖与分化的平衡,维持干细胞的未分化状态(图 5-16-7)。

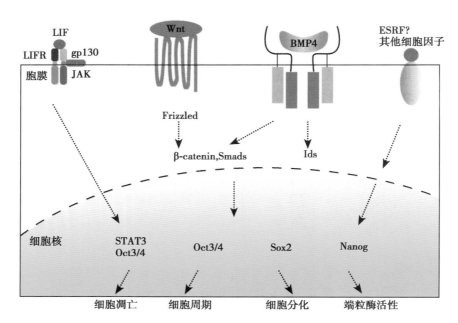

图 5-16-7　维持胚胎干细胞干性的主要调控因子
小鼠 ES 细胞干性维持的三个层次:一是外援的重要信号分子;二是转录调控因子;三是调控细胞重要生命活动的重要基因。

1. **STAT3**　信号转导及转录激活蛋白(STAT)属于中晚期转录因子家族(latent transcription factors),目前已经成功鉴定了小鼠体内 7 种主要的 STAT 蛋白。除了 STAT4 主要表达于骨髓和睾丸以外,其他 STAT 分子在许多组织细胞内普遍表达。LIF 与细胞结合以后主要活化 STAT3 分子,STAT3 是细胞核内的重要转录调控因子之一,但 STAT3 的功能在不同组织类型的多能干细胞中具有多样和复杂的特点,例如小鼠和人的一些 EC 细胞系的增殖就不需要 LIF/STAT 信号,提示除了 LIF/STAT 信号途径以外,其他一些重要的转录因子也参与维持了干细胞的未分化特性。

2. **Oct3/4**　最早称为 Oct3 或 Oct4,现统一命名为 Oct3/4,由 *Pou5f1* 基因编码,属于 POU 家族 V 型转录因子。在胚胎发育的不同时期,转录因子按照发育时间顺序在不同组织结构发生有序的表达变化,被称为时空性表达调控,通常可以反映组织细胞分化发育过程的关键调控点。胚胎期 Oct3/4 的表达局限在全能干细胞和多能干细胞中,例如在受精卵、囊胚期内细胞团等可以检测到 Oct3/4 的高水平表达,但在已分化的滋养层细胞中表达水平迅速下降,Oct3/4 的上述表达特性提示其为维持干细胞未分化状态的一种重要转录因子。

3. Sox2　Sox（Sry related HMG box containing）是 Sry 相关转录因子家族的成员，通过 79 个氨基酸的 HMG（high mobility domain）结构域结合靶基因启动子区，和 Oct3/4 相互协同调控下游靶基因，例如 FGF4 和未分化胚胎细胞转录因子 1（undifferentiated embryonic cell transcription factor 1，UTF1）等，维持干细胞的未分化特性。Sox2 与 Oct3/4 共表达于囊胚期内细胞团、ES 细胞、EC 细胞以及生殖干细胞等，可以作为 Oct3/4 的协同分子，参与下游靶基因的转录调控。此外，Sox2 的表达还受到 Oct3/4 和 Sox2 自身表达水平的调控，能够以正反馈调控机制参与 ES 细胞"干性"的维持。

4. Nanog　Nanog 是维持干细胞未分化状态的重要转录因子，特异性表达于 ES 细胞、囊胚期内细胞团或原始生殖细胞。体外培养的未分化 ES 细胞、EC/EG 细胞系也高表达 Nanog 分子。*Nanog* 基因属于 ANTP 类，*Nanog* 编码 NK2 家族的同源异形框（homeobox）转录因子。去除 *Nanog* 基因将会导致 ESCs 向原始内胚层样细胞的分化，这表明 *Nanog* 基因是阻止 ESCs 分化为原始内胚层的关键因子。在缺乏 LIF 外源信号作用下，可以维持小鼠 ES 细胞未分化状态。但另一方面，Nanog 的表达却不受 STAT3 的直接调控，而且也不能完全替代 Oct3/4 的功能。

二、干细胞"干性"维持有赖于细胞内复杂的协同反馈调控网络

转录因子通常特异性地结合于基因转录起始位点上游的启动子区来调控基因的转录。胚胎干细胞通过细胞内一些重要转录因子调控干细胞增殖和分化关键基因的表达水平，来维持未分化特性。

2005 年 Laurie A. Boyer 采用一种染色质免疫沉淀结合启动子区芯片分析的技术，系统分析了上述转录因子调控 ES 细胞的靶基因群。出乎意料的是，转录因子 Nanog、Oct3/4 以及 Sox2 并不是简单线性、互不关联的，而是以一种复杂的、协同反馈调控网络的形式，共同调控维系干细胞"干性"的靶基因群。

首先，Nanog、Oct3/4 以及 Sox2 在相同靶基因启动子区重叠出现的概率非常高。在半数以上 Oct3/4 结合的靶基因启动子区，同时结合有 Sox2，而且在 >90% 的 Oct3/4 和 Sox2 结合区，同时结合 Nanog，未分化的 ES 细胞共有超过 350 种靶基因同时被上述三种转录因子调控。除此以外，Nanog、Oct3/4 以及 Sox2 还能分别与各自的启动子结合，形成交互作用的自我调控网络，维持干细胞的未分化特性。例如下游靶基因 *FGF4*、*Nanog* 以及 *Zfp42/Rex1* 可以同时接受 Oct3/4 和 Sox2 的协同调控，转录因子之间还可以形成转录调控复合物，例如 Nanog 可以形成同源二聚体，Oct3/4-Sox2、Oct3/4-Nanog、Nanog-Sal14 等可以形成异源二聚体，共同调控下游靶基因的表达。

此外，Nanog、Oct3/4 以及 Sox2 三种转录因子还存在自身负反馈调控机制。例如 Oct3/4 可以直接与 *Nanog* 启动子结合，调控 *Nanog* 的表达。Oct3/4 的表达水平异常升高时，却可以抑制 *Nanog* 启动子的活性。这种复杂的调控网络有助于 Oct3/4 的表达水平保持稳定，进而维持 ES 细胞的"干性"特征。

三、细胞外信号分子参与调控干细胞的自我更新与分化潜能

干细胞微环境中的胞外信号分子可以通过细胞内的信号途径来调控干细胞自我更新和分化潜能的维持。干细胞增殖与分化的平衡对于保持机体内环境的稳态平衡十分必要。一旦平衡被打破，将出现细胞增殖与分化紊乱：例如细胞增殖不受限制，将会导致肿瘤的发生；或者干细胞未按照正常的分化过程提前终止分化，造成组织发育的缺陷等。因此对干细胞分化和发育过程中的一些重要信号途径的认识，有助于了解干细胞发育的分子机制，并为将来可能开发的新型干细胞治疗技术提供理论支持。

（一）TGF-β/BMP 信号在干细胞的发育中起重要作用

1. 配体、受体和信号传递过程　目前已经鉴定了 30 余种转化生长因子，包括 TGF-β、激活素（activin）、抑制素（inhibin）和骨形成蛋白（bone morphogenetic protein，BMP）等，它们组成了哺乳动

物细胞的 TGF-β 超家族,通过受体介导的细胞内信号传递影响靶基因的转录和表达,调控干细胞的增殖与分化。TGF-β 家族的细胞膜受体是跨膜的丝氨酸/苏氨酸蛋白激酶(serine/threonine protein kinase),分为Ⅰ型和Ⅱ型受体。TGF-β 首先与Ⅱ型受体的胞外区结合,导致受体分子空间构象改变,引起Ⅰ型受体磷酸化,磷酸化的Ⅰ型受体依次使细胞内底物信号蛋白 Smad 磷酸化,Smad 蛋白形成复合物,然后转移到细胞核内,与特异 DNA 序列结合,或与其他 DNA 结合蛋白相互作用,募集转录子共激活或共抑制因子调控靶基因的表达。

TGF-β 信号从细胞膜到细胞核的传递过程是由 Smad 蛋白家族介导的,在哺乳动物细胞中至少包含 8 种 Smad 成员。TGF-β 家族信号传递所涉及的 Smad 因信号而异:TGF-β 和 activin 导致 Smad2、Smad3 活化,而 BMP 信号则活化 Smad1、Smad5、Smad8 分子。

BMP 是 TGF-β 超家族中最大的亚家族成员,目前至少有 20 多种 BMP 已被确认。BMP 信号同样需要Ⅰ型和Ⅱ型受体参与,哺乳动物有 3 种Ⅰ型受体(Alk2、Alk3、Alk6)和 3 种Ⅱ型受体(BMPR-Ⅱ、ActR-ⅡA 和 ActR-ⅡB),BMP 与细胞膜上不同的受体结合,导致了细胞对 BMP 信号的不同反应。BMP 主要有两种信号传递通路,一种是经典的 TGF-β/BMP 信号途径,Id(inhibitor of differentiation or inhibitor of DNA binding)是 BMP 调控的重要靶基因,Id 可以作为负向或正向调控因子来调控干细胞的分化。BMP 另外一条信号旁路则是由 TGF-β 活化的酪氨酸激酶(TAK1)所介导,通过活化丝裂原活化蛋白激酶(mitogen activated protein kinase,MAPK),将 BMP 和 Wnt 信号交互联结,协调这两种信号途径的作用。

家族受体是由Ⅰ类受体和Ⅱ类受体组成的丝氨酸/苏氨酸蛋白激酶异二聚体复合物,TGF-β 家族与受体结合后,首先使细胞内底物信号蛋白 Smad 磷酸化,Smad 蛋白形成复合物,然后转移到细胞核内,与特异 DNA 序列结合,调节目的基因的转录。Wnt 与受体 Frizzled 以及共受体分子 LRP5/6 结合,活化下游效应分子 Disheveled(Dsh),导致降解复合物 APC/Axin/GSK3β 失活,阻断 β-catenin 的降解。β-catenin 在细胞内集聚,与转录因子 Tcf4/Lef 结合形成转录复合物转运入核,启动下游靶基因如 c-Myc、cyclin D1 等的转录和表达,调节细胞生长和分化(图 5-16-8)。

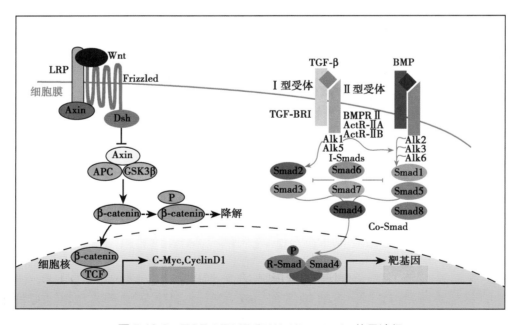

图 5-16-8　TGF-β/BMP 和 Wnt/β-catenin 信号途径

2. TGF-β 家族在干细胞发育中起重要作用

(1)TGF-β 家族调控胚胎干细胞的增殖与分化:TGF-β 维系胚胎干细胞未分化特性,同时也是 ES 细胞分化起始阶段胚层定向发育的调控因子。未分化 ES 细胞特异表达 Nodal 和 activin 受体,可以和 Wnt 信号协同保持 ES 细胞的未分化特性,而 BMP,特别是 BMP-4 与 LIF 互为制约因子,通过抑制 ES 细胞的神经谱系细胞定向分化,间接维持 ES 的干性。在调控 ES 细胞分化起始阶段胚层的定向发育上,activin 或 TGF-β 可以诱导 ES 向中胚层细胞分化,BMP 则诱导 ES 向中、内胚层和滋养层细胞分化。

（2）对造血干细胞分化的影响:TGF-β 可以抑制早期多能造血干细胞的增殖,但对发育晚期造血祖细胞的调控作用较为复杂,通常与其他因子一道共同调控造血干细胞的分化进程。BMP 在胚胎发育早期诱导造血组织的分化,在造血干细胞谱系分化过程中,与其他重要的细胞因子例如 Wnt、Notch 等促进造血干细胞的定向分化和增殖。TGF-β 信号分子对造血干细胞分化调控的复杂性,需依赖于活化的受体分子、活化的 Smad 以及组织干细胞分化状态和种类的不同,同时造血干细胞微环境中,与 TGF-β 相关联的各种细胞因子之间也存在相互协调作用。

（3）对间充质干细胞分化的调控:TGF-β 可以抑制间充质干细胞向成肌细胞、成骨细胞、成脂肪细胞分化,保持间充质干细胞的增殖状态。但是 BMP 却具有强大的驱动间充质干细胞向成骨细胞分化的特性,在某些特殊培养条件下,BMP 还可以诱导 MSC 向脂肪细胞分化,此外 BMP 可能促进 MSC 向不同谱系细胞间的转分化。

（二）Wnt 是干细胞正常分化与增殖所需的重要细胞因子

1. 配体、受体和信号传递过程 Wnt 信号途径的研究始于 20 世纪 80 年代初,Wnt 是调控胚胎正常发育、参与机体维持稳态平衡的重要细胞因子,在进化上高度保守,目前已经在线虫、果蝇、高等脊椎动物中发现了 Wnt 信号途径的存在。细胞外 Wnt 紧密连接于细胞外基质,通过结合细胞膜上的特异受体发挥信号调控作用。

Wnt 信号通路是目前已知复杂的信号途径之一,主要包括四种传递方式,其中经典通路是所有 Wnt 信号途径中研究最为透彻的,在干细胞分化中的作用也受到广泛的关注。在经典途径信号传递过程中,Wnt 信号首先与靶细胞表面受体 Frizzled 家族及共受体 LRP5/6 结合,通过 Dishevelled 蛋白拮抗 β-catenin 降解复合物 APC-Axin 的形成,进而阻断 β-catenin 磷酸化和泛素化,引起 β-catenin 分子在细胞内集聚,并与转录因子 Tcf4/Lef 结合形成转录复合物转运入核,启动下游靶基因例如 *c-Myc*、*cyclinD1*、*AP-1* 等的转录和表达,调控细胞生长和分化。负性调控分子 *APC* 抑癌基因、糖原合成酶激酶（GSK3β）、Axin 可以促使 β-catenin 在 GSK3β 激酶作用下发生磷酸化并降解,维持胞内低浓度的 β-catenin,从而保证细胞行使正常的生理功能。哺乳动物至少有 19 种 Wnt、10 种 Frizzled 受体分子以及两种共受体 LRP5/6,此外还有许多抑制分子,例如可溶性 Frizzled 蛋白（sFRP）、DKK 以及一些激动剂,例如 Norrin 和 R-spondin 等,因此 Wnt 经典通路如此众多的受体-配体结合模式,造成了 Wnt 信号途径的复杂性,并最终引起细胞不同的应答方式（见图 5-16-8）。

2. Wnt 信号在干细胞发育中的重要作用

（1）Wnt 信号经典通路调控干细胞的自我更新与增殖:Wnt 或 β-catenin 过表达可以抑制胚胎干细胞向神经干细胞的分化,并保持胚胎干细胞的未分化状态。此外,Wnt 还可以调控小肠干细胞、皮肤干细胞和造血干细胞的增殖。

（2）Wnt 信号在神经系统发育中的重要作用:神经干细胞的自我更新以及定向分化均受到胞外信号分子的精细调控,Wnt 信号途径不但参与神经干细胞的自我更新和增殖,并且通过多种方式作用于不同分化阶段的神经干细胞,调控相关基因的表达。Wnt 信号调控神经干细胞分化的方式比较复杂,在胚胎早期发育过程中,Wnt 信号途径可以抑制胚胎干细胞向神经干细胞的分化,但在随后的神经系统分化过程中,Wnt 或 β-catenin 的持续活化能促使早期神经嵴干细胞向感觉神经细胞的定向分化。因此,Wnt 信号在不同部位神经干细胞的应答方式不同,并且可以在不同分化阶段神经干细胞内其他细胞因子的影响下,产生完全不同的应答。

（3）Wnt 信号途径在造血干细胞中的分化与发育:Wnt/β-catenin 信号途径的重要分子例如 β-catenin、GSK3β、Axin 和 TCF4 等参与造血干细胞的形成,Wnt 信号途径的活化能够激活造血干细胞的自我更新。Wnt 还与其他信号分子例如 BMP、Notch 等协同作用,促进小鼠造血干细胞增殖并维持未分化形态。存在于骨髓造血干细胞微环境中的 Wnt 信号,可以协同调控造血干细胞的定位、增殖和分化。

(三) 其他信号分子以网络调控方式调控干细胞的增殖与分化

除了 TGF-β/BMP 和 Wnt/β-catenin 信号途径外,还有一些重要的信号分子参与干细胞分化和发育的调控,例如 FGF 信号调控胚胎干细胞的分化与发育,Notch、Hh 信号参与神经系统、造血系统和骨髓间充质干细胞的增殖与分化等。总之,在不同组织干细胞微环境中,没有任何一种信号分子对干细胞的生物学行为呈现单点、一一对应的调控方式,都是通过不同信号分子的协同作用形成了复杂的调控网络,共同调控干细胞的增殖与分化。

四、表观遗传修饰参与调控干细胞的正常分化与发育

表观遗传修饰是指在编码基因序列不变的情况下,决定基因表达与否并可稳定遗传的调控方式。与经典的孟德尔遗传方式不同,表观遗传修饰并不涉及基因序列的改变,而是在某些胞内和胞外因素作用下,基因的表达发生改变,并影响细胞表型(phenotype)、细胞功能乃至个体的发育。由于这些变化没有直接涉及基因的序列信息,因此称为表观遗传修饰,主要包括组蛋白共价修饰、DNA 甲基化和 microRNA 调控等。DNA 甲基化修饰主要抑制基因的转录。组蛋白共价修饰的方式较多,包括乙酰化、甲基化、磷酸化、泛素化等,在调控基因的转录上发挥着重要和复杂的作用。近十年来,表观遗传修饰通过调控基因转录和表达进而调控干细胞的分化与发育备受关注。

(一) 组蛋白共价修饰在调控基因转录中的重要作用

组蛋白是真核生物染色体的结构蛋白,是一类小分子碱性蛋白质,分为 H1、H2A、H2B、H3 及 H4 五种类型,它们富含带正电荷的碱性氨基酸,能够与 DNA 带负电荷的磷酸基团相互作用。组蛋白修饰状态的改变,将引起 DNA 和组蛋白的结合状态发生变化,因此组蛋白是重要的染色体结构维持单位和基因表达的调控因子。

胚胎干细胞(ES)与定向分化的神经干细胞相比,染色质的空间结构发生了特征性的动态变化:ES 细胞中染色质结构更为紧密,形成更为离散的局部"浓缩"区,而转录活化部位染色质结构区 H3 和 H4 乙酰化修饰水平增加;在 LIF 活化的 STAT3 相关靶基因启动子区也发现了组蛋白的共价修饰;组蛋白脱乙酰酶 1(histone deacetylase, HDAC1)调控的组蛋白乙酰化状态在胚胎干细胞分化过程中处于动态变化,HDAC1 调控组蛋白去乙酰化程度,有助于染色质的浓缩和对基因的转录抑制。因此在不同类型的组织干细胞或干细胞发育的不同阶段,细胞内特征性的组蛋白修饰,可以将基因组分割成为活化基因区、抑制基因区以及待活化区域,使基因的转录和表达呈现独特的模式,精细调控干细胞的分化与发育。

(二) DNA 甲基化修饰

DNA 甲基化是另外一种表观遗传修饰方式,主要与基因抑制(gene suppression)相关。哺乳动物的 DNA 甲基化修饰主要发生在胞嘧啶,由 DNA 甲基转移酶(DNA methyltransferase, Dnmt)催化 S-腺苷甲硫氨酸作为甲基供体,将胞嘧啶转变为 S-甲基胞嘧啶(mC)的反应。基因上游启动子区是 DNA 甲基化主要的调控区域。未分化干细胞与进入分化进程的干细胞中重要功能基因的甲基化状态不同,在未分化干细胞中,87% 的功能基因与 DNA 甲基化相关。维持干细胞干性的重要转录因子的活化状态也与细胞的甲基化状态相关,在未分化 ES 细胞,*Nanog* 和 *Zfp42/Rex1* 启动子保持去甲基化状态;而在已分化细胞,*Oct3/4* 以及 *Nanog* 基因启动子区呈甲基化修饰状态。DNA 羟基化的发现是近年来发育和干细胞生物学研究的重大进展,不仅揭示了 DNA 如何完成去甲基化的机制,而且彰显了羟基化相关的表观遗传分子比如 TET 家族在早期发育、多能干细胞和组织干细胞命运决定及人类疾病中关键调节作用。

(三) miRNA 的作用

microRNA(miRNA)是一类由内源基因编码的长度约为 22 个核苷酸的非编码单链 RNA 分子,它们在动植物中参与转录后基因表达调控。目前,在动植物以及病毒中已经发现有数万个 miRNA

分子。miRNA 可以调控干细胞的增殖与分化。如在 mESC 中,miR-290 通过抑制其靶基因 Rbl-2 (retinoblastoma-like 2)的表达,从而促进 Dnmt3a/b 的表达,进而对 Oct4 的 CpG 岛甲基化,导致 Oct4 稳定地沉默,促使 mESC 正常分化;在体细胞中过表达某些 miRNA 包括 miRNA-200c、302/367 等可以诱导多能干细胞的生成,更彰显了 miRNA 在干细胞维持中的决定性作用。这些多能性相关的 miRNA 大多可以激活相关的转录因子如 Nanog、Oct3/4 和 Sox2 并且受到反馈调控。事实上,已有的研究表明由 miRNA 和转录因子的正负反馈调控网络系统是实现精准调控生命现象包括干细胞特性的关键手段。

干细胞的分化常常伴随着明显的细胞形态和功能的改变,这在很大程度上是由于不同的基因表达模式所决定的。基因表达调控的表观遗传修饰方式之间,以及这些修饰方式与维系干细胞未分化特性的重要转录因子之间,存在着相互协调和相互影响的复杂网络,使得细胞内某些重要功能基因被选择性激活或抑制,共同调控干细胞的分化和发育过程。

五、干细胞分泌的外泌体

细胞外囊泡(EV)是几乎所有细胞类型分泌的小脂质颗粒。它们可以直接从细胞膜释放,也可以在多泡体(MVB)和细胞膜融合后释放。根据它们的大小、来源和货物异质性(即 DNA、蛋白质、各种类型的 RNA)可分为不同类型,传统上,细胞外囊泡根据大小可分为三种类型,例如外泌体(exosome)、微泡(microvesicle)、凋亡小体。外泌体可以通过细胞外刺激、微生物攻击和其他应激条件的诱导等而生成。在刺激作用下细胞内溶酶体微粒内陷形成 MVB,其与细胞膜融合,向胞外分泌大小均一的囊泡,即是外泌体。但其形成与分泌的具体分子机制还需进一步的探讨。目前普遍的观点认为,异于普通微泡直接由细胞出芽脱落生成,外泌体的形成始于细胞内陷形成早期内体(early endosome),随后在内体转运复合体(endosomal sorting complex required for transport,ESCRT)及一些相关蛋白的调控下,早期内体内出芽形成多个腔内小囊泡构成的 MVB,后者最后在 GTP 酶家族中的 RAB 酶的调节下与细胞膜融合向外界分泌腔内囊泡,即外泌体。借助外泌体的上述生长因子、细胞因子和遗传信息,可以产生广泛的治疗效果,例如调节炎症、细胞生长、迁移和血管化。但是并非所有外泌体都有望实现所有这些效果;它的性能将主要取决于它们的来源细胞。

第四节　干细胞与疾病的关系

一、传统的肿瘤发生假说不能圆满解释肿瘤的发生机制

传统观念认为肿瘤的发生是一种克隆进化疾病(clonal evolution disease)。从生物进化角度来看,肿瘤是由一群基因或表观遗传异常的细胞组成。肿瘤细胞发生了基因突变或表观遗传性状的改变,于是细胞获得了无限增殖的能力和恶性转化特征。"克隆进化"假说认为,肿瘤的发生是体细胞基因多阶段突变积累和演变的过程,经历了起始(initiation)、积累(accumulation)和促进(promotion)三个阶段。在起始阶段,肿瘤细胞常发生一系列的基因突变,例如,原癌基因的激活、抑癌基因的失活等变化。在积累和促进阶段,肿瘤细胞常常还产生额外的基因突变,并给予细胞选择性优势,例如细胞生长加快、具有侵犯和转移特征等,这些肿瘤细胞形成过程中的克隆性选择(克隆进化),使肿瘤生长更快、恶性表型增加。

"克隆进化"假说在许多肿瘤的临床观察中得到了验证。结肠癌的发生是典型的、研究较为透彻的基因突变积累过程的例子。首先,结肠上皮隐窝细胞发生 APC 抑癌基因的突变导致局部异常隐窝出现,这是结肠癌发生的起始事件;随后,异常隐窝上皮积累 k-ras 或其他原癌基因突变导致结肠腺瘤发生,此为肿瘤细胞基因突变的积累阶段;进一步发展出现 Smad2/4 以及 p53 基因突变,最终促进结肠癌的发生。20 世纪 60 年代发现染色体异位和基因融合在白血病和淋巴瘤发病机制中具有重要作

NOTES

用,例如,急性淋巴细胞白血病出现染色体易位,这种易位使 9 号染色体长臂远端的 *ABL* 原癌基因转移至 22 号染色体 *BCR* 基因部位,形成 *BCR-ABL* 融合基因,这些都是基因突变或染色体异常导致肿瘤发生的直接证据。

但是基因突变与"克隆进化"假说并不能圆满解释肿瘤的发生机制。首先,基因突变假说认为突变发生在体细胞,而就肿瘤形成所需要的突变概率而言,体细胞的自发突变形成肿瘤的可能性是比较小的;其次,在正常人体除了增殖活跃的细胞(例如表皮和肠上皮细胞)以外,大多数体细胞处于相对静止状态。因此,肿瘤的发生还必须突破细胞静止状态的限制,例如逃逸一些调控细胞周期关键分子的作用等。相反,干细胞具有自我更新和多向分化潜能,其强大的增殖能力可以作为肿瘤细胞的重要来源,同时它们在体内长期存在,也为基因积累突变提供了基础。因此,研究者发现,干细胞似乎比体细胞更容易出现基因积累突变,并且具有较强的克隆扩增能力,是较体细胞更适合的肿瘤起源细胞。这样,"肿瘤起源于干细胞"的假说开始建立(图 5-16-9)。

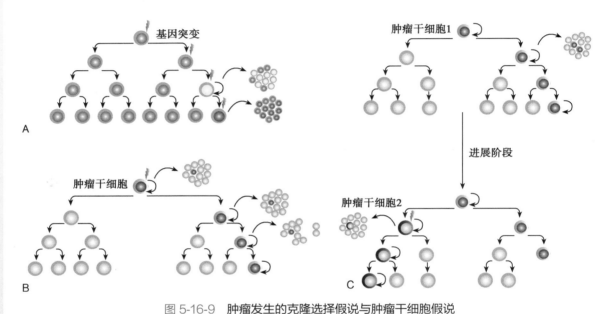

图 5-16-9　肿瘤发生的克隆选择假说与肿瘤干细胞假说
A."克隆进化"假说;B."肿瘤干细胞"模型;C."肿瘤干细胞"与传统的"克隆进化"模型结合。

"克隆进化"假说认为,肿瘤的起源和发生是体细胞多阶段的基因突变积累和演变的过程。肿瘤的发生通常经过了多轮基因突变,并且基因突变形成的肿瘤细胞都具有相似的致癌性(图 5-16-9A);而"肿瘤干细胞"模型认为,肿瘤干细胞具有自我更新和无限的增殖能力,肿瘤干细胞是肿瘤组织中唯一的肿瘤起源细胞(图 5-16-9B);但"肿瘤干细胞"与传统的"克隆进化"假说并不排斥,在肿瘤发生的初始阶段,某种肿瘤干细胞可能(如肿瘤干细胞 1)是诱导肿瘤发生的起源细胞。在肿瘤的进展阶段,由于基因积累突变和克隆进化作用,肿瘤干细胞 1 成为肿瘤干细胞 2,细胞生长更快、具有更强的侵犯和转移特征和选择性生长优势,成为优势细胞群,最终导致肿瘤的形成(图 5-16-9C)。

二、肿瘤干细胞假说为肿瘤发生机制的认识提供了新的思路

(一)肿瘤干细胞是肿瘤发生的原始细胞

1. 肿瘤干细胞的发现　1994 年 John Dick 实验室首先发现急性髓细胞白血病(AML)患者体内存在肿瘤干细胞,虽然这种细胞在外周血中占很少的比例(1/250 000 细胞),但是一旦移植到免疫缺陷小鼠,可以诱导 AML 的发生。2003 年,Michael Clarke 和 Peter Dirk 相继证实了乳腺癌干细胞和脑肿瘤干细胞的存在。目前已经在肠道肿瘤、骨肉瘤、肝癌等实体瘤以及血液系统肿瘤中发现了肿瘤干细胞(tumor stem cell,TSC)。"肿瘤干细胞假说"认为,大部分的肿瘤细胞不能维系肿瘤的生物学特征,

也不能在身体其他部位形成转移瘤,在肿瘤组织中只占很小比例的肿瘤干细胞才是肿瘤发生的起源细胞,能够保持肿瘤细胞的恶性表型。

2. 肿瘤干细胞的概念　肿瘤干细胞(TSC)也称为肿瘤起源细胞(tumor initiating cell),是从肿瘤组织中分离或鉴定的少数细胞,具有无限的自我更新和诱导肿瘤发生的能力,是肿瘤产生的种子细胞。肿瘤干细胞并不完全来源于正常干细胞。根据肿瘤组织不同,肿瘤干细胞可能起源于干细胞、谱系祖细胞或者分化细胞,其主要生物学特征包括:①选择性诱导肿瘤的发生和细胞的恶性增殖;②通过自我更新产生相同的肿瘤干细胞;③能进一步分化形成成熟的肿瘤子代细胞。

3. 肿瘤干细胞的表面标志物　目前已经在血液系统肿瘤和一些实体瘤中发现了肿瘤干细胞的特征性标志物。根据上述标志物,从肿瘤组织中分选出的肿瘤干细胞都能在动物模型中新生肿瘤(表 5-16-1)。

表 5-16-1　已经鉴定的肿瘤干细胞表面标志物

肿瘤类别	细胞表面标志物	肿瘤类别	细胞表面标志物
急性髓细胞白血病	$CD34^+/CD38^-$	神经系统肿瘤	$CD133^+$
结肠癌	$CD133^+$	胰腺癌	$CD44^+/CD24^+/ESA^+$
多发性骨髓瘤	$CD34^-/CD138^-$	乳腺癌	$CD44^+/CD24^-/low$
肝癌	$CD90^+/CD45^-$	头颈部肿瘤	$CD44^+/Lineage^-$

4. 肿瘤干细胞与正常干细胞的比较　不同的肿瘤干细胞虽然起源不同,但与正常干细胞比较,有许多的共同属性:①具有一些共同的表面标志物:例如造血干细胞和白血病细胞都表达 CD34 和 CD90,肝干细胞和肝癌细胞中都有 CK18 和 CK19 的表达,CD133 和 nestin 是神经干细胞的标志物,同时在脑胶质细胞瘤和脑室膜瘤等常见脑肿瘤中也有表达。②均具有体内组织器官的迁移能力:造血干细胞可以迁移到肝脏并分化为肝细胞,而恶性转移也是多数肿瘤具有的特征。③均具有强大的自我更新能力:正常干细胞的自我更新受到细胞内外信号分子的严密调控,而肿瘤干细胞的增殖不受限制;例如,白血病细胞中 *BMI1 polycomb* 原癌基因及 Wnt 信号效应分子 β-catenin 异常高表达,细胞异常增殖。④存在相似的调控自我更新的信号转导途径:例如 Wnt、Notch、BMI1、Shh 等信号途径等,但与正常干细胞不同,肿瘤干细胞的许多信号途径发生了异常改变。

(二) 干细胞异常分化和增殖导致肿瘤的发生

1. 干细胞未成熟分化和异常增殖与肿瘤的发生　正常胚胎的分化和发育是一个有序的过程。组织干细胞是保持自我更新还是进入分化状态,向什么方向分化,均取决于干细胞与微环境之间的信息交流。不同谱系、不同发育阶段干细胞所处的微环境是动态的,微环境中的各信号分子通过自分泌或旁分泌的形式,协同作用或相互制约,形成对干细胞分化的精细时空调控,从而使干细胞按照既定的程序进行分化。

肿瘤是一种细胞增殖与分化疾病,也就是说肿瘤细胞是增殖与分化异常的细胞,肿瘤细胞除了具有无限增殖和侵袭转移能力以外,另外一个重要的生物学特征就是低分化状态。无论肿瘤的组织来源如何,肿瘤总是表现出低于其对应组织的分化程度,因此从细胞分化的角度来看,肿瘤是由分化不完全的细胞所组成的。肿瘤干细胞微环境结构发生改变或破坏,使得分化成熟细胞的增殖受到抑制,加上致癌物的作用使分化诱导信号受到干扰,干细胞不能分化成熟或者分化过程发生改变,细胞分化偏差形成肿瘤。实际上肿瘤细胞的许多恶性表型特征,在干细胞未成熟分化阶段也可能出现。肿瘤细胞能够产生胚胎期组织曾经产生过的某些蛋白质,例如,肝癌细胞产生的癌胚抗原 AFP 就是胚胎肝组织发育的重要标志物,再如造血干细胞和白血病细胞都表达 CD34 和 CD90 分子等。肿瘤组织分化状态的不同,是由于其含有不同分化程度的干细胞所造成的。高分化状态的肿瘤细胞是干细胞进行一定程度的分化形成的,而低分化肿瘤细胞则由干细胞与部分幼稚分化的子细胞组成(图 5-16-10)。

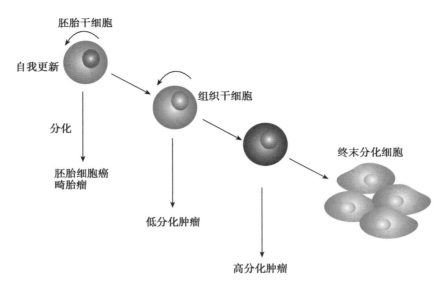

图 5-16-10　干细胞异常分化与肿瘤的发生

干细胞从全能干细胞到终末分化细胞的分化阶段中,都可能出现细胞的分化异常或者偏差,最终产生的肿瘤分化程度是由引起异常分化细胞自身所处的分化阶段所决定的。

2. 肿瘤干细胞微环境与肿瘤干细胞恶性变化　相对于干细胞微环境,研究者提出了肿瘤干细胞微环境的概念。有人推测它有两种存在形式:活化型(与肿瘤的发生有关)和静息型(一般的干细胞微环境)。目前对肿瘤干细胞微环境的研究刚刚起步,许多肿瘤干细胞微环境的定位还不清楚,但可以肯定的是,肿瘤干细胞微环境中的信号异常活化或者结构改变,是肿瘤干细胞恶性表型的重要刺激因素。

正常情况下,造血组织、小肠以及毛囊干细胞微环境通过抑制干细胞的生长和分化,使大部分组织干细胞保持静息状态。在接受外来刺激信号以后,干细胞开始增殖和分化。因此,动态的微环境对维持干细胞的自我更新与分化平衡以及干细胞群体的稳定性是非常关键的。干细胞微环境中 BMP 与 Wnt 信号是一对拮抗与刺激细胞生长的调控分子,BMP 抗生长信号与 Wnt 促生长信号的平衡调控了干细胞增殖与分化的平衡,如果微环境中这种平衡被打破,干细胞将表现为生长不受限制。例如在小肠腺瘤细胞、皮肤毛囊肿瘤细胞和淋巴细胞性白血病细胞,Wnt 信号异常活化,导致效应分子 β-catenin 核内异常积聚,最终引发调控细胞增殖与分化的下游基因表达失调,而 BMP 信号的缺失也会导致小肠、皮肤或者造血干细胞分化异常并形成肿瘤。

肿瘤干细胞微环境与肿瘤的转移和侵袭之间也有密切的关系。正常干细胞微环境的基本功能之一是将干细胞定位于微环境中,接受信号分子的调控。"定位"效应主要通过许多黏附分子介导,例如含有钙黏着蛋白、β-catenin 的黏附复合物等。在造血干细胞的活化与迁移过程中,基质金属蛋白酶 9(MMP-9)对细胞外基质成分的水解作用有利于 HSC 的增殖和迁移,而 MMP 家族也是参与肿瘤细胞转移的重要分子。再如整联蛋白对神经干细胞和造血干细胞的迁移有重要作用,但同时也与肿瘤细胞的恶性转移相关。另外一些重要的化学趋化因子和受体例如 CXCR4 和 CCR7 对乳腺癌的恶性转移也有重要作用。

(三)肿瘤干细胞概念为肿瘤发生机制和治疗的研究开辟了新的路径

"肿瘤干细胞"与传统的"克隆进化"假说并不矛盾。首先,"克隆进化"假说提出的基因积累突变最容易发生在机体内长期存在的细胞,而肿瘤干细胞的重要特征之一就是在体内持久栖息,因此成为基因突变发生的首要场所。其次,干细胞的生物学行为受到赖以生存的微环境的严密调控,肿瘤干细胞也不例外。肿瘤发生的克隆进化过程可能就是通过肿瘤干细胞微环境对肿瘤干细胞实施逐步筛选,最终使肿瘤细胞获得恶性生长表型。最后,肿瘤细胞的异质性可能是由同一多能干细胞克隆的不同分化阶段造成的,也可能由于基因的不稳定性或突变,造成肿瘤干细胞与形成的肿瘤细胞基因表达谱的差别。"肿瘤干细胞"与"克隆进化"假说相互补充,更好地解释了"克隆进化"假说不能解释的一些临床现象,例如临床抗肿瘤治疗虽然杀灭了大部分快速增殖的肿瘤细胞却不能根治肿瘤,原因在于肿瘤组织中存在一小部分肿瘤干细胞,肿瘤干细胞作为肿瘤发生地起源细胞,通常是增殖缓慢的细胞,对以肿瘤细胞快速增殖为靶向的治疗方式不敏感,因此常规治疗难以根治肿瘤。

肿瘤干细胞概念的提出不但加深了人们对肿瘤发生机制的认识,而且对肿瘤的治疗研究也开辟了新的思路。研究证实,从淋巴细胞白血病患者体内分离获得的肿瘤干细胞对化疗药物的敏感性较分化细胞差。因此,对肿瘤干细胞及其异常微环境的深入研究,将有利于寻找肿瘤治疗新的药物靶点,开发出更加有效的肿瘤治疗药物。例如,大多数肿瘤干细胞端粒酶(TERT)的表达活性异常升高,下调 TERT 表达可能成为新的肿瘤治疗靶点;化学趋化因子和受体例如 CXCR4、SDF1 等在肿瘤干细胞的转移和侵袭中发挥重要作用,CXCR4、SDF1 的特异性抗体或竞争性抑制剂或许也是新的抗肿瘤治疗药物;目前已经发现肿瘤干细胞存在许多与耐药相关的 ATP 离子通道,针对多药耐药基因(MDR)的基因靶向治疗也是今后抗肿瘤药物发展的重要方向。

肿瘤干细胞假说的提出,掀起了新一轮关于肿瘤发生机制的热议。目前有学者对肿瘤干细胞假说表示质疑。首先,他们认为肿瘤干细胞研究中通常采用的异种移植方法忽略了微环境对肿瘤细胞生物学行为的影响。微环境对肿瘤干细胞存活与更新、保持成瘤性、侵袭性以及分化潜能,逃逸药物杀伤作用等都起到了非常重要的作用。此外,由于物种的差异,人类肿瘤细胞的异种移植不一定形成鼠肿瘤,同时小鼠移植人体肿瘤细胞后生成的肿瘤不一定是人的肿瘤干细胞;其次,干细胞在进入分化程序后,首先要经过一个短暂的增殖期,产生过渡放大细胞(TA 细胞),由于过渡放大细胞的分裂速度很快,似乎更适合肿瘤细胞恶性增殖的需要,因此肿瘤发生的基因突变到底发生在干细胞水平还是TA 细胞水平,还需要实验证实;另外,虽然目前报道了不少肿瘤干细胞标志物和以此建立的分离技术,但是这些标志物其实也是干细胞的标志物,目前还没有发现真正意义的肿瘤干细胞表面分子,因此肿瘤干细胞的分离还存在技术性困难;最后,由于目前实验技术的有限性,还未能建立完整的肿瘤细胞追踪实验,以证实肿瘤细胞是否全部来自肿瘤干细胞。因此肿瘤干细胞假说的推出,虽然能够对肿瘤的发生机制带来新的思考,但是由于目前知识面和研究手段的局限,还不能回答肿瘤发生的关键性问题,肿瘤的成因尚待深入研究。

三、干细胞的衰老与老年疾病、退行性疾病的发生相关

正常人体的衰老是一个复杂的生理过程,细胞出现一些渐进的表型和功能改变,而这些改变又受到组织微环境的影响。与衰老相关的组织病理学改变通常表现为细胞失去增殖与凋亡之间的平衡,出现细胞 DNA 损伤和凋亡信号途径的活化。大多数干细胞在体内的生存期较长,组织干细胞在衰老过程中出现的基因和表观遗传的改变以及与干细胞微环境相互作用的失调会导致组织干细胞表现出异常的生物学行为。

第五节　细胞重编程及诱导多能干细胞

一、体细胞重编程为干细胞和再生医学的研究开辟了全新的领域

受精卵发育为成熟个体的过程中,细胞分化是以单向的方式进行的,即细胞分化程序一旦启动,原始细胞分化为具有特定表型的功能细胞的进程一般不会逆转。但是在某些实验条件下,这种逆转可能发生。其中,细胞重编程(reprogramming)能引导体细胞基因表达向胚胎细胞或者其他类型细胞转变,细胞重编程为干细胞和再生医学的研究开辟了全新的领域。细胞重编程被生物学领域的学者

深切关注,是因为:①深入研究细胞重编程的发生机制,有助于人们加深对细胞分化的认识和对细胞表达特殊功能基因的理解。②细胞重编程是细胞替代治疗(cell replacement therapy)需要解决的第一个关键步骤。用正常细胞取代缺陷或衰老细胞的最理想的状况是,用患者自身的体细胞(例如皮肤细胞)经过细胞重编程产生细胞谱系转化,最终替换病变组织细胞(例如心肌、胰腺等),从而避免异体细胞移植发生的免疫排斥反应。③细胞重编程允许培养病变组织来源细胞,为分析疾病的发生本质及治疗药物的筛选提供了有利的工具。

目前认为,细胞重编程的机制主要为:①细胞重编程的进程可能经历了一种中间细胞状态。处于此期的细胞表现出不完全的多能干性,即部分重编程,表现在某些"干性"基因启动子区或染色质没有完全解除抑制。这可能是由于重编程诱导初期,干性基因的起始表达水平较低,处于分化与多能干性的中间状态,一部分细胞出现了重编程,还有一部分没有完全转化。②与 ES 细胞调控分化与发育相关的染色质修饰蛋白,例如 PcG(polycomb group)蛋白和组蛋白对细胞转化成多能干细胞具有重要作用。③某些维持干细胞未分化状态的关键基因例如 *Oct3/4*、*Nanog*、*Sox2*,其启动子区 DNA 甲基化与去甲基化状态对细胞的重编程以及维持细胞的多能干性非常关键。④某些原癌基因例如 *c-Myc* 和 *Klf4* 等虽然并非细胞重编程必需的诱导因子,但可以明显提高重编程的效率和加快重编程进程。⑤细胞融合诱导的重编程的重要分子机制还涉及染色质蛋白的交换,目前已经证实蛙卵细胞中一些重要的蛋白是调控重编程所必需的,如果卵细胞与被融合体的细胞核进行一些重要染色质蛋白的交换,那么融合细胞发生完全重编程的可能性大大增加。

二、细胞重编程的新技术具有重大的理论意义和实用价值

(一) 核移植技术提供了实现体细胞分化逆转的重要手段

体细胞核移植技术(somatic cell nuclear transfer,SCNT)是将体细胞核导入供体去核卵细胞,形成克隆囊胚泡,建立胚胎干细胞,最终发育为生物学意义上的成熟个体。1952 年 Robert Briggs 和 Thomas J. King 首次成功进行了细胞核移植实验,他们将囊胚期胚胎的细胞核移植到去核的豹蛙卵细胞中,最终发育形成正常的蝌蚪,此后用非洲爪蟾(*Xenopus laevis*)正常分化的小肠上皮细胞经过去分化处理也能发育为正常的成年蛙。但是哺乳动物体细胞的核移植和去分化实验却一直未能成功。直到 1996 年 SCNT 技术发生了突破性进展:Ian Wilmut 采用正常培养的乳腺细胞核导入去核的绵羊卵细胞,培育出世界上第一只克隆羊 Dolly,标志着 SCNT 可以将发育成熟的体细胞完全逆转形成多能干细胞,并最终发育成正常个体。此后在其他哺乳动物例如奶牛、山羊、猫、猪等进行的体细胞克隆实验也取得了成功。

在体细胞核移植过程中,蛙卵细胞的一些重要蛋白是调控细胞重编程所必需的,例如 ISWI 蛋白参与体细胞和卵细胞胞质蛋白的交换,Brg1 对活化干性维系基因 Oct3/4 是非常关键的。同时 ISWI 和 Brg1 还是调控细胞染色体重建的 ATP 酶,在核移植过程中可能参与某些关键基因的活化。

(二) 体细胞与胚胎干细胞融合将表现出多能干性

采用已经建立的人类胚胎干细胞系(hESC)与成体细胞融合,产生的融合细胞将保留干细胞特性,同时具有成体细胞基因型特征。1976 年 Richard A. Miller 和 Frank H. Ruddle 首次证实,将胸腺细胞与胚胎肿瘤细胞融合后,融合细胞可以表现出多能干性,胸腺细胞与小鼠 ES 细胞融合也表现出多向分化潜能,融合细胞移植到裸鼠体内可以形成畸胎瘤。体细胞与 ES 细胞融合后如何产生多能干性的分子机制目前还不明确,或许与多能干细胞特异的转录因子 Nanog 有一定关联。

(三) 细胞谱系转化打破了传统的细胞单向分化规则

谱系转化(lineage switching)的概念最早在 1991 年由 Harold Weintraub 提出,他在实验中发现如果非肌细胞过表达 MyoD 这种肌细胞特异转录因子,可以直接将非肌细胞转化为肌细胞。此外,血液细胞过表达某些关键转录因子,将活化或抑制决定某些细胞谱系分化命运的关键基因,同样可

以打破细胞分化平衡,甚至还可以逆转细胞分化进程。最近有实验证明可以将胰腺外分泌细胞直接转化为执行内分泌功能的 β 细胞。在细胞谱系转化的过程中,发现并鉴定将一种细胞类型转化为另一种细胞的特异转录因子是非常关键的,谱系转化为改变细胞分化命运提供了新的手段。由于谱系转化没有经过逆分化为原始多能干细胞再转分化的过程,而是细胞间的直接转化,所以其通常只局限发生在同胚层或同一谱系祖细胞内,例如肝细胞与胆管上皮细胞、脂肪细胞与成骨细胞间等。

(四)转录因子联合诱导多能干细胞的产生是细胞重编程研究的热点

诱导多能干细胞(induced pluripotent stem cell,iPSC)是将非多能干细胞(例如成体体细胞)通过诱导表达某些特定基因转变成为多能干细胞。经过诱导的多能干细胞与自然状态的多能干细胞是相同的,在许多生物学特性方面还与胚胎干细胞一致:具有自我更新和分化潜能;表达某些特定的干细胞蛋白质;染色质甲基化状态;细胞增殖特性;体外培养形成胚状体;体内移植形成畸胎瘤等。2006年京都大学教授山中伸弥(Shinya Yamanaka)首先通过转染 4 个转录因子基因 *Oct3/4*、*Sox2*、*c-Myc* 和 *Klf4* 诱导小鼠成纤维细胞建立了小鼠 iPS 细胞,并命名这 4 个因子为 Yamanaka 因子。2007 年 Thompson 和 Yamanaka 在人体细胞成功发展了 iPS 技术。2009 年周琪等利用 iPS 细胞,通过四倍体囊胚注射得到存活并具有繁殖能力的小鼠"小小",从而在世界上第一次证明了 iPS 细胞的全能性。iPS 的建立被认为是干细胞乃至整个生物学领域划时代的重大发现,除了在干细胞治疗与再生医学研究领域的应用价值以外,也是生物发育与疾病发生机制研究方法学上的突破(图 5-16-11)。John B. Gurdon 与 Shinya Yamanaka 因此获得 2012 年度诺贝尔生理学或医学奖。

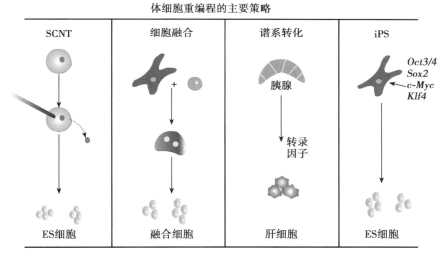

图 5-16-11 细胞重编程的技术方法

(五)iPSC 具有和胚胎干细胞相似的生物学特征

1. 细胞生物学特征 iPSC 具有和胚胎干细胞相似的生物学特征。①形态学特点:iPSC 形态与 ES 相似,单个细胞呈圆形,核大,胞质少。形成的细胞克隆也与 ES 细胞相似,人类 iPSC 克隆呈扁平状、边缘锐利,小鼠 iPSC 克隆呈圆形、堆积更为紧密。②生长特性:细胞倍增和有丝分裂时间对 ES 细胞执行生物学功能是非常重要的,iPSC 有丝分裂和自我更新特性与 ES 相同。③干细胞表面标志物:人 iPSC 表达 hESC 特异的标志物,例如 SSEA-3、SSEA-4、TRA-1-60、TRA1-81、Nanog 等,小鼠来源的 iPSC 特异表达 SSEA-1。④干细胞特异基因:iPSC 表达未分化的 ES 细胞特异基因,包括 *Oct3/4*、*Sox2*、*Nanog*、*FGF₄*、*Rex1*、*hTERT* 等。⑤端粒酶活性:ES 细胞表达高水平的端粒酶活性,是保持干细胞无限增殖特性的重要原因,iPSC 同样具有活跃的端粒酶活性,以维持细胞的自我更新与增殖。

2. 多向分化潜能 iPSC 可以向神经干细胞或心肌细胞分化。向神经细胞诱导分化时,可以表达 βⅢ微管蛋白、酪氨酸羟化酶等特异细胞标志;诱导向心肌细胞分化时可以出现自发搏动,并表达心肌细胞特异蛋白。

3. 表观遗传学特征 包括:①启动子区甲基化:甲基化过程常常伴随着基因的封闭和抑制,因此甲基化是有效抑制基因转录的重要方式。维系干细胞特性的重要基因例如 *Oct3/4*、*Rex1*、*Nanog* 等启动子区域在已分化的成体细胞中被甲基化,而在 iPSC 中变为去甲基化,说明上述基因的活化诱导了 iPSC 的发生。②组蛋白的去甲基化:组蛋白是与 DNA 紧密相关的蛋白质,组蛋白的修饰可以造成染色质空间结构发生改变,进而调控基因的转录与表达。iPSC 中与 *Oct3/4*、*Sox2*、*Nanog* 相关的组蛋白 H3 发生去甲基化改变,也提示上述基因的活化参与 iPSC 的形成。

小结

个体的正常发育及机体内稳态平衡的维持,有赖于干细胞在时间和空间上的有序增殖和分化。干细胞是具有"无限"增殖能力和多向分化潜能的细胞,目前已经在发育期胚胎和成体多种组织器官内发现了干细胞的存在。这些不同种类干细胞的分化潜能以及生物学行为有较大差异,但总是与其所在组织器官的结构和功能相适应。干细胞除了具有一般细胞的基本生命特征,例如增殖、分化、衰老等以外,还表现出一些特异的生物学行为,包括独特的非对称分裂方式、多向分化潜能、表达特征性的基因产物、特定条件下的可塑性等。干细胞的基本生物学特征和功能行为在不同的组织器官中、不同的发育阶段中,以及不同生理和病理状态时可能不同。干细胞生物学基础的复杂性,也从一个侧面反映出生命过程调控的复杂性和多样性。

目前,胚胎干细胞的培养体系已经比较成熟,人类和小鼠等多种哺乳动物的胚胎干细胞已经培养成功。但是组织干细胞的体外培养和高效扩增技术还有待发展,一方面是由于组织干细胞种类繁多、起源尚不明确。另一方面是因为各种类型的组织干细胞(包括生殖干细胞)生活在各自特殊的微环境中,微环境组成差异较大,而且在不同生理或病理状态下,干细胞微环境也表现出差别。目前对干细胞的生物学特性及其功能行为调控机制正进行着逐渐深入的研究,包括胚胎干细胞保持"干性"的分子机制研究、组织微环境中调控干细胞功能行为的重要信号途径的剖析等。通常干细胞的基因表达调控是通过外源分子、细胞内信号途径、转录因子三种水平进行的,此外表观遗传修饰和转录因子之间也存在复杂的调控网络,使得细胞内某些功能基因被选择性激活或抑制,共同调控干细胞的分化和发育过程。干细胞基础生物学研究的长足进步,将会对细胞生物学和发育生物学的发展带来新的冲击和变革,目前认为,肿瘤、退行性疾病以及机体的衰老与干细胞的生物学行为改变都是息息相关的。

现代细胞生物学技术、新材料技术的发展,以及诱导分化体系和新的模式动物(转基因动物和基因敲除动物模型)的采用,特别是细胞重编程和 iPS 技术的建立,以及干细胞的三维培养、3D 打印技术用于组织构建,使得干细胞研究进入了一个全新的发展时期。以干细胞为工程材料的组织工程与细胞治疗已经显示了良好的潜在应用前景,但干细胞治疗要真正进入临床还有赖于干细胞基础生物学研究的进步,包括对干细胞增殖动力学(非对称分裂与对称分裂)的研究,对干细胞分化机制的详细阐释,以及干细胞体外培养体系的建立与优化等,以期在整体水平上提高干细胞组织工程的研究水平。

(张 军)

思考题

1. 干细胞是具有自我更新和分化潜能的细胞,可以作为临床疾病细胞治疗的细胞来源。请谈谈不同类型干细胞治疗临床疾病的优劣。

2. 什么是诱导多能干细胞(iPSC)?请简述 iPSC 研究的意义,并展望未来 iPSC 研究的方向和应用。

3. 肿瘤干细胞被认为是肿瘤耐药和复发的原因。请谈谈你对肿瘤干细胞的认识,以及基于肿瘤干细胞的肿瘤治疗的方向。

第十七章

细 胞 工 程

【学习要点】

1. 细胞工程涉及细胞核移植、染色体工程以及细胞重编程等主要技术。

2. 细胞工程的主要应用包括但不限于生产医药领域所需要的蛋白质、建立基因工程动物、通过组织工程手段在体外构建组织和器官以及细胞治疗等。

3. 体外培育形成具备三维结构和功能的类器官在科研和临床上都具有广阔的应用前景。

细胞工程（cell engineering）也称细胞技术，是在细胞水平上，采用细胞生物学、发育生物学、遗传学及分子生物学等学科的理论与方法，按照人们的需要对细胞的性状进行人为的修饰，以获得具有产业化价值或其他利用价值的细胞或细胞相关产品的综合技术体系。生物细胞工程包含细胞核移植、染色体工程、细胞重编程和类器官建立等技术，其本质是一种细胞操作技术。随着转基因技术的问世，细胞工程在人类的生产和生活中，特别是农业和医学领域都开始发挥越来越重要的作用。

第一节　细胞工程概述

细胞工程是生物工程（bioengineering）的基本组成部分之一。生物工程也称生物技术（biotechnology），它与人类社会的进步和发展密切相关。生物技术的出现，可以追溯到史前时期，我国劳动人民对其发展有过巨大的贡献。旧石器时代，神农氏就曾传授种植谷物的方法；新石器时代，我国就会利用谷物造酒，掌握了世界上最早的发酵技术；周代后期，又出现了豆腐、酱油和醋的制作技术，而且沿用至今。公元 10 世纪，我国开始使用预防天花的活疫苗，并在人群中广泛接种，以后，这种疫苗接种技术又通过丝绸之路传到了欧洲。在西方，生物技术的利用也有很早的历史。公元前 6 000 年前，古苏美尔人和古巴比伦人已开始制作啤酒；公元前 4 000 年前，古埃及人开始制作面包，这些都是发酵技术的利用。但发酵技术被有意识地用于大规模的生产，则是在 19 世纪 60 年代以后。当时，法国科学家 L. Pasteur 首先证实了发酵系微生物引起，并建立了微生物的分离培养技术，从而为发酵技术的发展提供了科学的理论基础，使发酵技术的利用进入了一个快速发展阶段。典型的例子是 20 世纪 20 年代青霉素的发现和 50 年代出现的氨基酸及酶制剂的工业化，这些对人类健康和社会发展产生了很大的影响。20 世纪中叶分子生物学的兴起，对生物技术的发展产生了巨大的推动作用。1944 年，O. T. Avery 采用肺炎双球菌的转化实验证明了遗传物质的化学本质是 DNA；1953 年，J. D. Watson 和 F. Crick 提出了 DNA 分子结构的双螺旋模型；20 世纪 70 年代初，DNA 重组技术的出现，使人们能通过对基因的人为操作，实现对微生物、植物和动物遗传性状的定向改造，这样的技术体系被称为遗传工程（genetic engineering）或基因工程（gene engineering）。此后，由于"基因-蛋白质-细胞-个体"这一关系的日渐明确，加之基因、蛋白质和细胞操作技术的快速发展，不仅能够对它们进行分离纯化，而且可能对其结构和功能进行精细分析，从理论上讲，任何生物体的性状都可以被定向地改造或修饰。尤其在近年中，人类基因组、干细胞、基因组修饰以及动物克隆等领域的研究和技术的快速发展，似乎把生物技术的应用范围扩大到了整个生命科学乃至整个人类社会。

然而，生物技术的发展速度很不平衡。在过去相当长的历史时期，它只表现为生产劳动中的经验积累和简单利用,对社会的影响有限。直到现代,由于微生物学、细胞生物学、遗传学和分子生物学的发展,生物技术的内容开始急骤扩大,而且成为推动人类社会发展的重要因素之一。因此,习惯上将旧时期出现的制造酱、醋、酒、面包、奶酪、酸奶及其他食物的传统工艺称为传统生物技术(traditional biotechnology),而将 20 世纪新出现的各种生物技术统称为现代生物技术(modern biotechnology)。现代生物技术是在现代生命科学中众多学科或研究领域的基础上发展起来的一门综合性的新兴学科。根据所操作对象和所涉及技术的不同,现代生物技术可分为基因技术、细胞技术、基因酶技术、发酵技术及蛋白质技术等。若从应用角度考虑,则可将它们分别称为基因工程、细胞工程、酶工程、发酵工程及蛋白质工程等。当然,这种划分只是相对的,因为它们本身就存在着一定的内在关联,而且在实际应用中,要完成一种产品往往是多种工程技术综合应用。基于本学科特点的考虑,本章仅就细胞工程的基本概念进行简要介绍。

第二节　动物细胞工程涉及的主要技术

在现代生物技术中,细胞工程是最为基本的技术体系,因为其他生物工程技术体系大都需要以细胞工程为基础。细胞工程的应用范围很广,当今生命科学中的许多热点领域(如再生医学、组织工程、细胞治疗、克隆动物及转基因动物等)的快速发展都是细胞工程技术的成功应用。根据操作对象的不同,细胞工程可分为微生物细胞工程、植物细胞工程和动物细胞工程,本节仅介绍动物细胞工程。然而,动物细胞工程所涉及的技术方法也很多,至少需要基因操作、细胞的遗传修饰、细胞的表型分析,以及工程化细胞的应用等方面的相关技术,故本节仅就最为常用的大规模细胞培养、核移植和基因组修饰的基本技术加以介绍。

一、细胞核移植是获得各种克隆动物的关键技术

细胞核移植(nuclear transplantation)是利用显微注射装置,将一个细胞的核植入于另一个已经去核的细胞中,以得到重组细胞的技术过程。通常所说的核移植,则是指将一个二倍体的细胞核植入于另一个已经去核的细胞(受精卵或处于减数第二次分裂中期的卵母细胞)中,以得到重组细胞,并使其在一定环境中生长发育,最后获得新的个体的综合技术体系。

（一）核移植技术仍处于不断改进中

在过去的几十年中,核移植技术一直处于不断发展的过程中,再加上不同物种的生长发育又具有一定的特殊性,所以,核移植的技术路线在不同的实验室、或对于不同的物种都可以有很大的不同。为了反映核移植的基本做法,以及这一领域的前沿状态,现以哺乳动物核移植为例来加以说明。图 5-17-1 显示了核移植的基本技术路线,同时也显示了目前的一些最新进展。

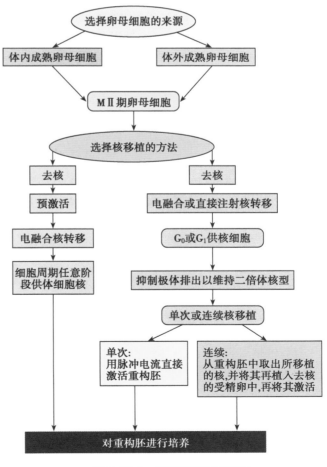

图 5-17-1　核移植过程示意图

1. 受体细胞的选择 在核移植发展的早期,多采用受精卵(合子)细胞作为受体细胞,后来发现处于 MⅡ期的卵母细胞更适合作为受体细胞。而在猪的克隆中,则结合采用了上述两种受体细胞,才成功获得克隆个体。大量的证据表明,受精卵及处于 MⅡ期的卵母细胞的细胞质,可以使所植入的细胞核基因组的行为发生重编程(reprogramming),以致处于不同分化程度的供核细胞(如胚胎细胞或成年体细胞)的核得以去分化、恢复到全能性状态。由此获得的重构卵,能够进入到正常的发育程序,从而获得其遗传背景完全源于供核细胞的动物个体。

2. 供核细胞的选择 早期的核移植技术基本上采用胚胎细胞作为供核细胞。但现已经知道,除胚胎细胞外,未分化的原始生殖细胞(PGC)与胚胎干细胞(ES 细胞)、胎儿体细胞、成年体细胞甚至是高度分化的神经细胞、淋巴细胞等均可作为供核细胞的来源,且均能够获得相应的克隆个体。对不同供核细胞来源的克隆研究结果表明,克隆效率一般随其供核细胞分化程度的提高而下降。

3. 去核 在核移植的实际操作中,上述受体细胞的核必须完全去除,这是细胞核移植能否成功的关键与前提。目前的去核方法主要有以下几种。

(1)紫外线照射去核法:通过一定剂量的紫外线照射卵母细胞,可破坏其中的 DNA 而成功去核,早期该法用于两栖类的克隆中,因对细胞损伤较大,目前基本上已废弃。

(2)盲吸去核法:这是目前大多数核移植所采用的去核方法。它是根据 MⅡ期卵母细胞中第一极体与细胞核的对位关系,在特定的时间段内,通过去核针直接将第一极体及其附近的胞质吸除,从而去除胞核。该法的去核成功率可高达 80%。

(3)蔗糖高渗处理去核法:它是用 0.3~0.9mol/L 的高渗蔗糖液处理卵母细胞一段时间,通过去核针去除卵胞质中透亮、微凸的部分(约 30% 胞质)。该法的去核成功率可高达 90%,且已成功获得了克隆个体。

(4)透明带打孔去核法:鉴于小鼠的细胞膜系统较脆,常规的盲吸法去核后,卵母细胞的存活率往往较低。因而预先用显微针在透明带打孔,然后以细胞松弛素处理后去核,可大大提高去核后卵母细胞的存活率。

(5)超速离心法:通过超速离心,可将卵母细胞的胞核与胞质分离开。因只在个别实验室成功,尚不具推广价值。

4. 重构胚的组建 目前的通常做法是采用显微操作的方法,直接将供核细胞移植到已经去核的、处于 MⅡ期的卵母细胞(或受精卵)的透明带下,然后通过细胞融合(电融合或仙台病毒介导)的方式,使供核细胞与受体细胞发生融合,由此实现细胞核与细胞质的重组,形成重构胚。这种方法存在一个问题,即供核细胞的胞质也参与重构胚的胞质的组分,这有可能导致克隆动物组织细胞中线粒体的多样性;另一种做法是以显微针反复抽吸供核细胞,从而分离出其中的胞核部分,然后将胞核直接注入细胞核已去除的受体细胞中(MⅡ期卵母细胞),直接构成重组胚,这种方法主要被用于克隆小鼠的构建。

5. 重构胚的激活 在正常受精过程中,会发生一系列精子激活卵母细胞的事件。因而,在重构胚组合成功后,也必须要模拟体内的自然受精过程,对重构胚施以激活。激活通常采用化学激活与电激活的方法。

(1)化学激活:以离子霉素(短暂诱导 Ca^{2+} 峰)处理 5min,然后以 6-DMAP(蛋白激酶抑制剂,降低 MPF 活性)处理 5h。其间应根据供核细胞与受体细胞细胞周期组合的要求,考虑是否添加细胞松弛素(cytochalasin B)以抑制或促进第二极体的排出,以维持重构胚最终 2 倍体的核型。

(2)电激活:在操作程序上与重构胚组建时的电融合方法相同,一般在实现电融合的同时亦实现了电激活,但此时 Ca^{2+} 浓度应明显高于正常电融合(而不电激活)时的浓度,该法目前主要用于胚胎细胞作供核的核移植实验中,激活处理后的重构胚,继续培养后,能够卵裂的,表明重构胚已激活。否则,激活失败。

6. 重构胚的培养与移植 重构胚被激活后,须经一定时间的体外培养,或放入中间受体动物(家兔、山羊等)的输卵管内孵育培养数日,待获得发育的重构胚(囊胚或桑葚胚)后,方可将之移植至受体的子宫里,经妊娠、分娩获得克隆个体。

（二）核移植技术可使用不同的供核细胞

1. 胚胎细胞核移植 胚胎细胞核移植技术的应用已有半个世纪的历史,德国科学家 H. Spemann 于 1938 年最先提出并进行了两栖类动物细胞核移植实验。R. Briggs 和 T. King 于 1952 年完成了青蛙的细胞核移植,但重构胚后来没有发育。中国学者童第周于 1963 年在世界上首次报道了将金鱼等鱼的囊胚细胞核移入去核未受精卵内,获得了正常的胚胎和幼鱼。K. Illmensee 和 P. Hoppe 于 1981 年首先对哺乳动物采用细胞核移植的方法进行克隆研究,他们将小鼠胚胎的内细胞团细胞直接注射入去除原核的受精卵内,得到了幼鼠。两年后,D. Solter 和 D. McGrath 对该实验方法作了改进,以 2 细胞期、4 细胞期及 8 细胞期的小鼠胚胎细胞和内细胞团的细胞为供核细胞,并获得了克隆后代。他们的工作为哺乳动物的细胞核移植奠定了基础。

S.Willadsen 于 1984 年得到了世界上第一只以未分化的胚胎细胞为供核细胞的核移植绵羊。1995 年 7 月,英国 Roslin 研究所的 I. Wilmut 等用已分化的胚胎细胞作为供核细胞,克隆了两只绵羊,分别命名为 Megan 和 Morag(图 5-17-2)。

他们的工作表明,成熟卵母细胞比受精卵更适于用作细胞核移植的受体细胞,且发育至桑葚胚的细胞核,经显微注射法植入去核的成熟卵母细胞而得到的重建胚,仍具有发育的全能性。迄今为止,胚胎细胞核移植技术已在两栖类、鱼类、昆虫和哺

图 5-17-2 克隆羊 Megan 和 Morag

乳类等动物中获得成功。其中,在进化上界于两栖类和哺乳类之间的爬行类和鸟类等卵生动物的胚胎细胞核移植则尚未见报道。

2. 成体细胞核移植 1962 年,英国科学家 G. E. Gorden 用紫外线照射方法,使一种非洲爪蟾的未受精卵细胞核失活,然后将来自同种爪蟾的小肠上皮细胞核植入其中,并使其在适当的环境中生长发育。结果发现,约有 1% 的重组卵发育为成熟的爪蟾。这一成功,标志着由体细胞核培育动物的技术体系在两栖类上获得了成功。1997 年 2 月 23 日英国 Roslin 研究所正式宣布,I. Wilmut 等采用 6 岁绵羊的乳腺细胞作为供核细胞,成功地培育了克隆羊"多莉"(Dolly)。但实际上,"多莉"早于 1996 年 5 月就已出生。1997 年 7 月,I. Wilmut 等又以同样的方法产生了以培养的皮肤成纤维细胞(该细胞的基因组中带有人的基因)为供核细胞的克隆羊"Polly"。体细胞核移植的成功,是 20 世纪生物学突破性成就之一,尤其是在理论上证明,即便是高度分化的成体动物细胞核在成熟卵母细胞中仍然能被重编程,表现出发育上的全能性。

I. Wilmut 等早些时候关于胚胎细胞核移植的研究结果表明,处于第二次减数分裂中期(MⅡ)的卵母细胞质中含有大量的成熟促进因子(MPF),这些因子可诱导供核发生一系列形态学的变化,包括核膜破裂、早熟凝集染色体等。当供体核处于 S 期时,受体胞质中高水平的 MPF 使染色体出现异常的概率显著升高。而当供体核处于 G_1 期时,虽然供体核同样会出现早熟凝集染色体,但对染色体没有损害。基于这些发现,他们提出以下两个协调供体核和去核卵母细胞的途径:其一是选取处于 G_0 期或 G_1 期的细胞作为核供体;其二是选取 MPF 水平低时的卵母细胞作为受体。

获取 G_0 期或 G_1 期供核细胞的方法主要有两种:①血清饥饿法:I. Wilmut 就是采用该法获得 G_0 期细胞,并以此为供核细胞克隆了体细胞克隆羊"多莉"。其大致做法是,先将乳腺上皮细胞在含 10% 胎牛血清的培养基中培养,然后转入含 0.5% 胎牛血清的培养基中连续培养 5 天,从而使其培养细胞暂时性地退出增殖周期。②直接法:直接从 G_0 期或 G_1 期细胞组成比例高的组织中获取细胞作为供核细胞。如在刚排出的卵母细胞周围有一层卵丘细胞,这些细胞 90% 以上都处于 G_0 期或 G_1 期。

1999 年,美国夏威夷大学的 T. Wakayama 等就是采用这种卵丘细胞作为核供体,不经培养而直接用作核移植,获得 50 多只克隆小鼠。这一成功,有力地支持了 I. Wilmut 等关于受体细胞与供核细胞之间周期状态相关性方面的研究结论。

二、染色体工程是定向改造细胞表型的基本技术

染色体工程是实现细胞表型定向改造的基本技术之一。目前应用较多的是基因转移技术,方法主要包括物理法、化学法和生物法三大类。在实际工作中,可根据受体细胞的种类及最终目的等因素选择适当的方法。

(一)物理和化学转化法简便易行

利用物理和化学方法转化动物细胞的主要优点是转染体系较简单且不含任何病毒基因组片段,这对于基因治疗尤为安全。但转基因进入细胞后,往往多拷贝随机整合在染色体上,导致受体细胞基因灭活或转化基因不表达。目前在动物转基因技术中常用的物理和化学转化法包括以下几种。

1. 电穿孔法　这种方法利用脉冲电场提高细胞膜的通透性,在细胞膜上形成纳米大小的微孔,使外源 DNA 转移到细胞中。其基本操作程序如下:将受体细胞悬浮于含有待转化 DNA 的溶液中,在盛有上述悬浮液的电击池两端施加短暂的脉冲电场,使细胞膜产生细小孔洞并增加其通透性,此时外源 DNA 片段便能不经胞饮作用直接进入细胞质。该方法简单,广泛运用于培养细胞的基因转移,基因转移效率最高可达 10^{-3}。

2. 显微注射法　显微注射法主要用于制备转基因动物。该法的基本操作程序是:借助显微注射设备将 DNA 溶液迅速注入受精卵中的雄性原核内;然后将注射了 DNA 的受精卵移植到假孕母鼠中,繁殖产生转基因小鼠。该方法转入的基因随机整合在染色体 DNA 上,有时会导致转基因动物基因组的重排、易位、缺失或点突变,但这种方法应用范围广,转基因长度可达数百 kb。

3. 脂质体包埋法　将待转化的 DNA 溶液与天然或人工合成的磷脂混合,后者在表面活性剂存在的条件下形成包埋水相 DNA 的脂质体结构。当这种脂质体悬浮液加入细胞培养皿中,便会与受体细胞膜发生融合,DNA 片段随即进入细胞质和细胞核内。该方法基因转移效率很高,据报道最高时 100% 离体细胞可以瞬时表达外源基因。

4. 磷酸钙共沉淀法　受二价金属离子能促进细菌细胞吸收外源 DNA 的启发,人们发展了简便有效的磷酸钙共沉淀转化方法。此法将待转化的 DNA 溶解在磷酸缓冲液中,然后加入 $CaCl_2$ 溶液中混匀,此时 DNA 与磷酸钙共沉淀形成大颗粒;将此颗粒悬浮液滴入细胞培养皿中,37℃下保温 4~16h;除去 DNA 悬浮液,加入新鲜培养基,继续培养 7 天即可进行转化株的筛选。在上述过程中,DNA 颗粒也是通过胞饮作用进入受体细胞的。

5. DEAE 法　即葡聚糖法,最早的动物细胞转化方法是将外源 DNA 片段与 DEAE 葡聚糖等高分子碳水化合物混合,此时 DNA 链上带负电荷的磷酸骨架便吸附在 DEAE 的正电荷基团上,形成含 DNA 的大颗粒。后者黏附于受体细胞表面,并通过胞饮作用进入细胞内。但在许多细胞类型中这种方法转化率极低。

(二)生物转化法常用病毒基因组作为转化载体

将外源基因通过病毒感染的方式导入动物细胞内是一种常用的基因转导方法。根据动物受体细胞类型的不同,可选择使用具有不同宿主范围和不同感染途径的病毒基因组作为转化载体。目前常用的病毒载体包括:DNA 病毒载体(腺病毒载体、腺相关病毒载体、牛痘病毒载体)、反转录病毒载体和慢病毒载体等。用作基因转导的病毒载体都是缺陷型的病毒,其感染细胞后仅能将基因组转入细胞,无法产生包装的病毒颗粒。下面以腺病毒载体为例加以介绍。

腺病毒科为线型双链 DNA 病毒,无包膜,呈二十面体,共有 93 个成员,分两个属:哺乳动物腺病毒属和禽腺病毒属。目前已鉴定的人腺病毒有 6 个亚属,其中常用来构建载体的腺病毒主要是 C 亚属的 2 型(Ad2)和 5 型病毒(Ad5)。腺病毒感染人体细胞是裂解型的,不会致癌,但对啮齿目动物细胞来说,

绝大多数的腺病毒成员均能致癌。腺病毒基因组 DNA 全长 36kb,可包装片段的大小可比原基因组稍大(可达 37.8kb)。腺病毒作为转化载体的特点是:基因组重排率低,安全性好,不整合染色体,不导致肿瘤发生;宿主范围广,对受体细胞是否处于分裂周期要求不严格;外源基因在载体上容易高效表达。

病毒载体也具有一些缺点,如所有的病毒载体都会诱导产生一定程度的免疫反应,都或多或少存在一定的安全隐患,转导能力有限,以及不适合于大规模生产等。

三、细胞重编程技术可将一种类型细胞转变为另一种类型

由于细胞生物学、发育生物学、遗传学、分子生物学及生物信息学等学科领域的理论和技术的综合应用,目前已经能够采用明确的因子(转录因子或小分子化合物),有效地将一种类型的细胞重编程为另一种类型的细胞。最早的例子是日本京都大学山 S. Yamanaka 实验室(2006 年)将四种转录因子(Oct3/4、Sox2、c-Myc 和 Klf4)在成纤维细胞高表达,发现可诱导其细胞转化为具有多潜能性的胚胎干细胞样的细胞,并称为诱导多能干细胞(induced pluripotent stem cell),即 iPSC。iPSC 的出现,对细胞分化的传统理论形成了挑战,也对细胞在生物医药领域的应用提供了全新的理论基础,被认为是整个生命科学具有里程碑意义的重大进展,日本科学家 S. Yamanaka 也因此而获得了 2012 年诺贝尔生理学或医学奖。2012 年 7 月,北京大学邓宏魁教授又实现了用小分子化合物有效地将已分化细胞重编程为多潜能干细胞。这些方法避免了外源转录因子的使用,为人类重大疾病的细胞治疗的细胞来源带来了新的选择,也为细胞分化调控机制的研究提供了新的线索。

值得注意的是,最近又出现了组织干细胞或成熟细胞的直接重编程(direct reprogramming)技术,也称直接转分化(direct transdifferentiation)技术。采用这种技术,可以将处于分化状态的一种细胞谱系的细胞重编程为另一种细胞谱系的干细胞或成熟细胞。目前,已经出现了将成纤维细胞重编程为造血干细胞、神经干细胞、肝干细胞及成熟肝细胞等成功例子。已有的研究表明,采用直接转分化方法所得到的组织干细胞或成熟细胞,具有活体内的自然干细胞或成熟细胞的基本生物学特性,而且没有致瘤性。这意味着,直接转分化技术体系,在人类疾病的干细胞治疗、基本细胞模型的制备及新药研发等领域的应用中具有特殊价值。

除以上各种方法以外,细胞工程所涉及的技术还有许多,如细胞诱变、细胞融合、细胞拆合以及染色体转移等。

第三节　动物细胞工程的应用

细胞工程是生物工程的重要组成部分,在医学实践中有着极为广泛的应用,研究人员通过细胞工程技术生产了大量的医药产品、医学材料,建立了一些新的疗法。更令人振奋的是,细胞工程仍有广阔的领域有待开拓和深入。随着细胞工程研究的深入,人们对疾病的认识将不断加深,将会获得更多更有效的医疗产品,人类的健康水平必将会得到提高。本节对细胞工程现今的主要应用加以介绍。

一、利用细胞工程生产不同需求的蛋白质

(一) 单克隆抗体广泛应用于生物医药学领域

自 1975 年 G. Kohler 和 C. Milstein 建立 B 淋巴细胞杂交瘤技术制备单克隆抗体以来,针对各种抗原的单克隆抗体已被广泛应用于生命科学的各个领域。B 淋巴细胞杂交瘤技术将淋巴细胞产生单一抗体的能力和骨髓瘤无限增生的能力巧妙地结合起来,并可进一步筛选获得专一性的抗体。单克隆抗体的最主要优点在于它的专一性、均质性、灵敏性以及无限量制备的可能性。

单抗在生物工程技术中占有很重要的地位,已作为商品进入市场,其用途包括以下几方面:①作为体外诊断试剂。单克隆抗体最广泛的商品用途,目前仍然是用作体外诊断试剂。②作为体内诊断试剂。用放射性核素标记的单抗,在特定组织中进行成像,可用于肿瘤、心血管畸形的体内诊断。

③作为导向药物的载体。单克隆抗体最大的应用前景是作为导向药物的载体。导向药物是指对病变部位具有特异选择性的药物。未来抗癌药、抗菌药等的导向制剂将普遍取代现在的常规药。④作为治疗药物。用于治疗的单克隆抗体必须具有专一性高、稳定性好、亲和力强、分泌量大、针对非脱落抗原在靶细胞上的分布密度高等特点,但这是很难获得的。此外,近来也有报道用单克隆抗体检测工业生产及各种焊缝管道中的早期腐蚀以及作为某些化学工业的催化剂等。

(二)真核动物细胞表达系统用以生产复杂人体蛋白

由于微生物缺乏蛋白翻译后的加工修饰系统,故许多人体蛋白必须用真核动物细胞表达。第一个由重组哺乳动物细胞规模化生产的医用蛋白是"组织型纤溶酶原激活剂"(tPA)的溶血栓药物。该药物可用于脑卒中、心肌梗死等血栓疾病的溶栓治疗。另一个由哺乳动物细胞生产的人重组蛋白是凝血因子Ⅷ,临床上的血友病 B 就是由于该因子的缺乏造成的。人凝血因子Ⅷ是一种需要修饰才有活性的蛋白质,故必须采用重组哺乳动物细胞进行生产。此外,生物活性严格依赖于糖基化修饰的人促红细胞生成素(EPO)也必须用动物细胞生产,用于治疗因肿瘤化疗或肾脏疾病所致的红细胞减少症。

二、基因工程动物有非常广阔的应用前景

基因工程动物(genetically engineered animal)是通过遗传工程的手段对动物基因组的结构或组成进行人为的修饰或改造,并通过相应的动物育种技术,最终获得修饰改造后的基因组在世代间得以传递和表现的工程动物。利用这一技术,人们可以在动物基因组中引入特定的外源基因,使外源基因与动物本身的基因组整合,培育出可将外源基因稳定地遗传给下一代的转基因动物(transgenic animal),也可以在动物基因组的特定位点引入设计好的基因突变,导致基因失活或替换,培育出基因敲除动物(gene knockout animal)或基因重组动物(gene knockin animal)。目前基因工程动物已广泛应用于生命科学的研究中,而且,其技术本身的发展也很快,尤其表现为基因修饰的精确性与可调性技术能力的提高。基因工程动物在医药学方面的主要应用有以下几个方面。

(一)基因工程动物可用作疾病的动物模型

几乎所有的人类疾病(除外伤外)都有一定的遗传背景,在一定程度上都可以看作是遗传病。因此,利用基因工程动物制造出各种实验动物模型,给研究人类遗传疾病带来了极大的方便。由于小鼠与人类基因的同源性很高,对小鼠进行遗传操作的技术体系也十分成熟,再加上易于饲养和繁殖,因此,目前常以小鼠作为人类疾病的模型动物。例如,人们可以通过基因剔除技术,排除其他基因的干扰,以检测一个特定的遗传改变所产生的效应,从而确定致病基因的功能和致病机制。现已培育成功了包括动脉粥样硬化、镰状细胞贫血、阿尔茨海默病、前列腺癌在内的多种遗传疾病的模型小鼠。国内实验室已经成功地建立了乙型肝炎的转基因小鼠模型,为我国乙型肝炎病毒相关医学问题的研究提供了活体研究条件。

(二)基因工程动物可作为高效的动物生物反应器

把目标蛋白基因导入动物体内,以产生相应的转基因动物,并通过一定的方式,筛选其目的基因的表达可达到理想水平(即具有产业化价值)的转基因动物个体。由于这种动物可以产生目标蛋白质,整个个体就相当于一个传统的发酵罐,故将其称为转基因动物生物反应器(transgenic animal bioreactor)。在这种动物中,目标蛋白质可以在某些组织(如其乳汁、血液或尿液等)中高水平地或特异性地表达,这些组织就可以作为分离目标蛋白的材料来源。如果目标蛋白是在乳腺中特异性地表达,这种转基因动物个体可称为乳腺生物反应器(mammary gland bioreactor)。

(三)基因工程动物有望解决人类移植用器官

人们可以通过转基因猪来获得用于人类移植的器官。目前,转基因猪的肝脏已用于对虚弱的、无法接受肝脏移植手术的患者进行离体灌注。这些猪都经过了遗传工程改造,可以表达能够封闭某些补体的蛋白质,从而减少急性排斥反应。这样的器官还只能做短期代用,不能做永久移植,但是这种

获得器官的方式仍具有继续研究的前景。

三、组织工程通过生物和工程学手段在体外构建组织和器官

组织工程（tissue engineering）是指应用工程学和生物学的原理和方法来研究正常或病理状况下哺乳动物组织的结构、功能和生长的机制，进而开发能够修复、维持或改善损伤组织的人工生物替代物的一门学科。

在近几十年中，由于细胞大规模培养技术的日臻成熟，以及各种具有生物相容性和可降解的材料的开发与利用，使得制造由活细胞和生物相容性材料组成的人造生物组织或器官的愿望成为可能。目前，在体外构建基于活细胞工程化组织的核心方法是，首先分离自体或异体组织的细胞，经体外扩增达到一定的细胞数量后，将这些细胞种植在预先构建好的聚合物骨架上，这种骨架提供了细胞三维生长的支架，使细胞在适宜的生长条件下沿聚合物骨架迁移、铺展、生长和分化，最终发育形成具有特定形态及功能的工程组织（图5-17-3）。这一技术的关键是在细胞进行体外培养过程中，通过模拟体内的组织微环境，使细胞得以正常生长和分化。此过程通常包含三个关键步骤：①大规模扩增从体内分离获取的少量细胞；②在聚合物骨架上种植这些细胞，通过对骨架的内部结构与表面性能的优化设计，在"细胞材料"及"细胞细胞"的相互作用下，诱导细胞进行分化；③采用灌注培养系统，保持稳定的培养环境，长期维持工程组织正常的生长分化状态。应用这些方法已成功地在体外培养了人工软骨、皮肤等多种组织。

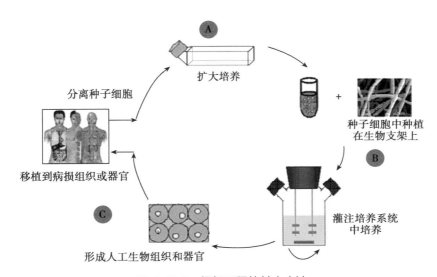

分离种子细胞

扩大培养

种子细胞中种植在生物支架上

灌注培养系统中培养

移植到病损组织或器官

形成人工生物组织和器官

图 5-17-3 组织工程的基本方法

1. 组织工程皮肤 目前处于研发阶段的组织工程产品有很多种，但获得美国食品药品监督管理局批准的组织工程产品只有人造皮肤。与传统的治疗方法相比，由活细胞和生物可吸收材料构成的人造生物皮肤具有以下优点：①细胞背景明确，产品质量可控，可有效防止异源皮肤移植时可能导致的疾病传染。②来源充足，可克服自（异）体移植物来源匮乏的缺点。例如，成纤维细胞可在体外传代60次而保持细胞的正常形态和功能，一个成纤维细胞经体外培养可扩增10^{18}倍，来自包皮环切术的一个新生儿包皮可在体外扩增为 25 000m^2 的人造皮肤。③免疫原性弱，移植排斥反应发生轻微。一般构成人造生物皮肤的细胞为角质形成细胞或成纤维细胞，角质形成细胞表面有人体白细胞抗原（HLA-DR），能引发比较轻微的同种异体移植排斥反应，而成纤维细胞一般不会激发免疫反应。④贮存运输方便，可低温冷冻保存，使用简便。⑤能为自体细胞修复伤口提供良好的生长环境。在对烧伤的治疗中可减少对供体组织的需求，减少伤口结疤和收缩现象，对大面积急性伤口可实现快速覆盖，可作为传递外界生长因子的载体等。

人工皮肤基本上可分为三个大的类型:表皮替代物、真皮替代物和全皮替代物。表皮替代物由生长在可降解基质或聚合物膜片上的表皮细胞组成。真皮替代物是含有细胞或不含细胞的基质结构,用来诱导成纤维细胞的迁移、增殖和分泌细胞外基质。而全皮替代物包含以上两种成分,既有表皮又有真皮结构。

2. 组织工程膀胱　应用组织工程的方法,研究人员成功地在实验室中制造出膀胱,而且将组织工程膀胱移植到犬体内后证明是有功能的。为了制造膀胱,首先通过组织活检的方式取得正常犬的膀胱组织,分散后得到泌尿上皮和肌肉组织,然后将两者分开培养,再将两种组织置于可降解的生物材料制成的模型上,泌尿上皮在内,肌肉组织在外。接受人工膀胱移植的犬可重新获得原有膀胱 95% 的功能。11 个月后检查组织工程膀胱,发现已经完全被泌尿上皮和肌肉组织覆盖,并有神经和血管生成。这是首次在实验室中获得具有正常功能的哺乳动物组织工程器官。

四、细胞治疗是植入正常细胞以替代病变细胞的治疗方法

细胞治疗是将体外培养的、具有正常功能的细胞植入患者体内(或直接导入病变部位),以代偿病变细胞丧失的功能。也可采用基因工程技术,将所培养的细胞在体外进行遗传修饰后,再将其用于疾病的治疗(图 5-17-4)。

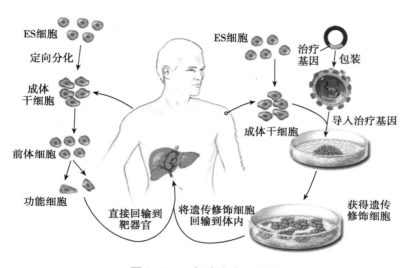

图 5-17-4　细胞治疗示意图

(一)干细胞及其分化后裔细胞在细胞替代治疗中具有重要价值

许多疾病都是由于细胞功能缺陷或异常造成的。通过植入功能正常的细胞,恢复其丧失的功能可以从根本上对疾病进行治疗。干细胞研究所取得的进步,尤其是人胚胎干细胞的成功建系,有望能在体外大量地收获胚胎干细胞以及由其分化而来的成体干细胞和功能细胞,对细胞替代治疗的发展起了极大的推动作用。

1. 神经系统疾病　为数众多的神经系统疾病都涉及神经元死亡(如帕金森病、阿尔茨海默病、脊髓灰质炎、脑卒中、癫痫、泰-萨克斯病、脑外伤和脊柱伤等),应用干细胞治疗神经系统损伤是一个迅速发展的领域。近年来,神经干细胞移植是治疗帕金森病的又一途径。神经干细胞具有被诱导分化为多巴胺神经元的潜能,而且体外培养可以为细胞移植提供可靠的细胞来源。把体外扩增的人神经干细胞移植到帕金森病的大鼠模型中,能在体内分化为成熟的多巴胺神经元,并建立突触连接,有效地逆转大鼠模型的帕金森病症状。人的胚胎干细胞在体外也可被诱导分化成为成熟的多巴胺神经元。鉴于神经组织或胎脑组织移植治疗帕金森病患者前景不佳,干细胞治疗帕金森病被研究者寄予厚望。另外利用神经干细胞治疗脊柱损伤的动物模型也取得了明显的效果。

2. 肿瘤　肿瘤患者经亚致死量照射后,射线可以杀灭肿瘤细胞并摧毁造血系统,然后通过造血干细胞移植的方法重建患者的造血功能。造血干细胞移植的新应用是治疗恶性肿瘤。近来美国 NIH 的一个研究小组应用这种方式治疗转移性肾癌,38 例中有 50% 的患者肿瘤缩小,这个治疗方案已用于其他顽固性固体肿瘤的治疗,包括肺癌、前列腺癌、卵巢癌、直肠癌、食管癌、肝癌和胰腺癌。

3. 其他疾病　细胞治疗在其他疾病如:心脏病、骨骼和肌腱损伤、烧伤等同样有巨大的应用前景。例如,2001 年美国科学家 Nadya Lumelsky 及其同事首次在体外将小鼠胚胎干细胞诱导成为可分泌胰岛素的胰腺 β 细胞,这一研究成果为成千上万的糖尿病患者带来了根治疾病的希望。

(二)基于工程化细胞的基因治疗具有应用前景

干细胞和一些永生化的细胞可以作为基因治疗的载体。主要方法是,采用常规的基因工程手段,对体外培养的细胞进行遗传修饰,并由此筛选出可以稳定且高水平地表达其外源基因的细胞系,进而将细胞在体外扩增,再将扩增细胞植入患者体内,或者直接植入病变部位,从而达到基因治疗的目的。但由于免疫排斥,所用的细胞必须是同体细胞,即用于遗传修饰的细胞必须来源于患者本身。

2001 年,Martinez-Serrano 利用温度敏感性 HiB5 永生化细胞,建立了高效神经生长因子分泌细胞系,该细胞系含有神经生长因子基因的多个拷贝。这种细胞在移植到被完全切断穹窿的鼠纹状体及中隔后,仍能持续分泌神经生长因子,并使 90% 的胆碱能神经元得到恢复。同时,移植细胞能很好地在脑组织中存活,并在结构上已经整合于宿主的脑组织中。实验还发现,所移植的工程化细胞还能分化为神经胶质细胞,并能在其移植点周围 1.0~1.5mm 的范围迁移,但未发现其植入的细胞过度生长或产生肿瘤的现象。虽然这是一个动物实验,但它显示了基于工程化细胞的基因治疗在临床上应用的可能性。

神经干细胞作为外源基因的载体还可应用于颅内肿瘤的基因治疗。目前神经胶质瘤的基因治疗受到病毒载体的限制,临床试验性治疗中常需要在肿瘤周围进行多点注射,而神经干细胞植入大脑后可发生迁移,能够弥补病毒载体的不足,所以神经干细胞可能成为颅内肿瘤治疗更理想的载体。

除神经干细胞外,骨髓间充质干细胞可能是基于工程化细胞基因治疗的另一个较为理想的候选细胞。不少证据表明,骨髓间充质干细胞具有大范围的跨系分化能力,再加上骨髓间充质干细胞的来源和分离培养都比较容易,有可能在一定程度上降低其工程化细胞来源的个体限制性。当然,这还有待于骨髓间充质干细胞生物学的进一步研究情况。

第四节　类器官及其应用

随着生物技术的发展,类器官(organoid)的技术及其应用越来越受重视,为组织器官再生、疾病建模、器官移植技术改良、药物筛选/疗效评估带来新希望。类器官是一种在体外培育而成的具备三维结构的细胞团,拥有和来源真实器官高度相似的遗传学背景、组织学特征及复杂结构,可以用于模拟来源组织器官的生理功能。2009 年 Hans Clevers 实验室培育出首个微型肠道类器官,率先完成小肠类器官的体外构建。随后大脑、肝、肾以及多种肿瘤类器官相继诞生。其基本原理是在具有分化潜能的胚胎干细胞、成体干细胞或诱导多能干细胞的特定发育时期,导入其分化所需的细胞因子(微环境)使其定向分化成具有特定结构和功能的细胞团。类器官的组织可来源于人体,能够更加可靠地模拟内源环境,建立更接近患者本人的疾病模型,比传统生物标本更具优势,因此在作为临床前模型方面有更多的优势,科学家们可借此技术开发更有针对性的药物并降低药物创制的研发成本。

一、根据类器官来源可以将其分为三类

类器官根据发生来源可以将其分为 3 类,即源于胚胎干细胞(embryonic stem cell,ESC)的类器官、源于诱导多能干细胞(induced pluripotent stem cell,iPSC)的类器官以及源于成体干细胞(adult stem cell,ASC)的类器官。由于不同类型干细胞的遗传背景、基因组稳定性、分化潜能及体外增殖能力等生物学

特征有所差异,因此其所特化形成的类器官也会具有不同应用前景。胚胎干细胞具有体外培养无限增殖、自我更新和多向分化的特性,可以用于培养多种不同类型的类器官,特别在研究不同器官发育的调控机制及应用方面更具优势。而诱导多能干细胞和成体干细胞可从成体的骨髓、血液细胞甚至皮肤中获取,其获得渠道更加便利,其特化形成的类器官可用于成体组织生物学、组织再生以及临床精准医疗。

(一) ESC 和 iPSC 来源的类器官

人类胚胎多能干细胞是从早期胚胎中分离出来的一类细胞,具有无限自我更新和分化能力,其在体外悬浮培养能分化形成包含外胚层、内胚层和中胚层的拟胚体,并定向分化成几乎所有器官类型,但因涉及伦理问题使用受到一定限制。iPSC 技术将终末分化的成体细胞诱导成具有多种分化潜能的干细胞,此类干细胞经胚层发育和组织特异性因子处理后,调控了关键的信号通路,也能够形成包括脑、小肠、肾脏、肺等几乎在内的所有类型的类器官。大脑等神经外胚层类器官的培养开展相对较早,因为多能干细胞在没有诱导信号的情况下,会自主分化形成神经元。这些类器官经特定细胞因子诱导后,表现出新生皮层脑组织的特性,其受刺激后,表现出特定的脑区应激反应。对于内胚层衍生的类器官,其诱导定向分化较为复杂,如 iPSC 经转化生长因子(transforming growth factor-β,TGF-β)信号刺激后形成特化内胚层,再经成纤维细胞生长因子及 Wnt 通路的协同处理后,最终才可诱导后肠内皮层类器官形成。由于此类 iPSC 类器官的培养,遵循体内胚层发育及器官形成的基本规律,因而可通过基因组、转录组及蛋白质组学技术研究器官发育调控的具体机制。同时患者来源的 iPSC 类器官,有望在疾病药物筛选、毒性分析和发病机制研究等多个方面发挥重要作用。

(二) ASC 来源的类器官

成体干细胞位于分化成熟的组织器官之中,是分化组织中尚未分化的、具有一定自我更新能力的细胞群,目前在肝脏、脂肪、小肠以及脑中均发现了成体干细胞的存在。成体干细胞不仅在维持组织内稳态中发挥重要作用,还能通过分泌多种细胞因子或进行免疫调节,重建微环境促进受损组织的再生修复。与 ESC 和 iPSC 相比,成体干细胞分化潜能较低,只能分化成特定几种细胞类型,但其在进一步培养过程中的癌变风险也相对较低,培养体系相对比较简单,因此其衍生的类器官可以更加可靠地应用于人体组织再生和修复的临床治疗中。目前在实验室中相继培养出一系列包括小肠、肝脏、胃、乳腺、脑在内的 ASC 类器官,为更好地了解体内干细胞的调控机制及扩展其应用奠定了基础。

另外,研究人员还从多种实体肿瘤中培养、建立了肿瘤类器官,肿瘤类器官相对传统的人源性组织异种移植(patient derived xenografts,PDX)培养过程更为简单,效率和成功率更高,耗时更少,能够较好地重现原始肿瘤的病理特征,用药反应与患者肿瘤一致性高,因此肿瘤类器官可以在较短时间内为患者提出用药参考,实现临床精准用药指导。

二、类器官在研究中和临床上都具有广阔的应用前景

(一) 组织生物学研究

在基础研究中,类器官是研究器官形成和再生、器官稳态的极佳模型。相比动物模型,类器官在研究器官发育上更具操作性。通过补充细胞因子和调控基因表达,Hans Clevers 实验室首次构建出健康人来源的肠类器官,证实了人肠道发育的具体调控机制。更多的实验证据表明,类器官中的基因表达时空调节与相应的胚胎组织中的基因表达程序非常相似,表明类器官可用于多种人类靶器官细胞命运决定和发育分子机制的研究。

临床治疗中,器官移植是多种器官终末期衰竭的最佳疗法,但其存在来源不足、不稳定及免疫排斥反应难以避免等多重问题。小鼠研究发现,体外诱导培养的肝脏类器官原位移植到体内,能够有效缓解药物中毒造成的肝脏衰竭,而肠隐窝衍生培养的肠道类器官经移植后,能重建受损的肠上皮结构,部分恢复肠道功能。另外我国科学家首次实现了睾丸类器官的构建,分化出成熟的生精上皮细胞并能够产生具有功能的单倍体精子。类器官能模拟对应成熟器官特有的生理结构和活性,用于重建正常的生理活动,同时其又具有无限来源的潜力和可再生的能力,有望为组织修复和再生提供新的机会。

（二）疾病模型和药物筛选

类器官可以重现原器官的组织结构和生理功能，并排除其他因素造成的影响，因此可以用于特定疾病模型的构建，开展疾病诊疗的临床前研究。如在肠道感染性疾病的研究中，利用小肠类器官高度还原肠上皮细胞的组织结构和生理环境，进而探讨不同类型致病因素对肠道上皮造成的病理损伤；研究宿主-病原体的相互作用，寻找用于抑制感染的治疗靶点，开发相应的治疗药物。在研究中发现，人源性肠类器官对肠道病毒较为敏感，感染后病毒可在肠类器官中复制并形成具有毒性的病毒颗粒，而干扰素 α 的治疗可以有效减少类器官中病毒的复制及病理损伤，并降低其对类器官的危害。肠类器官已在轮状病毒、诺如病毒的感染机制研究和临床药物开发中进行了较深入的应用。

类器官的基因背景、发育过程与其来源组织较为一致，因此可以构建疾病模型用于遗传异质性高、复杂的多基因疾病的机制研究和药物筛选。孤独症谱系障碍（autism spectrum disorder，ASD）是一种复杂的神经发育障碍性疾病，大多数病例缺乏明确的病因或遗传基础，也缺乏有效的研究模型。近年研究人员利用 ASD 患者来源的皮肤细胞诱导转化成多功能干细胞，并在体外成功培育成脑类器官作为研究材料。转录组和基因网络分析发现 ASD 患者 *FOXG1*（Forkhead box G1）基因表达异常增加，引起神经元细胞命运转变和突触组装异常。*FOXG1* 的表达水平与 ASD 的严重程度密切相关，表明 *FOXG1* 可作为 ASD 潜在的药物靶点。

药物开发过程资源密集、成本昂贵。基于动物模型的安全评估、有效性评价、毒理分析等临床前研究是药物研发中面临的第一个挑战，每年都有大批的新药在此过程中被淘汰。然而动物模型得到的实验结果往往和人体试验不完全一致，可能使研究者错过本有治疗效果的药物。类器官在结构和功能上更接近人体，可以作为安全性、有效性评估的极佳模型。肾脏类器官已经成功用于多种药物的肾毒性评估，小肠类器官也被开发用于药物代谢的临床前研究。此外，研究人员还建立了可分泌脑脊液的神经元（屏障）类器官，再现了上皮屏障的特征，从而为针对中枢神经系统药物的筛选提供了可能。

（三）在精准医疗中的应用

精准医疗（precision medicine）是一种将个人基因、环境与生活习惯差异考虑在内的疾病预防与处置的方法。临床实践中，它是在疾病分子分型信息的指导下，针对患者的基因特征，进行个性化、更有针对性的诊断和治疗手段。对于肿瘤精准治疗而言，其异质性是我们所面临的一个重大考验。当前肿瘤的异质性是导致抗肿瘤药物无效的主要原因之一，即使是基因突变相同的患者，其用药反应可能因此不完全相同。肿瘤类器官来源于患者肿瘤组织，与其拥有相同的基因背景和生物学特性，可以作为精准治疗和个体化用药的良好模型，越来越多的临床前研究通过建立肿瘤类器官生物库进行抗肿瘤药物高通量筛选。研究人员发现胰腺类器官可以从切除的肿瘤和活组织检查中快速产生，并表现出导管和不同阶段的特异性特征。原位移植的肿瘤类器官经过长时间增殖后，能保持原发肿瘤的生理结构特性以及一致的基因转录和蛋白表达信息，证实了类器官肿瘤模型的稳定性和可靠性。另外胃癌具有显著的分子异质性，在一项研究中建立了一个原发性胃癌类器官生物库，包括了大多数已知的分子亚型。研究人员利用其对常用的临床一线抗肿瘤药物进行筛选。结果显示不同类型分子亚型的肿瘤类器官，对不同的化疗药物展示出不同的敏感程度，这为肿瘤细胞生物学研究和精准癌症治疗提供了有用的资源。

尽管类器官的研究和应用在近年得到长足的发展，然而其培养也有局限性，胚胎干细胞来源和诱导干细胞来源的类器官培养过程中具有一定癌变风险，临床应用需要谨慎；同时人体组织器官由不同类型的细胞组成，甚至由不同的胚层分化而来，因此建立特定类型的类器官时，需要综合考虑多种复杂因素；最后，体外建立的类器官通常不具备功能性的血管系统、神经系统和免疫系统，这些缺点使类器官应用也受到一定限制。

小结

细胞工程是现代生物工程的一个部分,是由细胞生物学、发育生物学、遗传学和分子生物学等学科的理论与方法所整合产生的综合的技术体系,其基本目的是要获得具有产业化价值的细胞或其相关产物。

当今的细胞工程已经发展到了一个相当高的水平,一是基因工程动物的产生。通过对胚胎干细胞或早期胚胎的遗传操作,目前已经能够对动物的基因组进行人为的定向改造,由此得到具有特殊遗传表型的基因工程动物,如转基因动物、基因敲除动物及基因重组动物。这些工程动物可以为生物医药研究提供具有四维特性的研究体系,而且也将成为以系统生物学为主导的生命科学发展所必需的研究系统。更为重要的是,各种大型转基因动物(如转基因奶牛、转基因羊或转基因猪等)也可以充当生物反应器,用于各种抗体或药用蛋白质的生产,甚至可以用于临床上移植所用的组织器官的生产。二是克隆动物的产生。目前的基本做法是通过核移植技术,得到重构胚,再使其在适当的受体母体内生长发育,借此可获得遗传背景与供核细胞的遗传背景完全相同的新生动物。比较著名的克隆羊有 Megan、Morag(以未分化的胚胎细胞为供核细胞)和 Polly(以绵羊的成体细胞为供核细胞)。Polly 以体外培养的皮肤细胞为供核细胞,而且其细胞中还整合有外源的人基因。它们的诞生,也反映了动物克隆技术的发展。

在未来的发展中,细胞工程在整个生命科学中的地位和作用将会日趋明显。因为生命科学有一个强调“多层面整合和时空特性”的发展趋势,其研究体系和技术平台的发展需要细胞工程技术的参与。而且,细胞生物学的发展速度非常迅速,必然会在若干领域(如在临床疾病防治方面)中产生大量的新知识和新理论,因此也需要通过细胞工程使这些新信息转化为具有实用价值的细胞或细胞相关产品。当然,随着细胞生物学和生命科学中其他相关学科的发展,细胞工程的各种技术体系也会得到快速的发展。

(王　峰)

思考题

1. 如何从细胞工程的角度理解细胞核的全能性?
2. 为什么相较动物模型或细胞模型,类器官更适合临床的药物筛选?

推荐阅读

［1］陈晔光,张传茂,陈佺.分子细胞生物学.3 版.北京:高等教育出版社,2019.

［2］陈誉华,朱海英.医学细胞生物学.7 版.北京:人民卫生出版社,2024.

［3］刘佳,周天华.医学细胞生物学.2 版.北京:高等教育出版社,2019.

［4］朱海英.医学细胞生物学.5 版.北京:高等教育出版社,2023.

［5］吕社民,边惠洁,左伋.人体分子与细胞.2 版.北京:人民卫生出版社,2021.

［6］旁希宁,徐国彤,付小兵.现代干细胞与再生医学.北京:人民卫生出版社,2017.

［7］李志勇.细胞工程.3 版.北京:科学出版社,2021.

［8］POLLARD T D,EARNSHAW W C,LIPPINCOTT-SCHWARTZ J,et al. Cell biology. 3rd ed. Philadelphia: Elsevier,2017.

［9］ALBERTS B,Heald R,JOHNSON A,et al. Molecular biology of the cell. 7th ed. New York:W. W. Norton & Company,2022.

［10］LODISH H,BERK A,KAISER C A,et al. Molecular cell biology. 9th ed. New York:W. H. freeman and Company,2021.

中英文名词对照索引